HERBERT H. UHLIG

Korrosion und Korrosionsschutz

Titel des Originalwerkes:

Corrosion and Corrosion control

An Introduction to Corrosion
Science and Engineering

by

Herbert H. Uhlig

Professor of Metallurgie In Charge of
Corrosion Laboratory
Massachusetts Institute of Technology

Authorized translation from English language
edition published by John Wiley & Sons, Inc., New York.

KORROSION UND KORROSIONSSCHUTZ

von

HERBERT H. UHLIG

Herausgegeben von

Prof. Dr.-Ing. habil., Dr. rer. nat. h. c. Kurt Schwabe

übersetzt und ergänzt von

Dr. Werner Schmidt und Manfred Seidel

Mit 120 Abbildungen und 30 Tabellen

AKADEMIE-VERLAG · BERLIN

1970

Lizenzausgabe
des Verlages John Wiley & Sons, Inc., New York

1. deutschsprachige Ausgabe
Erschienen im Akademie-Verlag GmbH, 108 Berlin, Leipziger Straße 3–4
Lizenznummer: 202 · 100/595/70
Gesamtherstellung: VEB „Druckhaus Maxim Gorki", 74 Altenburg
Bestellnummer: 5647 · ES 18 C 2/ 20 F 9/ 20 G 4

Geleitwort

Die Korrosion der Metalle ist zwar ein elektrochemischer Vorgang, ihre Auswirkung hat aber in erster Linie technische und ökonomische Folgen.

Prof. UHLIG hat als einer der in der Welt führenden Wissenschaftler auf dem Korrosionsgebiet selbst wesentliche Beiträge zur Aufklärung der Korrosions- und Passivierungsmechanismen geleistet. Er hat es aber in seinem Buch „Korrosion und Korrosionskontrolle" nicht nur verstanden, die elektrochemischen Grundlagen der Korrosionsvorgänge in ihren verschiedenen Erscheinungsformen dem Chemiker und Ingenieur anschaulich darzustellen, sondern er hat auch an Hand von vielen Beispielen aus der Praxis die technische und volkswirtschaftliche Bedeutung der Korrosion eindrucksvoll belegt und den Leser auf Wege zur Korrosionsverhütung hingewiesen. So kann das Buch sowohl dem Chemiker und Ingenieur wie dem technisch interessierten Ökonomen in der Industrie wertvolle Hilfe bei der Klärung von Korrosionsproblemen bieten, vor allem aber können die Studierenden der naturwissenschaftlich-technischen Disziplinen durch die Lektüre dieses Buches zum Verständnis für diesen in allen Bereichen so wichtigen Naturprozeß gelangen und damit lernen, wissenschaftliche Kenntnisse praktisch anzuwenden. Es ist daher sehr zu begrüßen, daß dieses Buch nunmehr in deutscher Sprache vorliegt und zu wünschen, daß die Studierenden der Chemie und Ingenieurwissenschaften und viele Techniker, Ökonomen und Ingenieure in der Industrie es durcharbeiten, daraus wertvolle Kenntnisse gewinnen und sie zur Korrosionsbekämpfung in unserem Land, dessen Regierung dazu nachdrücklich aufgerufen hat, verwenden.

Dresden, im Herbst 1969 *Prof. Dr. Dr. h. c. K. Schwabe*

Bemerkungen zur Übersetzung

Bei der Übertragung des vorliegenden Buches ins Deutsche war es oberstes Bestreben der Übersetzer, die individuelle Art der Darstellung und die Betonung bestimmter Schwerpunkte vollständig zu erhalten. Die vorgenommenen Veränderungen erfolgten zu dem Zweck, den Gebrauch des Buches für den deutschen Leser zu erleichtern.

So wurde die im deutschen Schrifttum nicht übliche Unterscheidung zwischen Oxydations- und Reduktionspotential, die umgekehrte Vorzeichen tragen, vermieden; die angegebenen Elektrodenpotentiale entsprechen den „Reduktionspotentialen" des Originals. Für den freiwillig verlaufenden Prozeß ($\Delta G < 0$) erhält die *EMK* in Übereinstimmung mit der Gleichung $\Delta G = + n \cdot E \cdot F$ ein negatives Vorzeichen.

Für die unter amerikanischen Bezeichnungen aufgeführten legierten Stähle und Legierungen wurden so weit wie möglich die in der DDR standardisierten Bezeichnungen der entsprechenden Werkstoffe eingesetzt. Weiterhin sind die an vielen Stellen des Buches befindlichen Hinweise auf Schadensfälle und ihre ökonomische Bedeutung zum Teil durch Beispiele aus der Wirtschaft und Industrie der DDR ergänzt oder auch ersetzt worden. Schließlich sei noch erwähnt, daß die am Ende der einzelnen Kapitel angeführte Zusatzliteratur um hauptsächlich deutschsprachige Spezialwerke, Monografien und Übersichtsartikel, die dem deutschen Leser leicht zugänglich sind, erweitert wurde.

Dr. W. Schmidt

M. Seidel

Vorwort zur amerikanischen Ausgabe

Untersuchung und Lehre der Korrosion haben im MIT (Massachusetts Institute of Technology) eine große Tradition. Professor W. R. Whitney, der später der erste Direktor der „Research for the General Electric Company" wurde, begründete diese Tradition mit seiner klassischen Abhandlung über die Korrosion von Eisen, die 1903 im „*Journal of the American Chemical Society*" veröffentlicht wurde. Dieser Artikel regte zu den bedeutenden Korrosionsuntersuchungen an, die von Professor W. H. Walker und später von Professor W. Whitman und seinen Mitarbeitern im von Walker gegründeten „*Laboratory of Applied Chemistry*" durchgeführt worden sind. Die Korrosionslehre wurde im Jahre 1903 durch Professor Walker mit einer Vorlesung über die chemische Beständigkeit der Werkstoffe eingeführt. Diese Vorlesung erhielt 1912 den Titel „Konstruktionswerkstoffe" und wurde zunächst unter Mitwirkung von Professor W. K. Lewis und später von Professor Lewis allein gehalten. Im MIT begann die Vorlesung über das Thema „Korrosion" im Jahre 1922 und wurde von Professor Whitman gehalten. Später übernahmen diese Vorlesung verschiedene andere Mitglieder des „Department of Chemical Engineering", u. a. auch Professor Lewis. In den Jahren von 1931 bis 1942 las Professor R. S. Williams vom „*Department of Metallurgy*" über „Korrosion und hitzebeständige Legierungen". Im Jahre 1938 übernahm der Verfasser die durch Professor Whitman eingeführte systematische Vorlesung über die Korrosion. Nach einer durch den Zweiten Weltkrieg verursachten Unterbrechung wurden die Vorlesungen im „*Department of Metallurgy*" wieder aufgenommen und bis in die Gegenwart forgesetzt.

Das vorliegende Buch gründet sich auf die über ein Semester gehende Vorlesung mit dem Titel „Korrosion", welche der Verfasser für Studenten der höheren Semester und für die graduierten Studierenden am MIT vorträgt. Diese Vorlesung bezweckt, die Studenten in die wissenschaftlichen Grundlagen der Korrosion sowie in die Grundlagen der Korrosionstechnik einzuführen.

In den Vorlesungen beschäftigen wir uns also mit den Fragen, warum die Metalle korrodieren und was dagegen getan werden kann. Die Betrachtungen werden, soweit es die gegenwärtigen Kenntnisse erlauben, quantitativ angestellt, und in diesem Sinne werden Aufgaben eingefügt, die die wichtigen Gesetze und die Anwendung dieser Gesetze auf praktische Verhältnisse beispielhaft erklären. Einige dieser Aufgaben sind im letzten Kapitel dieses Buches zusammengestellt. Für manche der Aufgaben sind die Lösungen gegeben, und zwar in erster Linie, um dem Techniker oder dem Wissenschaftler entgegenzukommen, der das Buch zur Information über Grundfragen der Korrosion benutzt und erkennt, daß das

Lösen von Aufgaben dem notwendigen Verständnis der Problematik dient. Wie in jedem Ausbildungsfach, so ist auch hier das Lösen von Aufgaben für ein besseres und tieferes Verständnis der Thematik sehr vorteilhaft. Es wird vorausgesetzt, daß der Leser mit der elementaren physikalischen Chemie vertraut ist; diese Kenntnis ist auch für die Teilnahme am Korrosionslehrgang am MIT notwendig. Auch einige Grundkenntnisse in physikalischer Metallurgie sind nützlich, aber nicht notwendig.

Die Behandlung der Thematik ist gemäß der für die Darstellung des gesamten Stoffgebietes auf ein Semester beschränkten Zeit knapp. Aus diesem Grunde sind nur solche Literaturzitate gegeben, welche sich direkt auf den diskutierten Gegenstand beziehen. Allgemeine Literaturhinweise werden jeweils am Ende des Kapitels angeführt. Diese Hinweise enthalten für den interessierten Leser oft noch zusätzliche Literatur, jedoch ist in keinem Falle der Versuch gemacht worden, die gesamte Literatur zu zitieren, was auch den Rahmen dieses Buches überschritten hätte. Der an einem kompletteren Literaturleitfaden interessierte Leser sollte daher auf solche Bücher wie „*The Corrosion Handbook*", das vom Verfasser herausgegeben wurde, oder „*The Corrosion and Oxidation of Metals*" von U. R. Evans zurückgreifen.

In solchen Fällen, wo mehr als eine Interpretation der Fakten oder mehrere Theorien gültig sind, ist versucht worden, beide Seiten darzulegen. Dabei hat der Verfasser seine eigene Anschauung so begründet und dargestellt, daß sie vom Leser erkannt werden kann. Die Korrosionsgeschwindigkeiten werden in den in den USA allgemein gebräuchlichen Dimensionen Milligramm pro Quadratdezimeter und Tag (mdd) und inch Abtragung pro Jahr (ipy) ausgedrückt. Das Vorzeichen des Elektrodenpotentials ist wegen der entgegengesetzten Abmachungen, die einerseits hauptsächlich in den Vereinigten Staaten und anderseits im Ausland eingehalten werden, immer ein wunder Punkt gewesen. Es bleibt zu hoffen, daß durch die Definition des *Potentials* gegenüber der Bezeichnung des Oxydationspotentials, in Übereinstimmung mit der von Lewis, Randall, Pitzer und Brever in „*Thermodynamics*", 2. Auflage, McGraw.-Hill (1961) verwendeten Bezeichnung, eine Klarstellung geschaffen wurde, oder zum mindesten eine Verwechslung vermieden wird.

Der Verfasser ist seinen Freunden und Kollegen für viele Informationen, die seinen Vorlesungen zugute kamen und nun auch in dem vorliegenden Buche enthalten sind, sehr zu Dank verpflichtet. Zur Aufklärung der Korrosionsmechanismen hat in mehreren Fällen das geduldige Bestreben vieler Studenten beigetragen, die im Korrosionslaboratorium Untersuchungen anstellten und mit dem Verfasser nach geeigneten Experimenten suchten, oder die mühsam die nötigen Daten zusammentrugen.

Dank gebührt auch denen, die Teile des Manuskriptes gelesen und wertvolle Anregungen gegeben haben, darunter Carl Wagner, Milton Stern, W. D. Robertson, Bruce Chalmers, G. T. Paul, G. Schikow, H. S. Campbell, C. P. Larrabee, W. W. Bradley und J. P. Pemsler; sowie denen, die die Photographien oder Abbildungen besorgten, insbesondere F. L. La Que, M. Van Loo, J. F. Sebald und H. M. Bendler. Ein großer Teil des Manuskriptes wurde während eines in Göttingen (Westdeutschland) verbrachten Ruhesemesters geschrieben. Diese günstige Gelegenheit erbot sich durch die finanzielle Unterstützung durch die *John Simon Guggenheim-Gedenkstiftung* und durch die Gastfreundschaft von Dr. Carl Wagner, dem Direktor des Max-Planck-Instituts für Physikalische Chemie.

Wenn dieses Buch die jungen Wissenschaftler und Techniker anregt, die anhaltenden Korrosionsprobleme zu meistern und die durch den Metallverschleiß verursachten sehr beträchtlichen ökonomischen Verluste sowie die erschreckend großen Materialverluste verringern zu helfen, dann wird es den Hauptzweck im Sinne des Verfassers erfüllt haben.

Cambridge, Mass. *Herbert H. Uhlig*

November 1962

Inhalt

1. Definition und Bedeutung der Korrosion

1.1. *Definition*

Unter Korrosion versteht man den zerstörenden Angriff an einem Metall durch eine chemische oder elektrochemische Reaktion des Metalles mit seiner Umgebung. Die Zerstörung durch physikalische Einwirkungen wird nicht als Korrosion, sondern als Erosion, Verschleiß oder Abrieb bezeichnet. In manchen Fällen liegt neben dem chemischen Angriff eine physikalische Einwirkung vor; hierfür gelten die Begriffe: Korrosion — Erosion, korrosiver Abrieb oder auch Reibkorrosion. Für Nichtmetalle gilt die hier gegebene Definition nicht. Während die Zerstörung der Kunststoffe beispielsweise durch Quellen oder Brechen, die des Holzes durch Spalten oder Stocken, die des Granits durch Erosion und die des Betons durch Auslaugen erfolgen kann, wird der Korrosionsbegriff hier auf den chemischen oder elektrochemischen Angriff an den Metallen beschränkt. Das sogenannte „Rosten" bezieht sich auf die Korrosion von Eisen oder Eisenlegierungen unter Bildung von Korrosionsprodukten, die hauptsächlich aus wasserhaltigen Eisenoxiden bestehen. Die Korrosion der Nichteisenmetalle kann demnach nicht als Rosten bezeichnet werden.

1.1.1. *Die Korrosionslehre*

Da die Korrosion mit einer chemischen Umsetzung verbunden ist, ist es zum Verständnis der Korrosionsreaktionen für den Studenten notwendig, mit den chemischen Gesetzen vertraut zu sein. Ganz besonders wichtig ist das Verständnis der Elektrochemie, weil die Korrosionsprozesse meistens elektrochemischer Natur sind. Da in vielen Fällen die Struktur und die Zusammensetzung des Metalles sein Korrosionsverhalten bestimmen, sollte der Student darüber hinaus auch mit den Grundlagen der physikalischen Metallurgie vertraut sein. Sowohl die Chemie als auch die Metallurgie sind deshalb die Grundlagen für Korrosionsuntersuchungen, ähnlich, wie es die Biologie und Chemie für das Medizinstudium sind.

Die Aufgabe des Korrosionsforschers besteht in der Untersuchung der Korrosionsmechanismen, wodurch nähere Kenntnisse über die Ursachen der Korrosion und über geeignete Maßnahmen zur Verhütung oder Verminderung des entstehenden Schadens gewonnen werden können. Der Korrosionsingenieur verwendet die gesammelten wissenschaftlichen Erkenntnisse zur Verminderung des Korrosionsschadens durch praktische und ökonomische Maßnahmen. Zu den Aufgaben des Korrosionsingenieurs gehört zum Beispiel die Anwendung des kathodischen Schutzes im Großmaßstab, wie etwa zur Verhütung der Korrosion von unterirdisch verlegten Ölleitungen, die Prüfung und Entwicklung neuer und besserer Anstriche, die Bestimmung der geeigneten Dosierung von Korrosionsinhibitoren oder auch die Empfehlung des geeigneten Metallüberzuges. Demgegenüber erschließt der Korrosionsforscher bessere Kriterien des kathodischen Schutzes, er gibt die Molekülstruktur der chemischen Verbindungen an, die sich am besten als Inhibitoren eignen, er stellt korrosionsfeste Legierungen zusammen oder gibt Empfehlungen für die Wärmevergütung oder für Veränderungen der Legierungszusammensetzungen, wodurch die Beständigkeit der Legierung verändert wird. Sowohl der Korrosionsforscher als auch der Ingenieur ergänzen einander ihre Erfahrungen zur Feststellung der Korrosionsursachen und zur Anwendung geeigneter Schutzmaßnahmen.

1.2. Bedeutung der Korrosion

Die Korrosionsuntersuchungen haben zweierlei Bedeutung. Die ökonomische Bedeutung besteht in der Senkung der Materialverluste, die sich aus der Zerstörung oder aus dem plötzlichen Ausfall von Rohrleitungen, Behältern, metallischen Maschinenteilen, Schiffskörpern, Wasserbauanlagen usw. ergeben. Zum anderen besteht die Bedeutung der Korrosionsforschung in der Erhaltung der Metalle, deren Weltvorrat beschränkt ist, und deren Verlust mit den entsprechenden Verlusten an Energie- und Wasserreserven verbunden ist, die für die Fertigung der Metallkonstruktionen aufgewendet werden müssen. Ebenso wichtig ist die mit der Erhaltung der Metalle verbundene Einsparung menschlicher Arbeitskraft, die in die Konstruktion und die Wiederherstellung des korrodierten metallischen Erzeugnisses eingeht und die andernfalls zu soviel nützlichen Zwecken verfügbar wäre.

Das primäre Motiv für die Korrosionsuntersuchung geht vom ökonomischen Faktor aus. Die Verluste in der Industrie, an militärischen und städtischen Anlagen belaufen sich jährlich auf mehrere Milliarden Dollar.

Die ökonomischen Verluste werden nach

a) direkten und
b) indirekten Verlusten
unterschieden.

Unter direkten Verlusten versteht man die Wiederherstellungskosten für die korrodierten Konstruktionen und Maschinen oder ihre Teile, wie z. B. Kondensatorrohre, Schalldämpfer, Leitungsrohre, Metalldachkonstruktionen usw., einschließlich des dafür notwendigen Arbeitsaufwandes. Andere Beispiele sind die Neuanstriche von Anlagen, insbesondere zur Verhütung des Rostens sowie die Anlage- und Unterhaltungskosten von kathodisch geschützten unterirdischen Leitungen. Der Ersatz von jährlich mehreren Millionen von korrodierten Schalldämpfern für Kraftfahrzeuge veranschaulicht die beträchtlichen direkten Korrosionsverluste. In den direkten Verlusten sind die Mehrkosten enthalten, die sich durch Verwendung von korrosionsbeständigen Metallen und Legierungen gegenüber dem unlegierten Stahl ergeben, der auch ausreichende mechanische Eigenschaften, aber eine ungenügende Korrosionsbeständigkeit aufweist. Die Kosten des Galvanisierens oder des Nickelplattierens von Stahl, die Kosten für die Zugabe von Korrosionsinhibitoren zum Wasser oder auch die der Trocknung von Lagerräumen für metallische Erzeugnisse werden ebenfalls zu den direkten Verlusten gerechnet. Die gesamten Verluste dieser Art belaufen sich nach vorsichtiger Schätzung allein in den Vereinigten Staaten auf jährlich etwa $5^1/_2$ Milliarden Dollar.

Die indirekten Verluste sind schwerer abzuschätzen, jedoch läßt eine kurze Übersicht über die typischen indirekten Verluste die Schlußfolgerung zu, daß sie außer den soeben betrachteten direkten Verlusten insgesamt mehrere Milliarden Dollar betragen.

Beispiele für indirekte Verluste sind:

a) Betriebsstörung:

Das Auswechseln eines korrodierten Rohres in einer Ölraffinerie wird nur einige Tausend Mark kosten, jedoch kann die Stillegung der Anlage während der Reparatur wegen ausgefallener Produktion 3000 Mark und mehr pro Stunde betragen. In ähnlicher Weise kann das Auswechseln eines korrodierten Kessels oder der Ersatz von Kondensatorrohren in einer großen Kraftwerksanlage pro Tag 10000 Dollar für die Energie erfordern, die zur Belieferung der Verbraucher während der Betriebsstillegung von untereinander verbundenen Energieerzeugungsanlagen bezogen wird.

b) Verlust an Produkten:

In einer korrodierten Rohrleitungsanlage treten, bis die Reparatur ausgeführt wird, Verluste an Öl, Gas oder Wasser auf. Als weiteres Beispiel kann ein korrodiertes Kühlaggregat dienen, aus welchem das Kühlmittel ausläuft.

c) Verlust an Leistungsfähigkeit:

Dieser Fall kann bei verminderter Wärmeübertragung infolge abgesetzter Korrosionsprodukte oder durch die Verstopfung der Rohre mit Rost, die eine erhöhte Pumpenleistung erfordert, auftreten. (Schätzungsweise kostet in den Vereinigten Staaten die erhöhte Leistung der Pumpen, die sich wegen der teilweisen Verstopfung von Wasserleitungen mit Rost erforderlich macht, jährlich etwa 40000000 Dollar [1]). Ein weiteres Beispiel sind die Verbrennungsmotoren der Kraftfahrzeuge, in denen die Kolbenringe und Zylinderwandungen durch Verbrennungsgase und Kondensate dauernd angegriffen werden. Die Nichteinhaltung der kritischen Raumabmessung, die zu einem überschüssigen Benzin- und Ölverbrauch führt, wird durch Korrosion oftmals in einem gleichen oder größeren Ausmaß als durch Verschleiß verursacht.

d) Verunreinigung des Erzeugnisses:

Eine kleine Menge von Kupfer, die durch geringfügige Auflösung einer an sich beständigen Kupferrohrleitung oder Messingapparatur in das Reaktionsgemisch übergeht, kann zum Beispiel eine Charge Seife völlig verderben, da Kupfersalze das Ranzigwerden der Seifen beschleunigen und damit die Haltbarkeit verkürzen. Weiterhin kann durch Schwermetallspuren der Farbton von Farbstoffen verändert werden.

Die praktisch korrosionsbeständigen Bleiausrüstungen sind wegen der toxischen Eigenschaften schon sehr geringer Mengen von Bleisalzen [2] zur Nahrungsmittel- und Getränkeherstellung nicht zugelassen. So ist auch durch Bleirohr geleitetes weiches Wasser für Trinkzwecke nicht zulässig (*1*).

Das Verderben von Nahrungsmitteln in korrodierten Metallbehältern zählt ebenfalls zu dieser Gruppe der Schadensfälle. Eine Obst- und Gemüsekonservenfabrik büßte in einem Jahre über 1 Million Dollar ein, bevor die metallurgischen Faktoren, die eine lokalisierte Korrosion verursachten, bestimmt und verbessert worden waren. Eine andere Firma, die Metalldeckel für Nahrungsmittelgläser benutzt, büßte in einem Jahre $^1/_2$ Million Dollar ein, weil die Deckel durch eine Art Lochfraßkorrosion recht schnell durchlöchert wurden und dadurch eine bakterielle Verseuchung der Füllung möglich wurde.

e) Überdimensionierung:

Dieser Faktor tritt gewöhnlich bei der Konstruktion und Herstellung von Reaktionsgefäßen, Kesseln, Kondensatorrohren, Pumpenstangen für Erdölbohranlagen, unterirdischen Leitungen, Wasserbehältern und Unterwasserkonstruktionen in Erscheinung. Da die Korrosionsgeschwindigkeiten oft unbekannt oder Methoden für den Korrosionsschutz zu unsicher sind, werden, um eine angemessene Lebensdauer zu sichern, solche Anlagen viel stabiler gebaut, als es für die verwendeten Betriebsdrücke oder -bedingungen notwendig wäre. Mit ausreichenden Erkenntnissen über die Korrosionsbedingungen können zuverlässigere Angaben über die Lebensdauer der Anlagen gegeben und die Ausführung der Anlage kann in bezug auf den Material- und Arbeitsaufwand vereinfacht werden.

Ein typisches, wenn auch gegenwärtig nicht mehr so aktuelles Beispiel der Überdimensionierung sind die unterirdisch verlegten Erdölleitungen. So wurde zum Beispiel für eine Leitung von 203,2 mm Durchmesser und 362,0 km Länge unter Berücksichtigung der Korrosion an der Erdbodenseite eine Wandstärke von 8,18 mm vorgeschrieben. Mit einem geeigneten Korrosionsschutz hätte eine Wandstärke von nur 6,35 mm genügt, woraus sich eine Einsparung von 3700 Tonnen Stahl und eine Erhöhung der Rohrkapazität um 5% ergeben hätte [4].

In ähnlicher Weise sind die Pumpenstangen für Erdölbohranlagen in der Regel überdimensioniert, um die Lebensdauer der Anlage bis zum endgültigen Ausfall durch Korrosionsermüdung zu erhöhen. Könnte man die Korrosion verhindern, so würden sich die Ausfälle mindestens auf die Hälfte verringern. Hinzu käme eine weitere Einsparung, da zum Antrieb einer leichteren Pumpenstange weniger Arbeitsaufwand nötig wäre, und da außerdem die Kosten für die Reparatur einer gebrochenen leichteren Pumpenstange niedriger lägen.

Die indirekten Verluste sind also ein wesentlicher Teil der durch die Korrosion verursachten Aufwendungen, aber wegen ihrer Unübersichtlichkeit ist es schwierig, selbst innerhalb eines Industriezweiges eine annehmbare Einschätzung der Gesamtkorrosionsverluste zu geben. Die Schadensfälle, bei denen durch den plötzlichen Ausfall infolge der Korrosion von gefährdeten Teilen Explosion, unvorhergesehenes Versagen einer chemischen Anlage, Flugzeugabsturz, Zug- oder Kraftfahrzeugunfälle vorkommen, und dabei die Gesundheit und das Leben von Menschen zerstört wird, sind nach ihren indirekten Verlusten noch weitaus schwieriger einzuschätzen und durch Geld nicht auszudrücken.

Literatur-Anmerkungen

[1] H. JORDAN, Privatmitteilung, Am. Water Works Assoz.

[2] Nach den Vorschriften des „Bureau of Foods and Drugs" darf der Bleigehalt in den Nahrungsmitteln höchstens 1 ppm betragen

[3] C. van Doren (Hrsgb.): „*Benjamin Franklin's Autobiographical Writings*", S. 671, Viking Press, 1945
[4] J. Stirling, Corrosion, **1** (1945), 17

Allgemeine Literaturhinweise:

H. H. Uhlig: „*Die Korrosionskosten in den Vereinigten Staaten*", Chemical and Engineering News **27** (1949), 2764 oder Corrosion **6** (1950), 29
W. Vernon: „*Die Korrosion und Erhaltung der Metalle*", ein Auszug aus „*The Conservation of Natural Resources*", Institute of Civil Engineers, London 1957.
K. Schwabe: „*Volkswirtschaftliche Bedeutung der Korrosion und des Korrosionsschutzes*", Chem. Technik **13** (1961), 249
R. M. Sverdlova: „*Ökonomie der Korrosionsschutzüberzüge unter industriellen Bedingungen*", Koks i chimija **3** (1963), 50
„*Die Wirtschaftlichkeit des Korrosionsschutzes*", Galvanotechn. u. Oberflächenschutz **5** (1964), 29
H. Kölbel u. J. Schulze: „*Die Wirtschaftlichkeit der Werkstoffauswahl und des Korrosionsschutzes in der chemischen Industrie*", Werkstoffe u. Korrosion **15** (1964) 132; **17** (1966), 124
E. Straub: „*Wertanalyse der Anstrichstoffe*", Chem. Rdsch. (Solothurn) **19** (1966), 135

(*1*) Die Giftwirkungen kleiner Bleimengen sind seit langem bekannt. Benjamin Franklin warnte in einem Brief vom 31. Juli 1786 [3] an Benjamin Vaughn vor möglichen gesundheitlichen Schäden durch das Trinken von Regenwasser, welches von Dächern mit einer Bleibedeckung aufgefangen worden ist, oder durch den Genuß alkoholischer Getränke, welche mit Blei in Berührung gekommen sind. Die Symptome wurden seinerzeit als „dry bellyache" bezeichnet, die mit einer Gliederlähmung verbunden waren. Die Vergiftungserscheinungen wurden dadurch verursacht, daß die Rumhersteller in New England Kühlschlangen aus Blei benutzten. Nach Erkennen der Ursache erließ die Massachusetts Legislature ein Gesetz, wonach der Gebrauch von Blei zu diesem Zwecke verboten wurde.

2. Der elektrochemische Korrosionsmechanismus

2.1. *Trockenelement und Korrosion, das* FARADAY*sche Gesetz*

Wie im Kapitel 1. erwähnt, sind die Korrosionsprozesse meist elektrochemischer Natur. In wäßrigen Medien ist der Korrosionsprozeß mit dem in einer Taschenlampenbatterie stattfindenden Vorgang vergleichbar. Diese Batterie besteht aus einer zentral gelegenen Kohlestabelektrode und einer Zinkbecherelektrode, die Elektroden sind durch einen hauptsächlich NH_4Cl enthaltenden Elektrolyten getrennt (*1*), (*Abb. 1*).

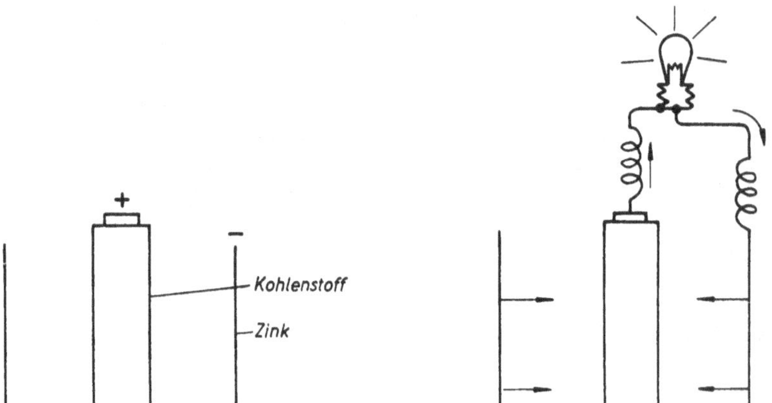

Abb. 1: Trockenelement

Eine mit beiden Elektroden verbundene Glühbirne leuchtet auf, wobei die notwendige elektrische Energie durch an den Elektroden ablaufende chemische Reaktionen geliefert wird. An der Kohleelektrode (positiver Pol) erfolgt eine chemische Reduktion, während an der Zinkelektrode (negativer Pol) eine Oxydation stattfindet, welche darin besteht, daß metallisches Zink in hydratisierte Zinkionen ($Zn^{++} \cdot n\,H_2O$) umgesetzt wird (*2*). Je größer der durch die Batterie fließende elektrische Strom ist, um so größer ist auch die sich auflösende Zinkmenge. Diese Beziehung wurde im Anfang des 19. Jahrhunderts von Michael FARADAY durch die folgende Gleichung quantitativ ausgedrückt (FARADAYsches Gesetz):

$$G_M = \frac{\ddot{A}}{F} It = kIt$$

G_M ist das Gewicht, $\ddot{A}$ das Äquivalentgewicht des reagierenden Metalles in Gramm, F die FARADAY-Konstante ($\approx$ 96500 Coulomb), I die Stromstärke in Ampere, t die Zeit in Sekunden und k eine Konstante, die als „elektrochemisches Äquivalent" bezeichnet wird. Der Wert von k beträgt für Zink $3{,}39 \cdot 10^{-4}$ g/Coulomb. Das Coulomb wird als die Strommenge definiert, die bei einer Stromstärke von 1 A in 1 sec. fließt (*3*). Wird die Batterie mit einem niederohmigen metallischen Verbindungsstück kurzgeschlossen, so wird der Zinkbecher infolge Korrosion innerhalb weniger Stunden durchlöchert; aber wenn die Batterie abgeschaltet ist, d. h. ein offener Stromkreis vorliegt, dann kann das Zink über Jahre hinaus unbeschädigt erhalten bleiben. Eine sehr geringe Auflösung von Zink bei offenem Stromkreis rührt hauptsächlich von der Aktivierung durch Spuren von Verunreinigungen, wie etwa Eisen her, die in die Oberflächenkristalle des Zinks eingelagert sind und dort die gleiche Funktion wie die Kohleelektrode ausüben. Dadurch wird ein Stromfluß, verbunden mit der Korrosion des Zinks, ermöglicht. Ein Strom dieser Art wird als „Lokalstrom" und das entsprechende Element als „Lokalelement" bezeichnet. Der Lokalstrom erzeugt natürlich keine nutzbare Energie, sondern bewirkt nur eine Erwärmung der näheren Umgebung.

Ähnlich wie im Beispiel des Zinks kann man sich jede Metalloberfläche als eine Zusammenstellung von Elektroden vorstellen, die durch das kompakte Metall kurzgeschlossen sind (*Abb. 2*). Solange das Metall trocken bleibt, kann kein Lokalstrom und daher auch keine Korrosion beobachtet werden. Bei der Einwirkung von Wasser oder wäßrigen Lösungen auf das Metall sind jedoch die Lokalelemente fähig zu arbeiten, wobei das Metall unter Bildung seiner Ionen elektrochemisch aufgelöst und durch nachgelagerte chemische Reaktionen in Korrosionsprodukte umgesetzt wird. Demnach können die Lokalströme als Maß für die Korrosion der mit Wasser, Salzlösungen, Säuren oder Laugen in Berührung stehenden Metalle angesehen werden.

Wenn also die Verunreinigungen in einem Metall die Lokalelementbildung verursachen, dann sollte sich erwartungsgemäß mit der Reinheit des Metalles seine Korrosionsbeständigkeit erhöhen. Demgemäß sind gereinigtes Aluminium und Magnesium gegenüber der Korrosion in Seewasser oder in Säuren viel beständiger als die handelsüblichen Sorten dieser Metalle. Der gleiche Effekt ist mit hochreinem Zink im Vergleich zum handelsüblichen Zink in verdünnter Salzsäure zu beobachten. Dennoch ist die Annahme, daß reine Metalle überhaupt nicht korrodiert werden — diese Meinung wurde vor allem in den Jahren, als die elektrochemische Theorie aufkam, sehr häufig vertreten — unrichtig. Wie wir an späterer Stelle sehen werden, sind die Lokalelemente auch gut ausgebildet, wenn unterschiedliche

Bedingungen in der Umgebung oder Temperaturunterschiede bestehen. Zum Beispiel werden am Eisen oder Stahl in belüftetem Wasser die negativen Elektroden im allgemeinen offenbar aus den Teilen der Eisenoberfläche gebildet, die mit porösem Rost (Eisenoxide) bedeckt sind, und die positiven Elektroden aus den

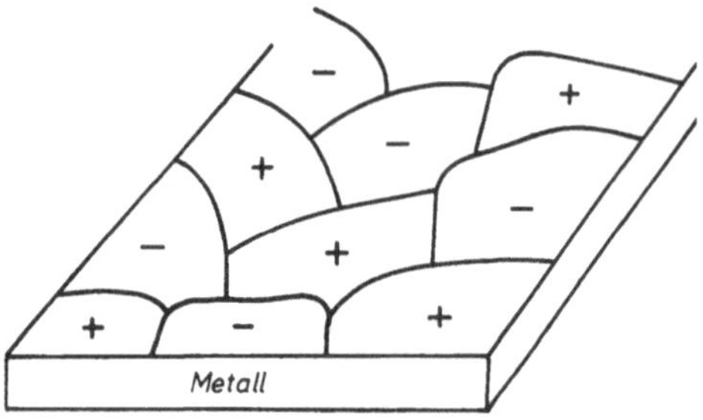

Abb. 2: Vergrößerte Metalloberfläche mit schematischer Anordnung der Lokalelemente

Flächenteilen, die mit der gelösten Luft in Berührung kommen. Die positiven und negativen Elektrodenflächen werden mit dem Fortschreiten der Korrosionsreaktion gegeneinander ausgetauscht und von einer Stelle zur anderen verlagert. Demnach wird hochreines Eisen in luftgesättigtem Wasser mit ungefähr der gleichen Geschwindigkeit korrodiert wie verunreinigtes oder handelsübliches Eisen. Ein Unterschied der Korrosionsgeschwindigkeiten ist jedoch in Säuren festgestellt worden, und zwar weil hier vorwiegend die Verunreinigungen als Elektroden von Lokalelementen in Erscheinung treten. Diese Angelegenheit wird aber an späterer Stelle noch eingehender behandelt.

2.2. *Definition der Anode und Kathode*

Eine Kombination von zwei elektrischen Leitern (Elektroden), die in einen Elektrolyten eintauchen, wird zu Ehren von Luigi Galvani, einem Physiker aus Bologna/Italien, der seine Untersuchungen über elektrochemische Erscheinungen im Jahre 1791 veröffentlichte, als „galvanisches Element“ bezeichnet. Ein galvanisches Element verwandelt chemische in elektrische Energie. Beim Kurzschließen eines solchen Elementes (Verbinden der Elektroden mit Hilfe eines niederohmigen Drahtes) fließt durch den metallischen Leiter ein positiver Strom von der positiven zur negativen Elektrode. Diese Richtung des Stromflusses ergibt sich aus einer willkürlichen Festlegung, die getroffen wurde, bevor etwas näheres über das Wesen der Elektrizität bekannt war, und die noch heute — trotz der modernen Erkenntnis, daß sich nur negative Ladungsträger, d. h. Elektronen in einem Metall bewegen — befolgt wird. Natürlich strömen die Elektronen, entgegen dem angenommenen Strom von positiven Ladungsträgern, vom negativen zum positiven Pol, jedoch wird immer, wenn der Stromfluß ohne Bezeichnung der Merkmale des Ladungsträgers erklärt wird, ein positiver Strom mit berücksichtigt.

Im Elektrolyten kommt der Stromfluß sowohl durch negative als auch durch positive Ladungsträger zustande, diese sind als Ionen (elektrisch geladene Atome oder Atomgruppen) bekannt. Der durch ein Ion in der Zeiteinheit übertragene Strom hängt von der betreffenden Beweglichkeit und von der Ladung des Ions ab. Die Summe des im Elektrolyten eines Elementes übertragenen positiven und negativen Stromes ist immer gleich dem Gesamtstrom, der im metallischen Leiter nur durch Elektronen geleitet wird. Das OHMsche Gesetz — es lautet $I = E/R$, wobei I die Stromstärke in Ampere, E die Potentialdifferenz in Volt und R der Widerstand in Ohm bedeuten — ist unter bestimmten Bedingungen, die an späterer Stelle besprochen werden, für den Stromfluß sowohl in den Elektrolyten als auch in den Metallen exakt gültig.

Die Elektrode, an welcher eine chemische Reduktion stattfindet, d. h. eine positive Ladung aus dem Elektrolyten in die Elektrode übergeht, wird ,,Kathode" genannt. Beispiele für kathodische Reaktionen sind:

$$H^+ \rightarrow {}^1/_2 H_2 - e^-$$
$$Cu^{++} \rightarrow Cu - 2e^-$$
$$Fe^{3+} \rightarrow Fe^{++} - e^-$$

Alle diese Reaktionen stellen eine Reduktion im chemischen Sinne dar.

Die Elektrode, an welcher eine chemische Oxydation stattfindet, d. h. eine positive Ladung aus der Elektrode in den Elektrolyten übergeht, wird ,,Anode" genannt. Beispiele für anodische Reaktionen sind folgende:

$$Zn \rightarrow Zn^{++} + 2e^-$$
$$Al \rightarrow Al^{3+} + 3e^-$$
$$Fe^{++} \rightarrow Fe^{3+} + e^-$$

Diese Reaktionen stellen eine Oxydation im chemischen Sinne dar. An den Metallen erfolgt die Korrosion meistenteils an der Anode (*4*).

In galvanischen Elementen ist die Kathode der positive und die Anode der negative Pol. Wenn aber dem Element von einem Generator oder einer Batterie ein äußerer Strom zugeführt wird, wie z. B. in der Galvanotechnik, so findet die Reduktion an der Elektrode statt, die mit dem negativen Pol der äußeren Stromquelle verbunden ist; demnach ist diese Elektrode die Kathode. Die mit dem positiven Pol der Stromquelle verbundene Elektrode ist daher die Anode. Um sich diese Bezeichnungen einzuprägen, ist es vielleicht am besten, anstatt die Anode und Kathode als negative und positive Elektroden bzw. umgekehrt anzusehen, sich die Kathode als die Elektrode zu merken, in die positive Ladung aus dem Elektrolyten eintritt, und die Anode als die Elektrode, aus welcher positive Ladung in den Elektrolyt übergeht.

Diese Betrachtungsweise ist unabhängig davon, ob dem Element ein Strom aufgeprägt oder entzogen wird.

Kationen sind die Ionen, die im elektrischen Feld nach der Kathode wandern (H^+, Fe^{++} usw.), sie haben immer eine positive Ladung, ganz gleich, ob der Strom von der Zelle geliefert oder ihr aufgeprägt wird. Ganz analog verhalten sich die immer negativ geladenen Anionen (Cl^-, OH^-, SO_4^{--} usw.).

2.3. *Die verschiedenen Arten der Korrosionselemente*

Man unterscheidet drei Hauptarten von Elementen, die bei Korrosionsreaktionen auftreten können:

2.3.1. *Elemente mit ungleichen Elektroden*

Diese Elemente gleichen im Prinzip der am Anfang dieses Kapitels beschriebenen Trockenbatterie. Ein Metall, welches an der Oberfläche elektrisch leitende Verunreinigungen als selbständige Phase enthält, wie z. B. ein Kupferrohr, das mit einem Eisenrohr verbunden ist oder eine Schiffsschraube aus Bronze, die mit dem Schiffsrumpf aus Stahl elektrisch leitend verbunden ist, sind Beispiele für diesen Typ der Korrosionselemente. Elemente mit ungleichen Elektroden können auch entstehen, wenn kaltgeformtes Metall mit dem gleichen, aber geglühten Metall in Kontakt ist, wenn das Metall aus dem Bereich der Korngrenzen mit den Kristallkörnern oder auch, wenn ein einzelner Kristall mit einer bestimmten Orientierung mit einem Kristall anderer Orientierung verbunden ist (*5*).

2.3.2. *Konzentrationselemente*

Diese Elemente bestehen aus zwei gleichen Elektroden, von denen jede mit einer Lösung unterschiedlicher Zusammensetzung in Verbindung steht. Man unterscheidet hiervon zwei Arten. Die eine wird als Salzkonzentrationselement bezeichnet und tritt zum Beispiel auf, wenn die eine Kupferelektrode einer konzentrierten und die andere einer verdünnten Kupfersulfatlösung ausgesetzt ist (*Abb. 3*). Beim Kurzschließen eines solchen Elementes löst sich Kupfer an der Elektrode auf, die sich in der verdünnten Lösung befindet (Anode), während sich an der anderen Elektrode Kupfer abscheidet (Kathode). Die Elektrodenreaktionen sind darauf gerichtet, die Konzentrationen der Lösungen auszugleichen.

Die zweite, in der Praxis wichtigere Art der Konzentrationselemente ist das sogenannte Belüftungselement. Dieses kann zum Beispiel aus zwei Eisenelektroden bestehen, die in verdünnte NaCl-Lösung tauchen, wobei der Elektrolyt an einer Elektrode gründlich belüftet (Kathode) und an der anderen Elektrode, etwa durch Spülen mit Stickstoff, entlüftet wird (Anode). Der Unterschied in der Sauerstoffkonzentration bewirkt eine Potentialdifferenz und verursacht daher einen Stromfluß (*Abb. 4*). Dieser Korrosionstyp tritt bei der Korrosion in Spalten auf, die zum Beispiel an der Grenze zwischen zwei verbundenen Rohren oder an geschraubten Verbindungen gebildet werden, da die Sauerstoffkonzentration innerhalb des

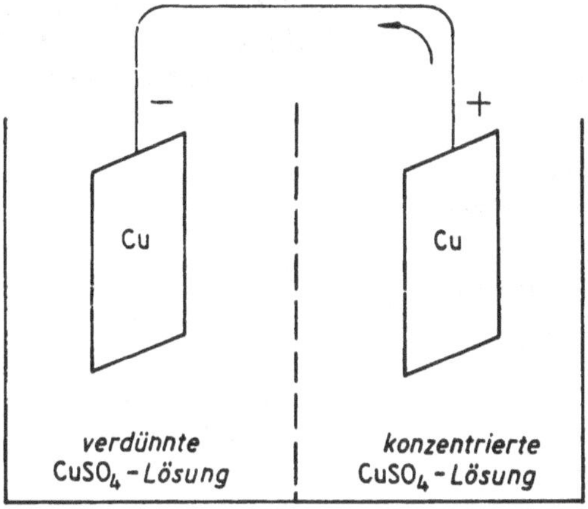

Abb. 3: Salzkonzentrationselement

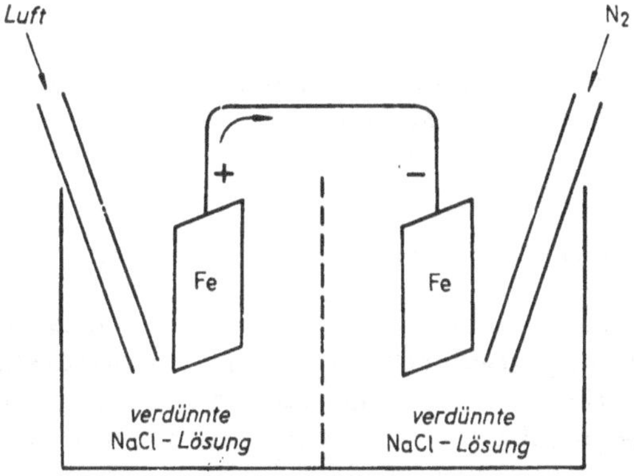

Abb. 4: Belüftungselement

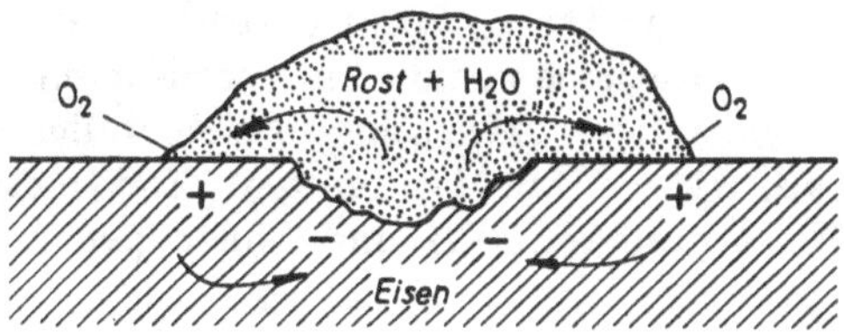

Abb. 5: Belüftungselement, am Eisen durch Rost gebildet

Spaltes oder in den Gewindegängen niedriger ist als außen. Auch der sogenannte Lochfraß unter dem Rost (*Abb. 5*), (*6*) und die Korrosion an der Wasser–Luft-Grenzlinie (*Abb. 6*) können mit dem Belüftungselement erklärt werden. An die Teile der Metalloberfläche, die vom Rost oder anderen unlöslichen Korrosionsprodukten bedeckt sind, gelangt weniger Sauerstoff als an jene Oberflächenteile, wo die sauerstoffdurchlässige Deckschicht dünner oder nicht vorhanden ist.

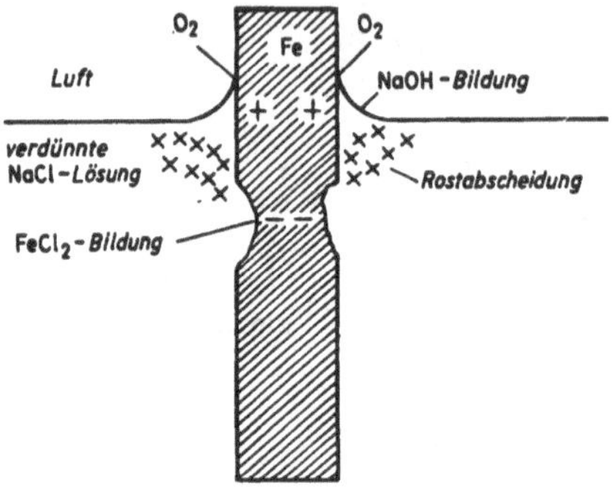

Abb. 6: Belüftungselement, am Eisen durch Rost gebildet

Die Belüftungselemente leiten an den rostbeständigen Stählen, am Aluminium, am Nickel und an anderen sogenannten passiven Metallen auch oft die Lochfraßkorrosion ein, wenn diese Metalle dem Seewasser oder ähnlich zusammengesetzten wäßrigen Medien ausgesetzt sind.

2.3.3. Korrosionselemente, die durch Temperaturunterschiede entstehen

Diese Elemente setzen sich zusammen aus Elektroden des gleichen Metalles, die in Elektrolytlösungen gleicher Anfangszusammensetzung, aber unterschiedlicher Temperatur eintauchen. Über die theoretischen Grundlagen sowie über die praktische Bedeutung dieser „Temperaturdifferenz-Elemente“ ist weniger bekannt als über die in diesem Kapitel bereits beschriebenen Elemente. Sie treten in Wärmeaustauschern, Kesseln, Tauchsiedern und ähnlichen Apparaten auf.

In einer Zelle mit Kupferelektroden in $CuSO_4$-Lösung wirkt die der höheren Temperatur ausgesetzte Elektrode als Kathode und die mit der niederen Temperatur als Anode [6]. Beim Kurzschließen dieser Zelle scheidet sich an der „heißen“ Elektrode metallisches Kupfer ab, während an der „kalten“ Elektrode Kupfer in Lösung geht. In ähnlicher Weise reagieren Blei und Silber, jedoch ist beim Silber die Polarität umgekehrt.

In einer Zelle mit gleichartigen Eisenelektroden, die in verdünnte belüftete NaCl-Lösungen tauchen, verhält sich die „heiße“ Elektrode gegenüber der „kalten“ zunächst anodisch, jedoch kann sich, abhängig von der Belüftung, der Rührgeschwindigkeit und davon, ob die Elektroden kurzgeschlossen sind oder nicht, nach einigen Stunden die Polarität umkehren [7, 8].

In der Praxis können die für die Korrosion verantwortlichen Elemente aus diesen drei Arten zusammengesetzt sein.

2.4. *Arten der Korrosionserscheinung*

Unter Korrosion wird oft nur das Rosten oder das Anlaufen verstanden; indessen tritt sie auch in anderer Form in Erscheinung. So kann sich die Korrosion zum Beispiel auch in der Zerstörung durch Rißbildung oder im Verlust der Festigkeit oder der Geschmeidigkeit des Metalles äußern. Im allgemeinen geht mit wenigen Ausnahmen jede Art der Korrosion nach dem elektrochemischen Mechanismus vor sich, aber es brauchen nicht in jedem Falle die Korrosionsprodukte sichtbar und der Gewichtsverlust des Metalles erheblich zu sein. Im folgenden sollen die fünf Hauptarten der Korrosion betrachtet werden, die unter Berücksichtigung der äußeren Erscheinung oder der veränderten physikalischen Eigenschaften der Metalle definiert wurden.

2.4.1. *Der gleichmäßige Angriff*

Hierzu zählen das allbekannte Rosten des Eisens, das Anlaufen von Silber und Nickel sowie die Hochtemperaturoxydation der Metalle. Die Geschwindigkeit des gleichmäßigen Angriffes kann in verschiedenen Einheiten angegeben werden. Wir werden sie in Gramm pro Quadratmeter und Tag (g/m²d) oder in Millimeter pro Jahr (mm/a) angeben. (In den Vereinigten Staaten sind die Angaben der Abtragung in inch pro Jahr (ipy) und in Milligramm pro Quadratdezimeter und Tag (mdd) gebräuchlich.) Diese Einheiten geben die Abtragung oder den Gewichtsverlust des Metalles an, wobei natürlich irgendwelche, an der Oberfläche haftende Korrosionsprodukte nicht berücksichtigt werden. Stahl wird zum Beispiel in Seewasser mit einer relativ gleichmäßigen Geschwindigkeit von etwa 2,5 g/m² d oder 0,127 mm/a korrodiert. Da die Anfangsgeschwindigkeit des Angriffes gewöhnlich größer als die Endgeschwindigkeit ist, stellen die angegebenen Korrosionsgeschwindigkeiten zeitliche Mittelwerte dar. Es sollte deshalb bei Angaben von Korrosionsgeschwindigkeiten stets auch die Versuchsdauer mit angegeben werden; denn es ist oft nicht zulässig, eine mit bestimmter Versuchsdauer ermittelte Geschwindigkeit auf Vorgänge zu übertragen, deren Dauer weitgehend von der Versuchsdauer abweicht.

Die Umrechnung von mm/a auf g/m² d oder umgekehrt setzt die Kenntnis der Metalldichte voraus. Ein bestimmter Gewichtsverlust pro Flächeneinheit stellt für ein Leichtmetall (zum Beispiel für Aluminium) eine größere Abnahme der Metalldicke dar als der gleiche Gewichtsverlust für ein Schwermetall (wie zum Beispiel für Blei). Umrechnungstabellen befinden sich dazu im Anhang.

Für Bedingungen des gleichmäßigen Angriffes kann man die Metalle je nach ihrer Korrosionsgeschwindigkeit und den jeweiligen praktischen Anforderungen folgendermaßen in drei Gruppen teilen.

a) $V_L \leqq 0{,}10$ mm/a

Die in diese Gruppe fallenden Metalle haben eine recht gute Korrosionsbeständigkeit; sie sind für besonders gefährdete Teile, wie zum Beispiel für Ventilsitzflächen, Pumpenwellen, Federn usw. geeignet.

b) $V_L = 0{,}10-1{,}0$ mm/a

Die in diese Gruppe fallenden Metalle genügen den Anforderungen zum Beispiel zur Herstellung von Kesseln, Rohranlagen, Ventilgehäusen usw., wo eine höhere Korrosionsgeschwindigkeit in Kauf genommen werden kann.

c) $V_L > 1{,}0$ mm/a

Metalle mit derartigen Korrosionsgeschwindigkeiten sind im wesentlichen für die Praxis ungeeignet.

2.4.2. Die Lochfraßkorrosion

Bei der Lochfraßkorrosion (auch einfach Lochfraß genannt) handelt es sich um einen lokalisierten Angriff, d. h. die Korrosionsgeschwindigkeit ist an einigen Stellen wesentlich größer als an anderen. Wenn der Lochfraß auf eine bestimmte, relativ kleine anodische Fläche des Metalles begrenzt ist, so entstehen tiefe Löcher. Ist aber die Angriffsfläche im Verhältnis dazu groß, dann werden sogenannte flache Löcher gebildet. Die Tiefe des Lochfraßes wird hin und wieder durch den Begriff ,,Lochfraßfaktor" ausgedrückt. Dieser Faktor gibt das Verhältnis der tiefsten Metalleindringung zur durchschnittlichen Metallabtragung an, die durch den Gewichtsverlust der Proben bestimmt wurde. Ein Lochfraßfaktor von 1 drückt einen gleichmäßigen Angriff aus (*Abb. 7*).

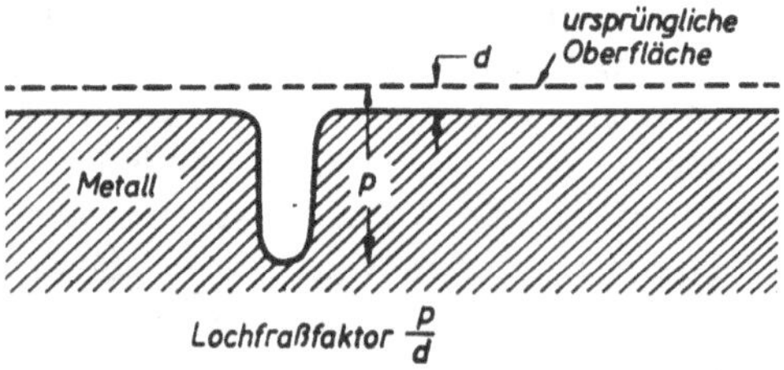

Abb. 7: Aufzeichnung der tiefsten Eindringung im Verhältnis zur durchschnittlichen Metallabtragung und der Lochfraßfaktor

Im Erdboden vergrabenes Eisen wird unter Bildung von flachen Löchern korrodiert, während für rostbeständige Stähle in Seewasser eine Korrosion unter Bildung von tiefen Löchern charakteristisch ist. Manche Metalle unterliegen einer Art Lochfraßkorrosion, wenn sie sich mit einer hohen Geschwindigkeit in Flüssigkeiten bewegen. Diese Korrosionsart wird oft als ,,Erosionskorrosion" bezeichnet (s. *Abb. 1*, S. 295) und kommt zum Beispiel an Kupfer- und Messingkondensatorrohren vor.

Die ,,Reibkorrosion" wird durch schwache relative Bewegung (wie etwa die Schwingung) zweier sich berührender Gegenstände verursacht, von denen einer oder beide aus Metall sind, und führt gewöhnlich zur Bildung einer Anzahl Löcher an der metallischen Berührungsfläche. In den meisten Fällen werden die Löcher durch Metalloxid ausgefüllt, so daß die Löcher erst sichtbar werden, nachdem die Korrosionsprodukte entfernt worden sind.

Die Kavitations-Erosion rührt von der Bildung und dem Zerplatzen von Dampf- oder Gasblasen an einer stark bewegten Berührungsfläche zwischen einem Metall und einer Flüssigkeit her (wie es zum Beispiel an Rotoren von Pumpen oder an den Flächen der Schiffsschraube vorkommt) und verursacht die Bildung einer Reihe von Löchern, die oft als ein Gitter von schmalen, relativ tiefen Spalten erscheinen (s. *Abb. 11*, S. 102).

2.4.3. Entzinkung und selektive Korrosion

Die Entzinkung ist eine Korrosionsart, die bei Zinklegierungen, wie zum Beispiel beim Messing, vorkommt und darin besteht, daß das Zink vorzugsweise korrodiert, wodurch ein poröser Körper aus Kupfer und Korrosionsprodukten zurückbleibt (*Abb. 4*, S. 300). Eine derartig korrodierte Legierung behält meist ihre ursprüngliche Form bei und kann bis auf das Mattwerden der Oberfläche unversehrt scheinen, jedoch sind dadurch ihre Zerreißfestigkeit und besonders die Duktilität bedeutend verringert worden. Entzinktes Messingrohr kann dennoch eine genügende Festigkeit behalten, um den inneren Wasserdrücken so lange standzuhalten, bis versucht wird, das Rohr loszulösen oder ein Wasserstoß erfolgt, der das Aufplatzen des Rohres verursacht.

Die Scheidung ist der Entzinkung ähnlich; sie besteht darin, daß eine oder mehrere reaktive Komponenten der Legierung vorzugsweise korrodieren und dadurch einen porösen Rückstand hinterlassen, der die ursprüngliche Form der Legierung gut beibehält. Die Scheidung ist im wesentlichen auf Edelmetall-Legierungen, wie etwa Au–Cu- oder Au–Ag-Legierungen beschränkt und wird in der Praxis für die Raffination von Gold ausgenutzt. Eine Legierung von Gold und Silber, die mehr als 65% Au enthält, ist zum Beispiel gegenüber konzentrierter Salpetersäure ebensogut beständig wie Gold selbst. Wenn aber die Legierung aus etwa 25% Au und 75% Ag zusammengesetzt ist, reagiert das Silber mit konzentrierter HNO_3 unter Bildung von Silbernitrat sowie eines porösen Rückstandes oder eines Pulvers aus reinem Gold.

Kupfer–Aluminium-Legierungen sind einer der Entzinkung ähnlichen Korrosionsform mit vorzugsweise korrodierendem Aluminium ausgesetzt.

2.4.4. Die interkristalline Korrosion (Korngrenzenkorrosion)

Diese besondere Form eines an den Korngrenzen des Metalles lokalisierten Angriffes bewirkt einen Verlust an Festigkeit und Duktilität des Metalles. Das Metall in den schmalen Bereichen entlang der Korngrenzen, das als Anode wirkt, ist mit den großen, als Kathode wirkenden Kristallflächen in engem Kontakt. Der Angriff geht daher meist recht schnell vor sich und dringt tief in das Metall ein, womit er oft verheerende Zerstörungen verursacht. Von den Legierungen unterliegen vor allem unsachgemäß vergütete rostbeständige 18–8-Stähle oder Legierungen in der Art des Duraluminiums (4% Cu–Al) der Korngrenzenkorrosion. Als Beispiel für einen nichtelektrochemischen Korngrenzenangriff soll in einer schwefelhaltigen Atmosphäre erhitztes Nickel angeführt werden, welches durch das Eindringen von Schwefel entlang der Korngrenzen zerstört wird.

2.4.5. Rißkorrosion

Wenn ein Metall in einer korrosiven Umgebung unter mehrfachen oder abwechselnden Zugspannungen rissig wird und zerbricht, so liegt ein Fall der Korrosionsermüdung vor. In Abwesenheit einer korrosiven Umgebung wird das Metall ähnlich beansprucht, aber hier wird das Metall unterhalb eines kritischen Spannungswertes, der Ermüdungsgrenze, selbst nach einer unendlichen Anzahl von Schwingungen nicht versagen. Eine regelrechte Ermüdungsgrenze gibt es jedoch im allgemeinen in korrosiver Umgebung nicht, so daß das Metall nach einer gewissen Anzahl von Spannungszyklen auch unter schwacher Spannung zerbricht. Die Arten der die Korrosionsermüdung verursachenden Umgebung sind vielfältig und nicht sehr spezifisch.

Wenn ein Metall unter einer konstanten Spannung und in einem spezifischen korrosiven Medium sofort oder nach einiger Zeit rissig wird, dann bezeichnet man die Zerstörung als Spannungsrißkorrosion (7). Die Spannung kann entweder von der Kaltverformung oder der Wärmebehandlung im Metall zurückgeblieben sein, oder von einer äußeren Krafteinwirkung herrühren. Praktisch an allen Gebrauchsmetallen, wie zum Beispiel an unlegierten und niedrig legierten Stählen, an Messing, an rostbeständigen Stählen, an Duraluminium, an Magnesium, an Nickellegierungen und anderen mehr kann in einigen Medien die Spannungsrißkorrosion auftreten. Glücklicherweise sind diese schädigenden Medien in der Regel auf einige chemische Verbindungen beschränkt und die notwendigen Spannungen genügend hoch, so daß die in der Praxis vorkommenden Fälle dieser Angriffsart immer mehr reduziert werden. Mit immer neuen Erkenntnissen über die, eine Rißbildung verursachenden Medien und über die Grenzspannungen, die zur Vermeidung eines Angriffes innerhalb einer bestimmten Zeitspanne noch zulässig sind, wird es möglich sein, Metallkonstruktionen aufzubauen, an denen keine Spannungsrißkorrosion auftritt. Nicht alle hoch gespannten Metallkonstruktionen sind zur Zeit mit einer solchen Sicherung versehen.

Literatur-Anmerkungen

[1] W. Tragert u. W. D. Robertson, J. Electrochem. Soc., **102** (1955), 86
[2] C. Walton, Trans. Electrochem. Soc., **85** (1944), 239
[3] R. Glauner u. R. Glocker, Zeit. Kristallographie, **80** (1931), 377
[4] H. M. Howe, „*Metallography of Steel and Cast Iron*", S. 269, McGraw-Hill, 1916
[5] C. M. Barrett, „*Structure of Metals*", 2. Aufl., S. 194, McGraw-Hill, 1952
[6] N. Berry, Corrosion, **2** (1946), 261

[7] H. H. Uhlig u. O. Noss, Corrosion, 6 (1950), 140
[8] V. Simpson, jr., u. S. B. Thesis, Dept. Chem. Eng., M. I. T. (1950)

Allgemeine Literaturhinweise:

E. Lange u. H. Göhr: „*Thermodynamische Elektrochemie*", Heidelberg 1962
G. Kortüm: „*Lehrbuch der Elektrochemie*", Weinheim/Bergstraße, 1966
A. N. Frumkin, V. S. Bogockij, Z. A. Jofa u. B. N. Kabanow: „*Kinetika elektrodnych prozessov*", Moskau, 1952
K. J. Vetter: „*Elektrochemische Kinetik*", Berlin, 1961
H. Kaesche: „*Die Korrosion der Metalle*", Berlin, 1966, S. 5—157, 220—250
W. Forker: „*Elektrochemische Kinetik*", Berlin, 1966

(*1*) Die Funktion des Kohlenstoffgranulats für die Elektrizitätsleitung und die des Braunsteins als Depolarisator — diese Stoffe hüllen die Kohlenstoffelektrode ein — braucht uns an dieser Stelle nicht zu interessieren.

(*2*) Die Ionen sind in wäßriger Lösung an Wassermoleküle gebunden, deren Anzahl nicht genau zu bestimmen ist. Sie unterscheiden sich dadurch von den nicht hydratisierten gasförmigen Ionen. Jedoch ist es allgemein üblich, die Kennzeichnung der an die Ionen gebundenen Wassermoleküle zu unterlassen und zum Beispiel die hydratisierten Zinkionen mit dem Symbol Zn^{++} zu bezeichnen.

(*3*) In ähnlicher Weise sind die elektrochemischen Äquivalente für andere Metalle erhältlich (siehe z. B. „*Corrosion Handbook*", S. 1133).

(*4*) Die sich an der Kathode bildenden alkalischen Reaktionsprodukte können an amphoteren Metallen, wie zum Beispiel an Aluminium, Zink, Blei oder Zinn, mitunter eine sekundäre Korrosion verursachen. Diese Metalle werden im allgemeinen sowohl in Säuren als auch in Laugen sehr schnell korrodiert.

(*5*) Die verschiedenen Kristallflächen eines Metalles nehmen, obwohl sie anfänglich unterschiedliche Potentiale ausbilden, die zur Korrosion neigen, mit der Zeit das gleiche Potential an, wenn das Metall einer reaktiven Umgebung ausgesetzt wird [1] [2]. Das kommt daher, daß die korrosionsempfindlichsten Atomebenen zuerst reagieren und die am wenigsten angreifbaren Ebenen übrig bleiben; daher sind schließlich diese die einzigen Flächen, welche, ungeachtet der ursprünglichen Orientierung, der Korrosion ausgesetzt sind. Die Korrosionsgeschwindigkeiten unterscheiden sich jedoch auch dann noch, weil sich die wahren Oberflächen von denen unterscheiden, an welchen sich vorher die verschiedenen Kristallflächen befanden.

Die am wenigsten korrosionsempfindliche Orientierungsebene eines Metalles ist nicht immer die gleiche, sondern je nach der Umgebung unterschiedlich. Die (110)-Ebene des Kupfers wird in 0,3 n HCl—0,1 n H_2O_2 am schnellsten korrodiert, aber in 0,3 n HNO_3 bis 0,1 n H_2O_2 sind die (111)- und die (110)-Ebenen am reaktionsfähigsten [3]. In verdünnter Salpetersäure ist die (100)-Ebene des Eisens am wenigsten angreifbar [4] [5].

(*6*) Das verrostete Eisen bildet nicht nur mehr Löcher, sondern es wird auch allgemein schneller als ungerostetes Eisen korrodiert, weil die den Rost bildenden Eisenoxide Wasser absorbieren und oft hygroskopische Verunreinigungen enthalten, wodurch die Metalloberfläche feucht gehalten wird.

(*7*) Sowohl die Spannungsrißkorrosion als auch die Rißbildung, die durch die Absorption des bei einer Korrosionsreaktion erzeugten Wasserstoffes verursacht wird, entsprechen dieser Definition. Die kennzeichnenden Unterschiede zwischen den zwei Arten der Rissigkeit werden auf Seite 127 beschrieben.

3. Korrosionsneigung und Elektrodenpotentiale

3.1. Änderung der freien Enthalpie

Die Triebkraft für den Ablauf einer chemischen Reaktion, auch der Reaktion eines Metalles mit seiner Umgebung, wird durch die Änderung der GIBBSschen freien Enthalpie ΔG quantitativ ausgedrückt. Je negativer der Wert von ΔG, um so größer ist die Triebkraft für den Reaktionsablauf. Betrachtet man zum Beispiel die folgende Reaktion bei 25 °C:

$$Mg + H_2O\ (l) + 1/2\ O_2\ (g) \rightarrow Mg(OH)_2\ (s), \text{ mit } \Delta G^0 = -\ 142{,}600 \text{ cal},$$

so bedeutet der hohe negative Wert für ΔG^0 (die G^0-Werte des Ausgangs- und Endproduktes sind auf den Standardzustand bezogen) eine große Neigung zur Reaktion des Magnesiums mit Wasser und Sauerstoff. Anderseits ist für die Reaktion,

$$Cu + H_2O\ (l) + 1/2\ O_2\ (g) \rightarrow Cu(OH)_2\ (s), \quad \Delta G^0 = -\ 28{,}600 \text{ cal}$$

die Triebkraft der Reaktion geringer, und man kann daraus ersehen, daß das Korrosionsbestreben des Kupfers in belüftetem Wasser bei weitem nicht so stark ist wie das des Magnesiums. Für die Reaktion

$$Au + 3/2\,H_2O\ (l) + 3/4\,O_2\ (g) \rightarrow Au(OH)_3\ (s), \quad \Delta G^0 = +\ 15{,}700 \text{ cal}$$

ist die freie Enthalpie positiv, was bedeutet, daß die Reaktion nicht bestrebt ist, freiwillig abzulaufen, und Gold dementsprechend in wäßrigen Medien nicht unter Bildung von $Au(OH)_3$ korrodiert.

Es muß nachdrücklich betont werden, daß die Korrosionsneigung kein Maß für die Reaktionsgeschwindigkeit ist. Ein hoher negativer ΔG-Wert kann, aber muß nicht mit einer hohen Korrosionsgeschwindigkeit verbunden sein, wenn jedoch ΔG positiv ist, kann mit Sicherheit ausgesagt werden, daß die Reaktion unter den gegebenen Bedingungen nicht freiwillig ablaufen wird. Bei einer Reaktion mit negativem ΔG-Wert kann die Reaktionsgeschwindigkeit, abhängig von verschiedenen Faktoren, die im einzelnen später beschrieben werden, hoch oder auch niedrig sein.

Im Hinblick auf den elektrochemischen Mechanismus der Korrosion kann die Triebkraft einer Metallauflösung auch durch die Elektromotorische Kraft (*EMK*) der Korrosionszellen, die eine Einheit im Korrosionsprozeß darstellen, ausgedrückt werden. Da die elektrische Energie durch das Produkt aus einer Spannung und einer Strommenge ausgedrückt wird, kann die Beziehung zwischen G und der *EMK*, die mit E bezeichnet und in Volt angegeben wird, durch die Gleichung

$\Delta G = E\,n\,F$ beschrieben werden, wobei n die Anzahl der Elektronen, die an der Reaktion beteiligt sind, und F die FARADAY-Konstante (96500 Coulomb) bedeutet. Die Größe ΔG kann mit Hilfe des Umrechnungsfaktors 1 cal = 4,184 absolute Joule von Kalorien in Joule umgerechnet werden.

Je negativer demnach die Größe E für eine Zelle ist, um so größer ist die Triebkraft für den Ablauf der Gesamtreaktion in der Zelle. Dies bezieht sich auf jede der vorher beschriebenen Zellentypen.

3.2. *Potentiometerschaltung*

Die *EMK* einer Zelle, wie man sie im Laboratorium oder im freien Meßstand aufbaut, wird durch das Entgegenschalten einer bekannten *EMK* von der Größe, daß durch ein mit der Zelle in Reihe geschaltetes empfindliches Galvanometer kein Strom mehr fließt, gemessen. Die kompensierende *EMK* wird mit Hilfe einer geeigneten Schaltung eingestellt, die als Potentiometerschaltung bekannt und auf *Abb. 1* in einer vereinfachten Skizze dargestellt ist.

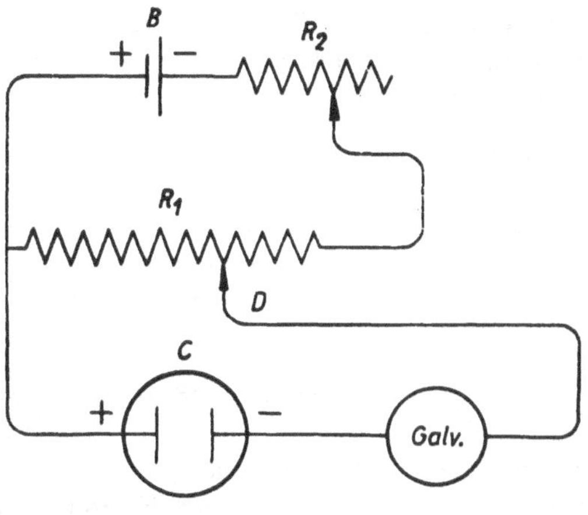

Abb. 1: Potentiometerschaltung

Ein geeichter ablesbarer Widerstand R_1 ist mit einer Gleichstromquelle B von $1^1/_2$ bis 4 V über einen veränderlichen Widerstand R_2 verbunden. Jede Einstellung von D entspricht einer bestimmten gekennzeichneten Spannung, die von Null (ganz links) bis zum Maximalwert (ganz rechts) verändert werden kann. Zuerst wird ein WESTON-Normalelement von bekannter *EMK* anstelle der Zelle C eingesetzt, und R_2 so abgeglichen, bis durch das Galvanometer kein Strom fließt, wenn der Anschluß D am Widerstand R_1 auf den Wert eingestellt ist, der der Spannung des Normalelementes entspricht. Da das Normalelement bei andauernder Belastung bald erschöpfen oder zerstört werden würde, wird es nur zum Eichen der Batterie B verwendet. Danach wird die Meßzelle in den Stromkreis geschaltet und durch Verändern der Einstellung von D wieder abgeglichen, bis das Galvanometer keinen Stromfluß anzeigt. Aus der entsprechenden Stellung von D läßt sich die genaue *EMK* der Zelle je nach der Art des verwendeten Widerstandes R_1 entweder unmittelbar in Volt bzw. Millivolt ablesen oder rechnerisch ermitteln.

Bei genauem Abgleich fließt kein Strom durch die Zelle, da aber der Abgleich niemals vollkommen realisiert wird, kann während der Messung immer noch ein geringer Strom fließen. Es wird deshalb zum Schließen des Stromkreises ein Taster angewandt und zum Messen die Taste nur einen Moment heruntergedrückt. Diese Maßnahme ist bei der Messung an großen Zellen mit sogenannten schwach polarisierbaren Elektroden nicht so wichtig wie bei der Messung an kleinen Zellen oder an solchen mit einem hohen inneren Widerstand. Für die Messung an Zellen mit einem hohen inneren Widerstand ist es günstig, ein Galvanometer zu benutzen, das auf einen kurzzeitigen Stromfluß gut anspricht. Elektronische Galvanometer, die für pH-Messungen mit Glaselektroden benutzt werden, haben zum Beispiel einen Eingangswiderstand von ungefähr 10^{12} Ohm oder mehr, das heißt, daß, wenn der Abgleich des Kompensationsstromkreises und der Meßzelle um 1 V differiert, ein Strom von nur 10^{-12} A fließt. Dieser Strom genügt nicht, um die Zelle zu polarisieren bzw. zeitweilig die *EMK* der Zelle zu verändern. Empfindliche Galvanometer mit hohem Eingangswiderstand sind zur Messung der *EMK* deshalb sehr geeignet, weil damit der genaue Wert selbst dann erhalten wird, wenn der Kompensationskreis nicht auf Abgleich eingestellt worden ist.

Die Nachteile eines solchen empfindlichen Galvanometers sind

a) die Notwendigkeit einer vollkommenen Isolierung der benutzten Zuleitungsdrähte, insbesondere an feuchten Tagen, und

b) die Notwendigkeit der Abschirmung aller Leitungen, um sie gegen äußere elektrische Störungen zu sichern, die zum Beispiel durch benachbarte Hochfrequenzgeneratoren, Kommutatormotoren, Schalter oder ähnliche Vorrichtungen verursacht werden.

3.3. Die NERNST*sche Gleichung und die Berechnung des Elektrodenpotentials*

Auf der Grundlage der Thermodynamik [1] kann eine Gleichung hergeleitet werden, die die *EMK* einer Zelle in Abhängigkeit von den Konzentrationen der Ausgangs- und Endprodukte ausdrückt. Für die allgemeine Reaktion in einer galvanischen Zelle kann man schreiben

$$lL + mM + \cdots \rightarrow qQ + rR + \cdots$$

das heißt, daß l Mole der Substanz L mit m Molen der Substanz M usw. unter Bildung von q Molen der Substanz Q, r Molen der Substanz R usw. reagieren. Die Änderung der freien Enthalpie ΔG für diese Reaktion ergibt sich aus der Differenz der molaren freien Enthalpien der Ausgangs- und Endprodukte, wo G_Q die molare freie Enthalpie der Substanz Q usw. bedeutet:

$$\Delta G = (qG_Q + rG_R + \cdots) - (lG_L + mG_M + \cdots) \tag{1}$$

Ein ähnlicher Ausdruck ergibt sich, wenn die Reaktanten im Standardzustand oder in einem beliebigen anderen Bezugszustand betrachtet werden; das Symbol G^0 bezeichnet die molare freie Standardenthalpie:

$$\Delta G^0 = (qG_Q^0 + rG_R^0 + \cdots) - (lG_L^0 + mG_M^0 + \cdots) \tag{2}$$

Wenn a_L die als Aktivität bezeichnete korrigierte Konzentration des Stoffes L ist, wird der Zusammenhang der freien Enthalpieänderung für den Stoff L in einem gegebenen oder im Standardzustand mit der Aktivität a_L durch folgende Gleichung ausgedrückt:

$$l(G_L - G_L^0) = lRT \ln a_L = RT \ln a_L^l, \tag{3}$$

wobei R die allgemeine Gaskonstante (8,314 Joule/Grad · Mol) oder (1,986 cal/Grad · Mol) und T die absolute Temperatur ist (°C + 273,16). Wenn man Gleichung (2) von (1) abzieht und nach Gleichung (3) die entsprechenden Aktivitäten einsetzt, kommt man zu dem Ausdruck:

$$\Delta G - \Delta G^0 = RT \ln \frac{a_Q^q \cdot a_R^r \cdots}{a_L^l \cdot a_M^m \cdots} \tag{4}$$

Im Gleichgewichtszustand kommt die effektive Reaktion zum Stillstand und es gilt $\Delta G = 0$; wenn man für $\frac{a_Q^q \cdot a_R^r \cdots}{a_L^l \cdot a_M^m \cdots} = k$ setzt, wo k als Gleichgewichtskonstante für die Reaktion bezeichnet wird, so folgt

$$\Delta G^0 = - RT \ln k \tag{5}$$

Wenn anderseits die Aktivitäten aller Ausgangs- und Endprodukte gleich 1 sind, wird der logarithmische Wert Null ($\ln 1 = 0$) und $\Delta G = \Delta G^0$.

Aus $\Delta G = EnF$ folgt $\Delta G^0 = E^0 nF$, wobei E^0 die *EMK* der Zelle für den Fall bedeutet, daß alle Ausgangs- und Endprodukte im Standardzustand vorliegen, d. h. daß ihre Aktivitäten bzw. Fugazitäten gleich 1 sind. Aus Gleichung (4) erhalten wir demnach

$$E = E^0 + \frac{RT}{nF} \ln \frac{a_Q^q \cdot a_R^r \cdots}{a_L^l \cdot a_M^m \cdots}. \tag{6}$$

Das ist die NERNSTsche Gleichung, welche die genaue *EMK* einer Zelle in Abhängigkeit von den Aktivitäten der Ausgangs- und Endprodukte der Reaktion in der Zelle ausdrückt. Die Aktivität a_L einer in Wasser gelösten Substanz L ist gleich ihrer Konzentration in Mol pro 1000 g Wasser (Molalität), multipliziert mit einem Korrekturfaktor, dem Aktivitätskoeffizienten $f^{\pm}$. Der Aktivitätskoeffizient ist eine Funktion der Temperatur und der Konzentration und muß außer für sehr verdünnte Lösungen experimentell bestimmt werden. Wenn der Stoff L ein Gas ist, dann wird statt der Aktivität seine Fugazität eingesetzt, die bei normalen Drücken näherungsweise dem Druck gleichgesetzt werden kann. Die Aktivität eines reinen Feststoffes oder die eines Feststoffes in einer Lösung, die sich mit dem Feststoff im Gleichgewicht befindet, ist konstant und wird willkürlich 1 gesetzt. Ebenso wird die Aktivität für ein Lösungsmittel wie Wasser, dessen Konzentration während der Reaktion im wesentlichen konstant ist, gleich 1 gesetzt.

Auf Grund der Tatsache, daß die *EMK* einer Zelle immer die algebraische Summe zweier Elektroden- oder Halbzellenpotentiale ist, kann man auch jedes Elektrodenpotential einzeln berechnen. Als Beispiel sei die folgende Elektrodenreaktion gewählt:

$$\mathrm{Zn} \rightarrow \mathrm{Zn}^{++} + 2e^- \qquad (7)$$

$$\varepsilon_{\mathrm{Zn}} = \varepsilon^0_{\mathrm{Zn}} + \frac{RT}{2F} \ln \frac{a_{\mathrm{Zn}^{++}}}{a_{\mathrm{Zn}}} \qquad (8)$$

$a_{\mathrm{Zn}^{++}}$ bezeichnet die Aktivität der Zinkionen (Molalität · Aktivitätskoeffizient) und a_{Zn} die Aktivität des metallischen Zinks. Da das Zink ein reiner Feststoff ist, wird seine Aktivität gleich 1 gesetzt. $\varepsilon^0_{\mathrm{Zn}}$ bezeichnet das sogenannte Standardpotential des Zinks, d. h. das Gleichgewichtspotential von Zink in der Lösung seiner Ionen mit der Aktivität 1.

Da es bequemer ist, mit Logarithmen zur Basis 10 zu rechnen, wird der Wert des Koeffizienten $\frac{RT}{F}$ mit dem Umrechnungsfaktor 2,303 multipliziert. Aus den Werten $R = 8{,}314$ Joule/Grad · Mol (1,986 cal/Grad · Mol), $T = 298{,}2\,°\mathrm{K}$ und $F = 96500$ C (23064 cal/V) ergibt sich der Koeffizient 2,303 RT/F für 25 °C zu 0,0592 V. Dieser Koeffizient erscheint oft in Ausdrücken, welche Potentiale oder *EMK* darstellen.

Gemessene oder berechnete Werte der Standardpotentiale ε^0 findet man in verschiedenen Nachschlagewerken oder Handbüchern (zum Beispiel in „*Oxidation Potentials*“ von W. M. LATIMER, Prentice-Hall, 1952; Landold-Börnstein: „*Zahlenwerte und Funktionen*“, 6. Aufl. Bd. II, Teil 7, Berlin 1960, oder in einem der chemischen Handbücher). Hier sind einige Werte auf Seite 29 und im Anhang zusammengestellt. Für verschiedene Salzlösungen sind im Anhang auch die Werte der Aktivitätskoeffizienten angegeben. Weiterhin sind auf Seite 253 Definitionen und Regeln gegeben, die sich auf die Anwendung der Aktivitätskoeffizienten beziehen.

3.4. *Standardwasserstoffelektrode*

Da die absoluten Elektrodenpotentiale, über deren Bedeutung gegenwärtig noch viel diskutiert wird, nicht mit Sicherheit bekannt und nicht meßbar sind, ist es zweckmäßig, willkürlich festzulegen, daß das Standardpotential für die Reaktion

$$H_2 \leftrightharpoons 2H^+ + 2e^- \tag{9}$$

bei allen Temperaturen gleich Null ist. Daraus folgt

$$\varepsilon_{H_2} = 0 + \frac{RT}{2F} \ln \frac{a_{H^+}^2}{p_{H_2}^*}, \tag{10}$$

wobei $p_{H_2}^*$ die Fugazität des Wasserstoffes in atm und a_{H_+} die Aktivität der Wasserstoffionen ist. Das Wasserstoffelektrodenpotential kann mit Hilfe eines platinierten Platinbleches, das in eine mit Wasserstoffgas bei 1 atm gesättigte

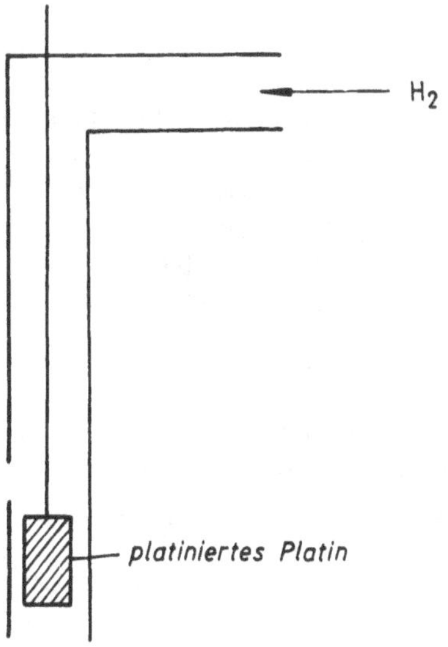

Abb. 2: Wasserstoffelektrode

Lösung eintaucht (*Abb. 2*), oder bequemer mit Hilfe der Glaselektrode gemessen werden, deren Phasengrenzpotential sich ebenfalls reversibel in Abhängigkeit von der Wasserstoffionenaktivität einstellt. Alle Werte von Elektrodenpotentialen beziehen sich im allgemeinen auf die Wasserstoffelektrode. Aus der *EMK*-Messung an einer, zum Beispiel aus einer Zink- und einer Wasserstoffelektrode zusammengesetzten Zelle, die als Elektrolyt Zinksalzlösung mit bekannter Zn^{++}- und H^+-Ionenaktivität enthält, kann man das Standardpotential ε^0 für Zink ermitteln; der Tabellenwert von ε^0 beträgt $-0{,}763$ V.

Es sei bemerkt, daß das Potential der Wasserstoffelektrode Null ist, wenn sowohl die Wasserstoffionenaktivität als auch der Druck des Wasserstoffgases in atm 1 sind. Dieses wird als Potential der Standardwasserstoffelektrode bezeichnet. Demnach ist das Potential einer Elektrode gleich der *EMK* einer Zelle, die als zweite Elektrode die Standardwasserstoffelektrode enthält. Das auf dieser

Grundlage ausgedrückte Elektrodenpotential wird durch den Hinweis „auf die Standardwasserstoffelektrode bezogen“ (*St. H. E.*) und mitunter auch durch das Symbol ε_H gekennzeichnet.

3.5. Festlegung der Vorzeichen und die Berechnung der EMK

Gemäß der vorangegangenen Diskussion, stellt das Standardpotential von Zink, welches einzeln nicht meßbar ist, die *EMK* einer Zelle dar, deren eine Elektrode aus Zink besteht, das in eine Zinkionenlösung der Aktivität von 1 eintaucht, und deren zweite Elektrode die Standardwasserstoffelektrode ist, d. h. es liegt die folgende Kette vor:

$$Zn/Zn^{++}, \quad H^+/H_2\,(Pt) \tag{11}$$

Die entsprechende Reaktion soll hier willkürlich in der Weise formuliert werden, daß die an der rechten Seite der durch (11) beschriebenen Kette stattfindende Oxydationsreaktion von der an der linken Seite ablaufenden Oxydationsreaktion subtrahiert wird. Ferner erhält die *EMK* eines freiwillig verlaufenden Vorganges ein negatives und die eines unfreiwillig verlaufenden Vorganges ein positives Vorzeichen; dementsprechend gilt also $\Delta G^0 = E^0\, n\, F$ und

$$Zn + 2H^+ \rightarrow Zn^{++} + H_2, \qquad E^0 = -0{,}763\ V \tag{12}$$

Die freie Enthalpie beträgt $\Delta G^0 = -0{,}763 \cdot 2F$ cal; der negative Wert von ΔG^0 besagt, daß die Reaktion (12) unter Standardbedingungen für die Ausgangs- und Endprodukte in der beschriebenen Richtung freiwillig verläuft. Andererseits lautet für die Kette

$$(Pt)\,H_2/H^+, \quad Zn^{++}/Zn \tag{13}$$

die entsprechende Reaktionsgleichung

$$Zn^{++} + H_2 \rightarrow Zn + 2H^+, \qquad E^0 = 0{,}763\ V \tag{14}$$

und ihre Standard-*EMK* sowie ΔG^0 sind positiv.

Für die einzelnen Elektrodenprozesse des Vorganges (12) kann man daher schreiben

$$Zn \rightarrow Zn^{++} + 2e, \qquad \varepsilon^0 = -0{,}763\ V \tag{14}$$

$$\text{und } 2H^+ + 2e \rightarrow H_2, \qquad \varepsilon^0 = \pm 0 \tag{14a}$$

Das Zink hat demnach ein negatives Elektrodenpotential und es ist in einer galvanischen Zelle, in welcher die Standardwasserstoffelektrode die Kopplungselektrode ist, der negative Pol, d. h. das Zink ist gegen die Wasserstoffelektrode negativ.

Wenn wir die *EMK* der in *Abb. 3* gezeigten Zelle (Cu/Cu^{++}, Zn^{++}/Zn) berechnen wollen, so können wir zunächst die Reaktion der linken Elektrode (Kupfer) so schreiben, als wenn es die Anode wäre (ob sie es ist oder nicht, wird sich später herausstellen).

$$Cu \rightarrow Cu^{++} + 2e^-, \quad \varepsilon^0 = 0{,}337 \text{ V} \tag{15}$$

$$\varepsilon_{Cu} = 0{,}337 + \frac{0{,}0592}{2} \log a_{Cu^{++}} \tag{16}$$

Die Reaktion für die rechte Elektrode ist:

$$Zn \rightarrow Zn^{++} + 2e^-, \qquad \varepsilon^0 = -0{,}763 \text{ V} \tag{17}$$

$$\varepsilon_{Zn} = -0{,}763 + \frac{0{,}0592}{2} \log a_{Zn^{++}} \tag{18}$$

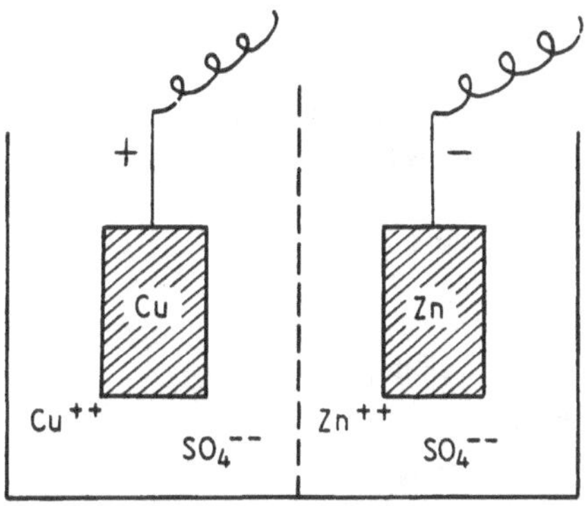

Abb. 3: Kupfer — Zinkelement

Die Reaktion (17) wird dann von Reaktion (15) in der Weise subtrahiert, daß die Summe der Elektronen den Wert Null ergibt. (Unter Umständen macht sich dazu die vorherige Multiplikation einer oder beider Reaktionsgleichungen mit einem Zahlenfaktor notwendig.) Für die betrachtete Zelle erhält man daraus:

$$Cu + Zn^{++} \rightarrow Cu^{++} + Zn \tag{19}$$

Die *EMK* dieser Zelle ergibt sich aus der Differenz der entsprechenden Halbzellenpotentiale (16) und (18), (1). Dazu ist zu bemerken, daß zwar das Umkehren einer Reaktion das Vorzeichen des Potentials verändert, jedoch das Multiplizieren mit einem Faktor weder auf die *EMK* noch auf die ε^0-Werte einen Einfluß hat, da das Reaktionsbestreben unabhängig von der Menge der reagierenden Substanz ist. (Im Gegensatz dazu hängt die Änderung der freien Enthalpie von der Menge der reagierenden Substanz ab.)

$$EMK = \varepsilon_{Cu} - \varepsilon_{Zn} = 1{,}100 + \frac{0{,}0592}{2} \log \frac{a_{Cu^{++}}}{a_{Zn^{++}}} \tag{20}$$

Bei gleichen Aktivitäten der Kupfer- und Zinkionen ergibt sich für die *EMK* ein Wert von $E = 1{,}100$ V. Da die *EMK* ein positives Vorzeichen hat, ergibt sich nach der Beziehung $\Delta G = EnF$ auch eine positive Änderung der freien Enthalpie, und demnach läuft der Vorgang in der Zelle nicht in der angenommenen Richtung (Gleichung (19)), sondern entgegengerichtet freiwillig ab. Das heißt also, daß in der kurzgeschlossenen Zelle die Zinkelektrode die Anode bildet, an welcher eine Auflösung des Metalles stattfindet, und die Kupferelektrode als Kathode wirkt, an der sich die Kupferionen abscheiden.

Auf diese Weise lassen sich die *EMK*, die Polarität sowie der freiwillige Reaktionsverlauf für jede galvanische Zelle bestimmen, falls die entsprechenden Halbzellenreaktionen und deren Standardpotentiale bekannt sind.

3.6. Die Messung des pH-Wertes

Die Wasserstoffionenaktivität wird gewöhnlich aus Bequemlichkeit durch den pH-Wert ausgedrückt. Dieser ist definiert durch

$$\mathrm{pH} = -\log a_{H^+}$$

Für die Halbzellenreaktion, $H_2 \rightarrow 2H^+ + 2e^-$, mit einem Wasserstoffpartialdruck von 1 atm beträgt daher $\varepsilon_{H_2} = -0{,}0592$ pH.

Da reines Wasser nach der Gleichung

$$H_2O \leftrightarrows H^+ + OH^-$$

gleiche Konzentrationen von H^+- und OH^--Ionen im Gleichgewicht mit undissoziiertem Wasser enthält, kann aus der Dissoziationskonstante, deren Wert bei 25 °C $K_W = 1{,}01 \cdot 10^{-14}$ beträgt, die Aktivität der Wasserstoffionen oder der Hydroxylionen berechnet werden. Daher ergibt sich der pH-Wert des reinen Wassers bei 25 °C zu $\mathrm{pH} = -\log \sqrt{1{,}10 \cdot 10^{-14}} \cong 7{,}0$. Wenn die Aktivität der Wasserstoffionen a_{H^+} die der Hydroxylionen a_{OH^-} übersteigt, so ist der pH-Wert dieser sauren Lösung kleiner als 7 und wenn der pH-Wert größer als 7 ist, reagiert die Lösung alkalisch. Der pH von starken Säuren kann auch negative Werte annehmen, andererseits kann er bei stark alkalischen Lösungen den Wert von 14 übersteigen.

Bei höheren Temperaturen als 25 °C ist die Dissoziationskonstante von Wasser größer; deshalb ist der pH-Wert von reinem Wasser oberhalb 25 °C kleiner als 7 (siehe *Tab. 1*).

Tabelle 1:

Dissoziationskonstanten K_W und pH-Werte des reinen Wassers bei verschiedenen Temperaturen

Temperatur	K_W	pH
0°C	$0{,}115 \cdot 10^{-14}$	7,47
10	0,293	7,27
25	1,008	7,00
40	2,916	6,77
60	9,614	6,51

3.7. *Sauerstoffelektrode und Belüftungselement*

Die Sauerstoffelektrode kann durch ein platiniertes Platinblech dargestellt werden, das in einen mit Sauerstoff gesättigten Elektrolyten eingesetzt ist. Diese Elektrode ist wegen ihrer großen Bedeutung in den Belüftungselementen, welche wiederum auf den Mechanismus der Spalt- und Lochfraßkorrosion einwirken, für Korrosionsuntersuchungen besonders wichtig. Im Idealfall wird das Gleichgewicht für eine solche Elektrode ausgedrückt durch

$$OH^- \rightarrow {}^1/_2H_2O + {}^1/_4O_2 + e^-{}_{1/4}, \quad \varepsilon^0 = 0{,}401\ \mathrm{V} \tag{21}$$

$$\text{und} \quad \varepsilon_{O_2} = 0{,}401 + 0{,}0592 \log \frac{p_{O_2}}{a_{OH^-}} \tag{22}$$

Diese Reaktion ist jedoch im Gegensatz zur Wasserstoffelektrodenreaktion unter den praktischen Bedingungen der Messung nicht vollkommen reversibel; daher kann sich das gemessene Potential mit der Zeit noch verändern und ist somit nicht reproduzierbar. Das betrachtete Potential ist bestrebt, einen unedleren als den berechneten reversiblen Wert anzunehmen. Es ist aber trotzdem ganz nützlich, die Richtung der zu erwartenden Potentialänderung, zum Beispiel bei einer Veränderung des Sauerstoffpartialdruckes zu kennen. Zum besseren Verständnis sollen zwei Sauerstoffelektroden in einer wäßrigen Lösung betrachtet werden. An der einen soll der Sauerstoffpartialdruck 1 atm, an der anderen 0,2 atm betragen. Die Oxydationspotentiale der beiden Elektroden ergeben sich zu:

$$OH^- \rightarrow {}^1/_2H_2O + {}^1/_4O_2\ (1\ \mathrm{atm}) + e^- \tag{23}$$

$$\varepsilon_1 = 0{,}401 + 0{,}0592 \log \frac{1^{1/4}}{a_{OH^-}} \tag{24}$$

$$OH^- \rightarrow {}^1/_2H_2O + {}^1/_4O_2\ (0{,}2\ \mathrm{atm}) + e^- \tag{25}$$

$$\varepsilon_2 = 0{,}401 + 0{,}0592 \log \frac{0{,}2^{1/4}}{a_{OH^-}} \tag{26}$$

$$(23) - (25){:}\quad {}^1/_4 O_2\,(0{,}2\ \text{atm}) \rightarrow {}^1/_4 O_2\,(1\ \text{atm}) \tag{27}$$

$$(24) - (26){:}\quad \varepsilon_1 - \varepsilon_2 = 0{,}0592 \log \frac{1^{1/4}}{0{,}2^{1/4}} = -\frac{0{,}0592}{4} \log 0{,}2$$

$$= +0{,}0103\ \text{V} \tag{28}$$

Der positive Wert für die *EMK* und damit auch für ΔG der Reaktion (27) besagt, daß diese Reaktion in der beschriebenen Richtung nicht freiwillig abläuft. Stattdessen fließen in der Zelle die positiven Ladungsträger freiwillig von der rechten Elektrode nach links. Deshalb ist die linke Elektrode [Reaktion (23)] negativ (Kathode) und die rechte Elektrode [Reaktion (25)] positiv (Anode). Wie schon auf Seite 10ff. erwähnt wurde, wirkt in einem Belüftungselement die Elektrode, an der der niedrigere Sauerstoffpartialdruck herrscht, als Anode, und die Elektrode, an der der höhere Sauerstoffpartialdruck herrscht, als Kathode.

Wenn eine ähnliche Zelle zusammengestellt wird, die statt der Platinelektroden Eisenelektroden enthält, bildet sich an den kathodischen Flächen ein anhaftendes, elektrisch leitendes Eisenoxid, welches in Kontakt mit der belüfteten Lösung als Sauerstoffelektrode wirkt. Dagegen bilden sich an den anodischen Flächen Fe^{++}-Ionen und die Elektrode wirkt als Eisenelektrode ($\varepsilon^0 = -0{,}440$ V). Die Arbeits-*EMK* einer solchen Zelle ist wesentlich größer als die einer Zelle mit Platinelektroden; ihr Wert ist gegeben durch:

$$E = +0{,}440 + 0{,}401 + \frac{0{,}0592}{2} \log \frac{p_{O_2}^{1/2}}{a_{Fe^{++}} \cdot a_{OH^-}^2} \tag{29}$$

Wenn die Eisenionenaktivität an der Anode mit 0,1 Mol/kg, der pH-Wert des Wassers an der Kathode mit 7,0 und der Partialdruck des Sauerstoffes an der Kathode gleich dem der Luft (0,2 atm) angenommen wird, ergibt sich die Arbeits-*EMK* der entsprechenden Zelle zu 1,27 V. Das bedeutet für den resultierenden Stromfluß und für die damit verbundene Korrosion an der Anode einen beträchtlichen Wert. Der praktisch gemessene *EMK*-Wert ist wegen der Irreversibilität der Sauerstoffelektrode, die hier annähernd durch einen an der Eisenoberfläche haftenden Eisenoxidfilm repräsentiert wird, kleiner als 1,27 V, jedoch wird der *EMK*-Wert im allgemeinen größer sein als der für zwei Platinelektroden berechnete kleine Wert.

3.8. EMK und elektrochemische Spannungsreihe

Die elektrochemische Spannungsreihe ist eine geordnete Zusammenstellung der Standardpotentiale aller Metalle. Die negativeren Potentiale entsprechen den reaktiveren Metallen (*Tab. 2*). Wohlbemerkt, die Stellung in der elektrochemischen

Spannungsreihe wird durch das Gleichgewichtspotential eines Metalles in der Lösung seiner Ionen der Aktivität 1 bestimmt. Wenn eine Zelle aus zwei Metallen zusammengesetzt ist, wirkt das nach der elektrochemischen Spannungsreihe unedlere Metall als Anode. Da die Aktivität 1 in manchen Fällen wegen der beschränkten Löslichkeit der Metallsalze unrealisierbaren Konzentrationen an

Tabelle 2:

Elektrochemische Spannungsreihe

Elektrodenreaktion	Standardpotential ε^0 [V] bei 25 °C
$Li = L^+ + e^-$	−3,05
$K = K^+ + e^-$	−2,93
$Ca = Ca^{++} + 2e^-$	−2,87
$Na = Na^+ + e^-$	−2,71
$Mg = Mg^{++} + 2e^-$	−2,37
$Be = Be^{++} + 2e^-$	−1,85
$U = U^{+3} + 3e^-$	−1,80
$Hf = Hf^{+4} + 4e^-$	−1,70
$Al = Al^{+3} + 3e^-$	−1,66
$Ti = Ti^{++} + 2e^-$	−1,63
$Zr = Zr^{+4} + 4e^-$	−1,53
$Mn = Mn^{++} + 2e^-$	−1,18
$Nb = Nb^{+3} + 3e^-$	ca. −1,1
$Zn = Zn^{++} + 2e^-$	−0,763
$Cr = Cr^{+3} + 3e^-$	−0,74
$Ga = Ga^{+3} + 3e^-$	−0,53
$Fe = Fe^{++} + 2e^-$	−0,440
$Cd = Cd^{++} + 2e^-$	−0,403
$In = In^{+3} + 3e^-$	−0,342
$Tl = Tl^+ + e^-$	−0,336
$Co = Co^{++} + 2e^-$	−0,277
$Ni = Ni^{++} + 2e^-$	−0,250
$Mo = Mo^{+3} + 3e^-$	ca. −0,2
$Sn = Sn^{++} + 2e^-$	−0,136
$Pb = Pb^{++} + 2e^-$	−0,126
$H_2 = 2H^+ + 2e^-$	0,000
$Cu = Cu^{++} + 2e^-$	+0,337
$2Hg = Hg^{++}_2 + 2e^-$	+0,789
$Ag = Ag^+ + e^-$	+0,800
$Pd = Pd^{++} + 2e^-$	+0,987
$Hg = Hg^{++} + 2e^-$	+0,854
$Pt = Pt^{++} + 2e^-$	ca. +1,2
$Au = Au^{+3} + 3e^-$	+1,50

Metallionen entspricht, ist die elektrochemische Spannungsreihe nur in beschränktem Maße für die Voraussage zum elektrochemischen Verhalten zweier Metalle zueinander anwendbar. Auch in der Praxis ändern sich die Aktivitäten der Ionen, die mit einem bestimmten Metall im Gleichgewicht stehen, beträchtlich mit den Bedingungen der Umgebung.

So ist zum Beispiel nach der elektrochemischen Spannungsreihe Zinn edler als Eisen. Dem entspricht auch das normale elektrochemische Verhalten von Zinn und Eisen zueinander, wenn Weißblech einem belüfteten wäßrigen Medium ausgesetzt wird. Jedoch reagieren an der Innenseite von verzinnten Eisenbehältern (Weißblechdosen), die mit Nahrungsmitteln gefüllt sind, Bestandteile des Inhalts mit Sn^{++}-Ionen unter Bildung löslicher Zinnkomplexe. Derartige Reaktionen erniedrigen erheblich die Aktivität der Zinnionen, mit denen das Zinn im Gleichgewicht steht, wodurch ein wesentlich unedleres Zinnpotential gebildet wird, das tatsächlich noch unedler als das des Eisens sein kann. Die Polarität des Eisen–Zinn-Elektrodenpaares hat unter diesen Bedingungen ein umgekehrtes Vorzeichen. Um die Umkehrung der Polarität zu bewirken, muß, wie aus den ε^0-Werten für Eisen und Zinn nach den folgenden Gleichungen berechnet werden kann, das Verhältnis der Zinn- zur Eisenionenaktivität in der Dose sehr klein sein.

$$Fe^{++} + Sn \rightarrow Sn^{++} + Fe \tag{30}$$

$$E = -0{,}136 + 0{,}440 + \frac{0{,}0592}{2} \log \frac{a_{Sn^{++}}}{a_{Fe^{++}}} \tag{31}$$

Die Zelle kehrt die Polarität um, wenn $E = 0$ ist. Deshalb gilt

$$\log \frac{a_{Sn^{++}}}{a_{Fe^{++}}} = -0{,}304 \frac{2}{0{,}0592} = -10{,}30$$

d. h. das Verhältnis $\frac{a_{Sn^{++}}}{a_{Fe^{++}}}$ muß kleiner sein als $5 \cdot 10^{-11}$, damit Zinn aktiver als Eisen wird. Dieses Verhältnis kann nur durch Bildung von Zinnkomplexen zustande kommen. Komplexbildende Reagenzien wie Dinatrium-Äthylendiamintetraazetat („Komplexon"), Cyanide und stark alkalische Lösungen bewirken im allgemeinen an vielen Metallen durch die Erniedrigung der Metallionenaktivität, wodurch wiederum die Metallpotentiale wesentlich unedler werden, erhöhte Korrosionsgeschwindigkeiten.

Ein anderer Faktor, welcher die Stellung des Metalles in der elektrochemischen Spannungsreihe verändert, ist die Fähigkeit einiger Metalle, vor allem in oxydierenden Medien besondere Oberflächenfilme zu bilden. Diese Filme verschieben das gemessene Potential in edler Richtung. Das Metall wird in diesem Zustand als passiv bezeichnet (siehe Kapitel 5., „*Passivität*"). Das elektrochemische Verhalten des Chroms ist daher, obwohl es in der elektrochemischen Spannungsreihe neben dem Zink steht, in einigen luftgesättigten wäßrigen Lösungen wegen einer an der Oberfläche des Chroms gebildeten Passivschicht dem des Silbers ähnlich. Es wirkt eher wie eine Sauerstoffelektrode anstatt wie eine Chromelektrode, und wenn das Chrom mit Eisen in Kontakt kommt, wird es zur Kathode, und der mögliche Stromfluß beschleunigt die Korrosion des Eisens. Im aktiven Zustand, zum Beispiel in Salzsäure, liegt die umgekehrte Polarität vor, d. h. Chrom wirkt gegenüber Eisen anodisch. Viele Metalle, insbesondere die Übergangsmetalle des Periodensystems, werden in belüfteten wäßrigen Lösungen passiv.

Die Einschränkungen für die elektrochemische Spannungsreihe bezüglich der Voraussage elektrochemischer Beziehungen einerseits und andererseits die Tatsache, daß die Legierungen in dieser Spannungsreihe nicht enthalten sind, da die Bedingungen, die das Gleichgewicht von festen Legierungen mit ihrer Umgebung beeinflussen, noch nicht in ausreichendem Maße bekannt sind, haben zu einer sogenannten praktischen Spannungsreihe angeregt. Diese Spannungsreihe ist

Tabelle 3:

Praktische Spannungsreihe in Seewasser [2]

(Unedel) (Reihenfolge v. oben n. unten)	
Magnesium	Rostbeständiger 18.8-CrNi-Stahl (aktiv)
Magnesiumlegierungen	Rostbeständiger 18.8.3-CrNiMo-Stahl (aktiv)
Zink	Blei
Aluminium AlMg3 (verfestigt)	Zinn
Aluminium AlMgMn	Münzmetall
Aluminium AlMn	Manganbronze
Aluminium Al 99	Sondermessing (60% Cu, 0,75% Sn, Rest Zn)
Aluminium AlMgSi 1 (homogenisiert und ausgelagert)	Nickel (aktiv)
Alklad (mit Reinaluminium platiertes Duraluminium)	76% Ni-16% Cr-7% Fe-Legierung (aktiv)
Cadmium	Messing (ca. 60—65% Cu)
Aluminium AlCuMg 1 (homogenisiert und ausgelagert)	Aluminiumbronze
Aluminium AlCuMg 2 (homogenisiert und ausgelagert)	Messing (ca. 80—85% Cu)
Unlegierter Stahl	Kupfer
Schmiedeeisen	Siliziumbronze
Gußeisen	5% Zn-20% Ni-75% Cu-Legierung
Ni-Resist (rostbeständiges 16—18% Ni-Gußeisen)	70% Cu-30% Ni-Legierung
	88% Cu-2% Zn-10% Sn-Legierung
Rostbeständiger 13% Cr-Stahl (aktiv)	Nickel (passiv)
50—50 Blei-Zinnlegierung	76% Ni-16% Cr-7% Fe-Legierung (passiv)
	70% Ni-30% Cu-Legierung (Monel)
	Rostbeständiger 18.8 CrNi-Stahl (passiv)
	Rostbeständiger 18.8.3-CrNiMo-Stahl (passiv)
	(Edel)

eine Zusammenstellung von Metallen und Legierungen nach ihren, in einem gegebenen Medium tatsächlich gemessenen Potentialen. Die Potentiale, welche die Stellung eines Metalles in dieser Spannungsreihe bestimmen, sind die sich am Metall in einer bestimmten Umgebung stationär einstellenden sogenannten Ruhepotentiale, und deshalb können auch Legierungen und passive Metalle in diese Reihe eingeordnet werden. Die praktische Spannungsreihe der Metalle für das Medium Seewasser ist in *Tab. 3* zusammengestellt. Es ist zu bemerken, daß einige Metalle in der praktischen Spannungsreihe zwei Stellungen einnehmen, die davon abhängen, ob die Metalle im aktiven oder im passiven Zustand betrachtet worden sind, während in der elektrochemischen Spannungsreihe die Metalle nur im aktiven Zustand berücksichtigt werden können, da sich nur in diesem Zustand das wahre Gleichgewicht einstellt. Der passive Zustand stellt dagegen einen Nichtgleichgewichtszustand dar, in dem das Metall wegen der Oberflächenschichten nicht mehr im eigentlichen Gleichgewicht mit seinen Ionen steht. Während nur eine elektrochemische Spannungsreihe existiert, kann es natürlich wegen der unterschiedlichen Komplexbildungsneigungen, der verschiedenen Medien oder wegen der Unterschiede im Passivierungsverhalten mehrere praktische Spannungsreihen geben. Im allgemeinen besteht für jede Umgebung eine spezifische praktische Spannungsreihe, worin sich die relativen Stellungen der Metalle von Medium zu Medium verändern können.

Der durch die Verbindung zweier Metalle hervorgerufene Angriff hängt nicht nur davon ab, wie weit sie in der praktischen Spannungsreihe voneinander entfernt sind, sondern auch davon, wie hoch sie polarisiert werden (siehe S. 38). Die Polarisation entweder einer oder beider Elektroden bestimmt die Stromdichte.

3.9. Flüssigkeitsdiffusionspotentiale

Neben den Potentialdifferenzen zwischen zwei Metallen in einer Elektrolytlösung bilden sich auch Potentialdifferenzen aus, wenn zwei Lösungen von verschiedener Zusammensetzung oder unterschiedlicher Konzentration in Berührung kommen. Eine solche Potentialdifferenz wird Flüssigkeitsdiffusionspotential oder einfach Diffusionspotential genannt; das Vorzeichen sowie die Größe dieses Potentiales werden durch die relative Beweglichkeit der Ionen und durch das Konzentrationsgefälle an der Flüssigkeitsberührungsfläche bestimmt. So bewegen sich zum Beispiel in einer Grenzfläche, die zwischen verdünnter und konzentrierter Salzsäure gebildet wird, die Wasserstoffionen mit größerer Geschwindigkeit als die Chlorionen. (Die Beweglichkeiten bei unendlicher Verdünnung betragen $36 \cdot 10^{-4}$ bzw. $7{,}9 \cdot 10^{-4}$ cm/sec.) Die verdünnte wäßrige Salzsäure erhält daher in bezug auf die konzentrierte Säure eine positive Ladung. Da die Beweglichkeiten der Kalium- und Chlorionen annähernd gleich sind, ergeben sich zwischen verdünnten und konzentrierten KCl-Lösungen im Vergleich zu entsprechenden HCl-Lösungen geringe Diffusionspotentiale. Auch wenn die verdünnten und konzentrierten HCl-Lösungen mit KCl gesättigt werden, so daß der Hauptanteil des Stromes an der Grenzfläche durch Kalium- und Chlorionen übertragen wird, vermindert sich das Diffusionspotential recht erheblich. Die Anwendung einer gesättigten KCl-Lösung zur Überbrückung von Grenzen zwischen verschieden zusammengesetzten Flüssigkeiten ist eine praktische Maßnahme zur Verminderung der Diffusionspotentiale.

Berechnungen der Diffusionspotentiale können auf Grund bestimmter Annahmen durchgeführt werden, jedoch ist die Ableitung solcher Berechnungen selbst für einfache Bedingungen an der Flüssigkeitsberührungsfläche verhältnismäßig kompliziert. Berechnungen dieser Art wurden zum Beispiel von Mac Innes [3] erörtert. Aus Messungen geht hervor, daß die Potentiale an Grenzflächen zwischen Salzlösungen von gleicher Konzentration und mit einem gemeinsamen Ion (z. B. Cl^-) additiv sind [3]. In *Tab. 4* sind charakteristische Werte zusammengestellt, wobei für die LiCl-Werte willkürlich Null eingesetzt worden ist. Das Potential an der Grenzfläche HCl (0,1 n)/KCl (0,1 n) beträgt zum Beispiel /35,65 — 8,87/ mV = /26,78/ mV, wobei die KCl-Lösung positiv und die HCl-Lösung negativ aufgeladen ist. Andererseits beträgt für die Grenzfläche LiCl (0,1 n)/NH_4Cl (0,1 n) der Potentialwert 0,00 — 6,92 = —6,92 mV, wo die NH_4Cl-Lösung negativ und die LiCl-Lösung positiv geladen ist. Natürlich sind die Potentialwerte bei 0,01 n und 0,1 n Lösungen fast gleich und, außer etwa für stark saure oder stark alkalische Lösungen, ziemlich klein, so daß sie für die meisten Korrosionsuntersuchungen von geringer Bedeutung sind.

Tabelle 4:

Charakteristische Diffusionspotentiale von Elektrolytlösungen

	Konzentration	
Elektrolytlösung	0,1 n	0,01 n
HCl	35,65 mv	33,87 mv
KCl	8,87 mv	8,20 mv
NH_4Cl	6,92 mv	6,89 mv
NaCl	2,57 mv	2,63 mv
LiCl	0,00 mv	0,00 mv

3.10. Vergleichselektroden

Der Meßwert der *EMK*-Messung stellt die Triebkraft für Reaktionen dar, die gleichzeitig an beiden Elektroden der Zelle ablaufen. In Wirklichkeit ist unser Interesse in der Hauptsache auf die Reaktion gerichtet, die nur an einer Elektrode abläuft. Die auf Potentialmessungen beruhenden Kriterien für einen vollständigen kathodischen Schutz sind dafür ein Beispiel. Derartige Potentialmessungen werden mit Hilfe einer Elektrode durchgeführt, die unabhängig vom angewandten Medium einen relativ konstanten Potentialwert hat. Diese Elektrode wird als Vergleichselektrode oder Bezugselektrode bezeichnet. Eine Änderung der *EMK* ist daher auf eine Potentialänderung der betrachteten Elektrode (Arbeitselektrode), nicht aber der Bezugselektrode zurückzuführen. Für Bezugselektroden eignen sich stabile reversible Elektrodensysteme, von denen im folgenden einige Beispiele beschrieben werden sollen.

3.10.1. Die Kalomelelektrode

Die Kalomelelektrode ist seit langem als Standardbezugselektrode im Laboratorium in Gebrauch. Sie besteht aus Quecksilber, das im Gleichgewicht mit Hg^{++}_2-Ionen steht, deren Aktivität durch die Löslichkeit von Hg_2Cl_2 (Quecksilber(I)-chlorid oder Kalomel) bestimmt wird. Die Elektrodenreaktion ist:

$$2\,Hg\,(l) + 2\,Cl^- \rightarrow Hg_2Cl_2\,(s) + 2\,e^-, \quad \varepsilon^0 = +\,0{,}268\ V$$

Eine schematische Darstellung der Elektrode wird auf *Abb. 4* gezeigt. In einem Glasgefäß, in dessen Boden ein Platindraht eingeschmolzen ist, befindet sich reines Quecksilber. Dieses wird von einer Schicht festen Quecksilber(I)-chlorides bedeckt, welches in der das Gefäß ausfüllenden Kaliumchloridlösung nur sehr schwach löslich ist. Die Aktivität der Hg^{++}_2-Ionen hängt von der Konzentration an KCl ab, da das Löslichkeitsprodukt $a_{Hg_2^{++}} \cdot a^2_{Cl^-}$ eine Konstante ist. Die Potentiale gegen die Standardwasserstoffelektrode bei 25 °C für verschiedene KCl-Konzentrationen sind im folgenden zusammengestellt:

KCl-Konzentration	ε/V
0,1 n	+ 0,3336
1,0 n	+ 0,2797
gesättigt	+ 0,2410

Die „gesättigte Kalomelelektrode" ist sehr bequem herzustellen; sie hat aber den Nachteil, daß das Potential einen höheren Temperaturkoeffizienten hat und etwas träger auf Temperaturänderungen anspricht, als die Elektroden mit ungesättigten KCl-Lösungen. Die 0,1 n Kalomelelektrode hat den niedrigsten Temperaturkoeffizienten.

Bei den obigen Werten sind die Diffusionspotentiale an der KCl-Grenzfläche vernachlässigt, welche zum Beispiel im Falle von starken Säuren den absoluten Wert durchschnittlich um mehrere Millivolt erhöhen. Die Potentiale der Bezugselektroden sind in Handbüchern tabelliert.

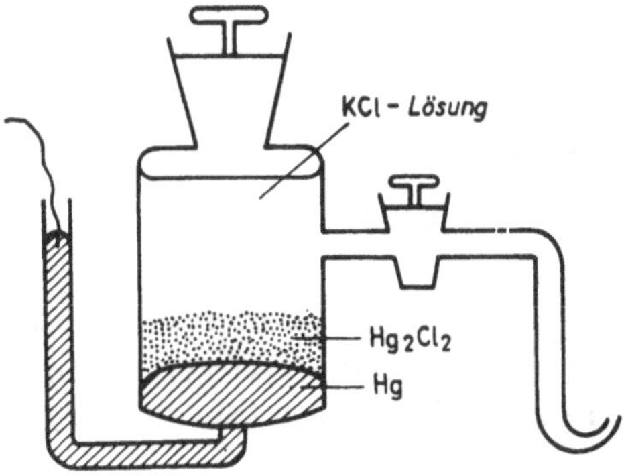

Abb. 4: Eine Ausführung der Kalomelelektrode

3.10.2. Die Silber-Silberchloridelektrode

Diese Elektrode wird durch galvanische Versilberung eines in ein Glasrohr eingeschmolzenen Platindrahtes unter Verwendung eines Silbercyanid-Elektrolyten von hoher Reinheit hergestellt [4]. Der Silberüberzug wird dann durch anodische Behandlung in verdünnter Salzsäure teilweise in Silberchlorid umgesetzt (*Abb. 5*). Eine Elektrode, die für Korrosionsmessungen geeignet ist, kann auch aus reinem geglühten Silberdraht hergestellt werden, der in gleicher Weise mit einer Silberchloridschicht überzogen wird. Das Elektrodenpotential sollte hin

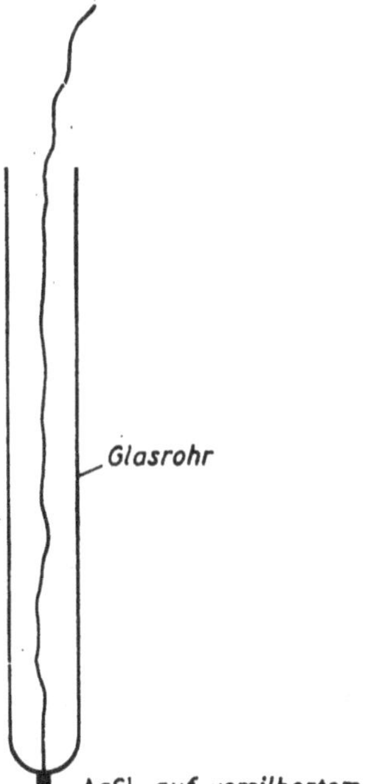

Abb. 5: Silber — Silberchloridelektrode

und wieder entweder gegen frisch hergestellte Elektroden oder gegen die Kalomelelektrode wegen einer allmählichen Potentialänderung durch Alterung der Elektrode überprüft werden. Wenn die Elektrode in eine Chloridlösung eingesetzt wird, stellt sich das folgende Gleichgewicht ein:

$$Ag + Cl^- \rightarrow AgCl + e^-, \qquad \varepsilon^0 = +\,0{,}222\ V$$

Wie bei der Kalomelelektrode, so ist auch hier das Potential um so unedler, je höher die KCl-Konzentration der Elektrolytlösung ist. In 0,1 n KCl beträgt der Wert 0,288 V. Potentiale für andere KCl-Konzentrationen kann man durch Berechnung aus der NERNSTschen Gleichung erhalten, indem man die entsprechende Cl^--Ionenaktivität einsetzt.

3.10.3. Die gesättigte Kupfer-Kupfersulfat-Elektrode

Diese Elektrode besteht aus metallischem Kupfer, das in gesättigte Kupfersulfatlösung eingesetzt wird (*Abb. 6*). Die Kupfer-Kupfersulfat-Elektrode wird hauptsächlich für Feldmessungen verwendet, da sie gegen Erschütterungen relativ unempfindlich ist und da ihre meist große Abmessung die Polarisationsfehler herabsetzt. Die Genauigkeit dieser Elektrode ist für die meisten Korrosionsuntersuchungen ausreichend, wenn sie auch etwas ungenauere Werte liefert als die

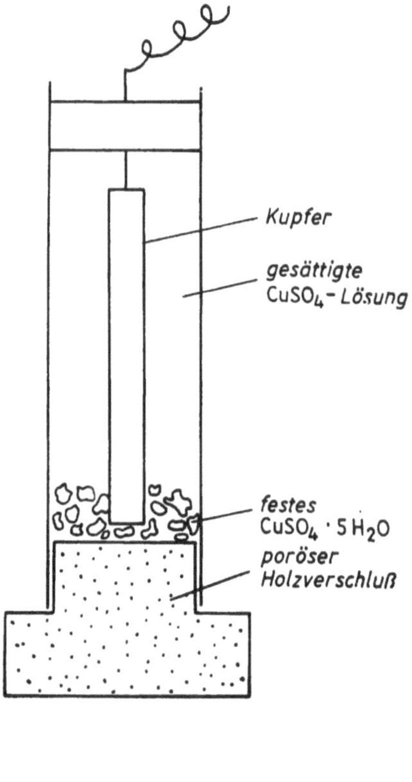

Abb. 6: Gesättigte Kupfer-Kupfer-sulfat-Elektrode

Kalomel- oder die Silberchloridelektrode. Die Elektrodenreaktion erfolgt nach

$$Cu \rightarrow Cu^{++} + 2e^-, \qquad \varepsilon^0 = 0{,}337\ V$$

In gesättigter Kupfersulfat-Lösung beträgt das Potential 0,316 V [5]. Das Potential wird mit steigender Temperatur um ungefähr 0,7 mV/°C negativer.

Literatur-Anmerkungen

[1] Siehe zum Beispiel: G. Lewis, M. Randall, K. Pitzer u. L. Brewer: „*Thermodynamics*", McGraw-Hill, 1961

[2] F. L. La Que in „*Corrosion Handbook*", S. 416, John Wiley and Sons, New York, 1948

[3] D. Mac Innes: „*Principles of Electrochemistry*", Reinhold, New York, 1939

[4] A. S. Brown, J. Am. Chem. Soc., **56** (1934), 646

[5] S. Ewing: „*Die Kupfer-Kupfersulfatelektrode zur Potentialmessung im Erdboden*", S. 10, Committee Report, American Gas Assoc., 1939
G. Scott schlägt auf Grund von Berechnungen unter Verwendung der auf die gesättigte Lösung extrapolierten Aktivitätskoeffizienten für $CuSO_4$ den Wert von 0,300 V vor. [Corrosion, **14** (1958), 136]. Dieser niedrige Wert kann wahrscheinlich auf die Unsicherheit der Extrapolation und auf die Nichtbeachtung des Flüssigkeitsgrenzpotentials zurückgeführt werden, das in der von Ewing durchgeführten Messung des Potentials der $Cu/CuSO_4$ (gesättigt) — Elektrode gegen die gesättigte Kalomelelektrode enthalten ist.

(*1*) Die Reaktion (19) ist eine Vereinfachung der tatsächlich ablaufenden Reaktion. Eine genauere Näherung müßte die Berechnung des Flüssigkeitsgrenzpotentials zwischen der $CuSO_4$- und $ZnSO_4$-Lösung sowie die Elimination der nicht meßbaren Einzelionenaktivitäten enthalten.

4. Polarisation und Korrosionsgeschwindigkeiten

4.1. Polarisation

In den vorhergehenden Abschnitten wurde das Gleichgewicht zwischen Metallen und ihrer Umgebung behandelt und damit eine Grundlage für den Begriff der Korrosionsneigung geschaffen. In der Praxis sind jedoch die Geschwindigkeiten der Korrosion von vorrangigem Interesse. Einige Metalle mit einer ausgesprochenen Reaktionsneigung, wie zum Beispiel Aluminium und Magnesium, reagieren trotzdem so langsam, daß sie den allgemeinen Anforderungen an ein Gebrauchsmetall genügen. Sie können in einigen Medien sogar beständiger sein als andere Metalle, die eigentlich ein geringes Korrosionsbestreben haben.

Es soll jedoch nicht gesagt werden, die Betrachtungen zur Gleichgewichtslage seien für das Studium der Korrosion belanglos. Hingegen beginnt eine gründliche Betrachtung der Nichtgleichgewichtszustände und die Berechnung von Korrosionsgeschwindigkeiten mit der primären Überlegung, ob das Gleichgewicht gestört ist. Deshalb müssen wir im allgemeinen den Gleichgewichtszustand des Systems kennen, bevor wir die verschiedenen Faktoren abschätzen können, die in die Geschwindigkeit, mit welcher das System dem Gleichgewicht zustrebt, d. h. korrodiert, eingehen.

Eine Elektrode ist nicht mehr im Gleichgewicht, wenn sie von einem Strom durchflossen wird. Das gemessene Potential einer solchen Elektrode wird, abhängig von der Größe und Richtung des äußeren Stromes, um einen gewissen Betrag verändert. Die Potentialänderung ist immer darauf gerichtet, der Entfernung vom Gleichgewicht und damit dem Stromfluß entgegenzuwirken, unabhängig davon, ob ein äußerer Strom aufgeprägt oder ob der Strom von einem Korrosionselement geliefert wird. Wenn ein Strom in einer galvanischen Zelle fließt, wird zum Beispiel das Potential der Anode immer in kathodischer (negativer) Richtung und das der Kathode in anodischer (positiver) Richtung verschoben und damit die Spannungsdifferenz verringert. Der Betrag der durch den Stromfluß durch eine Elektrode verursachten Potentialänderung in V wird Polarisation genannt*).

*) Während die Polarisation durch die Abweichung des Potentials vom Ruhepotential definiert ist, versteht man unter der Überspannung die Abweichung des Potentials vom Gleichgewichtspotential der Elektrode. (*Anm. d. Übersetzers.*)

4.2. Die polarisierte Zelle

Wir wollen eine Zelle (Daniel-Element) betrachten, die aus einer Zinkelektrode in $ZnSO_4$-Lösung und einer Kupferelektrode in $CuSO_4$-Lösung besteht und deren Elektroden über einen veränderlichen Widerstand R, ein Voltmeter V und ein Amperemeter A verbunden sind (*Abb. 1*). Die Potentialdifferenz (*EMK*) zwischen den beiden Elektroden der Zelle beträgt ohne Stromfluß etwa 1 V. Wenn durch den äußeren Widerstand ein geringer Strom fließt, so fällt, weil beide Elektroden polarisiert werden, die Potentialdifferenz auf einen Wert unter 1 V ab. Diese Spannung fällt mit ansteigendem Strom weiter ab. Bei vollständigem Kurzschluß, d. h. bei einem sehr kleinen äußeren Widerstand fließt ein maximaler Strom und die Potentialdifferenz zwischen der Kupfer- und der Zinkelektrode erreicht fast den Wert Null. Der Einfluß des fließenden Stromes auf die Spannung des Daniel-Elementes kann durch das Aufzeichnen der Stromstärke I über den Einzelpotentialen ε der Kupfer- und Zinkelektroden wie in *Abb 2* dargestellt werden. Die Gleichgewichtspotentiale können gemessen werden, wenn kein Strom durch die Zelle fließt, sie werden mit ε_{Zn} und ε_{Cu} bezeichnet. Die Zinkelektrode wird nach der Kurve *abc* und die Kupferelektrode nach *def* polarisiert. Bei einer durch das Amperemeter fließenden Stromstärke von I_1 ist die „Überspannung" des Zinks in V durch die Differenz zwischen dem bei I_1 sich einstellenden Elektrodenpotential des Zinks b und dem Gleichgewichtspotential a oder ε_{Zn} gegeben. Analog läßt sich die Überspannung des Kupfers bei der Stromstärke I_1 aus der Potentialdifferenz $e - d$ ermitteln. Der Spannungsabfall über der Zelle $b - e$ ist gleich dem Produkt aus dem Strom I_1 und dem Gesamtwiderstand, der sich aus dem äußeren metallischen Widerstand R_m und dem inneren Elektrolytwiderstand R_e, in Reihe geschaltet, zusammensetzt, d. h. $E = I_1 (R_e + R_m)$. Beim Kurzschließen der Zelle erreicht der Strom ein Maximum, $I_{(max)}$, R_m kann hier vernachlässigt werden, und die Potentialdifferenz zwischen beiden Elektroden fällt auf ein Minimum ab; sie beträgt $E = I_{(max)} R_e$. Der maximale Strom entspricht $\frac{65{,}38}{2} \frac{I_{(max)}}{F}$ g/sec korrodiertem Zink, wobei $I_{(max)}$ in A anzugeben ist, $F = 96500$ C und $\frac{65{,}38}{2}$ das Äquivalentgewicht von Zink bedeuten.

Bei der kathodischen Reaktion werden pro Sekunde dieselben chemischen Äquivalente von Kupfer an der Kathode abgeschieden. Die Korrosionsgeschwindigkeit von Zink kann die dargestellte äquivalente Korrosionsgeschwindigkeit $I_{(max)}$ nur übersteigen, wenn zur Verringerung der Überspannung von Zink bzw. Kupfer oder von beiden Metallen irgendwelche Maßnahmen getroffen werden, wodurch sich die absolute Neigung von *abc* oder *def* vergrößert und die Annäherung an den Schnittpunkt der beiden Geraden bei einem höheren Wert von I erfolgt. Umgekehrt verringert eine Maßnahme, die eine erhöhte Überspannung bewirkt, die Stromstärke und dementsprechend die Korrosionsgeschwindigkeit von Zink. Die Polarisationskurven können sich natürlich nicht schneiden, wenn sie sich einander bei enger Anordnung der Anode und Kathode in Medien mit mäßiger bis guter Leitfähigkeit auch weitgehend nähern können. Es wird immer eine endliche Potentialdifferenz auftreten, die einen bestimmten Stromfluß hervorruft.

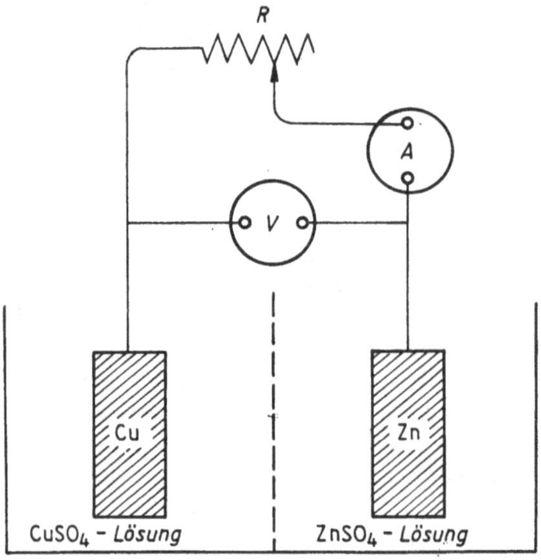

Abb. 1: Das polarisierte Kupfer–Zink-Element

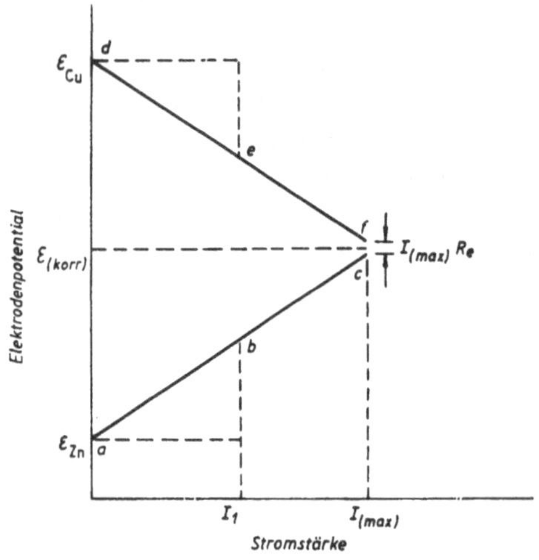

Abb. 2: Polarisationskurven für das Kupfer–Zink-Element

Die die Korrosion der Metalle erklärenden elektrolytischen Zellen sind anolog des oben erläuterten kurzgeschlossenen Daniel-Elementes. Das meßbare Potential eines korrodierenden Metalles ist das als Korrosionspotential $\varepsilon_{(korr)}$ oder Ruhepotential bezeichnete, aus den polarisierten Anoden und Kathoden resultierende Potential. Der Wert $I_{(\max)}$ wird als Korrosionsstrom $I_{(korr)}$ bezeichnet. Nach dem

FARADAYschen Gesetz ist die Korrosionsgeschwindigkeit der an einer Metalloberfläche anodisch wirkenden Flächen proportional $I_{(korr)}$, so daß die Korrosionsgeschwindigkeit pro Flächeneinheit immer durch die Stromdichte i ausgedrückt werden kann. Für Zink ist eine Korrosionsgeschwindigkeit von 0,1 g/m²d äquivalent $3{,}42 \cdot 10^{-7}$ A/cm². Für Eisen, das unter Bildung von Fe^{++}-Ionen korrodiert wird, ist der entsprechende Wert $4{,}0 \cdot 10^{-7}$ A/cm².

Nach *Abb. 2* kann man die Korrosionsgeschwindigkeit eines Metalles berechnen, wenn das Korrosionspotential, das Polarisationsverhalten und das Gleichgewichtspotential entweder der Anode oder der Kathode bekannt sind. Im allgemeinen muß außerdem das entsprechende Anoden-Kathoden-Flächenverhältnis des korrodierenden Metalles bekannt sein, da die Polarisationsdaten gewöhnlich unter solchen Bedingungen erhalten werden, wo die Elektrodenoberfläche vollkommen als Anode oder als Kathode wirkt. Die Übereinstimmung der berechneten Werte mit den gemessenen Korrosionsgeschwindigkeiten ist einer der überzeugendsten Beweise für die Richtigkeit der elektrochemischen Theorie der Korrosion siehe S. 55).

4.3 Meßmethoden

Die *Abb. 3a* zeigt eine Zelle, bei der die Elektrodenräume durch eine Glasfrittenscheibe *G* getrennt sind, und deren Arbeitselektrode *B* durch den zwischen den Elektroden *B* und *D* (Gegenelektrode) fließenden Strom polarisiert wird (*1*). Die als LUGGIN-Kapillare bezeichnete Sonde *L* der Bezugselektrode *R* (oder eines Stromschlüssels zwischen *R* und *B*) wird dicht an die Oberfläche der Elektrode *B* herangeführt, um dadurch einen durch den *IR*-Abfall in der Elektrolytlösung verursachten Potentialfehler möglichst zu vermeiden. Die *EMK* der Zelle *B–R* wird für jeden eingestellten Stromstärkewert, der vom Amperemeter *A* angezeigt wird, aufgenommen, wobei bis zum Einstellen nahezu stationärer Bedingungen eine ausreichend lange Zeit abzuwarten ist. Die Polarisation der als Anode oder als Kathode geschalteten Elektrode *B* wird bei verschiedenen Stromdichten gegen die Bezugselektrode *R* in Volt ausgedrückt. Häufig werden die Potentiale auch umgerechnet auf die Standardwasserstoffelektrode bezogen. Diese bei Korrosionsuntersuchungen gewöhnlich angewandte Methode wird als die direkte Methode der Polarisationsmessung bezeichnet.

Der genaue Abstand sowie die Anordnung der Sonde *L* gegenüber der Arbeitselektrode *B* ist in der Fachliteratur wegen störender Einflüsse der Sonde auf die Stromverteilung an der Elektrode sehr ausgiebig diskutiert worden. Eine Methode zur Umgehung des *IR*-Abfalles, ohne die Sonde nahe an die Elektrodenoberfläche bringen zu müssen, beruht darauf, daß mit Hilfe eines bei Punkt *Y* der *Abb. 3b* eingebauten Unterbrecherkontaktes der polarisierende Strom während der Potentialmessung abgeschaltet wird. Die Unterbrechungen können mit Hilfe einer Stimmgabel, eines Kommutators oder eines elektronischen Unterbrechers herbeigeführt werden. Die bei verschiedenen Frequenzen des Unterbrecherkontaktes gemessenen Potentiale werden auf die Frequenz Null extrapoliert. Der Vorteil der sogenannten Unterbrecher-, Kommutator- oder indirekten Methode der Polarisationsmessung besteht darin, daß der *IR*-Abfall sowohl über der

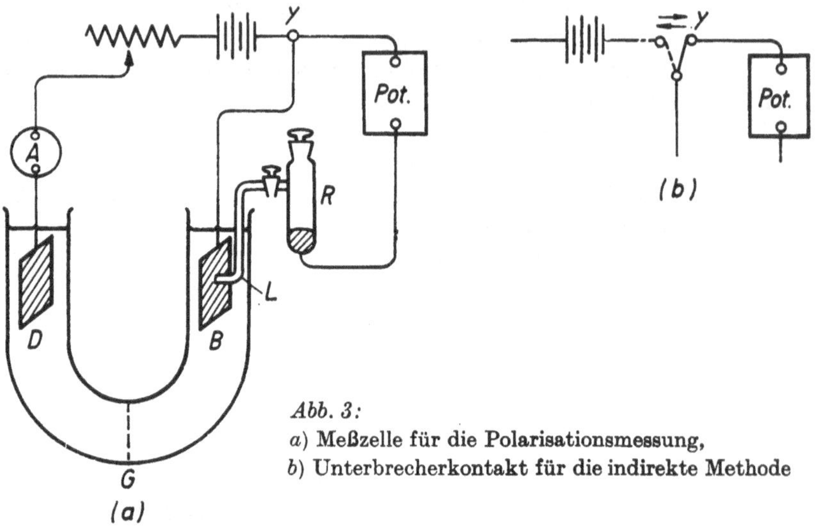

Abb. 3:
a) Meßzelle für die Polarisationsmessung,
b) Unterbrecherkontakt für die indirekte Methode

Elektrolytlösung zwischen Sonde und Elektrode als auch über den an der Elektrode haftenden Deckschichten vollkommen ausgeschaltet ist; deswegen kann die Sonde von der Elektrodenoberfläche entfernt angeordnet sein. Von Nachteil ist dabei, daß die schnellen Vorgänge, die mit dem Polarisationsabfall verbunden sind, zu Fehlern führen können, die sich im Vergleich zu den nach der direkten Methode gemessenen Werten in zu niedrigen Polarisationswerten äußern.

Eine andere Möglichkeit der direkten Potentialmessung ist die, daß die Sonde *L* auf verschiedene gemessene Abstände von *B* gebracht und die dabei gemessenen Potentialwerte auf den Abstand Null extrapoliert werden. Wie im nächsten Abschnitt gezeigt wird, ist diese Korrektur nur nötig, wenn für die Messungen höchste Genauigkeit gefordert wird, wenn die Stromdichten ungewöhnlich hoch sind oder die Leitfähigkeit des Elektrolyten, wie etwa in destilliertem Wasser, ungewöhnlich gering ist. Bei dieser Korrektur wird jedoch eine Schicht von Reaktionsprodukten, die die Elektrodenoberfläche abdecken und einen hohen elektrischen Widerstand darstellen kann, nicht berücksichtigt.

4.3.1. Berechnung des IR-Abfalles in einer Elektrolytlösung

Der Widerstand einer Elektrolytlösung über 1 cm Länge und Acm^2 Querschnitt beträgt $l/\varkappa A$, wobei $\varkappa$ die spezifische Leitfähigkeit ist. Der *IR*-Abfall in *V* ergibt sich daher zu $il/\varkappa$, wenn i die Stromdichte ausdrückt. Für Meerwasser ist $\varkappa = 0{,}05\ \Omega^{-1}\ \mathrm{cm}^{-1}$; eine Stromdichte von $1 \cdot 10^{-5}\ \mathrm{A/cm^2}$ (das ist die etwaige Stromdichte, die für den kathodischen Schutz von Stahl verwendet wird) erfordert daher für 1 cm Abstand zwischen Sonde und Kathode eine IR-Abfallkorrektur von $1 \cdot 10^{-5}\ \mathrm{V}/0{,}05 = 0{,}2\ \mathrm{mV}$. Dieser Wert kann bei der Ermittlung der für den kathodischen Schutz kritischen minimalen Stromdichte vernachlässigt werden. In weichen Wässern, in denen $\varkappa = 10^{-5}\ \Omega^{-1}\mathrm{cm}^{-1}$ sein kann, beträgt der IR-Abfall 1 V/cm.

4.4. Ursachen der Überspannung bzw. der Polarisation

Die Abweichungen der Elektrodenpotentiale lassen sich nach ihren Ursachen in drei Kategorien einteilen, und zwar in Konzentrationsüberspannung, Durchtrittsüberspannung und Widerstandspolarisation.

4.4.1 Konzentrationsüberspannung

Wenn eine Kupferelektrode mit einer verdünnten $CuSO_4$-Lösung in Berührung ist, deren Kupferionenaktivität durch $a_{Cu^{++}}$ gegeben ist, dann ergibt sich das Elektrodenpotential ε_1 in Abwesenheit eines äußeren Stromes nach der NERNST-Gleichung zu

$$\varepsilon_1 = 0{,}337 + \frac{0{,}0592}{2} \log a_{Cu^{++}}.$$

Bei kathodischem Stromfluß wird an der Elektrode Kupfer abgeschieden, wodurch die Aktivität der Kupferionen an der Metalloberfläche auf $a_{Cu^{++},s}$ herabgesetzt wird. Das Elektrodenpotential ε_2 erhält nun den Wert

$$\varepsilon_2 = 0{,}337 + \frac{0{,}0592}{2} \log a_{Cu^{++},s}$$

Da $a_{Cu^{++},s}$ kleiner ist als $a_{Cu^{++}}$, so ist das Potential der polarisierten Kathode negativer oder weniger edel als ohne äußeren Stromfluß. Die Potentialdifferenz $\varepsilon_2 - \varepsilon_1$ wird als Konzentrationsüberspannung η_c bezeichnet.

$$\eta_c = \varepsilon_2 - \varepsilon_1 = \frac{0{,}0592}{2} \log \frac{a_{Cu^{++},s}}{a_{Cu^{++}}}$$

Je größer die Stromdichte, um so kleiner ist die Kupferionenaktivität an der Kathodenoberfläche $a_{Cu^{++},s}$, und um so negativer ist die entsprechende Überspannung. Die unendliche Konzentrationsüberspannung erhält man, wenn $a_{Cu^{++},s}$ an der Elektrodenoberfläche gegen Null geht, wobei die entsprechende Stromdichte, die diesen niedrigeren Grenzwert von $a_{Cu^{++},s}$ hervorruft, als Grenzstromdichte bezeichnet wird. In der Praxis kann jedoch die Überspannung nicht unendlich hohe Werte annehmen, da statt der ersten Reaktion bei einem etwas höheren Elektrodenpotential eine andere Elektrodenreaktion ablaufen kann. Bei der Kupferabscheidung verschiebt sich zum Beispiel das Potential auf den Wert für die Wasserstoffentwicklung, so daß mit dem Kupfer gleichzeitig auch Wasserstoffgas abgeschieden wird.

$$2H^+ \rightarrow H_2 - 2e^-$$

Für die Grenzstromdichte i_L in einem kathodischen Prozeß und die verwendete Stromdichte i kann folgender Zusammenhang mit der Konzentrationsüberspannung hergeleitet werden [1]:

$$\eta_c = \varepsilon_2 - \varepsilon_1 = \frac{RT}{nF} \ln \frac{i_L}{i_L - i} \tag{1}$$

Aus der Gleichung ist zu erkennen, daß, wenn i sich i_L nähert, η_c nach unendlich strebt, wie auch durch den Verlauf von η_c gegen i in *Abb. 4* zum Ausdruck kommt.

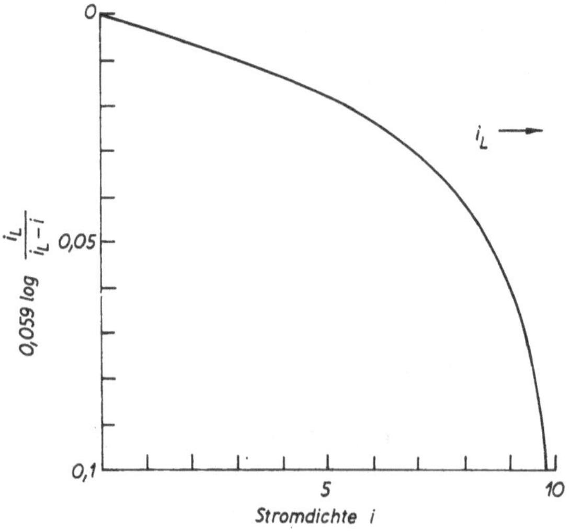

Abb. 4: Abhängigkeit der Konzentrationsüberspannung an der Kathode von der aufgeprägten Stromdichte

Die Grenzstromdichte (in A/cm²) kann nach der Gleichung

$$i_L = -\frac{DnF}{\delta t} c \cdot 10^{-3} \tag{2}$$

berechnet werden. D ist der Diffusionskoeffizient für die zu reduzierenden Ionen, δ ist die Dicke der unbewegten Elektrolytschicht in der Nähe der Elektrodenoberfläche (Diffusionsschicht), die in einer ungerührten Lösung ungefähr 0,05 cm beträgt, t ist die Überführungszahl aller in der Lösung befindlichen Ionenarten außer der zu reduzierenden ($t \approx 1$ für einen großen Überschuß an nichtreagierenden Ionen) und c die Konzentration der diffundierenden Ionen in Mol/l; n und F haben die übliche Bedeutung. Da D für alle Ionenarten bei 25 °C in verdünnter Lösung, außer für H^+- und OH^--Ionen, durchschnittlich etwa $1 \cdot 10^{-5}$ cm²/sec beträgt, kann die Grenzstromdichte i_L näherungsweise nach der folgenden Gleichung berechnet werden:

$$i_L = 0{,}02\, n c \tag{3}$$

Für die H^+- und OH^--Ionen ist bei unendlicher Verdünnung $D = 9{,}3 \cdot 10^{-5}$ bzw. $5{,}2 \cdot 10^{-5}$ cm²/sec, so daß die entsprechenden Werte von i_L etwas höher liegen.

Wenn der Kupferelektrode ein anodischer Strom aufgeprägt wird, dann ist die Konzentration der Kupferionen an der Oberfläche größer als im Inneren der Lösung. Das Verhältnis $\frac{a_{Cu^{++},s}}{a_{Cu^{++}}}$ wird dann größer als 1 und η_c positiv; d. h. die Konzentrationsüberspannung an einer Anode polarisiert die Elektrode zu positiveren oder edleren Potentialen, entgegengesetzt der Richtung der Potentialänderung einer als Kathode geschalteten Elektrode. Für die Kupferanode entspricht der obere Grenzwert der Konzentrationspolarisation der Bildung einer gesättigten Kupfersalzlösung an der Elektrodenoberfläche. Dieser absolute Grenzwert ist nicht so hoch wie für die kathodische Polarisation, wo die Kupferionenaktivität gegen Null geht.

4.4.2. Durchtrittsüberspannung

Die Ursache der Durchtrittsüberspannung ist eine gehemmte Elektrodendurchtrittsreaktion, d. h. es muß eine Aktivierungsenergie aufgebracht werden, um den Durchtritt der Ladungsträger durch die Phasengrenze und damit den Reaktionsablauf unmittelbar an der Elektrode zu ermöglichen. Das wichtigste praktische Beispiel dafür ist die kathodische Wasserstoffionenreduktion,

$$H^+ \rightarrow {}^1/_2 H_2 - e^-,$$

deren Überspannung als Wasserstoffüberspannung bezeichnet wird. An einer Platinkathode werden zum Beispiel die einzelnen Reaktionen in folgender Reihenfolge angenommen:

$$a)\quad H^+ \rightarrow H_{(ad)} - e^-$$

$H_{(ad)}$ symbolisiert an der Metalloberfläche adsorbierte Wasserstoffatome. Dieser relativ schnellen Reaktion folgt eine Vereinigung der adsorbierten Wasserstoffatome unter Bildung von Wasserstoffmolekülen und schließlich gasförmigem Wasserstoff.

b) $2H_{(ad)} \rightarrow H_2$*)

Diese Reaktion verläuft verhältnismäßig langsam, so daß deren Geschwindigkeit den Wert der Wasserstoffüberspannung am Platin bestimmt. Der geschwindigkeitsbestimmende, langsame Schritt der Wasserstoffabscheidung ist nicht in jedem Falle der gleiche, sondern es kann dafür je nach dem Elektrodenmaterial, der Stromdichte und der Umgebung auch ein anderer Reaktionsschritt gelten.

Bei der anodischen Hydroxylionenentladung unter Sauerstoffentwicklung nach

$$2OH^- \rightarrow {}^1/_2O_2 + H_2O + 2e^-$$

bildet sich ebenfalls eine ausgeprägte Durchtrittsüberspannung aus. Sie wird als Sauerstoffüberspannung bezeichnet. Auch bei der Cl^-- oder Br^--Entladung kann sich eine Überspannung bilden, jedoch sind diese Werte im Vergleich zur Wasserstoff- oder Sauerstoffüberspannung bei einer bestimmten Stromdichte wesentlich geringer.

Für die Auflösung und Abscheidung aller Metalle ist die Durchtrittsüberspannung ebenfalls sehr charakteristisch. Sie ist an Nichtübergangsmetallen, wie Silber, Kupfer oder Zink, relativ niedrig, an Übergangsmetallen, wie Eisen, Kobalt, Nickel, Chrom usw., hat sie jedoch recht beträchtliche Werte (siehe *Tab. 1*). Die in der Elektrolytlösung vorhandenen Anionen beeinflussen die Durchtrittsüberspannung der Metalle wesentlich stärker als die Wasserstoffüberspannung. Der geschwindigkeitsbestimmende Schritt der Gesamtreaktion ist noch nicht genau bekannt; in einigen Fällen scheint es die Hydratation des Metallions beim Verlassen des Metallgitterverbandes, bzw. die Dehydratation des hydratisierten Metallions bei Eintritt in den Metallgitterverband zu sein.

Die Durchtrittsüberspannung η_D ist nach der TAFEL-Gleichung (*2*) der Stromdichte i proportional:

$$\eta_D = b \log \frac{i}{i_0}$$

Dabei sind b und i_0 für ein bestimmtes Metall und für ein bestimmtes Medium spezifische und von der Temperatur abhängige Konstanten. Die Austauschstromdichte i_0 stellt die Stromdichte bei gleicher Hin- und Rückreaktion an der im Gleichgewicht befindlichen Elektrode dar. Aus der Gleichung ist ersichtlich, daß eine Vergrößerung des Wertes i_0 und (oder) eine Verringerung von b zu einer Verminderung der entsprechenden Durchtrittsüberspannung führt und umgekehrt.

*) Nach dem von HEYROVSKY vorgeschlagenen Mechanismus kann die Wasserstoffbildung auch nach $H_{(ad)} + H^+ + e^- \rightarrow H_2$ erfolgen. (*Anm. d. Herausgebers.*)

Der typische Verlauf der Durchtrittsüberspannung (auch der Wasserstoff- oder Sauerstoffüberspannung) ist auf *Abb. 5* dargestellt. Am Gleichgewichtspotential, für die Wasserstoffelektrode zum Beispiel bei $-0{,}059$ pH [V], ist die Überspannung Null; bei der Stromdichte i_1 ist sie durch η, der Differenz zwischen dem bei i_1 gemessenen und dem Gleichgewichtspotential, gegeben.

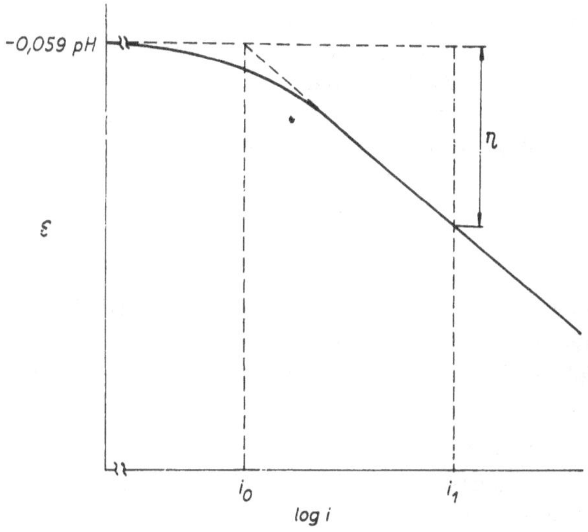

Abb. 5: Die Wasserstoffüberspannung als Funktion der Stromdichte

4.4.3. *Widerstandspolarisation*

Als Widerstandspolarisation η_Ω bezeichnet man einen ohmschen Potentialabfall, der bei Polarisationsmessungen im allgemeinen mit gemessen wird und durch einen Teil der Elektrolytlösung, die die stromdurchflossene Elektrode umgibt, sowie (oder) durch eine aus Reaktionsprodukten bestehende und an der Metalloberfläche haftende Deckschicht hervorgerufen werden kann. Die Widerstandspolarisation ergibt sich aus dem Produkt $i \cdot R$. Dabei ist i die Stromdichte und $R = l/\varkappa$ der Widerstandswert, der sich aus dem Verhältnis der Widerstandslänge l und der spezifischen Leitfähigkeit $\varkappa$ ergibt. Das Produkt $i \cdot R$ verschwindet gleichzeitig mit dem Abschalten des Stromes, während die Konzentrations- und Durchtrittsüberspannung gewöhnlich mit meßbaren Geschwindigkeiten abfallen. Wie bereits erwähnt wurde, enthalten deshalb die nach der indirekten Methode gemessenen Überspannungswerte nicht den $i \cdot R$-*Abfall*, d. h. die Widerstandspolarisation.

Bemerkung: Es erscheint noch wichtig, darauf hinzuweisen, daß die Konzentrationsüberspannung mit der Rührgeschwindigkeit verringert wird, während die Durchtrittsüberspannung und die Widerstandspolarisation davon nicht wesentlich beeinflußt werden.

4.5. Wasserstoffüberspannung

Die vorherrschende Polarisationsart, die die Korrosionsgeschwindigkeit vieler Metalle in entlüftetem Wasser oder auch in nichtoxydierenden Säuren beeinflußt, ist die Wasserstoffüberspannung an den kathodischen Flächen des Metalles. Gemäß der gegebenen Definition der Überspannung ist die Wasserstoffüberspannung η_H die Potentialdifferenz zwischen einer stromdurchflossenen Kathode, an welcher Wasserstoff entwickelt wird, $\varepsilon_{(gem)}$, und einer im Gleichgewicht befindlichen Wasserstoffelektrode in der gleichen Lösung, oder $\eta_H = \varepsilon_{(gem)} - 0{,}059$ pH. Die Wasserstoffüberspannung wird daher in gleicher Weise wie die Polarisation gemessen. Im Idealfall besteht die Wasserstoffüberspannung nur aus der Durchtrittsüberspannung der Reaktion

$$2H^+ \rightarrow H_2 - 2e^-,$$

aber die in der Literatur angegebenen Werte enthalten außerdem die Widerstandspolarisation und manchmal auch eine Konzentrationsüberspannung.

Die absoluten Werte der Wasserstoffüberspannung an einem bestimmten Metall werden unter folgenden Bedingungen erniedrigt:

a) Ansteigende Temperatur (i_0 steigt an):

Bei unter Wasserstoffentwicklung korrodierenden Metallen wird deshalb mit der Temperaturerhöhung die Korrosionsgeschwindigkeit vergrößert.

b) Aufrauhung der Oberfläche:

Eine sandgestrahlte Oberfläche hat eine niedrigere Wasserstoffüberspannung als eine polierte Oberfläche. Hier sind eine größere Fläche und eine verbesserte katalytische Aktivität der rauhen Oberfläche für den beobachteten Effekt verantwortlich.

c) Erniedrigung der Stromdichte:

Die Tafel-Gleichung

$$\eta_H = b \log \frac{i}{i_0}$$

wird innerhalb des Bereiches der verwendeten Stromdichte i erfüllt, der unterhalb der Grenzstromdichte für die Konzentrationsüberspannung und oberhalb der Austauschstromdichte i_0 liegt. Die Austauschstromdichte ist auf Seite 46 erklärt worden.

Die Größe $b = 2{,}3\, RT/\alpha F$, wobei α als eine potentialunabhängige Konstante angesehen wird und die anderen Größen die übliche Bedeutung haben. α beträgt für Platin und Palladium annähernd 2 und für Eisen, Nickel, Kupfer, Quecksilber und mehrere andere Metalle ungefähr 0,4 bis 0,6. Obwohl die Wasserstoffüberspannung in einer Säure sich etwas von der in alkalischen Medien unterscheidet, ist sie innerhalb eines der beiden Bereiche nicht wesentlich vom pH-Wert abhängig.

STERN [2] zeigte, daß an einem korrodierenden Metall

$$\eta_H = b \log \frac{i + i_R + i_{(korr)}}{i_0}$$

gilt; i_R bedeutet den der Reaktion

$$H_2 \rightarrow 2H^+ + 2e^-$$

entsprechenden Gegenstrom, welcher sich mit dem Potential verändert und im Gleichgewicht gleich i_0 ist. Diese Gleichung beschreibt die beobachtete geringe Neigung der Geraden $\frac{d\eta_H}{d \log (i)}$ für kleine Stromdichten i; die Neigung dieser Geraden wird mit der Annäherung von i an $i_{(korr)} + i_R$ erhöht und erreicht die wahre TAFEL-Steigung b bei $i \gg i_R + i_{(korr)}$. Die Wasserstoffüberspannung an einem nichtkorrodierenden Metall wird durch eine modifizierte TAFEL-Gleichung nach

$$\eta_H = b \log \frac{i + i_R}{i_0}$$

dargestellt, welche für Stromdichten i von Null bis zu endlichen Werten gilt (*Abb. 5*).

Der langsame, d. h. geschwindigkeitsbestimmende Schritt bei der Wasserstoffionenentladung an Platin oder Palladium scheint, wie schon erwähnt wurde, die Rekombination der adsorbierten Wasserstoffatome zu sein. Diese Annahme ist nach kinetischen Betrachtungen mit dem beobachteten Wert von $\alpha = 2$ vereinbar. Für Eisen beträgt α annähernd 0,5 und dementsprechend $b = 0{,}1$. Zur Erklärung dieser Werte ist vorgeschlagen worden, als den geschwindigkeitsbestimmenden Schritt bei der Wasserstoffabscheidungsreaktion an Eisen den folgenden anzusehen:

$$H^+ + H_{(ad)} \rightarrow H_2 - e^-.$$

Die gleiche Reaktion kann an verschiedenen Metallen, die, wie Fe, Ni, Cu usw., einen mittelgroßen Wert der Wasserstoffüberspannung haben, als geschwindigkeitsbestimmender Schritt gelten.

Für Metalle mit hoher Wasserstoffüberspannung, wie zum Beispiel Quecksilber oder Blei, ist offenbar eine langsame Entladung der hydratisierten Wasserstoffionen der geschwindigkeitsbestimmende Schritt:

$$H^+ \rightarrow H_{(ad)} - e^-.$$

Bei hohen Stromdichten ist an vielen Metallen dieser langsame Entladungsprozeß ebenfalls geschwindigkeitsbestimmend. Anstatt der Wasserstoffionenentladung kann an der Kathode auch die Reduktion von Wasser nach

$$H_2O \rightarrow OH^- + {}^1/_2H_2 - e^-$$

erfolgen. Die Reduktion von Wasser als die geschwindigkeitsbestimmende Reaktion kommt im allgemeinen an Metallen in alkalischen Lösungen sowohl bei hohen als auch bei niedrigen Stromdichten vor.

Die Geschwindigkeit, mit welcher sich $H_{(ad)}$ durch Rekombination mit $H_{(ad)}$ oder mit H^+ zu H_2 verbindet, wird durch die katalytischen Eigenschaften der Elektrodenoberfläche beeinflußt. Ein guter Katalysator, wie Platin oder Eisen, bedingt eine niedrige Wasserstoffüberspannung, während schlechte Katalysatoren, wie Quecksilber oder Blei, hohe Wasserstoffüberspannungswerte haben. Wenn ein Katalysatorgift, zum Beispiel H_2S oder bestimmte Arsen- oder Phosphorverbindungen, zur Elektrolytlösung gegeben werden, so hemmen diese die Bildungsgeschwindigkeit des molekularen Wasserstoffes und erhöhen somit die Ansammlung von adsorbierten Wasserstoffatomen an der Elektrodenoberfläche (*3*). Die erhöhte Konzentration dieses Oberflächenwasserstoffes begünstigt den Eintritt der Wasserstoffatome in das Metallgitter und verursacht damit die Wasserstoffversprödung und in manchen Eisenlegierungen außerdem hohe innere Spannungen, die zu einer spontanen Rißbildung ausreichen (Wasserstoffrißbildung, siehe S. 127). Katalysatorgifte erhöhen die Adsorption von Wasserstoff, unabhängig davon, ob das Metall durch einen aufgeprägten äußeren Strom oder durch eine unter Wasserstoffentwicklung ablaufende Korrosionsreaktion polarisiert wird. Aus diesem Grunde sind manche H_2S-haltige Rohöle in Pumpenrohren aus niedriglegiertem Stahl, welche den üblichen hohen Spannungen einer Pumpenanlage ausgesetzt sind, die bis zu mehreren Tausend Metern unter die Erde reicht, sehr schwierig zu handhaben. Eine schwache gleichmäßige Korrosion des Pumpenrohres erzeugt an der Metalloberfläche Wasserstoff, von dem ein Teil in den gespannten Stahl diffundiert und Wasserstoffrißbildung verursacht. In Abwesenheit von H_2S erfolgt nur eine gleichmäßige Korrosion ohne Wasserstoffrißbildung. Hochwertige Stähle sind wegen ihrer begrenzten Duktilität gegenüber der Wasserstoffrißbildung wesentlich sensibler als weniger feste Stähle, da der Wasserstoff im Falle des hochlegierten Stahles in das Metallgitter eintritt, während weniger feste Stähle zur Blasenbildung neigen (*4*).

Die Werte von b, i_0 und η_H bei 1 mA/cm² für die H^+-Ionenentladung sind in *Tab. 1* zusammengestellt. Es ist daraus ersichtlich, daß die Werte der Wasserstoffüberspannung sich von Metall zu Metall beträchtlich verändern. Auch in unterschiedlicher Elektrolytlösung ergeben sich verschiedene Überspannungen, aber diese Abhängigkeit ist relativ gering.

4.6. Einfluß der Polarisation auf die Korrosionsgeschwindigkeit

Sowohl der Widerstand der Elektrolytlösung als auch die Polarisation der Elektroden begrenzen die Stärke des durch eine galvanische Zelle erzeugten Stromes.

Tabelle 1:
Überspannungswerte $\eta = b \log \frac{i}{i_0}$
Wasserstoffüberspannung

Metall	Temperatur	Lösung	b, V	i_0, A/cm²	η bei 1mA/cm², V
Pt (blank)	20 °C	1 n HCl	0,03	10^{-3}	0,00
Pd	20 °C	0,6 n HCl	0,03	$2 \cdot 10^{-4}$	0,02
Mo	20 °C	1 n HCl	0,04	10^{-6}	0,12
Au	20 °C	1 n HCl	0,05	10^{-6}	0,15
Ta	20 °C	1 n HCl	0,08	10^{-5}	0,16
W	20 °C	5 n HCl	0,11	10^{-5}	0,22
Ag	20 °C	0,1 n HCl	0,09	$5 \cdot 10^{-7}$	0,30
Ni	20 °C	0,1 n HCl	0,10	$8 \cdot 10^{-7}$	0,31
	20 °C	0,12n NaOH	0,10	$4 \cdot 10^{-7}$	0,34
Bi	20 °C	1 n HCl	0,10	10^{-7}	0,40
Nb	20 °C	1 n HCl	0,10	10^{-7}	0,40
Fe	16 °C	1 n HCl	0,15	10^{-6}	0,45
	25 °C	4% NaCl pH 1—4	0,10	10^{-7}	0,40 (STERN)
Cu	20 °C	0,1 n HCl	0,12	$2 \cdot 10^{-7}$	0,44
	20 °C	0,15 n NaOH	0,12	$1 \cdot 10^{-6}$	0,36
Sb	20 °C	2 n H_2SO_4	0,10	10^{-9}	0,60
Al	20 °C	2 n H_2SO_4	0,10	10^{-10}	0,70
Be	20 °C	1 n HCl	0,12	10^{-9}	0,72
Sn	20 °C	1 n HCl	0,15	10^{-8}	0,75
Cd	16 °C	1 n HCl	0,20	10^{-7}	0,80
Hg	20 °C	0,1 n HCl	0,12	$7 \cdot 10^{-13}$	1,10
	20 °C	0,1 n H_2SO_4	0,12	$2 \cdot 10^{-13}$	1,16
	20 °C	0,1 n NaOH	0,10	$3 \cdot 10^{-15}$	1,15
Pb	20 °C	0,01–8 n HCl	0,12	$2 \cdot 10^{-13}$	1,16
Sauerstoffüberspannung					
Pt (blank)	20 °C	0,1 n H_2SO_4	0,10	$9 \cdot 10^{-12}$	0,81
	20 °C	0,1 n NaOH	0,5	$4 \cdot 10^{-13}$	0,47
Au	20 °C	0,1 n NaOH	0,05	$5 \cdot 10^{-13}$	0,47
Metallüberspannung (Abscheidung)					
Zn	25 °C	1 m $ZnSO_4$	0,12	$2 \cdot 10^{-5}$	0,20 (BOCKRIS)
Cu	25 °C	1 m $CuSO_4$	0,12	$2 \cdot 10^{-5}$	0,20 (BOCKRIS)
Fe	25 °C	1 m $FeSO_4$	0,12	10^{-8}	0,60 (BOCKRIS)
Ni	25 °C	1 m $NiSO_4$	0,12	$2 \cdot 10^{-9}$	0,68 (BOCKRIS)

Angaben aus:

B. E. CONWAY: „*Electrochemical Data*“, Elsevier, New York, 1952
J. BOCKRIS: „*Modern Aspects of Electrochemistry*“, Academic Press, New York, 1954
M. STERN, J. Electrochem. Soc. **102** (1955), 609

Da die Elektroden der auf der Oberfläche eines Metalles befindlichen Lokalelemente dicht nebeneinander liegen, ist der Elektrolytwiderstand gegenüber dem wichtigeren Faktor der Polarisation gewöhnlich von zweitrangiger Bedeutung. Wenn die Polarisation hauptsächlich an den Lokalanoden erfolgt, so wird die Korrosionsreaktion als anodisch kontrolliert bezeichnet. Typische Polarisationskurven sind auf *Abb. 6* dargestellt. Man erkennt aus den Polarisationskurven der

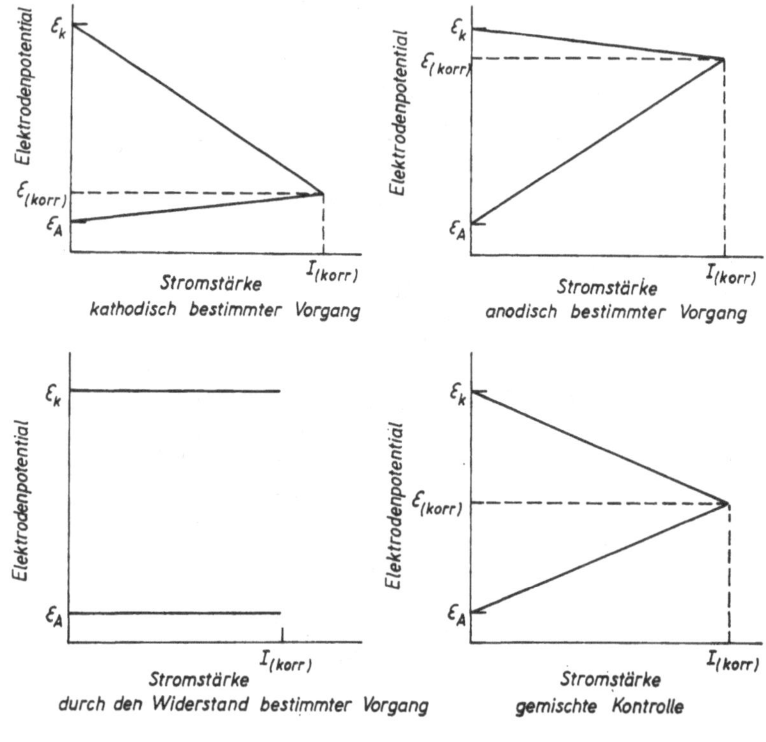

Abb. 6: Verschiedene Vorgänge, welche die Korrosionsgeschwindigkeit bestimmen

anodisch kontrollierten Reaktion, daß das Korrosionspotential in der Nähe des Potentials der Kathode liegt. Ein praktisches Beispiel dazu ist unreines Blei, das in Schwefelsäure eingetaucht wird, wobei eine sich bildende Bleisulfatschicht die anodischen Flächen abdeckt, während die als Lokalkathoden fungierenden Verunreinigungen, wie zum Beispiel Kupfer, unbedeckt bleiben. Andere ähnliche Beispiele sind Magnesium, das natürlichen Wässern ausgesetzt wird, und in eine Chromatlösung tauchendes Eisen.

Erfolgt die Polarisation hauptsächlich an den Lokalkathoden, dann wird die Korrosionsgeschwindigkeit als kathodisch kontrolliert bezeichnet. Das Korrosionspotential liegt dann in der Nähe des Potentials der Anode. Als Beispiele können

Zink, das in Schwefelsäure korrodiert wird, oder natürlichen Wässern ausgesetztes Eisen dienen.

Ein widerstandskontrollierter Vorgang liegt dann vor, wenn der Elektrolytwiderstand so hoch ist, daß der fließende Strom nicht genügt, um die Anoden oder Kathoden hinreichend hoch zu polarisieren. Ein Beispiel dafür liefert eine mit einem porösen nichtleitenden Überzug bedeckte Metalloberfläche. Der Korrosionsstrom wird in diesem Falle durch die Widerstandspolarisation über die in den Poren des Überzuges befindliche Elektrolytlösung kontrolliert.

Im allgemeinen Falle kommt eine Polarisation in bestimmtem Maße sowohl an den Anoden als auch an den Kathoden vor. Dieser Fall wird als gemischte Kontrolle der Korrosion bezeichnet.

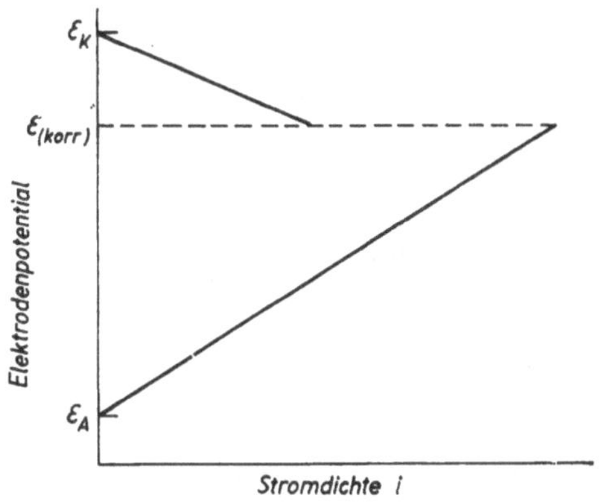

Abb. 7: Polarisationskurven für ein korrodierendes Metall mit einem Anoden-Kathoden-Flächenverhältnis von 1 : 2

Das Ausmaß der Polarisation hängt nicht nur von der Natur des Metalles und der Elektrolytlösung ab, sondern auch von der wahren Elektrodenfläche. Wenn die anodische Fläche eines korrodierenden Metalles sehr klein ist, was zum Beispiel durch poröse Oberflächenschichten verursacht werden kann, so kann eine beträchtliche anodische Polarisation vorliegen, die zur Korrosion führt, selbst wenn die Meßergebnisse aussagen, daß bei einer gegebenen, auf die geometrische Oberfläche bezogenen Stromdichte die Flächeneinheit der unbedeckten Anode nur schwach polarisiert ist. Demzufolge ist auch das Anoden-Kathoden-Flächenverhältnis ein wichtiger Faktor zur Bestimmung der Korrosionsgeschwindigkeit. Wenn sich also die wahre Stromdichte nicht aus dem Gesamtkorrosionsstrom ergibt, sondern die Anodenfläche zum Beispiel die Hälfte der Kathodenfläche ausmacht, dann haben die entsprechenden Polarisationskurven die in *Abb. 7* dargestellte Form.

Ein sehr bedeutsamer Versuch zum elektrochemischen Mechanismus der Korrosion wurde von Wagner und Traud [4] durchgeführt. Diese Autoren haben die Korrosionsgeschwindigkeit eines verdünnten Zinkamalgams in saurer Kalziumchloridlösung und die kathodische Polarisation des Quecksilbers im gleichen Elektrolyten gemessen. Die der Korrosionsgeschwindigkeit äquivalente Stromdichte entsprach der Stromdichte, die zur Polarisation des Quecksilbers bis zum Korrosionspotential des Zinkamalgams notwendig ist (*Abb. 8*). Diese Beobachtung kann damit erklärt werden, daß die Quecksilberatome des Amalgams, die den größten Teil der Oberfläche einnehmen, als Kathoden oder Wasserstoffelektroden

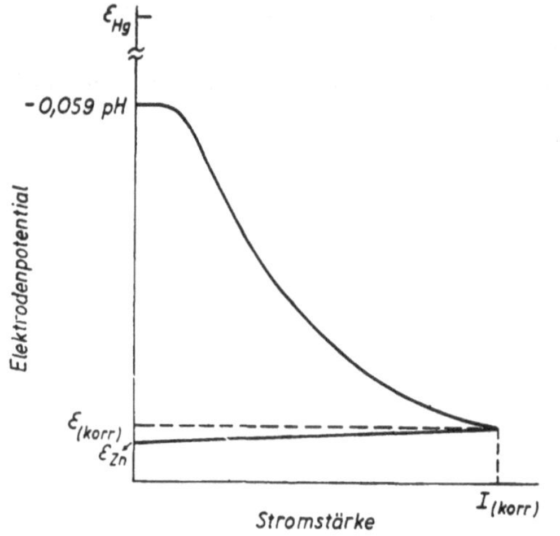

Abb. 8: Polarisationskurve für Zinkamalgam in entlüfteter Salzsäure

(*5*) und die Zinkatome als Anoden der Korrosionszellen wirken. Das Amalgam wird nur schwach anodisch polarisiert, so daß die Geschwindigkeit der Korrosionsreaktion praktisch völlig durch die Geschwindigkeit der Wasserstoffentwicklung an den Kathoden bestimmt wird. Demnach ist es die hohe Wasserstoffüberspannung am Quecksilber, die die Korrosionsgeschwindigkeit von Amalgamen in nichtoxydierenden Säuren begrenzt. Ein Stück Platin, das mit dem Amalgam gekoppelt wird, erhöht die Geschwindigkeit der Korrosion erheblich, da der Wasserstoff an einer Kathode mit niedriger Überspannung durch die *EMK* der Zink-Wasserstoff-Elektrode leicht abgeschieden werden kann. Die sehr geringe Korrosionsgeschwindigkeit und die begrenzte anodische Polarisation begründen, weshalb die Amalgame in entsprechenden Metallsalzlösungen Korrosionspotentiale annehmen, die dem reversiblen Potential der legierten Komponente nahe kommen. Zum Beispiel ist das Korrosionspotential von Kadmiumamalgam in $CdSO_4$-Lösung dem thermodynamischen Wert für die Reaktion

$$Cd \rightarrow Cd^{++} + 2e^-$$

näher, als man es bei verschiedenen reinen Metallen findet, d. h. am Eisen in $FeSO_4$-Lösung bewirkt die höhere Korrosionsgeschwindigkeit eine größere Abweichung des gemessenen Korrosionspotentials vom thermodynamischen Wert [5].

4.7. Berechnung von Korrosionsgeschwindigkeiten aus Polarisationsdaten

Wie bereits erwähnt wurde, kann der Korrosionsstrom aus dem Korrosionspotential und dem Gleichgewichtspotential berechnet werden, wenn die Gleichung bekannt ist, die die Polarisation der Anode oder der Kathode ausdrückt, und wenn das Verhältnis der anodischen zu den kathodischen Flächen abgeschätzt werden kann. Bei der Korrosion der aktiven Metalle in entlüfteten Säuren ist zum Beispiel die Metalloberfläche offenbar zum größten Teil mit adsorbierten H-Atomen bedeckt, und es kann daher angenommen werden, daß die Metalloberfläche hauptsächlich als Kathode wirkt. Das Gleichgewichtspotential beträgt $-0{,}059\,\mathrm{pH}$, und wenn $i_{(korr)}$ genügend groß gegenüber i_0 für die Reaktion

$$H^+ \leftrightarrows {}^1/_2 H_2 - e^-$$

ist, dann wird durch die TAFEL-Gleichung das kathodische Polarisationsverhalten ausgedrückt. Es gilt dann:

$$\varepsilon_{(korr)} = -\left[0{,}059\ \mathrm{pH} + b \log \frac{i_{(korr)}}{i_0}\right], \tag{4}$$

woraus $i_{(korr)}$ und die entsprechende Korrosionsgeschwindigkeit berechnet werden können. STERN [2] zeigte, daß die nach Gleichung (4) berechneten Korrosionsgeschwindigkeiten von Eisen unter Verwendung empirischer Werte für b und i_0 eine sehr gute Übereinstimmung mit den beobachteten Geschwindigkeiten ergeben. Die entsprechenden Werte sind in der *Tab. 2* angegeben.

Später leiteten STERN und GEARY [6] die folgende Gleichung her:

$$i_{(korr)} = \frac{i_{(äuss)}}{2{,}3\,\Delta\varepsilon}\left(\frac{b_c b_a}{b_c + b_a}\right) \tag{5}$$

b_c und b_a sind die Tafelkonstanten für die kathodische bzw. anodische Reaktion und $\frac{i_{(äuss)}}{\Delta\varepsilon}$ ist der Polarisationsabfall in der Nähe des Korrosionspotentials, wo die Änderung von $\Delta\varepsilon$ mit $i_{(äuss)}$ praktisch linear ist. (Ableitung siehe „*Anhang*", Seite 354. Bei sehr geringer Polarisation mit etwa $\Delta\varepsilon \leqq 10\ \mathrm{mV}$ bleibt das Verhältnis der anodischen zu den kathodischen Flächen, welches hier nicht bekannt zu sein braucht, nahezu konstant, und die Verhältnisse an der Oberfläche des korrodierenden Metalles sind fast noch ungestört.

Schließlich kann die Korrosionsgeschwindigkeit auch durch eine Konzentrationspolarisation an der Kathode bestimmt werden, und für den Fall, daß die Sauerstoffdepolarisation bestimmend ist, vereinfacht sich die Gleichung zu:

$$i_{(korr)} = \frac{b_a}{2{,}3}\,\frac{i_{(äuss)}}{\Delta\varepsilon} \tag{6}$$

Obwohl die b-Werte für die H^+-Ionenentladung verhältnismäßig gut bekannt sind, gelten sie für andere Elektrodenreaktionen im allgemeinen nicht. Wie STERN jedoch zeigte, liegt die Mehrzahl der b-Werte im Bereich von 0,06 bis

Tabelle 2:

Vergleich der berechneten mit den gemessenen Korrosionsstromdichten für reines Eisen in verschiedenen entlüfteten Säuren (nach STERN)

	$\varepsilon_{(korr)}$ + 0,059 pH, V	b, V	i_0, μA/cm²	$i_{(korr)}$, $\mu A/cm_2$ berechnet	gemessen
0,1 m Zitronensäure, pH = 2,06	−0,172	0,084	0,093	10,4	11,5
0,1 m Maleinsäure, pH = 2,24	−0,158	0,083	0,015	1,2	1,2
4% NaCl + HCl, pH = 1	−0,203	0,100	0,10	10,5	11,1
pH = 2	−0,201	0,100	0,11	11,0	11,3

0,12 V. Für den Fall, daß zum Beispiel $b_c = 0{,}06$ V beträgt und b_a zwischen 0,06 und 0,12 V liegt, weicht der berechnete Korrosionsstrom um höchstens 20% vom wahren Wert ab. Falls keiner der b-Werte bekannt ist, läßt sich die Korrosionsgeschwindigkeit mindestens bis auf einen Faktor von 2 abschätzen.

Die allgemeine Gültigkeit der Gleichungen (5) und (6) wird durch die in *Abb. 9* zusammengestellten Daten bestätigt. Der aus den Daten der Korrosion von Nickel in Salzsäure, bzw. von Stählen und Gußeisen in Säuren und in natürlichen Wässern ermittelte Korrosionsstrom erstreckt sich über sechs Größenordnungen. In dem Diagramm sind für die Reaktion

$$Fe^{++} \leftrightharpoons Fe^{3+} + e^-$$

einige Austauschstromdichten an passiven Oberflächen enthalten, weil bei der Berechnung von i_0 für eine nichtkorrodierende Elektrode dasselbe Prinzip wie bei der Berechnung von $i_{(korr)}$ für eine korrodierende Elektrode angewandt wird. Die Geraden, zwischen denen die meisten der empirischen Daten liegen, stellen die mit verschiedenen angenommenen b-Werten berechneten Korrosionsstromdichten dar.

Kürzlich sind die Gleichungen (4) und (5) erfolgreich angewandt worden, um die Korrosionsgeschwindigkeiten von Aluminium in verschiedenen Nahrungsmitteln zu berechnen [7]. Die Polarisationsmethode hat bei der direkten Berechnung von Korrosionsgeschwindigkeiten für viele Metalle in den verschiedensten Medien und unter verschiedenen Bedingungen der Elektrolytbewegung und der Temperatur unverkennbare Vorteile. Sie kann auch zum Abschätzen von Inhibitoren und Schutzüberzügen sowie zur Feststellung von Veränderungen der Korrosionsgeschwindigkeit mit der Zeit angewandt werden. Wenn ein IR-Abfall in dem Meßwert enthalten ist, so ist eine Eichung nötig. Für die Berechnung von Korrosionsgeschwindigkeiten in Gegenwart nicht direkt an der Korrosionsreaktion beteiligter Redox-Systeme sind die Gleichungen nicht anwendbar.

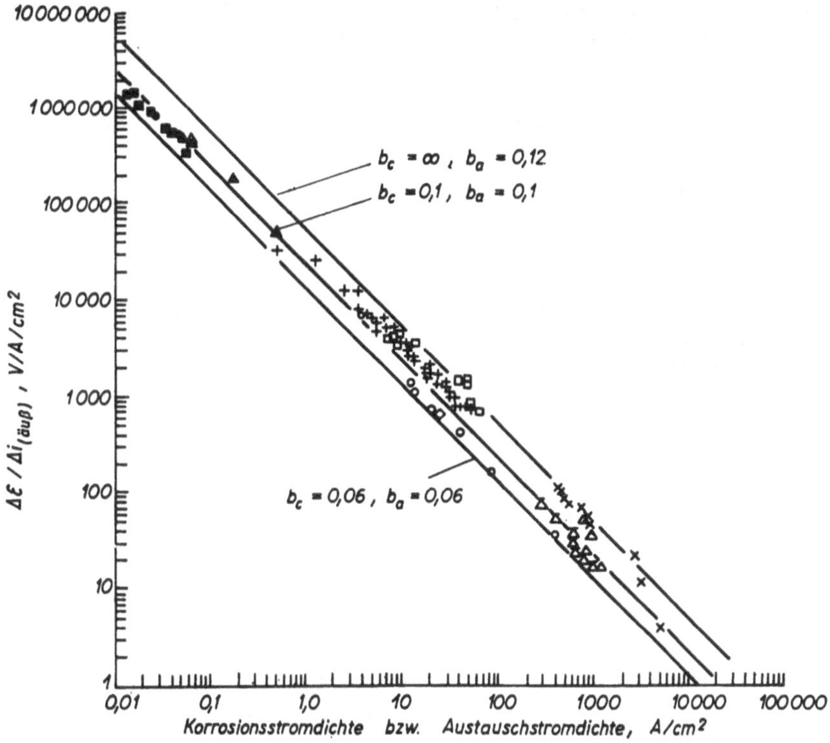

Abb. 9: Beziehung zwischen der Neigung der Polarisationskurven bei niedrigen Stromdichten und der gemessenen Korrosionsgeschwindigkeit bzw. den Austauschstromdichten (nach STERN und WEISERT)

4.8. *Theorie des kathodischen Schutzes*

Betrachtet man in der *Abb. 2* die Polarisationskurve für die Cu–Zn-Zelle, so läßt sich erkennen, daß, wenn die Polarisation der Kathode durch Anwendung eines äußeren Stromes über das Korrosionspotential hinaus bis zum Gleichgewichtspotential der Anode erhöht wird, beide Elektroden das gleiche Potential erreichen und am Zink keine Korrosion erfolgen kann. Das ist der Grundgedanke für den kathodischen Schutz der Metalle, eine der wirksamsten praktischen Methoden, um die Korrosionsgeschwindigkeit bis auf den Nullpunkt herabzusetzen. (Diese Thematik wird im Kapitel 12. ausführlich beschrieben.) Der kathodische Schutz wird durch Zuführung eines äußeren Stromes zum korrodierenden Metall erzielt, an dessen Oberfläche, wie in *Abb. 10* schematisch dargestellt wird, lokale Korrosionszellen wirken. Der Strom fließt von der Hilfsanode, die aus einem metallischen oder nichtmetallischen Leiter besteht, sowohl zu den kathodischen als auch zu den anodischen Flächen der Korrosionszellen, und kehrt wieder zur Stromquelle B zurück. Der zuzuführende Strom ergibt sich aus der Differenz $d - c$ (*Abb. 11*). Wenn die kathodischen Flächen durch einen

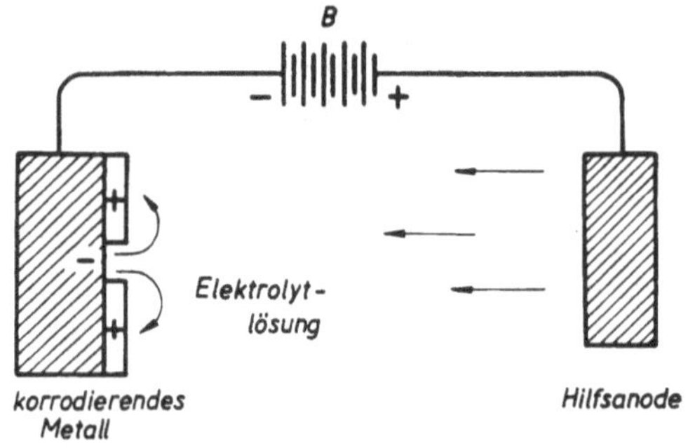

Abb. 10: Kathodischer Schutz durch Unterdrückung des Lokalstromes mit einem aufgeprägten Strom

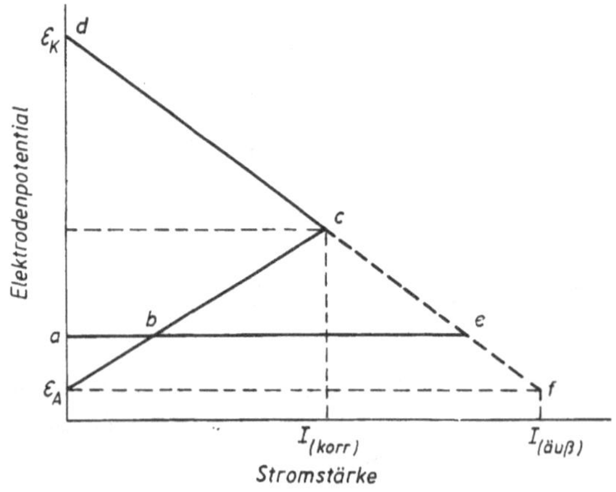

Abb. 11: Das Prinzip des kathodischen Schutzes erläuternde Polarisationskurven

äußeren Strom bis zum Gleichgewichtspotential der Anoden polarisiert werden, hat die gesamte Metalloberfläche das gleiche Potential, so daß ein lokaler Reaktionsstrom nicht mehr fließen kann. Das Metall kann deshalb nicht korrodiert werden, solange ihm der äußere Strom aufgeprägt wird. Die entsprechende Polarisationskurve ist in *Abb. 11* dargestellt, wobei $I_{(\text{äuß})}$ der für den vollständigen Schutz notwendige Strom ist.

Wird das Metall schwach über das Gleichgewichtspotential ε_A der Anode hinaus polarisiert, bleibt die Korrosionsgeschwindigkeit Null. Der an den ehemals anodischen Flächen fließende „überschüssige" Strom ist kathodisch gerichtet, so daß das Metall nicht mehr in Lösung gehen kann. Die Anwendung eines über das nötige Maß hinausgehenden Stromes ist jedoch nicht vorteilhaft, sondern kann sich an amphoteren Metallen oder an Überzügen schädlich auswirken. In der Praxis wird daher ein Strom angewandt, der dem theoretischen Wert möglichst nahe kommt. Sollte der angelegte Strom etwas unter die für den vollständigen Schutz nötige Stärke abfallen, wird trotzdem ein gewisser Schutz gewährt. Wenn zum Beispiel das Korrosionspotential durch den angewandten Strom $b-e$ von c auf e verlagert wird (*Abb. 11*), so fällt der Korrosionsstrom von $I_{(korr)}$ auf $a-b$ ab. Der gesamte kathodische Strom (Korrosionsstrom plus angelegter Strom) ist dann $a-e$. Sowie der angelegte Strom $b-e$ erhöht wird, verlagert sich das Potential a zu negativeren Werten, wodurch der Korrosionsstrom $a-b$ kleiner wird. An der Stelle, wo a mit ε_A zusammenfällt, erreicht der Korrosionsstrom $a-b$ den Wert Null und der angelegte Strom den für den vollständigen kathodischen Schutz notwendigen Wert I_s.

Literatur-Anmerkungen

[*1*] S. Glasstone: „*Principles of Electrochemistry*", S. 448, Van Nostrand Co., N. Y., 1942
[2] M. Stern, J. Electrochem. Soc., **102** (1955), 609; **104** (1957), 56
[3] M. Stern, J. Electrochem. Soc., **102** (1955), 663
[4] C. Wagner u. W. Traud, Z. Elektrochem., **44** (1938), 391
[5] H. H. Uhlig, Proc. Nat'lAcad. of Sciences, **40** (1954), 276
[6] M. Stern u. A. Geary, J. Electrochem. Soc., **104** (1957), 56
M. Stern, Corrosion, **14** (1958), 440
M. Stern u. E. Weisert, Proc. Am. Soc. Testing Materials, **59** (1959), 1280
[7] J. Evans u. E. Koehler, J. Electrochem. Soc., **108** (1961), 509

(*1*) Die Stromdichte an B muß gleichmäßig verteilt sein. Das wird mitunter durch Verwendung eines dreiteiligen Gefäßes erreicht, wobei B im Mittelteil und die beiden Gegenelektroden in den äußeren Teilen angeordnet sind.

(*2*) Benannt nach J. Tafel [Z. physik. Chem., **50** (1904), 641], der erstmalig mit einer solchen Gleichung die Wasserstoffüberspannung als eine Funktion der Stromdichte beschrieb.

(*3*) Bei Erhöhung der Wasserstoffüberspannung wird im allgemeinen die Korrosionsgeschwindigkeit des Stahles in sauren Lösungen verringert, wogegen die der schwefel- oder phosphorhaltigen Stähle ansteigt. Diesen Anstieg verursacht wahrscheinlich die niedrige Wasserstoffüberspannung der Eisensulfide und -phosphide, die entweder im Stahl als selbständige Phasen vorliegen oder, durch Reaktion des Eisens mit H_2S oder Phosphorverbindungen in der Lösung gebildet, an die Oberfläche gebunden sind. Es ist auch möglich [3], daß die an die Oberfläche gebundenen Produkte durch Verringerung der Durchtrittsüberspannung außerdem die anodische Auflösungsreaktion $Fe \rightarrow Fe^{++} + 2e^-$ stimulieren oder das Anoden-Kathodenflächenverhältnis verändern. Zur Aufklärung dieser Probleme sind weitere Untersuchungen nötig.

So beschleunigt auch eine kleine Menge von Arsenoxid, was möglicherweise Arsenide bildet, die Korrosion des Stahles in Säuren (z. B. H_2SO_4), jedoch ist eine größere Menge (z. B. 0,05% As_2O_3 in 72%iger H_2SO_4) ein wirksamer Korrosionsinhibitor. Das könnte damit erklärt werden, daß elementares Arsen, was eine hohe Wasserstoffüberspannung hat, sich bei höheren Konzentrationen an den kathodischen Flächen abscheidet. Zinnsalze haben die gleiche inhibierende Wirkung und werden mitunter bei der Entzunderung zum Schutz der Stähle gegen den Angriff durch die beizenden Säuren angewandt.

(*4*) Austenitische Stähle, zum Beispiel 18.8 Cr–Ni-Stähle, sind gegenüber der Wasserstoffrissigkeit nahezu unempfindlich, weil die Diffusionsgeschwindigkeit des Wasserstoffes in Eisenlegierungen mit einem kubisch flächenzentrierten Gitter viel geringer ist, als in solchen mit kubisch raumzentriertem Gitter, und die geringe Menge eintretenden Wasserstoffes einen geringen Einfluß auf die Duktilität hat und daher weniger zerstörend wirkt.

(*5*) Quecksilber wirkt in wäßriger Lösung zunächst als Quecksilberelektrode; wenn es aber kathodisch polarisiert wird, scheiden sich die in Lösung befindlichen Quecksilberionen ab, bevor Wasserstoffionen entladen werden. Irgendeine leitende Oberfläche, an der die Wasserstoffionen entladen werden, wirkt als eine polarisierte Wasserstoffelektrode und kann bei der Einschätzung eines Korrosionselementes berücksichtigt werden.

5. Passivität

Als ein passives Metall gilt das, welches nach der elektrochemischen Spannungsreihe unedel ist und trotzdem mit sehr geringer Geschwindigkeit korrodiert wird. Die Passivität ist der Zustand einer natürlichen Korrosionsbeständigkeit einiger Gebrauchsmetalle, wie z. B. Aluminium, Chrom und rostbeständige Stähle. Manche Metalle und Legierungen können durch die Einwirkung passivierender Medien in den Passivzustand versetzt werden; so kann zum Beispiel Eisen in Chromat- oder Nitritlösungen oder auch durch anodische Polarisation, beispielsweise in Schwefelsäure, passiviert werden.

Etwa am Anfang des 19. Jahrhunderts fand man, daß Eisen in verdünnter Salpetersäure heftig reagiert, dagegen in konzentrierter Salpetersäure offensichtlich nicht angegriffen wird. Nimmt man dann dieses Eisen aus der konzentrierten Säure heraus und legt es in verdünnte HNO_3, so bleibt der korrosionsbeständige Zustand zeitweilig erhalten. Bereits Schönbein [1] bezeichnete das Eisen in diesem korrosionsbeständigen Zustand als „passiv". Er fand auch, daß Eisen durch anodische Polarisation passiviert werden kann. Faraday [2] führte gleichzeitig verschiedene Versuche zur Passivität durch, die u. a. zeigten, daß eine aus einer passiven Eisenelektrode und einer Platinelektrode in konzentrierter Salpetersäure zusammengestellte Zelle nur einen ganz geringen oder keinen Strom liefert, im Gegensatz zu der relativ hohe Stromstärken erzeugenden Zelle, die aus amalgamiertem Zink, das in verdünnter Schwefelsäure mit Platin gekoppelt ist, besteht. In Anbetracht der Tatsache, daß passives Eisen in konzentrierter Salpetersäure und ebenso amalgamiertes Zink in verdünnter Schwefelsäure nur schwach korrodiert werden, wies Faraday nachdrücklich darauf hin, daß allein die Messung einer geringen Korrosionsgeschwindigkeit kein Kriterium für die Passivität ist. Statt dessen sei die Größe des Stromes, der in der mit einer Platinelektrode ausgerüsteten Zelle erzeugt wird, ein besseres Kriterium, auf Grund dessen das Eisen passiv ist, nicht aber das Zink. Dies erklärt prinzipiell ein passives Metall in der noch heute üblichen Weise als ein solches, das durch einen relativ schwachen anodischen Strom beträchtlich polarisiert wird. Später wichen aber die Autoren von dieser Definition ab und sahen auch solche Metalle als passiv an, die, trotz ihrer ausgeprägten Korrosionsneigung in einem gegebenen Medium, unter bestimmten Bedingungen nur schwach korrodiert werden. Auf diese Weise kam man zu zwei verschiedenen Definitionen der Passivität, welche heute noch gebräuchlich sind [3].

Definition 1: *Ein nach der elektrochemischen Spannungsreihe aktives Metall oder eine aus unedlen Metallen zusammengesetzte Legierung wird als passiv betrachtet, wenn das elektro-*

chemische Verhalten des Metalles oder der Legierung dem eines bedeutend edleren oder eines Edelmetalles gleicht.

Definition 2: *Ein reines Metall oder eine Legierung ist passiv, wenn es (sie) der Korrosion in einem Medium, in dem der Übergang vom metallischen Zustand in die entsprechenden Korrosionsprodukte mit einem deutlichen Abfall der freien Enthalpie verbunden ist, dauerhaft widersteht.*

C. Wagner [4] schlug kürzlich eine Verbesserung der Definition 1 vor, die etwa folgendermaßen lautet: Ein Metall ist passiv, wenn durch Erhöhen des Elektrodenpotentials zu edleren (positiveren) Werten in einem bestimmten Medium und unter stationären Bedingungen sich eine geringere Geschwindigkeit der anodischen Auflösung des Metalles einstellt, als bei dem weniger edlen Potential, d. h. wenn eine negative Stromspannungscharakteristik vorliegt. Oder auch: Ein Metall ist passiv, wenn durch Erhöhen der Konzentration eines oxydierenden Stoffes in der Lösung oder in der Gasphase die Oxydationsgeschwindigkeit in Abwesenheit eines äußeren Stromes kleiner wird. Diese verschiedenen Definitionen sind unter der Bedingung gleichwertig, daß man die elektrochemische Theorie der Korrosion anwendet.

Daher werden Blei, das in Schwefelsäure eintaucht, Magnesium in Wasser oder Eisen in abgestumpfter Beizsäure wegen ihrer niedrigen Korrosionsgeschwindigkeiten trotz großer Korrosionsneigungen nach *Definition 2* als passiv angesehen, während sie aber nach *Definition 1* nicht passiv sind. Die Korrosionspotentiale dieser Metalle in den entsprechenden Medien sind verhältnismäßig unedel, und wenn sie in einer Zelle als Anode geschaltet werden, so werden diese Metalle nicht sehr hoch polarisiert.

Dagegen ist die *Definition 1* auf die Metalle Chrom, Nickel, Molybdän, Titan, Zirkon, rostbeständige Stähle, 70% Ni-30% Cu-Legierungen (Monel) und auf einige andere Metalle und Legierungen anwendbar, die an der Atmosphäre sich selbst passivieren. Außerdem werden die Metalle mitgezählt, welche in passivierenden Lösungen passiv werden, wie etwa Eisen in Chromatlösungen. Metalle und Legierungen dieser Kategorie haben eine starke Neigung, sich anodisch zu polarisieren. Eine hohe anodische Polarisation verringert die Reaktionsgeschwindigkeiten, so daß für die meisten der zu *Definition 1* gehörenden Metalle wegen ihrer niedrigen Korrosionsgeschwindigkeiten ebensogut auch *Definition 2* gilt. Die Korrosionspotentiale der Metalle, die sich nach der *Definition 1* passiv verhalten, nähern sich den Gleichgewichtspotentialen der Kathode (zum Beispiel der Sauerstoffelektrode) und nehmen daher in galvanischen Zellen Werte an, die denen der Edelmetalle ähnlich sind.

5.1. Passivierungscharakteristiken, das Flade-*Potential*

Eine Eisenprobe soll in 1 n H_2SO_4 als Anode so angeordnet werden, daß mit der Veränderung des gegen eine Bezugselektrode gemessenen Elektrodenpotentials zwischen der Eisenprobe und einer Gegenelektrode immer ein entsprechender polarisierender Strom von der Stärke fließt, die zur Aufrechterhaltung des vorgegebenen Potentials nötig ist. Diese Bedingung kann durch die Verwendung eines besonderen Gerätes, des „Potentiostaten" realisiert werden. Der Potentiostat stellt eine dem jeweils gewählten Potential entsprechende Stromstärke automatisch ein, wozu die meisten Geräte mit einer geeigneten elektronischen Schaltung ausgerüstet sind. Die nach dieser Methode erhaltene Polarisationskurve ist in *Abb. 1* dargestellt [5]. Sie wird als potentiostatische Polarisationskurve bezeichnet —

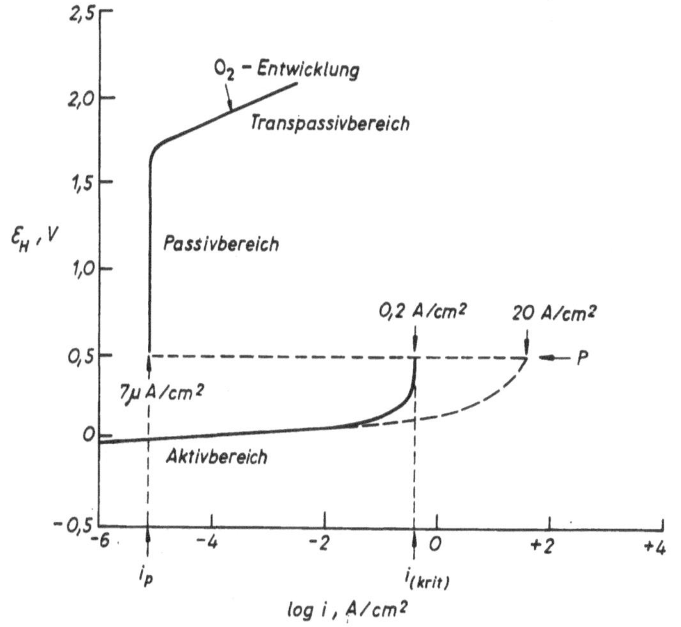

Abb. 1: Potentiostatische anodische Polarisationskurve für Eisen in 1 n H_2SO_4

im Gegensatz zur galvanostatischen Polarisationskurve, die zum Beispiel mit der auf *Abb. 3* (siehe S. 42) gezeigten Schaltung aufgenommen werden kann, indem ein konstanter Strom vorgegeben und das sich dabei einstellende Potential gemessen wird (*Abb. 2*). Die potentiostatische Polarisationskurve vermag bessere Information zu geben als die galvanostatische Kurve, weil sie mit dem wirklichen Verhalten der passiven Metalle in der galvanischen Zelle in geschlossener Form übereinstimmt.

Nach der *Abb. 1* ist das Eisen bei kleinen Stromdichten aktiv und geht gemäß dem Faradayschen Gesetz als Fe^{++} anodisch in Lösung. Mit ansteigender Stromdichte wird eine nichtleitende Schicht auf der Elektrodenfläche gebildet, die aus $FeSO_4$ bestehen kann. Bei einer kritischen Stromdichte, $i_{(krit)}$, von etwa 200 mA/cm², die auch als Passivierungsstromdichte bezeichnet wird, ($i_{(krit)}$ nimmt mit der Bewegung der Elektrolytlösung und bei Erniedrigung des pH-

Wertes zu) fällt der Strom plötzlich auf einen Wert ab, der einige Größenordnungen niedriger liegt und als Passivstromdichte, i_p, bezeichnet wird. Der stationäre Wert von i_p beträgt ungefähr 7 $\mu A/cm^2$. An diesem Punkt löst sich die dicke isolierende Schicht auf, sie wird durch einen viel dünneren Film ersetzt, und die Eisenelektrode wird passiv. Bei weiterer Potentialerhöhung bleibt die Stromdichte zunächst bei diesem kleinen Wert stehen, wobei das Eisen hier als Fe^{3+} in Lösung geht. Bei etwa 1,2 V liegt das Gleichgewichtspotential der Sauerstoffelektrode (reversibles Sauerstoffpotential), jedoch wird bei diesem Potential Sauerstoff noch nicht in beträchtlicher Menge entwickelt, sondern wegen der

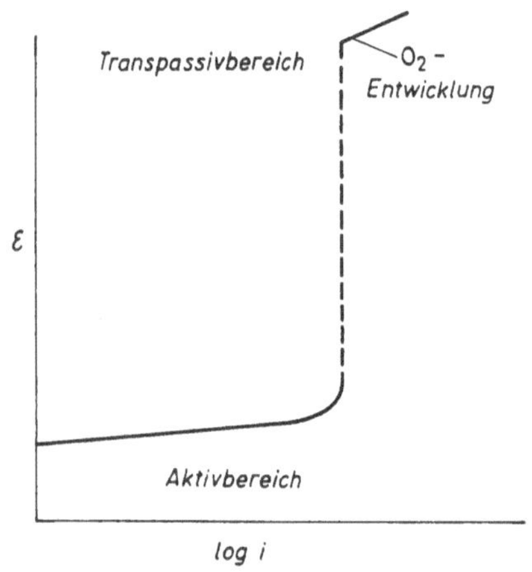

Abb. 2: Galvanostatische anodische Polarisationskurve für Eisen in 1 n H_2SO_4

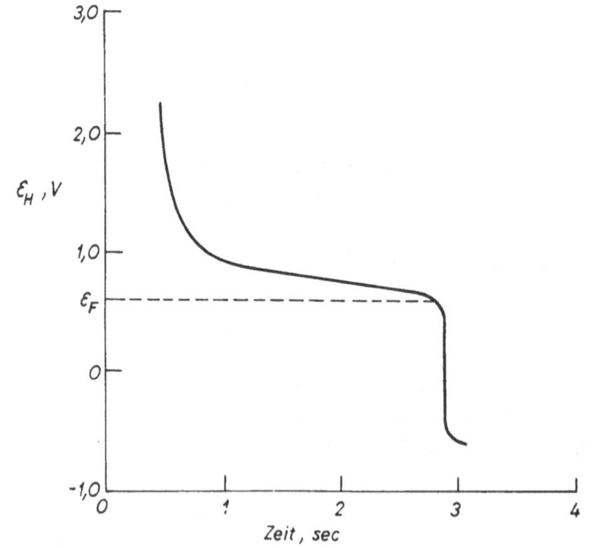

Abb. 3: Die das FLADE-Potential anzeigende Abklingkurve der Passivität am Eisen in 1 n H_2SO_4

Sauerstoffüberspannung erst bei einem den Gleichgewichtswert um mehrere Zehntel Volt übersteigenden Potential. Die wahre kritische Stromdichte für das Erreichen der Passivität am Eisen in Abwesenheit einer aus Reaktionsprodukten bestehenden isolierenden Schicht ist nach Kurzzeit-Stromimpulsmessungen auf etwa 10 bis 20 A/cm² geschätzt worden.

Wenn der anodische Strom abgeschaltet wird, fällt die Passivität in kurzer Zeit in der auf *Abb. 3* gezeigten Weise ab. Das Potential fällt zuerst rasch auf einen Wert ab, der gegenüber der Wasserstoffelektrode immer noch positiv ist, dann verringert es sich in der Zeit von einigen Sekunden bis Minuten relativ langsam. Schließlich fällt das Potential auf das normale unedle Potential des Eisens steil ab. Von FLADE [6] wurde beobachtet, daß das kurz vor dem Steilabfall erreichte edle Potential bei um so positiveren Werten liegt, je saurer die Elektrolytlösung bei dieser Untersuchung ist. Dieses charakteristische Potential ε_F wurde später FLADE-Potential genannt. FRANCK [7] fand, daß es vom pH-Wert linear abhängig ist. Seine Messungen ergaben im Zusammenhang mit späteren Angaben verschiedener Autoren für 25 °C folgende Beziehung:

$$\varepsilon_F\,[V, St\,H\,E] = +\,0{,}63 - 0{,}059\ \mathrm{pH} \qquad (1)$$

Dieses reproduzierbare FLADE-Potential und dessen pH-Abhängigkeit mit dem Faktor −0,059 sind für die Passivschicht am Eisen charakteristisch. Für die Passivschichten an Chrom, Cr–Fe-Legierungen (*1*) und am Nickel, für die die Standard-FLADE-Potentiale (pH = 0) wegen der stabileren Passivität dieser Metalle negativer als beim Eisen sind, wurden ähnliche Potential-pH-Beziehungen gefunden.

Die Stabilität der Passivität wird mit dem FLADE-Potential in Beziehung gebracht, wobei während der anodischen Passivierung die folgende schematische Reaktion angenommen wird:

$$M + H_2O \rightarrow M \cdot O + 2H^+ + 2e^- \qquad (2)$$

Das Elektrodenpotential der Reaktion (2) ist ε_F und $M \cdot O$ symbolisiert eine passivierende Sauerstoffschicht auf dem Metall M, ohne eine Aussage über die Zusammensetzung und die Struktur der Passivschicht zu machen. Die auf der Metalloberfläche gebundene angenommene Sauerstoffmenge hat auf die angestellten Betrachtungen keinen Einfluß. Es ergibt sich daraus folgende Gleichung:

$$\varepsilon_F = \varepsilon_F^0 + \frac{0{,}059}{2} \log a_{H^+}^2 = \varepsilon_F^0 - 0{,}059\ \mathrm{pH} \qquad (3)$$

Der positive Wert von ε_F^0 für Eisen (0,63 V) deutet auf ein großes Bestreben zur Zersetzung der Passivschicht (Umkehrung der Reaktion (2)), während der am Chrom gemessene negative Wert von $\varepsilon_F^0 = -0{,}2$ V günstigere Bedingungen zur Passivschichtbildung und damit eine größere Stabilität der Passivität anzeigt. Für Nickel beträgt der entsprechende Wert $\varepsilon_F^0 = +0{,}2$ V. Bei Cr–Fe-Legierungen erstrecken sich die ε_F^0-Werte von 0,63 V am reinen Eisen mit zunehmendem Chromgehalt auf negativere Werte, die sich bei 10—15% Cr meist sprunghaft ändern und bei 25% Cr die Größe von etwa —0,1 V erreichen [8].

Das Potential P in der *Abb. 1*, bei dem die Passivierung des Eisens einsetzt (Passivierungspotential), ist dem Flade-Potential annähernd gleich, aber wegen des IR-Abfalls über der primär gebildeten isolierenden Schicht und wegen der unterschiedlichen pH-Werte der Elektrolytlösung in den Poren dieser Schicht und im Innern der Lösung (Konzentrationsüberspannung) nicht mit ihm identisch. Diese Einflüsse stören dagegen die Messung beim Abklingen der Passivität nicht.

5.2. *Passivierung durch Passivatoren*

Unabhängig davon, ob Eisen durch konzentrierte Salpetersäure oder durch anodische Polarisation in Schwefelsäure passiviert wird, erhält man dasselbe Flade-Potential, woraus zu ersehen ist, daß die Passivschicht in beiden Fällen im wesentlichen die gleiche ist. Tatsächlich liegen auch die entsprechenden Flade-Potentiale des durch Eintauchen in Lösungen von Chromaten, Nitriten, Molybdaten, Wolframaten, Ferraten oder Pertechnaten [9, 10] passivierten Eisens (diese Substanzen werden als Passivatoren bezeichnet), dicht bei den Werten, die nach anderen Passivierungsmethoden erhalten wurden (*2*). Es kann daraus gefolgert werden, daß die Passivschicht am Eisen unabhängig vom Passivierungsprozeß im wesentlichen immer die gleiche ist. Durch coulometrische und andere geeignete Messungen wurde die zum Aufbau der Passivschicht notwendige Strom- bzw. Substanzmenge in allen Fällen zu etwa 0,01 C/cm² bestimmt, und es scheint, daß die Passivierung mit einigen Ausnahmen, die an späterer Stelle beschrieben werden, nach einem elektrochemischen Mechanismus erfolgt. Die Passivatoren werden zum Beispiel an den kathodischen Flächen bei einer Stromdichte reduziert, die der wahren Stromdichte an den anodischen Flächen entspricht und demnach bei der Passivierung von Eisen die kritische Stromdichte von $i_{(krit)} = 10$ bis 20 A/cm² erreichen oder auch übertreffen kann. Der Passivator wird also an einem großen kathodischen Flächenanteil der Metalloberfläche reduziert, und zwar in einem genügend großen Ausmaß, um eine chemisch äquivalente Passivschicht an den kleinen Anodenflächen zu bilden. An kleinen, bereits passiven Flächen wird teilweise der Passivator adsorbiert, wodurch diese Flächen gegenüber den angrenzenden passiven oder nichtpassiven Flächen edel werden und eine Vervollständigung der Passivität verursachen. Sobald die Passivschicht perfekt ist, wirkt sie in ihrer Gesamtheit als Kathode, und eine weitere Reduktion des Passivators erfolgt mit einer viel kleineren Geschwindigkeit, die der Geschwindigkeit des stetigen Abbaus der Passivschicht entspricht. Da der Abbau durch die Anwesenheit von Chloriden und durch höhere Temperaturen beschleunigt wird, ist unter solchen Bedingungen auch der Verbrauch an Passivator entsprechend höher.

Passivatoren sind anorganische oxydierend wirkende Verbindungen, die sich durch die Eigenschaft auszeichnen, in direktem Kontakt mit Eisen nur langsam zu reagieren, durch kathodische Ströme aber viel schneller reduzierbar zu sein. Daher können sie zuerst an der Metalloberfläche adsorbiert werden, wobei jede Adsorptionsstelle die kathodische Fläche vergrößert. Mit erhöhter Konzentration des Passivators wird seine Adsorption erleichtert, und damit werden die restlichen anodischen Flächen verkleinert; dieser Umstand begünstigt eine erhöhte anodische Polarisation und damit schließlich die Passivierung. Die bis zur Bildung einer vollständigen Passivschicht an Eisen in einer 0,1%igen K_2CrO_4-Lösung erforderliche Zeit beträgt etwa $^1/_2$ bis 2 Stunden, wobei in belüfteter Lösung weniger Zeit nötig ist als in entlüfteter Lösung (*3*).

5.2.1. Die Passivierung des Eisens durch Salpetersäure

Bei der Anwendung von Salpetersäure zur Passivierung des Eisens wirkt als kathodischer Depolarisator (Passivator) salpetrige Säure, HNO_2 [5]. Diese muß jedoch durch eine primäre, schnell verlaufende Reaktion des Eisens mit HNO_3 zuerst in genügender Menge gebildet werden. Mit steigender Konzentration der salpetrigen Säure steigt die anodische Stromdichte an und erreicht schließlich den Wert $i_{(krit)}$. Damit wird das Eisen passiviert, und die Korrosionsgeschwindigkeit fällt auf den verhältnismäßig geringen Wert von etwa 2,0 g/m²d ab [13]. Gibt man zu der konzentrierten Salpetersäure Harnstoff, so wird die Passivierung gestört, weil Harnstoff mit salpetriger Säure unter Bildung von N_2 und CO_2 reagiert und damit die Konzentration der salpetrigen Säure abnimmt. Die Geschwindigkeit dieser Reaktion ist aber um so viel geringer als die der HNO_2-Bildung, daß dennoch eine Passivierung stattfinden kann, obwohl dann in den meisten Fällen Abbau und Bildung der Passivschicht periodisch erfolgen. Eine Zugabe von Wasserstoffperoxid zu konzentrierter Salpetersäure verursacht vermutlich durch Oxydation der HNO_2 zu HNO_3 [13] gleichfalls einen periodischen Abbau der Passivität. Das Peroxid selbst ist kein so wirksamer kathodischer Depolarisator wie HNO_2; die Passivschicht kann daher durch H_2O_2 höchstens „repariert" werden, und das auch nur in dem Augenblick, wo die Oberflächenkonzentration der durch Reaktion von Eisen mit Salpetersäure gebildeten salpetrigen Säure genügend hoch ist. Nachdem der passive Zustand hergestellt ist, wird die Oberflächenkonzentration der salpetrigen Säure durch Reaktion mit H_2O_2 wieder unter die zur Erhaltung der Passivität notwendige Konzentration herabgesetzt. In dieser Weise laufen offenbar die Vorgänge periodisch ab.

Wenn Eisen eine Zeitlang (im allgemeinen genügen einige Minuten) in verdünnte Chromatlösung getaucht wird, bleibt es nach Überführung in konzentrierte Salpetersäure passiv, ohne daß bei einer Primärreaktion eine nachweisbare Menge von HNO_2 gebildet wird. Hier wird die Passivschicht durch das Chromat aufgebaut, so daß die salpetrige Säure als Depolarisator zum Erreichen der kritischen Stromdichte $i_{(krit)}$ nicht mehr benötigt wird, oder höchstens noch in geringer Menge, um die bereits vorhandene Deckschicht zu erhalten.

5.3. Anodischer Schutz und Transpassivität

Mit dem elektrochemischen Mechanismus des Passivierungsprozesses kann erklärt werden, weshalb durch die anodische Polarisation unter Verwendung eines angelegten Stromes oder unter Vergrößerung entweder der kathodischen Fläche oder der kathodischen Reaktionsgeschwindigkeit (welche wiederum die Polarisation der bestehenden anodischen Flächen erhöht) die Bildung und Erhaltung der Passivität bewirkt wird. So werden zum Beispiel kohlenstoffreiche Stähle, deren Oberflächen als Kathoden wirkende Zementitflächenanteile (Fe_3C) enthalten, durch konzentrierte Salpetersäure viel leichter passiviert als reines Eisen. Aus diesem Grunde sind zur Lagerung oder zum Versand nitrierender Gemische von Schwefel- und Salpetersäure Behälter aus solchen Stählen am besten geeignet, die die mit den notwendigen mechanischen Eigenschaften zu vereinbarende höchstmögliche Menge Kohlenstoff enthalten. So können auch die handelsüblichen rostbeständigen Stähle, die in verdünnter Schwefelsäure nicht stabil passivierbar sind, durch Zulegieren geringer Mengen von edleren Komponenten, die wie z. B. Pd, Pt oder Cu [14] eine geringe Wasserstoffüberspannung oder eine niedrige Überspannung für die kathodische Reduktion von gelöstem Sauerstoff haben, korrosionsbeständig gemacht werden. Die Polarisationskurven in den *Abb. 4* und *5* stellen die durch geringe Überspannung an den Lokalkathoden begünstigte Passivierbarkeit bzw. die dementsprechende verbesserte Korrosionsbeständigkeit eines Metalles gegenüber Schwefelsäure dar.

Da Titan im Gegensatz zu X 10 CrNi 18.8-Stahl sowohl in Chlorid- als auch in Sulfatlösungen eine relativ niedrige, für die Passivierung kritische Stromdichte hat, wird durch das Legieren des Metalles mit 0,1% Pd oder Pt [*15*] die Selbstpassivierung von Titan in heißer 10%iger Salzsäure ermöglicht. Dagegen wird das reine Metall in der gleichen Säure mit sehr hoher Geschwindigkeit korrodiert (siehe dazu *Abb. 1*, S. 335).

Unter Anwendung desselben zu Grunde liegenden Prinzips kann die Korrosionsbeständigkeit einiger Metalle und Legierungen in geeigneten Medien (wie zum Beispiel Cr–Fe-Legierungen in Schwefelsäure) durch einen aufgeprägten anodischen Strom, dessen Stärke zuerst mindestens der Passivierungsstromdichte entsprechen muß, wesentlich verbessert werden. Das Potential des Metalles verlagert sich durch den Stromfluß in den Passivbereich (siehe *Abb. 1*), und die anfänglich hohe Stromdichte fällt auf den niedrigen Wert der Passivstromdichte i_p ab, womit auch die Korrosionsgeschwindigkeit entsprechend verringert wird. Diese Maßnahme wird als anodischer Schutz (siehe S. 207) bezeichnet, weil hier das zu schützende Metall anodisch polarisiert wird, d. h. der Strom fließt im Vergleich zum kathodischen Schutz in entgegengesetzter Richtung. Während aber der kathodische Schutz prinzipiell sowohl passivierbaren als auch nicht passivierbaren Metallen gewährt werden kann, ist der anodische Schutz nur an solchen Metallen anwendbar, die bei anodischer Polarisation passiviert werden.

Wenn die kathodische Polarisationskurve die anodische Kurve, wie in der *Abb. 4* gezeigt wird, bei einem noch positiveren Potential schneidet, dann wird die Korrosionsgeschwindigkeit, zum Beispiel des rostbeständigen Stahles, gegenüber der Korrosionsgeschwindigkeit bei weniger edlen Potentialen (im Passivbereich) merklich erhöht, wobei im Falle eines chromhaltigen Stahles die Reaktions-

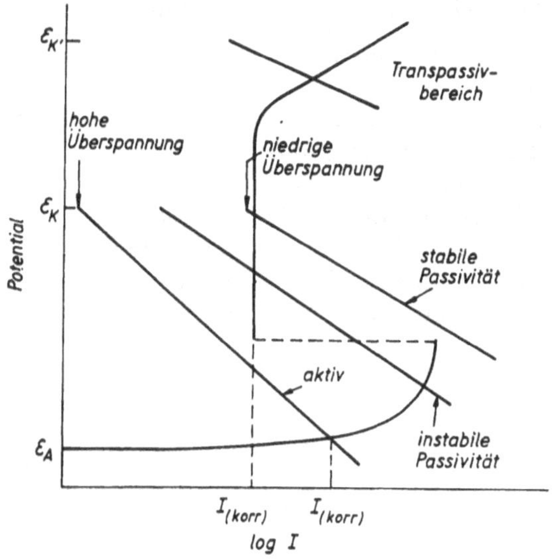

Abb. 4: Polarisationskurven für das von der Überspannung der Kathodenflächen (unterschiedliche kathodische Reaktionsgeschwindigkeiten) abhängige Aktiv- oder Passivverhalten eines Metalles

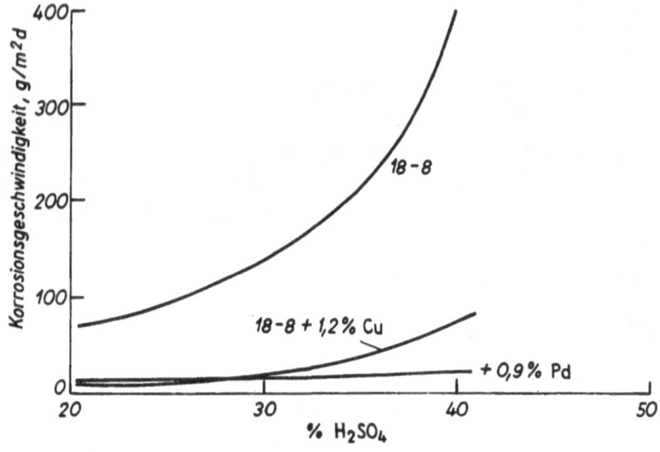

Abb. 5: Korrosionsgeschwindigkeiten des rostbeständigen 18.8-Cr–Ni-Stahles in Schwefelsäure und der Einfluß des Zulegierens von Kupfer oder Palladium; 360-Stundentest bei 20 °C (nach TOMASHOV)

produkte $Cr_2O_7^{--}$ und Fe^{3+} entstehen. Dieses Verhalten wird als Transpassivität bezeichnet. Sie tritt nicht nur an rostbeständigen Stählen, sondern auch an einigen anderen Metallen in Erscheinung; so zum Beispiel auch am Chrom, dessen Gleichgewichtspotential für die Reaktion

$$2\,Cr + 7\,H_2O \rightarrow Cr_2O_7^{--} + 14\,H^+ + 12\,e^-, \quad \varepsilon^0 = 0{,}30\ V \tag{4}$$

unedler als das Gleichgewichtspotential der Sauerstoffentwicklung ist:

$$2\,H_2O \rightarrow O_2 + 4\,H^+ + 4\,e^-, \quad \varepsilon^\circ = 1{,}23\ V \tag{5}$$

Der Angriff am Eisen durch Schwefelsäure ist im Transpassivbereich unbedeutend, da hauptsächlich Sauerstoff entwickelt wird; wenn aber das Eisen bei dieser Polarisation alkalischen Lösungen ausgesetzt ist, so wird es recht stark unter Bildung von Ferrat, FeO_4^{--} korrodiert. Die mit der Zeit ansteigende Korrosionsgeschwindigkeit der X 10 CrNi 18.8-Stähle in heißer konzentrierter Salpetersäure kann damit erklärt werden, daß sich an der Metalloberfläche die Korrosionsprodukte, insbesondere $Cr_2O_7^{--}$, anhäufen und dadurch das Korrosionspotential in den Transpassivbereich verschieben.

5.4. Theorien der Passivität

Es gibt zwei verschiedene allgemein formulierte Ansichten über die Natur der Passivschicht. Die eine besagt, die Passivschicht (nach *Definition 1* oder *2*, S. 61f.) bestehe aus einer diffusionshemmenden Schicht von Reaktionsprodukten, wie zum Beispiel Metalloxide oder Salze, die das Metall von seiner Umgebung isoliert und somit die Reaktionsgeschwindigkeit stark verringert. Diese Theorie wird häufig als Oxidschicht-Theorie bezeichnet.

Die andere Theorie besagt, daß die nach *Definition 1* passiven Metalle mit einer chemisorbierten Schicht von Sauerstoff oder anderen passivierenden Reagenzien überzogen werden. Eine solche Schicht verdränge die an der Metalloberfläche adsorbierten Wassermoleküle und verringere dadurch die Geschwindigkeit der mit der Hydratation der Metallionen verbundenen anodischen Auflösung, d. h., die chemisorbierten Teilchen verringern die Austauschstromdichte bzw. erhöhen die anodische Überspannung der Reaktion

$$M \leftrightharpoons M^{n+} + ne^-.$$

Die Tatsache, daß selbst weniger als eine Monoschicht an der Oberfläche chemisorbierter Teilchen einen passivierenden Einfluß ausüben kann, deutet darauf hin, daß diese Schicht primär nicht als Diffusionsbarriere wirkt. Diese zweite Ansicht wird als Adsorptionstheorie oder auch Chemisorptionstheorie bezeichnet.

Ohne Zweifel können beide Theorien die Ursachen der Passivität der nach *Definition 2* passiven Metalle mit einer diffusionshemmenden Schicht erklären.

Die an einer Bleioberfläche in Schwefelsäure sich bildende sichtbare $PbSO_4$-Schicht oder eine Eisenfluoridschicht, die sich an einer in wäßrige Flußsäure tauchenden Stahloberfläche bildet, sind Beispiele für Schutzschichten, die das Metall von seiner Umgebung isolieren. An jenen Metallen jedoch, die, auf deutlicher anodischer Polarisation beruhend, nach *Definition 1* passiv sind, bilden sich gewöhnlich unsichtbare Schichten aus, die zum Beispiel an rostbeständigen Stählen oder an Chrom sogar zu dünn sind, um durch Elektronenbeugung nachgewiesen werden zu können (*4*). Das Verhalten solcher Metalle und Legierungen ist seit mehr als 125 Jahren die Ursache für zahlreiche Untersuchungen und Diskussionen über den Mechanismus der Passivierung. Die Annahme einer Schicht von Reaktionsprodukten als Ursache der Passivität stützt sich hauptsächlich auf die isolierten dünnen Oxidfilme, die von passivem Eisen zum Beispiel durch Eintauchen des Metalles in wäßrige Jod-Jodkalium- oder in methanolische Jodlösungen getrennt [16, 17] und nach dem Aufschwemmen an die Oberfläche der Lösung der Untersuchung und Analyse zugeführt werden können. Mittels Elektronenbeugung durchgeführte Untersuchungen von Filmen, die von dem in belüfteter Natronlauge oder in Chromatlösung passivierten Eisen getrennt worden waren, haben die Anwesenheit von $\gamma - Fe_2O_3$ ergeben [18, 19].

Die Adsorptionstheorie stützt sich dagegen auf die Tatsache, daß die meisten der nach *Definition 1* passivierbaren Metalle Übergangsmetalle des periodischen Systems sind, d. h., daß sie Elektronenlücken oder ungepaarte Elektronen in den *d*-Schalen der Atome enthalten. Die ungepaarten Elektronen erklären das große Bestreben zur Bindung an Komponenten der Umgebung, besonders an Sauerstoff, der ebenfalls ungepaarte Elektronen enthält (davon rührt seine schwache paramagnetische Suszeptibilität her). Dabei bilden sich Elektronenpaare und zusätzlich zur ionischen kovalente Bindungen. Außerdem haben die Übergangsmetalle im Vergleich zu den übrigen Metallen sehr hohe Sublimationswärmen, wodurch die Adsorption von Teilchen des Mediums an dem Metall begünstigt wird, weil die Metallatome im Gitterverband zu bleiben bestrebt sind, eine Oxidbildung jedoch voraussetzt, daß die Metallatome aus dem Kristallgitter austreten. Die charakteristischen hohen Adsorptionswärmen des Sauerstoffes an den Übergangsmetallen entsprechen der Bildung einer chemischen Bindung, und deshalb werden diese Schichten als Chemisorptionsschichten bezeichnet. Im Gegensatz dazu nennt man Schichten oder Filme mit geringer Bindungsenergie physikalisch adsorbierte Schichten. Nicht zu den Übergangsmetallen zählende Metalle, wie z. B. Kupfer und Zink, bilden mit Sauerstoff sofort Oxide, und etwa an der Metalloberfläche gebildete chemisorbierte Schichten haben nur eine kurze Lebensdauer, wogegen an Übergangsmetallen die Lebensdauer der Chemisorptionsschichten viel länger ist. Alle chemisorbierten Passivschichten reagieren jedoch im Laufe der Zeit mit dem darunter liegenden Metall unter Bildung von Verbindungen, wie etwa Oxiden. Diese Oxide sind aber als die Passivität verursachende Faktoren weniger wichtig, als die sich primär bildenden metastabilen Chemisorptionsschichten, die sich auch fernerhin an etwa in den Poren der Oxide entstehenden Fehlstellen bilden und somit die Passivität erhalten.

Die Adsorptionstheorie wird auch dadurch gefestigt, daß das beobachtete FLADE-Potential des passiven Eisens etwa um 0,6 V zu hoch liegt, um als Gleichgewichtspotential irgendeines der bekannten Eisenoxide erklärt werden zu können. Der zu positive Wert ist von einigen Autoren mit der Annahme erklärt worden, daß über dem angenommenen Oxid ein großes Potentialgefälle (10^6 V/cm) besteht [20] oder daß ein Film von $\gamma - Fe_2O_3$ im Gleichgewicht mit einer darunterliegenden Fe_3O_4-Schicht steht [21].

Der beobachtete Wert des FLADE-Potentials stimmt dagegen mit dem berechneten Bildungspotential einer an der Eisenoberfläche chemisorbierten Sauerstoffschicht überein (siehe Aufgabe 2, Kap. 5., S. 349). Bei dieser Berechnung wurde von der beobachteten Wärmetönung und der abgeschätzten Entropie der Sauerstoffadsorption an Eisen nach folgender Reaktion ausgegangen [22]:

$$3\,H_2O + \textit{Fe-Oberfläche} \rightarrow O_2 \cdot O\ (\textit{an Fe adsorbiert}) + 6\,H^+ + 6\,e^-,$$
$$\varepsilon^0_{(ber)} = 0{,}56\ \text{V} \qquad (6)$$

Die gemessenen chemischen Äquivalente der Passivfilmsubstanz (ca. 0,01 C/cm²) entsprechen bei Annahme eines Rauhigkeitsfaktors von 4 einer Monoschicht von Sauerstoffatomen ($r = 0{,}7$ Å) über welcher eine Schicht von Sauerstoffmolekülen ($r = 1{,}2$ Å) chemisorbiert ist; die chemisorbierte Passivschicht wird daher in Gleichung (6) durch die symbolische Schreibweise $O_2 \cdot O$ (an Fe adsorbiert) dargestellt. Der Wert des FLADE-Potentials beträgt, wie bereits angegeben wurde (siehe Gleichung (1)), $\varepsilon^0_{(beob)} = 0{,}63$ V und steht in mäßiger Übereinstimmung mit dem berechneten Wert von $\varepsilon^0_{(ber)} = 0{,}56$ V. Die Übereinstimmung ist noch besser, wenn bei der Berechnung von an der Metalloberfläche adsorbiertem Wasser ausgegangen wird, das während der Passivierungsreaktion durch den sich bildenden Passivfilm verdrängt wird; diese Verdrängung ist vermutlich mit einer größeren Änderung der freien Enthalpie verbunden als die Adsorption des Wassers an der Passivschicht selbst [23].

Des weiteren liefert das Vermögen der Passivschicht, in NaOH-Lösung Chromit (CrO_2^-) zum Chromat (CrO_4^{--}) zu oxydieren [13], einen sicheren Nachweis dafür, daß die Passivschicht am Eisen Sauerstoff in einem höheren Energiezustand enthält, als er irgendeinem Eisenoxid entspricht. Diese Oxydation findet am aktiven Eisen nicht statt. Die maximale Oxydationskapazität der Passivschichtsubstanz beträgt in Übereinstimmung mit folgender Reaktion 0,012 C/cm².

$$O_2 \cdot O\ (\textit{an Fe adsorbiert}) + Fe + OH^- + CrO_2^- + H_2O \rightarrow$$
$$Fe(OH)_3 + CrO_4^{--}, \qquad \Delta G^0 = -33{,}00\ \text{kcal} \qquad (7)$$

Aus Berechnungen geht hervor, daß die gleiche Reaktion an Chrom oder an rostbeständigen Stählen, wo die Passivschicht stabiler ist, nicht ablaufen wird.

Beim Abbau der Passivität reagiert 0,01 C/cm² des am Eisen chemisorbierten Sauerstoffes mit dem darunterliegenden Metall nach:

$$O_2 \cdot O \text{ (an Fe adsorbiert)} + 2\,Fe + 3\,H_2O \rightarrow 2\,Fe(OH)_3$$
$$\text{bzw. } Fe_2O_3 \cdot H_2O \qquad (8)$$

Es wird eine Fe_2O_3-Schicht (Molgewicht 159,7; d = 5,12 g/cm²) mit der minimalen Dicke von

$$\frac{0{,}01 \cdot 159{,}7}{6 \cdot 96500 \cdot 5{,}12} = 54\,\text{Å}$$

(bezogen auf die scheinbare Oberfläche) gebildet. Das hydratisierte Oxid ergäbe allerdings eine noch dickere Schicht. Dieser Wert liegt in der Größenordnung der gemessenen Dicken der abgelösten Passivschicht (25—100 Å), die bei den Experimenten zur Trennung der Passivschicht vom Eisen isoliert wurde.

Nach der Adsorptionstheorie kann die Passivierung von Chrom und rostbeständigen Stählen wegen ihrer beträchtlichen Affinität zu Sauerstoff durch direkte Chemisorption von Sauerstoff aus der Luft oder aus wäßrigen Lösungen erfolgen, wobei die Äquivalente des auf diese Weise adsorbierten Sauerstoffes in der gleichen Größenordnung gefunden wurden [24] wie die in der Passivschicht, die entweder anodisch, durch konzentrierte Salpetersäure oder durch die Einwirkung von Chromaten am Eisen gebildet wurde. So kann auch der Sauerstoff in belüfteten alkalischen Lösungen oder auch, wenn der Sauerstoffpartialdruck in ausreichendem Maße erhöht wird, in Lösungen mit niedrigen pH-Werten direkt an der Eisenoberfläche adsorbiert werden und das Metall passivieren.

5.4.1. Wirkung der Chloridionen, Passiv-Aktivzellen

Chloridionen — und in geringerem Maße auch die anderen Halogenidionen — zerstören an Eisen, Chrom und an rostbeständigen Stählen die Passivität oder verhindern die Passivierung dieser Metalle.

Nach der Oxidschicht- oder Phasenschichttheorie dringen die Chloridionen leichter durch die Poren oder Fehlstellen der Oxidschicht als andere Ionen, wie zum Beispiel die Sulfationen, oder es sind die Chloridionen in der Lage, die Oxidschicht gallertartig aufzuquellen und damit ihre Durchlässigkeit zu erhöhen.

Nach der Adsorptionstheorie werden dagegen die Chloridionen in Konkurrenz mit gelöstem Sauerstoff oder mit OH^--Ionen an der Metalloberfläche adsorbiert. Wenn die Chloridionen an die Metalloberfläche gelangen, begünstigen sie die Hydratation der Metallionen und erleichtern somit die Metallauflösung, wogegen der chemisorbierte Sauerstoff die Geschwindigkeit der Metallauflösung verringert; d. h., durch die adsorbierten Chloridionen wird die Austauschstromdichte der anodischen Auflösung der oben genannten Metalle über den Wert hinaus vergrößert (oder die Überspannung der Auflösungsreaktion vermindert), der sich an einer mit Sauerstoff bedeckten Oberfläche einstellt. Dieser Einfluß ist so stark, daß Eisen, Chrom und rostbeständige Stähle in Lösungen, die Chloridionen in einer bestimmten Konzentration enthalten, anodisch nicht passiviert werden können. Das Metall geht statt dessen — laut Berechnung nach dem FARADAYschen Gesetz unter Bildung von Ionen mit der unteren Wertigkeitsstufe — weiter in Lösung, da die Passivierungsstromdichte so hohe Werte annimmt, die unter den gegebenen Bedingungen nicht zu realisieren sind. Die Aufhebung der Passivität durch Chloridionen erfolgt in der Regel nicht gleichmäßig an der gesamten passiven Oberfläche, sondern lokal, wobei die bevorzugten Stellen wahrscheinlich durch geringfügige Struktur- und Dickenunterschiede in der Passivschicht bestimmt werden. Es werden also sehr kleine anodische Flächen gebildet, an denen die Auflösung stattfindet und die von großen kathodischen Flächen des passiven Metalles umgeben sind. Die Potentialdifferenz zwischen diesen Flächen beträgt 0,5 V und mehr, und die sich hier bildende Zelle wird als Passiv-Aktivzelle bezeichnet. Die hohen Stromdichten an den Anoden bewirken hohe Geschwindigkeiten des Metallangriffes, wobei die unmittelbar die Anoden umgebende Metallfläche kathodisch geschützt wird. Dadurch werden die Anoden an bestimmten Stellen fixiert, und es kommt zur Lochfraßkorrosion. Je größer der Stromfluß und der kathodische Schutz an einem Loch sind, um so geringer ist die Wahrscheinlichkeit, daß sich in der Umgebung des bestehenden Loches ein weiteres bildet. Daher ist die Anzahl von tiefen Löchern pro Flächeneinheit in den meisten Fällen geringer als die Dichte von kleineren flachen Vertiefungen. Aus der Möglichkeit zur Bildung von Passiv-Aktivzellen wird verständlich, daß ein tiefer Lochfraß viel mehr an passiven als an nicht passiven Metallen vorkommt.

Auf das anodische Verhalten der Metalle Titan, Tantal, Molybdän, Wolfram und Zirkon haben die Chloridionen einen geringen Einfluß, so daß an diesen Metallen im Gegensatz zu Eisen, Chrom und Fe–Cr-Legierungen in Medien mit relativ hoher Chloridionenkonzentration eine recht stabile Passivschicht gebildet werden kann. Dies wird von einigen Autoren mit der Bildung von unlöslichen und daher schützenden Schichten aus basischen Chloriden dieser Metalle erklärt, jedoch sind die wirklichen Verhältnisse wahrscheinlich weitaus komplizierter.

5.5. *Passivität an Legierungen*

Einige Metalle, zu denen auch das Chrom zählt, passivieren sich an der Atmosphäre selbst, und sie bleiben jahrelang metallisch blank und anlauffrei, während Eisen und Kupfer innerhalb kurzer Zeit korrodieren bzw. anlaufen. Es wurde gefunden, daß die passivierende Eigenschaft des Chroms auf Cr–Fe-Legierungen übertragen wird, wenn der Chromgehalt mindestens 12 Gew.-% beträgt. Man bezeichnet daher minimal 12% Chrom enthaltende Eisenlegierungen als rostbeständige Stähle. Das typische Korrosionsverhalten und der Verlauf sowohl des Potentials als auch der Passivierungsstromdichte in Abhängigkeit vom Chromgehalt der Fe–Cr-Legierungen sind in den *Abb. 6, 7* und *8* dargestellt. Aus der

Abb. 8 ist zu ersehen, daß die Passivierungsstromdichte der Fe–Cr-Legierungen in einer Lösung mit dem pH-Wert von 7 bei etwa 12% Cr ein Minimum von der Größe $i_{(krit)} = 2\mu A/cm^2$ erreicht. Dieser niedrige Wert kann im belüfteten wäßrigen Medium vom Korrosionsstrom sehr leicht erreicht oder überstiegen werden, woraus sich die selbstpassivierende Eigenschaft der rostbeständigen Stähle erklärt. Außerdem nimmt die Stabilität der Passivschicht mit dem Chromgehalt der Legierung zu, worauf bereits hingewiesen wurde.

Auch einige andere Legierungssysteme besitzen für die Passivierung kritische Zusammensetzungen, wie zuerst von TAMMANN [25] beschrieben wurde. Als Bei-

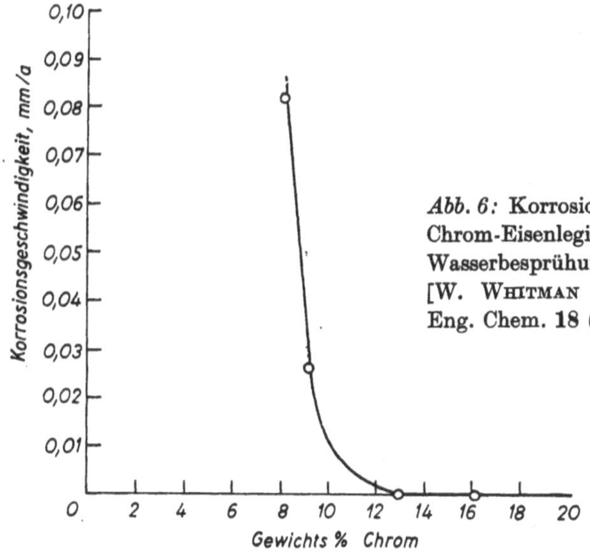

Abb. 6: Korrosionsgeschwindigkeiten der Chrom-Eisenlegierungen bei periodischer Wasserbesprühung; Zimmertemperatur [W. WHITMAN u. E. CHAPPELL, Ind. Eng. Chem. **18** (1926), 533

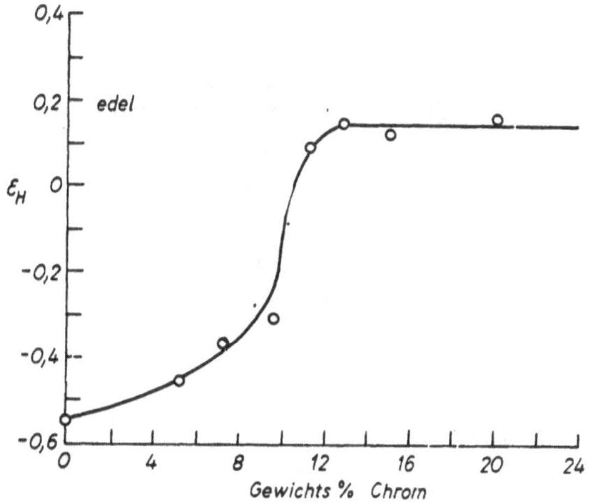

Abb. 7: Elektrodenpotentiale an Chrom-Eisenlegierungen in 4%iger NaCl-Lösung [H. UHLIG, N. CARR u. P. SCHNEIDER, Trans. Electrochem. Soc. **79**, (1941), 111

spiele dafür seien Ni–Cu-, Ni–Mo-, Co–Cr- und Ni–Cr-Legierungen genannt, deren kritische Zusammensetzung, wie aus dem Verlauf der Passivierungsstromdichten über der Zusammensetzung der Legierung bestimmt wurde, für jede Legierung einen spezifischen Wert hat. An einigen Drei- oder Vierkomponentenlegierungen, wie z. B. an Fe–Cr–Ni–Mo-, Fe–Ni–Mo- [26] und Cr–Ni–Fe-Systemen [27] sind ebenfalls die kritischen Legierungszusammensetzungen ermittelt worden.

Die auf Korrosionsdaten beruhenden kritischen Zusammensetzungen hängen vom Medium ab, dem die Legierungen ausgesetzt sind. So wird zum Beispiel die

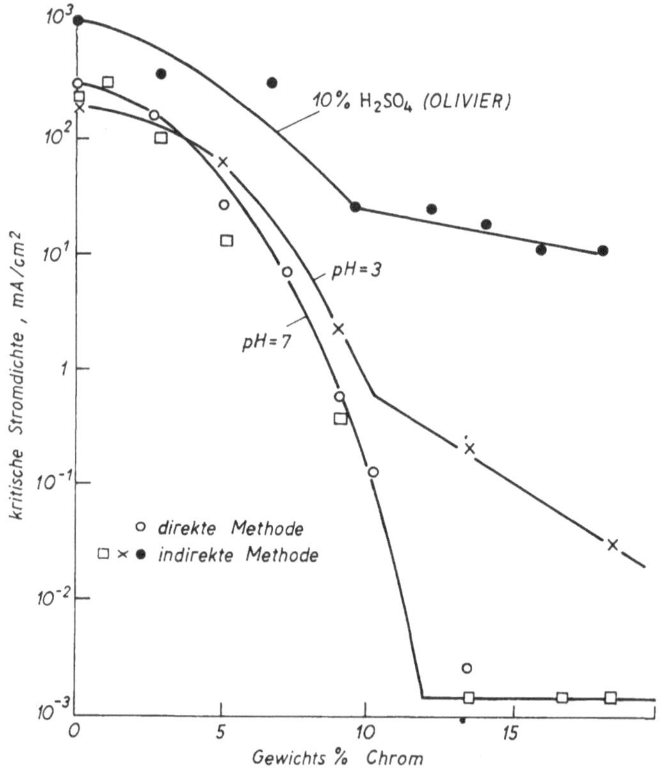

Abb. 8: Kritische Stromdichten für die Passivierung von Chrom-Eisenlegierungen in entlüfteter 3%iger Na_2SO_4-Lösung mit pH = 3 und pH = 7 bei 25°C [P. King u. H. Uhlig, J. Phys. Chem. 63 (1959), 2026. Die Angaben für 10%ige H_2SO_4 bei Zimmertemperatur sind aus R. Olivier: „*Int. Com. Electrochem. Therm. and Kinetics*", Poitier, Butterworths, London, 1955, S. 34 entnommen]*)

*) Die kritischen Stromdichten (Passivierungsstromdichten) wurden aus potentiostatischen Polarisationskurven oder ähnlichen Messungen erhalten, die nach der direkten Methode durchgeführt worden sind. Bei der indirekten Methode wird von der Beziehung $i\, i_{(krit)} = K/t$ Gebrauch gemacht, wobei t die Zeit ist, in der bei der Stromdichte i das Passivierungspotential erreicht wird, und K die zum Erreichen des Passivierungspotentials aufgewandte Strommenge in Coulomb bedeutet. Beide Methoden führen zu dem gleichen $i_{(krit)}$-Wert.

kritische Chromkonzentration für die Passivierung von Cr–Fe-Legierungen in 33%iger Salpetersäure auf 7% Cr herabgesetzt und in $FeSO_4$-Lösung auf 20% Cr erhöht; der Wert von 12% Cr gilt nur im Zusammenhang mit wäßrigen Lösungen mit einem pH-Wert von etwa 7. In Salzsäure erfolgt eine Passivierung wegen der besonderen aktivierenden Wirkung der Chloridionen an keiner der Cr–Fe-Legierungen, auch nicht an reinem Chrom.

Dieser Einfluß des Mediums ist zu erwarten, da ja die Passivierbarkeit einer Legierung von der Größe der Korrosionsstromdichte abhängt, die für die betrachtete Umgebung die entsprechende spezifische Passivierungsstromdichte zumindest erreichen muß. Wie aus der *Abb. 8* hervorgeht, verringert ein steigender Chromgehalt der Legierung in einem bestimmten Medium die Passivierungsstromdichte $i_{(krit)}$, während ein abfallender pH-Wert sowie steigende Temperaturen die absoluten Werte von $i_{(krit)}$ erhöhen. Die Korrosionsgeschwindigkeit hängt also von den Faktoren des Metalles und von denen des Mediums ab, wobei die Geschwindigkeiten sowohl der kathodischen als auch der anodischen Reaktionen beeinflußt werden.

Der Aufbau der Passivschicht an Legierungen, wie der der Passivschichten im allgemeinen, ist einerseits nach der Phasenschichttheorie und anderseits nach der Adsorptionsschichttheorie beschrieben worden. Die von der Phasenschichttheorie ausgehende Erklärung besagt, daß sich oberhalb der für die Passivierung kritischen Legierungszusammensetzung schützende Oxidschichten, unterhalb der kritischen Zusammensetzung jedoch nicht-schützende Oxidschichten bilden. Die bevorzugte Oxydation der passiven Komponenten, wie zum Beispiel des Chroms, kann oberhalb eines bestimmten Chromgehaltes der Cr–Fe-Legierung schützende Oxide bilden (zum Beispiel Cr_2O_3), jedoch nicht unterhalb dieses bestimmten Grenzgehaltes. Irgendwelche quantitativen Aussagen, die auf diesen Annahmen beruhen, sind bisher nicht gegeben worden.

Nach der Adsorptionstheorie wird angenommen, daß besonders Sauerstoff, aber auch verschiedene andere Substanzen an den Cr–Fe-Legierungen oberhalb der kritischen Zusammensetzung chemisorbiert werden, unterhalb der kritischen Zusammensetzung jedoch sofort unter Bildung einer nicht-schützenden Oxidschicht oder anderer Schichten reagieren. Ob die Legierung die Bildung einer Chemisorptionsschicht oder einer Schicht von Reaktionsprodukten begünstigt, hängt von der Elektronenanordnung der Metalloberfläche ab, insbesondere von der Wechselwirkung der *d*-Elektronen. Die sogenannte Elektronenkonfigurationstheorie beschreibt die spezifischen Legierungsmengenverhältnisse, die der günstigsten, mit einer Chemisorption und Passivierung verbundenen *d*-Elektronenkonfiguration entsprechen. Wenn die *d*-Schale der Atome der Legierungskomponenten mit Elektronen aufgefüllt ist, wie es zum Beispiel bei den nicht zu den Übergangsmetallen gehörenden Metallen der Fall ist, dann reagiert die Legierung eher unter Bildung von Oxiden als von Chemisorptionsschichten, jedoch werden derartige Phasenoxide nicht für die Hauptursache der Passivität und des Korrosionsschutzes angesehen.

5.5.1. Nickel–Kupfer-Legierungen

Wenn ein Übergangsmetall, zum Beispiel Nickel mit pro Atom 0,6 Leerstellen in der 3*d*-Schale (dieser Wert wurde durch magnetische Untersuchungen bestimmt), mit einem Nichtübergangsmetall, zum Beispiel Kupfer, welches keine Leerstellen für *d*-Elektronen besitzt, legiert wird, tragen die Elektronen des Kupfers zum Auffüllen der 3*d*-Schale des Nickels bei. Die Legierung behält den Übergangsmetallcharakter des Nickels bei, solange die 3*d*-Elektronenleerstellen nicht vollständig aufgefüllt sind. Die Messung der spezifischen Wärmekapazität und magnetische Messungen an den Ni–Cu-Legierungen ergaben, daß die 3*d*-Schale bei Kupfergehal-

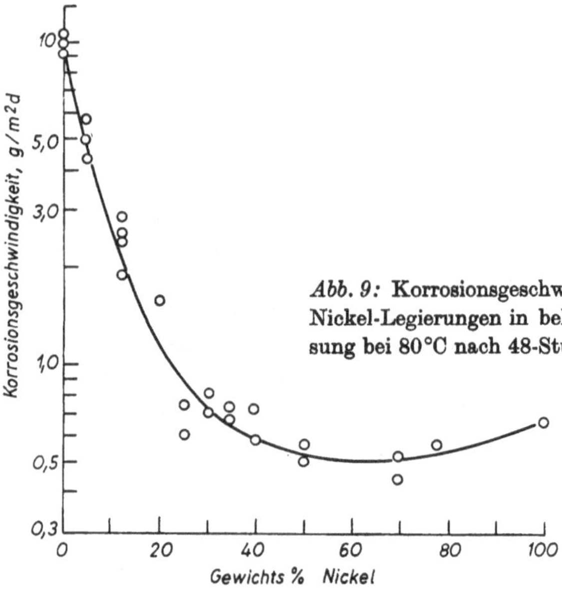

Abb. 9: Korrosionsgeschwindigkeiten von Kupfer-Nickel-Legierungen in belüfteter 3%iger NaCl-Lösung bei 80 °C nach 48-Stunden-Tests

ten oberhalb 60 Atom-% oder 58 Gew.-% vollständig, während sie bei niedrigeren Kupfergehalten unvollständig gefüllt ist. Man sollte daher erwarten, daß die Legierungen mit weniger als 60 Atom-% Cu (> 40% Ni) sich passiv und dem Nickel ähnlich verhalten, daß aber die Legierungen mit höheren Kupfergehalten nicht passiv werden und sich dem Kupfer ähnlich verhalten. Aus Untersuchungen der Korrosionsgeschwindigkeit und der anodischen Polarisationsdaten in Abhängigkeit von der Legierungszusammensetzung ergab sich [28, 29], daß der Bereich der Legierungszusammensetzung, in dem die Legierung passiv wird, annähernd die Grenzen für die ungefüllte 3*d*-Schale des Nickels einhält (s. *Abb. 9, 10* und *11*). Die Korrosionsgeschwindigkeiten in 3%iger NaCl-Lösung bei 80 °C, über dem Nickelgehalt der Legierung aufgetragen, ergeben ein Minimum, das bei etwa 40—50% Ni, d. h. an der Stelle liegt, von welcher an Leerstellen in der 3*d*-Schale des Nickels existieren (*Abb. 9*). Dasselbe Ergebnis ist aus den etwas ungenaueren, in Meerwasser gemessenen Korrosionsdaten erhalten worden (*Abb. 11*). Aus Polarisationsmessungen an Ni–Cu-Legierungen in 3%iger Na_2SO_4-Lösung ergab sich, daß bei Nickelgehalten von mehr als 40—50% die Passivierungsstromdichten sehr niedrig sind, wogegen an Legierungen mit weniger als 40% Nickel wesentlich höhere bzw. unendlich hohe Passivierungsstromdichten beobachtet werden (*Abb. 10*).

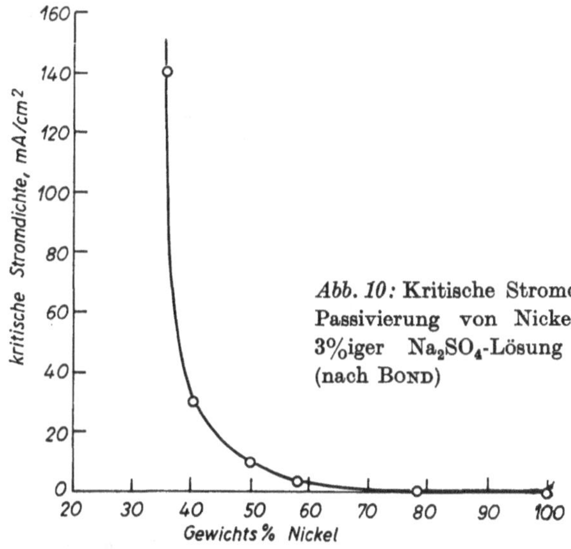

Abb. 10: Kritische Stromdichten für die anodische Passivierung von Nickel–Kupfer-Legierungen in 3%iger Na_2SO_4-Lösung bei Zimmertemperatur (nach BOND)

Die Daten in der *Abb. 12* zeigen, daß in 1 n H_2SO_4 die Passivstromdichten und in geringerem Maße die Passivierungsstromdichten mit dem Kupfergehalt der Legierung ansteigen, bis diese charakteristischen Stromdichten bei einer Legierungszusammensetzung von etwa 70% Cu und 30% Ni sich angleichen. Die

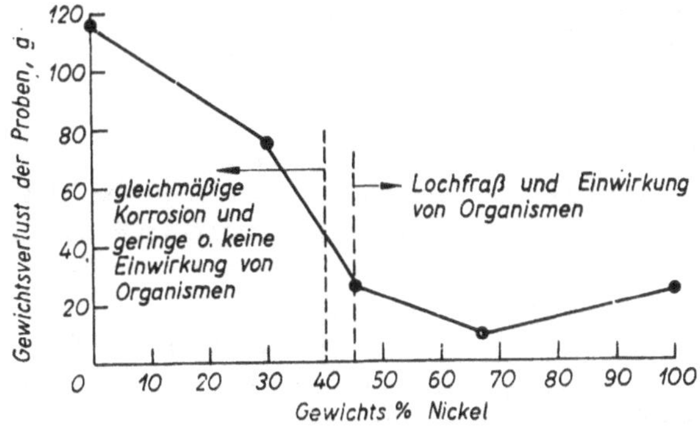

Abb. 11: Das Verhalten von Kupfer–Nickel-Legierungen in Seewasser [F. LA QUE, J. Am. Soc.Navel Engrs. **53** (1949), 29]

Flade-Potentialbereiche der potentiostatischen Polarisationskurven für diese Legierungen verschwinden bei Kupfergehalten von über 70% vollständig, und der Kurvenverlauf gleicht sich bei höheren Kupfergehalten immer mehr dem an reinem Kupfer beobachteten Verlauf an.

Des weiteren wird in der *Abb. 11* dargestellt, daß die beobachtete Lochfraßkorrosion der Legierungen in Meerwasser hauptsächlich bei Nickelgehalten von mehr als 40—50% vorkommt, d. h. in dem Bereich der Legierungszusammensetzung, in welchem sich Passiv-Aktivzellen bilden können. Bei niederen Nickel-

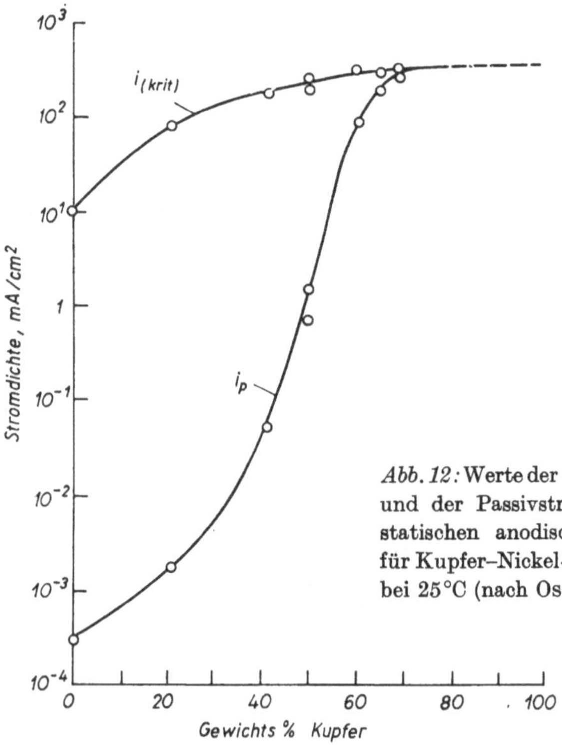

Abb. 12: Werte der Passivierungs- (kritischen) und der Passivstromdichten aus potentiostatischen anodischen Polarisationskurven für Kupfer–Nickel-Legierungen in 1 n H_2SO_4 bei 25°C (nach Osterwald und Uhlig)

gehalten wird eine ausgesprochen gleichmäßige Korrosion beobachtet, d. h. die Legierungen verhalten sich hier nicht passiv. So können auch im Meerwasser befindliche fäulniserregende Organismen an solchen Legierungen kaum bestehen, die nicht passiv sind und daher mit genügend hohen Geschwindigkeiten korrodiert werden, um in ausreichender Menge Kupferionen für die Vergiftung der Organismen zu bilden (*5*). An passiven Oberflächen jedoch, wo die Gesamtkorrosionsgeschwindigkeit und damit die Abgabe von Cu^{++}-Ionen viel geringer ist, gedeihen diese Mikroorganismen recht gut. Alle diese Fakten lassen sich mit der Ansicht vereinbaren, daß die Passivierung und die Passivität mit den

Daten der in der Legierung enthaltenen Übergangsmetalle zusammenhängt, wobei jene Komponenten, die ungepaarte *d*-Elektronen oder Leerstellen in der *d*-Schale enthalten, als besonders ausschlaggebend zu bezeichnen sind.

5.5.2. *Andere Legierungen*

Es wird angenommen, daß in den rostbeständigen Stählen die Leerstellen in der 3*d*-Schale des Chroms mit Elektronen des zulegierten Eisens aufgefüllt werden [28]. Bei der kritischen Zusammensetzung der Legierung, bei welcher die Leerstellen der Oberflächenatome gerade aufgefüllt sind sowie an Legierungen, die weniger als 12% Chrom bzw. mehr als 88% Eisen enthalten, ist das Korrosionsverhalten dem des Eisens ähnlich. Bei über 12% Chromgehalt sind die Leerstellen der 3*d*-Schale des Chroms nicht aufgefüllt, weshalb die Legierung passiv ist und sich dem Chrom ähnlich verhält. Stark elektronenbindende (oxydierende) Verbindungen, wie zum Beispiel Salpetersäure, schaffen in den Oberflächenatomen zusätzlich Elektronenleerstellen und verschieben daher den kritischen Chromgehalt zu niederen Werten.

Die kritischen Chromgehalte in den Cr–Ni- und Cr–Co-Legierungen betragen 14 bzw. 8% Cr und können auch auf die Zuführung von Elektronen des Nickels oder des Kobalts in die ungefüllte 3*d*-Schale des Chroms zurückgeführt werden [28, 30]. So behalten auch Molybdänlegierungen in den meisten Fällen die gute Korrosionsbeständigkeit von Molybdän (zum Beispiel gegenüber Chloriden), solange die 4*d*-Schale der an der Oberfläche befindlichen Molybdänatome unaufgefüllt bleibt.

5.6. *Wirkung der kathodischen Polarisation und die Katalyse*

Wenn Chrom, rostbeständige Stähle und passives Eisen kathodisch polarisiert werden, wird die Passivität abgebaut. Dies erfolgt je nachdem, welche Passivitätstheorie angenommen wird, durch Reduktion des passivierenden Oxids oder der chemisorbierten Sauerstoffschicht. Der Adsorptionstheorie gemäß können sich außerdem Wasserstoffatome, die an Übergangsmetallen abgeschieden werden, in bestimmtem Maße im Metall lösen. Derartig gelöster Wasserstoff ist zum Teil in Protonen und Elektronen dissoziiert, so daß die Elektronen zum Auffüllen von Leerstellen in der *d*-Schale des Metalles verfügbar sind. Ein viel Wasserstoff enthaltendes Übergangsmetall ist deshalb nicht mehr fähig, Sauerstoff zu chemisorbieren und passiv zu werden, weil die *d*-Schale voll besetzt ist.

Oft hängen katalytische Eigenschaften auch von der Fähigkeit eines Metalles oder einer Legierung ab, bestimmte Komponenten der Umgebung zu chemisorbieren. Es ist daher nicht überraschend, daß die Übergangsmetalle gute Katalysatoren sind und daß in katalytisch aktiven Legierungen die Verhältnisse der Elektronenkonfiguration denen ähnlich sind, die die Passivierung begünstigen.

Wenn zum Beispiel Palladium, welches im metallischen Zustand in der $4d$-Schale 0,6 Leerstellen pro Atom enthält, kathodisch mit Wasserstoff beladen wird, dann verliert es seine Wirksamkeit als Katalysator für die ortho-para Wasserstoffumsetzung [31]. Dieses Verhalten kann durch die Auffüllung der $4d$-Schale mit Elektronen des im Metall gelösten Wasserstoffes erklärt werden, so daß das Metall keinen weiteren Wasserstoff chemisorbiert. Dementsprechend ist die katalytische Wirksamkeit von Pd–Au-Legierungen der des Palladiums ähnlich, sofern nicht die kritische Konzentration von 60 Atom-% Au erreicht oder überschritten wird, wo die Legierung nur noch als sehr schwacher Katalysator wirkt. Gold ist kein Übergangsmetall und liefert Elektronen an die ungefüllte $4d$-Schale des Palladiums; magnetische Messungen bestätigten, daß die $4d$-Schale bei der kritischen Au-Konzentration gerade aufgefüllt wird. Die adäquaten Bedingungen, die die Passivität und die katalytische Aktivität beeinflussen, unterstützen die Theorie, daß die Passivschichten an den Übergangsmetallen und ihren Legierungen chemisorbiert sind.

Literatur-Anmerkungen

[1] C. Schönbein, Pogg. Ann., **37** (1836), 590

[2] M. Faraday: „*Experimental Researches in Electricity*", Bd. II, Universität London, 1844

[3] H. H. Uhlig (Hrsgb.): „*Corrosion Handbook*" S. 21, John Wiley and Sons, New York, 1948

[4] C. Wagner: Diskussionen auf dem „*1. Internationalen Symposium über Passivität*", Heiligenberg, Westdeutschland, 1957. Außerdem Privatmitteilung

[5] K. Bonhoeffer, Z. Metallkunde, **44** (1953), 77

[6] F. Flade, Z. physik. Chem., **76** (1911), 513

[7] U. F. Franck, Z. Naturforschung, **4** *A* (1949), 378

[8] H. Rocha und C. Lennartz, Arch. Eisenhüttenw. **26** (1955), 117. Eine Verlängerung der Zeit für das Abklingen der Passivität sowie eine Verunedlung des Flade-Potentials ε_F wurde an Cr–Ni–Fe-Legierungen mit Erhöhung des Chromgehaltes von H. Feller u. H. Uhlig, J. Electrochem. Soc., **107** (1960), 864 festgestellt.

[9] G. Cartledge u. R. Simpson, J. Phys. Chem., **61** (1957), 973

[10] H. Uhlig u. P. King, J. Electrochem. Soc., **106** (1959), 1

[11] R. M. Burns, J. Applied Physics, **8** (1937), 398

[12] H. Gatos u. H. Uhlig, J. Electrochem. Soc., **99** (1952), 250

[13] H. Uhlig u. T. O'Connor, J. Electrochem. Soc., **102** (1955), 562

[14] N. Tomashov, Corrosion, **14** (1958), 299

[15] M. Stern u. H. Wissenberg, J. Electrochem. Soc., **106** (1959), 759

[16] U. R. Evans, J. Chem. Soc., **1927**, S. 1024

[17] W. Vernon, F. Wormwell u. T. Nurse, J. Chem. Soc., **1939**, S. 621

[18] J, Mayne u. M. Pryor, J. Chem. Soc., **1949**, S. 1831

[19] J. Mayne, J. Menter u. M. Pryor, Ibid., **1950**, S. 3229

[20] K. Vetter, Z. Elektrochem., **62** (1958), 642

[21] H. Göhr u. E. Lange, Z. Elektrochem., **61** (1957), 1291

[22] H. H. Uhlig, Z. Elektrochem., **62** (1958), 626

[23] P. King u. H. Uhlig, J. Phys. Chem., **63** (1959), 2026

[24] H. UHLIG u. S. LORD, J. Electrochem. Soc., **100** (1953), 216
[25] G. TAMMANN, Z. Anorg. Chem., **169** (1928), 151; Ibid, **127** (1923), 257 (mit E. SOTTER)
[26] H. UHLIG, Trans. Electrochem. Soc., **85** (1944), 307
[27] H. FELLER u. H. UHLIG, J. Electrochem. Soc., **107** (1960), 864
[28] H. UHLIG, Z. Elektrochem., **62** (1958), 700
[29] J. OSTERWALD u. H. UHLIG, J. Electrochem. Soc., **108** (1961), 515
[30] A. BOND u. H. UHLIG, J. Electrochem. Soc., **107** (1960), 488
[31] A. COUPER u. D. ELEY, Disc. Faraday Soc., **8** (1950), 172

Allgemeine Literaturhinweise:

Vorträge auf dem *1. Int. Symp. über Passivität*, Z. Elektrochemie **62** (1958), 619—827
H. H. UHLIG: „*Corrosion Handbook*", John Wiley und Sons, New York, 1948, S. 20—23

(*1*) Bei kathodischer Aktivierung folgt das FLADE-Potential des Chroms und der rostbeständigen Stähle der Beziehung n. 0,059 pH, wo n etwa den Wert 2 annimmt. Für die Selbstaktivierung beträgt n = 1 [P. KING u. H. UHLIG, J. Phys. Chem., **63** (1959), 2026].

(*2*) Das Standard-FLADE-Potential des durch Chromat passivierten Eisens ($\varepsilon_F^0 = 0{,}54$ V) ist unedler als das des durch Salpetersäure passivierten Eisens ($\varepsilon_F^0 = 0{,}63$ V). Das wird damit erklärt [10], daß die Chromate stärker als die Nitrate an der Passivschicht adsorbiert werden, wodurch die gesamte freie Enthalpieänderung des Systems verringert und damit die Stabilität der Passivschicht erhöht wird. Andere Passivatoren werden wahrscheinlich ebenfalls adsorbiert, aber mit unterschiedlichen Adsorptionsenergien.

(*3*) Das ergab sich aus Potential-Zeit-Messungen [11] und aus Untersuchungen über die Reaktionsgeschwindigkeit des Eisens, was vorher einer Chromatlösung ausgesetzt war, mit konzentrierter Salpetersäure [12].

(*4*) Wenn sie nach dem Ätzen der Atmosphäre ausgesetzt werden. Beim Reiben werden an der Oberfläche lokal hohe Temperaturen erzeugt, die zur Bildung eines nachweisbaren Oxides führen.

(*5*) Die minimale Kupferionenkonzentration, die zur Vergiftung der im Seewasser lebenden Organismen notwendig ist, entspricht einer Korrosionsgeschwindigkeit des Kupfers von etwa 0,025 mm/a oder 0,5 g/m² d.
(F. La QUE u. W. CLAPP, Trans. Electrochem. Soc., 87 (1945), 103)

H. FISCHER, K. HAUFFE u. W. WIEDERHOLT: „*Passivierende Filme und Deckschichten*", Berlin, 1956
H. KAESCHE: „*Die Korrosion der Metalle*", S. 157—220, Berlin, 1966
K. SCHWABE: „*Über die Ursachen der anodischen Passivität der Metalle*, Electrochim. Acta, **3** (1960), 186
K. SCHWABE: „*Über die Passivität der Metalle*", Angew. Chemie, **78** (1966), 253
K. SCHWABE: „*Über die Ursachen der primären anodischen Passivierung, insbesondere der Eisenmetalle*", Werkstoffe u. Korrosion, 18 (1967), 961

6. Eisen und Stahl

Die elektrochemische Theorie der Korrosion, wie sie im vorigen Kapitel beschrieben wurde, bezieht sich auf die Korrosion in den vernetzten, kurzgeschlossenen galvanischen Zellen an der Metalloberfläche. Das Metall geht als Ion an den anodischen Flächen in der der Reaktion an den kathodischen Flächen äquivalenten Menge in Lösung. An den anodischen Flächen findet die folgende Reaktion statt:

$$Fe \rightarrow Fe^{++} + 2e^{-}. \quad (1)$$

Diese Reaktion läuft in vielen Medien schnell ab, wie dadurch gezeigt wurde, daß durch Anwendung eines äußeren Stromes anodisiertes Eisen nicht merklich polarisiert wird. Bei der Korrosion von Eisen wird die Geschwindigkeit gewöhnlich durch die kathodische Reaktion bestimmt, die im allgemeinen wesentlich langsamer als die anodische Reaktion abläuft, d. h. es läuft ein kathodisch kontrollierter Vorgang ab. In entlüfteten Lösungen erfolgt an der Kathode die Reaktion

$$H^{+} \rightarrow {}^{1}/_{2}H_{2} - e^{-}. \quad (2)$$

Diese Reaktion geht in Säuren sehr schnell, in alkalischen oder neutralen wäßrigen Medien aber langsam vor sich. Die Korrosionsgeschwindigkeit von Eisen in entlüftetem Wasser bei Zimmertemperatur ist zum Beispiel kleiner als 0,1 g/m^2d. Die Geschwindigkeit der Wasserstoffentwicklung bei einem bestimmten pH-Wert hängt von der An- oder Abwesenheit von Verunreinigungen im Metall ab, die eine geringe Wasserstoffüberspannung haben. Aber sogar bei reinem Eisen können sich an der Metalloberfläche Stellen für die Wasserstoffentwicklung bilden, weshalb hochreines Eisen in Säuren auch korrodiert wird, jedoch mit einer wesentlich geringeren Geschwindigkeit als das handelsübliche Eisen.

Die kathodische Reaktion kann durch gelösten Sauerstoff nach der folgenden Reaktion beschleunigt werden:

$$2H^{+} + {}^{1}/_{2}O_{2} \rightarrow H_{2}O - 2e^{-}. \quad (3)$$

Dieser Prozeß wird als Depolarisation bezeichnet. Der gelöste Sauerstoff reagiert mit entladenem Wasserstoff, der atomar an der Eisenoberfläche adsorbiert ist, unabhängig von der An- oder Abwesenheit von Verunreinigungen. Die Oxydationsreaktion läuft in dem Maße ab, wie Sauerstoff an die Metalloberfläche gelangt.

Addiert man die Gleichungen (1) und (3), so ergibt sich unter Berücksichtigung der Reaktion $H_2O \rightarrow H^+ + OH^-$:

$$Fe + H_2O + {}^1/_2O_2 \rightarrow Fe(OH)_2. \qquad (4)$$

Wasserhaltiges Eisen(II)-oxid, $FeO \cdot nH_2O$, oder Eisen(II)-hydroxid, $Fe(OH)_2$, bildet die diffusionshemmende Schicht an der Eisenoberfläche, durch welche der an der Reaktion beteiligte Sauerstoff diffundieren muß. Der pH-Wert von gesättigter $Fe(OH)_2$-Lösung beträgt ca. 9,5, so daß die Eisenoberfläche, die in belüftetem reinem Wasser korrodiert wird, immer alkalisch reagiert. Die Farbe des Eisen(II)-hydroxids, obwohl im reinen Zustand weiß, ist wegen der einsetzenden Oxydation durch den Luftsauerstoff normalerweise grün bis grünlich-schwarz. An der äußersten, der Elektrolytlösung zugewandten Fläche der Oxidschicht setzt der gelöste Sauerstoff Eisen(II)-oxid zu wasserhaltigem Eisen(III)-oxid oder Eisen(III)-hydroxid um:

$$FeO \cdot H_2O + {}^1/_2H_2O + {}^1/_4O_2 \rightarrow Fe(OH)_3 \text{ bzw. } {}^1/_2(Fe_2O_3 \cdot 3H_2O) \qquad (5)$$

Wasserhaltiges Eisen(III)-oxid ist orange bis rotbraun gefärbt und bildet hauptsächlich den gewöhnlichen Rost. Es kommt als nichtmagnetisches α–Fe_2O_3 (Hämatit) oder als magnetisches γ–Fe_2O_3 vor, von denen die α-Form die negativere freie Bildungsenthalpie, d. h. die größere Stabilität besitzt. Gesättigte $Fe(OH)_3$-Lösung reagiert nahezu neutral. Ein magnetisches wasserhaltiges Eisen(II)-Eisen(III)-oxid, $Fe_3O_4 \cdot n\,H_2O$, bildet oft eine schwarze Zwischenschicht zwischen wasserhaltigen Fe_2O_3 und FeO. Daher bestehen die Rostschichten gewöhnlich aus drei einzelnen Schichten von Eisenoxiden mit verschiedenen Oxydationsstufen des Eisens.

6.1. Wäßrige Medien

6.1.1. Der Einfluß von gelöstem Sauerstoff

6.1.1.1. Luftgesättigtes Wasser

Zu einer merklichen Korrosion von Eisen bei gewöhnlichen Temperaturen ist in neutralem oder fast neutralem Wasser gelöster Sauerstoff notwendig. In luftgesättigtem Wasser kann die Anfangskorrosionsgeschwindigkeit einen Wert von etwa 10 g/m²d erreichen. Diese Geschwindigkeit verringert sich nach einigen Tagen je nachdem, in welcher Weise die Eisenoxidschicht (Rost) gebildet wird und wie sie als Barriere für die Sauerstoffdiffusion wirkt. Die stationäre Korrosionsgeschwindigkeit kann 1 bis 2,5 g/m²d betragen und nimmt um so höhere Werte an, je größer die relative Bewegung des Wassers in bezug auf die Eisenoberfläche ist. Da die Diffusionsgeschwindigkeit im stationären Zustand proportional der Sauerstoffkonzentration ist, folgt aus Gleichung (3), daß die Korrosionsgeschwindigkeit von Eisen ebenfalls proportional der Sauerstoffkonzentration ist. Der typische

Verlauf dieser Abhängigkeit ist in *Abb. 1* dargestellt. In Abwesenheit von gelöstem Sauerstoff ist die Korrosionsgeschwindigkeit bei Zimmertemperatur sowohl für reines Eisen als auch für Stahl vernachlässigbar gering*).

6.1.1.2. Der Einfluß höherer Partialdrücke des Sauerstoffes

Nachdem eine Erhöhung der Sauerstoffkonzentration die Korrosion des Eisens zunächst beschleunigt, fällt die Korrosionsgeschwindigkeit oberhalb einer kritischen Konzentration wieder auf einen kleineren Wert ab [1]. Abweichungen von einem linearen Anstieg der Korrosionsgeschwindigkeit mit der Sauerstoffkonzentration treten vorwiegend in destilliertem Wasser auf, weniger in Chloridionen enthaltenden Lösungen (*Abb. 1*). In destilliertem Wasser beträgt die kritische Sauerstoffkonzentration, oberhalb derer die Korrosionsgeschwindigkeit wieder abfällt, ungefähr 12 ml O_2/l (*Abb. 2*). Dieser Wert steigt mit der Menge gelöster Salze

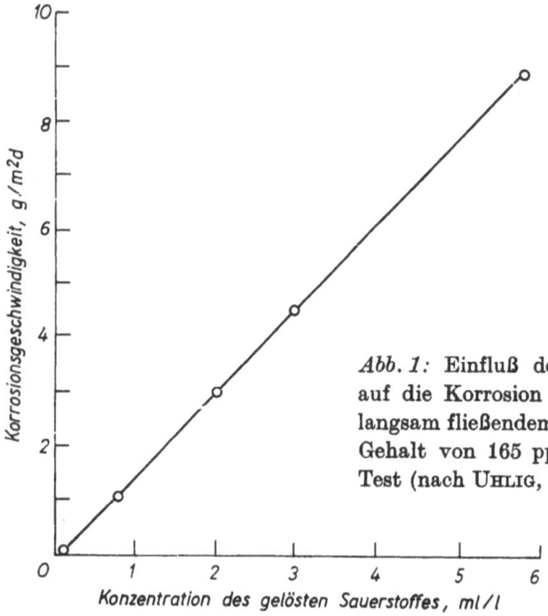

Abb. 1: Einfluß der Sauerstoffkonzentration auf die Korrosion des unlegierten Stahles in langsam fließendem Wasser mit einem $CaCl_2$-Gehalt von 165 ppm bei 25 °C; 48-Stunden-Test (nach Uhlig, Triadis und Stern)

und mit der Temperatur an und fällt mit Erhöhung der Strömungsgeschwindigkeit und des pH-Wertes ab. Bei einem pH-Wert von etwa 10 erreicht die kritische Sauerstoffkonzentration den Wert für luftgesättigtes Wasser (6 ml O_2/l), in stärker alkalischen Lösungen ist sie noch geringer.

Der Abfall der Korrosionsgeschwindigkeit wird durch die Passivierung des Eisens durch den Sauerstoff verursacht, wie aus den Potentialwerten an Eisen

*) *Anm.*: Über die elektrometrische Bestimmung des Sauerstoffes im Kesselspeisewasser (1—40 µg/l) sowie die im Forschungsinstitut Meinsberg hergestellten Meßeinrichtungen berichten K. Schwabe u. S. Vollrath in Chem. Technik **12** (1960), 406; **13** (1961), 90.

hervorgeht, die in luftgesättigtem Wasser $-0{,}4$ bis $-0{,}5$ V (*St H E*) und in O_2-gesättigtem Wasser (28 m*l* O_2/l) 0,1 bis 0,4 V betragen. Offenbar gelangt bei höheren Partialdrücken mehr Sauerstoff an die Metalloberfläche, als durch die Korrosionsreaktion (Gleichung 3) reduziert werden kann, so daß der Überschuß

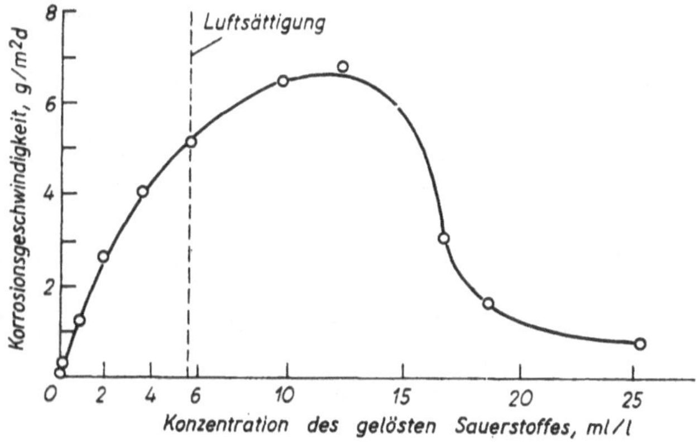

Abb. 2: Einfluß der Sauerstoffkonzentration auf die Korrosion des unlegierten Stahles in langsam fließendem destilliertem Wasser bei 25°C; 48 Stunden-Test (nach UHLIG, TRIADIS und STERN)

für die Bildung einer Passivschicht zur Verfügung steht (*1*). Nach der Oxidschichttheorie der Passivität oxydiert der überschüssige Sauerstoff die Eisenoxidschicht zu einer Schicht, die einen noch höheren Schutzwert als eine diffusionshemmende Schicht hat. Nach der Adsorptionstheorie wird der überschüssige Sauerstoff unter Bildung einer Passivschicht an der Eisenoberfläche chemisorbiert.

Die Passivierung erfordert höhere Sauerstoffdrücke, dabei werden Passiv-Aktivzellen gebildet, wodurch schließlich die Passivität, zum Beispiel in Rissen, lokal aufgehoben wird. Dadurch kommt es besonders bei höheren Temperaturen in Gegenwart von Halogenidionen oder bei dem kritischen Sauerstoffdruck, bei dem die Passivierung entweder begünstigt oder verhindert wird, zu einer heftigen Lochfraßkorrosion. Dieses Verhalten begrenzt die praktische Anwendung von hohen Sauerstoffpartialdrücken als Maßnahme zur Verringerung der Korrosion von Stahl. Bei höheren Konzentrationen von Chloriden, wie zum Beispiel im Meerwasser, wird die Passivierung des Eisens überhaupt nicht ermöglicht, und in einem solchen Medium verursacht ein erhöhter Sauerstoffdruck nur eine erhöhte Korrosionsgeschwindigkeit.

6.1.1.3. *Die Wirkung anaerober Bakterien*

Obwohl in entlüfteten natürlichen Wässern Eisen gewöhnlich nicht sehr stark korrodiert, wird in einigen Medien eine abnorm hohe Korrosionsgeschwindigkeit beobachtet. Diese hohen Geschwindigkeiten sind auf die Anwesenheit von Sulfat reduzierenden Bakterien (sporovibrio desulfuricans) zurückgeführt worden. Ihre

Beziehung zu der beobachteten beschleunigten Korrosionsgeschwindigkeit in Erdböden, die wenig gelösten Sauerstoff enthalten, wurde zuerst in Holland von Wolzogen KÜHR [2] festgestellt. Die Bakterien sind bogenförmig gebildet und etwa $1 \times 4\,\mu m$ groß, sie sind in vielen Gewässern und Erdböden zu finden. Sie gedeihen nur unter Bedingungen sehr geringer oder ohne Belüftung und im pH-Bereich von etwa 5,5 bis 8,5. Bestimmte Arten vermehren sich in frischen Wässern und in sulfathaltigen Erdböden, andere in Brackwässern und im Meerwasser, und wieder andere existieren in großer Tiefe in Erdböden bei Temperaturen von 60 bis 80 °C.

Sulfat reduzierende Bakterien reduzieren in Gegenwart von Wasserstoff oder organischen Stoffen sehr leicht anorganische Sulfate zu Sulfiden. Diesen Prozeß begünstigt die Gegenwart einer Eisenoberfläche. Die die Reduktion beschleunigende Wirkung des Eisens beruht wahrscheinlich darauf, daß das Eisen den Wasserstoff abgibt, der normalerweise an der Metalloberfläche adsorbiert ist, und der die Bakterien bei der Reduktion des Sulfates unterstützt. Für jedes verbrauchte Äquivalent Wasserstoffatome geht ein Äquivalent Eisen(II)-Ionen in Lösung und bildet Rost und FeS. Daher wirken die Bakterien wahrscheinlich hauptsächlich als Depolarisatoren.

Die Reaktionsfolge kann folgendermaßen formuliert werden:

Anode: $4\,Fe \rightarrow 4\,Fe^{++} + 8e^-$

Kathode: $8\,H_2O \rightarrow 8\,H\ (\textit{an Fe adsorb.}) + 8\,OH^- - 8e^-$

$8\,H_{(ad)} + Na_2SO_4\ \overrightarrow{(\textit{Bakterien})}\ 4\,H_2O + Na_2S$

$Na_2S + 2\,H_2CO_3 \rightarrow 2\,NaHCO_3 + H_2S$

Gesamtreaktion:

$$4\,Fe + 2\,H_2O + Na_2SO_4 + 2\,H_2CO_3 \rightarrow 3\,Fe(OH)_2 + FeS + 2\,NaHCO_3$$

Wie man daraus erkennt, werden Eisenhydroxid und Eisensulfid im Molverhältnis 3 : 1 gebildet. Die Analyse eines Rostes, der durch die aktive Mitwirkung der Sulfat reduzierenden Bakterien entstanden ist, zeigt annähernd das gleiche Verhältnis von Oxid zu Sulfid. Wird statt dessen die Korrosion durch gelösten Schwefelwasserstoff oder durch lösliche Sulfide verursacht, so ist es unwahrscheinlich, ein ähnliches Verhältnis von Oxid zu Sulfid zu finden, und außerdem wäre in diesem Falle die Korrosionsgeschwindigkeit viel geringer. Qualitativ kann die Wirkung der Sulfat reduzierenden Bakterien als Korrosionsstimulatoren in einem Wasser nachgewiesen werden, das anfangs frei von Sulfiden war, indem man einige Tropfen Salzsäure auf den Rost gibt und daraufhin den Geruch nach H_2S wahrnimmt.

Schwere Schadensfälle durch Sulfat reduzierende Bakterien sind hauptsächlich an Bohranlagen, an unterirdischen Rohrleitungen, an wassergekühlten Walzstraßen oder an Rohrleitungen von tiefen Wasserquellen aufgetreten. Ein Quellwasser aus dem Mittleren Westen der USA verursacht innerhalb von zwei Jahren den Ausfall von verzinktem Wasserrohr durch die Wirkung dieser Bakterien, während chloriertes Stadtwasser aus den gleichen Quellen sich viel weniger korrosiv verhält.

Die Chlorierung bietet eine Möglichkeit, die durch diese Bakterien verursachten Schadensfälle zu vermindern, jedoch ist nach einigen Berichten diese Maßnahme nicht immer wirksam. Die Belüftung von Wasser verringert die Aktivität der Bakterien, da sie in Gegenwart gelösten Sauerstoffes nicht lebensfähig sind. Auch die Zugabe wirksamer Bakterizide kann sehr angebracht sein. Streptomycin hat keinen Einfluß auf die Aktivität der Sulfat reduzierenden Bakterien, es wird aber berichtet, daß Tannate, Kaliumtellurit, Cetylpyridiniumbromid, o-Nitrophenol oder anorganische Selenate die Ausbreitung dieser Bakterien sehr wirksam hemmen [3, 4].

6.1.2. Einfluß der Temperatur

Wenn die Geschwindigkeit der Korrosion durch die der Sauerstoffdiffusion bestimmt wird, verdoppelt sich die Korrosionsgeschwindigkeit bei einer gegebenen Sauerstoffkonzentration annähernd mit jeweils 30 °C Temperaturanstieg [5]. In einem offenen Gefäß, aus dem der gelöste Sauerstoff entweichen kann, steigt die Geschwindigkeit mit der Temperatur bis etwa 80 °C an, danach fällt sie bis zur Siedetemperatur auf einen sehr kleinen Wert ab (*Abb. 3*). Der Abfall der Korrosionsgeschwindigkeit oberhalb von 80 °C wird auf eine merkliche Verringe-

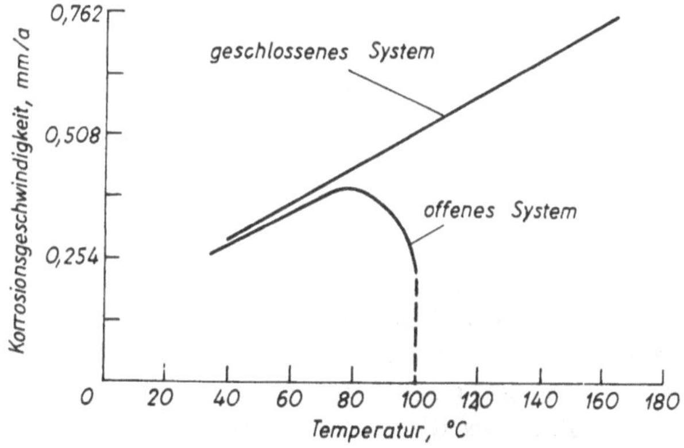

Abb. 3: Einfluß der Temperatur auf die Korrosion des Eisens in sauerstoffhaltigem Wasser (F. Speller: „*Corrosion, Causes and Prevention*", McGraw-Hill, 1951, S. 168)

rung der Sauerstofflöslichkeit in Wasser bei Temperaturerhöhung zurückgeführt; dieser Einfluß überwiegt hier wahrscheinlich gegenüber dem korrosionsbeschleunigenden Einfluß der Temperatur. Andererseits kann aus einem geschlossenen System kein Sauerstoff entweichen, so daß die Korrosionsgeschwindigkeit weiterhin mit der Temperatur ansteigt, bis der gesamte Sauerstoff verbraucht ist.

Wenn die Korrosion unter Wasserstoffentwicklung erfolgt, so wird ihre Geschwindigkeit mit jeweils 30 °C Temperaturerhöhung auf mehr als das Doppelte erhöht. Die Korrosionsgeschwindigkeit des Eisens in Salzsäure wird schon bei jeweils 10 °C Temperaturerhöhung nahezu verdoppelt.

6.1.3. *Einfluß des pH-Wertes*

Der Einfluß des pH-Wertes von belüftetem Wasser auf die Korrosionsgeschwindigkeit von Eisen bei Zimmertemperatur ist auf *Abb. 4* dargestellt. Zur Einstellung des pH-Wertes in den alkalischen und sauren Bereichen wurden Natronlauge und Salzsäure verwendet [6],

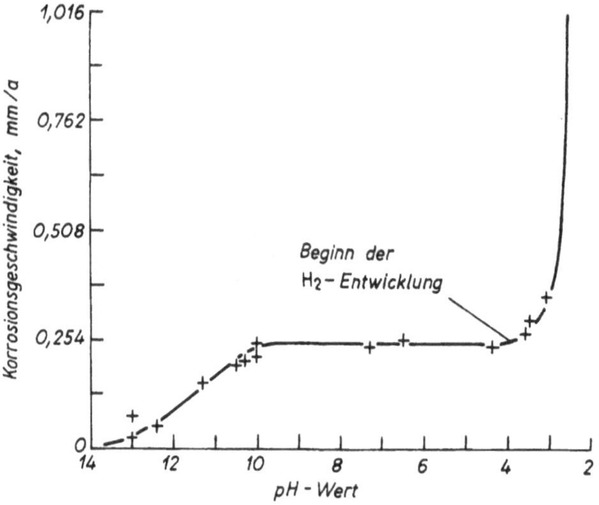

Abb. 4: Einfluß des pH-Wertes auf die Korrosion des Eisens in belüftetem Wasser bei Zimmertemperatur (nach WHITMAN, RUSSELL u. ALTIERI)

Im Bereich von etwa pH $= 4$ bis 10 ist die Korrosionsgeschwindigkeit unabhängig vom pH-Wert; sie hängt hier nur davon ab, mit welcher Geschwindigkeit der Sauerstoff an die Metalloberfläche diffundiert. Die für Eisen wichtigste diffusionshemmende Schicht von wasserhaltigem Eisenoxid wird durch den Korrosionsprozeß dauernd erneuert. Ungeachtet des gemessenen pH-Wertes des Wassers ist innerhalb dieses Bereiches die Eisenoberfläche immer in Kontakt mit einer an Eisenoxid gesättigten, wasserhaltigen alkalischen Lösung, deren pH-Wert zu ungefähr 9,5 bestimmt wurde.

In saurer Lösung (pH < 4) wird die Eisenoxidschicht aufgelöst, wodurch die Eisenoberfläche mehr oder weniger in direkten Kontakt mit dem wäßrigen Medium kommt und der pH-Wert an der Oberfläche abfällt. Die erhöhte Reaktionsgeschwindigkeit ergibt sich dann aus der Summe der recht beträchtlichen Geschwindigkeit der Wasserstoffentwicklung und der Sauerstoffdepolarisation.

Oberhalb des pH-Wertes 10 erhöht ein Ansteigen der Basizität der Umgebung den pH-Wert an der Eisenoberfläche. Die Korrosionsgeschwindigkeit nimmt entsprechend ab, weil das Eisen in Anwesenheit von Alkalien und gelöstem Sauerstoff in zunehmendem Maße passiv wird, wie schon im Abschnitt „Der Einfluß höherer Partialdrücke des Sauerstoffes" erläutert worden ist. In Einklang mit der Passivitätsdefinition 1 verschiebt sich das Potential von Eisen in wäßriger Lösung mit dem pH-Wert von einem negativen Wert von $-0{,}4$ bis $-0{,}5$ V bei pH < 10 auf einen positiven Wert von 0,1 V in 1 n NaOH, was mit einem Abfall der Korrosionsgeschwindigkeit verbunden ist. Wenn die NaOH-Konzentration wesentlich erhöht wird, zum Beispiel auf 16 n NaOH (43%), dann wird die Passivität zerstört und das Potential auf den sehr unedlen Wert von $-0{,}86$ V verschoben. Die Korrosionsgeschwindigkeit steigt deshalb etwas an, wenn auch nur auf den relativ geringen Wert von 0,0025—0,1016 mm/a oder 0,05—2,0 g/m²d. In diesem Medium wird Eisen unter Bildung von löslichem Natriumferrit ($NaFeO_2$) korrodiert. In Abwesenheit von gelöstem Sauerstoff läuft die Reaktion unter Wasserstoffentwicklung und Bildung von Natriumhypoferrit, Na_2FeO_2, ab [7]. Die Tatsache, daß in stark alkalischen Lösungen Eisen(II)-Ionen durch OH^--Ionen unter FeO_2-Bildung komplex gebunden werden, womit eine Erniedrigung der Eisen(II)-Ionenaktivität verbunden ist, kann für das beobachtete sehr unedle Potential am Eisen verantwortlich gemacht werden. Wenn auch die Bildungsgeschwindigkeit von FeO_2^--Ionen in konzentrierten alkalischen Lösungen bei Zimmertemperatur gering ist, nimmt sie doch bei Temperaturen, denen zum Beispiel Dampfkessel ausgesetzt sind, ungewöhnlich hohe Werte an.

Wie oben beschrieben, hängt die Korrosionsgeschwindigkeit im pH-Bereich von 4 bis 10 nur von der Geschwindigkeit der Sauerstoffdiffusion an die zur Verfügung stehende kathodische Oberfläche ab. Die Größe der kathodischen Oberfläche ist offenbar unwesentlich. Dies wurde durch ein Experiment von Whitman und Russell [8] erklärt; die Autoren setzten Stahlproben, welche zu $^3/_4$ ihrer Oberfläche verkupfert worden waren, in Cambridger Leitungswasser ein. Es zeigte sich, daß der Gewichtsverlust dieser Proben dem von nicht verkupferten Vergleichsproben gleich ist. Dieses Verhalten kann durch folgende Überlegung erklärt werden: Der die Kupferoberfläche erreichende Sauerstoff wirkt dort als Kathode und wird nach der Reaktionsgleichung

$$H_2O + {}^1/_2O_2 \rightarrow 2\,OH^- - 2e^-$$

reduziert, während eine äquivalente Menge von Eisen(II)-Ionen an der als Anode wirkenden Eisenoberfläche gebildet wird (*2*). Andererseits erzeugt der gesamte Sauerstoff, der an die kathodischen Bereiche der Eisenoberfläche gelangt, eine äquivalente Menge von Eisen(II)-Ionen. Die Gesamtmenge des korrodierten Eisens war deshalb gleich, unabhängig davon, ob ein Teil der Probenoberfläche verkupfert worden war oder nicht. Allerdings war die Dickenabnahme des Stahles an den verkupferten Proben um das 4-fache größer als an den unbedeckten Stahlproben.

Es ist deshalb verständlich, daß, wenn wie bei pH-Werten zwischen 4 und 10 die Sauerstoffdiffusion den Vorgang kontrolliert, irgendwelche Veränderungen der Zusammensetzung eines Stahles, die Art seiner Vergütung sowie die Kalt- oder Warmverformung in keinem Zusammenhang mit den Korrosionseigenschaften stehen. Die Sauerstoffkonzentration, die Temperatur und die Strömungsgeschwindigkeit des Wassers bestimmen allein die Reaktionsgeschwindigkeit. Diese Erkenntnisse sind sehr wichtig, weil der pH-Wert praktisch aller natürlichen Wässer zwischen 4 und 10 liegt. Das bedeutet, daß ein Stahl, unabhängig davon, ob er einen hohen oder geringen Kohlenstoffgehalt hat, ob er hoch oder niedrig legiert ist (z. B. 1—2% Ni, Mn oder Cr) oder ob es sich um Schmiedeeisen, Gußeisen oder gewöhnlichen kaltgewalzten Stahl handelt, in Frisch- oder Meerwasser unter gleichen Bedingungen im allgemeinen die gleiche Korrosionsgeschwindigkeit annimmt. Die Korrosionsdaten, die von einigen Forschungs- oder Betriebslaboratorien mit einer Anzahl von Eisen- und Stahlsorten erhalten wurden, bestätigen die Richtigkeit dieser Schlußfolgerung. Einige typische Daten sind in der *Tab. 1* zusammengestellt. Diese Feststellungen widerlegen die einmal laut gewordene Behauptung, daß Schmiedeeisen korrosionsbeständiger als Stahl sei.

Tabelle 1:

Die durch Sauerstoffdiffusion bestimmten Korrosionsgeschwindigkeiten verschiedener Stähle

% Kohlenstoff	Behandlung	Medium	Versuchs-temperatur	Korrosions-geschwin-digkeit mm/a
	Einfluß der Wärmebehandlung			
0,39	kaltgezogen, angelassen bei 500 °C	dest. Wasser	65 °C	0,0914
0,39	20 Min. normalgeglüht bei 900 °C	dest. Wasser	65 °C	0,0864
0,39	abgeschreckt bei 850 °C verschieden getemperte Proben, 300 °C bis 800 °C	dest. Wasser dest. Wasser	65 °C	0,0163
	Einfluß des Kohlenstoffgehaltes			
0,05 0,11 0,32	nicht berichtet	3% NaCl-Lösung	Zimmer-temperatur	0,0356 0,0381 0,0406
	Enfluß der Legierung			
0,13 0,10; 0,34% Cu 0,06; 2,2% Ni Schmiedeeisen	nicht berichtet	Meerwasser		0,102 0,127 0,127 0,127

Angaben aus „*Corrosion, Causes and Prevention*“ von F. N. Speller, McGraw-Hill, 1951, und „*Corrosion Handbook*“, herausgegeben von H. H. Uhlig, John Wiley and Sons, 1948.

Wenn allerdings durch Legierungskomponenten eine dichte, passivierende Oxidschicht erzeugt wird, die den Zutritt von Sauerstoff praktisch vollständig unterbindet, erhält man gegen atmosphärische Korrosion sehr beständige Stähle. Das ist in neuester Zeit mit den korrosionsträgen Cortenstählen gelungen, [8a]. (*Anm. d. Herausgebers.*)

Im sauren Bereich ($pH < 4$) ist die Sauerstoffdiffusion nicht mehr geschwindigkeitsbestimmend, sondern die Korrosionsreaktion wird zum Teil durch die Geschwindigkeit der Wasserstoffentwicklung bestimmt. Diese ist von der Wasserstoffüberspannung der verschiedenen Verunreinigungen und Phasen abhängig, die in bestimmten Stählen oder Eisensorten vorliegen. Die Geschwindigkeit in diesem pH-Bereich ist im allgemeinen hoch genug, um eine anodische Polarisation zu bewirken und damit möglicherweise einen weiteren, die Korrosionsgeschwindigkeit mitbestimmenden Faktor zu schaffen, d. h. es besteht eine sogenannte Mischkontrolle. Da Zementit (Fe_3C) eine Phase mit geringer Wasserstoffüberspannung ist, korrodiert ein Stahl mit niedrigem C-Gehalt in Säuren mit einer geringeren Geschwindigkeit als ein Stahl mit hohem C-Gehalt. Auf diese Weise kann die Wärmevergütung, die die Bildung und die Größe der Zementitpartikel entscheidend beeinflußt, einen großen Einfluß auf die Korrosionsgeschwindigkeit ausüben. Des weiteren wird kaltgewalzter Stahl in Säuren schneller als warmverformter spannungsarm geglühter Stahl korrodieren, weil die Kaltbearbeitung die Bildung fein verteilter Bereiche mit geringer Wasserstoffüberspannung begünstigt. Diese Bereiche entstehen hauptsächlich aus zwischen den Kristallgittern eingeschlossenen Stickstoff- und Kohlenstoffatomen.

Da Eisen für Konstruktionen, die mit stark sauren Medien in Berührung kommen, gewöhnlich nicht verwendet wird, sind die Faktoren, die die Korrosion in Medien mit niedrigen pH-Werten beeinflussen, weniger wichtig als jene, die in natürlichen Wässern und in Erdböden ausschlaggebend sind. Trotzdem gibt es bestimmte Fälle, in denen solche Faktoren berücksichtigt werden müssen; zum Beispiel in Dampfrückleitungsrohren, die Kohlensäure mitführen oder bei Konservendosen, wo die Säuren aus dem Obst und Gemüse das Gefäß unter Wasserstoffentwicklung angreifen.

Über den Einfluß von Verunreinigungen und metallurgischen Faktoren auf die Korrosionsgeschwindigkeit im stark alkalischen Bereich ($pH \approx 14$), wo die Korrosion auch unter Wasserstoffentwicklung erfolgt, ist wenig bekannt. Es wird nicht angenommen, daß im Passivbereich, etwa im pH-Bereich von $pH = 10 - 13$, die Einwirkung von Verunreinigungen in ihren üblichen Konzentrationen oder der Einfluß metallurgischer Faktoren auf die Passivität sehr groß ist. Solche Bedingungen, die ein großes Kathoden-Anodenflächenverhältnis erzeugen, fördern im allgemeinen die Passivierung und erhöhen die Stabilität des Passivzustandes.

6.1.3.1. Korrosion von Eisen in Säuren

Wir haben gesehen, daß in starken Säuren, zum Beispiel in Salzsäure oder in Schwefelsäure, die diffusionshemmende Oxidschicht an der Eisenoberfläche unterhalb des pH-Wertes 4 aufgelöst wird. In schwächeren Säuren, wie z. B. in Essig- oder Kohlensäure, erfolgt die Auflösung des Oxids bei einem höheren pH-Wert, so daß sich die Korrosionsgeschwindigkeit von Eisen unter Wasserstoffentwicklung bereits bei einem pH-Wert von 5 oder 6 erhöht. Dieser Unterschied wird damit erklärt, daß bei einem bestimmten pH-Wert eine unvollständig dissoziierte Säure eine höhere Gesamtazidität bzw. ein höheres Neutralisationsvermögen hat, als eine vollständig dissoziierte Säure [9]. Das bedeutet, daß bei einem bestimmten pH-Wert in einer schwachen Säure mehr verfügbare H^+-Ionen vorhanden sind, die mit der oxidischen Sperrschicht reagieren und diese auflösen können, als in einer starken Säure.

Die Erhöhung der Korrosionsgeschwindigkeit des Eisens mit abfallendem pH-Wert wird nicht allein durch die erhöhte Wasserstoffentwicklung verursacht, sondern auch dadurch, daß die nach der Auflösung des Oberfächenoxids bessere Zugänglichkeit des Sauerstoffes zur Metalloberfläche die Sauerstoffdepolarisation begünstigt, was in den meisten Fällen der ausschlaggebende Faktor ist. Der Einfluß der Sauerstoffkonzentration auf die Korrosionsgeschwindigkeit des Eisens und Stahles in nichtoxydierenden Säuren wird durch die Angaben in der *Tab. 2* deutlich. In 6%iger Essigsäure ist das Verhältnis der Korrosionsgeschwindigkeiten bei Zimmertemperatur mit und ohne gelösten Sauerstoff 87 : 1. Demgegenüber beträgt das entsprechende Verhältnis in oxydierenden Säuren (zum Beispiel HNO_3), die als Depolarisatoren wirken und deshalb das Eisen mit einer vom gelösten Sauerstoff unabhängigen Geschwindigkeit auflösen, etwa 1 : 1. Im allgemeinen ist dieses Verhältnis um so größer je verdünnter die Säuren sind. In konzentrierteren Säuren ist die Geschwindigkeit der Wasserstoffabscheidung so groß, daß der Zugang des Sauerstoffes zur Metalloberfläche behindert ist. Deshalb trägt die Depolarisation in konzentrierteren Säuren weniger zur Gesamtkorrosionsgeschwindigkeit bei als in verdünnten Säuren (in welchen die Sauerstoffdiffusion in geringerem Maße behindert wird).

Tabelle 2:

Der Einfluß des gelösten Sauerstoffes auf die Korrosion des unlegierten Stahles in Säuren [9]

Säure	Korrosionsgeschwindigkeit, mm/a O_2-Spülung	 H_2-Spülung	Verhältnis
6%ige CH_3COOH	14,0	0,152	87
6%ige H_2SO_4	9,15	0,762	12
4%ige HCl	12,2	0,765	16
0,04%ige HCl	9,91	0,14	71
1,2%ige HNO_3	46,2	39,9	1,2

Es ist interessant, daß in verdünnten Säuren Spuren, bzw. in konzentrierten Säuren größere Mengen von Sauerstoff die Korrosionsreaktion inhibieren. An gereinigtem Eisen wurde bei einer Temperatur von 25 °C in 1,0 n H_2SO_4 bei Belüftung der Säure eine durchschnittliche Geschwindigkeit von 41,5 g/m²d, dagegen in mit Wasserstoff gesättigter Säure eine solche von 6,80 g/m²d beobachtet [10].

Ähnliche Effekte ergeben sich bei der Korrosion einer reinen, 9,2% Co enthaltenden Co–Fe-Legierung in belüfteter und entlüfteter 1,0 n H_2SO_4, wobei die Korrosionsgeschwindigkeiten recht hoch sind und die Sauerstoffdiffusion durch eine heftige Wasserstoffentwicklung behindert wird (*Abb. 5*), [10]. Aus Potential- und Polarisationsmessungen ergab sich, daß Sauerstoff in geringen Konzentrationen die anodische Polarisation der Metalloberfläche erhöht, wodurch die Korrosion verlangsamt wird; in höheren Konzentrationen wirkt der Sauerstoff hauptsächlich als Depolarisator und erhöht deshalb die Korrosionsgeschwindigkeit. Zur Erforschung des detaillierten Mechanismus dieser Inhibition durch Sauerstoff sind weitere Untersuchungen erforderlich.

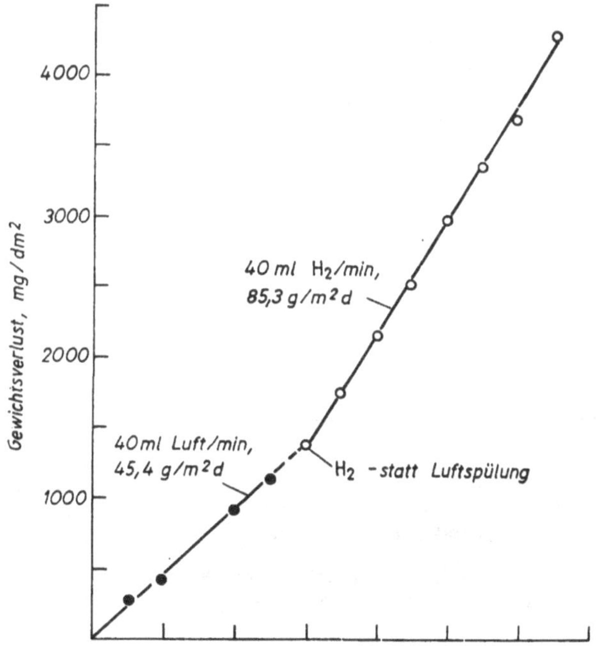

Abb. 5: Die Korrosion der 9,2% Co-Eisenlegierung in 1 n H_2SO_4 mit erkennbarer Inhibitorwirkung des gelösten Sauerstoffes bei 25 °C (nach Bond)

Die außerordentlich starke depolarisierende Wirkung des gelösten Sauerstoffes läßt vermuten, daß die Strömungsgeschwindigkeit einer Säure die Korrosionsgeschwindigkeit deutlich beeinflußt. Dieser Einfluß ist tatsächlich aus den oben dargelegten Gründen, insbesondere in verdünnten Säuren, beobachtet worden.

Außerdem ist die inhibierende Wirkung des gelösten Sauerstoffes im kritischen Bereich der Strömungsgeschwindigkeit um so größer, je höher die entsprechende Reaktionsgeschwindigkeit des Stahles mit der Säure ist. Die relative Bewegung der Säure gegenüber dem Metall verringert die Dicke der an der Metalloberfläche fest haftenden Flüssigkeitsschicht (Diffusionsschicht), so daß mehr Sauerstoff durch Diffusion an die Metalloberfläche gelangen kann. Demgemäß sind die Korrosionsgeschwindigkeiten von Stahl in Gegenwart von Luft sowohl in 0,004 n

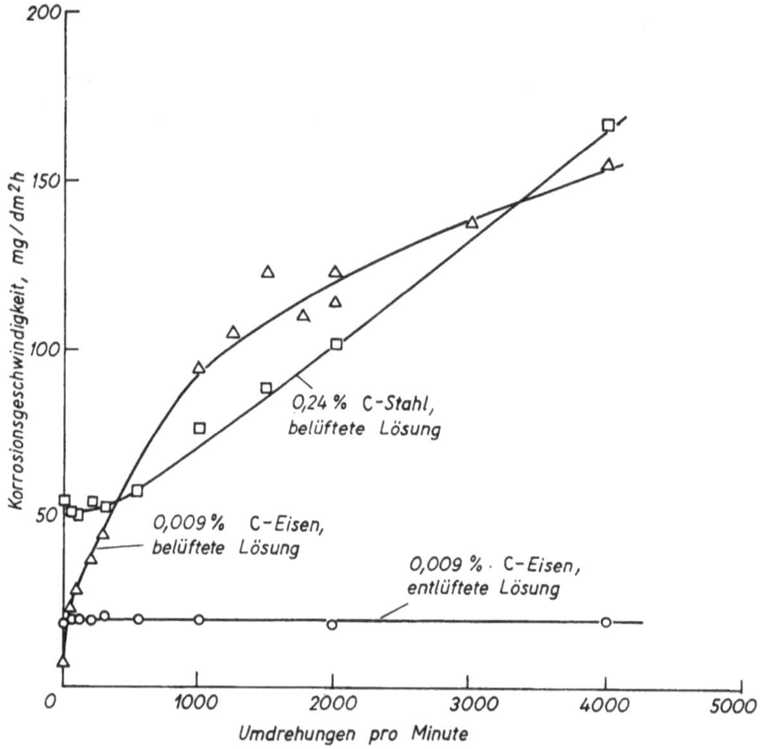

Abb. 6: Einfluß der Rührgeschwindigkeit auf die Korrosion von 0,009% C-Eisen und 0,24% C-Stahl in 0,33 n H_2SO_4 (nach FOROULIS)

als auch in 5 n H_2SO_4 bei gleicher Strömungsgeschwindigkeit von 3,658 m/sec gleich groß. In ruhenden be- und entlüfteten Elektrolytlösungen ist das Verhältnis der Korrosionsgeschwindigkeiten etwa 12 : 1, [11]. In Abwesenheit von gelöstem Sauerstoff findet an den kathodischen Flächen nur Wasserstoffentwicklung statt, so daß hier kein Einfluß der Strömungsgeschwindigkeit mehr festgestellt werden kann (*Abb. 6*). Dies war wegen der von der Strömungsgeschwindigkeit des Elektrolyten unabhängigen Wasserstoffüberspannung (Durchtrittsüberspannung) zu erwarten. (Der geringe Abfall der Reaktionsgeschwindigkeit bei niedrigen Strömungsgeschwindigkeiten, wie ihn frühere Messungen ergaben, ist offenbar durch Verunreinigung der zur Entlüftung der Säuren verwendeten Stickstoff- oder Wasserstoffatmosphäre mit Sauerstoff oder durch Einbringen von Sauerstoff durch die Proben selbst verursacht worden.)

Bei der Erhöhung der Strömungsgeschwindigkeit werden in solchen Fällen zunächst Sauerstoff oder Eisen(III)-Ionen in ausreichender Menge an die Metalloberfläche gebracht, um die Korrosion gemäß der oben erwähnten Beobachtung zu inhibieren. Bei weiterer Erhöhung der Strömungsgeschwindigkeit ist die an die Metalloberfläche gelangende Menge von Sauerstoff und Eisen(III)-Ionen groß genug, um die kathodischen Flächen zu depolarisieren und damit die Korrosion wieder zu beschleunigen. Das Minimum der Korrosionsgeschwindigkeit liegt bei um so höheren Strömungsgeschwindigkeiten, je konzentrierter die belüfteten Säuren sind, weil die Geschwindigkeit der Wasserstoffentwicklung in konzentrierten Säuren mehr zur Geltung kommt und dadurch die Sauerstoffdiffusion an die Metalloberfläche behindert wird. Das gleiche gilt für Stähle mit höheren C-Gehalten, für die jedoch die Geschwindigkeiten der Korrosion und der gleichzeitigen Wasserstoffentwicklung im ganzen höher liegen.

6.1.4. Einfluß der galvanischen Kopplung

Die Versuche von Whitman und Russell beweisen, daß die Gewichtsverluste von Eisenproben, deren Oberflächen entweder teilweise verkupfert wurden oder unverändert blieben, gleich groß sind; sie zeigen anderseits, daß die effektive Dickenabnahme des Eisens ansteigt, wenn dieses mit einem edleren Metall verbunden wird. Diese Versuche geben daher Aufschluß über die Wirkung der Kopplung auf die Korrosionsgeschwindigkeit der unedleren Komponente des gekoppelten Metallpaares. Für den Fall, daß die Diffusion eines Depolarisators geschwindigkeitsbestimmend ist, gilt die folgende allgemeine Beziehung für die Dickenabnahme p eines Metalles (p ist proportional der Korrosionsgeschwindigkeit) mit der Fläche A, das mit einem edleren Metall mit der Fläche B verbunden ist, wobei p_0 die normale Abtragung der ungekoppelten Elektrode A bedeutet:

$$p = p_0\left(1 + \frac{B}{A}\right) \tag{6}$$

Wenn das Flächenverhältnis B/A groß ist, kann die durch Kopplung von B mit A verursachte Beschleunigung der Korrosion sehr beträchtlich sein. Die Leitfähigkeit der Elektrolytlösung und die Geometrie des Systems beeinflussen die Vorgänge insofern, als nur der Teil der Kathodenfläche wirksam ist, dessen Widerstand zwischen Anode und Kathode kein geschwindigkeitsbestimmender Faktor ist. Der kritische Abstand zwischen Kupfer und Eisen beträgt in einem weichen Leitungswasser etwa 0,5 cm; in Meerwasser dagegen mehrere Dezimeter. Er ist um so größer, je größer die Potentialdifferenz zwischen Anode und Kathode ist. Alle edleren Metalle beschleunigen die Korrosion in ähnlicher Weise; es sei denn, sie bilden an der Oberfläche eine Deckschicht, wie zum Beispiel Blei, die als Barriere gegenüber der Sauerstoffdiffusion wirkt, oder sie wirken bei der Sauerstoffreduktion als schwache Katalysatoren.

Wenn gekoppelte Metalle entlüfteten Lösungen ausgesetzt sind und die Korrosion unter Wasserstoffentwicklung erfolgt, erhöht sich bei Vergrößerung der Fläche des edleren Metalles die Korrosion des weniger edlen Metalles. In *Abb. 7*

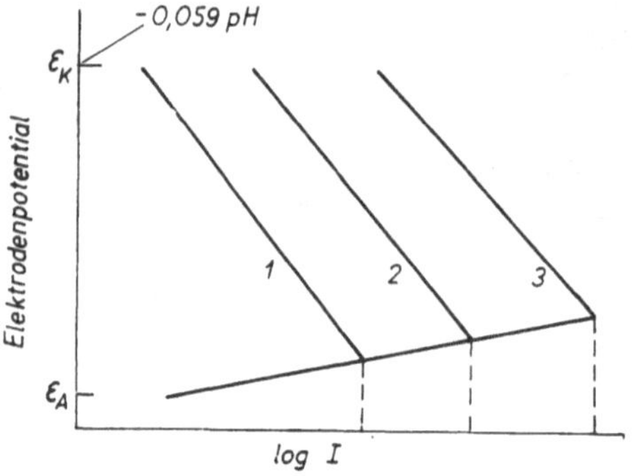

Abb. 7: Einfluß der Wasserstoffüberspannung an der Kathode auf die elektrochemische Korrosion in entlüfteten nichtoxydierenden Säuren

sind Polarisationskurven für eine Anode dargestellt, die im Vergleich zu einer Kathode, an welcher Wasserstoff abgeschieden wird, schwach polarisiert ist (hier liegt ein kathodisch kontrollierter Vorgang vor). Die Kurve *1* stellt die Polarisation einer edlen Metallfläche mit einer hohen Wasserstoffüberspannung dar. Die Kurven *2* und *3* ergeben sich an Metallen mit geringerer Wasserstoffüberspannung. Die entsprechenden galvanischen Ströme erhält man durch Projektion der Schnittpunkte der anodischen und kathodischen Polarisationskurven auf die log *I*-Achse. Es sei bemerkt, daß allgemein ein Metall, an welchem Wasserstoff entladen wird, wie eine Wasserstoffelektrode wirkt, deren Gleichgewichtspotential bei einem Wasserstoffdruck von 1 atm $-0{,}059$ pH beträgt. Wenn ein korrodierendes Metall mit einem edleren Metall von unterschiedlicher Fläche gekoppelt ist, ergeben sich die in *Abb. 8* dargestellten Beziehungen, wobei statt des Logarithmus des Gesamtstromes der der Stromdichte eingesetzt wurde. Wenn die Anode mit der Fläche *A* mit einem edleren Metall der Fläche *B* verbunden wird, kann die durch die Kopplung erzeugte galvanische Stromdichte an der Anode nach

$$\log i_{(galv)} = \frac{-\varepsilon_{(korr)} - 0{,}059\ \mathrm{pH}}{b} + \log \frac{B}{A}\, i_0 \tag{7}$$

errechnet werden, wobei $\varepsilon_{(korr)}$ das Korrosionspotential [*St H E*] der Zelle ist (gemessen bei einem im Vergleich zu den Abmessungen der Kopplung großen Abstand) und b und i_0 die Tafel-Konstanten für die Entladung der Wasserstoffionen am edleren Metall bedeuten. Die erhöhte Dickenabnahme oder Abtragung an der Anode ist gegeben durch

$$p - p_0 = \frac{i_{(galv)}}{k}.$$

Wenn wir annehmen, daß die Anode infolge der Kopplung sehr schwach polarisiert ist, können wir

$$\frac{-\varepsilon_{(korr)} - 0{,}059\ \mathrm{pH}}{b} = \log k$$

setzen, woraus sich annähernd ergibt:

$$p - p_0 = \frac{K}{k} \frac{B}{A} i_0 \tag{8}$$

Aus der Gleichung (8) geht hervor, daß, abgesehen von der proportionalen Abhängigkeit vom Flächenverhältnis B/A, die Korrosionsgeschwindigkeit des unedleren Metalles einer Zelle sich mit Vergrößerung der Austauschstromdichte i_0 des edleren Metalles und mit Verringerung von b, entsprechend einer niedrigeren

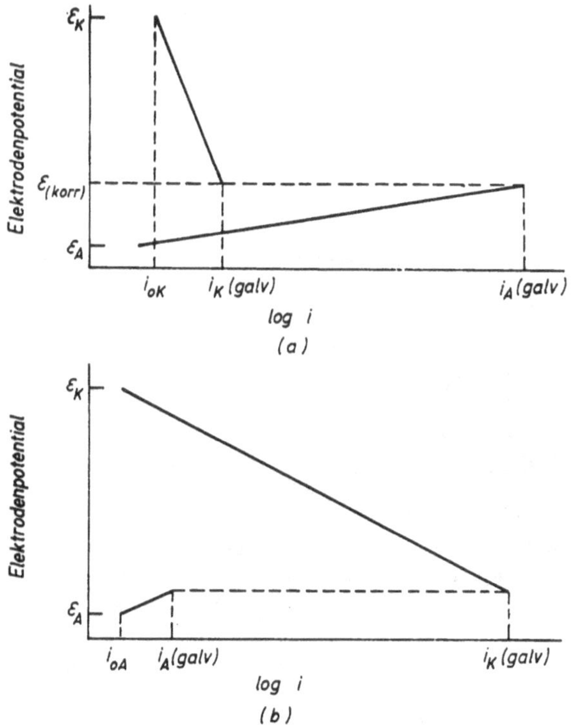

Abb. 8: Einfluß des Anoden-Kathodenflächenverhältnisses auf die Korrosion von galvanischen Kopplungen in entlüfteten nichtoxydierenden Säuren,

(*a*) Eine große Kathode mit einer kleinen Anode gekoppelt

(b) Eine große Anode mit einer kleinen Kathode gekoppelt

Wasserstoffüberspannung, erhöht. An einer Eisenanode in einer sauren Lösung wird bei jedem beliebigen pH-Wert die Größe $p - p_0$ nahezu gleich sein, weil das Potential ε_A sich mit dem pH-Wert nahezu gleichermaßen und in der gleichen Richtung wie die Wasserstoffelektrode verändert.

6.1.5. *Einfluß der Strömungsgeschwindigkeit in natürlichen Wässern, Kavitation — Erosion*

In natürlichen Frischwässern ist der pH-Wert gewöhnlich zu hoch, als daß die Wasserstoffentwicklung eine große Rolle spielen könnte, so daß zunächst durch die relative Bewegung des Wassers die Korrosionsgeschwindigkeit erhöht wird, da mit erhöhter Strömungsgeschwindigkeit mehr Sauerstoff an die Metalloberfläche gelangen kann. Bei genügend hohen Strömungsgeschwindigkeiten kann so viel Sauerstoff an die Oberfläche gelangen, daß eine teilweise Passivierung verursacht wird. In diesem Falle fällt die Korrosionsgeschwindigkeit nach dem ersten Anstieg wieder ab (*Abb. 9*). Bei weiterem Ansteigen der Strömungsgeschwindigkeit

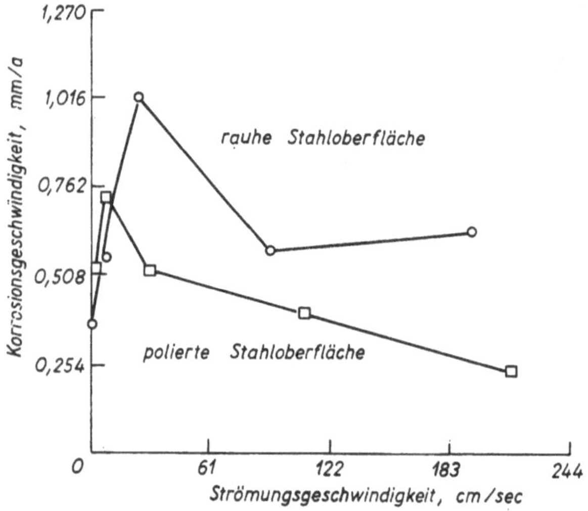

Abb. 9: Einfluß der Elektrolytbewegung auf die Korrosion von Cambridger Wasser enthaltenden Rohren aus unlegiertem Stahl bei 21 °C; 48-Stunden-Test nach Russell, Chappell u. White, Ind. Eng. Chem. **19** (1927), 65

wird die Korrosionsgeschwindigkeit durch die mechanische Abtragung der aus Korrosionsprodukten bestehenden Deckschichten wieder erhöht. Das Maximum der Korrosionsgeschwindigkeit, an dem die Passivierung einsetzt, liegt bei einer Strömungsgeschwindigkeit, die sich mit der Rauhigkeit der Metalloberfläche und mit den Verunreinigungen im Wasser verändert. In Gegenwart von Chloridionen in der Konzentration des Meerwassers wird auch bei noch so hoher Strömungsgeschwindigkeit keine Passivierung erreicht, so daß in diesen Medien die Korrosionsgeschwindigkeit ansteigt, ohne bei einer bestimmten Strömungsgeschwindigkeit wieder abzufallen (*Abb. 10*). Dasselbe Verhalten kann bei Temperaturen erwartet werden, die hoch genug sind, um die durch gelösten Sauerstoff mögliche Passivierung zu verhindern.

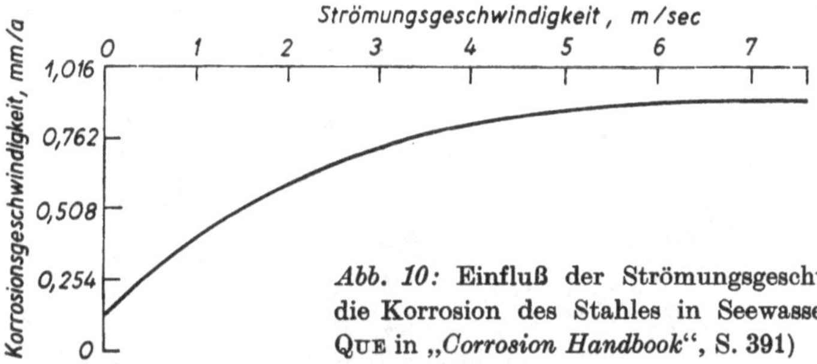

Abb. 10: Einfluß der Strömungsgeschwindigkeit auf die Korrosion des Stahles in Seewasser (nach F. La Que in „*Corrosion Handbook*", S. 391)

6.1.5.1. Kavitation — Erosion

Unter bestimmten Strömungsbedingungen bilden sich am Metall Flächen aus, die abwechselnd unter niedrigem (Atmosphärendruck) und hohem Druck stehen, so daß an diesen Stellen der Grenzfläche Metall-Flüssigkeit Blasen gebildet werden und zerplatzen. Diese Erscheinung wird Kavitation genannt. Die durch Kavitation verursachte Beschädigung eines Metalles wird Kavitation — Erosion oder Kavitationsbeschädigung genannt. Die Beschädigung kann im Laboratorium bei Verwendung von Metallproben nachgebildet werden, die künstlich hochfrequenten mechanischen Schwingungen senkrecht zur Metalloberfläche ausgesetzt werden. In die Oberfläche werden dabei tiefe Löcher eingefressen, so daß das Material sehr porös wird (*Abb. 11*). Wie aus Versuchen mit Glas oder Kunststoffen, oder auch aus der Zerstörung von Metall in organischen Flüssigkeiten hervorgeht, kann diese Zerstörung rein mechanischer Natur sein. Sie kann aber, insbesondere wenn Schutzschichten zerstört werden, sowohl mechanische als auch chemische Ursachen haben und daher mit einer höheren Geschwindigkeit vor sich gehen. Aber selbst in solchen Fällen ist der mechanische Zerstörungsanteil an den gestörten Schichten der Metallstruktur unmittelbar an der Oberfläche erkennbar, die den Anschein hat, als wäre das Metall im kalten Zustand intensiv bearbeitet worden. Andererseits ist der chemische Anteil zum Beispiel an dem erhöhten Metallverlust erkennbar, der dann entsteht, wenn bei der Durchführung von Laboratoriumsversuchen Frischwasser durch Meerwasser ersetzt wird. Es ist schon darauf hingewiesen worden, daß die lokale Korrosionsermüdung als ein höherer Metallverlust in einer korrosiven Umgebung angesehen werden kann.

Kavitation — Erosion kommt hauptsächlich an Pumpenlaufrädern, an den hinteren Flächen von Schiffsschrauben und Wasserturbinenschaufeln und an den wassergekühlten Flächen der Zylinder von Dieselmotoren vor [12]. Der Angriff kann vermindert werden durch Regulieren der Kreiselpumpen auf den Druckpunkt, wodurch eine Blasenbildung vermieden wird. Für Turbinenschaufeln genügt eine Belüftung des Wassers, um die durch Zerplatzen der Blasen verursachte Beschädigung zu unterdrücken. Auch Neopren-, Kautschuk- oder ähnliche elastomere Überzüge verleihen den Metallen gegenüber diesem Angriff einen beachtlichen Schutz. Da der Stahl X 10 CrNi 18. 8 eine der relativ beständigen Legierungen ist (*Abb. 12*), wird er als Überzug auf Wasserturbinenschaufeln ver-

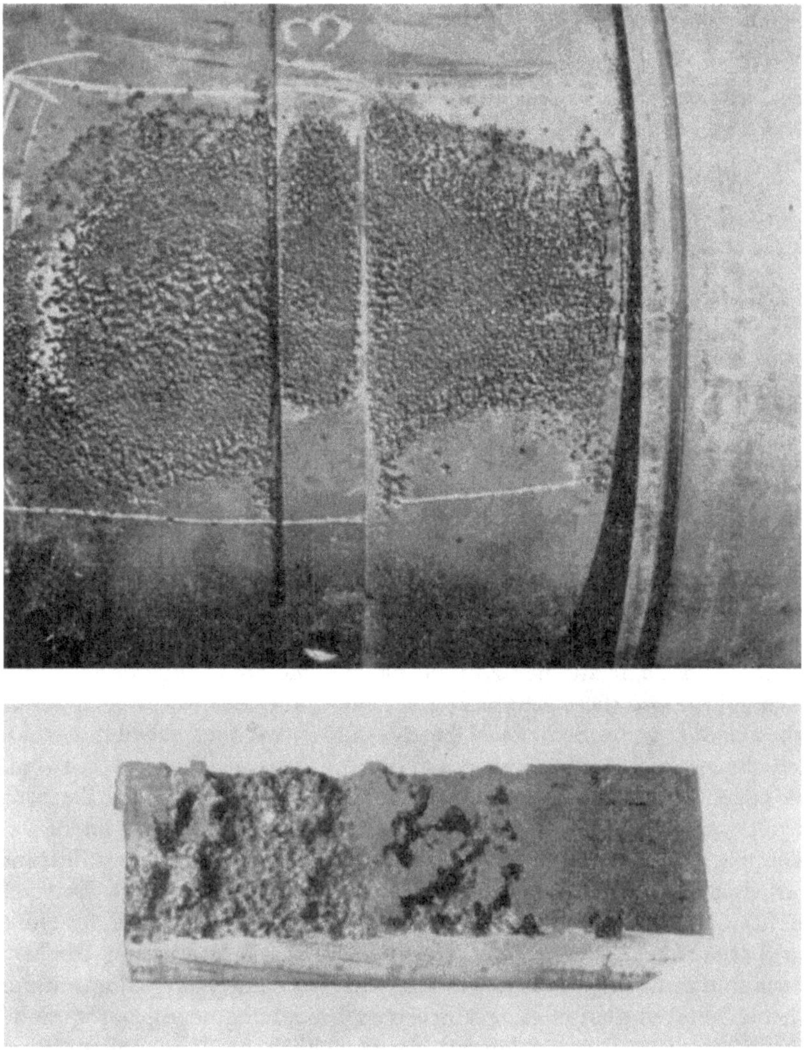

Abb. 11: Kavation — Erosionsangriff am Zylinder eines Dieselmotors (nach Speller u.La Que).

wendet. Um den Angriff an Zylindern von Dieselmotoren zu reduzieren, hat sich die Zugabe von 2000 ppm Natriumchromat zum Kühlwasser als recht wirksam erwiesen [13].

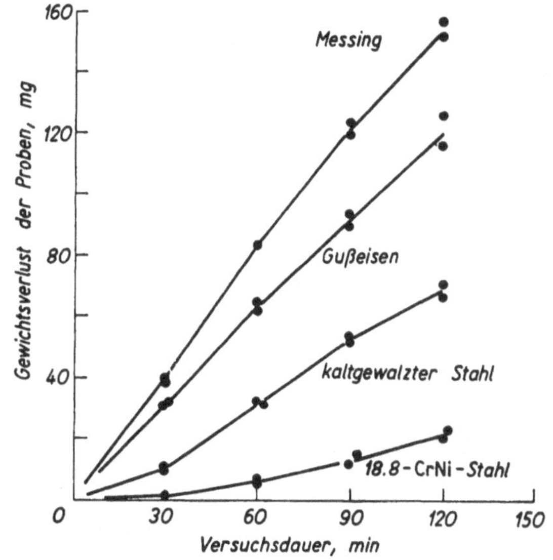

Abb. 12: Die Beständigkeit der Metalle gegenüber der Kavitation-Erosion bei Laborversuchen in Cambridger Wasser bei Zimmertemperatur
[nach SCHUMB, PETERS u. MILLIGRAN, Metals and Alloys, S. 3, Mai 1937]

6.1.6. Der Einfluß gelöster Salze

Der Einfluß der NaCl-Konzentration auf die Korrosion von Eisen in luftgesättigtem Wasser bei Zimmertemperatur ist in der *Abb. 13* dargestellt. Die Korrosionsgeschwindigkeit steigt mit der NaCl-Konzentration zuerst an, dann fällt sie bis zur Sättigung der Lösung (26% NaCl) auf einen Wert ab, der niedriger als der für destilliertes Wasser gültige Wert liegt.

Da über den gesamten NaCl-Konzentrationsbereich die Sauerstoffdepolarisation die Korrosionsgeschwindigkeit bestimmt, erhebt sich die interessante Frage, warum die Korrosionsgeschwindigkeit zuerst ansteigt, um nach einem Maximum bei 3% NaCl (Meerwasserkonzentration) wieder abzufallen. Die Löslichkeit des Sauerstoffes in Wasser fällt mit zunehmender NaCl-Konzentration ab, was das Abfallen der Korrosionsgeschwindigkeit bei höheren NaCl-Konzentrationen erklärt. Der Anstieg der Korrosionsgeschwindigkeit zwischen 0 und 3% NaCl wird jedoch damit nicht erklärt, da die Sauerstofflöslichkeit von Anfang an durch kleine Zugaben von NaCl herabgesetzt wird. Dieser Effekt scheint dagegen in einer Änderung des Schutzvermögens der diffusionshemmenden Rostschicht begründet zu sein, die sich auf dem korrodierten Eisen bildet. In destilliertem Wasser, das eine sehr geringe Leitfähigkeit hat, müssen die Anoden und Kathoden relativ nahe beieinander liegen. Demzufolge sind hier die Hydroxylionen, die an den Kathoden nach der modifizierten Gleichung (3):

$$^1/_2 O_2 + H_2O \rightarrow 2\,OH^- - 2e^- \qquad (9)$$

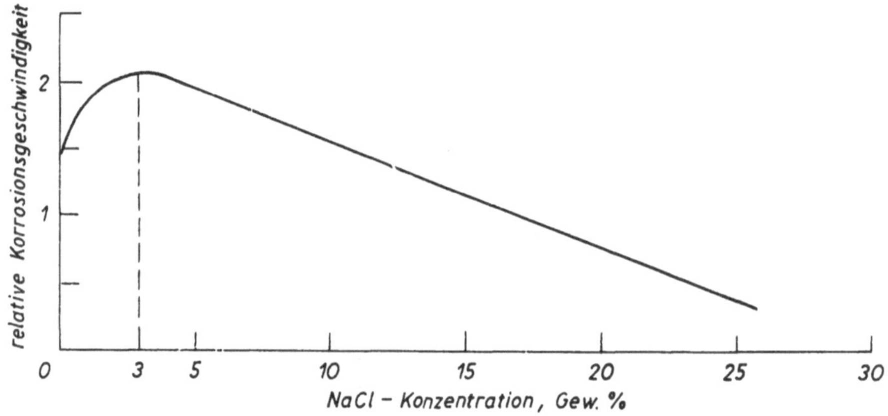

Abb. 13: Einfluß der NaCl-Konzentration in der Elektrolytlösung auf die Korrosion von Eisen in belüfteten Lösungen bei Zimmertemperatur (zusammengestellt aus den Daten verschiedener Untersuchungen)

entstehen, immer in der Nähe der Eisen(II)-Ionen, die sich an den nahe gelegenen Anoden bilden. Dadurch kann sich unmittelbar an der Metalloberfläche eine fest haftende Schicht von $Fe(OH)_2$ bilden. Diese Schicht stellt eine wirksame Diffusionsbarriere dar.

In Natriumchloridlösungen ist dagegen die Leitfähigkeit größer, so daß die Anoden und Kathoden auf viel größere Entfernung aufeinander einwirken können. In diesem Falle reagiert die kathodisch gebildete Natronlauge nicht sofort mit dem an den Anoden gebildeten Eisen(II)-chlorid, sondern diese Substanzen diffundieren zunächst in die Lösung, um dort, abseits der Metalloberfläche, unter Bildung von Eisen(II)-hydroxid zu reagieren. Offenbar erzeugt ein derartig gebildetes Eisen(II)-hydroxid keine schützende Deckschicht an der Metalloberfläche. Weil dadurch mehr gelöster Sauerstoff an die kathodischen Flächen gelangt, korrodiert das Eisen in verdünnter Natriumchloridlösung schneller. Oberhalb der Konzentration von 3% NaCl wird mit erhöhter Natriumchloridkonzentration die Beeinflussung durch den Abfall der Sauerstofflöslichkeit größer als die durch Veränderungen der diffusionshemmenden Schicht, so daß die Korrosionsgeschwindigkeit abnimmt.

Alkalimetallsalze (z. B. KCl, LiCl, Na_2SO_4, KJ, NaBr usw.) beeinflussen die Korrosionsgeschwindigkeit von Eisen und Stahl etwa in gleicher Weise wie Natriumchlorid. Die Korrosivität der Chloride nimmt in der Reihenfolge LiCl,

NaCl, KCl etwas zu [14]. Die Erdalkalisalze (z. B. $CaCl_2$, $SrCl_2$) sind etwas weniger korrosiv als die Salze der Alkalimetalle. Die Nitrate sind in geringeren Konzentrationen (0,1 bis 0,25 n) in ihrer Korrosivität etwas schwächer als die Chloride oder Sulfate, aber nicht immer in höheren Konzentrationen [15]. Die geringen Unterschiede im Zusammenhang mit all diesen Lösungen können unter Umständen von ihrer spezifischen Einwirkung auf die diffusionshemmende Schicht von Eisen(II)-hydroxid oder auch von der unterschiedlichen Adsorption der Ionen an der Metalloberfläche herrühren, wodurch der Unterschied in den Anoden-Kathodenflächenverhältnissen oder die unterschiedlichen Überspannungscharakteristiken für die Sauerstoffreduktion hervorgerufen werden könnten.

Saure Salze, d. h. solche Salze, die infolge ihrer Hydrolyse saure Lösungen bilden, bewirken eine mit Wasserstoffentwicklung und Sauerstoffdepolarisation verbundene Korrosion, deren Geschwindigkeit jener gleichkommt, die in der entsprechenden Säure gleichen pH-Wertes auftritt. Beispiele von solchen Salzen sind $AlCl_3$, $NiSO_4$, $MnCl_2$ und $FeCl_2$.

Ammoniumsalze, wie zum Beispiel NH_4Cl, haben ebenfalls saueren Charakter, jedoch erzeugen sie bei $c_{NH_4Cl} > 0{,}05$ n eine höhere Korrosionsgeschwindigkeit, als es ihren pH-Werten entsprechend zu erwarten wäre [15]. Die erhöhte Korrosivität wird zurückgeführt auf die Fähigkeit der Ammoniumionen, mit Eisenionen Komplexverbindungen zu bilden, wobei die Aktivität der Eisenionen abnimmt und das Korrosionsbestreben des metallischen Eisens zunimmt. Ammoniumnitrat ist in hoher Konzentration zum Teil wegen des Depolarisationsvermögens der Nitrationen etwa um das 8-fache korrosiver als das Chlorid oder Sulfat.

Bei einem Überschuß von Ammoniak, wie etwa in einigen Kunstdüngerlösungen, kann die Korrosionsgeschwindigkeit in Ammoniumnitrat bei Zimmertemperatur den sehr hohen Wert von 50,8 mm/a erreichen [16]—[19], (*Abb. 14*). Der in diesem Falle gebildete Komplex hat die Zusammensetzung $[Fe(NH_3)_6](NO_3)_2$ [19]. Da die Kopplung von einfachem Stahl mit Platin der gleichen Fläche keinen Einfluß auf die Korrosionsgeschwindigkeit hat, wird die Reaktion offenbar anodisch kontrolliert. Daß die Metallstruktur die Korrosionsgeschwindigkeit beeinflußt, zeigt sich daran, daß ein kaltverformter Weichstahl viel schneller reagiert als ein Stahl, der bei erhöhter Temperatur abgeschreckt wurde. Dieses Verhalten zeigt, daß die Reaktionsgeschwindigkeit nicht durch die Diffusion bestimmt wird, sondern durch die Geschwindigkeit der Metallionenbildung an der Anode und möglicherweise auch zu einem gewissen Grade durch die Geschwindigkeit der Depolarisation an der Kathode.

Alkalische Salze, die unter Bildung von Lösungen mit einem pH-Wert > 10 hydrolysieren, wirken als Korrosionsinhibitoren. Sie passivieren Eisen in Gegenwart von gelöstem Sauerstoff in gleicher Weise wie NaOH (siehe *Abb. 4*, Seite 90). Beispiele für solche Salze sind Trinatriumphosphat (Na_3PO_4), Natriumtetraborat ($Na_2B_4O_7$), Natriumsilikat (Na_2SiO_3) und Natriumkarbonat (Na_2CO_3). Abgesehen von der die Passivierung von Eisen fördernden Wirkung des gelösten Sauerstoffes können durch diese Salze Schichten von Korrosionsprodukten gebildet werden, die zum Beispiel in Na_3PO_4-Lösung aus Eisen(II)- oder Eisen(III)-phosphaten oder in Na_2SiO_3-Lösungen aus analogen Verbindungen bestehen; derartige Deckschichten hemmen die Diffusion wesentlich wirksamer als wasserhaltiges Eisenoxid. In solchen Lösungen kann die Korrosion auch unterhalb des pH-Wertes 10 inhibiert werden; oberhalb des pH-Wertes 10 erzielt man eine bessere Inhibition als in NaOH- oder Na_2CO_3-Lösungen.

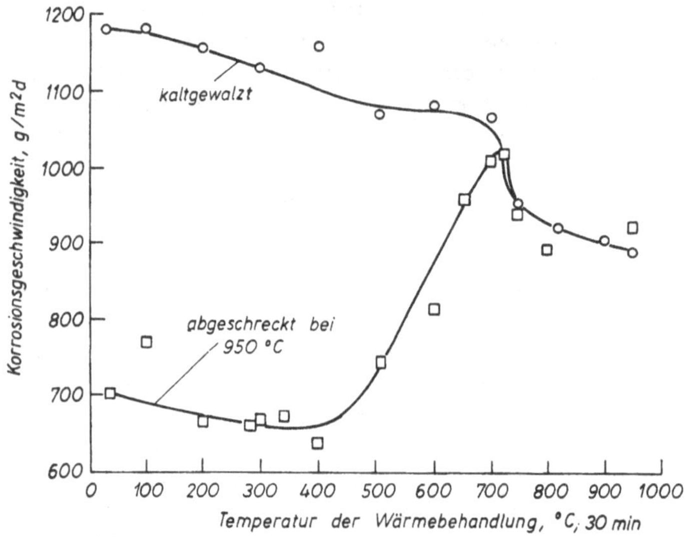

Abb. 14: Die Korrosionsgeschwindigkeit des unlegierten Stahles in wäßriger Lösung von 44,4% NH_4NO_3 + 5,9% NH_3 bei Zimmertemperatur als Funktion der Wärmebehandlung des Metalles (nach SCHICK)

Oxydierende Salze sind entweder gute Depolarisatoren und deshalb korrosiv, oder sie sind Passivatoren und wirksame Inhibitoren. Beispiele für die erste Gruppe sind Eisen(III)-chlorid ($FeCl_3$), Kupfer(II)-chlorid ($CuCl_2$), Quecksilber(II)-chlorid ($HgCl_2$) und Natriumhypochlorit (NaOCl). Sie stellen eine Gruppe von Chemikalien dar, die in Metallkonstruktionen (z. B. in Rohren oder Kesseln) am schwierigsten zu handhaben sind, d. h. die Metalle sehr stark angreifen. Beispiele für die zweite Gruppe sind Natriumchromat (Na_2CrO_4), Natriumnitrit ($NaNO_2$), Kaliumpermanganat ($KMnO_4$) und Kaliumferrat (K_2FeO_4). Die unterschiedlichen Eigenschaften, die ein oxydierendes Salz entweder als Depolarisator oder als Passivator kennzeichnen, werden im Kapitel 16., „Inhibitoren und Passivatoren", diskutiert.

6.1.6.1. Die Salze im natürlichen Wasser

Natürliche Frischwässer enthalten je nach der Quelle und der Region gelöste Kalzium- und Magnesiumsalze in verschiedenen Konzentrationen. Wenn die Konzentration dieser Salze hoch ist, so wird das Wasser als hart, anderenfalls als weich bezeichnet. Schon viele Jahre bevor die Ursachen klar erkannt worden sind, war festgestellt worden, daß ein weiches Wasser korrosiver wirkt als hartes Wasser. So ist zum Beispiel an einem Heißwasserbehälter aus verzinktem Eisen mit Chigagoer Great-Lakes-Wasser (34 ppm Ca^{++}, 157 ppm gelöste Salze) eine Lebensdauer von 10 bis 20 Jahren beobachtet worden, bevor er durch Lochfraß unbrauchbar wurde, während ein gleicher Behälter mit Bostoner Wasser (5 ppm Ca^{++}, 43 ppm gelöste Salze) schon nach ein bis zwei Jahren infolge der Korrosion ausfiel.

Der Mechanismus des durch hartes Wasser gewährten Schutzes besteht in der natürlichen Abscheidung einer dünnen diffusionshemmenden Schicht, die sich hauptsächlich aus Kalziumkarbonat, $CaCO_3$, zusammensetzt. Diese Schicht hemmt die Diffusion des gelösten Sauerstoffes an die Metalloberfläche. In weichen Wässern kann sich dagegen keine solche Schutzschicht ausbilden. Die Härte der Wässer ist jedoch nicht der einzige Faktor, der über die Möglichkeit einer Schutzschichtbildung entscheidet, sondern das Abscheidungsvermögen des Kalziumkarbonates an der Metalloberfläche hängt außerdem von der gesamten Azidität oder Basizität, dem pH-Wert sowie von der Konzentration der im Wasser gelösten Feststoffe ab.

Im Jahre 1936 teilte LANGELIER [20] nach den Voruntersuchungen von TILLMANS [21] und BAYLIS [22] die natürlichen Frischwässer je nach ihrer Über- oder Untersättigung an Kalziumkarbonat in zwei Gruppen ein. Da nur fast gesättigte und übersättigte Wässer zur Bildung einer schützenden Kalziumkarbonatschicht auf dem Eisen neigen, wurde eine Abschätzung der Korrosivität eines Wassers mit Hilfe analytischer Kriterien für die Unter- und Übersättigung vorgenommen. Unter Annahme verschiedener Vereinfachungen konnte LANGELIER zeigen, daß der pH-Wert, als pH_s bezeichnet, bei dem ein Wasser mit festem Kalziumkarbonat im Gleichgewicht steht (wo sich also $CaCO_3$ weder auflöst noch abscheidet), aus der folgenden Beziehung berechnet werden kann (*3*):

$$pH_S = (pK_2' - pK_S') + p_{Ca^{++}} + p_{Alk}. \tag{10}$$

Dabei bedeuten K_2' die Dissoziationskonstante $\frac{c_{H^+} \cdot c_{CO_3^{--}}}{c_{CHO_3^-}}$, K_s' das Löslichkeitsprodukt von Kalziumkarbonat $c_{Ca^{++}} \cdot c_{CO_3^{--}}$ (Konzentration der Kalziumionen $c_{Ca^{++}}$ in Mol/1000 g Wasser), und der Index „*Alk*" bedeutet die Basizität, d. h. die Äquivalente der bis zum Umschlagspunkt des Methylorange pro Liter Wasser titrierbaren Base (dieser Wert wird meist in ppm $CaCO_3$ angegeben) gemäß der Gleichung:

$$(Alk) + (H^+) \rightarrow 2CO_3^{--} + HCO_3^- + OH^-$$

Der Buchstabe p bezeichnet den negativen dekadischen Logarithmus dieser Größen. Der Sättigungsindex ist dann definiert als die Differenz zwischen dem gemessenen pH-Wert eines Wassers und dem Gleichgewichtswert für Kalziumkarbonat pH_s, oder Sättigungsindex $= pH_{(gem)} - pH_s$.

Um die pH_s-Werte für Wässer sehr unterschiedlicher Zusammensetzung und verschiedener Temperaturen bequem zugänglich zu machen, sind mehrere Tabellen und Nomogramme (siehe „*Anhang*“) zusammengestellt worden [23, 24]*).

Eine Abschätzung der Über- oder Untersättigung kann im Laboratorium auch durch die Untersuchung des Wassers vor und nach der Zugabe von reinem Kalziumkarbonatpulver vorgenommen werden, wenn nach der Karbonatzugabe ausreichend lange zur Einstellung des Lösungsgleichgewichtes gewartet wird. Ein Anstieg des pH-Wertes entspricht einer Untersättigung des zu untersuchenden Wassers. Da die Zusammensetzung des Wassers durch Auflösung oder Abscheidung von Kalziumkarbonat während des Versuches verändert wird, ist der sich einstellende pH-Wert nicht in jedem Falle dem berechneten Wert pH_s gleich. Eine andere Methode besteht darin, das Wasser nach der Sättigung mit Kalziumkarbonat mit Säure zu titrieren, wobei der gegenüber dem ursprünglichen Wasser erhöhte Säureverbrauch ein Maß für die Untersättigung ist (MARBLE-Test), [25].

Aus dem Gesagten geht hervor, daß man die Frischwässer in folgende Gruppen einteilen kann:

Sättigungsindex		Merkmale des Wassers
Positiv	Übersättigt an $CaCO_3$	$CaCO_3$-Schutzschichtbildung
Null	Gleichgewichtszustand	
Negativ	Untersättigt an $CaCO_3$	Korrosivität

Das Chicagoer Wasser zum Beispiel hat einen Index von 0,0, während der Wert für das Bostoner Wasser −3,0 beträgt.

Ein weiches Wasser mit negativem Sättigungsindex kann je nach den vorherrschenden Bedingungen mit Ätzkalk ($Ca(OH)_2$), Soda (Na_2CO_3) oder mit beiden Substanzen behandelt werden, um den Sättigungsindex auf einen positiven Wert zu erhöhen und damit die Korrosivität des Wassers zu verringern. Nach Meinung einiger Fachleute ist ein Sättigungsindex von ungefähr +0,5 ausreichend — bei größeren Werten kann, insbesondere bei höheren Temperaturen, eine unnötig hohe Abscheidung von Kalziumkarbonat (Kesselstein) auftreten.

Oberhalb der Zimmertemperatur kann der Sättigungsindex positiver werden, da bei Erhöhung der Temperatur die Geschwindigkeit der $CaCO_3$-Abscheidung ansteigt, so daß es u. U. zu einer Schichtbildung kommen kann. Um deshalb bei allen Temperaturen einen Korrosionsschutz ohne übermäßige Kesselsteinbildung zu gewährleisten, ist die Einstellung der Wasserzusammensetzung auf einen Sättigungsindex erforderlich, welcher mindestens über den gesamten Betriebstemperaturbereich konstant ist. POWELL und Mitarbeiter [24, 26] zeigten, daß es für eine bestimmte Salzkonzentration einen entsprechenden pH-Wert gibt,

*) *Anm.:* Zur Bestimmung des Salzgehaltes von Kesselspeisewasser durch Leitfähigkeitsmessungen und über die entsprechenden technischen Meßeinrichtungen berichten K. SCHWABE u. J. SCHUPPAN, Chem. Techn. **12** (1960), 490.

bei dem der Abfall des gemessenen pH-Wertes mit der Temperatur recht genau durch einen Abfall des Faktors ($pK_2' - pK_s'$) kompensiert wird. Unter diesen Bedingungen ist der Sättigungsindex bei unterschiedlichen Temperaturen nahezu konstant und die Kalziumkarbonatabscheidung in heißem und kaltem Wasser etwa gleich (siehe *Tab. 3*). Die Menge der möglichen Abscheidung hängt natürlich von dem Wert des Sättigungsindex ab. Die Salzkonzentration und der pH-Wert der Wässer können durch sinnvolle Zugabe von Kalziumhydroxid ($Ca(OH)_2$) Soda (Na_2CO_3), Natriumhydroxid (NaOH), Schwefelsäure (H_2SO_4) oder Kohlenstoffdioxid (CO_2) eingestellt werden.

Tabelle 3:

Alkalität-pH-Grenzen für die gleichmäßige Schichtabscheidung [*26*]

Alkalität (ppm $CaCO_3$)	pH-Wert (gemessen bei Zimmertemperatur)
50	8,10 bis 8,65
100	8,60 bis 9,20
150	8,90 bis 9,50
200	8,90 bis 9,70

6.1.7. *Grenzen des Sättigungsindex*

Wenn ein natürliches Wasser kolloidale Kieselsäure oder organische Stoffe (zum Beispiel Algen) enthält, kann sich das Kalziumkarbonat auf den kolloidalen oder organischen Teilchen anstatt auf der Metalloberfläche niederschlagen. In diesem Falle wird die Korrosionsgeschwindigkeit auch bei einem positiven Sättigungsindex nicht abfallen. Eine weitere Einschränkung gilt für Wässer mit einem hohen Gehalt an gelösten Salzen, wie etwa Natriumchlorid, und für Heißwässer, in denen die $CaCO_3$-Schicht ihren Schutzcharakter örtlich verliert und Lochfraßkorrosion auftritt. Außerdem kann, wenn einem chemisch behandelten Wasser komplexbildende Ionen zugegeben werden, die, wie zum Beispiel Polyphosphate, die Abscheidung von Kalziumkarbonat hemmen, der Sättigungsindex nicht mehr als ein Index der Korrosivität gelten.

Abgesehen von diesen Ausnahmen, ist der Sättigungsindex ein brauchbares qualitatives Maß für die relative Korrosivität eines Frischwassers gegenüber solchen Metallen wie Eisen, Kupfer, Messing und Blei, deren Korrosionsgeschwindigkeit von der Diffusion des gelösten Sauerstoffes an die Metalloberfläche abhängt. Der Index gilt nicht für die Korrosivität eines Wassers gegenüber passiven Metallen, wie Aluminium oder rostbeständigen Stählen, welche um so weniger korrodiert werden, je höher die Sauerstoffkonzentration an der Metalloberfläche ist.

6.2. *Werkstoffseitige Einflußfaktoren*

6.2.1. *Die Eisen- und Stahlsorten*

Wie im Abschnitt „*Einfluß des pH-Wertes*" bereits erwähnt, wird die Korrosionsgeschwindigkeit von Eisen oder Stahl in natürlichen Wässern durch die Diffusion von Sauerstoff an die Metalloberfläche bestimmt. Es besteht deshalb nur ein geringer oder kein Unterschied in den Korrosionsgeschwindigkeiten von Eisen und Stahl in natürlichen Wässern (einschließlich Meerwasser), unabhängig davon, ob der Stahl nach dem BESSEMER- oder dem SIEMENS-MARTIN-Verfahren hergestellt worden ist oder ob es sich um Schmiedeeisen oder Gußeisen handelt. Dasselbe gilt für die Korrosion in verschiedenen Erdböden, weil die Faktoren, die die Korrosionsgeschwindigkeit unterirdisch und unter Wasser bestimmen, die gleichen sind. Daher sollte zur Verwendung in diesen Medien prinzipiell der billigste Stahl oder Eisen mit einer zur Einhaltung der mechanischen Eigenschaften ausreichenden Dimensionierung empfohlen werden. In saurer Lösung (pH etwa < 4) und wahrscheinlich auch im stark alkalischen Bereich (pH $> 13{,}5$), wo die Verunreinigungen auf die Reaktion der Wasserstoffabscheidung einwirken, wird jedoch die Korrosionsgeschwindigkeit durch die unterschiedlichen Herstellungsverfahren beeinflußt. Ein relativ reines Eisen wird in Säuren mit geringerer Geschwindigkeit korrodiert als ein Eisen oder Stahl mit hohen Gehalten an Kohlenstoff, Stickstoff, Schwefel und (oder) Phosphor.

Der hohe Stickstoffgehalt des BESSEMER-Stahles bewirkt, daß dieser Stahl in heißen oder ätzenden Nitratlösungen gegenüber der Spannungsrißkorrosion unbeständiger ist als die SIEMENS-MARTIN-Stähle. Aus diesem Grunde wird für die Herstellung von Heizkesseln in der Regel SIEMENS-MARTIN-Stahl vorgeschlagen.

Gußeisen wird in natürlichen Wässern und im Erdboden anfänglich mit der erwarteten normalen Geschwindigkeit korrodiert, trotzdem hat es eine viel längere Haltbarkeit als Stahl. Abgesehen von der für Gußteile üblichen größeren Metalldicke, resultiert dieser Vorteil daraus, daß das aus einer Mischung von Ferritphasen (fast reines Eisen) und Graphiteinschlüssen bestehende Gußeisen unter Bildung von Produkten korrodiert wird, die in den meisten Erdböden oder Wässern die Graphiteinschlüsse zusammenkitten. Ein gußeisener Artikel (zum Beispiel Wasserleitungsrohr) kann, auch wenn er vollständig verrostet ist, trotz geringer Duktilität noch genügend Festigkeit besitzen und seine Funktion unter den geforderten Betriebsbedingungen weiterhin ausüben. Diese Korrosionsart wird als graphitische Korrosion bezeichnet. Sie kommt nur an grauem Gußeisen oder „duktilem" Gußeisen, welches kugelartige Graphiteinschlüsse enthält, nicht aber an weißem, aus Zementit und Ferrit bestehendem Gußeisen vor. Die graphitische Korrosion kann im Laboratorium innerhalb von Wochen oder Monaten durch Eintauchen des grauen Gußeisens in eine sehr verdünnte Schwefelsäure, die man zeitweise erneuern muß, nachgebildet werden.

6.2.2. Einflüsse der Zusammensetzung

Es ist schon darauf hingewiesen worden, daß der Kohlenstoffgehalt des Eisens oder eines Stahles innerhalb der gewöhnlichen handelsüblichen Grenzen sowie die Zusammensetzung der niedrig legierten Stähle praktisch keinen Einfluß auf die Korrosionsgeschwindigkeit in natürlichen Wässern oder in Erdböden ausübt (siehe *Tab. 1*, S. 92 und *Tab. 1*, S. 162). An hochlegierten Stählen von der Art der rostbeständigen Stähle (> 12% Cr) oder an hochprozentigen Silizium-Eisen- oder Nickel-Eisen-Legierungen, an denen die Sauerstoffdiffusion die Korrosionsgeschwindigkeit nicht bestimmt, tritt eine merkliche Verminderung der Korrosion in Erscheinung. Für atmosphärische Bedingungen sind diese Verhältnisse anders, weil die Zugabe bestimmter Elemente in geringen Mengen, zum Beispiel 0,1—1% Cr, Cu oder Ni, einen deutlichen Einfluß auf das Schutzvermögen der natürlich gebildeten Rostschicht hat (siehe „*Atmosphärische Korrosion*", Kap. 8., S. 149).

Obwohl der Kohlenstoffgehalt eines Stahles auf die Korrosionsgeschwindigkeit in Frischwässern keinen Einfluß hat, ist ein geringer Anstieg der Geschwindigkeit (maximal 20%) in Seewasser beobachtet worden, wenn der Kohlenstoffgehalt von 0,1 auf 0,8% erhöht wird [27]. Die Ursache dieses Anstieges ist wahrscheinlich die mit dem Ansteigen der kathodischen Oberfläche von Zementit (Fe_3C) verstärkte Wasserstoffabscheidungsreaktion in Chloridlösungen (die Chloridionen bilden gleichzeitig Eisen(II)-komplexverbindungen), die zusätzlich zur Sauerstoffdepolarisation wirkt.

In Säuren steigt die Korrosionsgeschwindigkeit sowohl mit dem Kohlenstoff- als auch mit dem Stickstoffgehalt eines Stahles an. Die Größe des Anstieges hängt in hohem Maße von der vorhergehenden Wärmevergütung ab (siehe „*Einfluß der Wärmevergütung*", S. 114) und ist an kaltgeformten Stählen höher als an warmverformten Stählen.

Gehalte an Schwefel und Phosphor erhöhen die Geschwindigkeit des Angriffes in Säuren erheblich. Diese Elemente bilden offenbar Verbindungen mit einer geringen Wasserstoffüberspannung; außerdem können diese Verbindungen die anodische Polarisation herabsetzen, so daß die Korrosionsgeschwindigkeit des Eisens durch Schwefel und Phosphor sowohl an den anodischen als auch an den kathodischen Bereichen erhöht wird. Die Geschwindigkeiten in entlüfteter Zitronensäure sind in *Tab. 4* zusammengestellt [28]. In starken Säuren ist der Einfluß dieser Elemente noch ausgeprägter [29] (siehe *Abb. 15*; *Tab. 4*).

Arsen ist in einigen Stählen in geringen Mengen enthalten. Es erhöht in Säuren die Korrosionsgeschwindigkeit in ähnlicher Weise wie der Schwefel- und Phosphorgehalt, jedoch kann es in größeren Mengen (ca. 0,2%) die Geschwindigkeit wieder herabsetzen [29].

Ein normaler Mangangehalt bis zu etwa 1% hat in den handelsüblichen Stählen praktisch keinen Einfluß auf die Korrosionsgeschwindigkeit.

Silizium erhöht die Korrosionsgeschwindigkeit in verdünnter Salzsäure geringfügig (*Abb. 15*), aber in viel geringerem Maße als Schwefel, Phosphor oder Arsen.

Wird Kupfer in einer Menge von einigen Zehntel Prozent zu reinem Eisen legiert, so erhöht sich die Korrosionsgeschwindigkeit in Säuren ein wenig. Jedoch in Gegenwart von Phosphor oder Schwefel, die im allgemeinen Bestandteile der handelsüblichen Stähle sind, wirkt das Kupfer dem korrosionsbeschleunigenden Einfluß dieser Elemente entgegen. Kupferhaltige Stähle korrodieren daher in nichtoxydierenden Säuren gewöhnlich mit geringeren Geschwindigkeiten als kupferfreie Stähle [30].

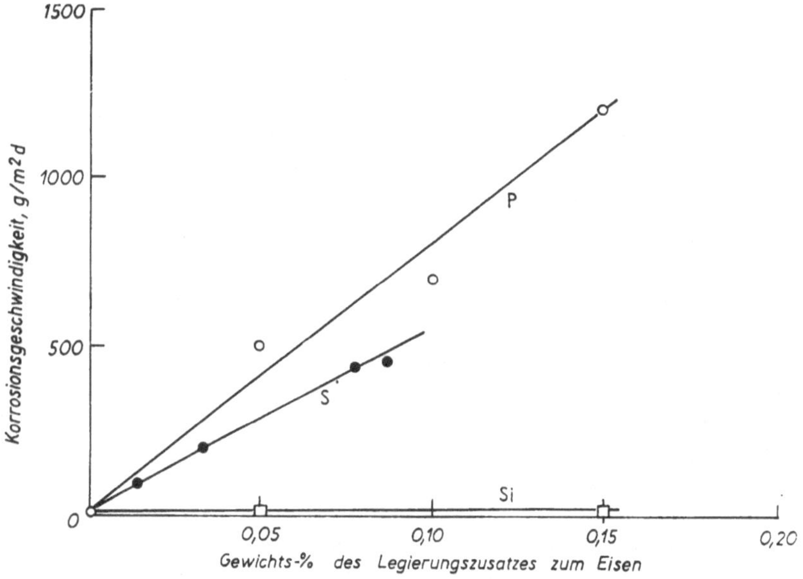

Abb. 15: Einfluß des im Eisen legierten Phosphors, Schwefels und Siliziums auf die Korrosion der geglühten Proben in entlüfteter 0,1 n HCl bei 25 °C (nach Foroulis)

Die für verschiedene, relativ reine Eisenlegierungen gültigen Angaben in der *Tab. 4* zeigen, daß 0,1% Cu die Korrosionsgeschwindigkeit von 0,03% P oder 0,02% S enthaltendem Eisen in 4% NaCl + HCl verringert, nicht aber die der phosphorhaltigen Legierung in Zitronensäure. Diese individuellen Verhältnisse beziehen sich jedoch nur auf die besonderen Zusammensetzungen und auf die beschriebenen experimentellen Bedingungen, sie sind nicht allgemein gültig.

Stähle, die einige Zehntel Prozent Kupfer enthalten, sind gegenüber der Atmosphäre recht gut beständig; sie sind aber den kupferfreien Stählen in natürlichen Wässern oder im Erdboden, wo die Sauerstoffdiffusion die Korrosionsgeschwindigkeit bestimmt, nicht überlegen.

Ein Gehalt von 3% Chrom bewirkt einen geringen Abfall des Gesamtgewichtsverlustes in Frischwässern und im Meerwasser, die Lochtiefe hat bei dieser Konzentration ein Minimum, d. h., daß bei geringeren oder höheren Chromgehalten die lokale Korrosion ausgeprägter in Erscheinung tritt. Niedrig legierte Chromstähle (< 5% Cr) haben auch eine höhere Beständigkeit gegenüber der Korrosionsermüdung in H_2S-freien Rohölen.

Demgegenüber haben niedrig legierte Nickelstähle (< 5% Ni) eine höhere Beständigkeit gegenüber der Korrosionsermüdung in H_2S-haltigen Rohölen [31]. Eine Erhöhung des Nickelgehaltes verringert in verstärktem Maße auch die Korrosionsgeschwindigkeit der Stähle, die Alkalien ausgesetzt sind [32].

Tabelle 4:

Korrosionsgeschwindigkeiten von Eisenlegierungen in entlüfteter Zitronensäure und in 4% NaCl + HCl-Lösung bei 25 °C (nach Stern)

	0,1 m Zitronensäure pH = 2,06	4% NaCl + HCl pH = 1
Reines Eisen (0,005% C)	g/m^2d	g/m^2d
	2,9	3,0
+ 0,02% P	16,5	100
+ 0,015% S	70,6	283
+ 0,11% Cu	4,1	39
+ 0,10% Cu + 0,03% P	37,6	60,6
+ 0,08% Cu + 0,02% S	3,2	18,6

6.2.3. Die Auswirkung der Kopplung verschiedener Stähle

Obwohl die niedrig legierten Komponenten die Gesamtkorrosionsgeschwindigkeit in Wässern und in Erdböden nicht in eindeutiger Weise beeinflussen können, ist trotzdem die Zusammensetzung der Legierung von sehr großer Bedeutung für die galvanischen Beziehungen und daher für die Korrosion der Stähle, die miteinander verbunden sind. Ein niedrig legierter Chrom-Nickelstahl wirkt zum Beispiel in den meisten natürlichen Medien gegenüber dem unlegierten Stahl kathodisch. Deshalb sollten Stahlschrauben und Muttern, die zur Verbindung unterirdischer unlegierter Stahlrohre verwendet werden, oder Schweißstäbe zum Verschweißen von Stahlplatten im Schiffsbau immer aus einem niedrig legierten Chrom-Nickelstahl oder einem Stahl ähnlicher Zusammensetzung, der gegenüber der Hauptfläche der Konstruktion kathodisch wirkt (dabei entsteht eine kleine Kathode und eine große Anode), hergestellt werden. Wenn die umgekehrte Polarität vorläge, würde sie sehr bald einen schweren Korrosionsschaden an den Schrauben bzw. an der Schweißnaht verursachen.

Gußeisen wirkt gegenüber den niedrig legierten Stählen anfangs anodisch, sein Potential liegt etwa bei dem des unlegierten Stahles. Sobald das Gußeisen jedoch korrodiert wird, insbesondere, wenn graphitische Korrosion auftritt, wird durch den an der Oberfläche freigelegten Graphit das Potential in edlere Richtung verschoben. Daher kann nach einiger Zeit — diese ist abhängig von der korrosiven Umgebung — das Gußeisen ein Potential erreichen, das sowohl gegenüber niedrig legierten Stählen als auch gegen unlegierten Stahl kathodisch wirkt. Dieses Verhalten ist zum Beispiel beim Konstruieren von Ventilen zu beachten. Die Teller müssen die Ventilsitze gut abdichten und frei von Löchern sein; folglich muß der Ventilteller aus einem Metall hergestellt werden, das gegenüber dem Ventilkörper, der den größten Teil der inneren Fläche des Ventiles bildet, kathodisch wirkt. Aus diesem Grunde werden für wäßrige Medien mit hoher elektrischer Leitfähigkeit die Ventilkörper aus Stahl oft jenen aus Gußeisen vorgezogen.

6.2.4. *Einfluß der Wärmevergütung*

Der Einfluß der Wärmevergütung auf die Korrosionsgeschwindigkeit eines Kohlenstoffstahles in verdünnter Schwefelsäure wird durch die Daten von Heyn und Bauer [33] illustriert (*Abb. 16*). Ein bei hohen Temperaturen abgeschreckter

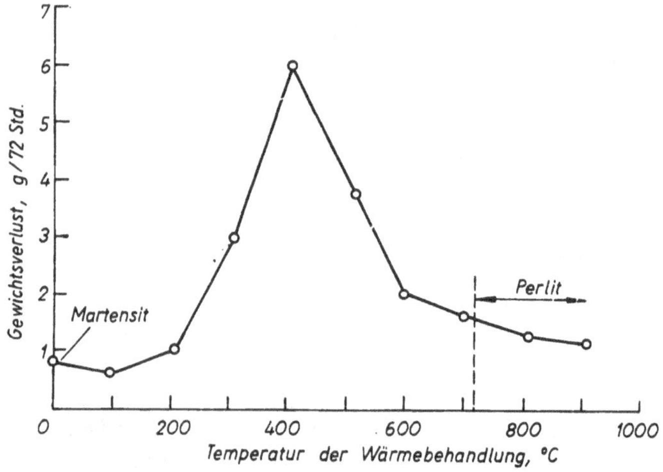

Abb. 16: Einfluß der Wärmebehandlung auf die Korrosion von 0,95% C-Stahl in 1%igerH_2SO_4. Polierte Proben 2,5 × 2,5 × 0,6 cm, Dauer des Temperns etwa 2 Std (nach Heyn u. Bauer)

Kohlenstoffstahl hat eine „Martensit“-Struktur. Diese ist einphasig und enthält Kohlenstoff in den Zwischengitterplätzen eines raumzentrierten tetragonalen Gitters der Eisenatome. Die willkürliche Verteilung der Kohlenstoffatome, verbunden mit einer elektronischen Wechselwirkung zwischen den C-Atomen und den benachbarten Fe-Atomen, begrenzt die Wirksamkeit der Kohlenstoffatome als Kathoden von Lokalelementen; demnach ist in verdünnter Säure die Korrosionsgeschwindigkeit von Martensit verhältnismäßig gering. Der eingeschlossene Kohlenstoff reagiert dabei zum großen Teil mit der Säure unter Bildung einer vielfältigen Mischung von Kohlenwasserstoffgas (dieses Gas verursacht den Geruch des gebeizten Stahles), und ein geringer Rest amorphen Kohlenstoffes setzt sich als schwarze Rußschicht auf der Stahloberfläche ab (*Abb. 17*). Bei Erwärmen von Martensit auf nicht zu hohe Temperaturen und folgender Luftkühlung (dieses Verfahren wird Tempern genannt), findet eine Umsetzung zu ε-Eisenkarbid von unbekannter Zusammensetzung statt. Diese zweiphasige Struktur ermöglicht die Bildung galvanischer Zellen, die die Korrosionsreaktion beschleunigen. Ferner

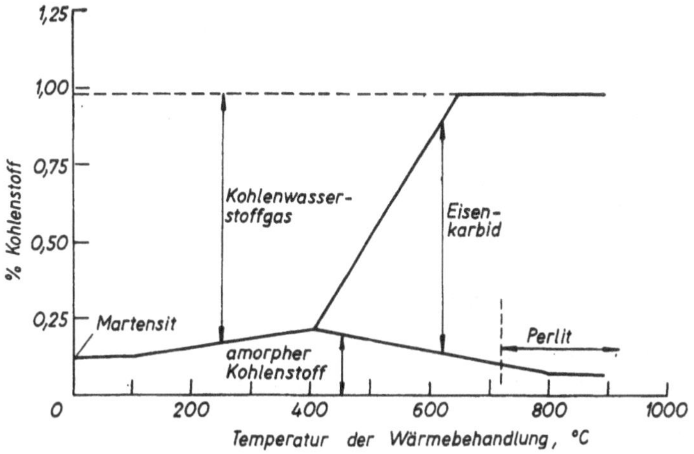

Abb. 17: Einfluß der Wärmebehandlung des 0,95% C-Stahles auf die relative Verteilung des Kohlenstoffes in den Korrosionsprodukten Gas, Kohlenstoff und Karbide; Korrosion in 10%iger H_2SO_4 (nach Heyn und Bauer)

bildet sich durch Umsetzung der ε-Phase etwas feinverteilter Zementit (Fe_3C), dessen Menge zum Beispiel bei einer zweistündigen Wärmevergütung von 0,95% C enthaltendem Stahl bei etwa 400 °C ein Maximum erreicht (bzw. 300 °C bei 0,07% C-Stahl). Nach dem Tempern bei dieser Temperatur hat der als Kathode wirkende Zementit die maximale peripherische Oberfläche, die an die Ferritphase grenzt, so daß der galvanische Vorgang ein Maximum erreicht. Oberhalb dieser Temperatur verschmilzt der Zementit zu größeren Partikeln, wodurch die Korrosionsgeschwindigkeit geringer wird. Die Zementitpartikel werden schließlich groß genug, um der Auflösung in Säuren vollkommen widerstehen zu können. Sie können im Rückstand der Korrosionsprodukte nachgewiesen werden. Mit erhöhter Korrosionsbeständigkeit verringert sich entsprechend die Bildung von Kohlenwasserstoffgasen. Beim langsamen Abkühlen eines Kohlenstoffstahles vom austenitischen Bereich oberhalb 723 °C (Austenit bildet ein kubisch flächenzentriertes Gitter) nimmt Zementit teilweise eine lamellare Form an und bildet eine Struktur, die als „Perlit" bezeichnet wird. Diese Struktur wird wieder mit einer verhältnismäßig geringen Geschwindigkeit korrodiert, weil der durch Umsetzung von Austenit gebildete Zementit gegenüber den kleineren, durch die Umsetzung von Martensit entstandenen Zementitpartikeln in relativ kompakter

Form vorliegt. Die Bedeutung sowohl des Gehaltes an Zementit, der als Kathode wirkt, als auch die seiner Verteilung für das Korrosionsverhalten des Kohlenstoffstahles bestätigen den elektrochemischen Mechanismus der Korrosion. Die Geschwindigkeit wird kathodisch kontrolliert und hängt daher von der Wasserstoffüberspannung und von der Grenzfläche der Lokalkathoden ab.

Praktisch wird ein Einfluß der Wärmevergütung eines Kohlenstoffstahles selten beobachtet, weil in den üblichen Medien die Sauerstoffdiffusion die Geschwindigkeit bestimmt. Jedoch wird durch saure Rohöle manchmal eine ausgeprägt lokale Korrosion in der Nähe von Schweißstellen oder an den oberen Enden der Stahlrohre bei Erdölbohranlagen bewirkt. Dabei steigt die Korrosionsgeschwindigkeit in einem begrenzten inneren Bereich des Rohres an, man spricht dann von Ringkorrosion. Sie wird durch eine Wärmebehandlung bei der Verbindung von Rohrstößen oder beim Fertigungsverfahren hervorgerufen und kann durch eine nachträgliche Wärmevergütung der Rohre oder durch Zugabe von geeigneten Inhibitoren zu der Flüssigkeit verringert werden [34].

Literatur-Anmerkungen

[1] H. Uhlig, D. Triadis u. M. Stern, J. Electrochem. Soc., **102** (1955), 59; s. auch E. Groesbeck u. L. Waldron, Proc. Am. Soc. Testing Materials, **31**, Teil *II*, (1931), 279 bis 291

[2] C. von Wolzogen-Kühr, Water and Gas, *VII*, Nr. *26* (1923), 277

[3] K. Butlin, W. Vernon u. L. Whiskin: „*Symposium on Corrosion of Buried Metals*", S. 29, Iron and Steel Inst. (London), 1951

[4] T. Farrer, L. Bick u. F. Wormwell, J. Applied Chem., **3**, Teil *2*, (1953), 80

[5] G. Skaperdas u. H. Uhlig, Ind. Eng. Chem., **34** (1942), 748

[6] W. Whitman, R. Russell u. V. Altieri, Ind. Eng. Chem., **16** (1924), 665

[7] R. Scholder, Angew. Chem. **49** (1936), 255

[8] W. Whitman u. R. Russell, Ind. and Eng. Chem., **16** (1924), 276

[8a] G. Becker, Fachber. Oberflächentechnik, **4** (1966), 227

[9] W. Whitman u. R. Russell, Ind. and Eng. Chem., **17** (1925), 348

[10] A. P. Bond, Sc. D. Thesis, Dept. of Metallurgy, M.I.T. (1958).

[11] W. Whitman, R. Russell, C. Welling u. J. Cochrane, Ind. Eng. Chem., **15** (1923), 672; siehe Abb. 4, S. 136, „*Corrosion Handbook*"

[12] F. Speller u. F. LaQue, Corrosion, **6** (1950), 209
Im VEB Leuna Werke „Walter Ulbricht" kam es durch Kavitation — Erosion an Pumpen zu Schadensfällen, s. dazu H. Kasten, Chem. Techn., **13** (1961), 209

[13] W. Leith u. A. Thompson, Trans. Am. Soc. Mech. Engrs., J. Basic Engineering, S. 795, Dec. (1960).

[14] C. Borgmann, Ind. Eng. Chem., **29** (1937), 814

[15] O. Bauer, O. Kröhnke u. G. Masing: „*Die Korrosion metallischer Werkstoffe*", Bd. 1, S. 240, S. Hirzel, Leipzig, 1936.

[16] E. Weitz u. H. Muller, Ber. Deutsch. Chem. Ges., **58** (1925), 363

[17] I. Libinson, I. Kukushkin u. Z. Morozova, Zhur. Khim. Prom., (*6*), **12** (1935), 590

[18] N. Hackerman, H. Hurd u. E. Snavely, Corrosion, **14** (1958), 203; J. Goodrich u. N. Hackerman, J. Electrochem. Soc., **108** (1961), 1092

[19] G. Schick, S. M. Thesis, Dept. of Metallurgy, M. I. T. (1961).
[20] W. F. Langelier, J. Am. Water Works Assoc., 28 (1936), 1500
[21] J. Tillmans: „*Die chemische Untersuchung von Wasser u. Abwasser*", 2. Aufl., W. K. Halle, 1932.
[22] J. Baylis, J. Am. Water Works Assoc., 27 (1935), 220
[23] C. P. Hoover, J. Am. Water Works Assoc. 30 (1938), 1802
[24] S. Powell, H. Bacon u. J. Lill, Ind. Eng. Chem., 37 (1945), 842
[25] F. Speller: „*Corrosion, Causes and Prevention*", S. 634, McGraw-Hill, New York, 1951.
[26] S. Powell, H. Bacon u. J. Lill, J. Am. Water Works Assoc., 38 (1946), 808
[27] C. Chappell, J. Iron and Steel Inst., 85 (1912), 270
[28] M. Stern, J. Electrochem. Soc., 102 (1955), 663
[29] Z. Foroulis, Sc. D. Thesis, Dept. of Metallurgy, M. I. T. (1961).
[30] P. Bardenheuer u. G. Thanheiser, Mitt. Kaiser-Wilhelm-Inst. Eisenf. Düsseldorf, 14 (1932), 1
[31] B. Wescott in „*Corrosion Handbook*", S. 578—590
[32] R. McKay u. R. Worthington: „*Corrosion Resistance of Metals and Alloys*", S. 259, Reinhold, 1936.
[33] E. Heyn u. O. Bauer, J. Iron and Steel Inst., 79 (1909), 109
[34] M. Holmberg, Corrosion 2 (1946), 278; R. Manuel, Ibid. 3 (1947), 415

Allgemeine Literaturhinweise:

Die Korrosion von Eisen in wäßrigen Medien

„*Corrosion Handbook*", herausgegeben von H. H. Uhlig, John Wiley and Sons, New York, 1948, S. 125—143
W. P. Batrakow: „*Die Korrosion metallischer Werkstoffe in aggressiven Mitteln*", Berlin, 1954
H. Klas u. H. Steinrath: „*Die Korrosion des Eisens und ihre Verhütung*", Düsseldorf, 1956
G. W. Akimov: „*Korrosion und Verschleiß von Stählen*", Berlin, 1956

Kavitation — Erosion

S. Kerr in „*Corrosion Handbook*", herausgegeben von H. H. Uhlig, John Wiley and Sons, New York, 1948, S. 597—601 und 993—997; H. Preiser u. B. Tytell, Corrosion, 17 (1961), 535
J. N. Bogchev u. R. I. Mints: „*Kavitation und Erosion von Fe-C-Legierungen*", Povysternie Iznosostoikosti i Sroka Sluzhby Mashin (Kiev, Akad. Nauk. Ukr. SSR)
Bibliographie über Erosion und Kavitation und ihre Untersuchung, Verein deutscher Hüttenleute, 1958, Bibliographie Nr. 189*d*
V. V. Gavranek u. D. N. Bolshutkin: „*Mechanismus des Kavitationszerfalles von Metallen*", Metalloved i Termichesk. Obrabotks, Nauch.-tekh. Obshehestvo Mashinostroitel. Prom. (1961), 157
E. E. Bljum u. V. V. Levitin: „*Beständigkeit von nichtrostenden Stählen gegenüber Zerstörung durch Kavitation und Sanderosion*", Energo-Mashinostroenie, 10 (1964), 34
F. Erdmann-Jesnitzer u. R. Laschimke: „*Untersuchungen zur Hydromechanischen Beanspruchung bei Tropfenschlag*", Arch. Eisenhüttenwes., 37 (1966), 997
P. Ch. Borbe u. H. Louis: „*Beobachtungen zur Oberflächenveränderung durch Erosion und Kavitation*", Werkstoffe u. Korrosion, 18 (1967), 210

Metallseitige Einflußfaktoren

F. Speller: „*Corrosion, Causes and Prevention*“, S. 58–140 McGraw-Hill, New York, 1951,
„*Corrosion Handbook*“, herausgegeben von H. H. Uhlig, John Wiley and Sons, New York, 1948, S. 139–141
H. Uhlig: „*Einfluß der Mikrostruktur auf die Korrosion*“, *in* „*Relation of Properties to Microstructure*“, American Society for Metals, Cleveland, 1954, S. 189–208
Th. Heumann, H. W. Schleicher: „*Korrosionsschutz durch Legieren*“, (Korr. 14), 1962
O. Nickel: „*Austentische Gußeisenwerkstoffe*“, Gießerei, **18** (1964), 509

(*1*) Oder anders betrachtet: der Anstieg der kathodischen Reaktionsgeschwindigkeit durch erhöhte Sauerstoffkonzentration erhöht die Polarisation der kathodischen Flächen, bis die Passivierungsstromdichte erreicht ist (siehe *Abb.* 1, S. 63), H. Uhlig, J. Electrochem. Soc. **108** (1961), 327

(*2*) Diese Äquivalenz ist in Wässern mit geringer Leitfähigkeit nur gültig, wenn die Anoden- und Kathodenflächen nahe beieinander liegen. In Meerwasser können aber die Anoden und Kathoden mehrere Zentimeter voneinander entfernt sein.

(*3*) Ableitung dieser und einer exakteren Gleichung siehe im „*Anhang*“, S. 356.

7. Einfluß der Spannung

7.1. Die Kaltverformung

Wie sich aus den vorhergehenden Diskussionen ergibt, wird ein kaltgeformter handelsüblicher Stahl in natürlichen Wässern mit derselben Geschwindigkeit korrodiert wie ein getemperter Stahl [1]. Dagegen wird in Säuren die Korrosionsgeschwindigkeit durch die Kaltverformung um einige Größenordnungen erhöht (*Abb. 1*). Diese Beeinflussung ist schon seit langem von verschiedenen Autoren beschrieben worden, wobei als Ursache für die größere Korrosionsneigung des

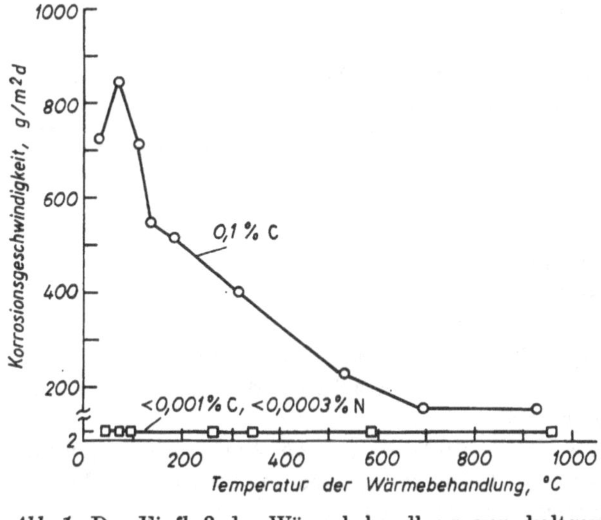

Abb. 1: Der Einfluß der Wärmebehandlung von kaltgewalztem 0,11% C-Stahl und zonengeschmolzenem Eisen auf die Korrosion in entlüfteter 0,1 n HCl, 25°C, Dauer der Wärmebehandlung: 2 Std. (nach FOROULIS)

Metalles eine in dem Metall verbleibende Restspannung angenommen worden ist. Die durch die Kaltverformung verursachte Restenergie ist aber, wie kalorimetrische Messungen zeigten, kleiner (meist < 7 cal/Mol), als für eine merkliche Änderung der freien Enthalpie notwendig wäre, und daher ist diese Auffassung wahrscheinlich nicht zutreffend. Stattdessen wird das beobachtete Ansteigen der Korrosionsgeschwindigkeit infolge der Kaltverformung eines handelsüblichen Stahles wahrscheinlich durch die Ausscheidung von Karbiden und (oder) Nitriden verursacht (möglicherweise auch durch Anreicherung von Kohlenstoff- oder Stickstoffatomen an Fehlstellen, zum Beispiel in sogenannten Versetzungszentren (siehe

Abb. 2), die im Kaltverformungsprozeß entstehen). Derartige Stellen können eine entsprechend niedrigere Wasserstoffüberspannung als das benachbarte Eisen haben. Das würde bedeuten, daß infolge der plastischen Verformung zwischen den zusammengesinterten eingeschlossenen Verunreinigungen und dem Ferrit Lokalelemente gebildet werden, welche eine verstärkte Korrosion bewirken. Die nachträgliche Wärmebehandlung des kaltverformten Stahles bewirkt eine weitere

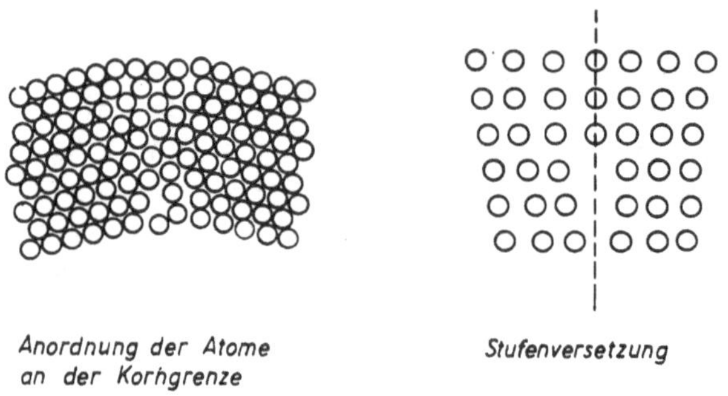

Abb. 2: Schematische Darstellung der Fehlstellen in einem Metall [Theoret. Struct. Metallurgy. A. COTTRELL, Ed Arnold, 1955]

Die Verunreinigungen oder Atome der Legierungskomponenten lagern sich vorwiegend an solchen Stellen an, wo sich der Abstand zwischen den Atomen des Grundmetalles vergrößert hat

Zusammensinterung solcher Verunreinigungen unter Verringerung der effektiven kathodischen Fläche oder Erhöhung der Wasserstoffüberspannung und dementsprechend eine Verminderung der Korrosionsgeschwindigkeit.

Demnach wird ein stark kaltverformtes, zonengeschmolzenes reines Eisen nach Z. FOROULIS in verdünnter entlüfteter Salzsäure nicht mit höherer Geschwindigkeit korrodiert als ein geglühtes Eisen (*Abb. 1*), [2, 3]. Ein reines kohlenstoff- oder stickstoffhaltiges Eisen verhält sich hinsichtlich des Kaltverformens qualitativ genauso wie ein unlegierter Stahl.

Ein an der Kurve für Kohlenstoffstahl in *Abb. 1* erkennbarer geringer Anstieg der Korrosionsgeschwindigkeit des kaltverformten Stahles, der bei etwa 100 °C vergütet worden ist, wird möglicherweise dadurch verursacht, daß bei dieser Temperatur eine verstärkte Diffusion der eingeschlossenen Kohlenstoff- oder Stickstoffatome zu den Störstellen im Metallgitter erfolgt, wodurch die kathodischen Flächen mit geringer Wasserstoffüberspannung vermehrt werden. Bei der weiteren Wärmebehandlung oberhalb 100 °C verringert sich die Anzahl solcher Stellen wieder, weil die Nitride oder Karbide um so größere Partikel bilden, je höher die Temperatur und je länger die Frischzeit ist; damit wird also die Anzahl der an die Ferritphase grenzenden kathodischen Flächen verringert.

Die Korrosionsgeschwindigkeit des handelsüblichen Nickels in sauren Lösungen wird durch eine sorgfältige Kaltverformung im Gegensatz zu unlegiertem Stahl nicht wesentlich erhöht [4], was darauf hinweist, daß eine Ausscheidung von eingeschlossenen Verunreinigungen unter Bildung kathodischer Flächen hier nicht auftritt.

7.2. Spannungsrißkorrosion von Eisen und Stahl

Wenn ein unlegierter Stahl so stark gedehnt wird, daß die Spannungen nahe der Elastizitätsgrenze oder darüber liegen, ist er besonders in heißen konzentrierten alkalischen oder in heißen konzentrierten Nitratlösungen (*1*) einer Rißbildung längs der Korngrenzen unterworfen. Diese Erscheinung wird Spannungsrißkorrosion genannt. Die erforderliche Spannung kann von einer äußeren Krafteinwirkung herrühren oder auch als Restspannung im Metall vorliegen. Die Zerstörung kann bei sehr hohen Spannungen und in stark korrosiven Medien innerhalb von Minuten und unter günstigen Bedingungen nach Jahren erfolgen.

Die Spannungsrißkorrosion wurde in der Praxis zum erstenmal an genieteten Dampfkesseln festgestellt. Hier überstiegen die Spannungen an den Nieten ständig die Elastizitätsgrenze; das Kesselspeisewasser wurde aus Gründen des Korrosionsschutzes regelmäßig mit Alkalien behandelt. In den Spalten zwischen den Nieten und der Kesselwand konnte jedoch das Kesselwasser soviel Alkali anreichern, daß die Konzentration ausreichte, um eine Spannungsrißkorrosion herbeizuführen, wobei es in einigen Fällen zur Explosion des Kessels kam. Da die Alkalien als eine der Ursachen erkannt wurden, nannte man Schadensfälle dieser Art zunächst kaustische Versprödung. Mit dem Einsatz von geschweißten Kesseln und mit verbesserter Kesselwasseraufbereitung sind diese Fälle der Spannungsrißkorrosion wesentlich seltener geworden. Sie sind jedoch noch nicht vollkommen beseitigt, weil Spannungen zum Beispiel an den Schweißnähten der Kessel oder der Behälter für die Lagerung von konzentrierten alkalischen Lösungen auftreten können.

Die Gegenwart von Silikaten in einem alkalische Lösungen enthaltenden Kessel begünstigt die Spannungsrißkorrosion. Laborversuche mit heißer 50%iger Natronlauge haben ergeben, daß bei Atmosphärendruck 0,2 bis 1,0% PbO, $KMnO_4$, Na_2CrO_4 oder $NaNO_3$ ebenfalls als Beschleuniger wirken [5]. In diesem Zusammenhang sei aber bemerkt, daß bei höheren Temperaturen und Drücken, die in den Kesseln gewöhnlich herrschen, Nitrate als Inhibitoren der Spannungsrißkorrosion wirken [5] und zu diesem Zweck in der Praxis angewandt werden. Dabei gibt man den Inhibitor in einer Menge zu, die etwa 20 bis 40% der NaOH-Konzentration äquivalent ist. Umgekehrt wird die Rißbildung auch durch eine Zugabe von 2% NaOH zu heißen Nitratlösungen inhibiert, die als Kurzzeitprüfungsmedien verwendet werden [6]. Dies ist eines von vielen Beispielen, die auf die Notwendigkeit hinweisen, die Aussagen einer Laboruntersuchung gründlich zu prüfen, bevor sie im technischen Maßstab angewandt werden.

Abgesehen von der Schwierigkeit, die sich für die chemische Industrie bei der Handhabung heißer Nitratlösungen ergibt, kann ein gespannter Stahl in Kontakt mit Nitraten auch bei Zimmertemperatur versagen. Ein solcher Schadensfall trat zum Beispiel an den aus einem Stahl mit 0,7% C bestehenden Drahtseilen der O.-Portsmouth-Brücke nach 12jähriger Nutzung auf [7]. Die Rißbildung erfolgte an der Unterseite der Seile, wo sich wahrscheinlich das Regenwasser, welches Spuren von aus der Atmosphäre aufgenommenem Ammoniumnitrat enthält, in den natürlichen Rissen und Spalten angesammelt und mit Salzen konzentriert hat. Nachträgliche, vom „National Bureau of Standards“ geleitete Untersuchungen zeigten, daß in 0,01 n NH_4NO_3 oder $NaNO_3$ bei Zimmertemperatur gespannte Proben der Drahtseile innerhalb von $3^1/_2$ bis $9^1/_2$ Monaten zerrissen. Bei Vergleichsuntersuchungen mit destilliertem Wasser oder mit 0,01 n Lösungen von NaCl, $(NH_4)_2SO_4$, $NaNO_2$ oder NaOH erfolgte kein Bruch, was als Beweis dafür gilt, daß das Stahlseil gegenüber der Spannungsrißkorrosion sehr anfällig war.

Stahl unterliegt der Spannungsrißkorrosion auch in Kontakt mit wasserfreiem flüssigem Ammoniak bei Zimmertemperatur, wozu als Beispiele die aus kaltgewalztem Stahl hergestellten Wände und die Schweißnähte der Stahlbehälter für das verflüssigte Gas angeführt werden können. Die Rißbildung erfolgt in der Regel interkristallin, d. h. zwischen den Kristallkörnern, sie kann jedoch auch in transkristalliner Form auftreten, d. h. durch die Kristalle hindurch verlaufen. Die Spannungsrißkorrosion kann im Falle dieses Beispiels durch spannungsfreies Glühen des Stahles, durch Vermeiden der Verunreinigung des Ammoniaks mit Luft oder durch Zugabe von etwa 0,2% Wasser zum Ammoniak, welches hier als Inhibitor wirkt, verhütet werden [8]. Die interkristalline Rißbildung an gespanntem Stahl ist auch festgestellt worden, wenn das Metall mit den in einem Kohlenwasserstoff gelösten Substanzen $SbCl_3 + HCl + AlCl_3$ in Berührung kommt [9].

Infolge der Spannungsrißkorrosion sind auch Stahlbehälter für komprimiertes Leuchtgas schon explodiert. In diesem Falle erfolgte die Rißbildung im Gegensatz zu der interkristallinen Rißbildung in alkalischen oder Nitratlösungen transkristallin und war durch kleine Mengen von im Gas enthaltenem Cyanwasserstoff hervorgerufen worden. Die zum Bruch führenden Spannungen lagen unterhalb der Elastizitätsgrenze. Durch Entfernen der HCN-Spuren sowie der Feuchtigkeit des Gases konnte die Zerstörung verhindert werden.

Auf Grund von Versuchen mit heißen Nitratlösungen [11] ergab sich, daß kaltverformter unlegierter Stahl (0,06% C, 0,001% N) gegenüber der Spannungsrißkorrosion beständig ist. In ähnlicher Weise zeigte sich in der Praxis, daß ein tiefgezogener Stahldraht gegenüber der Spannungsrißkorrosion beständiger ist als ein ölgehärteter Draht, der die gleichen mechanischen Eigenschaften hat wie der tiefgezogene Stahldraht. Durch eine Wärmevergütung des kaltgewalzten unlegierten Stahles bei 600 °C mit einer Dauer von 30 Minuten, bei 445 °C mit einer Dauer von 48 Stunden oder bei niedrigeren Temperaturen mit entsprechend längeren Zeiten wird die Anfälligkeit gegenüber der Spannungsrißkorrosion wieder hergestellt. Daher wird ein plastisch verformter Stahl, der bei 400 bis 650 °C spannungsfrei geglüht worden ist, infolge dieser nachträglichen Wärmebehandlung *anfälliger* statt beständiger. Ein unlegierter Stahl, der nach Erhitzen auf 900 bis 950 °C abgeschreckt wird, ist gegenüber der Spannungsrißkorrosion unbeständig; er kann aber durch Anlassen bei 250 °C in 30 Minuten oder bei 200 °C in 48 Stunden resistent gemacht werden, so daß der Stahl nach der Wärmebehandlung in Nitratlösungen auch unter hoher Spannungsbeanspruchung haltbar ist. Dieser resistente Zustand ist jedoch nicht dauerhaft; durch weiteres Glühen im ungespannten Zustand bei 445 °C mit einer Dauer von 70 Stunden oder bei 550 °C mit einer Dauer von 3 Stunden und mit entsprechend kürzeren Zeiten bei höheren Temperaturen verliert der Stahl seine Beständigkeit wieder, die dann nicht mehr erreichbar ist.

G. Sille [11a] berichtet von Schadensfällen durch Spannungsrißkorrosion an Gaskühlerrohren aus hochvergütetem, verunreinigtem Cr–Ni-Stahl. Nach Ersatz dieses Stahles durch einen sauberen, normalisierten 0,2% C-Stahl sind keine weiteren Schäden aufgetreten.

Zur Vermeidung der Spannungsrißkorrosion von Stahl in Nitratlösungen und wahrscheinlich auch in Alkalien, in denen der Mechanismus der Rißbildung gleichartig zu sein scheint, können folgende Maßnahmen getroffen werden:

a) Sorgfältige Kaltverformung:

Der resistente Zustand bleibt, wenn bei der Kaltverformung niedrige Temperaturen von etwa 100—200 °C eingehalten werden, einige tausend Stunden erhalten.

b) Wärmebehandlung:

Unlegierter Stahl, der von 900 bis 950 °C langsam abgekühlt oder in diesem Temperaturbereich abgeschreckt und danach 30 Minuten bei etwa 250 °C oder kürzere Zeit bei höheren Temperaturen gehalten wird, ist gegenüber der Spannungsrißkorrosion beständig. Diese Beständigkeit ist bei Temperaturen von etwa 400 °C temporär und dauert ca. 200 Stunden an, sie bleibt allerdings bei 300 °C und darunter über Tausende von Stunden erhalten [11]. Die Beziehung zwischen der kritischen Zeit t (in Stunden), nach welcher die Anfälligkeit wieder auftritt, und der Temperatur T (in Grad Kelvin) der Wärmebehandlung ist durch die folgende Gleichung gegeben:

$$\log t = \frac{7800}{T} - 9{,}13.$$

c) Oberflächenhämmerung oder Kugelstrahlen:

Diese Verfahren erzeugen Druckspannungen an der Metalloberfläche und bewirken einen Korrosionsschutz, solange diese Druckspannungsschichten bestehen bleiben und nicht durch andere Korrosionsvorgänge aufgelöst werden.

d) Kathodischer Schutz:

Aus den Untersuchungen von Schroeder und Bertz [5] geht hervor, daß eine kathodische Polarisation des in heißer Natriumhydroxid-Natriumsilikat-Lösung gespannten Stahles die Rißbildung wesentlich verzögert oder verhindert. Nach Parkins [12] ist ein gleichartiger Schutz in heißer Nitratlösung möglich. Die nötigen Stromdichten sind gewöhnlich sehr gering. Der Stromdichtewert für X 10 CrNi 18.8-Stahl in heißer Magnesiumchloridlösung beträgt zum Beispiel 0,03 mA/cm² [13].

e) Speziallegierungen:

Stähle mit geringfügigen, vorzugsweise mit Kohlenstoff und Stickstoff reagierenden Legierungszusätzen, wie Aluminium, Titan oder Niob und Tantal [14], zeigen gegenüber der Spannungsrißkorrosion eine höhere Beständigkeit, sie sind aber nicht unanfällig.

f) Anwendung von Inhibitoren:

Natriumnitrat ist bereits als praktisch anwendbarer Inhibitor für Kesselspeisewässern ausgesetzten Stahl erwähnt worden. Roher Quebrachoextrakt und Sulfitablauge werden ebenfalls erfolgreich angewendet. Nach Möglichkeit sollten aber hohe Konzentrationen von Alkalien vermieden oder Pufferionen, wie zum Beispiel PO_4^{-3}, zugegeben werden, um die Bildung hoher Konzentrationen von Hydroxylionen in alkali- bzw. salzhaltigen Kesselspeisewässern zu vermeiden.

7.3. Mechanismus der Spannungsrißkorrosion bei Stahl und anderen Metallen

Bei der Betrachtung des Mechanismus der Spannungsrißkorrosion ist die Erkenntnis wichtig, daß im allgemeinen reine Metalle in beliebiger Umgebung gegenüber dieser Korrosionsart nicht anfällig sind. Einen wesentlichen, die Anfälligkeit verstärkenden Einfluß haben einerseits Verunreinigungen, wie z. B. Kohlenstoff und Stickstoff im Stahl oder Stickstoff in austenitischen rostbeständigen Stählen, und anderseits das Zulegieren von Metallen. So sind Messing (Kupfer–Zink-Legierung) sowie Silber–Kupfer-, Kupfer–Gold- und Magnesium–Aluminium-Legierungen in bestimmten Medien gegenüber der Rißbildung ungeachtet ihrer Reinheit ziemlich empfindlich.

Die Verunreinigungen oder Legierungskomponenten bilden im Metall gewissermaßen Gänge, entlang denen sich die Risse entfalten können. So scheidet sich in den „Duralumin"-Legierungen (Kupfer–Aluminium-Legierungen) infolge der Wärmevergütung an den Korngrenzen die intermetallische Verbindung $CuAl_2$ ab, wobei der Umgebung das Kupfer entzogen wird. In Kontakt mit einer Elektrolytlösung, zum Beispiel Natriumchloridlösung, bildet sich zwischen den Kristalliten und den Korngrenzen ein galvanisches Element aus, was sich durch die Auflösung des Korngrenzenmaterials auswirkt. Dix [15] vertrat die Meinung, daß sowohl eine selektive Korrosion längs derartiger durch das Metall gehender Gänge oder direkt an den Kristalliten, als auch eine hohe Spannung, die das Metallgefüge zu zerreißen bestrebt ist, notwendige Bedingungen für das Auftreten der Spannungsrißkorrosion eines Metalles sind. Nach der Meinung dieses Autors werden unter dem Einfluß der Spannung feine Risse gebildet, wodurch die Schutzfilme zerstört und die neu entstehenden anodischen Metallflächen dem korrosiven Medium ausgesetzt werden. Nach diesem Modell werden die rißempfindlichen Gänge während der Abkühlung der Legierung aus der Schmelze oder durch eine darauf folgende Wärmevergütung gebildet.

An anderen Metallen, wie zum Beispiel an der aus Cu_3Au bestehenden Legierung [16] oder an austenitischen rostbeständigen Stählen, ist aber nachgewiesen worden, daß nicht unbedingt rißempfindliche Gänge im Metall vorgebildet sein müssen, sondern daß durch die Kaltverformung oder durch den Rißbildungsprozeß selbst infolge der plastischen Metallverformung rißempfindliche „Pfade" noch kurz vor dem Reißen gebildet werden können. Die Verunreinigungen oder Legierungskomponenten diffundieren, durch die plastische Verformung begünstigt, sehr schnell zu den Gitterstörstellen, die bei der Kaltverformung entstanden sind. Die an bestimmten Komponenten der Legierung angereicherten Linien von Störstellen, wie zum Beispiel Versetzungen, bilden auf diese Weise gegenüber der angrenzenden Legierung anodisch oder kathodisch wirkende Flächen und bestimmen die Richtung des Rißverlaufes. Wenn sich die Verunreinigungen vorzugsweise an den natürlichen Fehlstellen, den Korngrenzen anreichern, wie zum Beispiel Kohlenstoff oder Stickstoff im Eisen, so erfolgt eine interkristalline Rißbildung. In Legierungen, die, unabhängig von Verunreinigungen, gegenüber der Rißbildung anfällig sind, werden wahrscheinlich eine oder mehrere Legierungskomponenten an den Störstellen und den Versetzungen innerhalb des Kristallites, wie zum Beispiel Kupfer in Cu_3Au-Legierung, oder auch entlang den Korngrenzen, wie zum Beispiel Zink in α-Messing, lokalisiert. Die Wirkung der Spannung besteht in diesen Beispielen darin, sowohl das Metall durchziehende Linien von Fehlstellen zu erzeugen (für transkristalline Rißbildung), als auch die Diffusion von am Rißbildungsmechanismus beteiligten Legierungskomponenten an die Fehlstellen zu begünstigen (für trans- und interkristalline Rißbildung).

Die sich aus den Unterschieden der Zusammensetzung innerhalb der Legierung ergebenden Pfade bilden die Elektroden von elektrochemischen Zellen. Aus Potentialmessungen hat sich ergeben, daß die Korngrenzen der gegen Rißbildung empfindlichen Legierungen Duraluminium (in Natriumchloridlösung), Cu_3–Au-Legierung (in Eisen(III)-chloridlösung), Stahl (in Nitratlösung) und α-Messing (in Ammoniumhydroxid-, aber nicht in Eisen(III)-chloridlösung) gegenüber den Kristalliten anodisch wirken. In einer Elektrolytlösung ist daher eine starke Korrosion längs solcher anodischer Gänge lokalisiert, wodurch die Rißbildung verursacht wird. Dagegen hat sich bei Untersuchungen am Kupfer gezeigt, daß die Korngrenzen der reinen Metalle das gleiche stationäre Potential haben wie die Kristallite [17].

Einige Autoren haben behauptet, die Spannungsrißkorrosion des Stahles in alkalischen Medien sei eine Form der Wasserstoffversprödung oder der Wasserstoffkrankheit, aber das ist nicht nachgewiesen worden. Im Gegenteil, es wird ein gespannter Stahl in heißer Natronlauge durch die kathodische Polarisation vor der Rißbildung geschützt [5], was darauf hindeutet, daß der Wasserstoff am Mechanismus dieser Reaktion unbeteiligt ist.

Obwohl der elektrochemische Mechanismus bei der Spannungsrißkorrosion mitwirkt, gibt es doch einige Zweifel daran, daß er allein ausreicht, um alle Merkmale des Phänomens zu erklären. So ist zum Beispiel Stahl gegen Hydroxyl- und Nitrationen besonders empfindlich, nicht aber gegen Nitrit-, Sulfat-, Chlorid- und einige andere Ionen; austenitische rostbeständige Stähle, wie zum Beispiel X 10 CrNi 18.8-Stahl, sind ganz besonders gegen Hydroxyl- und Chloridionen, α-Messing aber ist gegen Ammoniumionen empfindlich. Wäre der elektrochemische Mechanismus der alleinige Vorgang, so müßte er mit Elektrolyten von vergleichbarer Ionenleitfähigkeit irgendwie in Beziehung stehen, da die Anoden und Kathoden generell in einer elektrisch leitenden Lösung wirken. Das ist jedoch nicht der Fall und führt daher zu der Schlußfolgerung [2, 18], daß die Rißbildung teils durch Adsorption an hervorstehenden Spitzen und am Rißgrund hervorgerufen wird, wodurch sich die Oberflächenenergie des Metalles an diesen Stellen vermindert, und teils durch die am Metall angreifenden Zugkräfte begünstigt wird. LANGMUIR zeigte [19], daß zur weitgehenden Trennung des Metalles von seiner Umgebung nur eine Monoschicht von Adsorbat notwendig ist. Der Autor fand außerdem, daß die an einer bestimmten Metalloberfläche primär adsorbierbaren Ionen spezifisch chemisorbiert werden. Die durch Adsorption begünstigte Rißausbreitung ist in gleicher Weise gedeutet worden, wie der Bruch von Glas [29] oder der von wasserstoffhaltigen Stählen [21] erklärt wird.

Der bevorzugte Chemisorptionsverlauf im Metall kann längs der Versetzungen, in die wahrscheinlich Verunreinigungen eingeschlossen sind, oder an den Leerstellen, an denen bestimmte Legierungskomponenten angereichert sind, erfolgen. Die Rißbildung kann daher denselben Verlauf nehmen, zum Beispiel längs der Korngrenzen oder quer durch die Kristallite, und wird durch die galvanische Wirkung vergrößert. Tatsächlich kann die *EMK* der galvanischen Zellen die Chemisorption der spezifisch adsorbierbaren Anionen an einer oder an beiden Elektrodenflächen sehr begünstigen. Auch eine von außen aufgeprägte anodische oder kathodische Polarisation des Metalles kann das Adsorptionsverhalten der Ionen weitgehend verändern, was unter Umständen sogar zur Verdrängung bestimmter Ionen durch andere, günstigenfalls das Metall weniger schädigende Ionen führen kann. In dieser Hinsicht wirkt sich unabhängig vom Korrosionsmechanismus die kathodische Polarisation vorteilhaft aus. Andererseits kann durch den galvanischen Strom eine zu adsorbierende Ionenart erzeugt werden [18].

Für den Mechanismus dieser Rißbildung wurde gemäß der Erniedrigung der Oberflächenenergie die Bezeichnung Spannungs-Adsorptions-Rißmechanismus vorgeschlagen. Vermutlich ist es der gleiche Mechanismus, der auch beim Zerbrechen gespannter Kunststoffe wirkt, die einem bestimmten organischen Lösungsmittel ausgesetzt sind, wie zum Beispiel gespanntes Plexiglas (Poly-Methacrylsäuremethylester) in Aceton [22]. Das ist wahrscheinlich auch der vorherrschende Mechanismus in solchen Legierungen, die in reinem Wasser, d. h. ohne anwesenden Elektrolyt reißen, wie z. B. Zink–Aluminium-Legierungen mit 4 bis 20% Zn, Aluminium–Magnesium-Legierungen [2], β- oder $\beta + \gamma$-Messing [23]. So wird dieser Mechanismus auch beim Reißen eines gespannten α-Messings oder einer Kupfer–Gold-Legierung in Kontakt mit Quecksilber vermutet. Dabei scheinen die Quecksilberatome vorzugsweise an den Fehlstellen und an Stellen inhomogener Zusammensetzung an den Korngrenzen adsorbiert zu werden, womit sie sich gleichzeitig in der Legierung ausbreiten und die Affinität zwischen benachbarten Kristalliten verringern. Die Geschwindigkeit der Rißbildung wird durch die Diffusion der Quecksilberatome an den Korngrenzen bestimmt, wie aus der Beziehung zwischen der Quadratwurzel der Zeit und der Rißausbreitung hervorgeht [24]. Die Analogie der Diffusion an der Oberfläche zur Diffusion in der aus je 50 Atom-% bestehenden Kupfer–Gold-Legierung wird durch die niedrige Aktivierungsenergie nachgewiesen, die mit 2,5 kcal/Mol viel geringer ist als die für die Diffusion im Kristallgitter charakteristischen Werte. Die Diffusionskonstante nimmt bei einer Legierung von gleichen Teilen Gold und Kupfer einen maximalen Wert an, der um vier Größenordnungen höher ist als die Werte für die reinen Metalle.

Die durch rein mechanische Faktoren, wie zum Beispiel sehr hohe Spannungen an den Flächen des Rißgrundes, hervorgerufene Spannungsrißkorrosion gehört nicht zu dieser Betrachtung. Wenn zum Beispiel Risse in einem Einkristall von Cu_3Au auftreten, der einer Eisen(III)-chloridlösung ausgesetzt ist, so erfolgt nach der Entfernung der korrosiven Lösung eine weitere Ausbreitung der Risse im Kristall, was sich in einem duktilen Verhalten zeigt [25]. Dagegen überschreitet ein Riß in gespanntem X 10 CrNi 18.8-Stahl, der einer heißen Magnesiumchloridlösung ausgesetzt ist, nicht die Grenzfläche eines an den Stahl geschweißten Nickelteiles, da das Nickel gegenüber der Spannungsrißkorrosion in Magnesiumchloridlösung beständig ist [26].

Mit den gegenwärtigen Erkenntnissen kann man sagen, daß die Spannungsrißkorrosion durch Kombination einer elektrochemischen Wirkung mit spezifischer Adsorption zustande kommt. Es sind indessen noch weitere Untersuchungen notwendig, um zu ermitteln, in welchem Umfang jeder der beiden Teilmechanismen bei den speziellen Beispielen der Rißbildungsprozesse teilnimmt.

7.4. *Wasserstoffrissigkeit*

Manche Metalle reißen unter Spannungsbeanspruchung beim Einwirken korrosiver Medien, wobei aber für die Rißbildung oder für die Rißausbreitung nicht die Korrosion verantwortlich ist. Derartige Fälle werden daher durch den Ausdruck „Spannungsrißkorrosion" trotz gewisser Ähnlichkeiten nicht exakt bezeichnet. Ein martensitischer, 12% Cr enthaltender rostbeständiger Stahl kann zum Beispiel unter Spannungsbeanspruchung in verdünnter Natriumchloridlösung nach mehreren Monaten, in verdünnter Schwefelsäure aber schon innerhalb von 5 Minuten zerrissen werden. Die Beschädigungen gleichen in ihrer äußeren Erscheinung der Spannungsrißkorrosion; daß aber ein Unterschied zu dieser besteht, zeigt sich u. a. auch daran, daß, wenn dieser rostbeständige Stahl im gespannten Zustand kathodisch polarisiert wird, dennoch eine Rißbildung erfolgt, wogegen austenitische Stähle in heißer Magnesiumchloridlösung unter entsprechenden Umständen kathodisch geschützt werden können. Auch eine Zugabe von Katalysatorgiften, wie z. B. Schwefel- oder Arsenverbindungen, die den Eintritt von Wasserstoffatomen in das Metallgitter begünstigen, zu einem sauren Korrosionsmedium verstärkt die Rißbildung im Metall [27]. Aus diesem Grunde sind in der Praxis in vielen Fällen an gespannten, sehr festen Stählen, wie an Kohlenstoffstählen oder Stählen mit 9% Nickelgehalt, innerhalb von einigen Tagen oder Wochen, indem sie schwefelwasserstoffhaltigem Rohöl [28] oder Erdgas [29] ausgesetzt waren, Schäden entstanden. In einem anderen Fall haben aus martensitischem Stahl mit 12% Chromgehalt hergestellte selbstschneidende

Schrauben in Kontakt mit einem Aluminiumblechdach in feuchter Atmosphäre zu Beschädigungen infolge Wasserstoffrissigkeit geführt, wobei der Stahl als Kathode und das Aluminium als Anode wirkten. Der Bruch von gespannten Stahlfedern, der während oder nach der Galvanisierung hin und wieder vorkommt, ist dafür ein weiteres Beispiel.

Alle diese Fälle deuten darauf hin, daß die Ursache der Rißbildung in das Metall eintretender Wasserstoff ist, der sich an der Metalloberfläche entweder durch eine Korrosionsreaktion oder durch kathodische Polarisation bildet [30].

Nicht unter allen Umständen werden Stähle mit eingeschlossenem Wasserstoff zerstört; sie verlieren zwar durch die Wasserstoffaufnahme fast immer ihre Duktilität (Wasserstoffversprödung), werden aber nur unter der Einwirkung genügend hoher äußerer oder Restspannungen durch Reißen zerstört. Derartige Beschädigungen sollen hier als Wasserstoffspannungsrissigkeit oder Wasserstoffrissigkeit bezeichnet werden. Die Risse verlaufen meist transkristallin, jedoch können sie sich in Martensit auch längs der austenitischen Korngrenzen bilden [30].

Eisen und Stahl sind gegenüber der Wasserstoffrissigkeit besonders stark anfällig, wenn sie infolge der Wärmevergütung Martensitstruktur angenommen haben; dagegen sind sie mit ferritischer Struktur (kubisch raumzentriertes Gitter) wesentlich weniger empfindlich. Ein geglühter unlegierter Stahl mit einer körnigen Karbidstruktur ist nach P. Bastien [29] weniger anfällig als Perlit, Bainit und Martensit. Austenitische Stähle, wie zum Beispiel X 10 CrNi 18.8-Stahl oder ein Stahl mit 14% Mangangehalt (kubisch flächenzentriertes Gitter), die im Vergleich zu den ferritischen Stählen ein größeres Lösungsvermögen für Wasserstoff haben und in denen außerdem die Diffusionsgeschwindigkeit geringer ist, sind in den meisten Medien beständig.

7.4.1. *Mechanismus der Wasserstoffrissigkeit*

Die Rißbildung wird auf Drücke zurückgeführt, die im Inneren des Metalles dadurch entstehen, daß der im Kristallgitter eingeschlossene atomare Wasserstoff an Leerstellen oder anderen begünstigten Stellen des Metallgefüges unter hoher Druckzunahme in molekularen Wasserstoff umgewandelt wird [32]. Eine solche Wirkung kann durch die Bildung sichtbarer, Wasserstoff enthaltender Blasen recht anschaulich nachgewiesen werden, die dann erfolgt, wenn duktile Metalle kathodisch polarisiert oder bestimmten korrosiven Medien ausgesetzt werden. Ein spröderes Metall würde unter diesen Umständen reißen.

Nach einem anderen vorgeschlagenen Mechanismus [21] diffundiert der Wasserstoff an die Rißgrundflächen, wo er adsorbiert wird und damit die Oberflächenenergie der einer Zugspannung ausgesetzten Metallatome verringert. (Man kann diesen Mechanismus als Spannungsrißadsorption bezeichnen.)

Ein charakteristisches Merkmal der Wasserstoffrissigkeit ist eine spezifische Relaxationszeit für das Auftreten von Rissen nach der Spannungsbelastung. Diese Verzögerung ist von der Spannung nur schwach abhängig und verringert sich mit steigender Wasserstoffkonzentration im Stahl [33]. Bei kleinen Wasserstoffkonzentrationen kann der Bruch erst nach einigen Tagen erfolgen.

Unterhalb einer kritischen Spannung tritt überhaupt keine Rißbildung mehr auf. Diese kritische Spannung fällt mit Erhöhung der Wasserstoffkonzentration ab, wie in *Abb. 3* für einen unlegierten Stahl (0,4% C) dargestellt ist, der durch kathodische Polarisation in Schwefelsäure mit Wasserstoff beladen und danach mit einer Ruhespannung belastet wurde [34]. Die Wasserstoffkonzentration wurde durch eine Erhitzung systematisch verringert.

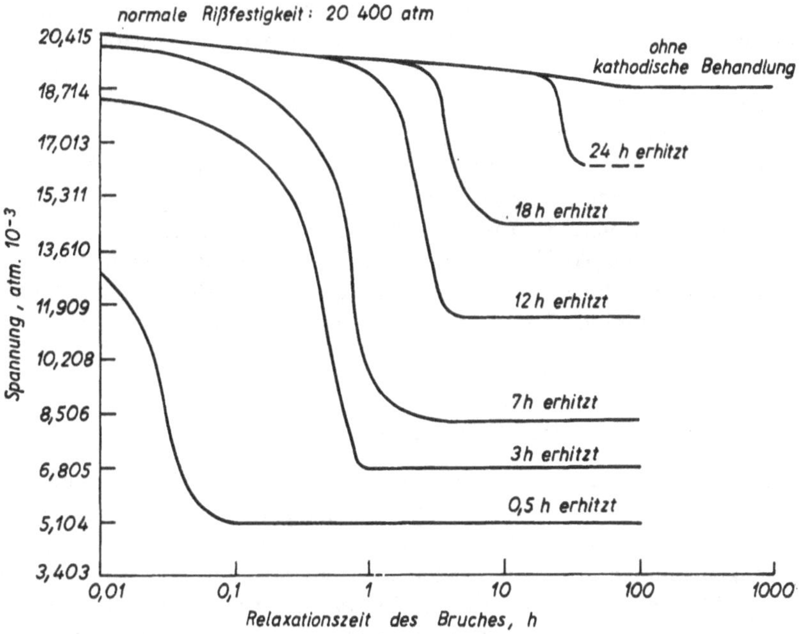

Abb. 3: Relaxationszeit und kritische Spannung der Rißbildung an 0,4% C-Stahl als Funktion des Wasserstoffgehaltes

Der Wasserstoffgehalt der Proben wurde nach kathodischer Behandlung durch verschieden langes Erhitzen auf 150 °C entsprechend verringert (nach JOHNSON, MORLET u. TROIANO)

Die Bruchverzögerung ergibt sich aus der Zeit, die für die Wasserstoffdiffusion an die Flächen des Rißgrundes bis zum Erreichen einer bestimmten, zerstörend wirkenden Konzentration benötigt wird. Die spezifischen Flächen sind vermutlich Fehlstellen, die sich durch die plastische Verformung des Metalles am Rißgrund gebildet haben. Die Wasserstoffatome besetzen vorzugsweise diese Stellen, da sie sich dort in einem im Vergleich zu ihren normalen Zwischengitterplätzen niedrigen Energiezustand befinden. Die Verhältnisse sind in dieser Hinsicht analog dem Mechanismus der Spannungsrißkorrosion in den austenitischen rostbeständigen Stählen, in denen die Diffusion und die Ausscheidung von Stickstoffatomen wahrscheinlich unter ähnlichen Umständen erfolgt. Bei der Wasserstoffrissigkeit ist aber dagegen eine zusätzliche Chemisorption von Ionen aus der wäßrigen Lösung nicht notwendig. Die Rißausbreitung erfolgt diskontinuierlich und wird dadurch erklärt, daß nach einer plastischen Verformung Wasserstoff an die infolge der Verformung entstandenen Fehlstellen diffundiert und damit den Riß in einem bestimmten Grade erweitert. Durch einen Spalt an der Stahloberfläche wird die am Spaltgrund auftretende plastische Verformung begünstigt und somit die kritische Spannung erniedrigt und die Relaxationszeit verkürzt. Unterhalb von $-110\,°C$ oder bei höheren Verformungsgeschwindigkeiten werden die Wasserstoffversprödung und die Wasserstoffrissigkeit stark vermindert, weil unter diesen Bedingungen die Diffusion der Wasserstoffatome zu langsam vor sich geht.

Außer an Kohlenstoffstählen ist die Wasserstoffversprödung an martensitischen und ferritischen Chrom-Eisenlegierungen, Mangan-Eisenlegierungen [31], am Titan, Vanadium, Niob, Molybdän und Tantal beobachtet worden. Der Mechanismus der Wasserstoffversprödung der letzteren Metalle ist wegen der Bildung einer Hydridphase kompliziert. Alle diese Metalle bilden ein kubisch raumzentriertes Gitter; Ausnahmen sind α-Titan und zum Teil einige abgeschreckte Mangan-Eisenlegierungen, die in der hexagonal dichtesten Packung vorliegen. Nickel kann unter extremen Bedingungen der kathodischen Polarisation versprödet werden.

7.5. *Zerstörungen durch Kernstrahlung*

Wenn Metalle einer intensiven Bestrahlung durch Neutronen oder andere energiereiche Teilchen ausgesetzt sind, erfahren sie Veränderungen in der Gitterstruktur, die in vieler Hinsicht den infolge der Kaltverformung erzeugten Veränderungen ähnlich sind. So werden Leerstellen, Zwischengitteratome und Versetzungen hervorgerufen, welche die Diffusionsgeschwindigkeit bestimmter Verunreinigungen oder Legierungskomponenten erhöhen. Während der Bestrahlung kann eine lokale Temperaturerhöhung auftreten, die als Temperaturspitze bezeichnet wird. Die Temperaturspitzen können in Form von Wärmespitzen, bei denen nur wenige oder gar keine Atome ihre Gitterplätze verlassen, oder als Versetzungsspitzen, bei welchen sich relativ viele Atome auf Zwischengitterplätze verlagern, in Erscheinung treten.

Über die Einflüsse der Strahlung auf das Korrosionsverhalten der Metalle liegen nur wenige Daten vor. Abgesehen von der Bildung bestimmter chemischer Verbindungen in der Strahlungszone, wie z. B. Salpetersäure oder Wasserstoffperoxid, welche sekundär einen Einfluß auf die Korrosion ausüben, oder der Bildung von lokalisierten Versetzungsspitzen während der Bestrahlung, kann die Wirkung der Kernstrahlung etwa wie die der Kaltverformung angesehen werden. Demnach sollte sich die Korrosionsgeschwindigkeit der Metalle, deren Korrosion durch die Sauerstoffdiffusion bestimmt wird, nach der Bestrahlung nicht wesentlich ändern. Dagegen müßte die Korrosionsgeschwindigkeit von bestrahltem

Stahl (nicht aber die von bestrahltem reinem Eisen) in Säuren stärker ansteigen als die des bestrahlten Nickels, welches gegenüber der Kaltverformung weniger empfindlich ist. Austenitische rostbeständige Stähle, zum Beispiel X 12 CrNi 25.21-Stahl, sind nach der Kaltverformung der Spannungsrißkorrosion gegenüber anfälliger; auf Grund dessen sollte man erwarten können, daß sie auch durch die Bestrahlung korrosionsanfälliger werden. Jedoch zeigen die von Cupp [35] an verschiedenen rostbeständigen Stählen (X 5 CrNi 18.9; X 15 CrNiSi 20.12) in heißer Magnesiumchloridlösung erhaltenen Daten keine definierte Wirkung der Bestrahlung auf die Spannungsrißkorrosion dieser Legierungen. Für eine eindeutige Aussage müssen aber noch mehr Daten erarbeitet werden.

Die Wirkung der Bestrahlung auf das Korrosionsverhalten einiger Uranlegierungen ergab sich als recht beträchtlich; allerdings sind auch hier die Ursachen noch nicht völlig geklärt. So zersetzt sich zum Beispiel eine 3% Nb enthaltende Niob-Uranlegierung, die in Wasser eine mittlere Beständigkeit hat, bei 260 °C innerhalb einer Stunde nach der Bestrahlung. Auch die Korrosionsgeschwindigkeit einer Zirkonlegierung (Zirkaloy-2, siehe S. 338) bei 250 °C in verdünnter Uranylsulfatlösung, die geringe Mengen Schwefelsäure und Kupfersulfat enthielt, wurde durch die Reaktorbestrahlung wesentlich erhöht [36].

7.6. Korrosionsermüdung

Das Reißen eines im zyklischen Wechsel gespannten Metalles wird als Ermüdung bezeichnet. Je größer die in jeder Periode vorkommende Spannung ist, um so schneller erfolgt die Zerstörung. Die graphische Darstellung der Spannung gegen die zum Reißen notwendige Anzahl der Spannungsperioden wird als S–N-Kurve bezeichnet (siehe *Abb. 4*). Nach einer bestimmten Anzahl von Perioden erfolgt die Zerstörung bei einer entsprechenden Spannung; am Verlauf der oberen Kurve in *Abb. 4* ist aber zu erkennen, daß unterhalb einer bestimmten Spannung, der sogenannten Dauerbruchgrenze oder Ermüdungsgrenze, auch nach noch so vielen Perioden keine Zerstörung auftritt. Für Stähle, aber nicht in jedem Falle für andere Metalle, gibt es eine echte Dauerbruchgrenze, die etwa der Hälfte der Zugfestigkeit entspricht. Die Biegefestigkeit (2) eines Metalles bezeichnet die Spannung, unterhalb derer ein Bruch innerhalb einer festgesetzten Anzahl von Perioden nicht erfolgt. Manchmal wird auch die Frequenz der Spannungsbelastung festgelegt, weil dieser Faktor die Anzahl der zur Zerstörung notwendigen Perioden beeinflußt.

In einer korrosiven Umgebung, wo der Bruch bei einer bestimmten Spannung gewöhnlich schon nach relativ wenigen Perioden erfolgt, wird eine echte Ermüdungsgrenze nicht mehr beobachtet (*Abb. 4*), d. h. die Zerstörung kann bei jeder beliebigen Spannung eintreten, falls die Anzahl der Perioden genügend groß ist. Einen derartigen Bruch des Metalles, der durch die kombinierte Wirkung einer korrosiven Umgebung und zyklisch wechselnder Spannung verursacht wird, bezeichnet man als Korrosionsermüdung. Die Zerstörungsgeschwindigkeit ist gewöhnlich größer als die Summe der Geschwindigkeiten bei getrennter Wirkung der Korrosion und der Ermüdung.

Die typischen Korrosionsermüdungsbrüche sind transkristallin und oft sehr verzweigt (*Abb. 5*). Auch die Ermüdungsrisse sind, außer an Blei und Zinn,

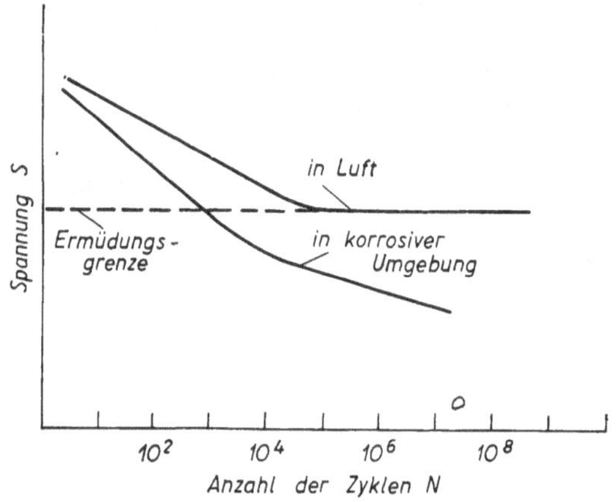

Abb. 4: **S–N-Kurve für zyklisch wechselnder Spannung ausgesetzte Stähle**

transkristallin, aber selten ist hier mehr als ein Hauptriß, der direkt von der Metalloberfläche ausgeht, zu sehen. Dagegen bilden sich bei der Korrosionsermüdung oft, wenn auch nicht immer, zuerst Korrosionslöcher an der Metalloberfläche, von deren Grund die Risse ausgehen.

Die eine Korrosionsermüdung verursachenden wäßrigen Medien sind sehr vielfältig und nicht spezifisch wirksam, wogegen bei der Spannungsrißkorrosion nur bestimmte Eisenlegierungen der Zerstörung unterliegen. Stahl unterliegt der Korrosionsermüdung in Frischwässern, im Meerwasser, in Kondensaten von Verbrennungsgasen und allgemein in Lösungen chemischer Verbindungen.

Die Korrosionsermüdung ist als Ursache einer unerwarteten Rißbildung an solchen schwingenden Metallkonstruktionen sehr verbreitet, die mit unterhalb der Ermüdungsgrenze liegenden Spannungen belastet werden und daher an der Luft beständig sind, nicht aber in den Flüssigkeiten, mit denen sie dann in Berührung kommen können. So bleibt zum Beispiel die Welle einer Schiffsschraube, die nicht ganz bis zur Ermüdungsgrenze belastet wird, so lange stabil, bis durch irgendein entstandenes Leck Wasser an die Fläche der Welle dringen kann, die der größten zyklisch wechselnden Spannung ausgesetzt ist. Dabei können sich innerhalb einiger Tage Risse bilden, die zum Bruch der Welle führen. Stahlstangen von Pumpen, die zum Fördern des Erdöls verwendet werden, haben wegen der Korrosionsermüdung des mit dem Rohöl in Berührung kommenden Stahles eine begrenzte Lebensdauer. Trotz der Verwendung von überdimensionierten Pumpenstangen aus hochfesten, legierten Stählen, sind die regelmäßigen Zerstörungen dieser Art für die Erdölindustrie in den USA ein jährlicher Verlust von einigen Millionen Dollar. Auch Drahtleitungen werden gewöhnlich durch Korrosionsermüdung zerstört. Leitungsrohre, welche Dampf oder heiße Flüssigkeiten mit wechselnder Temperatur führen, können wegen der periodischen Expansion und Kontraktion des Rohrmaterials (thermische Perioden) auf ähnliche Weise zerstört werden.

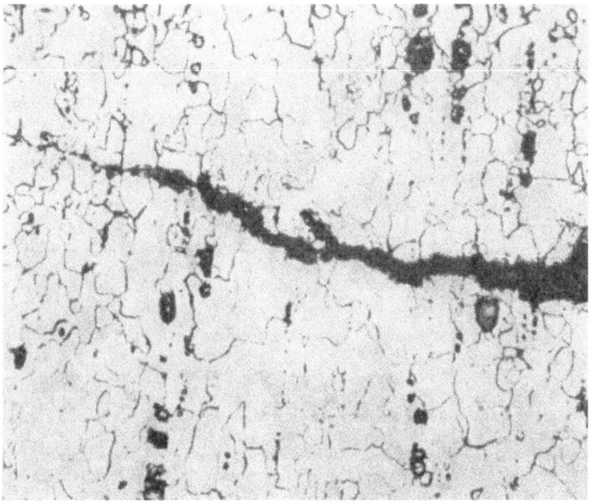

Abb. 5: Korrosionsermüdungsriß in unlegiertem Stahlblech, hervorgerufen durch Schwingungen des Bleches im Kondensat eines Verbrennungsgases, 250fach vergrößert

Der übliche, an der Atmosphäre durchgeführte Ermüdungstest eines Gebrauchsmetalles wird durch Sauerstoff und Feuchtigkeit sehr beeinflußt, so daß er zu einem Teil immer eine Messung der Korrosionsermüdung darstellt. Frühere Untersuchungen an Kupfer ergaben in Vakuum eine um 14% höhere Ermüdungsgrenze als an der Atmosphäre. Für Stahl ergab sich die entsprechende Erhöhung zu 5%, für Messing mit einem Legierungsverhältnis von 70 : 30 zu 26% [37]. In späteren Untersuchungen [38] wurde für Kupfer bei einem Luftdruck von 10^{-5} Torr gegenüber 760 Torr eine 20fache Dauerfestigkeit gefunden. Dies wurde hauptsächlich auf die Wirkung des Sauerstoffes zurückgeführt, der zwar auf die Rißbildung einen geringen, auf die Rißfortpflanzungsgeschwindigkeit aber einen recht beträchtlichen Einfluß ausübt. Die Dauerfestigkeit von reinem Aluminium wird durch die Luft ebenfalls beeinflußt, aber im Gegensatz zum Verhalten des Kupfers ist sauerstofffreier Wasserdampf gegenüber Aluminium ebenso wirksam wie Luft. Gold, welches weder Sauerstoff chemisorbiert noch oxydiert wird, hat unabhängig davon, ob es an der Luft oder im Vakuum ermüdet, dieselbe Lebensdauer.

Frisch- und vor allem Brackwässer üben auf die Korrosionsermüdung von Stählen einen größeren Einfluß aus, als auf die von Kupfer, da Kupfer das korrosionsbeständigere Metall ist. So sind auch die rostbeständigen Stähle, Nickel oder

Tabelle 1:

Ermüdungsgrenze und Korrosionsermüdungsfestigkeit verschiedener Metalle nach McAdam

(10^7 bis 10^8 Perioden bei 1450 Perioden/min)

Metall	Ermüdungsgrenze (in Luft), atm	Korrosionsermüdungsfestigkeit		Angriffsverhältnis, Korrosionsermüdungsfestigkeit/Ermüdungsgrenze	
		Quellwasser*)	Flußwasser**)	Quellwasser*)	Flußwasser**)
0,11% C-Stahl, geglüht	1700	1090	—	0,64	—
0,16% C-Stahl, abgeschreckt, gezogen	2380	1360	480	0,57	0,20
1,09% C-Stahl, geglüht	2860	1570	—	0,55	—
3,5% Ni, 0,3% C-Stahl, geglüht	3340	1970	—	0,59	—
0,9% Cr, 0,1% V, 0,5% C-Stahl, geglüht	2860	1500	—	0,52	—
13,8% Cr, 0,1% C-Stahl, abgeschreckt, gezogen	3400	2380	1230	0,70	0,36
17% Cr, 8% Ni, 0,2% C-Stahl, warmgewalzt	3400	3400	1700	1,00	0,50
Nickel, 98,96%, bei 760°C geglüht	2240	1600	1460	0,71	0,65
29,5% Cu, 67,5% Ni-Legierung (Monel), bei 760°C geglüht	2480	1770	1900	0,71	0,77
21% Ni, 78% Cu-Legierung, bei 760°C geglüht	1290	1230	1230	0,95	0,95
Kupfer, bei 650°C geglüht	670	680	680	1,02	1,02
Aluminium, 99,4%, geglüht	400	—	140	—	0,35
Aluminium, 98%, mit 1,2% Mn, ausgehärtet	730	370	260	0,51	0,36
Duralumin, getempert	1160	520	440	0,45	0,38
Messing Ms 60, geglüht	1430	1230	—	0,86	—

*) 2 ppm $CaSO_4$, 200 ppm $CaCO_3$, 17 ppm $MgCl_2$, 140 ppm NaCl.

**) Wasser vom Severn River, was etwa $^1/_6$ des Salzgehaltes von Meerwasser hat.

Nickellegierungen der Korrosionsermüdung gegenüber beständiger als unlegierte Stähle. Im allgemeinen richtet sich die Beständigkeit eines Metalles gegenüber der Korrosionsermüdung mehr nach der ursprünglichen Korrosionsbeständigkeit des Metalles als nach seiner mechanischen Festigkeit.

In *Tab. 1* sind einige Daten zur Korrosionsermüdungsbeständigkeit verschiedener Metalle in Frisch- und Brackwässern, die von McAdam [39] bestimmt wurden, zusammengestellt. Diese Werte verändern sich außer mit dem angreifenden Medium auch mit der Spannungsbelastung, der Temperatur und der Belüftung und sind daher nur für qualitative Vergleiche der Metalle untereinander verwendbar. Trotz der Ermüdungsgrenze an der Atmosphäre, sind die Metalle in technischen Konstruktionen gewöhnlich nicht sicher beständig.

Aus den Daten der *Tab. 1* und nach weiteren derartigen Angaben ergeben sich folgende Schlußfolgerungen:

a) Zwischen der Korrosionsermüdungsbeständigkeit und der Zugfestigkeit der Metalle besteht keine Beziehung.

b) Mäßig legierte Stähle haben eine nur unwesentlich höhere Korrosionsermüdungsbeständigkeit als unlegierte Stähle.

c) Durch eine Wärmevergütung wird die Korrosionsermüdungsbeständigkeit weder der unlegierten noch der legierten Stähle verbessert; Restspannungen machen sich als schädlich bemerkbar.

d) Korrosionsbeständige, insbesondere chromhaltige Stähle haben gegenüber der Korrosionsermüdung eine höhere Beständigkeit als die übrigen Stähle.

e) Die Korrosionsermüdungsbeständigkeit aller Stähle ist in salzhaltigem Wasser geringer als in Frischwasser.

7.6.1. Schutzmaßnahmen

Es gibt verschiedene geeignete Maßnahmen zur Reduzierung der Korrosionsermüdung. Wenn das angreifende Medium aus einer wäßrigen Lösung besteht, so ist kathodischer Schutz sehr wirksam; die Ermüdungsgrenze wird damit oft auf den für Vakuum gültigen Wert erhöht. Auch Inhibitoren sind recht wirksam. So wurde die Korrosionsermüdungsbeständigkeit eines spannungsfrei geglühten, 0,35% C enthaltenden unlegierten Stahles in Leitungswasser durch die Zugabe von 200 ppm Natriumbichromat zum Wasser so weit erhöht, daß sich der Stahl edler als an der Atmosphäre verhielt [40]. Opferüberzüge, wie zum Beispiel an Stahl galvanisch abgeschiedenes Zink oder Cadmium, wirken beständigkeitsverbessernd, da sie das Grundmetall an Überzugsdefekten kathodisch schützen. In einer der ersten, um 1916 von B. Haigh durchgeführten Untersuchungen über die Korrosionsermüdung, die die vorzeitige Ermüdung von Meerwasser ausgesetzten Stahlschleppseilen zum Inhalt hatte, erwies sich die Verzinkung als eine wirksame Maßnahme zur beträchtlichen Erhöhung der Lebensdauer [41]. Überzüge von Zinn, Blei, Kupfer oder Silber auf Stahl, die die normalen Ermüdungseigenschaften an sich nicht beeinflussen, wirken, vermutlich durch die Isolierung des Grundmetalles von der korrosiven Umgebung, beständigkeitserhöhend [42]. Die

Berichte über die Anwendung von Nickel- oder Chromüberzügen sind widersprechend. Organische Überzüge sind nützlich, falls sie inhibierende Pigmente, wie zum Beispiel Zinkchromat, im Grundüberzug enthalten. Das Hämmern der Metalloberfläche oder andere vorhergehende Druckbeanspruchungen sind ebenfalls vorteilhaft.

7.6.2. Mechanismus der Korrosionsermüdung

Im Mechanismus der an der Atmosphäre vorkommenden Ermüdung wirkt eine lokale Verschiebung zwischen den Metallkristalliten mit, die sich in mikroskopisch kleinen Auswüchsen und Einkerbungen an der Metalloberfläche zeigt (*Abb. 6*), [43]. Die Rißbildung und -ausbreitung geht von den Gleitbändern an der Oberfläche aus. Über die tatsächliche Art und Weise, in welcher sich die Risse bilden und ausbreiten, kann noch keine Aussage gemacht werden.

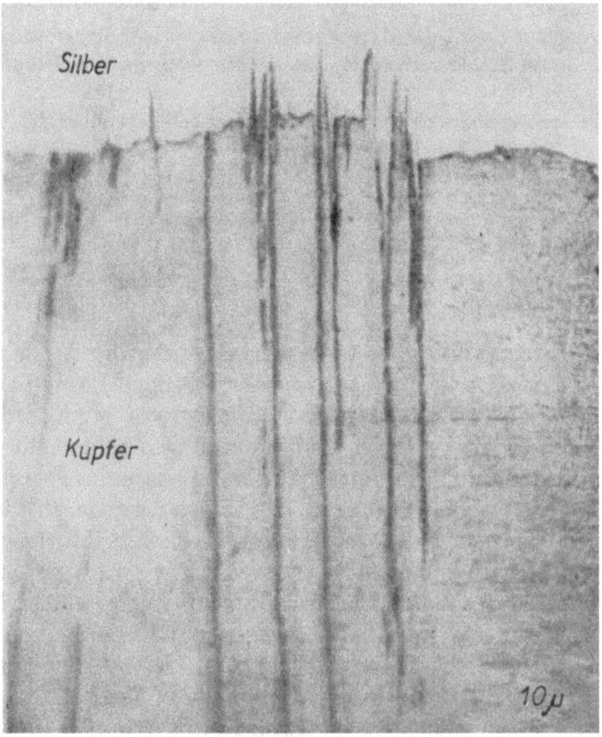

Abb. 6: Auswüchse und Einkerbungen am Kupfer nach 6 · 10^5 Spannungszyklen in Luft

Die Probe ist an einer Kante mit einer Silberschicht überzogen, wodurch sich an dieser Stelle der Oberfläche etwa 20mal höhere Auswüchse bilden. Ca. 500fach vergrößert [W. Wood u. H. Bendler, Trans. Metallurgical Soc., A.I.M.E. 224 (1962), 180]

Es ist erwiesen, daß periodisch wechselnd gespanntes Metall an Zentren von Gleitbändern gegenüber der Korrosionsermüdung anfälliger als an glatten Stellen ist. Diese Empfindlichkeit rührt wahrscheinlich im wesentlichen davon her, daß beim Gleitvorgang bei jeder Periode der Spannungsbelastung eine reine („nackte") Metalloberfläche erzeugt wird. Die Folge ist ein erhöhtes Auflösungsbestreben an solchen als Anode wirkenden Flächen. Wahrscheinlich ist dies die für Metalle allgemein gültige Hauptursache. Zusätzliche Faktoren können darin bestehen, daß die anodische Polarisation des aktiven Metalles infolge der Spannungsbelastung verringert wird (*3*) oder daß an den durch die Strukturverschiebung entstandenen Fehlstellen Verunreinigungen oder legierte Teilchen ausgeschieden werden, die als Lokalelektroden am Rißbildungsmechanismus teilnehmen. Jedoch treten diese Faktoren, zumindest am handelsüblichen Stahl, nicht sehr in Erscheinung, wie sich daran zeigt, daß eine vorhergehende Beanspruchung an der Atmosphäre unter- oder oberhalb der Ermüdungsgrenze nur einen geringen oder keinen Einfluß auf die folgende Zerstörung durch Korrosionsermüdung in belüfteter 0,1 n KCl-Lösung ausübt [45].

Ein weiterer Faktor ist die Wirkung der Belüftungs- oder Passiv-Aktivzellen, die sich in den durch Einkerbungen oder entstehende Risse erzeugten Spalten bilden. Diese Zellen können prinzipiell für die Metallauflösung an den als Anoden wirkenden Grundflächen der Spalte, womit sie zur Umformung der Spalte in Risse beitragen, verantwortlich gemacht werden. Es können auch Korrosionsprodukte in den Spalten gebildet werden (bei einem niedrigen pH-Wert zum Beispiel Metallchloride), die korrosiver als die ursprüngliche Umgebung sind. Die besonders an den Rißgrundflächen auftretende anodische Auflösung wird während der Ermüdungsperiode durch eine bestimmte Anzahl sich wiederholender relativer Verschiebungen gewährleistet, welche, wie bereits erwähnt, die Metalloberfläche von der Deckschicht befreien. Jedoch wirken die Passiv-Aktivzellen nicht in allen Fällen als beschleunigende Faktoren bei der Rißausbreitung, wie durch die geringe Empfindlichkeit der passivierbaren Metalle zum Ausdruck kommt. So sind die rostbeständigen Stähle, Nickel, Monelmetall usw. in salzhaltigem Wasser beständiger als unlegierte Stähle. Außerdem zeigt es sich daran, daß, obwohl Kupfer als auch Eisen der Korrosion durch Belüftungszellen unterliegen, Kupfer (nicht aber das Eisen) in Brunnen- oder salzigem Wasser gegenüber der Korrosionsermüdung sehr, gegenüber der mechanischen Ermüdung aber nicht beständig ist.

Es ist anzunehmen, daß die Rißausbreitung zu einem gewissen Teil durch die Adsorption von Sauerstoff, Wasser (bei der Ermüdung in der Atmosphäre möglicherweise auch Sauerstoff und Wasser) oder verschiedenen Ionenarten an den Rißgrundflächen verursacht wird, wodurch die Oberflächenenergie des Metalles verringert und das Wiederverschließen des Risses in der Entspannungsphase jeder Periode verhindert wird. Die im Vergleich zur elektrochemischen Auflösung unter Umständen relativ große Bedeutung der Adsorption für die Vorgänge bei der Korrosionsermüdung macht weitere experimentelle Untersuchungen notwendig; tatsächlich wäre eine stärkere Beachtung der Grundlagenforschung, die auf die Aufklärung dieses Mechanismus gerichtet ist, für das Wissensgebiet der Korrosionsermüdung sehr vorteilhaft. Die elektrochemische Wirkung spielt bei der Rißausbreitung eine große Rolle, wie aus der Verminderung des Schadens durch Korrosionsinhibitoren und kathodischen Schutz hervorgeht.

Zusammenfassend kann gesagt werden, daß nach dem gegenwärtigen Stand der Forschung der Mechanismus der Rißbildung mit den Spalten an der Metalloberfläche verbunden ist, die aus mikroskopisch kleinen Auswüchsen und Einkerbungen bei der periodischen Spannungsbeanspruchung gebildet werden. Die während der periodischen Beanspruchung in einem solchen Spalt gebildete nackte Metalloberfläche wird zur Anode einer galvanischen Zelle. Die Adsorption von Sauerstoff oder (und) Wasser an den Innenflächen der Spalte verhindert ein Wiederverschließen, so daß sich die Spalte unter Bildung von wesentlich größeren und weiteren Rissen umgestalten können. Zusätzlich wirkende Faktoren, wie etwa Belüftungszellen, können in einigen Metallen die Rißbildung beschleunigen.

7.7. *Reibkorrosion*

Die Reibkorrosion wird ebenfalls durch mechanische Spannungen hervorgerufen, sie kann im Extremfall zur Zerstörung durch Ermüdung oder Korrosionsermüdung führen. Die Reibkorrosion wird als eine Beschädigung definiert, die an der Grenzfläche zwischen zwei sich berührenden Oberflächen erfolgt, von denen mindestens eine aus einem Metall besteht und die einer schwachen Gegeneinanderbewegung ausgesetzt sind. Diese Bewegung verläuft gewöhnlich oszillierend, ähnlich der durch Schwingungen verursachten Bewegung. Eine stete Bewegung, die zum Beispiel an zwei sich berührenden Wellen mit unterschiedlicher Umdrehungszahl auftritt, führt zu ähnlicher Beschädigung. Abriebkorrosion oder Reibungsoxydation sind Bezeichnungen, die für die Reibkorrosion hin und wieder verwendet werden.

Die Wirkung der Reibkorrosion wird durch die Verfärbung der Metalloberfläche und, bei oszillierender Bewegung, durch Bildung von Grübchen charakterisiert. An derartigen Grübchen beginnen wahrscheinlich die Ermüdungsrisse. Die rasche Umwandlung von Metall in Metalloxid in den Grübchen kann infolge Nichteinhaltens der Abmessungen, infolge Verstopfens oder Festfahrens durch Korrosionsprodukte zu Maschinenschäden führen. Die Korrosionsprodukte, die beim Stahl hauptsächlich aus α–Fe_2O_3 und aus geringen Mengen von Eisenpulver bestehen [46], wachsen förmlich aus den Dichtungsflächen heraus. Am Nickel ergab sich bei einer Reibuntersuchung, daß die Produkte aus Nickel(II)-oxid und einer geringen Menge von Nickelpulver bestehen; am Kupfer sind es vor allem Kupfer(I)-oxid sowie kleinere Mengen von Kupfer(II)-oxid und metallischem Kupfer [47].

Die Reibkorrosion tritt häufig als Ursache der Zerstörung von Federhalterungen, Schraubenköpfen, Achszapfen bei Autosteuerungen, Edelsteinlagern, Verstellschrauben, Schrumpfsitzen, Kontakten an elektrischen Relais, Kurbelwellen und vielen Teilen einer schwingenden Betriebsanlage auf. Sie kann auch die Verfärbung von gestapelten Blechen während des Versandes verursachen. Ein sehr markantes Beispiel der Reibkorrosion wurde vor einigen Jahren erkannt, als Kraftfahrzeuge mit der Eisenbahn von Detroit an die Westküste der USA versandt wurden. Infolge des Vibrierens auf dem Transport zeigten die Kugellagerringe der Räder durch Reibkorrosion einen lochfraßartigen Angriff, so daß diese Fahrzeuge unbrauchbar geworden waren. Im Winter war die Beschädigung umfangreicher als im Sommer, sie konnte aber vermieden werden, indem die Räder auf dem Transport entlastet wurden.

Laborversuche [46] haben ergeben, daß die Reibkorrosion zwischen zwei Stahlteilen Sauerstoff benötigt, aber keine Feuchtigkeit. Die Versuche zeigten ferner, daß gegenüber trockener Atmosphäre die Beschädigung an feuchter Atmosphäre gering ist und daß sie in einer Stickstoffatmosphäre noch viel geringer ist. Mit Verringerung der Temperatur steigt die Beschädigung an. Aus diesen Gründen kann der Mechanismus der Reibkorrosion nicht elektrochemischer Natur sein. Die mit ansteigender Druckbelastung erhöhte Beschädigung kann damit erklärt werden, daß sich die Grübchen vorwiegend an den sich berührenden Flächen bilden und die Korrosionsprodukte, wie zum Beispiel α—Fe_2O_3, ein größeres Volumen einnehmen (im Falle des Eisens etwa das 2,2fache) als das Metall, aus dem die Produkte entstehen. Da die Oxide während der oszillierenden Bewegungen von der Reibfläche nicht entfernt werden, führt ihre Anhäufung zu lokal erhöhten Spannungen, wodurch die Beschädigung an den betreffenden oxidbildenden Flächen beschleunigt wird. Die Reibkorrosion wird auch durch eine verstärkte Reibung an ungeschmierten Oberflächen erhöht. Die Erhöhung der Reibfrequenz bei gleicher Anzahl von Perioden verringert die Beschädigung, jedoch ist in Stickstoffatmosphäre dieser Einfluß nicht beobachtet worden. All diese Einflüsse sind in den Diagrammen der *Abb. 7* (s. S. 140, 141) dargestellt. Man erkennt u. a., daß die Geschwindigkeit des Metallabtragens während der Anlaufperiode größer ist als nach der Einstellung eines stationären Wertes.

7.8. Mechanismus der Reibkorrosion

Wenn zwei Oberflächen sich berühren, kommt ein direkter Kontakt zwischen den Flächen nur an den relativ wenigen Unebenheiten vor. Die relative Bewegung der Oberflächen bewirkt, daß die Unebenheiten auf der einen Seite an der gegenüberliegenden Seite durch Abschleifen Spuren nackter Oberflächen bilden, welche, falls es Metalloberflächen sind, sofort mit adsorbiertem Gas bedeckt oder oberflächlich oxydiert werden. Die nächste an eine solche Spur gelangende Unebenheit schabt das Oxid ab, oder sie aktiviert mechanisch die Reaktion des adsorbierten Sauerstoffes mit dem Metall, um ein Oxid zu bilden, das unter Bildung einer frischen Metallspur immer wieder abgeschabt wird (*Abb. 8*). Dies ist der chemische Anteil der Reibkorrosion. Außerdem fressen sich die Unebenheiten in die Metall-

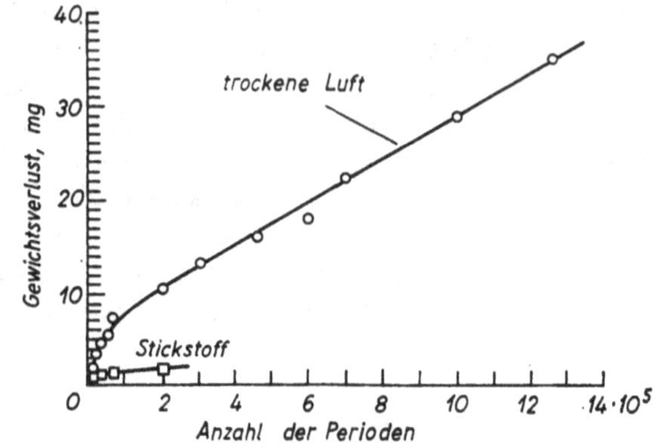
Gewichtsverlust, mg
trockene Luft
Stickstoff
Anzahl der Perioden
0
2
4
6
8
10
12
14·10^5
10
20
30
40

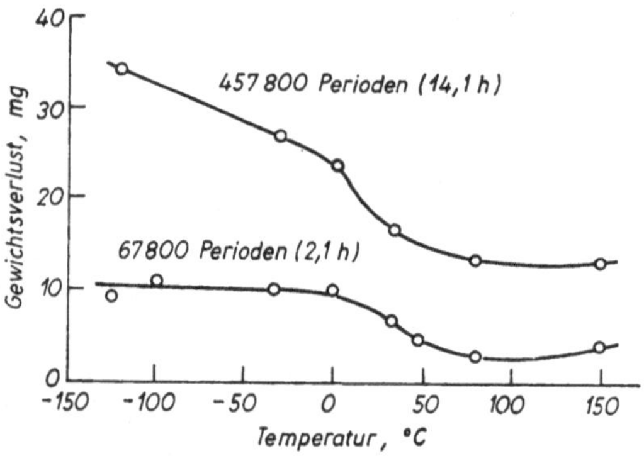
Gewichtsverlust, mg
457800 Perioden (14,1 h)
67800 Perioden (2,1 h)
Temperatur, °C
-150
-100
-50
0
50
100
150

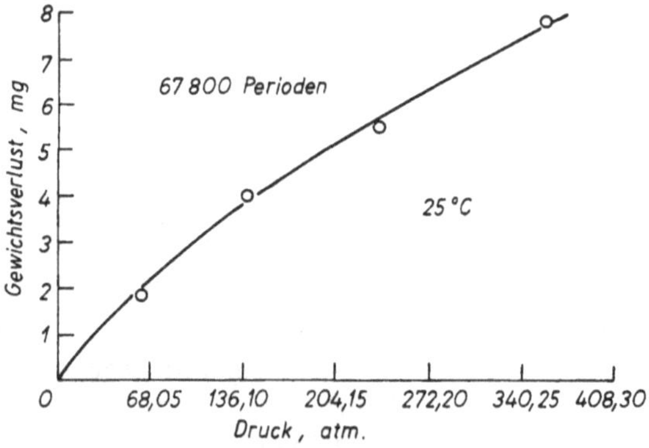
Gewichtsverlust, mg
67800 Perioden
25 °C
Druck, atm.
0
68,05
136,10
204,15
272,20
340,25
408,30

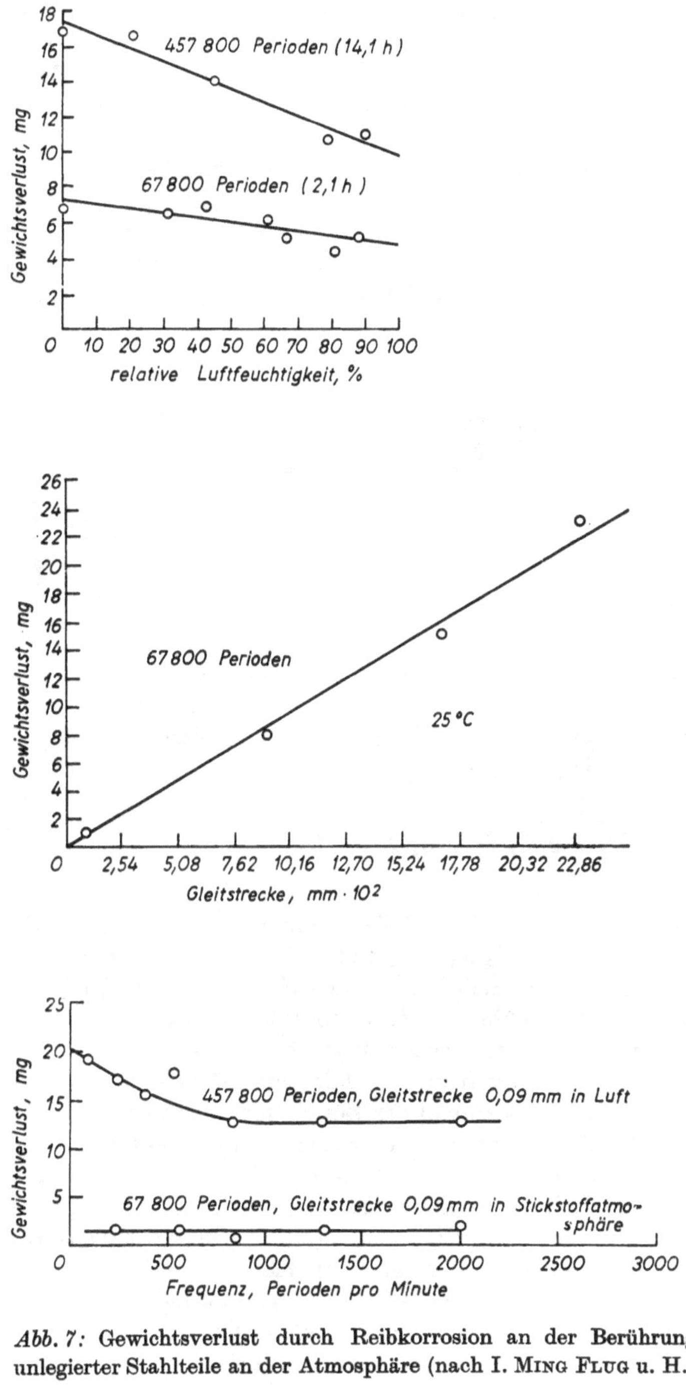

Abb. 7: **Gewichtsverlust durch Reibkorrosion an der Berührungsfläche zweier unlegierter Stahlteile an der Atmosphäre (nach I. Ming Flug u. H. Uhlig)**

oberfläche ein, was einen bestimmten Abrieb infolge einer Verschweißung oder Abscherwirkung verursacht; die Metallteilchen werden dabei von der Oberfläche abgerissen. Diese Wirkung stellt den mechanischen Anteil an der Reibkorrosion dar. Die abgerissenen Metallteilchen können durch eine sekundäre Reibwirkung, wobei sich die Partikel aneinander oder an der angrenzenden Fläche reiben, teilweise in Oxid umgesetzt werden. Auch die Metalloberfläche wird nach einer gewissen Einlaufperiode durch Oxidteilchen aufgerieben, die sich relativ zur Metalloberfläche leichter bewegen als die gegenüberliegende Oberfläche. Daher ist auch der elektrische Widerstand zwischen den Metallflächen zunächst klein, bis er nach und nach einen größeren, schließlich konstanten Wert annimmt.

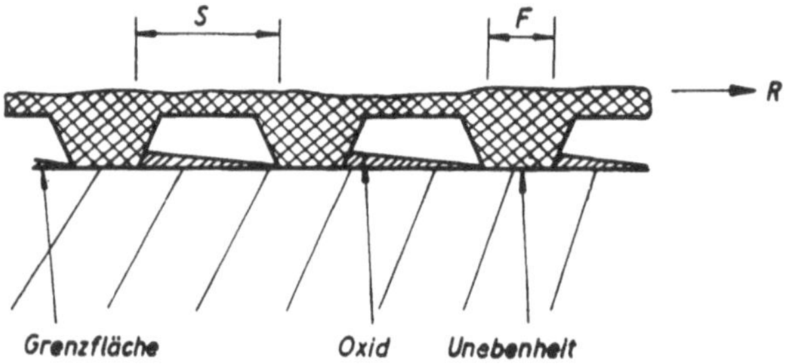

Abb. 8

Für den Gewichtsverlust W einer Metalloberfläche, die der Reibkorrosion durch eine Schwingbewegung unterliegt, ist auf Grund des oben beschriebenen Modelles, welches die Daten der *Abb. 7* befriedigend erklärt, eine Gleichung abgeleitet worden [48], (siehe „*Anhang*“, S. 365).

$$W = (k_0 L^{1/2} - k_1 L)\,\frac{C}{f} + k_2 l L C.$$

Dabei bedeuten L die Belastung, C die Anzahl der Perioden, f die Frequenz, l die Bewegungslänge und k_0, k_1, k_2 Konstanten. Die zwei ersten Glieder auf der rechten Seite der Gleichung stellen den chemischen Anteil an der Reibkorrosion dar. Sie werden kleiner, je höher die Frequenz f ist, wobei eine höhere Frequenz einer kürzeren Zeit für die chemische Reaktion oder für die Adsorption pro Periode entspricht. Das letzte Glied stellt den mechanischen Faktor dar, der unabhängig von der Frequenz, aber proportional der Bewegungslänge und der Belastung ist. Es ergab sich, daß, abhängig von den speziellen experimentellen Bedingungen, entweder der mechanische oder der chemische Anteil einen vorherrschenden Einfluß auf die Beschädigung nehmen kann. In Stickstoffatmosphäre, wo der mechanische Faktor allein wirksam ist, besteht das Korrosionsprodukt aus metallischem Eisenpulver, und W ist hier unabhängig von der Frequenz f.

Der oben beschriebene Mechanismus ist die Erweiterung eines ähnlichen, von Fink [49] vorgeschlagenen Mechanismus. Einige Autoren vertreten die Meinung, daß beim Reibvorgang nur kleine metallische Teilchen abgeschabt werden, die sich, sobald sie mit Luft in Berührung kommen, freiwillig in Oxide umsetzen [50]. Allerdings deuten die mit der Frequenzerhöhung sich verringernde Beschädigung, der sehr geringe Angriff in einer Stickstoffatmosphäre, auch wenn die Metalloberfläche zuerst mit Oxid bedeckt ist [46], sowie der Umstand, daß die in der Stickstoffatmosphäre abgeriebenen und danach der Luft ausgesetzten Metallteilchen nicht freiwillig oxydieren, darauf hin, daß dieser Mechanismus nicht zutrifft. Andere Autoren sind der Ansicht, daß die durch die Reibung erzeugte hohe Temperatur die Oxydation des Metalles bewirkt und das Oxid bildet, das danach wieder abgeschabt wird [51].

Obwohl durch die Reibung zweifellos lokal hohe Temperaturen erzeugt werden, so ist doch die durch Reibung verursachte Beschädigung nicht allein in einer Hochtemperaturoxydation begründet. Dies ergibt sich aus der steigenden Beschädigung beim Abkühlen des Systems, aus der geringeren Beschädigung bei höheren Frequenzen, mit denen auch die Oberflächentemperatur ansteigt, es zeigt sich ferner daran, daß das bei der Reibkorrosion von Eisen erzeugte Oxid aus α–Fe_2O_3 und nicht aus der bei der Hochtemperaturoxydation üblichen Form Fe_3O_4 besteht, und schließlich daran, daß an Plexiglas geriebener Stahl ebenfalls der Reibkorrosion unterliegt, obwohl Plexiglas bei 80 °C schmilzt und die Metalloberfläche daher höchstens Temperaturen dieser Größenordnung erreichen könnte [52].

Die an der Metalloberfläche adsorbierte Feuchtigkeit kann die Funktion eines Schmiermittels ausüben. Außerdem ist hydratisiertes α–Fe_2O_3 wahrscheinlich weniger reibfähig als das wasserfreie Oxid. Bei niedrigen Temperaturen ist die Beschädigung vermutlich deshalb größer, weil da der Sauerstoff schneller und vollständiger als bei hohen Temperaturen adsorbiert werden kann. Wie für die Korrosionsermüdung, so gilt es auch hier, mehr grundlegende Untersuchungen durchzuführen, um den allgemeinen Mechanismus der Reibkorrosion, welcher z. Z. erst teilweise geklärt ist, tiefer zu ergründen.

7.8.1. *Schutzmaßnahmen*

a) Die Kombination eines weichen Metalles mit einem harten Metall:

Mit einer solchen Kombination kann bei genügend hohen Belastungen die Luft von der Grenzfläche ferngehalten werden; außerdem wird durch das weichere Metall statt einer Abscherung an der Grenzfläche ein Gleiten erzielt, was zur Verringerung des Schadens beiträgt. In diesem Sinne sind mit Zinn, Silber, Blei, Indium oder Cadmium beschichtete Metalle in Verbindung mit Stahl empfohlen worden.

Die Reibung zwischen Messing und Stahl ist weniger schädlich als die zwischen zwei Stählen; vor allem wirken sich Kombinationen von rostbeständigen Stählen sehr ungünstig aus.

b) Eine solche Anordnung der Berührungsflächen, daß ihre relative Bewegung gegeneinander völlig vermieden wird (z. B. durch Sandstrahlen oder andere Methoden der Oberflächenaufrauhung):

Eine Anordnung zur vollständigen Vermeidung der Reibung ist nicht immer leicht zu realisieren, da die Beschädigung wahrscheinlich schon durch an die Größenordnung atomarer

Dimensionen heranreichende relative Bewegungen zustande kommt. Eine höhere Belastung kann sich vorteilhaft auswirken, wenn sie hoch genug ist, um die Bewegung ganz zu unterdrücken; anderenfalls bewirkt sie eine höhere Beschädigung.

c) Das Auftragen eines geeigneten Klebstoffes auf die Berührungsflächen (z. B. Gummilösung):

Mit dieser Maßnahme wird der Sauerstoff von der Grenzfläche ferngehalten.

d) Die Anwendung von Schmiermitteln:

Die Verwendung von Ölen mit geringer Viskosität kann besonders in Verbindung mit einer phosphatierten Oberfläche zur Verringerung der Beschädigung sehr nützlich sein, falls die Belastung nicht zu hoch ist. Diese Öle überziehen unter Fernhaltung des Sauerstoffes sehr schnell die durch die oszillierende Bewegung erzeugte nackte Metalloberfläche. Als ein festes Schmiermittel ist Molybdänsulfid äußerst wirksam, besonders dann, wenn es an der Oberfläche festgebacken ist, jedoch sind seine nützlichen Einflüsse nur temporär, da es möglicherweise durch die Oberflächenbewegung von der Berührungsfläche entfernt wird.

e) Die Anwendung von elastomeren Dichtungen oder von Werkstoffen mit einem niedrigen Reibungskoeffizienten:

Da Gummi die Bewegung dämpft, kann er zur Vermeidung der Reibung eingesetzt werden. Polytetrafluoräthylen (Teflon) hat einen niedrigen Reibungskoeffizienten, so daß durch seinen Einsatz die Beschädigung verringert werden kann. Wegen ihrer verhältnismäßig geringen Festigkeit können derartige Werkstoffe aber nur mäßigen Belastungen ausgesetzt werden.

Literatur-Anmerkungen

[1] „*Corrosion Handbook* S. 138"

[2] H. H. Uhlig in „*Physical Metallurgy of Stress Corrosion Frakture*", S. 1—17, herausgegeben von T. Rhodin, Interscience, New York, 1959

[3] Z. Foroulis, Sc. D. Thesis, Dept. of Metallurgy, M.I.T. (1961).

[4] H. Copson in „*Corrosion Handbook*", S. 577

[5] W. Schroeder u. A. Berk: „*Interkristalline Rißbildung an hitzebeständigen Stählen und ihre Verhütung*", U. S. Gov. Printing Office Bulletin, 443 (1941). In der Arbeit von G. Athavale u. W. Eilender, Korr. u. Metallschutz, **16** (1940), 127 wird allerdings die beschleunigende Wirkung der Silikate nicht bestätigt.

[6] R. Parkins: „*Stress Corrosion Cracking and Embrittlement*", herausgegeben von W. Robertson, John Wiley u. Sons, New York, 1956, S. 154

[7] R. Pollard in „*Symposium on Stress Corrosion Cracking of Metals*", S. 437, A.S.T.M.-A.I.M.E., Philadelphia, 1944

[8] A. Loginow u. E. Phelps, Corrosion, **18** (1962), 299

[9] R. Treseder u. A. Wachter, Corrosion, **5** (1949), 383

[10] H. Buchholtz u. R. Pusch, Stahl u. Eisen, **62** (1942), 21

[11] H. H. UHLIG u. J. SAVA, im Druck
[11a] G. SILLE, Chem. Techn. **13** (1961), 252
[12] R. PARKINS, J. Iron and Steel Inst., **172** (1952), 149
[13] H. UHLIG u. J. LINCOLN Jr., J. Electrochem. Soc., **105** (1958), 325
[14] E. BAERLECKEN u. W. HIRSCH, Stahl u. Eisen, **73** (1953), 785
[15] E. DIX, Trans. Am. Inst. Mining Met. Engrs., **137** (1940), 11
[16] R. BAKISH u. W. ROBERTSON, Acta Metallurgica, **3** (1955), 513
[17] R. BAKISH u. W. ROBERTSON, J. Electrochem. Soc. **103** (1956), 320
[18] E. COLEMAN, D. WEINSTEIN u. W. ROSTOKER, Acta Metallurgica, **9** (1961), 491
[19] I. LANGMUIR, J. Am. Chem. Soc., **38** (1916), 2221; **40** (1918), 1361
[20] E. OROWAN, Nature, **154** (1944), 341
[21] N. PETCH u. P. STABLES, Nature, **169** (1952), 842
[22] R. MEARS, R. BROWN u. E. DIX, Jr.: „*Symposium on Stress Corrosion Cracking of Metals*", S. 323, A.S.T.M.-A.I.M.E., Philadelphia, 1944.
[23] A. BAILEY, J. Inst. Metals, **87** (1959), 380
[24] L. GRAF, Acta Metallurgica, **6** (1958), 116
[25] R. BAKISH u. W. ROBERTSON, Acta Metallurgica, **4** (1956), 342
[26] D. van ROOYEN, J. Electrochem. Soc., **107** (1960), 715
[27] H. H. UHLIG: „*Metal Progress*", S. 486, April (1950)
[28] „*Symposium on Sulfide Stress Corrosion*", Corrosion, 8 (1952), 326
[29] P. BASTIEN in „*Physical Metallurgy of Stress Corrosion Fracture*", S. 311, herausgegeben von T. RHODIN, Interscience, New York, 1959.
[30] A. SCHUETZ u. W. ROBERTSON, Corrosion, **13** (1957), 437
[31] H. H. UHLIG, Trans. Am. Inst. Mining Met. Engrs., **158** (1944), 183
[32] C. ZAPFFE u. C. SIMS, Trans. Am. Inst. Mining Met. Engrs., **145** (1941), 225; siehe auch [29] u. F. de KAZINCZY, J. Iron Steel Inst., **177** (1954), 85; J. MORLET, H. JOHNSON, A. TROIANO, Ibid. **189** (1958), 37
[33] A. TROIANO, Trans. Am. Soc. Metals, **52** (1960), 54
[34] H. JOHNSON, J. MORLET u. A. TROIANO, Trans. Am. Inst. Mining Met. Engrs. **212** (1958), 528
[35] C. CUPP in „*Physical Metallurgy of Stress Corrosion Fracture*", S. 270, herausgegeben von T. RHODIN, Interscience, New York, 1959
[36] M. SIMNAD in „*The Effects of Radiation on Materials*", S. 129—133, herausgegeben von J. HARWOOD u. a., Reinhold, N. Y., 1958
[37] H. GOUGH u. D. SOPWITH, J. Inst. Metals, **49** (1932), 93
[38] N. WADSWORTH in „*Internal Stresses and Fatigue in Metals*", S. 382—96, herausgegeben von G. RASSWEILER u. W. GRUBE, Elsevier, New York, 1959
[39] D. McADAM Jr., Proc. Am. Soc. Testing Materials *II*, **27** (1927), 102. Siehe auch andere Veröffentlichungen dieses Autors, der sich schon seit langem mit der Korrosionsermüdung beschäftigt und den Begriff „Korrosionsermüdung" eingeführt hat.
[40] F. SPELLER, L. McCORKLE, u. P. MUMMA, Proc. Am. Soc. Testing Materials, *II*, **28** (1928) 159; *II*, **29** (1929), 238
[41] H. GOUGH, J. Inst. of Metals, **49** (1932), 17
[42] E. GADD in „*International Conference on Fatigue of Metals*", S. 658, Institution of Mechanical Engrs., London, 1956
[43] „*Basic Mechanisms of Fatigue*", S. 110—19, Am. Soc. Testing Materials, Philadelphia, 1959

[44] T. Hoar u. J. West, Nature **181** (1958), 835
[45] D. Whitwham u. U. Evans, J. Iron and Steel Inst., **165** (1950), 72
[46] I-Ming Feng u. H. Uhlig, J. Applied Mechanics, **21** (1954), 395
[47] M. Fink u. U. Hofmann, Z. anorg. allg. Chem., **210** (1933), 110; Z. f. Metallkunde, **24** (1932), 49
[48] H. H. Uhlig, J. Applied Mechanics, **21** (1954), 401
[49] M. Fink, Trans. Am. Soc. Steel Treating, **18** (1930), 1026 (mit U. Hofmann), Archiv. f. Eisenhüttenw., **6** (1932), 161
[50] G. Tomlinson, Proc. Royal Soc., *A* **115** (1927), 472; mit P. Thorpe u. H. Gough, Proc. Inst. Mech. Engrs., **141** (1939), 223; D. Godfrey, NACA Tech. Note 2039, Febr. 1950
[51] K. Dies, Arch. f. Eisenhüttenw., **16** (1943), 399
[52] K. Wright, Proc. Inst. Mech. Engrs. (*B*) 1 *B*, **11** (1952—53), 556

Allgemeine Literaturhinweise

H. Fischer, L. Graf u. H. Vosskühler: „*Zur Deutung der Spannungskorrosion der Nichteisenmetall-Legierungen*", Weinheim, 1958 (Ber. d. Diskussionstagung in Frankfurt/M.)
H. Spähn: „*Oberfläche, Oberflächenbehandlung und Werkstoffverhalten*", Metalloberfläche, **20** (1966), 151

Spannungsrißkorrosion:

H. Copson in „*Corrosion Handbook*", S. 569—78, herausgegeben von H. H. Uhlig, John Wiley u. Sons, New York, 1948
„*Stress Corrosion Cracking and Embrittlement*", herausgegeben von W. D. Robertson, John Wiley u. Sons, New York, 1956
„*Physical Metallurgy of Stress Corrosion Fracture*; herausgegeben von T. N. Rhodin, Interscience, New York, 1959
„*Symposium on Stress Corrosion Cracking of Metals*", A.S.T.M.-A.I.M.E., Philadelphia, 1945
I. Class: „*Überblick über das Gebiet der Spannungsrißkorrosion*", Werkstoffe u. Korrosion, **16** (1965), 277, 288
A. V. Rjabčenkov u. a.: *Über die Natur der Spannungsrißkorrosion austenitischer Stähle und über die wichtigsten Faktoren, die diesen Prozeß beeinflussen*", Zaščita metallov, **2** (1966), 257
W. Lehnert: „*Untersuchungen zur Korrosionsanfälligkeit vorgespannter hochfester Stahldrähte*", Neue Hütte, Leipzig, **12** (1967), 35
M. Smialowski: „*Ursachen, Charakter und Folgen der Spannungskorrosion an Metallen*", Przege. spalvaln. **19** (1967), 1
E. Beier: „*Ursachen und Beseitigung der Spannungskorrosion*", Blech, **14** (1967), 22

Ermüdung und Korrosionsermüdung:

B. Wescott in „*Corrosion Handbook*", S. 578—590, herausgegeben von H. H. Uhlig, John Wiley n. Sons, New York, 1948
„*Symposium on Basic Mechanisms of Fatigue*", Tech. Pub. Nr. 237, A.S.T.M., Philadelphia, 1959

A. GOULD in „*International Conference on Fatigue of Metals*“, S. 341–7, Inst. Mech. Engrs. London, 1956

H. GOUGH, J. Inst. Metals, **49** (1932), 17

S. G. VEDENKIN u. V. S. SINYARSKI: „*Der Mechanismus des Korrosionsermüdungsbruches in Metallen*“, Ustalost Metal., Akad. Nauk SSSR, (1958), 80

V. N. THAČEV: „*Über den Mechanismus der Korrosionsermüdung von Metallen*“, Sb. rabot. N.-i. in-ta technol. mashinostr. Sovnarchoz Rostovsk. ekon. adm. v.-na (1960), 47

H. SPÄHN: „*Untersuchungen über den Mechanismus der Schwingungsrißkorrosion von Stählen*“, Metalloberfläche, **16** (1962), 299

G. V. KARPENKO: „*Korrosionsermüdung von Metallen*“, Lvov, „Kamenjar“ 1964

J. KOCICH: „*Korrosionsermüdung von Metallen*“, Freiberger Forschungsh., *B* **128** (1967), 127

H. SPÄHN: „*Über die Schwingungsrißkorrosion und ihre Bedeutung für das Betriebsverhalten von Konstruktionsteilen des chemischen Apparatebaues*“, Werkstoffe u. Korrosion, **18** (1967), 188

Reibkorrosion:

J. Almen in „*Corrosion Handbook*“, S. 590–97, herausgegeben von H. H. UHLIG, John Wiley u. Sons, New York, 1948

K. WRIGHT, Proc. Inst. Mech. Engrs. (London) (*B*) 1*B*, **11** (1952–53), 556

R. WATERHOUSE, Proc. Inst. Mech. Engrs. (London), **169** (1955), 1157

„*Symposium on Fretting Corrosion*“, Spec. Tech. Pub. Nr. 144, A.S.T.M., Philadelphia, 1952

A. BARTEL: „*Passungsrost bzw. Reiboxydation — besondere Verschleißprobleme*“, Maschinenschaden, **36** (1963), 105

E. ZSCHERPE: „*Reiboxydation — Passungsrost*“, VDI-Zeitschrift, **106** (1964), 1563

R. A. MAČEVSKAJA u. A. V. TURKOVSKAJA: „*Über die Korrosion von Stählen beim Reiben*“ Tr. Mosk. in-ta chim. mašinostr., **28** (1964), 76

V. D. SIPILOV, T. V. VASILEV, V. D. SILKOV u. a.: „*Zum Korrosionsmechanismus bei der Reibung der Metalle*“, Tr. Vses. n.-i. i konstrukt. in-t chim. mašinostr., (1966), 56

Einfluß von Strahlung:

„*The Effects of Radiation on Materials*“, herausgegeben von J. HARWOOD, H. H. HAUSNER, J. G. MORSE, u. W. G. RAUCH, Reinhold, New York, 1958

E. K. OŠE u. I. L. ROSENFELD: „*Der Einfluß der Elektronenstrahlung auf das elektrochemische und Korrosionsverhalten von Metallen*“

A. V. BJAOBŽESKIJ, V. D. VALKOV u. V. N. LUKINSKAJA: „*Der Einfluß von Strahlung auf die Korrosionseigenschaften der Metalle und Legierungen*“, Vsb. „Dejstvie jadern. izlučenij na materialy“ M., AN SSSR, (1962), 332

V. V. GERASIMOW, A. I. GROMOVA u. E. S. GOLOVINA u. a.: „*Korrosion und Bestrahlung*“, Moskau, Gosatomizdat, 1963

Wasserstoffrissigkeit:

M. SMIALOWSKI: „*Hydrogen in Steel*“, Pergamon Press, Oxford, 1962

W. LEHNERT: „*Das Spannungskorrosionsverhalten von Spannstählen, Wasserstoffspannungskorrosion* Neue Hütte, **10** (1965), 166

J. J. Arčakov, B. S. Golulovskij u. V. I. Iličev: Wasserstoffkorrosion gespannter Stähle", Zaščita metallov, **3** (1967), 79

(*1*) Eine heiße Lösung von 60% $Ca(NO_3)_2$ + 3% NH_4NO_3 wird zu Kurzzeitprüfungen benutzt.

(*2*) Dies wird von einigen Autoren als Dauerfestigkeitsgrenze bezeichnet.

(*3*) Wenn 18.8–CrNi-Stahl einer Spannungsbeanspruchung ausgesetzt ist, wird er weniger anodisch polarisiert als im ungespannten Zustand. Am Nickel wird jedoch kein Unterschied festgestellt [44]. Trotzdem werden beide Metalle gleichermaßen angegriffen, wenn sie in Quell- oder Salzwasser ermüden (s. Tab. 1), d. h. die anodische Polarisation in Abhängigkeit von der Spannungsbeanspruchung stellt nicht den hauptsächlichsten Einflußfaktor auf die Korrosionsermüdung dar.

8. Atmosphärische Korrosion von Eisen und anderen Metallen

In Abwesenheit von Feuchtigkeit ist die Korrosionsgeschwindigkeit des Eisens an der Atmosphäre vernachlässigbar klein. Zum Beispiel bleiben in der Wüste zurückgelassene Stahlteile lange Zeit blank und zunderfrei. Wie schon dargelegt wurde, ist also für den Korrosionsvorgang ein Elektrolyt erforderlich, daher ist unter klimatischen Bedingungen, bei denen Wasser oder wäßrige Kondensate auf der Metalloberfläche gefrieren, die Rostung zu vernachlässigen. Eis ist ein schlechter elektrolytischer Leiter. Das Auftreten von Korrosion an der Atmosphäre hängt indessen nicht nur von der Feuchtigkeit der Luft, sondern auch von ihrem Gehalt an Staub und anderen Verunreinigungen ab, von denen einige die Feuchtigkeitskondensation auf der Metalloberfläche begünstigen können.

8.1. Atmosphärentypen

Die atmosphärischen Bedingungen variieren hinsichtlich Feuchte, Temperatur und Luftverunreinigungen beträchtlich, daher unterscheiden sich auch die Korrosionsgeschwindigkeiten in verschiedenen Teilen der Welt sehr stark. In der Nähe der Meeresküste ist die Luft mit wachsenden Mengen von Salzen, besonders NaCl, beladen. In Industriegebieten kommen beträchtliche Mengen SO_2, das sich in Schwefelsäure umwandelt, und kleinere Gehalte an H_2S, NH_3, NO_2 und verschiedene Salze als Aerosol vor. Ein Metall, das der einen Atmosphäre widersteht, kann an anderer Stelle diese Beständigkeit vermissen lassen; die relative Beständigkeit der Metalle kann also mit dem Atmosphärentyp wechseln. Zum Beispiel bewährt sich verzinktes Eisen in Landluft gut, ist aber in Industrieatmosphäre relativ weniger beständig. Dagegen verhält sich Blei in Industrieatmosphäre mindestens ebensogut oder besser als an anderen Stellen, weil sich auf seiner Oberfläche ein schützender Film von Bleisulfat bildet.

Es hat sich eingebürgert, die Atmosphären nach ihrer stark unterschiedlichen Korrosionsaggressivität in Typen einzuteilen. Eine Grobeinteilung unterscheidet Meeres-, Industrie-, Tropen-, arktische, Stadt- und Landatmosphäre. Es gibt auch weitere Unterteilungen, wie feuchte und trockene Tropenatmosphäre, denen beträchtliche Unterschiede in der Korrosionsaggressivität entsprechen. Auch zeigt die Korrosionsgeschwindigkeit von Proben in Meeresatmosphäre eine starke Abhängigkeit von der Entfernung zur Wasserlinie. In Kure Beach, N.C., wurden Stahlproben in 25 m Entfernung vom Wasser, wo sie auch von Salzwasser-

Spritzern erreicht wurden, mit der zwölffachen Geschwindigkeit korrodiert wie in einer Entfernung von 250 m [1].

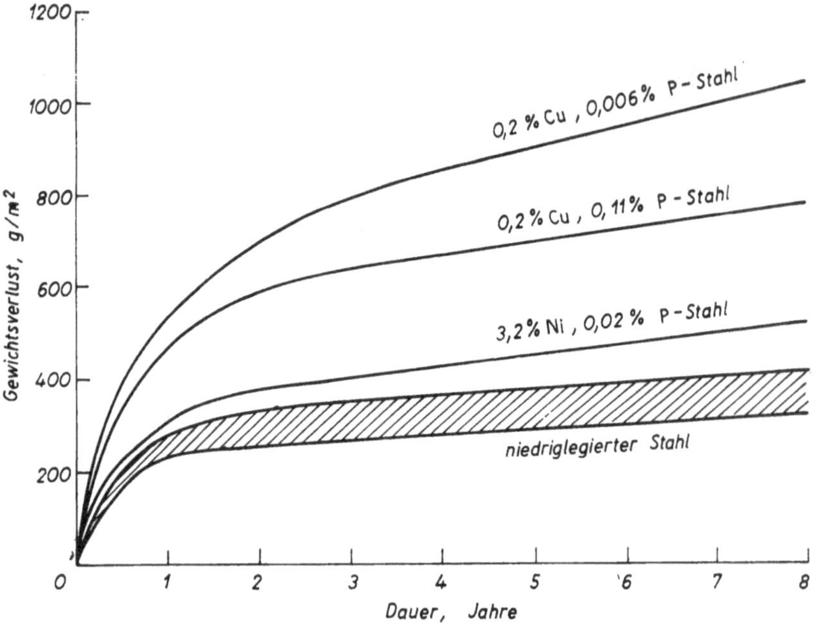

Abb. 1: Atmosphärische Korrosion von Stählen in Abhängigkeit von der Zeit (Industrieatmosphäre)

8.2. Filme aus Korrosionsprodukten

Die an der Atmosphäre gebildeten Rostschichten wirken schützend, deshalb nimmt die Korrosionsgeschwindigkeit im Laufe der Zeit ab (*Abb. 1*). Dies trifft für Reineisen, dessen Korrosionsgeschwindigkeit relativ hoch ist, in geringerem Maße zu als für die beständigeren gekupferten und niedriglegierten Stähle. Die Rostfilme auf den letzteren sind meist dicht und festhaftend, während sie auf reinem Eisen eine lockere und pulverige Beschaffenheit besitzen. Die Korrosionsgeschwindigkeit erreicht schließlich einen stationären Zustand und verändert sich bei weiterer Auslagerung nur noch wenig. Das trifft auch für andere Metalle zu, wie aus den von der ASTM bei 10- und 20jähriger Prüfung an verschiedenen Atmosphären erhaltenen Daten hervorgeht (*Tab. 1*), [2]. Innerhalb der Fehlergrenze solcher Versuche ist die Geschwindigkeit in der 20-Jahresperiode etwa dieselbe wie im Zeitraum von 10 Jahren.

Oberflächenteile, die benetzt werden oder Feuchtigkeit zurückhalten, dabei aber auf Grund ihrer Lage nicht vom Regen abgewaschen werden, können schneller korrodiert werden als solche, die dem Wetter voll ausgesetzt sind. Die Ursache

Tabelle 1:

Geschwindigkeit der atmosphärischen Korrosion bei einer Auslagerungsdauer von 10 und 20 Jahren in µm/a (American Society for Testing Materials)

Metall	Atmosphäre in New York City (Industrie-atmosphäre)		La Jolla (Meeres-atmosphäre)		State college (Land-atmosphäre)	
	Dauer, a					
	10	20	10	20	10	20
Aluminium	0,81	0,74	0,71	0,64	0,03	0,08
Kupfer	1,19	1,37	1,32	1,27	0,58	0,43
Blei	0,43	0,38	0,41	0,53	0,48	0,33
Zinn	1,19	1,32	2,32	2,84	0,46	—
Nickel	3,26	3,66	0,10	0,15	0,15	0,23
65% Ni, 32% Cu, 2% Fe, 1% Mn-Legierung	1,35	1,57	0,18	0,15	0,13	0,18
Zink (99,9%)	5,14	5,74	1,60	1,75	0,86	1,12
Zink (99,0%)	4,90	5,54	1,75	1,73	1,07	1,09
0,2% C-Stahl*) (0,02% P, 0,05% S, 0,05% Cu, 0,02% Ni, 0,02% Cr)	12,19					
Niedrig legierter Stahl*) (0,1% C, 0,2% P, 0,04% S, 0,03% Ni, 1,1% Cr, 0,4% Cu)	2,28					

*) N. J. Kearney (erhalten in der Nähe von New York City); die angegebenen Werte entsprechen der halben Dickenabnahme der Proben [C. P. Larrabee, Corrosion **9** (1953), 259.

für dieses Verhalten besteht darin, daß z. B. Schwefelsäure, die vom Rost adsorbiert ist, die Korrosion u. U. nach dem Zyklus

$$Fe \xrightarrow{H_2SO_4 + \frac{1}{2} O_2} FeSO_4 \xrightarrow{\frac{1}{4} O_2 + \frac{1}{2} H_2SO_4} \frac{1}{2} Fe_2(SO_4)_3$$

$$\xrightarrow{\frac{3}{2} H_2O} \frac{1}{2} Fe_2O_3 + \frac{3}{2} H_2SO_4 \qquad (1)$$

beschleunigt. Derartig verunreinigter Rost katalysiert auf diese Weise die Bildung von neuem Rost*). Direkte Regeneinwirkung kann daher, verglichen mit teilweise überdachter Lage, von Vorteil sein. Dieser Vorteil dürfte sich in nichtverunreinigten Atmosphären nicht auswirken.

Die Schutzeigenschaften der gebildeten Filme aus Korrosionsprodukten werden auch aus der Tatsache ersichtlich, daß die Gewichtsverluste, die bei 28-tägiger Auslagerung von Zink an Industrieatmosphäre festgestellt wurden, stark von den Feuchtigkeits- und Benetzungsbedingungen in den ersten 5 Tagen der Auslagerung beeinflußt wurden, während die später herrschenden Bedingungen sich schwächer auswirkten [3]. Ähnliche Ergebnisse wurden bei 12-monatigen Versuchen an Stahlproben mit verschiedenem jahreszeitlichem Beginn der Auslagerung erhalten [4]. Die Schutzwirkung der im Winter gebildeten Erstkorrosionsprodukte ist infolge der stärkeren Ansammlung von Verbrennungsprodukten, besonders Schwefelsäure, auf der Metalloberfläche geringer, was die Geschwindigkeit der weiteren Korrosion beeinflußt. Schikorr [4, 5] stellte fest, daß Zink in Berlin und Stuttgart im Winter schneller korrodiert wird als im Sommer. Im Falle des Eisens fand er, daß die Korrosionsgeschwindigkeit ebenfalls im Winter höher war, im Gegensatz zum Zink trat jedoch eine Verringerung der Geschwindigkeit in größeren Kälteperioden ein, wahrscheinlich weil die $FeSO_4$-Lösung auf der Oberfläche entweder gefriert oder die Oxydation des $FeSO_4$ bei niedrigen Temperaturen stark verlangsamt wird.

Die entsprechenden Zinksulfat- und -sulfitlösungen gefrieren infolge der höheren Löslichkeit der Salze erst bei niedrigeren Temperaturen, und schließlich wird der Korrosionsvorgang nicht durch höherwertige Ionen katalysiert, wie das für Fe Gleichung (1) zeigt. In Übereinstimmung damit fand Mayne [7], daß ein Anstrich, der im Dezember auf eine verrostete Metalloberfläche aufgebracht wurde, eine kürzere Lebensdauer hatte als ein im Juni hergestellter. Als Ursache wird angenommen, daß die aus Verbrennungsprozessen stammenden Luftbestandteile, die während der Wintermonate die Oberfläche verunreinigen, von den Frühjahrsregenfällen ausgewaschen werden.

8.3. Atmosphärische Einflußfaktoren der Korrosion

Es ist wichtig, daran zu erinnern, daß mit Ausnahme der korrosionsaggressivsten Atmosphären die mittlere Korrosionsgeschwindigkeit der Metalle bei Auslagerung an Luft gewöhnlich geringer ist als in natürlichen Wässern oder Böden. Dies wird durch die Daten der *Tab. 2* belegt, in der die Korrosionsgeschwindigkeiten von Stahl, Zink und Kupfer in drei verschiedenen Atmosphären mit den mittleren Werten in Meerwasser und verschiedenen Böden verglichen werden. Die Korrosion von passiven Metallen, z. B. Al und nichtrostenden Stählen, verläuft in der Atmo-

*) G. Schikorr (Privatmitteilung) weist darauf hin, daß die intermediäre Bildung von Eisen-(III)-Sulfat nicht bewiesen ist und daß $FeSO_4$ direkt zu Fe_2O_3 oxydiert werden kann.

sphäre gleichmäßiger und mit weniger ausgeprägten Lochfraßerscheinungen als in Wässern und Böden.

Spezifische Faktoren, die die Korrosionsaggressivität einer Atmosphäre beeinflussen, sind im folgenden aufgeführt:

8.3.1. Staub-Gehalt

Auf die Bedeutung des atmosphärischen Staubes wurde durch die Versuche von VERNON [8] nachdrücklich hingewiesen. Er lagerte in einer Innenraumatmosphäre Eisenproben aus, von denen einige in einer Entfernung von wenigen Zentimetern vollständig mit einfacher Musselingaze umgeben waren. Nach einigen Monaten zeigten die ungeschützten Proben Rostbefall und eine beträchtliche Gewichtszunahme, während die mit Musselin umhüllten keinerlei Rost aufwiesen und ihr Gewicht nur geringfügig erhöht hatten.

Tabelle 2:

Vergleich der Geschwindigkeiten der atmosphärischen Korrosion mit Mittelwerten in Meerwasser und Erdböden)*

Umgebung	Korrosionsgeschw., g/m^2d		
	Stahl	Zink	Kupfer
Landatmosphäre	—	0,017	0,014
Meeresatmosphäre	0,29	0,031	0,032
Industrieatmosphäre	0,15	0,1	0,029
Meerwasser	2,5	1,0	0,8
Erdboden	0,5	0,3	0,07

*) Werte für atmosphärische Korrosion von Stahl ($7^1/_2$ Jahre; 0,3% Cu-Gehalt) nach C. LARRABEE, Corrosion **9** (1953), 259. Geschwindigkeiten der atmosphärischen Korrosion von Zn und Cu (10-Jahres-Test) nach „*Symposium on Atmospheric Exposure Tests on Non-Ferrous Metals*", (Symposium über atmosphärische Auslagerungsversuche an Nichteisenmetallen), ASTM, 1946. Daten für Meerwasser aus „*Corrosion Handbook*". Die Werte für Erdbodenkorrosion von Stahl sind für 44 Böden bei 12-jähriger Auslagerung gemittelt, für Zink aus Werten für 12 Böden bei 11 Jahren Auslagerungsdauer, für Cu aus Werten für 29 Böden bei 8 Jahren Versuchsdauer [nach „*Underground Corrosion*" (Unterirdische Korrosion), M. ROMANOFF, Circ. 579, Bureau of Standards, 1957]

Dem Gewicht nach ist der Staub in manchen Atmosphären die bedeutendste Verunreinigung. Normale Stadtluft enthält etwa 2 mg/m^3, in Industrieatmosphären liegen die Werte höher und erreichen 1000 mg/m^3 und mehr [9]. Es wird geschätzt, daß sich in einer Industriestadt im Monat mehr als 45 Tonnen Staub pro Quadratkilometer absetzen können. Auf Metalloberflächen beeinflußt dieser Staub die Korrosionsgeschwindigkeit in hohem Maße. Industrieatmosphären enthalten suspendierte Partikel von Kohlenstoff und Kohlenstoffverbindungen,

Metalloxiden, H_2SO_4, $(NH_4)_2SO_4$, NaCl und anderen Salzen. Die Meeresatmosphäre enthält Salzpartikel, die je nach Stärke und Richtung des herrschenden Windes viele Kilometer landwärts getragen werden können. Diese Substanzen rufen in Verbindung mit Feuchtigkeit durch Bildung von galvanischen oder Differentialbelüftungszellen Korrosion hervor oder führen auf Grund ihres hygroskopischen Charakters zur Entstehung von Elektrolyten auf der Oberfläche der Metalle. Staubfreie Luft ruft daher nicht in dem Maße Korrosionserscheinungen wie eine stark mit Staub beladene Luft hervor, vor allem, wenn der Staub aus wasserlöslichen Partikeln oder solchen, an denen H_2SO_4 adsorbiert ist, besteht.

8.3.2. Gasförmige atmosphärische Verunreinigungen

Die geringe, normalerweise in der Luft enthaltene Menge an CO_2, ruft im Gegensatz zu den Eindrücken der ersten Forscher auf diesem Gebiet, weder Korrosionserscheinungen hervor noch beschleunigt sie ihren Verlauf. Stahlproben rosten in einer CO_2-freien Atmosphäre ebenso schnell wie in einer normalen. Versuche von VERNON [10] zeigten sogar, daß der normale CO_2-Gehalt der Luft die Korrosion in Wahrheit verringert, wahrscheinlich durch Begünstigung der Bildung einer besser schützenden Rostschicht.

Eine Verunreinigung der Atmosphäre mit Spuren von H_2S verursacht das Anlaufen von Silber und kann auch bei Kupfer Anlauferscheinungen hervorrufen. Die Anlauffilme bestehen aus Ag_2S bzw. aus einem Gemisch von Cu_2S, CuS und CuO.

Der wichtigste korrosive Bestandteil der Industrieatmosphäre ist das Schwefeldioxid, das vor allem von der Verbrennung von Kohle, Öl und Treibstoff herrührt. Die in New York City jährlich allein durch Verbrennung von Kohle und Öl entstehende SO_2-Menge wird auf 1,5 Mill. t geschätzt [11]. Das entspricht im Mittel einer täglichen Beladung der Atmosphäre mit 6300 t H_2SO_4. Da der Brennstoffverbrauch im Winter höher ist, ist auch die SO_2-Verunreinigung größer (*Abb. 2*), was mit der bereits angeführten Beobachtung in Einklang steht, daß die Korrosionsgeschwindigkeit von Zink und Eisen im Winter größer ist als im Sommer. Es ist aus diesem Grunde auch verständlich, daß der mittlere SO_2-Gehalt der Luft (und damit ihre Korrosionsaggressivität) mit wachsendem Abstand vom Zentrum einer Industriestadt abfällt und daß dieser Effekt im Falle einer Wohnstadt wie Washington nicht so ausgeprägt ist.

Es ist nicht überraschend, daß der hohe Schwefelsäuregehalt der Industrie- und Stadtluft die Lebensdauer von Metallkonstruktionen stark verkürzt (siehe *Tab. 1* und *2*). Der Effekt ist am stärksten bei solchen Metallen ausgeprägt, die gegen Schwefelsäure nicht besonders resistent sind, wie Zink, Kadmium und Eisen. Er ist weniger deutlich bei Metallen, die gegen verdünnte Schwefelsäure beständiger sind, wie Blei, Aluminium und rostbeständige Stähle. Kupfer, das eine Schutzschicht aus basischem Kupfersulfat ausbildet, ist beständiger als Nickel oder eine NiCu-Legierung mit 70% Ni, da in diesen Fällen die Schutzwirkung der entsprechenden Filme geringer ist. In der Industrieatmosphäre von Altoona, Pa.

begannen verzinkte Stahlbleche (38,5 mg/cm², 27,5 µm dick) nach 2,4 Jahren zu rosten, während in der Landluft von State College, Pa., erst nach 14,6 Jahren Rost auftrat [12].

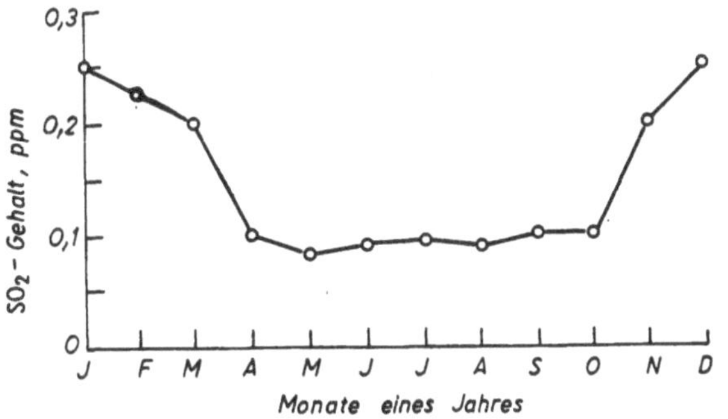

Abb. 2: Wechsel des mittleren Schwefeldioxidgehalts in der Luft von New York City mit der Jahreszeit (GREENBURG u. JACOBS)

Kupfer bildet in Industrieatmosphäre einen schützenden grünen Film von Korrosionsprodukten, die sogenannte Patina, deren Hauptbestandteil basisches Kupfersulfat $CuSO_4 \cdot 3Cu(OH)_2$ ist. Ein kupfergedeckter Kirchturm am Stadtrand kann u. U. eine solche grüne Patina auf der Seite bilden, die den Winden von der Stadt her ausgesetzt ist, auf der anderen Seite aber, wo weniger Schwefelsäure einwirkt, seine rötlich-braune Farbe behalten. In Küstennähe bildet sich eine ähnliche Patina, die zum größten Teil aus basischem Kupferchlorid besteht.

Nickel ist gegen Meeresatmosphäre gut beständig, aber empfindlich gegen die Schwefelsäure von Industrieatmosphären (siehe *Tab. 1*), in denen es eine Anlaufschicht aus basischem Nickelsulfat bildet. Die Korrosion in der Industrieatmosphäre von New York City ist ungefähr dreißigmal so stark wie in der Meeresatmosphäre von La Jolla und zwanzigmal so stark wie in der Landluft von State College, Pa.

8.3.3. Befeuchtung (kritische Luftfeuchte)

Aus den vorangegangenen Erörterungen ging hervor, daß in nicht verunreinigten Atmosphären bei konstanter Temperatur eine merkliche Korrosion einer reinen Metalloberfläche bei relativen Feuchtigkeiten unterhalb 100% nicht zu erwarten sein sollte. In der Praxis muß dagegen wegen der normalen Temperaturschwankungen (und der damit verbundenen Schwankungen der relativen Feuchte) sowie der hygroskopischen Verunreinigungen in der Atmosphäre und im Metall selbst die relative Feuchtigkeit wesentlich unter 100% liegen, wenn die Kondensation von Wasser auf der Oberfläche mit Sicherheit vermieden werden soll. VERNON entdeckte als erster, daß es einen kritischen Wert der relativen Feuchtigkeit gibt, unterhalb dessen die Korrosion zu vernachlässigen ist [13]. Die experimentell gefundenen Werte der kritischen relativen Luftfeuchtigkeit liegen für Stahl, Kupfer,

Nickel und Zink zwischen 50 und 70%. Die typische Abhängigkeit der Korrosion des Eisens von der relativen Luftfeuchte zeigt *Abb. 3.*

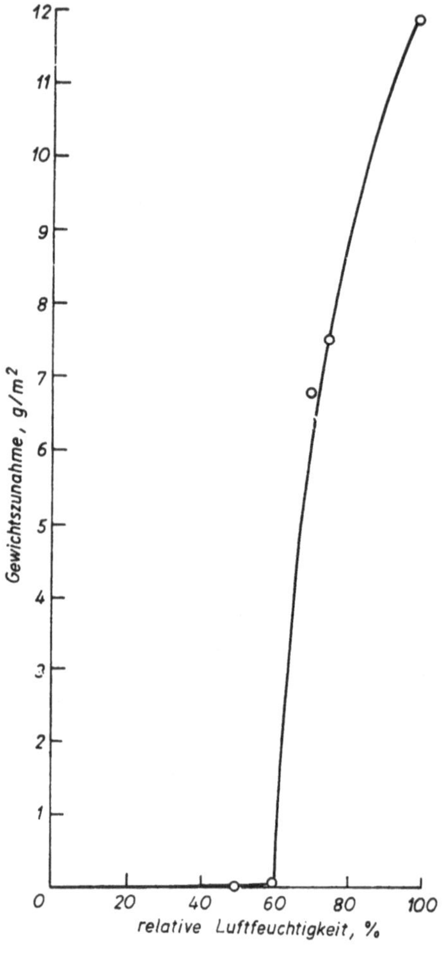

Abb. 3: Korrosion von Eisen in Abhängigkeit von der relativen Luftfeuchte; 0,01% SO_2-Gehalt, Versuchsdauer 55 Tage (nach VERNON)

Tabelle 3:

Veränderung des SO_2-Gehalts der Luft mit der Entfernung vom Stadtzentrum
(H. MELLER, J. ALLEY, J. SHERRICK, zitiert in [11])

Stadt	Entfernung in km 0–8 ppm	8–16	16–24	24–32	32–40	40–48
Detroit	0,023	0,012	0,006	0,004	0,004	0,005
Philadelphia-Camden	0,030	0,018	0,016	0,021	0,012	0,012
Pittsburgh	0,060	0,030	0,015	0,018	0,009	0,010
St. Louis	0,111	0,048	0,029	0,020	0,018	0,014
Washington	0,003	0,001	0,001	0,001	0,001	0,002

8.4. Schutzmaßnahmen

a) Anwendung von organischen, anorganischen oder metallischen Schutzschichten:

Diese werden in gesonderten Kapiteln über den passiven Korrosionsschutz erörtert.

b) Herabsetzung der relativen Luftfeuchtigkeit:

Diese kann durch Erwärmen der Luft oder besser durch Herabsetzung des Wassergehaltes erreicht werden. Eine Verringerung der relativen Feuchte auf einen Wert von 50% genügt in vielen Fällen. Wenn ungewöhnlich hygroskopischer Staub oder andere Oberflächenverunreinigungen erwartet werden müssen, sollte der Wert noch weiter herabgesetzt werden. Diese Maßnahme ist erfolgreich, wenn die Korrosion nicht durch Säuredämpfe aus unzureichend getrocknetem Holz oder durch flüchtige Bestandteile von in der Nähe befindlichen Kunststoffen hervorgerufen wird.

c) Anwendung von Dampfphaseninhibitoren und Korrosionsschutzfetten und -ölen:

Diese werden im Kapitel 16 „Inhibitoren und Passivatoren" behandelt.

d) Einsatz von Legierungen:

Durch Zulegieren von kleinen Mengen Cu, P, Ni und Cr wird besonders die atmosphärische Korrosion von Stahl herabgesetzt. Zusatz von 0,2% Cu zu einem Stahl mit 0,03% C verringerte in 7½jährigen Versuchen die Korrosion in der Meeresatmosphäre von Kure Beach, N.C. und der Industrieluft von Kearney, N.Y. um 35 bzw. 50%. Eine 3½%ige Ni-Zugabe bewirkte bei 3½jähriger Auslagerung in denselben Atmosphären gegenüber einem kupferarmen Stahl eine Abnahme der Korrosionsgeschwindigkeit um 70 bzw. 75% [14]. In feuchter Tropenluft sind gekupferte Stähle weniger vorteilhaft; durch einen Cu-Gehalt von 0,24% wurde innerhalb von 8 Jahren Auslagerung in Panama die Korrosionsrate gegenüber einem Stahl mit 0,02% Cu lediglich um 14% gesenkt [15]. In denselben Versuchen wurden Stähle mit 2% Ni oder 3% Cr um 50 bis 70% weniger korrodiert als der kupferhaltige Stahl, sie scheinen daher, besonders in feuchter tropischer Umgebung, die korrosionsbeständigeren Stähle zu sein. Die Korrosionsgeschwindigkeit von Baustählen in Panama erwies sich im allgemeinen als etwa doppelt so groß wie im gemäßigten Klima, wahrscheinlich auf Grund der höheren relativen Feuchte und der höheren Durchschnittstemperaturen.

Nichtrostende Stähle und Aluminium sind in Industrie-, Stadt- und Landluft anlaufbeständig, wie ihre vieljährige erfolgreiche Anwendung für Architekturschauteile zeigt. Hastelloy C (54% Ni, 17% Mo, 5% Fe, 15% Cr, 4% W) ist in Meeresluft sehr beständig gegen Anlauferscheinungen; aus diesem Grunde ist es zur Herstellung von Reflektoren auf Schiffen geeignet.

Literatur-Anmerkungen

[1] F. L. LaQue, Proc. Am. Soc. Testing Materials, **51** (1951), 495
[2] „*Symposium on Atmospheric Corrosion of Non-Ferrous Metals*", Spec. Tech. Pub. 175, A.S.T.M. 1955; siehe auch Symposium 1946
[3] O. B. Ellis, Proc. Am. Soc. Testing Materials, **49** (1949), 152

[4] G. SCHRAMM u. E. TAYLERSON: „*Symposium on Outdoor Weathering of Metals and Metal Coatings*", A.S.T.M., 1934
[5] G. SCHIKORR u. I. SCHIKORR, Z. Metallkunde, **35** (1943), 175
[6] G. SCHIKORR, Schweizer Archiv. f. Angew. Wiss. u. Tech., **2** (1958), 37
[7] J. MAYNE, J. Iron Steel Inst., **176** (1954), 143
[8] W. VERNON, Trans. Faraday Soc., **23** (1927), 113
[9] A. KUTZELNIGG, Werkstoffe d. Korrosion, 8 (1957), 492
[10] W. VERNON, Trans. Faraday Soc., **31** (1935), 1668
[11] L. GREENBURG u. M. JACOBS, Ind. Eng. Chem., **48** (1956), 1517
[12] C. P. LARRABEE, Corrosion, **9** (1953), 259
[13] W. VERNON, Trans. Faraday Soc., **23** (1927), 113; **27** (1931), 255; **31** (1935), 1668; Trans. Electrochem. Soc., **64** (1933), 31
[14] C. P. LARRABEE, Trans. Electrochem. Soc., **87** (1945), 161
[15] C. SOUTHWELL, B. FORGESON u. H. ALEXANDER, Corrosion, **14** (1958), 435 t

Allgemeine Literaturhinweise:

„*Symposium über atmosphärische Korrosion von Nichteisenmetallen*", Spec. Tech. Pub. 175, A.S.T.M., Philadelphia 1955
C. LARRABEE in „*Corrosion Handbook*" (hrsg. von H. H. Uhlig), S. 120 bis 125. Siehe auch die Kapitel über einzelne Metalle oder Legierungen sowie Zn-, NiCr-, Cd-, Pb-Schutzschichten.
H. COPSON: „*Ausführung und Interpretation von Korrosionsversuchen an der Atmosphäre*", Corrosion (Houston), **15** (1959), 533
K. JANSSEN u. R. MOSER: „*Die Korrosionsbeständigkeit der rostenden Stähle an der Atmosphäre, Erfahrungen in Deutschland*", Werkstoffe u. Korrosion, **15** (1964), 804
H. KAESCHE: „*Elektrochem. Merkmale der atmosphärischen Korrosion*", Werkstoffe u. Korrosion, **15** (1964), 379
K. BARTON: „*Der langzeitige Verlauf der Korrosion in verunreinigten Atmosphären*", Z. phys. Chem. Leipzig, **226** (1964), 71
G. SCHIKORR: „*Über den Mechanismus des atmosphärischen Rostens des Eisens*", Werkstoffe u. Korrosion, **14** (1963), 69
A. KUTZELNIGG, R. ERGANG: „*Korrosion*", Bd. 17, „*Atmosphärische Korrosion der Metalle*", Weinheim, 1965; Ber. Bunsen-Ges. phys. Chem. **69** (1965), *A* **14**
„*Kinetik der atmosphärischen Korrosion und temporärer Korrosionsschutz*", Institut für Leichtbau u. ökon. Verwendung von Werkstoffen, Abschlußbericht zum RGW-Thema 4.2

9. Korrosion von Eisen und anderen Metallen im Erdboden

Die überragende Bedeutung der unterirdischen Korrosion geht aus der Tatsache hervor, daß allein in den USA die Länge der unterirdischen Rohrleitungen für Öl, Wasser und Gas über 1,5 Mill. km beträgt. Die Korrosion dieser Einrichtungen verschlingt jährlich einige hundert Millionen Dollar an Erhaltungs- und Erneuerungskosten.

Das Korrosionsverhalten von Eisen und Stahl im Erdboden ähnelt in mancher Beziehung dem Verhalten bei vollständigem Eintauchen in Wasser. So sind kleinere Unterschiede in Zusammensetzung und Gefüge eines Stahles für die Korrosionsbeständigkeit unwichtig. Daher werden gekupferter, niedriglegierter Schmiede- und Walzstahl in einem bestimmten Boden mit etwa derselben Geschwindigkeit korrodiert. Analog dazu ist zu erwarten, daß Kaltbearbeitungs- und Wärmebehandlungsvorgänge die Geschwindigkeit nicht beeinflussen sollten. Graues Gußeisen unterliegt in Böden, ähnlich wie unter Wasser, der Graphitierung. Ebenso wie bei vollständigem Eintauchen gewinnen zwischen Eisensorten verschiedener Zusammensetzung galvanische Effekte Bedeutung (siehe S. 113).

In anderer Beziehung zeigt die Korrosion im Boden Ähnlichkeit zur atmosphärischen Korrosion; so verändern sich die beobachteten Korrosionsgeschwindigkeiten, obwohl generell höher als an der Atmosphäre, in starkem Maße mit Art und Typ des umgebenden Bodens. Ein bestimmtes Metall kann in manchen Teilen eines Landes eine zufriedenstellende Beständigkeit zeigen, in anderen auf Grund von spezifischen Unterschieden der Bodenzusammensetzung, des pH-Wertes, des Feuchtigkeitsgehaltes usw. dagegen nicht.

Zum Beispiel ist es möglich, daß sich ein gußeisernes Wasserrohr im Boden von Neu-England 50 Jahre bewährt, in der korrosiveren Erde von Südkalifornien dagegen nur 20 Jahre.

9.1. Korrosionsbestimmende Faktoren

Unter den Faktoren, die die Korrosivität eines gegebenen Bodens bestimmen, sind zu nennen:

a) Porosität (Durchlüftung)
b) elektrolytische Leitfähigkeit
c) Gehalt an gelösten Salzen einschl. Depolarisatoren und Inhibitoren
d) Feuchtigkeitsgehalt
e) Acidität oder Alkalität

Ein poröser Boden vermag die Feuchtigkeit über längere Zeit zurückzuhalten und gestattet maximalen Luftzutritt; beide Faktoren erhöhen gewöhnlich die Anfangs-Korrosionsgeschwindigkeit. Die Situation ist indessen komplizierter, da die in einem durchlüfteten Boden gebildeten Korrosionsprodukte eine bessere Schutzwirkung haben als die in einem unbelüfteten Boden entstehenden. In den meisten Böden, besonders, wenn sie schlecht belüftet sind, werden Korrosionserscheinungen in Form tiefer Löcher beobachtet. Eine lokalisierte Korrosion dieser Art führt selbstverständlich schneller zur Zerstörung einer Rohrleitung als eine stärkere Gesamtkorrosion bei gleichmäßigerer Verteilung des Angriffs. Als weiterer Faktor ist zu beachten, daß in schlecht belüfteten sulfathaltigen Böden sulfatreduzierende Bakterien vorkommen können, die oftmals die höchsten Korrosionsgeschwindigkeiten, die normalerweise in Böden zu beobachten sind, hervorrufen.

Die Wirkung der Belüftung ist von Romanoff [1] so zusammengefaßt worden:

„In gut durchlüfteten Böden fällt die anfangs hohe Geschwindigkeit des Lochfraßes im Laufe der Zeit stark ab, da bei reichlichem Sauerstoffzutritt die Oxydation des Eisens und seine Ausfällung als Fe(III)-Hydroxid unmittelbar auf der Metalloberfläche stattfindet und die so gebildete Schutzschicht den Lochfraß mit der Zeit gewöhnlich vermindert. In schlecht belüfteten Böden nimmt dagegen die anfängliche Lochfraßgeschwindigkeit, wenn überhaupt, nur langsam mit der Zeit ab. Unter solchen Bedingungen verbleiben die Korrosionsprodukte auf einer niederen Oxydationsstufe, können in den umgebenden Boden abdiffundieren und gewähren dem Metall, das korrodiert wird, nur einen geringen oder gar keinen Schutz. Die Abhängigkeit der Lochtiefe von der Zeit kann auch von der Korrosivität des Bodens beeinflußt werden. So kann u. U. in einem gut durchlüfteten Boden ein lösliches Salz in hoher Konzentration die Ausfällung schützender Schichten aus Korrosionsprodukten verhindern, wodurch die Korrosion nicht mit der Zeit abfällt."

Außerdem ist es wahrscheinlich, daß die Belüftung des Bodens die Korrosion nicht nur durch direkte Einwirkung des Sauerstoffs auf die Schutzschichtbildung beeinflußt, sondern auch indirekt, indem der Sauerstoff mit den von Natur aus in manchen Böden enthaltenen organischen Depolarisatoren reagiert und ihre Konzentration vermindert. Diese Depolarisatoren begünstigen aber die Entstehung und Wirkung von Lokalelementen sehr stark. In dieser Hinsicht erstreckt sich die günstige Wirkung des Luftzutritts auch auf Böden, die sulfatreduzierende Bakterien beherbergen, da diese Bakterien in Gegenwart von gelöstem Sauerstoff unwirksam werden.

Dicht unter der Erdoberfläche ist die Korrosionsgeschwindigkeit im allgemeinen um so größer, je tiefer das Teil in der Erde liegt, jedoch kommen Ausnahmen vor. Versuche des Bureau of Standards [2] an Stahlproben, die 6 bzw. 12 Jahre in Tiefen von 30 bis 120 cm eingegraben waren, ergaben eine Zunahme der Korrosion mit wachsender Tiefe in 5 Böden, in 2 Böden dagegen eine umgekehrte Tendenz.

Ein Boden, der aus dem Humus stammende organische Säuren enthält, ist relativ korrosiv gegenüber Stahl, Zink, Blei und Kupfer. Die gemessene Gesamtacidität eines solchen Bodens scheint ein besseres Maß für seine Korrosivität zu sein als der pH-Wert allein. Hohe Konzentrationen an NaCl und Na_2SO_4 in schlecht entwässerten Böden, wie sie in Teilen Südkaliforniens anzutreffen sind, erzeugen eine hohe Korrosivität des Bodens. Außer der verstärkten Lokalelementtätigkeit gewinnen Kontaktkorrosions-Makroelemente und „long-line"-Ströme, die von Unterschieden der Sauerstoffkonzentration, der Bodenzusammensetzung oder des Zustandes der Metalloberfläche hervorgerufen werden, in Böden mit hoher elektrolytischer Leitfähigkeit erhöhte Bedeutung. Anoden und Kathoden können dabei viele hundert Meter oder sogar kilometerweit auseinander liegen. Ein infolge Fehlens von Feuchtigkeit und/oder gelösten Salzen schlecht leitender Boden ist generell weniger korrosiv als einer mit hoher Leitfähigkeit. Jedoch ist die Leitfähigkeit allein kein ausreichendes Maß für die Korrosivität; es ist gezeigt worden, daß die anodischen und kathodischen Polarisationscharakteristiken eines Bodens ebenfalls von Bedeutung sind [2].

Asche stellt eines der korrosivsten Medien dar. Bei 4- bis 5jähriger Auslagerung waren die Korrosionsgeschwindigkeiten in Asche für Stahl und Zink 5-, für Kupfer 8- und für Blei 20mal so hoch wie die Mittelwerte in 13 verschiedenen Böden.

9.2. Versuche des Bureau of Standards

Die umfangreichste Serie von Naturversuchen an verschiedenen Metallen und Schutzschichten in praktisch allen Bodentypen wurde 1910 von K. H. LOGAN vom National Bureau of Standards begonnen. Diese Versuche wurden bis 1955 fortgeführt und stellen nun die wichtigste überhaupt existierende Informationsquelle über die Korrosion im Erdboden dar [1]. Diese Versuche zeigten die Ähnlichkeit der Korrosionsgeschwindigkeiten verschiedenartiger Eisen- und Stahlsorten in einem gegebenen Boden. Eine Bestätigung dieser Schlußfolgerungen lieferten 5jährige Versuche in England [3]. Einige typische aus den Werten für viele Böden ermittelte Korrosionsgeschwindigkeiten sind in *Tab. 1* zusammengestellt. Zusätzlich sind Daten für zwei Böden, die relativ korrosiv gegenüber Stahl sind, und für einen verhältnismäßig wenig aggressiven Boden angeführt. Sie zeigen, wie stark die Korrosionsgeschwindigkeit zwischen verschiedenen Böden differieren kann. Für den Boden von San Diego bedeutet das Symbol $>$, daß die Probe am Ende des Versuchs in ihrer ganzen Dicke durchlöchert war.

Kupfer wird nach den Angaben der *Tab. 1* mit etwa $^1/_6$ der Geschwindigkeit von Stahl korrodiert, in Marschboden ist aber zum Beispiel die Geschwindigkeit relativ höher als in den meisten anderen Böden und erreicht die Hälfte der Korrosionsgeschwindigkeit von Stahl. In San Diego ist die Korrosion des Kupfers mittelstark. Lochfraß wurde nicht mit Bestimmtheit festgestellt, die maximale Tiefe der Korrosion betrug weniger als 0,015 cm.

Blei wird im Durchschnitt ebenfalls weniger als Stahl korrodiert, jedoch kann in schlecht belüfteten Böden und in solchen, die reich an organischen Säuren sind, die Korrosionsgeschwindigkeit das 4- bis 6fache des mittleren Wertes betragen. In einigen von diesen Böden wurden die Proben von Lochfraß durchbrochen, woraus sich eine durchschnittliche maximale Eindringtiefe errechnet, die größer ist

Tabelle 1:

Korrosion von Stählen, Kupfer, Blei und Zink in Böden
National Bureau of Standards [1]

Maximale Eindringtiefe in mm für die gesamte Auslagerungsdauer
Mittlere Korrosionsgeschwindigkeit in g/m²d

Erdboden	SIEMENS-MARTIN-Stahl		Schweiß-stahl		BESSEMER-Stahl		Kupfer		Blei		Zink	
	Auslagerungsdauer, Jahre											
	12		12		12		8		12		11	
	g/m²d	mm	g/m²d	mm	g/m²d	mm	g/m²d	mm	g/m²d	mm	g/m²d	mm
Mittelwert aus verschiedenen Böden	0,45 (44 Böden)	1,78	0,47 (44 Böden)	1,50	0,45 (44 Böden)	1,55	0,07 (29 Böden)	<0,15	0,052 21(Böden)	>0,81	0,30 (12 Böden)	>1,35
Marschboden, Elizabeth, N.J.	1,08	2,28	1,16	2,04	1,95	2,54	0,53	<0,15	0,02	0,33	0,19	0,92
Montezuma-Lehm, Adobe, San Diego, Calif.	1,37	>3,68	1,34	>3,96	1,43	>3,48	0,07	<0,15	0,06	0,25	—	—
Kiesiger Sandlehm, Norwood, Mass.	0,09	0,71	0,10	0,58	0,10	0,53	0,02 (13,2 Jahre)	<0,15	0,013 (9,6 Jahre)	0,48	—	—

als der in *Tab. 1* angegebene Mittelwert. Bei Zink war in einigen Böden die Lochtiefe ebenfalls größer als die Probendicke. Bei 5 Jahre dauernden Untersuchungen, die in Großbritannien durchgeführt wurden, wurde käufliches Reinaluminium in 4 Böden durch schweren Lochfraß angegriffen (0,1 bis 1,6 mm), blieb aber in einem fünften Boden ohne Schädigung [4].

Ein Anwachsen des Cr-Gehaltes in Stahl verringert in einer Vielzahl von Böden die beobachtete Gewichtsabnahme, oberhalb 6% Cr beginnt jedoch die Lochtiefe zuzunehmen. In 14jährigen Versuchen wurden Stähle mit 12 und 18% Cr durch Lochfraß schwer angegriffen. Nichtrostender 18.8-CrNi-Stahl zeigte in 10 von 13 Böden keinen oder nur geringen (< 0,15 mm) Lochfraß und wies auch keinen Gewichtsverlust auf. In 3 Böden war allerdings mindestens eine Probe durch Lochfraß perforiert (Dicke der Proben 0,4—0,8 mm).

Nichtrostender X 5 CrNiMo 18.10-Stahl wies in keinem der 15 Böden, denen die Legierung 14 Jahre lang ausgesetzt war, Lochfraß auf. Im Hinblick darauf, daß in Meerwasser Lochfraß u. U. erst nach $2^1/_2$ Jahren auftritt, ist zu erwarten, daß sich bei längeren Versuchen auch an dieser Legierung Lochfraß zeigen würde, ähnlich wie beim 18.8.-CrNi-Stahl und den nickelfreien nichtrostenden Stählen.

Zinkschichten sind zur Verringerung des Gewichtsverlustes und der Lochfraßgeschwindigkeit von Stahl im Boden überraschend gut geeignet. In 10jährigen Versuchen in 45 Böden schützten Zinkschichten von 85 mg/cm² (bezogen auf eine Probenseite, entsprechend einer Dicke von 130 µm) den darunterliegenden Stahl mit einer Ausnahme vor Lochfraß. Diese trat im Boden von Buttonwillow, Calif. auf (Schufflehm), wo ein geringfügiger Angriff auf das Grundmetall festgestellt werden konnte. In späteren Versuchen, die sich über 13 Jahre erstreckten, verminderte eine Schutzschicht von 95 mg/cm² die Korrosion wirksam (verhinderte sie aber nicht); sogar in Asche, in der die Zinkschichten in den ersten beiden Jahren zerstört wurden. Es gibt einige Hinweise darauf, daß der größere Teil der Schutzwirkung auf die Legierungsschicht zurückzuführen ist, die sich beim Feuerverzinken zwischen Stahloberfläche und Zink bildet. Jedoch ist das noch nicht abschließend bewiesen (siehe S. 213 „*Zinkschichten*“).

9.2.1. Besonderheiten des Lochfraßes

Es muß darauf hingewiesen werden, daß wegen der geringen Abmessungen aller Versuchsproben, die in der Größenordnung von Zentimetern bis zu ca. 30 cm lagen, die wiedergegebenen Lochfraßgeschwindigkeiten eher minimale als maximale Werte darstellen. Es wurde gefunden, daß die tatsächliche Lochtiefe zu einem gegebenen Zeitpunkt mit der Probengröße leicht zunimmt, da die kathodische Fläche pro Loch zunimmt, was zu höheren Stromdichten im Loch führt. Zusätzlich zu diesem Faktor vergrößern „long-line“-Ströme oder, wenn vorhanden, Kontaktkorrosionselemente die Lochtiefe über die Werte hinaus, die an kleinen Proben gefunden werden, wo solche Zellen nicht zur Wirkung kommen.

Die Geschwindigkeit, mit der Korrosionslöcher unter gegebenen Bedingungen im Boden wachsen, sinkt im allgemeinen mit der Zeit und folgt der Gleichung

$P = kt^n$, worin P die maximale Lochtiefe zur Zeit t ist; k und n sind Konstanten. Nach [5] liegen die n-Werte für Stahl in gut durchlüfteten Böden bei 0,1, in schlecht durchlüfteten bei 0,9. Je kleiner der n-Wert ist, desto stärker fällt die Wachstumsrate der Löcher mit der Zeit ab. Wenn n den Wert 1 erreicht, wird die Lochwachstumsgeschwindigkeit konstant und die Eindringtiefe proportional zur Zeit.

Auf der Unterseite einer Rohrleitung pflegen sich die Korrosionslöcher stärker zu entwickeln als auf der Oberseite. Diese Differenz ist manchmal so groß, daß es sich lohnt, eine Rohrleitung nach einer gewissen Einsatzdauer um 180° zu drehen, um ihre Lebensdauer zu verlängern.

Der Lochfraß auf der Unterseite rührt vom fortwährenden Kontakt mit dem Boden her, während die Oberseite, da sich das Rohr setzt, im allgemeinen vom Boden getrennt wird, wobei sich ein Luftspalt zwischen Rohr und Erdboden ausbildet.

9.3. *Schutzmaßnahmen*

a) Organische und anorganische Schutzschichten:

Organische Anstriche in den zum Schutz gegen die Atmosphäre üblichen Dicken versagen im Boden innerhalb von Monaten. Dagegen haben sich Dickschicht-Teeranstriche mit Füllpigmenten oder anorganischen Fasern zur Verminderung des Kaltfließens als praktisch erwiesen. Sie liefern einen wirksamen Schutz bei mäßigen Kosten und sind die in der Praxis am meisten angewandten Schutzschichten. Versuche des Bureau of Standards zeigten, daß Weichgummischichten von 6 mm Dicke auf Stahl einen ausgezeichneten Schutz bei 11jähriger Auslagerung gewähren.

Auf Stahl aufgebrachte Portlandzementschichten haben sich in der Praxis als guter Schutz bei langjähriger Beanspruchung bewährt [6]. Nach Versuchen des Bureau of Standards besitzen auch Emailschichten, wenn sie porenfrei sind, eine Schutzwirkung. Diese beiden Arten von Schichten sind spröde und können daher leicht mechanisch beschädigt werden.

b) Metallische Schutzschichten:

Die Wirksamkeit von Zinkschichten wurde schon erwähnt. Solche Schichten werden schneller abgebaut, wenn sie mit großen Flächen von ungeschütztem Eisen, Stahl oder Kupfer verbunden sind. In diesem Falle ist eine Isolation der Partner zweckmäßig.

c) Veränderung des Bodens:

Die Korrosivität eines Bodens, der reich an organischen Säuren ist, kann verringert werden, indem man die Metallteile mit Stücken von Kalkstein umgibt.

Eine Schicht von Kreide, die die unterirdischen Rohre umgibt, ist in einigen Bodenformationen, die zur Erzeugung von mikrobiologischer Korrosion neigen, angewandt worden [7].

d) Kathodischer Schutz:

Im allgemeinen werden alle modernen unterirdischen Rohrleitungen und Tanks durch eine Kombination von kathodischem Schutz und verstärkten Teeranstrichen geschützt. Diese Kombination schützt Stahl in allen Böden vor Korrosion ebenso wirksam wie ökonomisch für den Zeitraum, in dem der kathodische Schutz erhalten bleibt.

Literatur-Anmerkungen

[1] L. ROMANOFF, „*Underground Corrosion*", Rundschreiben 579, National Bureau of Standards, 1957
[2] N. TOMASHOV u. Y. MIKHAILOVSKY, Corrosion, **15** (1959), 77t
[3] J. C. HUDSON u. G. ACOCK in „*Corrosion of Buried Metals*", Iron and Steel Institute Spec. Rep. 45, London (1952)
[4] P. GILBERT u. F. PORTER in „*Corrosion of Buried Metals*", Iron and Steel Institute Spec. Rep. 45, London, (1952)
[5] S. [1], S. 59
[6] F. N. SPELLER: „*Corrosion, Causes and Prevention*, S. 596—99, McGraw-Hill, New York, 1951
[7] U. R. EVANS: „*The Corrosion and Oxidation of Metals*", S. 272, Ed. Arnold, Ltd., London, 1960

Allgemeine Literaturhinweise

Kirk H. LOGAN: „*Underground Corrosion*" (Unterirdische Korrosion) Bur. of Standards Circular C 450 (1945)
M. ROMANOFF: „*Underground Corrosion*", Bur. of Standards Circular Nr. 579 (1957)
„*Corrosion of Buried Metals*" (Korrosion unterirdischer Metalle), Spec. Report Nr. 45, Iron and Steel Institute, London, 1952
K. LOGAN in „*Corrosion Handbook*", hsg. von H. H. Uhlig, S. 446 bis 466, John Wiley and Sons, New York, 1948
T. MARKOVIĆ u. Mitarbeiter: „*Beitrag zur Systematik der Korrosion der Metalle im Erdreich*", Werkstoffe u. Korrosion, **9** (1958), 623; **10** (1959), 547; **11** (1960), 22; **12** (1961), 16
V. S. ARTAMONOV: „*Der Schutz von Al-Kabelhüllen vor Bodenkorrosion*", Zaščita metallov 2 (1966), 176
R. NIEHAUS: „*Korrosionsschutz unterirdischer Anlagen*", Bitumen, Teere, Asphalte, Peche, **13** (1962), 378
N. D. TOMASHOV u. Y. N. MIKHAILOVSKII: „*Mechanismus der anodischen Lösung von Metallen in Böden*", Doklad Akad. Nauk SSSR **124** (1959), 1285
J. POLAK: „*Korrosionsschutz unterirdischer Stahlkonstruktionen und -einrichtungen*", Strojirenstoi, **15** (1965), 563
W. KIRSCH: „*Korrosionsvorgänge und neuere Entwicklungen des Korrosionsschutzes für erdverlegte u. industrielle Anlagen*", Schweiz. Masch. Markt, **65** (1965), 59

10. Oxydation und Anlaufen

Wenn ein Metall bei höheren Temperaturen einem oxydierenden Gas, wie zum Beispiel Sauerstoff, Schwefel oder Halogenen, ausgesetzt wird, so kann auch in Abwesenheit eines flüssigen Elektrolyten eine Korrosion erfolgen. Diese wird zuweilen als trockene Korrosion bezeichnet, im Gegensatz zur nassen Korrosion, unter welcher man den Angriff an feuchter Atmosphäre, in Wässern oder im Erdboden versteht. Bei der trockenen Korrosion bildet sich an der Metalloberfläche eine feste Deckschicht von Reaktionsprodukten oder eine Zunderschicht (der Zunder ist eine relativ dicke Deckschicht), durch welche die metallischen oder (und) die in der Umgebung befindlichen Reaktanten diffundieren müssen, um die Reaktion in Gang zu halten. Es zeigte sich, daß Ionen gewöhnlich viel schneller durch die festen Oxid-, Sulfid- oder Halogenidschichten wandern als Atome, so daß diese Schichten als Elektrolyte betrachtet werden können. Am Kupfer, das sich an der Atmosphäre oxydiert, oder am Silber, welches an der Atmosphäre beschlägt, bilden sich Kupfer(I)-oxid bzw. Silbersulfid als feste Elektrolyte. Die diffundierenden Ionen sind nicht hydratisiert und wandern gleichzeitig mit den Elektronen, jedoch auf unterschiedlichen Wegen.

10.1. Schützende und nichtschützende Zunderschichten

Die Reaktionsgeschwindigkeit des Metalles hängt davon ab, ob die Deck- oder Zunderschicht dicht ist und daher schützend wirkt, oder ob sie wegen vorhandener Risse und Poren einen relativ geringen oder keinen Schutz bietet. Da die aus Reaktionsprodukten bestehenden Schichten gewöhnlich spröde sind und jeder Duktilität entbehren, hängt die Bildung von Schichtrissen gewissermaßen davon ab, ob die gebildete Oberflächenschicht einer Dehnung, die eine Rissigkeit begünstigt, oder einem Druck ausgesetzt ist. Dies ist wiederum davon abhängig, ob das Volumen des Reaktionsproduktes größer oder kleiner als das des Metalles ist, aus dem es sich gebildet hat [1]. Falls $\frac{Md}{nmD} > 1$ ist, bildet sich eine schützende Zunderschicht; dabei ist M das Molekulargewicht und D die Dichte des Zunders, m und d das Atomgewicht bzw. die Dichte des Metalles und n die Anzahl der Metallatome im Molekül der Zundersubstanz ($n = 2$ für Al_2O_3). Wenn dagegen dieses Verhältnis kleiner als 1 ist, wird die Zunderschicht unter Dehnung gebildet, und sie wirkt nicht schützend. Im Falle des Kalziums und des Magnesiums, welche im allgemeinen nichtschützende Oxide bilden, betragen diese Verhältniszahlen

0,64 bzw. 0,79, während für Aluminium und Chrom, die schützende Oxidschichten bilden, die Werte 1,5 und 2,0 gelten. Für Wolfram beträgt dieses Verhältnis 3,6, folglich müßte das Oxid WO_3, außer bei höheren Temperaturen (etwa $> 800\,°C$), wo es sich verflüchtigt, schützend wirken. Auch am Platin bildet sich allmählich ein flüchtiges Oxid, PtO_2, wie daraus hervorgeht, daß bei höheren Temperaturen der Metallverlust in Luft größer ist als der in einer inerten Atmosphäre.

10.1.1. *Die drei Gleichungen für die Oxydationsgeschwindigkeit*

Die drei wichtigsten Gleichungen zur Berechnung der Dicke y der Deck- oder Zunderschicht, die sich an einem Metall in der Zeit t bildet, sind *a*) die lineare *b*) die parabolische und *c*) die logarithmische Gleichung. Die jeweilige Gültigkeit einer Gleichung hängt teilweise von dem Verhältnis $\frac{Md}{nmD}$ sowie von der relativen Dicke der betrachteten Deckschicht ab.

Die lineare Gleichung drückt eine konstante Oxydationsgeschwindigkeit aus, d. h.

$$\frac{dy}{dt} = k \quad \text{und} \quad y = kt + \text{Konst.},$$

wo k eine Konstante ist. Demnach bildet die graphische Darstellung der Zunderschichtdicke y gegen die Zeit t eine Gerade (*Abb. 1*). Diese Gleichung gilt für Fälle, in denen die Reaktionsgeschwindigkeit an einer Grenzfläche konstant ist, wie zum Beispiel in dem Fall, daß die Reaktionsteilnehmer aus der Umgebung durch Risse oder Poren der Zunderschicht an die Metalloberfläche gelangen. Sie gilt demzufolge gewöhnlich dann, wenn das Verhältnis $\frac{Md}{nmD}$ für das betreffende Metall kleiner als 1 ist. In besonderen Fällen kann die lineare Gleichung aber auch gelten, obwohl jenes Verhältnis größer als 1 ist, und zwar dann, wenn die geschwindigkeitsbestimmende Reaktion an der inneren oder äußeren Phasengrenze der Zunderschicht konstant ist. So wird zum Beispiel Wolfram bei 700 bis 1000 °C zunächst unter Bildung einer äußeren porösen Wolfram(VI)-oxidschicht und einer inneren dichten oxidischen Zunderschicht unbekannter Zusammensetzung gemäß der parabolischen Gleichung oxydiert [2]. Sobald sich aber die Bildungsgeschwindigkeiten der äußeren und inneren Schicht gleichen, wird die lineare Gleichung befolgt.

Die parabolische Gleichung ergibt sich, wenn die Diffusion von Ionen oder der Durchtritt von Elektronen durch die Zunderschicht die Reaktionsgeschwindigkeit bestimmt und diese daher umgekehrt proportional der Schichtdicke ist.

$$\frac{dy}{dt} = \frac{k'}{y} \quad \text{und} \quad y^2 = 2k't + \text{Konst.}$$

Wenn daher y^2 über t aufgetragen wird, ergibt sich eine lineare Beziehung (*Abb. 1*). Diese Gleichung ist auf schützende Zunderschichten, für welche $\frac{Md}{nmD} > 1$ ist, und somit auf die Hochtemperaturoxydation vieler Metalle, u. a. Kupfer, Nickel, Eisen, Chrom und Kobalt, anwendbar.

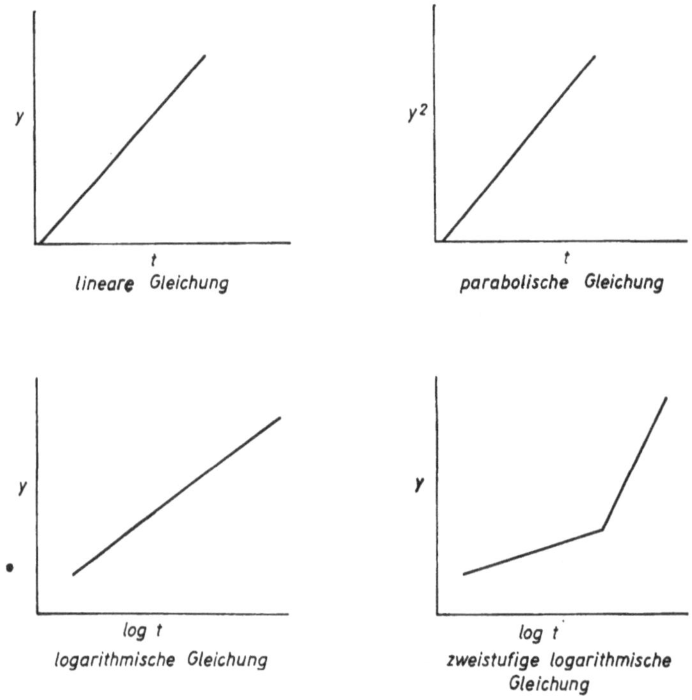

Abb. 1: Darstellung der Schichtdicke y in Abhängigkeit von der Oxydationszeit t gemäß verschiedener Geschwindigkeitsgleichungen

Für verhältnismäßig dünne Deckschichten, wie sie etwa zu Beginn der Oxydation, wo die Schichtbildung noch nicht abgeschlossen ist, oder bei der Oxydation unter niederen Temperaturen auftreten können, erwies sich die logarithmische Gleichung als gültig:

$$\frac{dy}{dt} = \frac{k''}{t} \quad \text{und} \quad y = k'' \ln \left(\frac{t}{\text{Konst.}} + 1 \right)$$

Die graphische Darstellung von y über $\log t$ ergibt dementsprechend eine Gerade (*Abb. 1*). Wie zuerst TAMMANN und KÖSTER [3] berichteten, bringt die logarithmische Gleichung das Anfangsverhalten der Oxydationsvorgänge an vielen

Metallen, wie etwa am Kupfer, Eisen, Zink, Nickel, Blei, Cadmium, Zinn, Mangan, Aluminium, Titan und Tantal zum Ausdruck. Zunächst wurde ihre Gültigkeit in Frage gestellt; später sind mehrfach Versuche unternommen worden, die Gleichung unter Berücksichtigung der als Diffusionsbarriere wirkenden Oxidschicht, des Ionenkonzentrationsabfalles über der Oxidschicht oder anderer besonderer Eigenschaften der Oxide abzuleiten. Diese Annahmen haben jedoch keine allgemein gültige experimentelle Bestätigung gefunden. Es ist vielmehr gezeigt worden, daß die logarithmische Gleichung unter der Voraussetzung einer Oxydation hergeleitet werden kann, deren Geschwindigkeit durch den Übergang von Elektronen aus dem Metall in die Deckschicht bestimmt wird [4, 5], wobei sich die Schicht elektrisch auflädt, d. h. es wird eine elektrische Raumladung um diese Schicht gebildet. Das Überwiegen von positiver oder negativer elektrischer Ladung in den Oxiden in unmittelbarer Nähe der Metalloberfläche, was mit einer elektrischen Doppelschicht in wäßrigen Elektrolytlösungen verglichen werden kann, ist experimentell nachgewiesen worden. Daher verändern die Faktoren, welche die Elektronenaustrittsarbeit (das ist die zum Entfernen eines Elektrons aus dem Einflußbereich der Metalloberfläche benötigte Energie) im Metall beeinflussen, wie zum Beispiel die Kristallorientierung, Gitterzustände oder das magnetische Verhalten (Curie-Temperatur), weitgehend die Oxydationsgeschwindigkeit des Metalles, wie es auch beobachtet wurde. Sobald die Schichtdicke den maximalen Wirkungsbereich der Raumladung übersteigt, wird die Diffusion oder der Durchtritt durch die Schicht gewöhnlich geschwindigkeitsbestimmend, so daß die parabolische Gleichung befolgt wird und die oben erwähnten Faktoren, wie etwa die Kristallorientierung, die Oxydationsgeschwindigkeit nicht mehr beeinflussen. Auf Grund dessen geht die Oxydation solcher Metalle, welche schützende Deckschichten bilden, zuerst nach der logarithmischen und dann nach der parabolischen oder linearen Gleichung vonstatten.

Wenn in einer dünnen Schicht die Wanderung von Ionen die Geschwindigkeit der Metalloxydation bestimmt, und wenn das in der Schicht wirkende elektrische Feld als durch die an der äußeren Oberfläche adsorbierten Gasionen aufgerichtet betrachtet wird, ist die Ionenwanderungsgeschwindigkeit eine Exponentialfunktion der Feldstärke, und es ergibt sich eine umgekehrt logarithmische Gleichung [6]:

$$\frac{1}{y} = k \ln \left(\frac{t}{\text{Konst.}} + 1\right) \quad \text{bzw.} \quad y = \text{Konst.} - k' \ln t$$

Diese Beziehung gilt für die Oxydation des Kupfers bei niederen Temperaturen [7, 8]. Eine Unterscheidung zwischen den logarithmischen Gleichungen, die für dünne Schichten zutreffen können, ist wegen des begrenzten Zeitraumes, in dem die Daten für das Verhalten der dünnen Schicht erhalten werden können, oft sehr schwierig. Aus demselben Grunde ist es auch schwierig, andere vorgeschlagene Gleichungen, wie zum Beispiel die kubische Gleichung: $y^3 = kt + \text{Konst.}$, auszuwerten. Die dieser Gleichung folgenden Daten können in vielen Fällen auch durch eine zweistufige logarithmische Gleichung dargestellt werden, wobei auf eine anfängliche niedrige eine endgültige höhere Oxydationsgeschwindigkeit folgt [9], (*Abb. 1*). Die höhere Geschwindigkeit ist auf die Bildung einer diffusen Raumladungswolke, die sich einer anfänglichen Raumladung konstanter Ladungsdichte überlagert, zurückgeführt worden [4].

10.2. Die Oxydationstheorie von Wagner

Bei der Oxydation bestimmter Metalle (z. B. Kupfer, Zink und Nickel) ist festgestellt worden, daß die Metallionen durch das Oxid an die äußere Oxidoberfläche wandern, wo sie mit dem Sauerstoff reagieren. An diesen Metallen erfolgt die nach außen gerichtete Diffusion der Metallionen mit höherer Geschwindigkeit als die Diffusion der größeren Sauerstoffionen an die Metalloberfläche. Die viel mehr an der äußeren als an der inneren Oxidoberfläche stattfindende Reaktion wurde zuerst von Pfeil [10] beschrieben; der Autor zeigte, daß, wenn eine Eisenoberfläche mit einem Brei von Chrom(III)-oxid bestrichen wird, sich diese grün gefärbte Schicht nach der Oxydation des Metalles in der mittleren oder unteren Schicht des Eisenoxids befindet, d. h. die Eisenionen diffundieren durch die grüne Chrom-(III)-oxidschicht und reagieren an der Gas-Oxid-Grenzfläche mit Sauerstoff. So konnte auch Wagner durch quantitative Untersuchungen zeigen [11], daß beim Beschlagen von Silber in schwefelhaltiger Atmosphäre die Silberionen, nicht aber

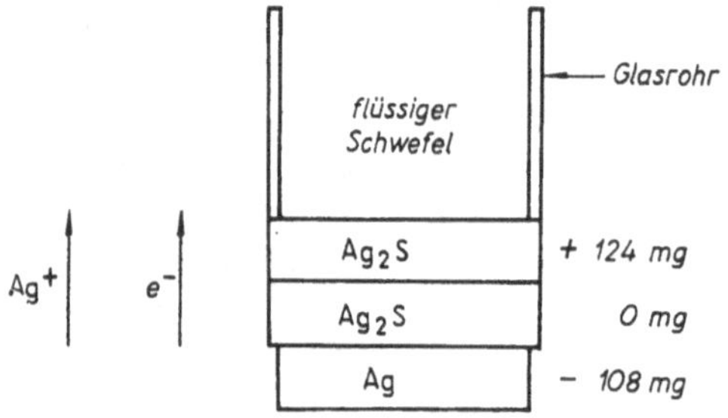

Abb. 2: Bildung von Silbersulfid aus Silber und flüssigem Schwefel, 1 Stunde, 220 °C (nach Wagner)

die Schwefelionen durch die Silbersulfidschicht wandern. Durch die in *Abb. 2* gezeigte Anordnung, wobei auf ein Silberblech zwei genau gewogene Stücke von Silbersulfid und geschmolzener Schwefel übereinandergeschichtet werden, fand er, daß bei einer einstündigen Temperatureinwirkung von 220 °C das Gewicht des auf dem Silberblech liegenden Silbersulfidstückes unverändert bleibt, während das des oberen, mit Schwefel in Berührung stehenden Stückes um den Betrag zunimmt, der dem Gewichtsverlust des Silberbleches chemisch äquivalent ist. Wagner zeigte weiterhin, daß unter Voraussetzung der unabhängigen Wanderung der Silberionen und Elektronen der Wert der beobachteten Reaktionsgeschwindigkeit aus unabhängigen physikalischen Daten errechnet werden kann. Für die parabolische Geschwindigkeitskonstante leitete er einen Ausdruck ab [12], wovon eine vereinfachte Form

$$k = \frac{E n_3 (n_1 + n_2) \varkappa}{F} \tag{1}$$

ist [13]; dabei bedeuten E die EMK der arbeitenden Zelle, die entweder durch Potentialmessung oder durch Berechnung aus den Werten der freien Enthalpien erhalten werden kann, n_1, n_2 und n_3 die mittleren Überführungszahlen der Kationen, Anionen bzw. Elektronen innerhalb der Deckschicht, $\varkappa$ die mittlere spezifische Leitfähigkeit der Schichtsubstanz und F die Faraday-Konstante. Die Konstante k erscheint in der Beziehung

$$\frac{dW}{dt} = k \frac{A}{y},$$

wo $\frac{dW}{dt}$ die Bildungsgeschwindigkeit der Schichtsubstanz in Val/sec, A die Fläche und y die Schichtdicke ist. Der für die Reaktion von Silber mit Schwefel bei 220 °C berechnete Wert von k beträgt $2 - 4 \cdot 10^{-6}$ Val/cm sec; der beobachtete Wert beträgt $1{,}6 \cdot 10^{-6}$ Val/cm sec. Für die Oxydation von Kupfer bei 1000 °C und 100 Torr Sauerstoffdruck ist der berechnete und der beobachtete Wert von $k = 6 \cdot 10^{-9}$ bzw. $7 \cdot 10^{-9}$ Val/cm sec. Die sehr gute Übereinstimmung der theoretischen mit den beobachteten Werten bestätigt die Richtigkeit des von Wagner vorgeschlagenen Modells für den Oxydationsprozeß im Gültigkeitsbereich der parabolischen Gleichung.

Die Gleichung (1) gilt für die Diffusion der Kationen oder (und) der Anionen in der aus Reaktionsprodukten bestehenden Zunderschicht. Einige Metalle, wie z. B. Titan und Zirkon, werden zum Teil durch die Wanderung von Sauerstoffionen durch Anionenlücken in den entsprechenden äußeren Oxiden oxydiert.

10.3. Oxideigenschaften und Oxydation

Als elektrische Leiter zählen die Metalloxide gewöhnlich zur Klasse der Halbleiter, d. h. ihre Leitfähigkeit liegt zwischen denen der Isolatoren und der metallischen Leiter. Die Leitfähigkeit der Metalloxide steigt mit einer geringen Verschiebung ihrer stöchiometrischen Verhältnisse von Metall zu Sauerstoff und mit steigender Temperatur an. Man unterscheidet zwischen zwei Typen von oxidischen Halbleitern, nämlich dem p- und dem n-Typ (p bedeutet positiver und n negativer Ladungsträger). Bei einem p-Halbleiter kommt die Verschiebung der stöchiometrischen Verhältnisse in einer bestimmten Anzahl im Oxidgitter fehlender Metallionen, sogenannter Kationenlücken zum Ausdruck; die Kationenlücken werden durch $\square$ dargestellt. Zur Wahrung der Elektroneutralität bildet sich gleichzeitig eine äquivalente Anzahl von positiven Löchern $\oplus$, d. h. Stellen mit fehlenden Elektronen. Ein Beispiel für ein positives Loch ist ein Kupfer(II)-ion in einem Kupfer(I)-oxidgitter. Oxidische *p*-Halbleiter sind Cu_2O, NiO, FeO, CoO, Bi_2O_3 und Cr_2O_3. In *Abb. 3* ist ein Modell für das Kupfer(I)-oxidgitter dargestellt. Bei der Oxydation von Kupfer werden Kationenlücken und positive Löcher an der Sauerstoff-Oxid-Grenzfläche gebildet. Diese Stellen wandern zur Metalloberfläche, was gleichbedeutend ist mit einer umgekehrten Wanderung von Kupfer(I)-ionen und Elektronen an die Sauerstoff-Oxid-Grenzfläche.

Cu^{++}		Cu^{+}		Cu^{+}		Cu^{+}		Cu^{+}
	O^{--}		O^{--}		O^{--}		O^{--}	
Cu^{+}		$\square$		Cu^{+}		Cu^{++}		Cu^{+}
	O^{--}		O^{--}		O^{--}		O^{--}	
Cu^{+}		Cu^{+}		Cu^{+}		$\square$		Cu^{+}

Gitterfehlstellen in Cu_2O

Zn^{++}		O^{--}	Zn^{++}		O^{--}		Zn^{++}	O^{--}
	e^-			e^-		Zn^{++}		
O^{--}		Zn^{++}	O^{--}		Zn^{++}		O^{--}	Zn^{++}
	Zn^{++}			e^-		e^-		
Zn^{++}		O^{--}	Zn^{++}		O^{--}		Zn^{++}	O^{--}

Gitterfehlstellen in ZnO

Abb. 3.

Bei einem oxidischen *n*-Halbleiter besteht ein Überschuß an Metallionen, die sich auf den Zwischengitterplätzen des Oxides befinden und während der Oxydation zusammen mit den Elektronen an die äußere Oxidoberfläche wandern (*Abb. 3*). Beispiele für oxidische *n*-Halbleiter sind ZnO, CdO, TiO_2 und Al_2O_3. Wie von WAGNER nachgewiesen wurde, kann auf die Konzentration der Zwischengitterionen und Elektronen als auch auf die Kationenlücken und positiven Löcher das Massenwirkungsgesetz angewandt werden. Für Kupfer(I)-oxid ergeben sich demnach die Gleichgewichtsbeziehungen

$$^1/_2\,O_2 \leftrightharpoons Cu_2O + 2\,Cu_{\square}^{-} + 2\oplus \tag{2}$$

und

$$c^2_{Cu\overline{\square}} \cdot c^2_{\oplus} = \text{Konst.} \cdot p^{1/2}_{O_2}. \tag{3}$$

Das entsprechende Gleichgewicht ergibt sich für Zinkoxid:

$$ZnO \leftrightharpoons Zn^{++}{}_{(Zw.)} + 2e^- + {}^1/_2\,O_2 \tag{4}$$

und

$$c_{Zn^{++}(Zw.)} \cdot c^2_{e^-} = \frac{\text{Konst.}}{p^{1/2}_{O_2}} \tag{5}$$

(Es ist auch darauf hingewiesen worden, daß die Zwischengitterionen des Zinks im Zinkoxid einwertig statt zweiwertig sein können.) Diese Beziehungen lassen interessante Aussagen über den Einfluß der Verunreinigungen im Oxidgitter auf die Oxydationsgeschwindigkeit des Metalles zu. Wenn beispielsweise im Nickel(II)-oxidgitter zweifach geladene Nickelionen durch einfach geladene Lithiumionen ersetzt werden, muß zur Erhaltung der Elektroneutralität die Konzentration der positiven Löcher ansteigen. Zur Aufrechterhaltung des Gleichgewichtes der Reaktion

$$^{1}/_{2}O_2 \leftrightharpoons NiO + Ni_{\square}^{--} + 2\oplus$$

$$c_{Ni_{\square}^{--}} \cdot c_{\oplus}^{2} = Konst. \cdot p_{O_2}^{1/2} \qquad (6)$$

muß demnach die Konzentration der Kationenlücken abfallen. Dieser Abfall ist mit einer Verringerung der Oxydationsgeschwindigkeit verbunden [14], da diese durch die Wanderungsgeschwindigkeit der Kationenlücken bestimmt wird. Werden dagegen kleine Mengen von Chrom(III)-ionen zum Nickeloxid gegeben, so fällt die Konzentration der positiven Löcher ab, die Konzentration der Kationenlücken steigt entsprechend an, und damit erhöht sich die Oxydationsgeschwindigkeit des Nickels. Der Einfluß des legierten Chroms auf die Oxydationsgeschwindigkeit des Nickels wird an Hand der in *Tab. 1* zusammengestellten Angaben von Wagner und Zimens [15] veranschaulicht.

Tabelle 1:

Geschwindigkeitskonstanten der Oxydation von Cr–Ni-Legierungen (1000 °C, 1 atm O_2)

Cr-Gehalt Gew.-%	Parabolische Geschwindigkeitskonstante k $g^2\,cm^{-4}\,sec^{-1}$
0	$3{,}1 \cdot 10^{-10}$
0,3	$14 \cdot 10^{-10}$
1,0	$26 \cdot 10^{-10}$
3,0	$31 \cdot 10^{-10}$
10,0	$1{,}5 \cdot 10^{-10}$

Bei einem Chromgehalt von 10% fällt die Oxydationsgeschwindigkeit wieder ab, was damit erklärt werden könnte, daß sich statt einer Nickeloxidschicht eine Chrom(III)-oxidschicht bildet (*1*), die die Geschwindigkeit der Ionenwanderung verringert.

Nach der Gleichung (3) ist für p-Halbleiter eine Erhöhung des Sauerstoffpartialdruckes mit einer Vergrößerung der Konzentration von Kationenlücken und positiven Löchern an der Sauerstoff-Oxid-Grenzfläche verbunden. In Übereinstimmung damit wird Kupfer mit um so höheren Geschwindigkeiten oxydiert, je höher der Sauerstoffpartialdruck ist [16].

Wenn kleine Mengen von Lithiumionen zu dem *n*-Halbleiter Zinkoxid gegeben werden, so fällt, um Elektroneutralität zu wahren, die Elektronenkonzentration ab und die Konzentration der Zwischengitterzinkionen steigt gemäß dem Massenwirkungsgesetz an, Gleichung (5). Dieser Konzentrationsanstieg begünstigt die Diffusion der auf den Zwischengitterplätzen befindlichen Zinkionen, so daß die Oxydationsgeschwindigkeit des Zinks durch die Lithiumionen, entgegen ihrer Wirkung im Nickeloxid, erhöht wird. Wie sich aus entsprechenden Überlegungen ableiten läßt, wird durch Zugabe der dreiwertigen Aluminiumionen zum Zinkoxid die Oxydationsgeschwindigkeit des Zinks verringert. Die Angaben in der *Tab. 2* verdeutlichen diese unterschiedlichen Wirkungen [17]. Da die Konzentration der auf den Zwischengitterplätzen befindlichen Zinkionen an der Sauerstoff-Oxid-Grenzfläche ohnehin schon niedrig ist und daher ein weiterer Abfall, der etwa durch Erhöhung des Sauerstoffpartialdruckes herbeigeführt wird, nur einen geringen Einfluß auf ihr Konzentrationsgefälle in bezug auf die maximale Konzentration an der Metalloberfläche hat, ist die Oxydationsgeschwindigkeit des Zinks vom Sauerstoffpartialdruck nahezu unabhängig.

Daher beeinflussen auch Spuren von Verunreinigungen, die für die Halbleitereigenschaften hauptsächlich ausschlaggebend sind, ganz beträchtlich die Oxydationsgeschwindigkeiten der durch Halbleiterschichten geschützten Metalle.

Tabelle 2:

Geschwindigkeitskonstanten der Oxydation von Zink (390 °C, 1 atm O_2)

	Parabolische Geschwindigkeitskonstante k $g^2\ cm^{-4}\ sec^{-1}$
Zn, rein	$2{,}2 \cdot 10^{-13}$
Zn + 0,1% Al	$2{,}8 \cdot 10^{-15}$
Zn + 0,4% Li	$5{,}6 \cdot 10^{-11}$

Anderseits beeinflussen die in großen Anteilen vorliegenden Legierungselemente, z. B. > 10% Cr-Ni-Legierungen, die Oxydationsgeschwindigkeit durch eine weitgehende Veränderung der Zusammensetzung und Struktur der Deckschicht, neben etwaigen Wirkungen auf ihre Halbleitereigenschaften.

10.4. Über die Wirkungen galvanischer Zellen

Auf Grund der elektrochemischen Natur der Oxydation bei höheren Temperaturen müßte die galvanische Kopplung von verschiedenen Metallen die Oxydationsgeschwindigkeit beeinflussen. Tatsächlich sind auch derartige Wirkungen beobachtet worden [18]. So wird zum Beispiel die Reaktion von Silber mit gasförmigem Jod bei 174 °C durch eine elektrisch leitende Verbindung des Silbers mit Tantal, Platin oder Graphit beschleunigt. Da das Reaktionsprodukt Silberjodid vorrangig ein Ionenleiter ist, wird es an der Silberoberfläche mit einer durch den Elektronentransport durch die Silberjodidschicht begrenzten Geschwindigkeit gebildet. Wenn dagegen das Silber mit Tantal gekoppelt wird, so diffundieren die Silberionen an die Elektronen liefernde Tantaloberfläche, und die Elektronen strömen vom Silber zum Silberjodid. Daher wird außer der üblichen Bedeckung der Silberoberfläche mit Silberjodid allmählich auch die Tantaloberfläche mit einer Silberjodidschicht bedeckt (*Abb. 4*). Wenn ein Silberstück, das mit einem

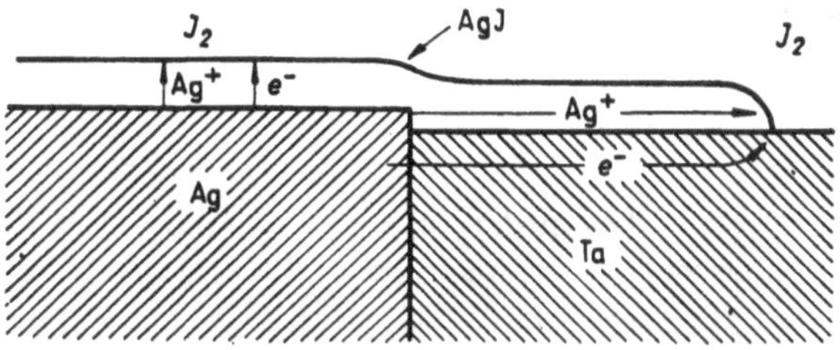

Abb. 4: Der Einfluß der Kopplung von Tantal und Silber auf die Reaktion von Joddampf mit Silber (nach ILSCHNER-GENSCH und WAGNER)

porösen galvanischen Goldüberzug versehen ist, bei 60 °C mit Schwefeldampf in Berührung kommt, so zeigt sich analog [19], daß sich an der Goldoberfläche ein dichter festhaftender Überzug von Silbersulfid bildet.

Ein weiteres anschauliches Beispiel kann durch ein Nickelblech gegeben werden, welches, nicht ganz bis zum Boden des Gefäßes reichend, in eine Natrium-Kalium-boratschmelze von 780 °C bei 1 atm. Sauerstoffdruck völlig untergetaucht wird

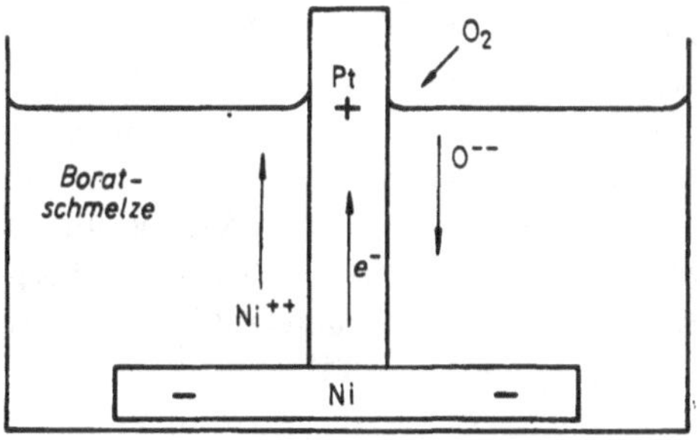

Abb. 5: Galvanische Zelle $Pt(O_2)$ / Boratschmelze / Ni zur Veranschaulichung der beschleunigten Oxydation von Nickel durch den Kontakt mit Platin

(*Abb. 5*). Unter diesen Bedingungen ist wegen des begrenzten Zutritts von Sauerstoff aus der Gasphase die Oxydationsgeschwindigkeit gering. Wenn jedoch das Nickelblech mit einem Stück Platin oder mit Silbergaze gekoppelt wird, wobei jeweils ein Ende des edleren Kopplungsmetalles aus der Schmelze herausragt, dann wird die Korrosion des Nickels auf das 35- bis 175fache (Expositionszeit 1 Std.) beschleunigt. Das Nickel wird unter derartigen Bedingungen sogar noch schneller korrodiert, als wenn es bei derselben Temperatur einer reinen

Sauerstoffatmosphäre ausgesetzt wäre, weil sich keine schützende Nickeloxidschicht bildet. Stattdessen lösen sich die Nickelionen in der Boratschmelze, und das Platin wirkt als Sauerstoffelektrode, deren Elektrodenpotentialdifferenz unter den beschriebenen Bedingungen in bezug auf das Nickel 0,7 V beträgt. Eine Zugabe von 1% FeO zum Borat führt zu weiterer Erhöhung der Oxydationsgeschwindigkeit, was wahrscheinlich durch die Abgabe von Eisen(II)-ionen verursacht wird, welche in der Nähe der Elektrolytoberfläche durch Sauerstoff zu Eisen(III)-ionen oxydiert und diese entweder an der Kathode oder durch Lokalelemententwicklung an der Nickelanode wiederum reduziert werden.

10.5. *Die Oxydation von Kupfer*

Kupfer wird an der Atmosphäre bei niedrigen Temperaturen (< 260 °C) gemäß der zweistufigen logarithmischen Gleichung unter Bildung einer Schicht von Cu_2O oxydiert. Die Oxydationsgeschwindigkeit wird durch Spuren von Verunreinigungen, wie zum Beispiel Eisen, welches im handelsüblichen „reinen" Kupfer meist enthalten ist [20], sehr erniedrigt. Zwischen etwa 260 °C und 1025 °C wird die Kupfer(I)-oxidschicht durch eine an der Oberfläche befindliche Deckschicht von Kupfer(II)-oxid überlagert. Oberhalb von 1025 °C bildet sich an der Atmosphäre nur noch Kupfer(I)-oxid. Oberhalb von 400 bis 500 °C folgt die Oxydation nicht mehr der logarithmischen, sondern der parabolischen Gleichung. Im Vergleich zu Eisen ist die Oxydationsgeschwindigkeit des Kupfers etwas höher, sie ist jedoch wesentlich höher als die des Nickels oder der wärmebeständigen Chrom-Eisenlegierungen. Dieses Verhalten wird durch die im folgenden angeführten Temperaturen verdeutlicht, unterhalb derer die Verzunderungsverluste der verschiedenen Metalle an der Atmosphäre kleiner als etwa 20–40 mg/dm^2h sind: Cu = 450 °C, Fe = 500 °C, Ni = 800 °C, 8–10% Cr–Fe-Legierung (0,1% C) = 750 °C, 25 – 30% Cr–Fe-Legierung (0,1% C) = 1050–1200 °C [21].

Zur Verbesserung der Oxydationsbeständigkeit bei höheren Temperaturen sind Aluminium, Beryllium und Magnesium als Legierungselemente besonders wirksam. So wird zum Beispiel eine 2% Be enthaltende Kupferlegierung bei 256 °C in einer Stunde mit $^1/_{14}$ der Oxydationsgeschwindigkeit des reinen Kupfers oxydiert [22]. Die maximale Verbesserung der Oxydationsbeständigkeit wird beim Zulegieren von Aluminium mit ca. 8% Al erreicht [23].

10.5.1. *Die innere Oxydation*

Wenn Kupfer mit kleinen Mengen bestimmter Metalle, wie Al, Be, Fe, Si, Mn, Sn, Ti und Zn legiert ist, wird es sowohl unter Ausscheidung von Oxidteilchen innerhalb des Metallkörpers als auch unter Bildung einer äußeren Oxidschicht oxydiert. Die Oxydation innerhalb des Metalles wird als innere Oxydation bezeichnet. Bei mehreren Silberlegierungen wurde ein ähnliches Verhalten beobachtet, allerdings ohne eine äußere Schichtbildung. Im allgemeinen findet man die innere Oxydation nicht bei Cadmium-, Blei-, Zinn- und Zinklegierungen, wenn auch einige Ausnahmen, wie etwa bei Natrium–Blei-, Aluminium–Zinn- und Magnesium-Zinnlegierungen [24], festgestellt wurden. In Eisenlegierungen ist die innere Oxydation wenig ausgeprägt, lediglich in einigen Nickel, Kobalt oder Molybdän enthaltenden Stählen sind solche Fälle beobachtet worden [21].

Der Mechanismus der inneren Oxydation besteht wahrscheinlich darin, daß in die Legierung diffundierender Sauerstoff mit den Legierungskomponenten reagiert, die eine höhere Affinität zu Sauerstoff als das Grundmetall haben, bevor diese Komponenten an die Oberfläche diffundieren können. RHINES u. a. [24] finden, daß einem diffusionskontrollierten Mechanismus gemäß die Tiefe der unter der Zunderschicht befindlichen Ausscheidungen der parabolischen Gleichung entspricht.

10.5.2. Die Reaktion mit Wasserstoff (Wasserstoffkrankheit)

Das Lösungsvermögen des an der Atmosphäre erhitzten Kupfers gegenüber Sauerstoff führt, falls das Sauerstoff enthaltende Metall in einer Wasserstoffatmosphäre erhitzt wird, unter Bildung von Wasserdampf zum Aufreißen des Metalles längs der Korngrenzen. Gegossenes Zähkupfer mit einem Gehalt an freiem Kupfer(I)-oxid ist gegenüber dieser Zerstörungsart besonders empfindlich. Es gibt Fälle, wo durch Wasserstoff bei Temperaturen unter 400 °C Zerstörungen verursacht wurden. Sogenannte sauerstofffreie Kupfersorten sind gegenüber der Wasserstoffkrankheit unempfindlich. Sie können jedoch zu einem gewissen Maße anfällig werden, wenn sie eine Zeitlang in Sauerstoff oder Luft erhitzt werden.

Auch im Silber kann sich Sauerstoff lösen, wenn es an der Atmosphäre auf höhere Temperaturen erhitzt wird, und bei nachträglichem Erhitzen in Wasserstoff auf über 500 °C wird das Metall blasig und es verliert seine Duktilität. Der Mechanismus ist hier der gleiche, wie der für das Kupfer beschriebene. Das in einer Wasserstoffatmosphäre 1 Stunde lang auf 850 °C erhitzte sauerstofffreie Silber wird nicht versprödet oder zerstört. Wenn es jedoch kurz danach bei der gleichen Temperatur der Atmosphäre ausgesetzt wird, verliert das ursprünglich sauerstofffreie Silber fast im gleichen Maße seine Duktilität wie ein in Wasserstoff erhitztes sauerstoffhaltiges Silber [25]. Zweifellos entweicht ein Teil des gelösten Wasserstoffes wieder, bevor der Sauerstoff in das Silber diffundieren kann, so daß die Versprödung etwas geringer ist. Da Gold und Platin wenig oder keinen Sauerstoff aufnehmen, sind diese Metalle beim Erhitzen in Wasserstoff der Wasserstoffkrankheit nicht unterworfen.

10.6. Die Oxydation von Eisen und Eisenlegierungen

Die Oxydation von Eisen ist wegen der Bildung von mindestens drei verschiedenen Eisenoxidschichten, deren Verhältnisse sich mit der Temperatur oder mit dem Sauerstoffpartialdruck verändern, schwer zu überblicken. Die von verschiedenen

Autoren gegebenen Daten stimmen nicht gut überein, was teilweise wahrscheinlich auf die unterschiedlichen Reinheiten der für die Oxydationsuntersuchungen verwendeten Eisensorten, vor allem hinsichtlich des Kohlenstoffgehaltes, zurückgeführt werden kann.

Die am Eisen bei 600 °C und einem Sauerstoffpartialdruck von 1 atm in 100 min erhaltene Zunderschicht wird als aus zwei Teilschichten bestehend angesehen, wobei eine innere FeO-Schicht im Gleichgewicht mit einer äußeren Fe_3O_4-Schicht steht [26]. Eine bei 1000 °C in 25 min erhaltene dreiteilige Schicht setzt sich aus 95% FeO, 1% Fe_3O_4 und weniger als 1% Fe_2O_3 zusammen. Unterhalb von 570 °C ist das Eisen(II)-oxid instabil, und falls oberhalb dieser Temperatur solches gebildet wird, zersetzt es sich bei Zimmertemperatur in Eisen(II)(III)-oxid und Eisen. Mehrere Ergebnisse zeigen, daß unterhalb von ca. 400 °C die Zunderschicht hauptsächlich aus Fe_3O_4 besteht und einen geringen Anteil α–Fe_2O_3 enthält.

Die wirksamsten Legierungselemente zur Verbesserung der Oxydationsbeständigkeit von Eisen an der Atmosphäre sind Kupfer und Aluminium. Kombinationen dieser Elemente mit Nickel und Silizium sind ebenfalls sehr wirksam. So hat eine Aluminium-Eisenlegierung mit 8% Al die gleiche Oxydationsbeständigkeit wie eine Legierung aus 20% Cr und 80% Ni [27]. Leider werden diese Al–Fe-Legierungen wegen ihrer schlechten mechanischen Eigenschaften, der Empfindlichkeit ihrer schützenden Oxidschichten gegenüber Korrosionsangriffen sowie wegen ihres Bestrebens zur Bildung von Nitriden, welche eine starke Versprödung verursachen, in ihrer Verwendbarkeit als oxydationsbeständige Werkstoffe sehr eingeschränkt. Eine Zugabe von Chrom zu den Al–Fe-Legierungen bewirkt, daß einige dieser genannten Nachteile aufgehoben werden.

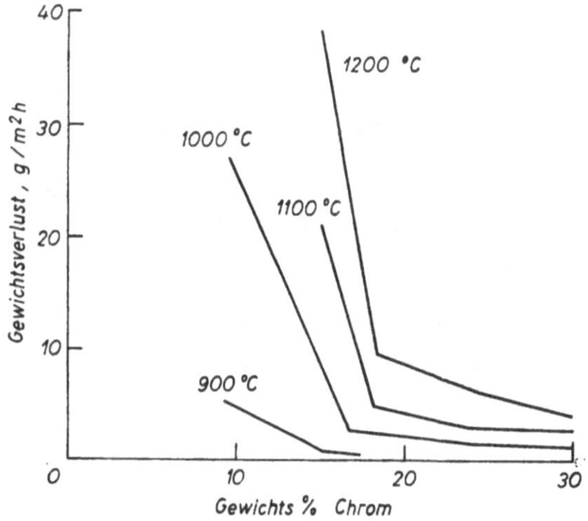

Abb. 6: Einfluß des Chromgehaltes auf die Oxydation der 0,5% C-Stähle, 220 Stunden (E. Houdremont: „*Handbuch der Sonderstahlkunde*, Springer-Verlag, 1956, Bd. 1, S. 815)

Die Chrom-Eisenlegierungen sind infolge ihrer guten Oxydationsbeständigkeit, ihrer guten mechanischen Eigenschaften und ihrer leichten Bearbeitbarkeit in der Praxis sehr vielseitig in Anwendung. Ihr typisches Oxydationsverhalten ist in *Abb. 6* dargestellt.

Die Verbesserung der Oxydationsbeständigkeit von Eisen durch Zulegieren von Aluminium oder Chrom rührt wahrscheinlich von einer merklichen Anreicherung der inneren Oxidschicht mit Aluminium oder Chrom her. Eine solche Anreicherung in den mittleren Oxidschichten einer Chrom-Eisenlegierung ist mit Hilfe chemischer Analysen nachgewiesen worden, während durch elektronenmikroskopische Analysen eine deutliche Anreicherung von Chrom in dem unmittelbar an die Metalloberfläche angrenzenden Oxid bestätigt werden konnte [28]. Derartige Oxide setzen der Ionen- und Elektronenwanderung einen viel größeren Widerstand entgegen als Eisen(II)-oxid. Im Falle der Chrom-Eisenlegierungen ist die Anreicherung von Chrom in der Oxidschicht mit einer Verarmung an Chrom an der unmittelbar unter der Zunderschicht gelegenen Metalloberfläche verbunden [28]. Dies erklärt die zufällig auftretende Verrostung und sonstige Stellen von geringer Korrosionsbeständigkeit an den warmgewalzten rostbeständigen Stählen, welche im Anschluß an die Hochtemperaturoxydation nicht in ausreichendem Maße gebeizt worden sind.

10.6.1. Die Prüfung der Lebensdauer oxydationsbeständiger Drähte

Die Beständigkeit einer bestimmten Legierung gegenüber der Oxydation bei hoher Temperatur hängt vor allem bei längerer Einwirkung nicht nur von den diffusionshemmenden Eigenschaften der Zunderschichten, sondern auch von der Haftfestigkeitsdauer solcher Schichten an der Metalloberfläche ab. Die an sich schützenden Zunderschichten werden während der Abkühlungs- und Erhitzungsperioden oftmals abgelöst, weil ihr Ausdehnungskoeffizient nicht mit dem des Metalles übereinstimmt. Von dem Verband „American Society for Testing Materials“ wurde daher eine Kurzzeitprüfung [29] für die Oxydationsbeständigkeit von Drähten empfohlen, wonach das Prüfstück einer Folge von Heiz- und Kühlperioden von jeweils 2 min Dauer ausgesetzt wird. Dieses abwechselnde Erhitzen und Kühlen bewirkt eine viel kürzere Lebensdauer als eine konstante Erhitzung des Drahtes. Als die Lebensdauer eines Drahtes wird in diesem Test die Zeit bis zur Zerstörung oder bis zum Erreichen des um 10% erhöhten elektrischen Widerstandes gemessen. Eine von der Arrheniusschen Gleichung für die Reaktionsgeschwindigkeit ausgehende Beziehung bringt die Abhängigkeit der Lebensdauer t von der Temperatur zum Ausdruck [30].

$$\log t\,[\mathrm{h}] = \frac{\Delta M}{2{,}3\,RT} + \mathrm{Konst.}$$

Die für die Lebensdauer von verschiedenen Legierungen typischen Prüfungsergebnisse sind in *Abb. 7* dargestellt. Es zeigt sich, daß die Lebensdauer der meisten relativ beständigen Legierungen (wegen ihrer höheren Aktivierungsenergien ΔU) in größerem Maße von der Temperaturänderung abhängig sind, als die der unbeständigeren Legierungen.

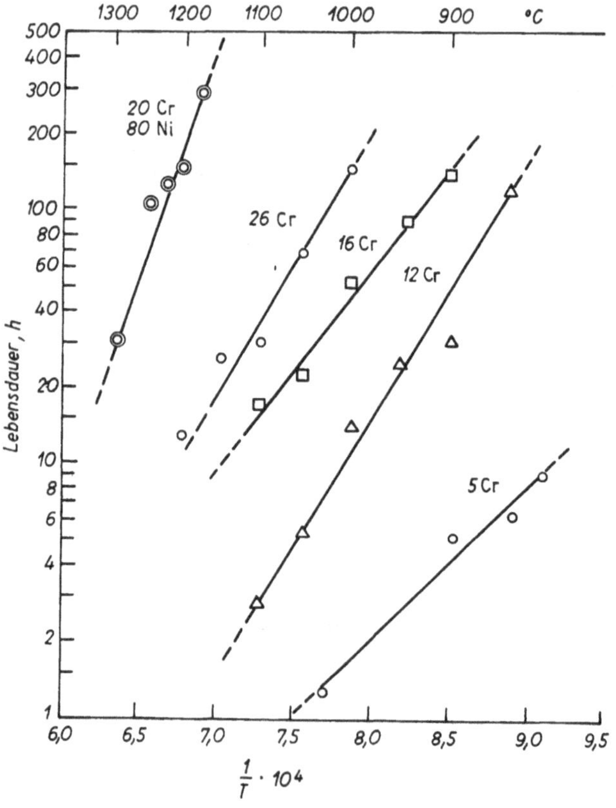

Abb. 7: Lebensdauer von Drähten aus wärmebeständigen Legierungen in Abhängigkeit von der Temperatur nach der Prüfung der „American Society for Testing Materials", (20% Cr–Ni- und 5–26% Cr–Fe-Leg.), in Luft bei 25 °C, 100% rel. Feuchte (nach BRASUNAS und UHLIG)

10.7. *Oxydationsbeständige Legierungen*

10.7.1. *Chrom-Eisenlegierungen*

Die Eisenlegierungen mit einem Gehalt von 4—9% Cr werden häufig für die Herstellung oxydationsbeständiger Ölraffinieranlagen benutzt. Die 12% Cr enthaltende Legierung wird wegen ihrer sehr guten Oxydationsbeständigkeit und ihrer hervorragenden physikalischen Eigenschaften zur Herstellung von Dampfturbinenschaufeln verwendet. Zur Herstellung von Feuerungsanlagen und Brennern verwendet man meist Legierungen mit 9 bis 30% Cr; wenn diese Legierungen außerdem Silizium und Nickel und u. U. noch andere Legierungselemente enthalten, können sie zur Herstellung von Ventilen für Verbrennungsmotoren dienen. Die etwaigen oberen Temperaturgrenzen für die Verwendbarkeit einiger Legierungen an der Atmosphäre sind im folgenden zusammengestellt.

Chromgehalt der Cr–Fe-Legierungen	Maximale Temperatur an der Atmosphäre
4–6%	650 °C
9%	750 °C
13%	750–800 °C
17%	850–900 °C
27%	1050–1100 °C

Wie gezeigt werden konnte [31] [32], erweitert eine Zugabe von 1% Yttrium zu einer 25% Cr enthaltenden Eisenlegierung die obere Grenze der Oxydationsbeständigkeit auf etwa 1375 °C. Zugaben von seltenen Erdmetallen wirken sich im allgemeinen vorteilhaft auf die Oxydationsbeständigkeit von Chrom und Chromlegierungen aus. Dieses Verhalten kann teilweise auf eine gegenüber ihrem Ablösen beständigere Oxidschicht zurückgeführt werden.

10.7.2. Chrom–Aluminium-Eisenlegierungen

Diese Legierungen, in denen die für die Beständigkeit vorteilhaften Eigenschaften vereinigt sind, besitzen eine außergewöhnlich gute Oxydationsbeständigkeit. So widersteht zum Beispiel die 30% Cr, 5% Al und 0,5% Si enthaltende Eisenlegierung (*2*) der atmosphärischen Oxydation bis zu 1300 °C. Ebenso ist die aus 24% Cr, 5,5% Al und 2% Co zusammengesetzte Eisenlegierung (*3*) bis zu 1300 °C oxydationsbeständig. Aus diesen Legierungen werden z. B. Heizungswicklungen, Teile von elektrischen Öfen und elektrische Widerstandselemente hergestellt. Ihre nachteiligen Eigenschaften bestehen in einer geringen Hochtemperaturfestigkeit sowie darin, daß sie bei Zimmertemperatur verspröden, nachdem sie längere Zeit an der Atmosphäre erhitzt worden sind. Diese Versprödung wird zum Teil durch die Bildung von Aluminiumnitrid verursacht. Ofenauskleidungen müssen aus diesem Grunde gut abgestützt werden; um ihre Expansion und Kontraktion unschädlich zu machen, werden sie aus gewelltem Blech hergestellt.

10.7.3. Nickel und Nickellegierungen

Die gute Oxydationsbeständigkeit des Nickels wird durch Zugabe von 20% Cr noch verbessert; diese Legierung ist an der Atmosphäre bis zu einer Temperatur von etwa 1150 °C beständig. Sie stellt somit eine der wärmebeständigsten Gebrauchslegierungen dar, die sowohl bei niedrigen als auch bei höheren Temperaturen eine sehr gute Oxydationsbeständigkeit sowie hervorragende physikalische Eigenschaften besitzt (*4*). Die Oxydationsbeständigkeit der handelsüblichen Legierung kann durch Zugabe von metallischem Kalzium als Desoxydationsmittel während des Schmelzprozesses noch wesentlich verbessert werden; offenbar wird durch diese Maßnahme die Oxydation an den Korngrenzen der Legierung verhindert. Geringe Zugaben von Zirkon, Thorium und seltenen Erdmetallen, wie zum Beispiel Cer, wirken sich wahrscheinlich deshalb vorteilhaft aus, weil sie das Ablösen des schützenden Oxids vermindern. Diese Erklärung wurde bereits in Verbindung mit der günstigen Wirkung des zulegierten Yttriums auf das Oxydationsverhalten der Chrom-Eisenlegierungen gegeben. Die aus 16% Cr, 7% Fe und 76% Ni bestehende Legierung (*5*) ist etwas weniger oxydationsbeständig als die 20% Cr enthaltende Nickellegierung, sie hat jedoch ähnlich gute physikalische Eigenschaften, ist leicht zu bearbeiten und gut schweißbar und kann an der Atmosphäre Temperaturen bis zu ca. 1100 °C ausgesetzt werden. Die elektrischen Heizelemente für verschiedene Öfen werden aus dieser Legierung in Form von Rohren hergestellt, in deren Inneren sich der Heizleiter aus 20% Cr–Ni-Legierung befindet, welcher von dem Mantel durch Magnesiumoxidpulver isoliert ist. Wegen ihres hohen Nickelgehaltes und ihrer hohen Festigkeit (Nickel bildet fast kein Karbid oder Nitrid) wird diese Legierung häufig für die Fertigung von Karburier- und Nitrieröfen verwendet.

Verschiedene wärmebeständige Drähte der Thermoelemente bestehen aus Nickellegierungen. So können die Chrom-Nickellegierungen mit 10% Cr (Chromal P) und die 2% Al, 2% Mn und 1% Si enthaltende Nickellegierung (Alumel) bis zu Temperaturen von 1100 °C der Atmosphäre ausgesetzt werden.

Nickel sowie Legierungen mit hohem Nickelgehalt neigen zur Oxydation an den Korngrenzen, wenn sie abwechselnd einer Oxydation und einer Reduktion ausgesetzt sind. Dies kann durch Zulegieren von Chrom vermindert werden. Auch in Kontakt mit Schwefel oder in schwefelhaltiger Atmosphäre unterliegen Nickel und Legierungen mit hohen Nickelgehalten bei höheren Temperaturen der interkristallinen Korrosion. Demnach ist Nickel für die praktische Verwendung in derartigen Medien oberhalb von ca. 315 °C nicht genügend beständig. Für die Verwendung in schwefelhaltigen Medien eignen sich Eisenlegierungen mit hohen Chrom- und geringen Nickelgehalten am besten.

10.7.4. Heizungswicklungen für Öfen

Im allgemeinen werden 20% Chrom-Nickellegierungen und verschiedene Chrom-Aluminium-Eisenlegierungen zur Herstellung von Heizungswicklungen verwendet. Für noch höhere Temperaturen kann eine 10% Rhodium-Platinlegierung verwendet werden, welche an der Atmosphäre bis zu 1400 °C beständig ist. Diese Legierung genügt im Vergleich zu reinem Platin den allgemeinen Anforderungen auf Grund ihrer höheren Festigkeit und der geringeren Geschwindigkeit des

Kornwachstums besser. Ein Einkristall von gleicher Abmessung wie ein Widerstandsdraht wird mit der Zeit abgeschert, wodurch er schließlich zerbricht.

Mit Molybdän gewickelte Öfen werden mitunter bis zu Temperaturen von 1500 °C betrieben. In dem Falle werden jedoch, da Molybdän an der Atmosphäre der Oxydation unterliegt, die Wicklungen in eine Schutzatmosphäre von Wasserstoff gehüllt.

10.8. Beschleunigte Oxydation

An einer bei 750 °C atmosphärisch oxydierenden, 8% Al enthaltenden Kupferlegierung ist beobachtet worden, daß sie in Gegenwart von MoO_3-Dampf, der an einem benachbarten, nicht mit ihr in Berührung kommenden Molybdändraht gebildet wird, mit einer abnorm hohen Geschwindigkeit reagiert [33]. Eine an der Atmosphäre in ähnlicher Weise beschleunigte Oxydation zeigte sich an einigen rostbeständigen Stählen, die einige Prozent Molybdän oder Vanadium [34, 35], oder auch einen Anteil von 0,04% Bor enthielten [36].

In Kesselrohren oder an Gasturbinenschaufeln, die bei hohen Temperaturen Verbrennungsgasen von stark vanadiumhaltigen Erdölen ausgesetzt sind, wurde ein ebenso beschleunigter Angriff beobachtet [37]. Allerdings kommen Erdöle mit hohen Vanadiumgehalten nur in manchen Quellen vor, wie zum Beispiel in einigen Gebieten Südamerikas. Das Vanadium liegt im Erdöl als lösliche metallorganische Komplexverbindung vor und ist daher schwierig aus dem Öl zu entfernen. Die Asche derartiger Öle kann 65% und mehr V_2O_5 enthalten, und der dadurch verursachte Angriff unterscheidet sich nicht von dem, der an vanadiumhaltigen wärmebeständigen Legierungen erfolgt.

Zerstörungen dieser Art werden als beschleunigte oder katastrophale Oxydation bezeichnet. Man nimmt an, daß die Ursache in einer niedrig schmelzenden Oxidphase begründet liegt, welche als Flußmittel wirkt und die schützende Schicht verdrängt oder auflöst. Die Schmelzpunkte von V_2O_5, MoO_3 und B_2O_3 liegen zum Beispiel bei 658 °C, 795 °C bzw. 294 °C, während im Vergleich dazu Fe_3O_4 bei 1527 °C schmilzt. Eutektische Gemische der Oxide haben einen Schmelzpunkt von noch niedrigeren Temperaturen. In vanadiumhaltigen Erdölen führt die Anwesenheit von Schwefel- und Natriumverbindungen und die katalytische Wirkung des Vanadium(V)-oxids auf die Umsetzung von Schwefeldioxid zu Schwefeltrioxid zur Bildung einer Phasenschicht, die Natriumsulfat und verschiedene Metalloxide enthält und deren Schmelzpunkt unter 500 °C liegt. Dem Erdöl zugegebene Substanzen, wie z. B. Kalzium- oder Magnesiumverbindungen, welche den Schmelzpunkt der Asche durch Bildung von Kalziumoxid (Smp. = 2570 °C) oder Magnesiumoxid (Smp. = 2800 °C) erhöhen, erwiesen sich demgemäß als sehr vorteilhaft. Auch durch die Einhaltung von unterhalb des Schmelzpunktes der Phasenschicht liegenden Betriebstemperaturen kann die beschleunigte Oxydation vermieden werden. So sind auch Legierungen mit hohen Nickelgehalten wegen des hohen Schmelzpunktes von Nickel(II)-oxid (1990 °C) relativ beständig.

Nach einer sehr plausiblen, von C. ILSCHNER-GENSCH [18] gegebenen Deutung des Mechanismus der beschleunigten Oxydation, ist nicht allein der Schmelzpunkt der sich bildenden Oxide ausschlaggebend, sondern es ist höchstwahrscheinlich auch die Wirkung von galvanischen Zellen an den Vorgängen beteiligt. Die lockere poröse Masse eines an der Metalloberfläche haftenden elektronenleitenden Oxids, zum Beispiel Fe_3O_4, die mit einem flüssigen Elektrolyten ausgefüllt ist, bildet die auf Seite 175 (*Abb. 5*) beschriebene Zelle nach, in welcher eine in geschmolzenem Borax befindliche Nickelanode mit einer Platinkathode verbunden war. Der Eisen(II)(III)-oxidschwamm bildet mit seiner großen Oberfläche die Sauerstoffelektrode und das Grundmetall die Anode. Bei Anwesenheit eines flüssigen Elektrolyten, in dem der Sauerstoff und die Metallionen sehr beweglich sind, kann eine solche Zelle als Ursache für den beschleunigten Oxydationsprozeß, der die Oxydationsgeschwindigkeit eines mit einer dichten Oxidschicht bedeckten oder in geschmolzenem Salz befindlichen Metalles weit übertrifft, angenommen werden.

Literatur-Anmerkungen

[1] N. PILLING u. R. BEDWORTH, J. Inst. Metals, **29** (1923), 534
[2] W. WEBB, J. NORTON u. C. WAGNER. J. Electrochem. Soc., **103** (1956), 107
[3] G. TAMMANN u. W. KÖSTER, Z. anorg. allg. Chem., **123** (1922), 196
[4] H. H. UHLIG, Acta Metallurgica, **4** (1956), 541
[5] E. C. WILLIAMS u. P. HAYFIELD in „*Vacancies and Other Point Defects in Metals and Alloys*", Inst. of Metals Report 23, S. 131, London, 1958
[6] N. CABRERA u. N. MOTT, Reports on Progress in Physics, **12** (1949), 163
[7] F. YOUNG, J. CATHCART u. A. GWATHMEY, Acta Metallurgica, **4** (1956), 145
[8] T. RHODIN, J. Am. Chem. Soc., **72** (1950), 5102; **73** (1951), 3143
[9] H. UHLIG, J. MACNAIRN u. J. PICKETT, Acta Metallurgica, **7** (1959), 111
[10] L. PFEIL, J. Iron and Steel Inst., **119** (1929), 520
[11] C. WAGNER, Z. physik. Chem., **21 B** (1933), 25
[12] C. WAGNER, Z. physik. Chem., **21 B** (1933), 25, **32 B** (1936), 447, **40 B** (1938), 455; mit K. GRÜNEWALD, Trans. Faraday Soc., **34** (1938), 851; Atom Movements, S. 153—73, American Society for Metals, Cleveland, 1951
[13] T. P. HOAR u. L. E. PRICE, Trans. Faraday Soc., **34** (1938), 867. (S. auch „*Corrosion Handbook*", S. 17).
[14] K. HAUFFE u. H. PFEIFFER, Z. Elektrochem., **56** (1952), 390
[15] C. WAGNER u. K. ZIMENS, Acta Chem. Scand., **1** (1947), 547
[16] C. WAGNER u. K. GRÜNEWALD, Z. physik. Chem., **40 B** (1938), 455
[17] C. GENSCH u. K. HAUFFE, Z. physik. Chem., **196** (1950), 427
[18] C. ILSCHNER-GENSCH u. C. WAGNER, J. Electrochem. Soc., **105** (1958), 198, 635
[19] T. EGAN u. A. MENDIZZA, J. Electrochem. Soc., **107** (1960), 353. Ähnliche Effekte treten nicht auf, wenn statt des Goldüberzuges eine Rhodium- oder Palladiumschicht vorliegt; die Ursache dafür ist noch unbekannt.
[20] P. HAYFIELD: „*Influence of Residual Impurities in Commercial Purity Copper upon Low Temperature Oxidation and Corrosion*", 1. Int. Kongr. über Korrosion der Metalle, Butterworths, London, 1961

[21] B. LUSTMAN, Metal Progress, S. 850, November 1946
[22] W. CAMPBELL u. U. THOMAS, Trans. Electrochem. Soc., **91** (1947), 623
[23] H. NISHIMURA, zitiert von O. KUBASCHEWSKI u. B. HOPKINS, „*Oxidation of Metals and Alloys*“, S. 251, Academic Press, 2. Aufl., 1962
[24] F. N. RHINES (mit W. JOHNSON u. W. ANDERSON), Trans. Am. Inst. Mining Met. Engrs. **147** (1942), 205; (mit A. GROBE), ibid., S. 318
[25] D. MARTIN u. E. PARKER: Trans. Am. Inst. Mining Engrs., **152** (1943), 269
[26] M. DAVIES, M. SIMNAD u. C. BIRCHENALL, J. Metals, **3** (1951), 889
[27] N. ZIEGLER, Trans. Am. Inst. Mining Met. Engrs., **100** (1932), 267
[28] D. LAI, R. BORG, M. BRABERS, J. MACKENZIE u. C. BIRCHENALL, Corrosion, **17** (1961), 357t
[29] Am. Soc. Testing Materials Standards, Teil I—B, S. 226—235 (1946)
[30] A. de S. BRASUNAS u. H. H. UHLIG, Am. Soc. Testing Materials Bulletin Nr. 182, S. 71, Mai 1952
[31] J. FOX u. J. MCGURTY in „*Refractory Metals and Alloys*“, S. 207, herausgegeben von M. SEMCHYSHEN u. J. HARWOOD, Interscience, New York, 1961
[32] E. FELLEN, J. Electrochem. Soc., **108** (1961), 490
[33] G. RATHENAU u. J. MEIJERING, Metallurgia, **42** (1950), 167
[34] W. LESLIE u. M. FONTANA, Trans. Am. Soc. Metals, **41** (1949), 1213
[35] A. BRASUNAS u. N. GRANT, Ibid., **44** (1952), 1117
[36] A. FRY, Tech. Mitt. Krupp, **1** (1933), 1
[37] F. MONKMAN u. N. GRANT, Corrosion, **9** (1953), 460

Allgemeine Literaturhinweise

O. KUBASCHEWSKI u. B. HOPKINS: „*Oxydation of Metals and Alloys*“, 2. Aufl. Academic Press, New York, 1962
K. HAUFFE: „*Oxydation von Metallen u. Metallegierungen*“, Springer, Berlin, 1956
K. HAUFFE in „*Progress in Metal Physics*“, herausgegeben von B. CHALMERS, Teil **4**, S. 71, Pergamon Press, New York, 1953
W. HESSENBRUCH: „*Metalle und Legierungen für hohe Temperaturen*“, Springer, Berlin, 1940
„*Corrosion and Deposits on Boilers and Gas Turbines*“, American Society of Mechanical Engineers, New York, 1959
G. BECKER u. W. SPYRA: „*Oberflächenschutz hochwarmfester Werkstoffe*“, Metalloberfläche, **17** (1963), 271
H. BÜCKLE: „*Schutzschichtenprobleme bei Hochtemperaturwerkstoffen*“, 5. Planseeseminar „De Re metallica“, Metalle für die Raumfahrt 1964, 31—60, 1965, Paris, O.N.E.R.A.
J. CAUCHETIER: „*Einige Beispiele für die Anwendung flammgespritzter Überzüge zum Schutz gegen Korrosion durch heiße Gase*, Korrosion **18** (1966), 165
A. LÜTH: *Zunderbildung auf warmgewalzten dünnen Blechen*“, Arch. Eisenhüttenw., **30** (1959), 71
G. CIRIACK: „*Das Anlaufen versilberter Oberflächen bei erhöhten Temperaturen*“, Metalloberfläche **19** (1965), **344**
C. AGTE: „*Stand der Entwicklung hochwarm- und zunderfester Sinterlegierungen in der DDR*“; Abh. dtsch. Akad. Wiss. Berlin, Kl. Math., Physik Techn. 1962, 43
„*Oxydation von Fe, Ni und Fe–Ni*-Legierungen“, Bibliographie Nr. 353 vom 15. 12. 1965; Hrsg.: Forschungsinstitut für NE-Metalle, Freiberg/Sa.
K. HAUFFE: „*Zum Mechanismus der Metalloxydation bei hohen Temperaturen*“, Korrosion **18** (1966), 27

H.-J. Engell: „*Oberflächenschichten auf Metallen*", Chemie-Ing.-Techn., **32** (1961), 22

A. P. Krylova, D. N. Žarkova, S. B. Maslenkov: „*Zusammensetzung und Struktur der Oxydfilme von wärmebeständigen Stählen u. Legierungen*", Sb. tr. Centr. n.-i. in-t cernoj metallurgii (1962) oyp. 27, 169

(*1*) C. Wagner u. H. Rickert, persönliche Mitteilung
(*2*) Handelsname: „Megapyr"
(*3*) Handelsname: „Kanthal A"
(*4*) Handelsname: „Nichrome V"
(*5*) Handelsname: „Inconel"

11. Korrosion durch elektrische Streuströme

Als elektrische Streuströme werden Ströme bezeichnet, die einem anderen als dem vorgesehenen Stromweg folgen, darunter auch die irgendwie frei im Erdboden fließenden Ströme. Wenn Ströme dieser Art Metallkonstruktionen durchsetzen, rufen sie an den Stellen, wo sie wieder in den Erdboden oder das Wasser austreten, Korrosion hervor. Gewöhnlich sind natürliche Erdströme vom Standpunkt der Korrosion unbedeutend, da entweder ihre Stärke oder ihre Dauer gering ist. Ferner ist die Schädigung durch Wechselströme geringer als durch Gleichströme. Ein Wechselstrom von 60 Hz verursacht nur ca. 1% der Schädigungen, die ein entsprechender Gleichstrom hervorruft [1]. Das Ausmaß der Zerstörung wächst mit sinkender Frequenz und sinkt mit ansteigender Frequenz des Stromes. Gegenwärtig sind Diskussionen darüber im Gange, ob in gewissen Böden die Schädigung durch Wechselströme auch größer sein kann, besonders wenn Gleichrichtereffekte auftreten können.

11.1. Streustromquellen

Quellen der Streuströme sind in den meisten Fällen elektrische Eisenbahnen, geerdete Gleichstromleitungen, Elektroschweißanlagen, kathodische Schutzsysteme und Galvanisieranlagen. Ein Beispiel für die Entstehung eines Streustromes durch eine elektrische Straßenbahn, deren stählerne Schienen zur Rückleitung des Stromes zur Stromquelle benutzt werden, zeigt *Abb. 1.* Auf Grund der schlechten Verbindungen zwischen den Schienenstücken und der ungenügenden Isolation der Schienen gegen die Erde tritt ein Teil des zurückfließenden Stromes in den Boden ein und findet hier einen Weg mit niedrigem elektrischen Widerstand, z. B. in einer unterirdischen Gas- oder Wasserhauptleitung. Der Eigentümer eines Haushalt-Wasserrohres bei A profitiert von dem kathodischen Schutz und hat keine Korrosionsschwierigkeiten, der Eigentümer B wird dagegen durch Ausfälle infolge von Korrosionen geschädigt, da die Wasserleitung seines Hauses anodisch gegenüber den Straßenbahnschienen ist. Wenn er daraufhin das Rohr mit einem Schutzüberzug versieht — eine bei einem Laien im Falle von Korrosionsproblemen verständliche Reaktion — verschlechtert er die Lage nur, da nun alle Streuströme an Defektstellen der Isolierung aus dem Rohr austreten und hier durch die herrschenden hohen Stromdichten das Rohr um so schneller durchlöchert wird.

Die Straßenbahnen sind heutzutage zum großen Teil durch andere Transportmittel ersetzt, so daß Streustromkorrosion durch Straßenbahnen nicht mehr so häufig beobachtet wird wie in der Vergangenheit. Dagegen können kathodisch geschützte Konstruktionen, die starke Ströme erfordern, in der Nachbarschaft liegende ungeschützte Rohrleitungen in ähnlicher Weise schädigen, wie es für die Straßenbahnen in *Abb. 1* dargestellt ist.

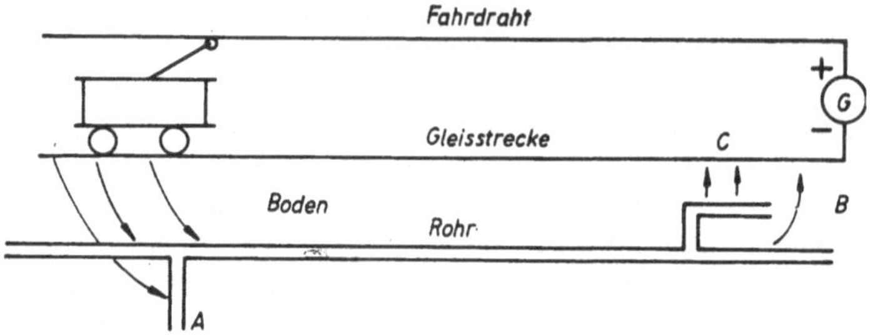

Abb. 1: Streustromkorrosion an einem unterirdischen Rohr

Ein anderes Beispiel der Streustromkorrosion zeigt *Abb. 2.* Ein am Ufer aufgestellter Schweißgenerator mit geerdeter Leitung, der Strom für Reparaturarbeiten am Schiff liefert, kann ernste Zerstörungen am Schiffsrumpf hervorrufen, da ein Teil des Stromes von den Schweißelektroden über Schiff und Wasser zu der Installation am Ufer zurückkehrt. In diesem Falle ist es günstiger, den Generator an Bord des Schiffes aufzustellen und mit Wechselstrom zu versorgen, da Wechselstrom-Durchbrüche zur Erde eine geringere Streustromschädigung hervorrufen.

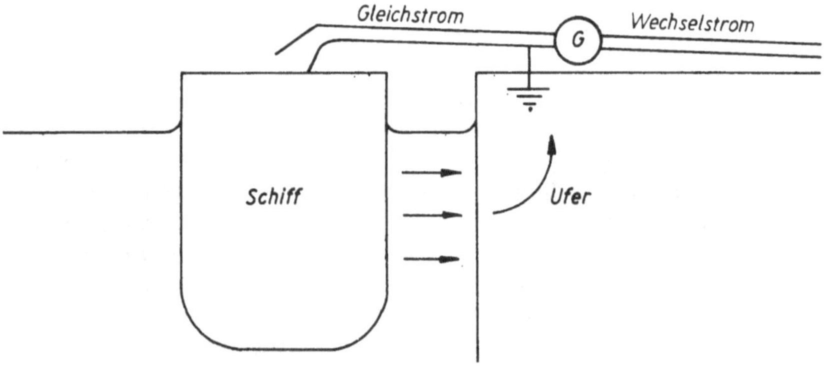

Abb. 2: Streustromkorrosion an einem Schiff, hervorgerufen durch einen Schweißstromgenerator

Ein Strom, der entlang einem Wasserrohr fließt (wenn dieses z. B. zur Erdung benutzt wird), ruft im allgemeinen auf Grund der hohen Leitfähigkeit von Stahl oder Kupfer, verglichen mit der von Wasser, keine Schädigung auf der Rohrinnenseite hervor. Da der Widerstand eines beliebigen Leiters für die Längeneinheit ϱ/A beträgt, wobei ϱ der spez. Widerstand und A die Querschnittsfläche ist, ist beispielsweise das Verhältnis der Stromanteile, die vom metallischen Rohr und von dem in ihm enthaltenen Wasser geleitet werden, $\varrho_W \cdot A_M/\varrho_M \cdot A_W$, wobei die Indizes $_W$ und $_M$ die entsprechenden Größen für Wasser und Metall bezeichnen. Für Eisen beträgt $\varrho_M 10^{-5}$ Ωcm, für Trinkwasser kann ϱ_W etwa 10^4 Ωcm betragen. Nimmt man an, daß die Querschnittsfläche des Wassers 10mal so groß wie die des stählernen Rohres ist, so sieht man, daß bei einem Stromfluß von 1 A durch das Rohr ungefähr 10^{-8} A durch das Wasser fließen. Dieser geringe das Wasser durchsetzende Strom erzeugt nur eine vernachlässigbare Korrosion. Wenn stattdessen Meerwasser mit einem spez. Widerstand $\varrho_W = 20$ Ωcm durch das Rohr fließt, so bekommt das Verhältnis den Wert $2 \cdot 10^5$. Auch in diesem Falle wird also der Hauptanteil des Stromes durch das metallische Rohr geleitet, und die Streustromkorrosion an der Innenwand ist sehr gering. Wenn solche Ströme das Rohr verlassen und in den Boden eintreten, kann die Streustromkorrosion an der Außenfläche des Rohres merklich werden. Werden isolierende Zwischenglieder in das zur Erdung dienende Rohr eingebaut, so kann die Korrosion auf der Wasserseite des Verbindungsstückes ernste Ausmaße annehmen, wo der Strom das Rohr verläßt und in das Wasser eintritt. Wenn eine Verbindung zwischen zwei Abschnitten einer unterirdischen Rohrleitung einen hohen Widerstand besitzt, kann die Korrosion auf der Seite hohe Werte erreichen, auf der der Strom in den Boden eintritt (*Abb. 3*).

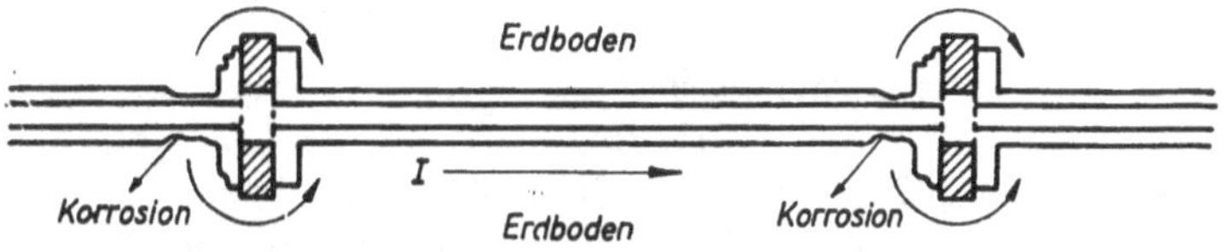

Abb. 3: Auswirkungen eines in einer unterirdischen Rohrleitung fließenden Stromes auf die Korrosion in der Nähe isolierender Zwischenglieder

11.2. Ausmaß der Streustromschädigung

Im allgemeinen kann die an den anodischen Bezirken auf Grund von Streuströmen korrodierende Metallmenge nach dem FARADAYschen Gesetz berechnet werden. Die Gewichtsverluste, die einige wichtige Metalle im Laufe eines Jahres durch einen dauernd fließenden Strom von 1 A erleiden, sind in *Tab. 1* zusammengestellt.

Bei niedrigen Stromdichten wird die Streustromkorrosion durch Lokalstromkorrosion verstärkt. Bei hohen Stromdichten kann unter manchen Umgebungsbedingungen Sauerstoff entwickelt werden, der die pro Einheit der Strommenge korrodierende Metallmenge herabsetzt.

Amphotere Metalle, wie Pb, Al, Sn, Zn, werden in Alkalien ebenso wie in Säuren korrodiert und können daher auch an kathodischen Bezirken zerstört werden, wo sich durch die Elektrolyse Alkalien ansammeln. Diese Schädigung addiert sich zu der an den anodischen Flächen hervorgerufenen. Das Ausmaß der kathodischen Korrosion ist nicht genau abschätzbar.

Tabelle 1:

Gewichtsverlust von Metallen durch Streustromkorrosion

Metall	Äquiv.-Gew.	Gewicht des durch 1 A · a korrodierten Metalls
Fe	$\frac{55,85}{2}$	9,1 kg
Cu	$\frac{63,57}{2}$	10,4 kg
Pb	$\frac{207,2}{2}$	33,8 kg
Zn	$\frac{65,38}{2}$	10,7 kg
Al	$\frac{26,98}{3}$	2,9 kg

In Abhängigkeit von Diffusionsgeschwindigkeit, Temperatur und anderen Faktoren entstehen Plumbite ($NaHPbO_2$), Aluminate (NaH_2AlO_3), Stannate (Na_2SnO_3) oder Zinkate (Na_2ZnO_2), die alle in überschüssigem Alkali löslich sind. Die Zusammensetzung solcher Verbindungen kann außerdem mit den Entstehungsbedingungen variieren. Im allgemeinen werden die Verbindungen bei niedrigeren pH-Werten in einiger Entfernung von der Kathode zu unlöslichen Metalloxiden hydrolysiert.

11.3. Feststellung von Streuströmen

Die Stärke von Streuströmen kann je nach der Belastung der Energiequelle in kürzeren oder längeren Zeitabständen schwanken. Das steht im Gegensatz zu galvanischen und Kathodenschutz-Strömen, die beide relativ konstant sind. Daher können Streuströme bisweilen durch Registrierung des Potentials des korrodierenden Systems gegen eine Bezugselektrode in einem Zeitraum von 24 Stunden entdeckt und ihr Ursprung in einer Stromquelle gefunden werden, deren Belastung im Tag- und Nacht-Rhythmus in ähnlicher Weise schwankt wie die gemessenen Potentiale. Wenn die durch Potentialmessungen angezeigten Streuströme sich zwischen 7 und 9 Uhr morgens und 4 und 6 Uhr nachmittags verstärken, ist eine Straßenbahn als Ursprung zu vermuten. Wird Einstreuung aus einem Kathodenschutzsystem vermutet, so kann der Schutzstrom in regelmäßigen Abständen kurz abgeschaltet werden, um zu beobachten, ob das Potential des korrodierenden Objekts im gleichen Rhythmus schwankt. Die Stärke eines Stromes, der — aus welcher Quelle auch immer stammend — ein unterirdisches Rohr verläßt (oder in das Rohr eintritt), kann aus der Potentialdifferenz zwischen einem Punkt an der Erdoberfläche direkt über dem Rohr und einer Stelle auf der Erdoberfläche in einiger Entfernung von der Rohrleitung (im rechten Winkel zu ihr gemessen) berechnet werden. Wenn $\Delta\varepsilon$ die gemessene Potentialdifferenz, ϱ der Widerstand des Bodens, r der Rohrradius, h die Tiefe der Leitung unter der Oberfläche und y die Entfernung der Potentialmeßpunkte auf der Erdoberfläche ist, gilt

$$\Delta\varepsilon = \frac{\varrho j}{2\pi} \ln \frac{y^2 + h^2}{h^2}$$

Dabei ist j der Gesamtstrom, der pro Längeneinheit in das Rohr eintritt oder es verläßt (Ableitung siehe „*Anhang*"). Wenn $y = 10\,h$ gewählt wird, gilt

$$\Delta\varepsilon = 0{,}734\,\varrho j.$$

Ist das weiter entfernt gemessene Potential positiv gegenüber dem, das direkt über der Rohrleitung gefunden wird, so tritt der Strom in die Rohrleitung ein.

11.4. Messung des Bodenwiderstandes

Der Widerstand des Erdbodens kann mit Hilfe von vier in einer Geraden angeordneten Elektroden, die jeweils durch den Abstand a voneinander getrennt sind, gemessen werden (*Abb. 4*). Zu diesem Zweck wird ein konstanter Strom aus einer Batterie durch die beiden äußeren Metallelektroden geschickt und gleichzeitig die Potentialdifferenz zwischen den beiden inneren Bezugselektroden (z. B. $Cu/CuSO_4$) gemessen. Um etwaige Streuströme zu eliminieren, wird die Messung gewöhnlich mit umgekehrter Stromrichtung wiederholt.

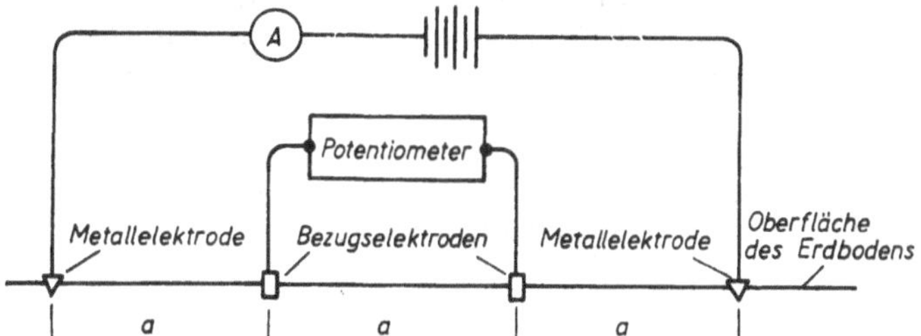

Abb. 4: Vier-Elektroden-Methode zur Messung des Boden-Widerstandes

Es gilt

$$\varrho = \frac{2\pi a\, \Delta\varepsilon}{I} \tag{3}$$

wobei ϱ der spez. Widerstand einer als gleichförmig angenommenen Bodenschicht ist, die etwa bis zur Tiefe a reicht (Ableitung siehe „*Anhang*", S. 364).

11.5. Maßnahmen zur Verminderung der Streustromkorrosion

a) Streustromableitung (Drainage):

In dem in *Abb. 1* dargestellten Falle läßt sich die Streustromkorrosion vollständig vermeiden, wenn zwischen das Versorgungsrohr bei *B* und die Schienen bei *C* ein metallischer Leiter von geringem Widerstand eingeschaltet wird. Diese Maßnahme wird als Streustromableitung (Drainage) zwischen den Schienen und dem Rohrsystem bezeichnet. Verursacht ein dem kathodischen Schutz dienendes System die Einstreuung, so kann die Streustromableitung über einen Widerstand geführt werden, um starke Potentialänderungen des ungeschützten Systems beim Aus- und Wieder-Einschalten des Schutzstromes zu vermeiden. Der Widerstand vermeidet eine größere Schädigung des ungeschützten Systems. Gleichzeitig wird durch den Widerstand verhindert, daß der Schutzstrom, der zum Teil durch die Drainageleitung zurückfließt und dadurch letzten Endes neben dem vorgesehenen auch das benachbarte System schützt, wesentlich erhöht werden muß.

b) Zusätzliche Anoden, kathodischer Schutz:

Falls die Anbringung einer Drainageleitung zwischen *B* und *C* in *Abb. 1* nicht möglich ist, kann eine Anode aus Eisenschrott in Richtung auf die Schienen hin vergraben und mit einem kupfernen Leiter mit dem Punkt *B* verbunden werden. Die Streuströme können dann nur diese vorgegebene Anode korrodieren, die leicht und mit geringen Kosten zu ersetzen ist. Wenn eine Gleichstromquelle zwischen die zusätzliche Anode und das Rohr eingeschaltet wird, so daß ein Strom gegen die Richtung des Streustromes im Boden fließt, so kommt diese Einrichtung einem kathodischen Schutz des Rohres gleich. Kathodischer Schutz wird dann angewandt, wenn die zusätzliche Anode nicht die gesamte durch Streuströme verursachte Korrosion abfangen kann.

c) Isolierende Verbindungen:

Durch Anbringung von einer oder mehreren isolierenden Verbindungen wird die Rohrleitung in *Abb. 1* als Leitungsweg für Streuströme immer ungeeigneter. Solche Verbindungsglieder sind zur Verringerung von Streustrom-Korrosionsschäden in vielen Fällen nützlich. Sie sind weniger brauchbar, wenn die Spannungen so hoch sind, daß der Strom die isolierenden Glieder umfließt und dabei Korrosion hervorrufen kann, wie es in *Abb. 3* dargestellt ist.

Zur Verminderung solcher lokalisierter Korrosionen auf der Bodenseite ist es in der Praxis üblich, das Rohr bis zu einer Entfernung von 50 Rohrdurchmessern auf jeder Seite die Verbindungsstelle mit einer Schutzschicht zu versehen.

Literatur-Anmerkungen

[1] Scott P. Ewing in „*Corrosion Handbook*“, S. 601–606
[2] O. Mudd, Corrosion, **1** (1945), 42

Allgemeine Literaturhinweise:

G. Heim: „*Die Streustromkorrosion, ihre Ursache u. Bekämpfung*, Gas- und Wasserfach, Ausg. Gas, **102** (1961), 901

L. I. Akinfiev: „*Über die Anwendung von Streustromableitern gegen Streuströme*“, Elektricestvo, (1962), 84

R. Bückel: „*Schutz von Rohrleitungen und Kabeln an Wechselstrombahnen*, Elektrotechn. Z., Ausg. *A*, **85** (1964), 48

K.-D. Schumann, C. Holzweissig: „*Beeinflussung erdverlegter Rohrleitungen u. Kabel durch Streuströme von Gleichstrombahnen*“, Inst. Energetik (Leipzig), Mitt. 1966 Nr. 82, S. 100

K. Vögtli: „*Sind vagabundierende Wechselströme eine Korrosionsgefahr?*“, PTT techn. Mitt. **45** (1967), 264

12. Kathodischer Schutz

Der kathodische Schutz ist eine der wichtigsten Arten des Korrosionsschutzes. Mittels eines von außen aufgezwungenen Stromes wird die Korrosion praktisch vollständig unterbunden, und eine Metalloberfläche kann einer korrosiven Umgebung für unbegrenzte Zeit ohne Zerstörung ausgesetzt werden.

Wie in Kapitel 4., S. 57, dargelegt wurde, besteht der Schutzmechanismus darin, daß durch einen äußeren Strom die Kathoden der Lokalelemente bis zum Ruhepotential der Lokalanoden polarisiert werden [1]. Die Oberfläche nimmt ein einheitliches Potential an (Kathoden- und Anodenpotential werden gleich), so daß kein Korrosionsstrom mehr fließt. Oder anders betrachtet: Bei einem genügend hohen Wert der äußeren Stromdichte ist auf allen Teilen der Metalloberfläche (einschließlich der anodischen Bezirke) das Vorzeichen des Summenstromes negativ, so daß keine Metallionen mehr in die Lösung übertreten.

Der kathodische Schutz kann praktisch angewandt werden, um Metalle, wie Stahl, Kupfer, Blei, Messing und Aluminium, in allen Böden und fast allen wäßrigen Medien vor Korrosion zu schützen. Er kann wirkungsvoll zur Verhinderung von Spannungskorrosionsbrüchen (z. B. von Messing, Stahl, rostfreien Stählen, Magnesium, Aluminium), Korrosionsermüdung (aber nicht mechanischer Ermüdung), interkristalliner Korrosion (z. B. von Dural, 18/8-Chromnickelstahl), Entzinkung von Messing oder Lochfraßkorrosion (z. B. von nichtrostenden Stählen in Seewasser oder Stählen in Böden) eingesetzt werden. Er ist nicht anwendbar, um Korrosion oberhalb der Wasserlinie, zum Beispiel in Wassertanks, zu verhindern, da der aufgeprägte Strom Metalloberflächen, die nicht vom Elektrolyten berührt werden, nicht erreichen kann. Auch erreicht der Schutzstrom keine elektrisch abgeschirmten Flächen, wie zum Beispiel das Innere von Kühlwasserrohren (wenn nicht eine Hilfsanode in die Rohre eingeführt wird), selbst wenn der Wasserbehälter entsprechend geschützt sein sollte.

12.1. Geschichtlicher Abriß

Auf Grund seiner Laboratoriumsversuche in Salzwasser berichtete Sir Humphrey Davy 1824 [2], daß Kupfer durch Kombination mit Eisen oder Zink erfolgreich vor Korrosion geschützt werden kann. Er empfahl den kathodischen Schutz von kupferbeschlagenen Schiffen durch Befestigung von eisernen Opferblöcken auf dem Schiffskörper im Flächenverhältnis von 1 : 100 (Fe : Cu). Tatsächlich wurde, wie von Davy vorausgesagt, die Korrosion des Kupferbeschlages wesentlich verringert, unglücklicherweise wird jedoch kathodisch geschütztes Kupfer von Meeresorganismen bewachsen. Im Gegensatz dazu bildet sich an ungeschütztem Kupfer eine so hohe Kupferionenkonzentration aus, daß die Bewuchsorganismen vergiftet werden. Da der Bewuchs die Geschwindigkeit der Segelschiffe verminderte, entschied die British Admiralty gegen diese Idee. Nach Davys Tode im Jahre 1829 schützte sein Vetter Edmund Davy (Professor der Chemie an der Königl. Universität Dublin) erfolgreich stählerne Bojen durch Anbringen von Zinkblöcken, und Robert Mallet stellte 1840 eine speziell für Opferanoden geeignete Zinklegierung her. Als die hölzernen Schiffsrümpfe durch solche aus Stahl ersetzt wurden, wurde die Anbringung von Zinkplatten an allen Admiralitätsfahrzeugen üblich*). Diese gaben einen örtlichen Schutz, vor allem gegen die galvanische Wirkung der Bronze-Propeller; dagegen wurde der Gesamtschutz des Schiffskörpers unter der Wasserlinie bis zu einer Arbeit der Canadian Navy im Jahre 1950 [3] nicht wieder untersucht. Es ergab sich, daß neben dem speziellen Einsatz von Antifouling-Anstrichen in Verbindung mit Korrosionsschutzanstrichen auch der kathodische Schutz bei Schiffen anwendbar ist und wesentlich zur Senkung der Unterhaltungskosten beitragen kann. Der kathodische Schutz lag auch dem Mechanismus des zuerst 1836 in Frankreich und 1837 in England [4] patentierten Verfahrens zugrunde, Stahlblech durch Eintauchen in geschmolzenes Zink mit einer Zinkschicht zu überziehen und so zu schützen („*Feuerverzinken*", siehe S. 213). Indessen war das Verzinken von Stahl schon am Ende des 18. Jahrhunderts in Frankreich wohlbekannt [5]. Fremdstrom wurde zum Schutze unterirdischer Anlagen erstmalig in den USA und in England etwa in den Jahren 1910 bis 1912 angewandt [4]. Seitdem breitete sich die allgemeine Anwendung des kathodischen Schutzes mit großer Geschwindigkeit aus, und heute werden Tausende von Kilometern unterirdischer Rohrleitungen und Kabel erfolgreich auf diese Weise gegen Korrosion im Erdboden geschützt. Der kathodische Schutz wird auch für Schleusentore, Kühler, U-Boote, Wassertanks, Hafenbauten und Chemieanlagen angewandt.

So konnte durch Anwendung des kathodischen Schutzes an Anlagen des Rostocker Hafens die Lebensdauer von Stahlspundwänden von 30 auf 60 Jahre erhöht werden [5a].

12.2. Anwendungsweise

Das kathodische Schutzverfahren benötigt eine Gleichstromquelle und eine Hilfselektrode (Anode), die gewöhnlich aus Eisen oder Graphit besteht und in einiger Entfernung von dem geschützten Teil angebracht ist. Der positive Pol der Gleichstromquelle ist mit der Hilfselektrode verbunden, der negative Pol mit dem zu schützenden Teil. Auf diese Weise fließt ein Strom von der Elektrode

*) Der Autor verdankt den Hinweis auf diese Tatsachen Dr. W. H. J. Vernon und L. Kenworthy.

durch den Elektrolyten zu dem Bauteil. Die angewandte Spannung ist nicht entscheidend, sie muß nur genügen, um eine ausreichende Stromdichte an allen Teilen der zu schützenden Anlage aufrechtzuerhalten. In Böden oder Wässern

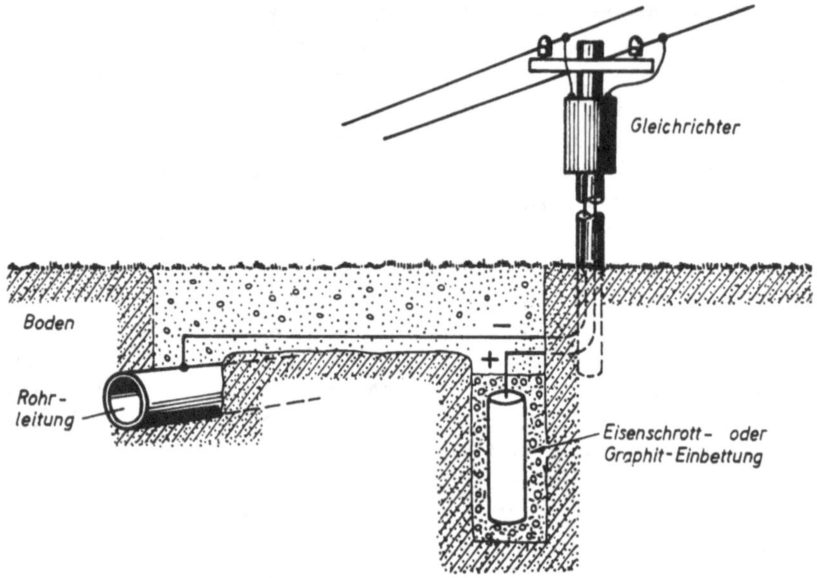

Abb. 1: Kathodisch geschütztes Rohr, Hilfsanode und Gleichrichter (schematisch)

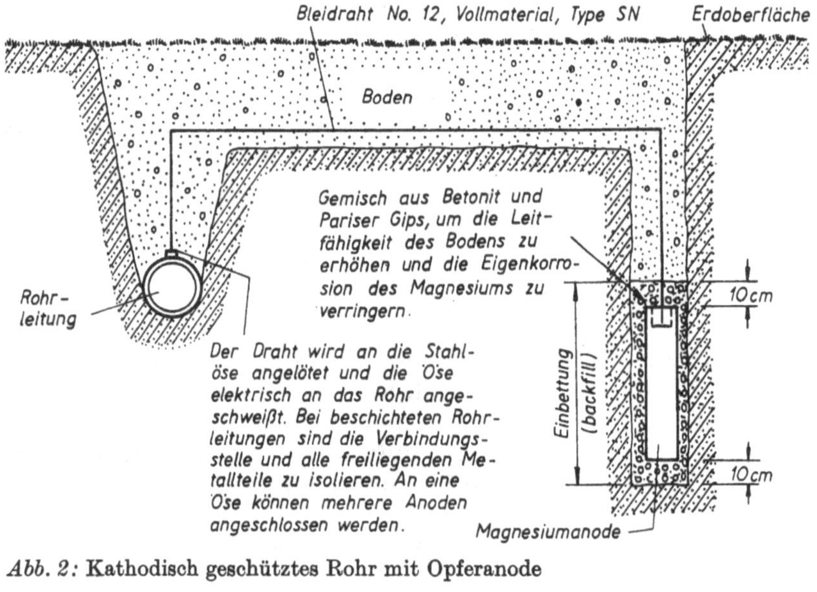

Abb. 2: Kathodisch geschütztes Rohr mit Opferanode

mit hohem Widerstand muß die angewandte Spannung höher sein als in Medien von geringem Widerstand. Wenn die Enden einer langen Rohrleitung durch eine einzige Anode geschützt werden sollen, muß die Spannung vergrößert werden. Eine schematische Darstellung einer Anode mit einer geschützten Rohrleitung gibt *Abb. 1.*

Die Stromquelle besteht gewöhnlich aus einem Gleichrichter, der Strom von einigen Ampere bei geringer Spannung liefert. Auch motorgetriebene Generatoren sind eingesetzt worden, obwohl ihre Wartung aufwendig ist. Windgetriebene Generatoren werden in Gegenden aufgestellt, wo mit Sicherheit mit dauerndem Wind gerechnet werden kann. Aber auch in Perioden der Windstille bleibt durch die Inhibitorwirkung der alkalischen Elektrolyseprodukte an der Kathodenoberfläche ein gewisses Maß an Schutz für einige Zeit erhalten.

12.2.1. Opferanoden

Wenn die Hilfsanode aus einem Metall besteht, das in der Spannungsreihe unedler ist als das zu schützende Metall, bildet sich eine galvanische Zelle aus, deren Strom in der oben beschriebenen Richtung fließt. Die äußere Stromquelle, z. B. der Gleichrichter, kann dann weggelassen werden, und die Elektrode wird als Opferanode bezeichnet (*Abb. 2*). Opfermetalle, die für den kathodischen Schutz in Gebrauch sind, sind Magnesium und Magnesium-Legierungen, in geringerem Maße auch Zink und Aluminium. Die Opfermetalle dienen im Prinzip als tragbare elektrische Energiequellen. Sie sind vor allem dann von Nutzen, wenn Elektroenergie nicht ohne weiteres zur Verfügung steht oder in Situationen, wo es unbequem oder unökonomisch ist, für diesen Zweck elektrische Leitungen zu installieren. Die Differenz der Ruhepotentiale zwischen Magnesium und Stahl beträgt etwa 1 V (ε für Mg in 1%iger NaCl-Lösung = $-1{,}4$ V), so daß nur eine begrenzte Länge der Rohrleitung durch eine Anode geschützt werden kann, vor allem in Böden mit hohem Widerstand. Diese geringe Spannung ist gegenüber höheren Fremdspannungen häufig vorteilhaft, da sie Gefahr einer überhöhten kathodischen Stromdichte und der damit verbundenen Schädigungen an Teilen des Systems verringert wird. Wegen der begrenzten Gesamtstromstärke pro Anode wird außerdem die Gefahr von Streustromschädigungen (Interferenzprobleme) an benachbarten Metallkonstruktionen herabgesetzt.

Das Potential des Zinks liegt positiver als das des Magnesiums (ε in 1 n KCl $-0{,}8$ V), deshalb ist die Stromlieferung pro Anode geringer. Es wird gewöhnlich hochreines Zink vorgeschrieben, um eine stärkere Anodenpolarisation und die damit verbundene Verringerung der Stromabgabe zu vermeiden, die auf die Ansammlung von festhaftenden isolierenden Reaktionsprodukten auf dem gewöhnlichen, käuflichen Zink zurückzuführen sind. Diese Tendenz ist bei hochreinem Zink weniger ausgeprägt. Aluminium besitzt theoretisch ein Potential zwischen denen von Mg und Zn, pflegt jedoch in Wasser oder Erdböden passiv zu werden, wobei das Potential zu einem Wert verschoben wird, der edler als derjenige von Stahl ist, so daß das Metall aufhört, als Opferanode zu wirken. Um die Passivierung zu vermeiden, kann die Elektrode mit einem speziellen Medium mit hohem Chloridgehalt umgeben werden. Indessen ist eine solche Einbettung („backfill“) bestenfalls eine zeitlang wirksam.

Am gebräuchlichsten sind Aktivanoden aus Magnesium, in den USA werden etwa 5000 t jährlich für diesen Zweck verbraucht. Magnesium für Anoden wird häufig mit 6% Al und 3% Zn legiert, um den lochförmigen Angriff zu vermindern und die Stromausbeute zu erhöhen. Hochreines Magnesium mit einem Mn-Gehalt von etwa 1% [6] hat den Vorteil einer höheren Spannung (mit einer höheren Stromabgabe pro Anode). Diese Legierung ermöglicht in Seewasser fast die gleiche, in normalen Böden eine etwas geringere Stromausbeute als die erst-

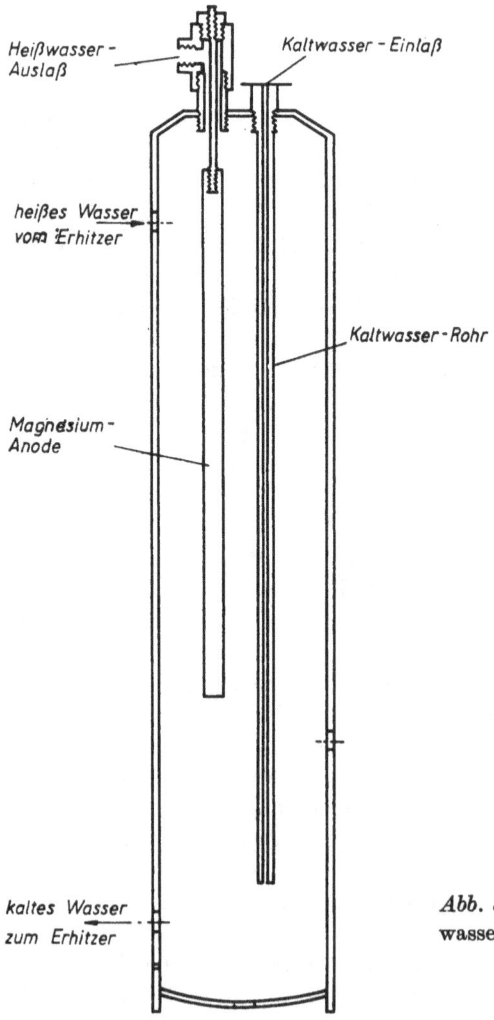

Abb. 3: Kathodisch geschützter Heißwassertank mit Magnesiumanode

genannte. Bei Magnesiumanoden werden im Mittel Stromausbeuten von etwa 1100 Ah/kg gegenüber einem theoretischen Wert von 2200 Ah/kg gefunden.

Eine stabförmige Magnesiumanode in einem stählernen Heißwassertank zeigt *Abb. 3.* Solche Stäbe können die Lebensdauer eines Stahltanks um mehrere Jahre verlängern, vor allem, wenn der Stab bei Bedarf erneuert wird. Der Schutzwert ist in Wässern von hoher Leitfähigkeit größer, weil hier die durch das Mg–Fe-Element erzeugten Ströme naturgemäß höhere Werte erreichen als in Wässern mit geringer Leitfähigkeit (weichen Wässern).

12.3. Kombinationen mit Schutzschichten

Die Stromverteilung in einem kathodisch geschützten stählernen Wassertank ist nicht ideal — es fließt zu viel Strom zu den Seiten und nicht genug zum Boden und Deckel. Eine bessere Verteilung wird durch die Anwendung eines isolierenden Überzuges erreicht, der bei Normaltemperatur aus einem organischen Überzug, bei erhöhten Temperaturen aus einer Emailschicht bestehen kann.

Die Isolationsschichten brauchen nicht porenfrei zu sein, da der Schutzstrom bevorzugt an alle freiliegenden metallischen Flächen fließt, an die Flächen also, die Schutz brauchen. Außerdem ist der benötigte Gesamtstrom geringer als für einen unbeschichteten Tank, so daß die Mg-Anode länger vorhält.

In harten Wässern kann sich eine besondere Schutzschicht auf dem Stahl ausbilden, die zum großen Teil aus $CaCO_3$ besteht, das durch die alkalischen Reaktionsprodukte des Kathodenvorganges niedergeschlagen wird. Eine ähnliche Schicht bildet sich allmählich (schneller bei hohen Stromdichten) auf kathodisch geschützten Flächen in Seewasser. Wenn solche Schichten gut haften, sind sie bei der Verteilung des Schutzstroms und der Verminderung des benötigten Gesamtstromes von Nutzen.

Im allgemeinen ist es beim Einsatz des kathodischen Schutzverfahrens sowohl mit Fremdstrom als auch mit Aktivanoden ratsam, isolierende Schichten irgendeiner Art zu verwenden, und in der Praxis ist diese Kombination heute allgemein üblich. Zum Beispiel wird die Stromverteilung an einer mit einer Schutzschicht versehenen Rohrleitung gegenüber einer unbeschichteten wesentlich verbessert, der Gesamtstrom und die Zahl der benötigten Anoden sind kleiner, und die durch eine Anode geschützte Länge der Leitung ist viel größer. Da die Erde als Ganzes betrachtet ein guter elektrischer Leiter und der Widerstand des Bodens nur im Gebiet der Rohrleitung und der Elektroden lokalisiert ist, kann eine einzige Magnesiumanode mehr als 8 km einer beschichteten Rohrleitung schützen. Für eine unbedeckte Leitung wäre die entsprechende Länge nur 30 m. Wenn man Fremdströme höherer Spannung verwendet, kann eine Anode mehr als 80 km beschichteter Leitung schützen. Die Länge der von einer Anode zu schützenden Leitung ist nicht durch den Widerstand des Erdbodens, sondern durch den metallischen Widerstand der Rohrleitung selbst bestimmt. Von dem Punkte, an dem die Rohrleitung durch Verbindung mit der Gleichstromquelle das Potential E_A erhält, fällt das Potential nach einer Exponentialfunktion längs der Rohrleitung ab. Das Potential E_x in der Entfernung x vom Ansatzpunkt der Stromquelle (an dem das Potential E_A herrscht) gehorcht der Gleichung

$$E_x = E_A \exp\left[-\left(\frac{2\pi r R_L}{kz}\right)^{1/2} x\right] \qquad (1)$$

Hierbei stellen sowohl E_A wie E_x Differenzen zwischen dem Potential unter Stromfluß und dem stromlosen Korrosionspotential dar. R_L ist der Widerstand des Rohres vom Radius r für eine Längeneinheit, k eine Konstante und z der Widerstand einer Flächeneinheit der Rohrbeschichtung (Ableitung siehe „*Anhang*", S. 360).

Bei der Ableitung wurde angenommen, daß die Polarisation der kathodisch geschützten Fläche eine lineare Funktion der Stromdichte ist. Man beachte, daß bei $x = \infty$ E_x den Wert Null annimmt.

Betrachtet man eine Leitung von begrenzter Länge, für die $a/2$ der halbe Abstand bis zum nächsten Verbindungspunkt mit dem Anodensystem ist und E_x bei $a/2$ den Wert E_B annimmt, so gilt

$$E_x = E_B \cosh\left[\left(\frac{2\pi r R_L}{kz}\right)^{1/2}\left(x - \frac{a}{2}\right)\right]. \qquad (2)$$

Da der kathodische Schutz in einem bestimmten Potentialgebiet optimal wirksam ist (siehe S. 204), ist es klar, daß die durch eine Anode geschützte Rohrlänge mit dem elektrischen Widerstand des metallischen Rohres sinkt und mit dem elektrolytischen Widerstand der Beschichtung anwächst.

12.4. Die Stärke des Schutzstromes

Die für einen vollständigen kathodischen Schutz benötigte Stromdichte hängt vom Metall selbst und dem umgebenden Medium ab. Aus *Abb. 11*, S. 58, ist zu entnehmen, daß die aufgeprägte Stromdichte diejenige Stromdichte übersteigen muß, die der in dem betreffenden Medium gemessenen Korrosionsgeschwindigkeit entspricht. Je größer also die Korrosionsgeschwindigkeit ist, desto größer muß auch die angewandte Schutzstromdichte sein.

Wenn die Korrosionsgeschwindigkeit kathodisch kontrolliert ist und das Korrosionspotential nahe bei dem Gleichgewichtspotential des anodischen Vorganges liegt, braucht die Stromdichte nur wenig höher zu sein als die Korrosionsstromdichte. Bei gemischter Kontrolle kann der benötigte Schutzstrom wesentlich größer sein als der Korrosionsstrom, noch größer ist er für anodisch kontrollierte Korrosionsvorgänge.

Wenn durch den Schutzstrom auf der Kathodenoberfläche anorganische Abscheidungen (Kesselstein) niedergeschlagen werden, wie dies in harten Wässern oder in Meerwasser der Fall ist, fällt der benötigte Gesamtstrom, wie oben schon gesagt, in dem Maße ab, in dem sich der Stein bildet. Dagegen bleibt die Stromdichte an unbedeckten Metallflächen die gleiche wie vor der Schichtbildung, nur der Gesamtstrom, bezogen auf die Einheit der scheinbaren Oberfläche, verkleinert sich.

Der genaue Wert der für den vollständigen Schutz erforderlichen Stromdichte kann auf verschiedenen Wegen bestimmt werden, deren wichtigster Potentialmessungen an der geschützten Anlage benutzt (siehe S. 204). Ohne solche Messungen können nur Größenordnungen angegeben werden. Derartige Werte für Stahl in verschiedenen Umgebungen sind in *Tab. 1* zusammengestellt.

Tabelle 1:

Größenordnungen der Stromdichte für den kathodischen Schutz von Stahl

Medium	A/dm^2
Beiz-Schwefelsäure (heiß)	4
Erdboden	0,0001 bis 0,005
strömendes Meerwasser	0,0003 (stationär)
	0,0015 (Anfangswert)
luftgesätt. Wasser (heiß)	0,0015
strömendes Süßwasser	0,0005

12.5. Anodenmaterialien und Einbettungsmassen

Die Hilfsanoden für den Kathodenschutz mit Fremdstrom bestehen gewöhnlich aus Eisenschrott oder Graphit. Der Eisenschrott wird mit einer Geschwindigkeit von 7 bis 10 kg/A · *a* verbraucht und muß periodisch erneuert werden. Graphitanoden werden mit geringerer Geschwindigkeit, die 1 kg/A · *a* nicht überschreitet, verbraucht. Graphit kostet mehr als Eisenschrott, sowohl in der Anschaffung wie auch in den folgenden Energiekosten, die wegen des edlen Potentials und der hohen Überspannung der O_2– (oder Cl_2–)Abscheidung am Graphit höher liegen als für die Reaktion $Fe \rightarrow Fe^{++} + 2e^-$, die bei einem niederen Potential und mit geringerer Überspannung abläuft. Graphit ist außerdem im Gegensatz zu Eisenschrott zerbrechlich und muß mit größerer Vorsicht eingebaut werden. Vor- und Nachteile des Graphits besitzen in ähnlichem Maße Si–Fe-Legierungsanoden, die ebenfalls als Hilfsanoden empfohlen worden sind.

Zum Schutz von Konstruktionen in Meerwasser mit Fremdstrom sind als korrosionsbeständige Elektroden Pt-plattierte [7] oder silberhaltige (2%) Bleielektroden [8] empfohlen worden. Während Mg-Opferanoden etwa aller 2 Jahre erneuert werden müssen, wird die Beständigkeit von AgPb-Anoden auf mehr als 10 Jahre geschätzt, die von Pt-Elektroden mit 10% Ir noch höher [8]. In Süßwasser werden für Fremdstromsysteme bisweilen Al-Anoden angewandt. Neuerdings werden auch elektrolytisch platinierte Titanelektroden für diesen Zweck verwendet [22].

Da der Widerstand des Bodens, der eine Anode umgibt, nur in unmittelbarer Nähe der Elektrode von Bedeutung ist, ist es allgemein üblich, den lokalen Widerstand durch ein sogenanntes „backfill"*) zu verringern. Für Fremdstrom-Schutzsysteme besteht dieses aus einer dicken, die Anode umgebenden Einbettungsschicht aus Koks, dem eine Mischung von 3 bis 4 Teilen Gips ($CaSO_4 \cdot H_2O$) und 1 Teil NaCl beigegeben wird. Als Elektronenleiter beteiligt sich das Koksbett an der Stromlieferung und verringert dadurch in gewissem Maße die Aufzehrung der Elektrode selbst.

Während Hilfsanoden nicht aufgebraucht werden müssen, um ihren Zweck zu erfüllen, kann im Gegensatz dazu der Materialverlust von Opferanoden nicht geringer sein, als es nach den Faradayschen Gesetz erforderlich ist, um einen äquivalenten elektrischen Strom zu liefern. Im allgemeinen ist die beobachtete Geschwindigkeit des Verbrauchs größer als die theoretische. Für Zink ist die Differenz nicht groß, für Mg dagegen beträchtlich,

Als Gründe dafür werden die Tätigkeit von Lokalelementen auf der Metalloberfläche, die Bildung von kolloidalen Metallteilchen [9, 10] und die anfängliche Bildung von einwertigen Mg-Ionen [11—13] angesehen. Letztere sind instabil und reagieren zum Teil mit Wasser nach der Gleichung

$$2\,Mg^+ + 2\,H_2O \rightarrow Mg(OH)_2 + Mg^{++} + H_2$$

Hiernach erscheint in verdünnter NaCl-Lösung etwa die Hälfte des anodisch aufgelösten Magnesiums als $Mg(OH)_2$, die andere Hälfte als $MgCl_2$, begleitet von einer Wasserstoffentwicklung, die ungefähr der nach der obigen Reaktion theoretisch zu erwartenden entspricht [11]. Daneben können in geringerem Umfang gleichzeitig Nebenreaktionen stattfinden. Nach coulometrischen Bestimmungen liegt die scheinbare elektrochemische Wertigkeit des anodisch aufgelösten Magnesiums zwischen 1 und 2, und der Anolyt vermag, bevor sich die Mg^+-Ionen zu Mg^{++}-Ionen umsetzen, verschiedene Substanzen, zum Beispiel $KMnO_4$, zu reduzieren. Obwohl Lokalströme zweifellos an der Auflösung beteiligt sind und sich zusätzlich einige kolloidale Metallpartikel bilden, spricht doch die Gesamtheit der Erscheinungen dafür, daß vor allem die Bildung unstabiler Mg^+-Ionen dafür verantwortlich zu machen ist, daß nur etwa die Hälfte der für die Bildung von Mg^{++}-Ionen zu erwartenden Stromausbeute von $2{,}2\ A \cdot h/kg$ gefunden wird.

Für Magnesium-Anoden hat das „backfill" den Vorteil, daß neben der Erhöhung der Leitfähigkeit der unmittelbaren Umgebung der Elektrode der Widerstand der aus Korrosionsprodukten (zum Beispiel $Mg(OH)_2$) gebildeten Oberflächenfilme verringert wird. Eine geeignete Einbettungsmasse besteht aus etwa 20% Bentonit (zum Festhalten der Feuchtigkeit), 75% Gips und 5% Na_2SO_4. Manchmal wird die Ein-

*) Manchmal wird die Anode in einen Fluß oder See oder das Meer eingetaucht, in solchen Fällen ist kein backfill erforderlich.

bettungsmasse von vornherein in einen Beutel gepackt, der die Anode umgibt, so daß Anode und backfill zusammen in den Boden gebracht werden können.

12.6. Kriterien der Schutzwirkung

Die Wirksamkeit des kathodischen Schutzes in der Praxis kann auf mehr als einem Wege abgeschätzt werden, und es sind mehrere Kriterien angewandt worden, um zu prüfen, ob der Schutz vollständig ist oder nicht. Wird zum Beispiel die Anzahl der beobachteten Leckstellen in einer alten unterirdischen Leitung gegen die Zeit aufgetragen, so ist zu beobachten, daß die jährlich auftretenden Leckfälle sich zahlenmäßig verringern auf den Wert null zurückgehen, nachdem die Vorrichtungen zum kathodischen Schutz der Leitung angebracht worden sind. An einem Schiffsrumpf kann durch regelmäßige Inspektionen die Tiefe des Lochfraßes festgestellt werden. Es ist auch möglich, die Schutzwirkung durch Kurzzeitversuche wie die folgenden zu kontrollieren.

a) Hüllelektroden:

Ein gewogenes Metallstück, das in seiner Form der Außenfläche einer unterirdischen Rohrleitung angeglichen ist, wird mit einem Kabel über Hartlötstellen mit der Rohrleitung verbunden. Sowohl das Kabel wie auch die Grenzfläche zwischen Hüllelektrode und Rohr werden mit Steinkohlenteerpech isoliert. Nach einer Auslagerung von einigen Wochen oder Monaten im Boden wird das Metallstück nach sorgfältiger Reinigung erneut gewogen. Der eventl. gefundene Gewichtsverlust stellt ein Maß dafür dar, ob der kathodische Schutz der Rohrleitung vollständig ist.

b) Kolorimetrisches Verfahren:

Ein Stück der unterirdischen Rohrleitung wird gereinigt, so daß das Metall bloßliegt. Ein Stück saugfähiges Papier, das mit Kaliumferricyanidlösung getränkt ist, wird auf die Fläche aufgedrückt und das Rohr wieder zugeschüttet. Nach relativ kurzer Dauer wird ein unvollständiger kathodischer Schutz durch eine Blaufärbung des Papiers angezeigt, während das Ausbleiben der Blaufärbung einen vollständigen Schutz kennzeichnet.

Beide der angeführten Versuche haben qualitativen Charakter und geben keinen Hinweis darauf, ob der angewandte Strom nur eben ausreichend oder zu stark ist.

12.6.1. Übermäßiger kathodischer Schutz

Ein gewisses Übermaß des kathodischen Schutzes von Stahlkonstruktionen ist gewöhnlich unschädlich. Die Hauptnachteile sind Verluste an elektrischer Energie und ein verstärkter Verbrauch der Hilfsanoden. In Extremfällen ergeben sich zusätzliche Nachteile, wenn an der geschützten Konstruktion Wasserstoff in solchen Mengen entwickelt wird, daß die organischen Überzüge blasig werden oder eine Wasserstoffversprödung (Duktilitätsverminderung durch Wasserstoffabsorption) oder Wasserstoffbruch (siehe S. 127) eintreten. Schädigungen durch Wasserstoffabsorption treten bevorzugt in sulfidhaltiger Umgebung auf [14]. Die Gründe dafür werden auf S. 50 diskutiert. Amphotere Metalle, wie Al, Zn, Pb, Sn, werden durch die bei übermäßigem kathodischen Schutz an der Oberfläche des geschützten Systems entstehenden überschüssigen Alkalien geschädigt, da diese eine Verstärkung des Korrosionsangriffs an Stelle einer Verminderung hervorrufen. Im Falle des Bleis wurde festgestellt, daß der kathodische Schutz im alkalischen pH-Bereich fortwirkt, daß aber das kritische Potential für den vollständigen Schutz (siehe unten) nach positiveren Werten verschoben wird [15]. Aluminium kann durch Verbindung mit Zink [16] als Aktivanode kathodisch geschützt werden, in Verbindung mit Mg kann dagegen durch übermäßigen Schutz eine Zerstörung des Aluminiums eintreten. Bei passiven Metallen wie Al ist es zur Erzielung einer kathodischen Schutzwirkung erforderlich, sie nicht wie sonst bis zum Ruhepotential des anodischen Vorgangs zu polarisieren, sondern bis zu einem Potential, das negativer liegt als das kritische Potential, bei dem der Lochfraß beginnt. Dieses Potential liegt im Passivgebiet und wird mit wachsender Cl^--Ionen-Konzentration negativer; in 3%iger NaCl-Lösung liegt es für Al bei etwa —0,48 V [23]. Daher ist Eisen, dessen Korrosionspotential in 3%iger NaCl-Lösung liegt, zum kathodischen Schutz von Al nicht geeignet, wohl aber Zn mit seinem Korrosionspotential von —0,8 V. Wenn ein passives Metall in Chloridlösungen kathodisch geschützt werden soll, muß es auf ein Potential unterhalb dessen, bei dem der Lochfraß einsetzt, polarisiert werden. Für nichtrostenden 18.8-Chromnickelstahl liegt das kritische Potential in 3%iger NaCl-Lösung bei 0,2 V [24] (daher ist die Paarung mit Zn oder Fe erfolgversprechend), für Ni bei etwa 0,25 V, für Ti bei Werten oberhalb 1 V.

12.6.2. Potentialmessungen

Ein Kriterium für den Schutzgrad einschließlich des übermäßigen Schutzes wird durch Messung des Potentials der geschützten Konstruktion erhalten. Solche Messungen sind in der Praxis von größter Wichtigkeit und stellen das von Korrosionsfachleuten allgemein anerkannte und gebrauchte Kriterium dar. Dem liegt die fundamentale Annahme zugrunde, daß der kathodische Schutz dann vollständig ist, wenn das geschützte Bauteil bis zum Ruhepotential der Lokalanoden polarisiert ist. Dieses Potential liegt nach empirischen Messungen für Stahl bei —0,85 V gegen die ges. $Cu/CuSO_4$-Elektrode bzw. —0,53 V gegen die Normalwasserstoffelektrode.

Das theoretische Ruhepotential der Eisenauflösung kann nach den früheren Diskussionen über die Zusammensetzung des Oxidfilms auf Eisen in wäßrigen Medien unter der Annahme berechnet werden, daß die Aktivität der Fe^{++}-Ionen im Gleichgewicht durch die Löslichkeit einer $Fe(OH)_2$-Deckschicht bestimmt wird. Nach der NERNSTschen Gleichung ist

$$\varepsilon = -0{,}44 + \frac{0{,}059}{2}\log a_{\mathrm{Fe}^{++}} \qquad a_{\mathrm{Fe}^{++}} = \frac{\textit{Löslichkeitskonstante}}{a^2_{\mathrm{OH}^-}}$$

Die OH^--Ionen-Aktivität kann durch die Annahme abgeschätzt werden, daß sie nach der Gleichung $Fe(OH)_2 \rightarrow Fe^{++} + 2OH^-$ im Gleichgewicht doppelt so groß ist wie die Fe^{++}-Ionen-Aktivität. Das Elektrodenpotential errechnet sich so zu $-0{,}59$ V gegen die Normalwasserstoffelektrode bzw. $-0{,}91$ gegen die gesättigte $Cu/CuSO_4$-Elektrode.

Der nur angenähert bekannte empirische Wert für Blei liegt bei $-0{,}78$ V gegen die ges. $Cu/CuSO_4$-Elektrode [17], bei Annahme eines $Pb(OH)_2$-Films auf Pb errechnen sich $-0{,}59$ V. In alkalischen Medien mit Plumbitbildung rückt der berechnete Wert näher an den empirischen heran. Andere errechnete Werte sind in *Tab. 2* zusammengestellt.

Tabelle 2:

Berechnete Mindestpotentiale ε für kathodischen Schutz

Metall	ε^0	Lösl.-Prod. $Me(OH)_2$	ε (gegen H_2-Elektrode)	ε (gegen $Cu/CuSO_4$-Bezugselektrode)
Eisen	$-0{,}440$ V	$1{,}8 \cdot 10^{-15}$	$-0{,}59$ V	$-0{,}91$ V
Kupfer	$+0{,}337$ V	$1{,}6 \cdot 10^{-19}$	$+0{,}16$ V	$-0{,}16$ V
Zink	$-0{,}763$ V	$4{,}5 \cdot 10^{-17}$	$-0{,}93$ V	$-1{,}25$ V
Blei	$-0{,}126$ V	$4{,}2 \cdot 10^{-15}$	$-0{,}27$ V	$-0{,}59$ V

12.6.3. Zweifelhafte Kriterien

Gelegentlich sind empirische Regeln wie diejenige, Stahl um 300 mV in kathodischer Richtung von seinem Ruhepotential zu polarisieren, als Kriterien vorgeschlagen worden. Dieses Kriterium ist unexakt und führt in durchschnittlich gelagerten Fällen zu unzureichendem oder übermäßigem Schutz. Es wurde auch vorgeschlagen, das zu schützende Objekt bis zum Auftreten von Knicken in der Stromspannungskurve zu polarisieren. Solche Knicke können im Prinzip unter verschiedenen Umgebungsbedingungen auftreten, wenn der angewandte Strom gerade so groß wie der Korrosionsstrom oder etwas größer ist (zum Beispiel bei O_2-Depolarisationskontrolle), in anderen Fällen jedoch auch dann, wenn die Konzentrationspolarisation oder IR-Effekte durch partiell schützende Oberflächenfilme merkliche Größen erreichen. Wie Stern und Geary zeigten, haben Unterbrechungen dieser Art bei Polarisationsmessungen mannigfache Ursachen und sind als Kriterien für den kathodischen Schutz von zweifelhaftem Wert. Unstetigkeiten in der Neigung der Polarisationskurven haben keine allgemeingültige Bedeutung und sind oft irrtümlich für die Ruhepotentiale der Anoden oder Kathoden des korrodierenden Systems gehalten worden.

12.6.4. Lage der Bezugselektrode

Bei der Bestimmung des Potentials eines kathodisch geschützten Teils soll die Bezugselektrode dem Teil so weit wie möglich genähert werden, um Fehler durch den IR-Abfall im Boden zu vermeiden. Ein gewisser IR-Abfall über Filmen aus

Korrosionsprodukten oder Isolationsschichten wird natürlich in jedem Falle auftreten, auch wenn im übrigen ausreichende Vorkehrungen getroffen worden sind, und macht das gemessene Potential der Metalloberfläche negativer als das wirkliche.

In der Praxis wird bei unterirdischen Rohrleitungen ein Kompromiß geschlossen und an der Erdoberfläche unmittelbar oberhalb der Leitung gemessen. Diese Lage wird gewählt, weil die Schutzströme beim kathodischen Schutz größtenteils zum unteren Teil der Oberfläche fließen und am Scheitel eines Rohres, das einige Fuß tief in der Erde liegt, sehr gering sind.

Bisweilen wird empfohlen, die Bezugselektrode in größerer Entfernung von der Rohrleitung anzubringen, und dies damit begründet, daß die Ströme weiter entfernte Bezirke nicht berührten und so ein IR-Fehler vermieden werde. In Wirklichkeit ist das in größerer Entfernung gemessene Potential irgendein Zwischenwert zwischen dem Potential der geschützten Anlage und dem der polarisierten Hilfs- oder Opferanode. So gemessene Potentiale sind um den Wert des IR-Abfalls im Boden und in Schutzschichten verfälscht. Das an einer solchen abgelegenen Stelle gemessene Potential ist meist negativer als das wahre Potential des Bauteils, wodurch ein ungenügender Schutz zustandekommen kann.

12.7. Ökonomie des kathodischen Schutzes

Bei erdverlegten Rohrleitungen sind die Kosten des kathodischen Schutzes sehr viel geringer als die irgendeines anderen Mittels, das einen Schutz von gleicher Sicherheit bietet. Die Garantie, daß sich bei einer erdverlegten kathodisch geschützten Rohrleitung von der Außenseite her keine Leckstellen entwickeln können, hat es zum Beispiel ökonomisch möglich gemacht, Öl oder Erdgas unter hohem Druck durch den halben amerikanischen Kontinent zu leiten. Tatsächlich ermöglicht es das Ausbleiben von Korrosionserscheinungen auf der Erdbodenseite, Rohrwandungen von solcher Stärke zu wählen, daß sie den inneren Drücken widerstehen, aber keine Dickenzuschläge als Sicherheitsfaktor für Korrosionsverluste enthalten. Diese Einsparung allein hat die Einrichtungs- und Installationskosten für den kathodischen Schutz in einigen Fällen bereits aufgewogen [19].

Die Schleusentore des Panama-Kanals werden durch Fremdstrom geschützt, wobei die Installationskosten weniger als 0,5% der Kosten für die Erneuerung der Tore betrugen. Ein wichtiger Vorteil besteht darin, daß die Schleusen ununterbrochen in Betrieb sein können, ohne daß sich lange Stillegungen zur Behebung von Korrosionsschäden erforderlich machen. Ähnlich verlängern sich bei kathodisch geschützten Schiffen die Perioden, nach denen sie auf Dock müssen, was sich in Einsparungen von vielen tausend Mark im Jahr auswirkt.

Die Abschätzung weiterer ökonomischer Vorteile, die in anderen Fällen durch das Ausbleiben von Spannungskorrosionsbrüchen, Korrosionsermüdung und Lochfraß wirksam werden, hat erst begonnen.

12.8. Anodischer Schutz

Wie in Kapitel 5., S. 68, schon kurz erwähnt, können einige Metalle, wie Eisen und rostbeständige Stähle, auch dadurch wirksam geschützt werden, daß man sie anodisch polarisiert und ihr Potential in den Passivbereich der anodischen Polarisationskurve verschiebt (siehe *Abb. 1*, S. 63). Das passive Potential wird automatisch, meist elektronisch, durch einen sogenannten Potentiostaten aufrechterhalten. Praktische Anwendungen des anodischen Schutzes und der Gebrauch des Potentiostaten für diesen Zweck wurden zuerst von Edeleanu [2] vorgeschlagen.

Der anodische Schutz hat besonders bei der Lagerung von Schwefelsäure Anwendung gefunden [21], jedoch ist die Methode auch auf andere Säuren, z. B. Phosphorsäure sowie Lösungen von Alkalien und Salzen, anwendbar. Da die Passivität des Eisens und der nichtrostenden Stähle durch Halogenid-Ionen zerstört wird, ist der anodische Schutz dieser Metalle gegen die angreifende Wirkung von HCl- und Chloridlösungen nicht anwendbar. Wenn der Elektrolyt mit Chlorionen verunreinigt ist, besteht die Gefahr des Lochfraßes, auch wenn die Metalle im übrigen passiviert werden können. Dagegen kann Titan, das in Gegenwart von Chlorionen passiv bleibt, in HCl anodisch geschützt werden. Das Verfahren kann nur auf solche Metalle und Legierungen angewandt werden, die unschwer in den Passivzustand übergehen, wenn sie mit kleinen Stromdichten anodisch polarisiert werden (meist Übergangsmetalle). Es ist z. B. auf Zn, Mg, Cd, Ag, Cu und Cu-Legierungen nicht anwendbar.

Die zur Passivierung erforderlichen Stromdichten $i_{krit.}$ sind ziemlich hoch; so werden für einen nichtrostenden Stahl der Marke X 5 CrNiMo 18.11 in 67%iger H_2SO_4 bei 25 °C 0,6 mA/cm² benötigt. Dagegen sind die zur Erhaltung der Passivität benötigten Stromdichten gewöhnlich niedrig, in der Größenordnung von 0,1 μA/cm² für nichtrostenden Stahl der Marke X 5 CrNiMo 18.11 und 15 μA/cm² für unlegierten Flußstahl, beide in 67%iger H_2SO_4. Die entsprechenden Korrosionsgeschwindigkeiten betragen 0,02 bzw. 2,5 g/m² · d.

Es ist kennzeichnend für den anodischen Schutz, daß die Korrosionsgeschwindigkeiten zwar erniedrigt, im Gegensatz zur Situation beim kathodischen Schutz aber nicht auf den Wert 0 reduziert werden. Andererseits sind die benötigten Stromdichten in korrodierenden Säuren gewöhnlich viel niedriger als beim kathodischen Schutz, da der Strom für den kathodischen Schutz nicht kleiner sein kann als der entsprechende normale Korrosionsstrom in demselben Medium. Bei nichtrostenden Stählen entspricht dieser Stromdichtewert der sehr viel höheren Korrosionsgeschwindigkeit im aktiven Zustand der Legierung.

Der anodische Schutz soll eine außergewöhnliche Streukraft (Schutzwirkung an weit von der Kathode entfernten Stellen oder elektrisch abgeschirmten Flächen) besitzen [21], die die beim kathodischen Schutz zu beobachtende weit übertrifft. Als Ursache wurde der hohe elektrische Widerstand des Passivfilms genannt, doch ist dies sicher nicht zutreffend, da Messungen ergeben haben, daß solche Widerstandswerte ausgesprochen niedrig sind. Die Ursache kann vielmehr in den Inhibitoreigenschaften der anodischen Korrosionsprodukte gesucht werden, die in kleinen Mengen aus nichtrostenden Stählen entstehen (z. B. $S_2O_8^{--}$, $Cr_2O_7^{--}$, Fe^{3+}).

Literatur-Anmerkungen

[1] R. Mears u. R. Brown, Trans. Electrochem. Soc., **74** (1938), 519, **81** (1942), 455; T. Hoar, J. Electrodepositors Tech. Soc., **14** (1938), 33
[2] H. Davy, Philosophical Trans. Royal Soc. **114** (1824—5), 151—8, 242—6, 328—46
[3] K. Barnard (mit G. Christie), Corrosion, **6** (1950), 232, **7** (1951), 114; (mit G. Christie u. J. Greenblatt) **9** (1953), 246
[4] Wilson Lynes, J. Elektrochem. Soc., **98** (1951), 3c
[5] R. Burns u. W. Bradley: „*Protective Coatings for Metals*", S. 84, Reinhold, New York 1955
[5a] H. Röbke, Schiffbautechn., **17** (1967) 249
[6] P. George, J. Newport u. J. Nichols, Corrosion, **12** (1956), 627t
[7] H. Preiser u. B. Tytell, Corrosion, **15** (1959), 596t
[8] K. Barnard, G. Christie u. D. Gage, Corrosion, **15** (1959), 581t
[9] G. Marsh u. E. Schashl, J. Electrochem. Soc., **107** (1960), 960
[10] G. Hoey u. M. Cohen, Ibid., **105** (1958), 245
[11] J. Greenblatt, J. Electrochem. Soc., **103** (1956), 539; (mit E. Zinck) Corrosion **15** (1959), 76t, **18** (1962), 125t
[12] R. Petty, A. Davidson u. J. Kleinberg, J. Am. Chem. Soc., **76** (1954), 363
[13] M. Rausch, W. McEwan u. J. Kleinberg, Chem. Rev., **57** (1957), 417
[14] W. Bruckner u. K. Myles, Corrosion, **15** (1959), 591t
[15] W. Bruckner u. O. Jansson, Corrosion, **15** (1959), 389t
[16] R. Mears u. H. Fahrney, Trans. Am. Inst. Chem. Engrs., **37** (1941), 911
[17] D. Werner, Corrosion, **13** (1957), 68
[18] M. Stern u. A. Geary, J. Electrochem. Soc., **104** (1957), 56
[19] J. Stirling, Corrosion, **1** (1945), 19
[20] C. Edeleanu, Nature, **173** (1954), 739; Metallurgia **50** (1954), 113
[21] J. Sudbury, O. Riggs u. D. Shock, Corrosion, **16** (1960), 47t; D. Shock, O. Riggs u. J. Sudbury, Ibid., 55t; O. Riggs, M. Hutchison u. N. Conger, Ibid., 58t
[22] J. W. Kühn v. Burgsdorff, Werkstoffe u. Korrosion, **19** (1968), 6, 473—478
[23] Kaesche, Z. phys. Chem. N. F., **34** (1962), 87
[24] H. Lecki u. H. Uhlig. J. Electrochem. Soc., **113** (1966), 1262 J. Horvath u. H. Uhlig, ibid, **115** (1968), 791

Allgemeine Literaturhinweise:

J. H. Morgan: „*Cathodic Protection*", The Macmillan Co., New York (1960)
„*Cathodic Protection, A Symposium*", Nat. Assoc. Corros. Engrs. and The Electrochem. Soc., Houston, Texas (1949)
O. Mudd: „*Cathodic Protection*", Corrosion, **1** (1945), 192 bis 218; Corrosion, **2** (1946), 25 bis 58
W. Wiederholt, H. Kaesche (Hrsg.): „*Kathodischer Schutz*", Diskussionstagung Frankfurt/Main 1958; Korrosion **11**, Verlag Chemie, Weinheim (1959), S. 229

13. Metallische Schichten

13.1. Beschichtungsmethoden

Die Mehrzahl der metallischen Schichten wird entweder durch kurzes Eintauchen in ein Bad aus geschmolzenem Metall, das sogenannte Feuermetallisieren, oder durch galvanische Abscheidung aus einem wäßrigen Elektrolyten aufgebracht. In kleinerem Umfang werden die Schichten auch durch andere Methoden abgeschieden. Beim Metallspritzen verwendet man eine Pistole, die das Metall schmilzt und gleichzeitig kleine Tropfen des geschmolzenen Metalls, gewöhnlich mittels eines Luftstromes, auf die zu beschichtende Oberfläche aufspritzt. Die erhaltenen Schichten sind porös, können aber festhaftend und in fast jeder gewünschten Dicke hergestellt werden. Ein Vorteil besteht darin, daß solche Schichten auf fertige Konstruktionen aufgebracht werden können. Gelegentlich werden die Poren mit einem thermoplastischen Harz gefüllt, um das Korrosionsschutzvermögen zu erhöhen. Bei der Zementation wird das Werkstück in einem Gemisch aus Metallpulver und einem geeigneten Flußmittel bei erhöhter Temperatur getrommelt, um das Metall in die Werkstolloberfläche eindiffundieren zu lassen. Auf diese Weise können Zink- und Aluminiumschichten aufgebracht werden.

Zum Teil werden die Schichten auch durch Gasphasenreaktion erzeugt. Wird zum Beispiel $CrCl_2$ verdampft und bei ca. 1000 °C über Stahl geleitet, so erzeugt es auf dessen Oberfläche eine CrFe-Legierung mit bis zu 30% Cr nach der Umsetzung

$$^3/_2 CrCl_2 + Fe \rightarrow FeCl_3 + {^3/_2}\, Cr \text{ (legiert mit Fe)}.$$

Ähnliche Oberflächenlegierungen aus Eisen und Silizium mit bis zu 19% Silizium können durch Reaktion von Eisen mit $SiCl_4$ erhalten werden. Auch durch chemische Reduktion von Metallsalzlösungen werden Schutzschichten hergestellt, wobei das niedergeschlagene Metall einen festhaftenden Überzug auf dem Grundmetall bildet. Nickelschichten dieser Art werden als stromlose oder chemische Nickelschichten bezeichnet.

13.2. Einteilung der Schichten

Alle kommerziell hergestellten Metallschichten sind in gewissem Maße porig. Ferner besteht die Möglichkeit, daß die Schichten während des Transports oder im Gebrauch verletzt werden. Die galvanische Wechselwirkung am Grunde einer Pore oder eines Risses wird deshalb zu einem wichtigen Faktor für die Leistungsfähigkeit einer Schicht. Vom Standpunkt der Korrosion können die metallischen Schichten in zwei Klassen, nämlich

a) kathodische (edle) und

b) anodische (sich aufopfernde)

Schichten eingeteilt werden.

Wie der Name sagt, sind die edlen Überzüge, z. B. Ni, Ag, Cu, Pb oder Cr auf Stahl, in der Spannungsreihe edler als das Grundmetall. An offenen, durchgehenden Poren ist der galvanische Strom so gerichtet, daß er den Angriff auf das Grundmetall verstärkt und unter Umständen die Schicht unterhöhlt (*Abb. 1*). Demzufolge ist es wichtig, daß kathodische Überzüge stets mit einer möglichst geringen Anzahl von Poren abgeschieden werden, und daß solche Poren, wenn sie vorkommen, so klein wie möglich sind, um den Zutritt von Wasser zum Grundmetall zu verhindern. Das bedeutet gewöhnlich eine Vergrößerung der Schichtdicke. Manchmal werden die Poren auch mit einem organischen Lack gefüllt, oder man läßt ein zweites, niedriger schmelzendes Metall bei erhöhten Temperaturen in die Schicht eindiffundieren (z. B. Zn oder Sn in Ni).

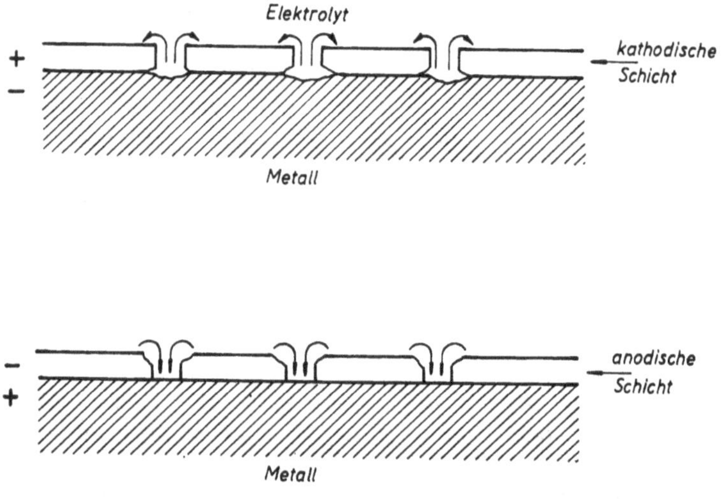

Abb. 1: Schematische Darstellung des Stromflusses bei Verletzungen in einer kathodischen und einer anodischen Schicht

Für anodische Schichten, z. B. Zn, Cd und unter bestimmten Umgebungsbedingungen auch Al und Sn auf Stahl, fließt der galvanische Strom durch den Elektrolyten vom Überzug zum Grundmetall, wodurch das letztere kathodisch geschützt wird (*Abb. 1*).

Solange ein entsprechender Strom fließt und die Schicht mit dem Grundmetall in elektrischem Kontakt bleibt, findet keine Korrosion des letzteren statt. Der Grad der Porigkeit einer anodischen Schicht ist also im Gegensatz zu den Verhältnissen bei kathodischen Schichten nicht von besonderer Wichtigkeit. Generell dauert natürlich der kathodische Schutz um so länger, je dicker die Schicht ist.

Die Grundmetallfläche, auf die sich der kathodische Schutz erstreckt, hängt von der Leitfähigkeit des umgebenden Mediums ab. Defektstellen in Zinkschichten auf Stahl beginnen in Wässern geringer Leitfähigkeit wie destilliertem und weichem Wasser bei einem Durchmesser von mehr als 3 mm in der Mitte Rost zu bilden. In Seewasser dagegen, das eine hohe Leitfähigkeit besitzt, wird Stahl noch in einigen Dezimetern Entfernung vom Zink geschützt. Dieser Unterschied im Verhalten resultiert daher, daß die für den kathodischen Schutz erforderliche Stromdichte in Wässern von hoher Leitfähigkeit noch in relativ großer Entfernung von der Anode erreicht wird, während in Wässern von geringer Leitfähigkeit die kathodische Stromdichte mit wachsendem Abstand von der Anode stark abfällt.

13.3. Spezielle metallische Schichten

13.3.1. Nickel-Schichten

Nickel-Schichten werden gewöhnlich durch galvanische Abscheidung hergestellt. Das Metall wird entweder direkt auf Stahl oder manchmal auf einer Kupfer-Zwischenschicht abgeschieden. Die Unterkupferung wird angewandt, um das Polieren der zu vernickelnden Oberfläche zu erleichtern, da Kupfer weicher als Stahl ist. Sie dient ferner dazu, die benötigte Ni-Schichtdicke zu verringern (Ni ist teurer als Cu) und einen Überzug von minimaler Porigkeit zu gewinnen. In Industrieatmosphäre kann eine zu dünne Ni-Schicht bei Abscheidung auf einer Cu-Zwischenschicht schneller korrodieren als bei Abscheidung auf Stahl. Diese Erscheinung ist wahrscheinlich darauf zurückzuführen, daß die aus den Poren der Ni-Schicht austretenden Cu-Korrosionsprodukte den Angriff auf das Ni verstärken [1]. Diese Verhältnisse sind nicht unbedingt auf andere Atmosphärentypen übertragbar.

Da die Porigkeit einen entscheidenden Einfluß auf Lebensdauer und Aussehen der Nickelschichten hat, ist eine gewisse, von den Beanspruchungsbedingungen abhängige Mindestdicke zu empfehlen. Bei Innenraumbeanspruchung wird eine Schicht von 8 bis 13 μm für viele Anwendungsfälle als ausreichend betrachtet. Für Freiluftbeanspruchung wird ein Schichtdickenbereich von 13 bis 40 μm angegeben. Die höheren Schichtdicken in diesem Bereich (oder noch darüber hinaus) sind (zum Beispiel für Autostoßstangen) beim Einsatz in Küstennähe oder in Industrieatmosphären angebracht, die dünneren Schichten sind im allgemeinen für trockene und nicht verunreinigte Atmosphären ausreichend. Für den Einsatz in der chemischen Industrie sind Ni-Schichten gewöhnlich 25 bis 250 μm dick.

Nickel ist gegen den Angriff industrieller Atmosphären besonders empfindlich. Die Schichten neigen auf Grund der Bildung eines Films aus basischem Nickelsulfat, der die Oberflächenglätte verringert, zum Verlust des Glanzes. Um dieses sogenannte Anlaufen zu verringern, wird auf das Nickel ein sehr dünner Chromüberzug (0,3 bis 0,8 µm) aufgalvanisiert. Diese dünne Chromdeckschicht hat zu dem Ausdruck „Verchromen“ geführt, obwohl derartige Schichten zum überwiegenden Teil aus Ni bestehen.

Stromlose Vernicklungen werden in großem Umfang für die chemische Industrie hergestellt. Dabei werden Nickelsalze durch Na-Hypophosphit-Lösungen beim oder dicht unter dem Siedepunkt zum Metall reduziert. Eine typische Lösung ist die folgende:

$NiCl_2 \cdot 6H_2O$	30 g/l
Na-Hypophosphit	10 g/l
Na-Hydroxyazetat	50 g/l
pH	4—6

Bei dieser speziellen Zusammensetzung wird Ni mit einer Geschwindigkeit von ca. 15 µm/h in Form einer Nickel-Phosphor-Legierung niedergeschlagen. Gewöhnlich beträgt der Phosphoranteil in Schichten dieser Art 7 bis 9%. Verschiedene Metalloberflächen, darunter auch Ni, wirken als Katalysatoren der Reaktion, so daß Schichten von ziemlich großer Dicke aufgebaut werden können. Spezielle Zusätze zu der gewöhnlichen Lösung beschleunigen die Ni-Abscheidung und gestatten die Vernicklung von Glas und Kunststoffen, wenn das gewünscht wird. Metalle, auf denen sich kein Niederschlag bildet, sind z. B. Lötzinn, Cd, Bi und Sb. Der Phosphorgehalt ermöglicht eine beträchtliche Härtung der Schichten durch eine Wärmebehandlung bei niedriger Temperatur, zum Beispiel 400 °C. Die Korrosionsbeständigkeit der NiP-Legierung ist der von galvanisch abgeschiedenem Nickel unter vielen Umgebungsbedingungen vergleichbar.

13.3.2. Blei-Schichten

Blei-Schichten auf Stahl werden gewöhnlich entweder durch Feuermetallisieren oder galvanisch hergestellt. Beim Feuerverbleien werden meist einige Prozent Zinn hinzugefügt, um die Bindung zur Stahlunterlage zu verbessern. Wenn ein größerer Zinnanteil in der Schicht enthalten ist (zum Beispiel 25%), spricht man von „Terneblech“*).

Schichten aus Blei oder Blei–Zinn-Legierung besitzen eine beträchtliche Widerstandsfähigkeit gegenüber atmosphärischem Angriff, da die Poren sich mit Rost füllen, der die weitere Reaktion unterdrückt. Im Boden haben Bleiüberzüge keine gute Schutzwirkung. Die Anwendungen umfassen Dächer und den Innenschutz von Benzintanks von Autos gegen Korrosion durch eingedrungenes Wasser. Wegen der Giftwirkung auch kleiner Mengen von Bleisalzen sollten Blei-Schichten nicht mit Trinkwasser oder Nahrungsmitteln in Berührung kommen (siehe S. 3...4).

*) „terne“ bedeutet „matt“ und wurde ursprünglich gebraucht, um solche Schichten von den glänzenden Zinnschichten zu unterscheiden. Siehe Burns und Bradley, „Protective Coatings for Metals“, Reinhold, New York (1955), S. 248

13.3.3. Zink-Schichten

Sowohl die feuermetallisch als auch die elektrolytisch aufgebrachten Zinkschichten werden im englischen Sprachgebrauch „galvanized" genannt.

Die elektrolytischen Schichten sind etwas duktiler als die feuermetallischen, da die letzteren an der Grenze zum Grundwerkstoff spröde intermetallische Verbindungen von Zn und Fe (Legierungsschicht) bilden. Die Korrosionsgeschwindigkeiten der beiden Schichtarten sind von vergleichbarer Größe, abgesehen davon, daß Feuerzinkschichten im Vergleich zu Walzzink ebenso wie wahrscheinlich zu elektrolytisch abgeschiedenem Zink sowohl in heißem wie in kaltem Wasser [4] und im Boden [5] weniger zu lochförmiger Korrosion neigen. Dieser Unterschied läßt vermuten, daß entweder die spezifischen Potentiale der intermetallischen Verbindungen eine gleichmäßige Korrosion begünstigen oder daß der Eisengehalt des Feuerzinks sich vorteilhaft auswirkt. In diesem Zusammenhang wird berichtet, daß Zn, welches mit 5 oder 8% Fe legiert ist, in Wasser weniger lochförmige Korrosionserscheinungen aufweist als reines Zink [4].

Zn-Schichten sind relativ beständig gegen ländliche und auch marine Atmosphäre, wenn nicht Seewasserspritzer direkt mit der Oberfläche in Berührung

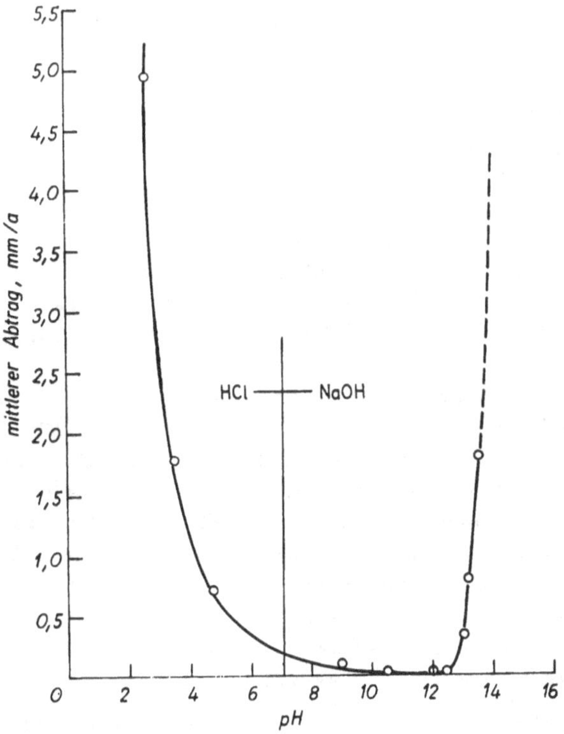

Abb. 2: Einfluß des pH-Wertes auf die Korrosion von Zink in belüfteten Lösungen bei 30°C [nach B. ROETHELI, G. COX, W. LITTREAL, Metals and Alloys **3** (1932), 73]

kommen. In den USA durchgeführte Versuche zeigten, daß eine Schicht von 30 µm Dicke*) 11 Jahre und länger in ländlicher- und Vorstadtumgebung und etwa 8 Jahre in mariner Atmosphäre beständig war. In industrieller Atmosphäre betrug dagegen die mittlere Lebensdauer nur 4 Jahre, was die Empfindlichkeit des Zinks gegen den Angriff durch die in verunreinigten Atmosphären enthaltene Schwefelsäure zeigt [6].

In wäßrigen Medien ist bei Raumtemperatur die Gesamtkorrosion in Kurzzeitversuchen im pH-Bereich 7 bis 12 am geringsten (*Abb. 2*). In saurer oder stark alkalischer Umgebung findet ein stärkerer Angriff unter Wasserstoffentwicklung statt. Oberhalb eines pH-Wertes von etwa 12,5 reagiert Zink lebhaft unter Bildung löslicher Zinkate nach

$$Zn + OH^- + H_2O \rightarrow HZnO_2^- + H_2$$

In Seewasser sind Zink-Schichten beim Schutz von Stahl gegen Verrostung gut beständig, 25 µm Zink entsprechen etwa einem Jahr Lebensdauer. Eine Schicht von 130 µm Dicke schützt also den darunterliegenden Stahl etwa 5 Jahre gegen das Auftreten von Rost.

In vielen lufthaltigen heißen Wässern tritt oberhalb 60 °C eine Potentialumkehr zwischen Zn und Fe ein [7]. Das verleiht dem Zink die Kennzeichen einer kathodischen an Stelle einer anodischen Schicht. Deshalb verursacht unter diesen Umständen die Zinkschicht lochförmige Korrosion des Grundmetalls.

Ein fünfzehnjähriger Dauerversuch in einem Rohrnetz, das Baltimorer Wasser mit einer mittleren Temperatur von 46 °C und einer Maximaltemperatur von 80°C führte, bestätigte, daß die Löcher in dem verzinkten Rohr 1,2 bis 2mal so tief waren wie in dem nicht verzinkten vom selben Typ, was einer geringeren Lebensdauer des verzinkten Rohres entspricht. In kaltem Wasser waren dagegen die Löcher im verzinkten Rohr nur 0,4 bis 0,7mal so tief wie im schwarzen Stahlrohr, was den in diesem Falle günstigen Effekt der Verzinkung zeigt [8]. Es wurde gefunden, daß stark nitrat- und karbonathaltige Wässer die Potentialumkehr begünstigen, währen hohe Chlorid- und Sulfatgehalte die Umkehrungsneigung verringern [9].

Die Ursachen dieses Verhaltens sind offenbar darin zu suchen, daß unter Bedingungen, unter denen Zn gegenüber Fe anodisch reagiert, elektrisch isolierende Schichten aus porösem $Zn(OH)_2$ oder basischen Zinksalzen gebildet werden, während unter den Bedingungen der Potentialumkehr ZnO entsteht [10]. Diese Verbindung besitzt Elektronenleitfähigkeit und ist ein Halbleiter. An ihr kann sich daher in lufthaltigen Wässern eine Sauerstoffelektrode ausbilden, deren Potential, ebenso wie das von Walzzunder auf Stahl, gegenüber Zn und Fe edel ist. Folglich ist in heißen oder kalten entlüfteten Wässern, in denen sich wegen des Fehlens von Sauerstoff keine Sauerstoffelektrode ausbilden kann, Zn gegenüber Fe stets Anode. Doch trifft dies nicht notwendig auch für belüfteten Wässer zu.

*) Die Dicke von Zinkschichten wird oft in g/m² angegeben. Für ein zweiseitig beschichtetes Blech gilt: 1 µm ≙ 14 g/m². Für Rohre, Drähte, Winkel, Rinnen usw. wird das Gewicht nur für eine Seite gegeben. Für solche Werkstücke gilt also: 1 µm ≙ 7 g/m².

Offenbar stimulieren HCO_3^-- und NO_3^--Ionen und erhöhte Temperaturen die Bildung von ZnO, während Cl^-- und SO_4^--Ionen die Bildung hydratisierter Reaktionsprodukte begünstigen.

Bei Raumtemperatur verringert sich in Wasser oder verdünnter NaCl-Lösung im Laufe der Zeit infolge der Bildung isolierender Korrosionsprodukte auf der Oberfläche der vom Zink gelieferte anodische Strom. In einer Versuchsserie sank der Strom eines Eisen–Zink-Paares nach 60 bis 80 Tagen auf den Wert 0 ab, und es wurde eine schwache Potentialumkehr beobachtet. Diese Tendenz ist bei hochreinem Zink, auf dem sich isolierende Schichten nur in geringem Maße bilden, weniger ausgeprägt.

13.3.4. Kadmium-Schichten

Kadmiumschichten werden fast ausschließlich durch elektrolytische Abscheidung hergestellt. Die Potentialdifferenz zwischen Cd und Fe ist nicht so groß wie zwischen Zn und Fe; daher fällt im Falle von Verletzungen der Kadmiumschicht der kathodische Schutz des Stahls mit der Größe der Verletzung schneller ab. Cd ist teurer als Zn, behält aber sein metallisch glänzendes Aussehen länger und wird deshalb für elektronische Apparate häufig angewandt. Ferner ist es beständiger gegen den Angriff durch Schwitzwasser und Salznebel. Andererseits sind aber Cd-Überzüge, die der Atmosphäre ausgesetzt sind, nicht so beständig wie Zn-Überzüge gleicher Dicke.

In wäßrigen Medien widersteht Cd im Gegensatz zu Zn dem Angriff durch starke Alkalien. Ebenso wie Zn wird es durch verdünnte Säuren und wäßrige Ammoniaklösungen korrodiert. Cd-Salze sind giftig, aus diesem Grunde sollten Cd-Überzüge nicht mit Lebensmitteln in Berührung kommen. Zink-Salze sind weniger toxisch, so daß Zinkschichten in Verbindung mit Trinkwasser erlaubt sind. Sie werden jedoch gleichfalls nicht für Nahrungsmittel empfohlen.

13.3.5. Zinn-Schichten

Jährlich werden mehrere Millionen Tonnen Weißblech produziert, von denen der größte Teil verwendet wird, um viele Milliarden Konservendosen herzustellen. Da auf elektrolytischem Wege gleichmäßigere und dünnere Überzüge abgeschieden werden können als durch Tauchmetallisieren, ist der größte Teil des heute erhältlichen Blechs sogenanntes Elektrolyt-Weißblech. Die Ungiftigkeit der Zinnsalze macht Zinn zum Aufbewahren von Getränken und Lebensmitteln ideal geeignet.

Die Dicke von Zinnschichten wird häufig in g/m^2 angegeben, 1 μm entspricht 7,28 g Sn $/m^2$. Feuerzinnschichten rangieren zwischen 10 und 30 g/m^2. Die übliche Dicke elektrolytischer Schichten für Nahrungsmitteldosen beträgt 6 g/m^2, bei korrosivem Inhalt kann sie 12 g/m^2 und mehr erreichen. Zinn-Überzüge von so geringer Dicke sind natürlich stark porig, daher ist es wichtig, daß Zinn als anodische Schicht wirkt, um Durchbrechungen des dünnwandigen Stahls, auf dem das Zinn aufgebracht ist, durch lochförmigen Angriff zu vermeiden. Diese Forderung ist im allgemeinen erfüllt.

An der Außenseite verzinnter Behälter ist Sn im Verhältnis zum Eisen kathodisch, wie es dem Standardpotential des Zinns von $-0{,}136$ V im Verhältnis zu dem des Eisens von $-0{,}440$ V entspricht. Auf der Innenseite dagegen ist Zinn beinahe stets Anode gegenüber Eisen, weshalb Zinnüberzüge den darunterliegenden Stahl kathodisch schützen. Diese willkommene Potentialumkehr kommt dadurch zustande, daß die Sn-Ionen durch viele Nahrungsmittelbestandteile komplex gebunden werden. Dadurch wird die Aktivität der Sn-Ionen stark herabgesetzt, was sich in einer Verschiebung des Korrosionspotentials des Zinns in negativer Richtung auswirkt (siehe S. 30).

Nahrungsmittel enthalten gewöhnlich neben Säuren und Alkalien als natürliche Nebenbestandteile mannigfache organische Substanzen, von denen einige, wie schon bemerkt, Komplexbildner sind, andere als Korrosionsinhibitoren oder als kathodische Depolarisatoren wirken. Nahrungsmittel, die arm an inhibierenden und reich an depolarisierenden Inhaltstoffen sind, können eine stärkere Korrosion hervorrufen als zum Beispiel stark saure Nahrungsmittel. Auf Grund der Anwesenheit organischer Depolarisatoren verläuft die Korrosion im Inneren von Konservendosen meist ohne oder mit nur geringer H_2-Entwicklung. Wenn die Zinnschicht vollständig korrodiert ist, ist beim weiteren Fortschreiten der Korrosion gewöhnlich Wasserstoffentwicklung zu bemerken. Die Ursache dieses Verhaltens steht nicht genau fest. Ein eventuelles Versagen des Behälters auf Grund von sogenannten Wasserstoffauftreibungen, bei denen sich im Inneren der Dose ein beträchtlicher H_2-Druck ausbildet, kann ein Verderben des Inhalts vortäuschen, da die Zersetzung durch Bakterien gleichfalls Gasansammlungen verursacht.

Die Menge des während der Lebensdauer der Büchse angesammelten Wasserstoffs hängt nicht nur von der Dicke der Zinnschicht, der Temperatur und der chemischen Zusammensetzung des eingeschlossenen Nahrungsmittels ab, sondern sehr oft auch von Zusammensetzung und Struktur des Büchsenstahles. Die Geschwindigkeit der H_2-Entwicklung wird durch die Kaltverformung des Stahls, die das übliche Verfahren zur Verfestigung der Behälterwände ist, erhöht (siehe S. 119). Eine spätere zufällige oder beabsichtigte Wärmebehandlung bei niederer Temperatur kann diese Geschwindigkeit erhöhen oder erniedrigen (siehe *Abb. 1*, S. 119). Auch hohe P- und S-Gehalte machen Stahl gegen Säureangriff besonders empfindlich, während einige Zehntelprozente Cu bei Anwesenheit von P und S eine Verringerung der Korrosion bewirken. Die Wirkung des Cu läßt sich indessen nicht immer voraussagen, da einige in gewissen Nahrungsmitteln enthaltene organische Depolarisatoren und Inhibitoren in ihrer Wirkung unter Umständen an die Anwesenheit von Cu gebunden sind.

13.3.5.1. Eigenschaften von Zinn

Zinn ist ein amphoteres Metall, das sowohl mit Säuren als auch mit Basen reagiert, in etwa neutralen Medien aber recht widerstandsfähig ist. Es wird in weichen Wässern nicht korrodiert und ist viele Jahre als Rohrmaterial für destilliertes

Wasser verwendet worden. Nur die Knappheit und der hohe Preis des Zinns sprechen dafür, es für diesen Zweck durch andere Stoffe, zum Beispiel Aluminium, zu ersetzen. Die Korrosion in verdünnten, nichtoxydierenden Säuren, z. B. HCl und H_2SO_4, wird weitgehend von der Konzentration an gelöstem O_2 in der Säure bestimmt. Die Wasserstoffüberspannung am Zinn ist so hoch, daß die Korrosion unter Wasserstoffentwicklung gering ist. Entlüftete Essigsäure zum Beispiel korrodiert Zinn sowohl in heißem wie in kaltem Zustand nur langsam (1,5 bis 6,0 $g/m^2 \cdot d$) NH_4OH und Na_2CO_3 sind von geringer Wirkung, in konzentrierter NaOH-Lösung dagegen ist die Geschwindigkeit des Angriffs unter Bildung von Natriumstannat groß. Wie in Säuren wird die Geschwindigkeit durch Belüftung vergrößert. In belüfteten Fruchtsäften beträgt bei Raumtemperatur die Geschwindigkeit nur 0,1 bis 2,5 $g/m^2 \cdot d$, wird aber am Siedepunkt 10mal so groß, was die beträchtliche Verstärkung des Angriffs mit der Temperatur zeigt [12].

13.3.6. Aluminium-Schichten

Aluminiumschichten auf Stahl werden meist durch Feueraluminieren oder durch Spritzen hergestellt. Die schmelzflüssigen Metallbäder für die Feueraluminierung enthalten gewöhnlich Si, um die Bildung einer brüchigen Legierungsschicht zu verhindern. Aluminium-Spritzschichten werden im allgemeinen mit organischen Lacken oder Anstrichen nachbehandelt, weil sonst im Laufe der Zeit auf der Oberfläche Rostspuren sichtbar werden können. Die übliche Dicke von Al-Spritzschichten liegt zwischen 80 und 200 µm.

Zementierte Schichten („Alitierschichten") werden durch Trommeln des Werkstücks in einer Mischung aus Al-Pulver, Al_2O_3 und etwas NH_4Cl als Flußmittel in einer H_2-Atmosphäre bei etwa 1000 °C erzeugt. Es bildet sich eine FeAl-Oberflächenlegierung, die dem behandelten Teil eine gute Beständigkeit gegen Verzunderung (bis zu 850 bis 950 °C) und gegen schwefelhaltige Atmosphären gibt, wie sie in Ölraffinerien anzutreffen sind. In feuchter Umgebung sind Alitierschichten im allgemeinen nicht brauchbar.

Es sind auch einige Verfahren zur elektrolytischen Abscheidung von Al aus organischen oder geschmolzenen Elektrolyten beschrieben worden, jedoch sind diese noch nicht im kommerziellen Maßstab eingesetzt worden.

Feueraluminiumschichten werden meist als Zunderschutz bei mäßig erhöhten Temperaturen, zum Beispiel an Öfen, gebraucht. Sie werden auch zum Schutz gegen atmosphärische Korrosion eingesetzt, jedoch ist die Anwendung auf diesem Gebiet wegen der im Vergleich zu Zinkschichten höheren Kosten und der wechselnden Erfolge begrenzt geblieben. In weichen Wässern zeigt Aluminium ein gegenüber Stahl edleres Potential und wirkt deshalb als kathodische Schicht. In Seewasser und einigen Süßwässern, besonders solchen mit Chlorid- und Sulfatgehalt, wird das Potential des Aluminiums unedler und die Polarität des Al–Fe-Paares kehrt sich um. Eine Al-Schicht unter solchen Bedingungen wirkt als Opfermetall und schützt den Stahl kathodisch.

Al-Spritzschichten von 80 µm Dicke zeigten in einer Versuchsreihe in Industrieluft eine mittlere Lebensdauer von 12 Jahren im Vergleich zu 7 Jahren für aufgespritzte, galvanische und Feuerzinkschichten [13].

Literatur-Anmerkungen

[1] W. Wesley in „*Corrosion Handbook*", S. 821
[2] W. Vernon, J. Inst. Metals **48** (1932), 121; Chem. Ind. **1934**, 314
[3] A. Brenner u. G. Riddell, J. Res. Nat. Bureau of Standards, **39** (1947), 385
[4] L. Kenworthy u. M. Smith, J. Inst. Metals, **70** (1944), 463
[5] K. Logan in „*Corrosion Handbook*", S. 460—2; W. Blum u. A. Brenner, S. 814—5
[6] W. Blum u. A. Brenner in „*Corrosion Handbook*", S. 803—13
[7] G. Schikorr, Trans. Electrochem. Soc., **76** (1939), 247
[8] C. Bonilla, Trans. Electrochem. Soc., **87** (1945), 237
[9] R. Hoxeng u. C. Prutton, Corrosion, **5** (1949), 330
[10] P. Gilbert, J. Electrochem. Soc., **99** (1952), 16
[11] H. Roters u. F. Eisenstecken, Archiv. Eisenhüttenw., **15** (1941), 59
[12] B. Gonser u. J. Strader in „*Corrosion Handbook*", S. 327
[13] J. Hudson, Chem. & Ind. (London), **1961, 3** (Jan. 7)

Allgemeine Literaturhinweise:

S. Britton: „*Corrosion Resistance of Tin and Tin Alloys*" (Korrosionsbeständigkeit von Zinn und Zinnlegierungen), Tin Research Inst., Greenford/Middlesex, England

R. Burns, W. Bradley: „*Protective Coatings for Metals*" (Schutzschichten für Metalle), Reinhold, New York, 1955

„*Corrosion Handbook*", hrsg. v. H. H. Uhlig, S. 803—57, John Wiley and Sons, New York, 1948

„*Korrosionsverhalten von Zink*":
Band 1: G. Schikorr: „*Verhalten von Zink an der Atmosphäre*",
Band 2: W. Wiederholt: „*Verhalten von Zink in Wässern*",
Metall-Verlag Berlin-Grunewald, o. J.

H. Bablik: „*Die Feuerverzinkung*", Springer-Verlag (1941)

E. Kretzschmar: „*Metall-, Keramik- und Plastspritzen*", Verlag Technik, Berlin, 1962

„*Merkblätter der Beratungsstelle für Stahlverwendung Düsseldorf*":
179: Oberflächenschutz von Stahl durch metallische Zinküberzüge
183: Oberflächenschutz von Stahl durch metallische Zinnüberzüge
247: Oberflächenschutz von Stahl durch Inkromieren
293: Feuerverzinken
400: Die Korrosionsbeständigkeit feuerverzinkten Stahls

J. Olden: „*Oberflächenschutz von Stahl*", Merkblatt No. 24 der Stahlberatungsstelle Freiberg

R. Kopec: „*Leitfaden der Oberflächenbehandlung*", Verlag Technik, Berlin, 1960

W. Machu: „*Metallische Überzüge*", Akad. Verlagsgesellschaft Leipzig, 3. Aufl. (1948)

W. Dettner, J. Elze (Hrsg.): „*Handbuch der Galvanotechnik*", Carl-Hanser-Verlag München (seit 1963)

„*VEM-Handbuch Galvanotechnik*", Verlag Technik, 1958

14. Anorganische nichtmetallische Schutzschichten

14.1. *Emailschichten*

Glas- und Porzellanemails und Glasauskleidungen sind im wesentlichen auf Metalle aufgeschmolzene Glasüberzüge von geeignetem Ausdehnungskoeffizienten. Das Glas wird in pulverisierter Form (Fritte) auf eine gebeizte oder anderweitig vorbehandelte Metalloberfläche aufgetragen und dann in einem Ofen auf eine Temperatur erhitzt, bei der das Glas erweicht und eine Bindung zum Metall zustandekommt. Es können mehrere Schichten übereinander aufgeschmolzen werden. Emailschichten werden meist auf Stahl aufgebracht; einige sind aber auch für Kupfer, Messing und Aluminium geeignet.

Zusätzlich zu ihrer dekorativen Wirkung schützen Emailüberzüge die Grundmetalle gegen den korrodierenden Einfluß vieler Medien. Die Gläser bestehen im wesentlichen aus Alkaliborosilikaten. Durch Veränderungen in der Zusammensetzung kann Widerstandsfähigkeit gegen starke Säuren oder schwache Alkalien oder beides erreicht werden. Ihr hohes Schutzvermögen beruht auf ihrer Undurchlässigkeit für Wasser und Sauerstoff über relativ lange Expositionsdauern und ihrer Beständigkeit gegen gewöhnliche und leicht erhöhte Temperaturen. Ihre Verwendung in kathodisch geschützten Heißwassertanks wurde schon erwähnt. Obwohl Poren zulässig sind, wenn die Glasschicht durch kathodischen Schutz ergänzt wird, muß für andere Anwendungen die Schicht vollkommen und ohne eine einzige Fehlstelle sein. Das bedeutet, daß sogenannte innenverglaste (Email-)Gefäße für die Lebensmittel- und chemische Industrie von Sprüngen und anderen Fehlern freigehalten werden müssen. Die Empfindlichkeit gegen mechanische Beschädigung und das Springen bei jähen Temperaturwechseln sind die Hauptschwächen der Glasüberzüge. Wenn Schäden auftreten, können sie manchmal behoben werden, indem die Lücken mit Gold- oder Tantal-Folie ausgestopft werden.

An der Atmosphäre sind emaillierte Stahlteile viele Jahre beständig (Tanksäulen, Hinweisschilder, dekorative Fassadenverkleidungsbleche u. a.). Ein Versagen kann durch Ausbildung eines Netzwerkes von Rissen („Mosaik"), in denen sich Rost bildet, zustandekommen. Emails werden auch zum Schutz vor heißen Gasen angewendet, zum Beispiel für Auspuffrohre an Flugzeugen. In Versuchen des Bureau of Standards wurde ihre lange Lebensdauer im Boden festgestellt.

14.2. *Portlandzementschichten*

Die Vorzüge der Portlandzementschichten liegen in ihrem niedrigen Preis, der Ähnlichkeit ihres Ausdehnungskoeffizienten ($1{,}0 \cdot 10^{-5}/°C$) mit dem des Stahls

($1{,}2 \cdot 10^{-5}/°C$) und der Leichtigkeit, mit der sie sich auftragen und reparieren lassen. Die Schichten können im Schleudergußverfahren (im Inneren von Rohren), durch Auftragen mit Kelle oder Spachtel und durch Aufspritzen hergestellt werden. Die üblichen Dicken liegen zwischen 0,5 und 2,5 cm, dickere Schichten werden gewöhnlich mit einem Drahtnetz armiert.

Portlandzementschichten werden benutzt, im gußeiserne oder stählerne Wasserrohre auf der Wasser- oder Erdbodenseite oder auf beiden zu schützen. Es wird über ausgezeichnete Erfolge berichtet. So sind einige Schichten dieser Art in Neu-England über 60 Jahre in Gebrauch gewesen [1]. Außderdem werden Portlandzement-Auskleidungen für das Innere von Heiß- und Kaltwassertanks und Chemikalien-Lagertanks eingesetzt, ferner zum Schutze gegen Seewasser und Bergwässer. Vor dem Einsatz werden die Schichten meist 8 bis 10 Tage mit nichtwäßrigen Medien, wie zum Beispiel Ölen, behandelt.

Der Nachteil der Portlandzementschichten liegt in ihrer Empfindlichkeit gegen mechanische Stöße und rasche Temperaturwechsel. Offene Tanks sind indessen leicht zu reparieren, indem frischer Zement in die abgebröckelten Stellen eingedrückt wird. In Kalkwasserleitungen werden feine Risse offenbar automatisch mit schützenden Reaktionsprodukten des Rostes und der alkalischen Zementbestandteile gefüllt. In sulfatreichen Wässern kann Portlandzement angegriffen werden, doch sind auch Zementsorten mit verbesserter Resistenz gegen solche Wässer erhältlich.

14.3. Chemische Umwandlungsschichten (Austauschüberzüge)

sind Schutzschichten, die in situ durch chemische Reaktion mit der Metalloberfläche gebildet werden. Der Begriff umfaßt auch spezielle Schichten, wie z. B. solche aus $PbSO_4$, die bei der Einwirkung von Schwefelsäure auf Blei gebildet werden, oder aus Eisenfluorid, die beim Füllen von Stahlbehältern mit Flußsäure ($> 65\%$ HF) entstehen.

Phosphatschichten auf Stahl (Parkerisier-, Bonderschichten) werden hergestellt, indem auf eine saubere Stahloberfläche kalte oder heiße verdünnte Mangan- oder saure Zink-Orthophosphat-Lösungen (zum Beispiel $ZnHPO_4 + H_3PO_4$) aufgebürstet oder aufgespritzt werden. Bei der nun einsetzenden Reaktion entsteht ein Netzwerk von porösen Metallphosphatkristallen, die fest mit der Stahloberfläche verbunden sind. Zuweilen werden der Phosphatierungslösung Acceleratoren, wie Cu^{++}-, ClO_3^- und/oder NO_3^--Ionen, zugesetzt, um die Reaktion zu beschleunigen.

Die Phosphatschichten selbst liefern keinen merklichen Korrosionsschutz. Sie werden hauptsächlich als Anstrichuntergrund angewandt, da sie eine gute Haftung des Anstrichs auf dem Stahl vermitteln und die Neigung zur Unterrostung des Anstrichfilms an Kratzern und anderen Verletzungen herabsetzen. Zuweilen werden Phosphatschichten mit Ölen oder Wachsen imprägniert, die in einem gewissen Maße vor Verrostung schützen können, besonders wenn sie Korrosionsinhibitoren enthalten.

Oxidschichten auf Stahl können durch kontrollierte Oxydation in Luft bei hoher Temperatur oder zum Beispiel durch Eintauchen in heiße konzentrierte Alkalilaugen, die Persulfate, Nitrate oder Chlorate enthalten, hergestellt werden. Solche Schichten, blau, braun oder schwarz gefärbt, enthalten meist Fe_3O_4 und haben wie die Phosphatschichten keine korrosionsschützenden Eigenschaften. Wenn sie mit inhibitorhaltigen Ölen oder Wachsen eingerieben werden, wie es öfter mit brünierten Gewehrläufen getan wird, wird ein gewisser Schutz erreicht.

Oxidschichten auf Aluminium werden bei Raumtemperatur durch anodische Oxydation von Aluminium in einem geeigneten Elektrolyten, zum Beispiel verdünnter Schwefelsäure, bei Stromdichten von 1 A/dm^2 oder mehr hergestellt. Der Prozeß wird Anodisieren genannt. Es bildet sich eine Aluminiumoxidschicht von 2,5 bis 25 μm Dicke. Das so gebildete Oxid muß hydratisiert werden, um seine Schutzeigenschaften zu verbessern. Dies geschieht durch das sogenannte Sealing, bei dem die anodisierten Stücke einige Minuten lang heißem Wasser oder Wasserdampf ausgesetzt werden. Eine verbesserte Korrosionsbeständigkeit wird erhalten, wenn die Nachverdichtung in heißer verdünnter Chromatlösung vorgenommen wird. Die Oxidschicht kann verschieden eingefärbt werden, entweder im Anodisierbad selbst oder im Anschluß an die Anodisierung.

Das Anodisieren bewirkt eine gewisse Erhöhung der Korrosionsbeständigkeit von Aluminium, doch ist der zusätzliche Schutz nicht spektakulär und wächst sicher nicht proportional zur Oxidschichtdicke. Anodisierschichten bilden einen guten Untergrund für den Anstrich von Aluminium, der sonst ohne eine spezielle Oberflächenvorbehandlung Schwierigkeiten macht.

Chromatschichten auf Zink werden hergestellt, indem das gereinigte Metall für einige Sekunden in eine mit H_2SO_4 (8 ml/l) angesäuerte Natriumdichromatlösung (zum Beispiel 200 g/l) getaucht und dann gespült und getrocknet wird. Es entsteht eine Zinkchromatschicht, die der Oberfläche eine leichte Gelbfärbung verleiht und das Metall gegen Fleckigwerden und Weißrostbildung durch kondensiertes Wasser schützt. Sie erhöht auch die Lebensdauer von Zink bei atmosphärischer Beanspruchung etwas. Ähnliche Schichten sind für Kadmium empfohlen worden.

Literatur-Anmerkungen

[1] F. N. SPELLER: „*Corrosion, Causes and Prevention*", S. 370–76; 596–600, 3. Aufl., McGraw-Hill, New York, 1951

Allgemeine Literaturhinweise:

„*Glass Linings and Vitreous Enamels*" (Glasauskleidungen und Emails) Report of N.A.C.E. Committee T-6 H Corrosion, *16* (1960) 107

„*Corrosion Handbook*", hrsg. v. H. H. UHLIG, S. 857 bis 78, J. Wiley and Sons, New York, 1948

R. Burns, W. Bradley: „*Protective Coatings for Metals*" (Schutzüberzüge für Metalle), Reinhold, New York, 1955

W. Machu: „*Die Phosphatierung*", Verlag Chemie Weinheim, 1950

W. Hübner, A. Schiltknecht: „*Die Praxis der anodischen Oxydation des Aluminiums*", Aluminium-Verlag Düsseldorf, 1956

M. Schenck: „*Werkstoff Aluminium und seine anodische Oxydation*" A. Franke-Verlag Bern, 1948

15. Organische Schichten

Anstrichstoffe stellen Suspensionen unlöslicher Pigmentpartikel in einem homogenen organischen Bindemittel dar. Die Pigmente bestehen gewöhnlich aus Metalloxiden, z. B. TiO_2, Pb_3O_4, Fe_2O_3, oder anderen Verbindungen wie $ZnCrO_4$, $PbCO_3$, $BaSO_4$, Kaolin usf. Das Bindemittel kann ein natürliches Öl sein, Beispiele sind hier Lein- und Holzöle. Wenn diese sogenannten trocknenden Öle der Luft ausgesetzt sind, werden sie oxydiert und polymerisieren zu Feststoffen. Dieser Vorgang kann durch kleine Mengen von Katalysatoren wie Blei-, Mangan- oder Kobaltseifen beschleunigt werden. Gegenwärtig werden häufig synthetische Harze als Bindemittel oder Bindemittelbestandteile eingesetzt, besonders bei dauernder Einwirkung von Wasser oder dort, wo Beständigkeit gegen Säuren, Laugen oder höhere Temperaturen erforderlich ist. Diese Harze können durch Verdampfen des Lösungsmittels trocknen oder in der Wärme bzw. bei Zugabe entsprechender Katalysatoren polymerisieren. Die im Englischen mit „varnish" bezeichneten Lacke bestehen aus einer Mischung eines trocknenden Öls mit aufgelösten Harzen und einem flüchtigen Verdünner. Die englisch „lacquer" genannten Lacke sind in einem flüchtigen Verdünner gelöste Harze, auch enthalten sie zuweilen Pigmente.

Beispiele synthetischer Harze stellen Phenol--Formaldehyd-Kompositionen dar, die kochendes Wasser und leicht erhöhte Temperaturen aushalten und in der chemischen Industrie in Form von Mehrfach-Einbrennlackierungen gegen eine Vielzahl korrodierender Medien eingesetzt werden. Silikon-Harze werden bei ähnlichen Temperaturen angewandt.

Vinyl-Harze besitzen eine gute Beständigkeit gegen das Eindringen von Wasser. Ihre Alkaliresistenz macht sie für den Anstrich von Konstruktionen geeignet, die kathodisch geschützt werden sollen. Lein- und Holzölanstriche werden im Vergleich dazu durch die alkalischen Reaktionsprodukte, die sich an der Kathode in Wässern wie im Boden bilden, schnell verseift und zerstört.

Epoxidharze sind ebenfalls gegen Alkalien und viele andere chemische Angriffsmedien beständig und zeichnen sich dadurch aus, daß sie auf Metalloberflächen gut haften. Diese Eigenschaft rührt wahrscheinlich von den vielen freien polaren Gruppen im Molekül her. Diese Harze sind die Grundlage plastischer Mischungen, die nach Zugabe eines geeigneten Katalysatos in kurzer Zeit am Ort fest werden, was sie zum Beispiel zur Abdichtung von Leckstellen in eisernen und anderen Rohrleitungen verwendbar macht.

Anstriche sind im allgemeinen nicht zum Schutze erdverlegter Bauteile zu gebrauchen, da u. a. eine mechanische Verletzung der dünnen Schicht im Kontakt mit dem Erdboden fast unvermeidbar ist. Versuche haben gezeigt, daß ihre Lebensdauer für diesen Zweck relativ kurz ist. Die billigeren Dickschicht-Teeranstriche haben sich als praktischer erwiesen. Ebenso sind die üblichen Lein-Holzölanstriche auf metallischen Bauteilen, die völlig in Wasser eingetaucht sind, nicht haltbar, außer möglicherweise für Dauern von etwa einem Jahr oder weniger. In heißem Wasser ist ihre Lebensdauer noch geringer. Ein besser geeigneter Schutz, der bei normaler Temperatur einige Jahre wirksam bleibt, kann durch Aufbringen von 4 oder 5 Schichten eines Anstrichs auf der Basis von synthetischen Bindemitteln erreicht werden, wie er in der chemischen Industrie üblich ist. Wegen des hohen Preises eines derartigen mehrschichtigen Anstrichsystems wird stattdessen vielfach gegen Süß- und Seewasser ein Dickschicht-Teeranstrich verwendet. Die überwiegende Mehrzahl der Anstriche ist am besten zum Schutze gegen atmosphärische Korrosion geeignet, und dies ist auch ihre wichtigste Aufgabe.

Der Gesamtwert der in den USA hergestellten Farben und Lacke übersteigt eine Milliarde Dollar jährlich. Die Hälfte davon ist für den Korrosionsschutz bestimmt. Dazu kommen die Kosten für die Aufbringung, die etwa das 2—3fache der Anstrichstoff-Kosten betragen. So kostete zum Beispiel ein Erneuerungsanstrich des „Blauen Wunders", einer älteren und kompliziert gestalteten stählernen Elbbrücke in Dresden-Loschwitz, im Jahre 1963 260000 M, wozu noch 125000 M für Rüstarbeiten und Nutzung des Gerüstmaterials kamen. Die Materialkosten für das Strahlentrosten (500 t Quarzsand) und das 5-schichtige Anstrichsystem (23 t Anstrichstoffe) beliefen sich dabei auf ca. 90000 M. Mit den Entrostungs- und Anstricharbeiten waren 18 Arbeitskräfte 7 Monate lang beschäftigt. Besonders bemerkenswert bei Objekten dieser Art ist der hohe Anteil der Rüstkosten an den Gesamtaufwendungen. Seeschiffe brauchen einen vierfachen Außenanstrich und zwei Schichten für die Innenflächen, für jede Schicht sind bei einem 1600-Tonnen-Zerstörer 1,5 Tonnen Farbe erforderlich.

15.1. Anforderungen für den Korrosionsschutz

Als Vorbedingungen für die korrosionsschützende Wirkung sollte ein guter Anstrich die folgenden Anforderungen erfüllen:

a) Geringe Dampfdurchlässigkeit:

Alle heute bekannten Anstriche sind im gewissem Maße durchlässig für Wasser und Sauerstoff. Einige Bindemittel sind weniger permeabel als andere, aber ihre besseren diffusionshemmenden Eigenschaften wirken sich nur bei mehrschichtigen Überzügen mit guter Haftfestigkeit aus, bei denen Poren und andere Defekte mit Sicherheit vermieden werden. Der Diffusionsweg durch einen Anstrichfilm wird normalerweise durch Pigmenteinlagerungen verlängert. Besonders wirksam in dieser Hinsicht sind Pigmente, die die Form von Blättchen haben, die (zum Beispiel durch Pinselauftrag) parallel zur Metalloberfläche orientiert werden, wie flockiger oder glimmerartiger Hämatit oder Aluminiumpuder.

b) Inhibitorwirkung:

Die im Grundanstrich (der unmittelbar auf dem Metall liegenden Anstrichschicht) enthaltenen Pigmente sollten wirksame Korrosionsinhibitoren sein. Wenn Wasser zur Metalloberfläche vordringt, löst es eine gewisse Menge des Pigmentes auf und wird dadurch weniger korrosiv. Korrosionsinhibierende Pigmente müssen eine genügende Löslichkeit besitzen, um die zur Verringerung der Korrosionsgeschwindigkeit erforderliche Konzentration an Inhibitorionen zu liefern, dürfen aber auch nicht so stark löslich sein, daß sie in Kürze aus dem Anstrichfilm ausgewaschen werden.

Von den für Grundanstriche empfohlenen Pigmenten erfüllen nur wenige diese Anforderungen tatsächlich. Wirksame Pigmente, deren Schutzwert in vielen Gebrauchstests bestätigt wurde, sind u. a. Bleimennige Pb_3O_4, das die Struktur von Blei-II-Orthoplumbat Pb_2PbO_4 besitzt, und Zinkchromat $ZnCrO_4$ sowie basisches Zinkchromat oder Zinktetroxychromat. Das inhibierende Ion im Falle der Bleimennige ist wahrscheinlich das PbO_4^{4-}-Ion, das gerade in genügender Menge freigesetzt wird, um den Stahl zu passivieren und ihn beim Vordringen von Wasser zur Metalloberfläche gegen Rost zu schützen. Es ist wahrscheinlich, daß Bleioxide und -hydroxide von etwas anderer Zusammensetzung ebenfalls eine derartige Schutzwirkung ausüben, doch scheint Mennige die beste unter den Bleiverbindungen zu sein.

Im Falle des Zinkchromats wirkt das CrO_4^{--}-Ion inhibierend, wobei die Löslichkeitsverhältnisse so sind, daß mindestens gerade die für eine optimale Inhibitorwirkung erforderliche Konzentration des Ions in Freiheit gesetzt wird (10^{-3} Mol/l). Die Löslichkeit des Bleichromats ist dagegen nicht annähernd hoch genug ($1{,}4 \cdot 10^{-8}$ Mol/l), um ein wirksamer Inhibitor zu sein, dieser Stoff wirkt deshalb nur als inertes Pigment. Käufliche Qualitäten von Bleichromat enthalten oft Bleioxide, die entweder versehentlich oder absichtlich zugefügt werden und dem Pigment einen gewissen Grad an Inhibitorwirkung verleihen. Der Sulfat- und Chloridgehalt der käuflichen $ZnCrO_4$-Pigmente muß gering sein, um ihre passivierende Wirkung auf die Metalloberfläche zu gewährleisten.

Zinkchromat wird gewöhnlich mit einem synthetischen Harz, zum Beispiel Alkydharz, als Bindemittel formuliert, da in einer solchen Kombination seine Wirkung größer ist als zum Beispiel im Zusammenwirken mit Lein- oder Holzöl. Bleimennige kann in Anstrichen aller Art eingesetzt werden. Da die inhibierenden Pigmente das Metall passivieren, ist es klar, daß sie relativ unwirksam sind, wenn Stahl gegen den Angriff von Chloriden in hoher Konzentration, wie sie zum Beispiel im Seewasser vorliegen, geschützt werden soll.

Zinkstaubpigmentierte (zinkreiche) Anstriche sind ebenfalls als Grundierungen einsetzbar, wobei es Aufgabe des Zinks ist, den Stahl in derselben Weise wie eine metallische Schicht kathodisch zu schützen. Solche Anstriche werden bisweilen auf teilweise durchrostete Zinkschichten aufgetragen, weil sie auch auf dem Zink gut haften (der Rost sollte vorher entfernt werden). Es wird angegeben [2], daß zur Sicherung eines guten elektrischen Kontaktes zwischen den Zinkpartikeln untereinander und mit dem Grundmetall der Pigmentgehalt 95% des Gewichtes des trockenen Anstrichfilmes betragen sollte. Um einen so großen Pigmentanteil aufzunehmen, werden als Bindemittel z. B. Chlorkautschuk und Polystyrol empfohlen.

c) Hohe Lebenserwartung bei geringen Kosten:

Ob die Kosten eines Anstriches gerechtfertigt sind, sollte an seiner Leistung gemessen werden. Für ein gegebenes Anstrichsystem mit einer Lebensdauer von 5 Jahren ist eine Verdopplung der Kosten bereits vertretbar, wenn dafür eine Erhöhung der Lebensdauer um 35%, o. h. auf knapp 7 Jahre erreicht wird (bei einem Verhältnis Lohnkosten : Anstrichstoffkosten = 2:1). Die entscheidende Rolle der Anstrichstoff-Qualität soll an Hand zweier Beispiele aus der Volkswirtschaft der DDR demonstriert werden:

In einem chemischen Großbetrieb wurde eine Elektrolyseanlage mit einem billigen, aber für den Zweck ungeeigneten Chlorkautschukanstrich versehen, der bereits nach wenigen Wochen versagte. Der daraufhin angebrachte, dreimal so teure Epoxidharzanstrich war länger als 2 Jahre beständig. Es entstanden folgende Kosten:

ungeeigneter Chlorkautschukanstrich	M 38680
Demontage und Montage der Anlage bei der Anstricherneuerung	M 5120
Produktionsausfall während der Anstricherneuerung	M 175200
Gesamtschaden	M 219000

Der bei der Erneuerung aufgebrachte Epoxidharzanstrich kostete 117960 M. Eine scheinbare Einsparung von 79280 M verursachte also einen Schaden von 219000 M, der sich zum überwiegenden Teil aus mittelbaren Kosten (Produktionsausfall) zusammensetzte.

Noch bedeutender können die ökonomischen Konsequenzen der Qualität von Schiffsbodenanstrichen sein. So errechnet Rathsack [12], daß durch die Bewuchsbildung auf einem konventionellen Schiffsbodenanstrich infolge Geschwindigkeitsverminderung, Mehrverbrauch an Treibstoffen, zusätzlicher Docksliegezeit usw. bei einem 10000 t-Frachter ein wirtschaftlicher Verlust von mehr als einer halben Million Mark im Jahre entsteht, der durch Verwendung eines geeigneten bewuchshemmenden Anstrichsystems verhindert werden kann. Die unmittelbaren Kosten für einen solchen Anstrich einschließlich Docksmiete usw. belaufen sich dabei nur auf 60000 M aller zwei Jahre.

Die Geschwindigkeit der Zerstörung eines Anstriches hängt von den atmosphärischen Bedingungen ab, denen er ausgesetzt ist, d. h. (in der Reihenfolge ihres Einflusses) von der Menge der atmosphärischen Verunreinigungen, der Regenmenge, der Sonneneinstrahlungsdauer und -intensität. Die Farbe der Deckschicht, d. h. ihre Fähigkeit, infrarote Strahlen zu reflektieren, und der Bindemitteltyp spielen eine gewisse Rolle. Innerhalb der guten Korrosionsschutzanstriche wird die Schutzwirkung zum größten Teil von der Dicke des Deckanstrichfilms bestimmt, wenn die anderen Parameter gleich sind. Um eine vorgegebene Anstrichdicke zu erreichen, ist es vorteilhafter, mehrere (dünne) Schichten statt einer (dicken) aufzubringen; da wahrscheinlich die Poren durch mehrmaliges Auftragen besser geschlossen werden. Außerdem ist bei dünnen Filmen die Verdunstung erleichtert, die mit der Polymerisation verbundenen Dimensionsänderungen werden besser aufgenommen.

15.2. Oberflächenvorbehandlung

Versuche haben erwiesen [3], daß der wichtigste Einflußfaktor für die Lebensdauer eines Anstriches die vorherige Oberflächenbehandlung ist. Dieser Faktor ist im allgemeinen von größerer Bedeutung als die Qualität des aufgebrachten Anstrichstoffs. Mit anderen Worten übertrifft ein schlechtes Anstrichsystem auf einer geeignet vorbehandelten Metalloberfläche ein besseres Anstrichsystem auf schlecht präpariertem Untergrund. Eine ausreichende Oberflächenvorbehandlung umfaßt:

A) Reinigung der Oberfläche von allem Schutz, Öl und Fett. Dafür können Verwendung finden:

a) Organische Lösungsmittel:

Diese umfassen Benzine verschiedener Siedebereiche, Alkohole, Aether, chlorierte Lösungsmittel usw., die im Tauch-, Streich- und Spritzverfahren angewandt werden. Vielleicht das beste in dieser Kategorie ist Stoddard Solvent, eine Petroleumfraktion, deren Flammpunkt (40—55 °C) genügend hoch ist, um die Feuergefahr auf ein Minimum einzuschränken, und die nicht besonders toxisch wirkt.

Chlorierte Lösungsmittel sind dagegen zwar unbrennbar, aber relativ giftig. Zudem können sie Chloridreste auf der Oberfläche zurücklassen, die später u. U. einen Korrosionsangriff einleiten. Sie werden in großem Umfang für die Dampfentfettung (Tri- oder Perchoräthylen) angewandt, bei der das Werkstück dem Dampf des kochenden Lösungsmittels ausgesetzt wird. Bei der Dampfphasenentfettung von Aluminium muß unbedingt darauf geachtet werden, daß geeignete Inhibitoren dem chlorierten Lösungsmittel zugegeben werden und in ihm enthalten bleiben, um katastrophale Korrosion (siehe S. 311) oder im schlimmsten Falle eine explosionsartige Reaktion des Aluminiums mit dem Lösungsmittel zu vermeiden [4].

b) Alkalische Reinigungslösungen:

Der Einsatz von wäßrigen Lösungen bestimmter alkalischer Substanzen stellt eine billigere und weniger gefährliche Möglichkeit der Entfernung öliger Oberflächenverunreinigungen dar als die Verwendung organischer Lösungsmittel. Sie sind für diese speziellen Aufgaben wirkungsvoller als organische Lösungsmittel, zur Entfernung schwerer oder verkohlter Öle aber wohl weniger geeignet. Gebräuchliche Reiniger enthalten eine oder einige der folgenden Substanzen: Na_3PO_4, NaOH, $Na_2O \cdot nSiO_2$, Na_2CO_3, Borax, bisweilen Natriumpyro- oder -Metaphosphat und ein Netzmittel. Die Reinigung kann durch Tauchen des Werkstückes in die heiße Lösung (80 °C) erfolgen, die etwa 30 bis 75 g Alkali pro Liter enthält. In etwas höher konzentrierter Form kann die Lösung auch auf die Oberfläche aufgesprüht werden. Die elektrolytische Reinigung in alkalischen Lösungen macht dagegen Gebrauch von der mechanischen Wirkung des entwickelten gasförmigen Wasserstoff und der Reinigungskraft der OH^--Ionen, die an der Oberfläche des als Kathode geschalteten Werkstücks freigesetzt werden.

Wenn das Metall von Walzzunder und Rost frei ist, sichert eine Schlußspülung in Wasser und in verdünnter Chromsäure-Phosphorsäure-Mischung sowohl die Entfernung der Alkalireste, die sonst eine gute Anstrichhaftung auf der Oberfläche verhindern würden, als auch einen zeitweiligen Schutz gegen Flugrostbefall.

B) Vollständige Entfernung von Rost und Walzhaut:

Dieses Ziel wird am besten entweder durch Beizen oder durch Sandstrahlen erreicht.

a) Beizen:

Das wie oben gereinigte Metall wird bei Temperaturen von 65 bis 90 °C für etwa 5 bis 20 Minuten in eine Säure getaucht (zum Beispiel 3 bis 10 gewichtsprozentige H_2SO_4), die einen Beizinhibitor enthält (siehe S. 244). Das direkt an der Metalloberfläche befindliche Oxid wird gelöst und lockert dabei die obere Fe_3O_4-Schicht. Zuweilen wird der Schwefelsäure NaCl zugesetzt, oder es kommt HCl allein bei niedrigeren Temperaturen oder

10 bis 20prozentiger H_3PO_4 bei Temperaturen bis zu 90°C zur Anwendung. Die letztgenannte Säure ist teuerer, hat aber den Vorteil, daß sie beim Beizen einen Phosphatfilm auf der Stahloberfläche hinterläßt, der die Anstrichhaftung begünstigt. Einige Beizverfahren sehen tatsächlich eine Schlußspülung in verdünnter Phosphorsäure vor, um die Entfernung zurückgebliebener Chloride und Sulfate von der Metalloberfläche zu garantieren, die zerstörend auf den Anstrich wirken. Manchmal ist das Schlußbad eine verdünnte Lösung von Chromsäure (30 bis 45 g/*l*) oder Chromsäure-Phosphorsäure-Gemisch, wodurch ein Rosten der Oberfläche vor dem Aufbringen des Grundanstriches vermieden wird.

b) Strahlen:

Bei diesem Verfahren wird der Zunder durch Teilchen entfernt, die mittels eines Luftstromes oder eines Schleuderrades mit hoher Geschwindigkeit auf die Oberfläche geschleudert werden. Das Strahlmaterial ist gewöhnlich Sand, manchmal auch Stahlkies, Siliziumkarbid, Al_2O_3 (Korund), hochschmelzende Schlacke oder Nebenprodukte der Gesteinsfaser-Herstellung. Eine andere Methode zur Entfernung des Walzzunders ist das Flammstrahlen, bei dem die Zunderschicht durch plötzliches Erhitzen der Oberfläche mit einer Acetylen-Sauerstoff-Stichflamme zum Abspringen gebracht wird. Auch das Abwittern für einige Wochen oder Monate ist möglich, wobei der natürliche Rostungsvorgang der Oberfläche die Zunderschicht absprengt, die dann mit Drahtbürsten entfernt werden kann. Jedoch sind diese Methoden weniger befriedigend als die vollständige Entfernung von Rost und Zunder durch Beizen oder Strahlen.

Die schlechte Beständigkeit von Anstrichen auf bewittertem Stahl in Industrieatmosphäre ist aus Versuchsergebnissen, die von Hudson [3] mitgeteilt wurden, zu ersehen (*Tab. 1*).

Tabelle 1:

Auswirkungen der Oberflächenvorbehandlung von Stahl auf die Lebensdauer von Anstrichüberzügen (nach Hudson)

Oberflächen-Vorbehandlung	Beständigkeitsdauer des Anstrichs in Jahren (Sheffield, England)	
	2 Schichten Bleimennige und 2 Schichten Eisenoxidanstrich	2 Schichten Eisenoxidanstrich
intakter Walzzunder	8,2	3,0
bewittert und handentrostet (Drahtbürste)	2,3	1,2
gebeizt	9,5	4,6
sandgestrahlt	10,4	6,3

Die relativ lange Lebensdauer des Anstrichs auf unversehrtem Walzzunder in *Tab. 1* würde im tatsächlichen Gebrauch wahrscheinlich nicht erreicht werden. Es dürfte zum Beispiel schwierig sein, große Flächen und verschiedene Formen von Walzzunder vor und nach dem Anstrichauftrag vor dem Zerbrechen zu bewahren. Brüche im Walzzunder führen zu Abhebungen des Anstriches, vor allem dann, wenn infolge Eindringens von Elektrolytlösungen eine elektrolytische Wechselwirkung zwischen Metall und Zunderschicht stattgefunden hat.

15.3. Anstrichherstellung

Der Grundanstrich sollte, um eine gute Haftung zu erreichen, so bald wie möglich nach der Reinigung auf das trockene Metall aufgebracht werden. Besser noch wird das Metall zunächst mit einer Phosphatschicht versehen (siehe S. 220). In diesem Falle kann die Herstellung des Grundanstrichs, wenn nötig, eine Weile hinausgeschoben werden. Die Vorteile einer Phosphatschicht liegen in der Vermittlung einer besseren Bindung zwischen Anstrich und Metall und dem guten Schutz gegen die Unterrostung des Anstrichfilms an Kratzern oder anderen Verletzungen des Anstrichfilms, an denen sich Rost bildet, der ohne Vorhandensein der Phosphatschicht den organischen Überzug unterwandert. Es ist seit vielen Jahren allgemein üblich, Autokarosserien und elektrische Geräte vor dem Anstrich zu phosphatieren.

Nur in außergewöhnlichen Fällen sollte auf eine feuchte oder nasse Oberfläche gestrichen werden. Eine schlechte Bindung zwischen Anstrich und Stahl ist die Folge. Nach dem Trocknen des ersten kann ein zweiter Grundanstrich aufgebracht werden, oder eine Reihe von Deckanstrichen kann folgen. Ein System von vier Schichten mit einer Gesamtdicke von nicht weniger als 130 µm wird von einigen Fachleuten als das Minimum angesehen, das für die Auslagerung von Stahl in korrosiver Atmosphäre empfohlen werden kann.

15.3.1. Wash-Primer

Während des II. Weltkrieges wurde ein sogenannter Wash-Primer WP1 entwickelt, um den Anstrich von Aluminium zu erleichtern. In der Folgezeit wurde gefunden, daß er auch beim Grundieren von Stahl und einigen anderen Metallen vorteilhaft war. Er besteht aus ca. 9% Polyvinylbutyral und 9% Zinktetroxychromat in einer Mischung von Isopropanol und Butanol. Diese Lösung wird unmittelbar vor Gebrauch mit einer 18%igen Lösung von H_3PO_4 (85%ig) in Wasser und Isopropanol gemischt, wobei das Gewichtsverhältnis zwischen der ersten und der zweiten Lösung 4 : 1 beträgt [6]. Die Mischung muß 8 bis 24 Stunden nach dem Zusammengießen verbraucht werden. Sie hat den Vorteil, in einem Arbeitsgang sowohl das Metall zu phosphatieren als auch einen Grundanstrich aufzubringen. Der Primer hat sich zur Grundierung von Stahl, Zink und Aluminium als geeignet erwiesen.

15.3.2. Anstrich von Aluminium und Zink

Ohne eine spezielle Oberflächenbehandlung haften Anstriche schlecht auf Aluminium, wenn nicht ein Wash-Primer aufgetragen wird, der, wie oben erläutert, die Oberflächenbehandlung selbst bewerkstelligt. Andernfalls sind Phosphatieren oder Anodisieren geeignet. Der Grundanstrich sollte auf jeden Fall Zinkchromat als inhibierendes Pigment enthalten. Bleimennige ist nicht zu empfehlen, da das Al mit dem aus den Bleiverbindungen entstandenen Blei in galvanische Wechselwirkung tritt. Mit Zinkstaub und ZnO pigmentierte Anstriche (zinkreiche Anstriche) können ebenfalls mit befriedigendem Erfolg als Grundanstriche eingesetzt werden und führen zu einer guten Bindung an das Metall. In diesem Falle reagieren Zn und ZnO anscheinend zunächst mit organischen Säuren des Bindemittels und verhindern dadurch die Bildung von Aluminiumseifen und anderen Verbindungen an der Anstrich-Metall-Grenzfläche, die den Zusammenhang zwischen Anstrich und Grundmetall schwächen.

Zink oder verzinkte Oberflächen sind ebenfalls schwierig anzustreichen und sollten zunächst phosphatiert werden, bzw. es sollte ein Wash-Primer als Grundierung verwendet werden. Wie im Falle des Aluminiums ist Zinkchromat ein geeignetes inhibierendes Pigment für den Grundanstrich, Bleimennige dagegen nicht. Zinkreiche Anstriche können ebenfalls eingesetzt werden.

15.4. Filigran- (fadenförmige) Korrosion

Metalle, die mit organischen Substanzen überzogen sind, können von einer Korrosionsart betroffen werden, die Korrosionsprodukte in Form zahlreicher gewundener Fäden oder Fasern ergibt. Diese Erscheinung ist teilweise als „underfilm corrosion" bekannt und wurde von Sharmon [7] als „filiform corrosion" bezeichnet (*Abb. 1*). Verschiedene Forscher beschrieben sie, bildeten sie im Laboratorium nach und stellten Theorien darüber auf [8 bis 10]. Nach den veröffentlichten Beschreibungen besitzen die Fäden oder Fasern auf Stahl eine charakteristische Breite von 0,5 bis 1 mm. Der Faden selbst hat die für Fe_2O_3 charakteristische rote Farbe, der „Kopf" ist grün oder blau, was auf die Anwesenheit von Fe^{++}-Ionen schließen läßt. Jeder Faden wächst mit einer konstanten Geschwindigkeit von ca. 0,4 mm am Tag in wechselnder Richtung, wobei sich aber die Fäden niemals überschneiden. Wenn der Kopf eines Fadens einen anderen erreicht, wendet er sich entweder in einem Winkel ab oder stellt das Wachstum ein.

Die Filigrankorrosion verläuft unabhängig von der Belichtung, dem Gefüge des Stahls und ohne Mitwirkung von Bakterien.

Obwohl die Fäden nur unter nichtpigmentierten Lacken sichtbar sind, treten sie wahrscheinlich mit derselben Häufigkeit unter opaken Anstrichfilmen auf. Sie wurden unter Anstrichen verschiedener Bindemittelbasis und auf verschiedenen Metallen wie Stahl, Zink, Aluminium, Magnesium und verchromtem Nickel beobachtet. Auf Stahl ist dieser Korrosionstyp nur in Luft von hoher relativer

Feuchte, zum Beispiel 65 bis 95% anzutreffen. Bei 100% relativer Feuchte können sich die Fäden zu Blasen verbreitern. Sie können sich überhaupt nicht bilden, wenn der Film weitgehend undurchdringlich für Wasser ist, wie dies für Paraffin festgestellt wurde. Der Mechanismus scheint der einer fortschreitenden Differentialbelüftungszelle zu sein.

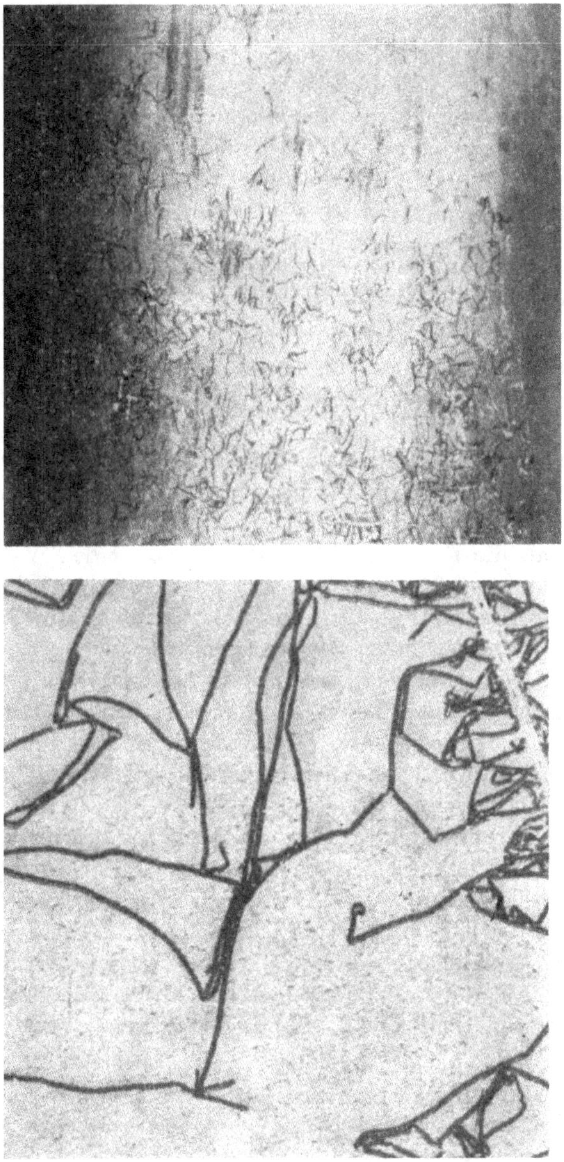

Abb. 1: Filigrankorrosion

15.4.1. Theorie der Filigrankorrosion

In *Abb. 2* sind verschiedene schematische Ansichten eines Korrosionsfadens wiedergegeben: Der Kopf wird, wie die chemische Analyse zeigte, von einer relativ konzentrierten Fe^{++}-Salzlösung gebildet. Daher besteht in diesem Teil des Fadens die Tendenz, Wasser aus der Atmosphäre zu absorbieren. Daneben diffundiert Sauerstoff durch den Film zur Metalloberfläche und erreicht an der Grenzlinie zwischen „Kopf" und „Körper" des Fadens und an der Peripherie des Kopfes höhere Konzentrationen als im Zentrum des Kopfes. Dadurch bildet sich eine Differentialbelüftungszelle aus, deren Kathode von den filmbedeckten Bereichen, der Metalloberfläche und von der Rückseite des Kopfes des Korrosionsfadens gebildet wird. Hier findet eine Anreicherung von OH^--Ionen statt. Die Anode, an der Fe^{++}-Ionen entstehen, ist im Zentrum und im vorderen Teil des Kopfes lokalisiert*). Die freigesetzten OH^--Ionen spielen in Anbetracht der wohlbekannten Eigenschaft der Alkalien, die Bindung zwischen Metalloberfläche und Anstrich zu zerstören, wahrscheinlich eine wichtige Rolle bei der Unterwanderung des Films. Zusätzlich diffundieren sie zum Zentrum des Kopfes, wo sie mit den Fe^{++}-Ionen zu $FeO \cdot n\,H_2O$ reagieren, das wiederum durch O_2 zu $Fe_2O_3 \cdot n\,H_2O$ oxydiert wird. Das ausgefällte Oxid bildet eine charakteristische V-förmige Front, da in der Zone zwischen Kopf und Körper des Fadens mehr Sauerstoff vorhanden ist und deshalb mehr Alkali gebildet wird als an der Peripherie des Kopfes. Hinter der V-förmigen Front liegt vorherrschend Fe_2O_3 vor, und da diese Verbindung weniger hygroskopisch als die Fe^{++}-Salzlösung ist, diffundiert das Wasser durch den Film wieder ab und hinterläßt diesen Teil des Fadens relativ trocken. Durch den Film diffundiert weiterhin Sauerstoff zu und hält den kathodischen Charakter des Hauptteils des Fadens gegenüber dem Kopf aufrecht.

Infolge der beschriebenen Beteiligung am Fadenwachstum verarmt der Anstrichfilm in der Umgebung eines Fadens an anorganischen und organischen Anionen, die zur Erreichung der hohen Fe^{++}-Konzentrationen im Fadenkopf erforderlich sind, und auch an Kationen, die zur Ausbildung des hohen pH-Wertes an der Peripherie benötigt werden.

Wenn sich nun der Kopf eines Fadens dem Körper eines anderen nähert, so wird sein Wachstum in Richtung auf den schon bestehenden Faden durch diese Ionenverarmung zum Stillstand gebracht. Der zweite und vielleicht wichtigere Grund besteht darin, daß der Körper des alten Fadens durch die vorhergegangene OH^--Ionen-Bildung und -Anreicherung und den bestehenden Sauerstoffüberschuß als Kathode wirkt und die sich nähernde Anode in eine andere Richtung ablenkt. Wenn der Fadenkopf seinen Elektrolyten einbüßt, weil in der Umgebung des

*) Die Alkalianreicherung an der Peripherie kann demonstriert werden, wenn man einen großen Tropfen vorher entlüfteter, verdünnter NaCl-Lösung (1—5%ig), die einige Tropfen Phenolphtalein und 0,1% $K_3Fe\,(CN)_6$ enthält, auf eine geschliffene Eisenoberfläche aufsetzt. Innerhalb einiger Minuten wird die Peripherie rot und das Zentrum blau.

alten Fadens, dem er sich genähert hat, der Film zerstört ist, hört der Faden auf zu wachsen. Dieser Fall ist bereits beobachtet worden.

Phosphatierung der Oberfläche und Verwendung chromathaltiger Grundierungen dämmen die Filigrankorrosion ein, können ihr Auftreten aber offenbar nicht unterbinden. Völlig zuverlässige Gegenmittel sind bisher noch nicht gefunden worden.

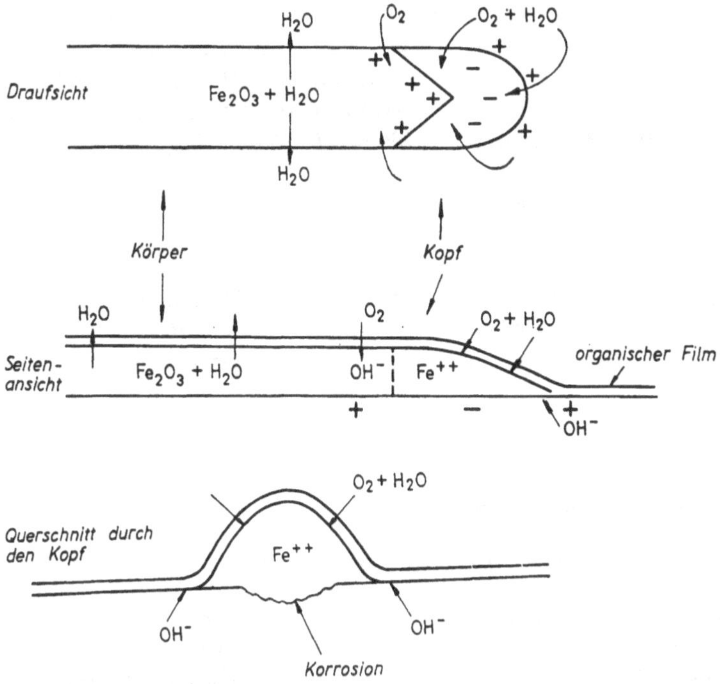

Abb. 2: Schematische Darstellung eines Filigrankorrosionsfadens auf Eisen. Ursache des Korrosionsangriffes ist das Wirken einer Differentialbelüftungszelle

15.5. Kunststoff—Auskleidungen

Der Schutz einer Stahloberfläche gegen Säuren, Alkalien und korrodierende Flüssigkeiten und Gase im allgemeinen kann durch Beschichten mit dicken Kunststoff- oder Gummifolien erreicht werden. Neoprene und Polyvinylidenchlorid („Saran") sind Beispiele für Werkstoffe, die in dieser Art eingesetzt werden. Eine Dicke von 3 mm oder mehr macht solche Schichten zu einer relativ guten Diffusionsperre und schützt das Basismetall für lange Zeit. Die Kosten solcher Beschichtungen rechtfertigen ihren Einsatz nur für besonders schwere Korrosionsbeanspruchungen, wie sie gewöhnlich in der chemischen Industrie vorliegen.

Polyvinyl- und Polyäthylenbeschichtungen werden auch in Form von klebenden Bändern speziell für den Schutz unterirdischer metallischer Konstruktionen eingesetzt. Solche Binden finden praktische Anwendung zum Bewickeln von Rohrleitungen und Hilfseinrichtungen wie Verbindungsstücken und Ventilen, die im Boden liegen.

Einer der gegen eine breite Skala chemischer Medien beständigsten Kunststoffe ist Polytetrafluoräthylen („Teflon"). Es widersteht Königswasser und kochenden konzentrierten Säuren einschließlich HF, H_2SO_4 und HNO_3. Es wird von kochenden Alkalien, gasförmigen Chlor und allen organischen Lösungsmitteln bis zu Temperaturen von 250 °C nicht angegriffen. Es soll lediglich mit elementarem Fluor und mit geschmolzenem Natrium reagieren. Langsame Zersetzung in Fluorwasserstoff und fluorierten Kohlenwasserstoffen beginnt bei Temperaturen oberhalb 200 °C, die entstehende Gasmischung ist stark giftig [11]. Giftige Gase können auch durch die bei der mechanischen Bearbeitung entstehende Wärme freigesetzt werden.

Als Kunststoff ist Teflon nicht reißfest und neigt unter Zugbeanspruchung schnell zum Fließen. Seine extreme chemische Reaktionsträgheit verursacht Schwierigkeiten bei der Verbindung mit jeder anderen Oberfläche. Typische Anwendungsgebiete sind Auskleidungen, Dichtungsmaterialien und Membranventile.

Literatur-Anmerkungen

[1] R. Burns u. W. Bradley: „*Protective Coatings for Metals*". S. 350, Reinhold, New York, 1955

[2] J. Mayne u. U. Evans, Chem. & Ind. (London), **1944**, 109

[3] J. Hudson, J. Iron and Steel Inst., **168** (1951), 153; (mit W. Johnson) Ibid., 165

[4] Eine Beschreibung der CCl_4–Al-Reaktion und ihrer Inhibition wird gegeben von Milton Stern u. H. Uhlig, J. Electrochem. Soc., **99** (1952), 381, 389; **100** (1953), 543. Ähnliche Reaktionen erfolgen mit anderen chlorierten Lösungsmitteln. S. auch J. Minford, M. Brown u. R. Brown, J. Electrochem. Soc., **106** (1959), 185, 192

[5] J. Hudson, Chem. & Ind. (London), **1961**, 3 (Jan. 7)

[6] L. Whiting, Corrosion, **15** (1959), 45

[7] C. Sharmon, Nature, **153** (1944), 621; Chem. & Ind. (London), **46** (1952), 1126

[8] M. Van Loo, D. Laiderman u. R. Bruhn, Corrosion, **9** (1953), 277

[9] W. Slabaugh u. M. Grotheer, Ind. Eng. Chem., **46** (1954), 1014

[10] H. Kaesche, Werkstoffe u. Korrosion, **10** (1959), 668

[11] Bulletin, M.I.T. Occupational Medical Service, Dez. 1961

Allgemeine Literaturhinweise:

„*Steel Structures Painting Manual*" („*Handbuch für den Anstrich von Stahlkonstruktionen*"): *Band 1*: Praxis des fachgerechten Anstrichs, *Band 2*: Anstrichsysteme und Spezifikationen, hrsg. von J. Bigos, Steel Structures Painting Council, Pittsburgh, Pa., 1955

R. Burns u. W. Bradley: „*Protective Coatings for Metals*" („*Schutzschichten für Metalle*"), Reinhold, New York, 1955

„*Bericht über Oberflächenvorbereitung von Stählen vor dem Auftrag organischer oder anderer „Schutzschichten*", Committee TP–GG, Corrosion, **9** (1953), 173

L. Bierner: „*Handbuch für den Rostschutzanstrich*", Curt R. Vincentz Verlag, Hannover, 1960

K. A. van Oeteren: „*Korrosionsschutz durch Anstrichstoffe*", Wissenschaftliche Verlagsanstalt m.b.H. Stuttgart, 1961

Autorenkollektiv: „*Handbuch Industrielackierung*", Verlag Technik Berlin, 1966

Arbeitsgemeinschaft Korrosionsschutz beim Volkswirtschaftsrat der DDR, Abt. Schwermaschinenbau:
„*Richtlinien für den Korrosionsschutz durch Anstrich*"

16. Inhibitoren und Passivatoren

Ein Inhibitor ist eine chemische Substanz, die, wenn sie einem Medium in geringer Konzentration zugesetzt wird, die Korrosionsgeschwindigkeit wesentlich herabsetzt. Es gibt verschiedene Klassen von Inhibitoren, die vereinbarungsgemäß wie folgt bezeichnet werden: *a*) Passivatoren, *b*) organische Inhibitoren einschließlich der Korrosionsschutzöle und -fette und Beizinhibitoren und *c*) Dampfphaseninhibitoren.

Passivatoren sind gewöhnlich anorganische oxydierende Substanzen, z. B. Chromate, Nitrite oder Molybdate, die das Metall passivieren und das Korrosionspotential um einige Zehntel Volt in edler Richtung verschieben. Nichtpassivierende Inhibitoren wie die Beizinhibitoren sind meist organische Substanzen, die nur einen geringen Einfluß auf das Korrosionspotential haben, das sie entweder in positiver oder negativer Richtung um meist nicht mehr als einige hundertstel oder tausendstel Volt verschieben. Im allgemeinen setzen die passivierenden Inhibitoren die Korrosion auf sehr kleine Werte herab und sind in dieser Hinsicht wirksamer als die meisten nicht passivierenden. Sie stellen deshalb für bestimmte Kombinationen von Metall und Angriffsmedien die besten verfügbaren Inhibitoren dar. Der größte Teil dieses Kapitels betrifft den Stahl, für andere Metalle sind aus der Literatur nur beschränkt Informationen zu entnehmen.

16.1. Passivatoren

16.1.1. Der Mechanismus der Passivierung

Die Theorie der Passivatoren wurde teilweise schon mit behandelt; hier kann auf das Kapitel 5. „*Passivität*“, S. **66**, verwiesen werden. An einer Metalloberfläche wirken die Passivatoren als Depolarisatoren, die die Passivierungsstromdichte $i_{krit.}$ überschreiten. Es können nur solche Ionen als Passivatoren wirken, die Oxydationsmittel im thermodynamischen Sinne sind (edles Redoxpotential) und zusätzlich leicht reduziert werden (flache kathodische Polarisationskurve).

Also sind SO_4^{--} und ClO_4^- keine Passivatoren für Eisen, da sie nicht leicht genug reduziert werden. Ebenso verhält es sich mit NO_3^--Ionen, die im Gegensatz zu NO_2^--Ionen zu langsam reduziert werden, um den erforderlichen hohen Wert von $i_{krit.}$ zu erreichen. Unter diesem Gesichtspunkt muß der Inhibitor an der Metalloberfläche in einem Maße reduziert werden, das der Menge der bei der korrespondierenden Oxydationsreaktion gebildeten Passivfilmsubstanz chemisch mindestens äquivalent ist. Für den Passivfilm auf Eisen liegt diese Menge, wie bereits ausgeführt, in der Größenordnung von 0,01 Coulomb pro cm^2 scheinbarer Oberfläche. Es wurde festgestellt, daß die Gesamtäquivalente, die bei der chemischen Reduktion von Chromaten umgesetzt werden, in dieser Größenordnung liegen.

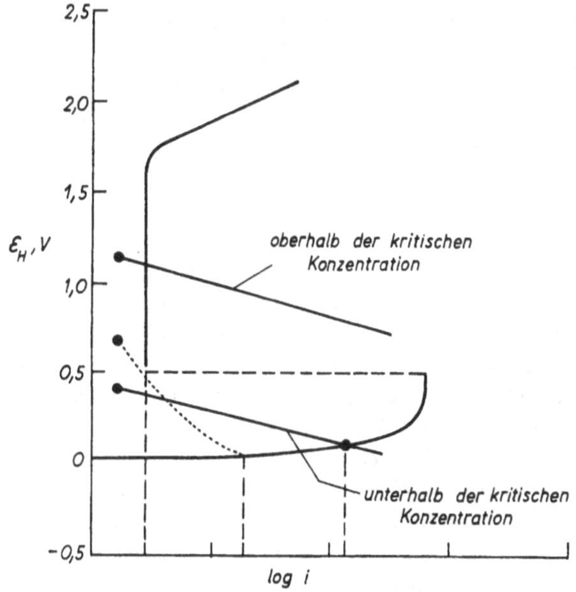

Abb. 1: Polarisationskurven zur Veranschaulichung der Wirkung der Passivator-Konzentration auf die Eisen-Korrosion; ein Oxydationsmittel, das nur zögernd reduziert wird, führt keine Passivität herbei (punktierte kathodische Polarisationskurve)

Das gleiche gilt wahrscheinlich auch für die anderen beim Eisen wirksamen Inhibitoren. Die beim Passivierungsvorgang reduzierte Chromatmenge wurde aus Messungen [1—3] der Restaktivität bestimmt, die eine abgespülte Eisenoberfläche aufwies, nachdem sie in eine 51Cr-haltigen Lösung getaucht worden war. Wenn man annimmt (was die Messungen zu bestätigen scheinen [4]), daß das gesamte reduzierte Chromat bzw. Dichromat als adsorbiertes Cr^{3+} oder hydratisiertes Cr_2O_3 auf der Oberfläche festgehalten wird, läuft folgende Reaktion ab:

$$Cr_2O_7^{--} + 8H^+ + \textit{Fe-Oberfläche} \rightarrow 2Cr^{3+} + 4H_2O + O_2 \cdot O$$

$$(\textit{adsorbiert an Fe}); \qquad E^0 = 0{,}79 \text{ V}$$

Die zurückbleibende Radioaktivität entspricht 3.10^{16} Cr-Atomen/cm^2 ($1{,}5 \cdot 10^{-7}$ Äquivalente oder 0,015 Coulomb Passivfilmsubstanz/cm^2). Die obige Gleichung nimmt einen Adsorptionsfilm als Passivschicht an, gilt aber unabhängig von deren Struktur.

Nachdem Passivität eingetreten ist, geht die Reduktion des Passivators mit geringer Geschwindigkeit weiter und ist in Abwesenheit von Sauerstoff der Passivstromdichte äquivalent, wobei langsam weiter Eisenoxid und Reduktionsprodukte des Chromats gebildet werden. Aus den beobachteten Korrosionsgeschwindigkeiten von Eisen in Chromatlösungen (0,0025 mm/a) läßt sich abschätzen, daß die Passivstromdichte kleiner als 0,3 $\mu A/cm^2$ ist. Die Reduktionsgeschwindigkeit verändert sich mit Faktoren, die die Passivstromdichte i_{passiv} erhöhen, wie H^+-Konzentration, Temperatur und Cl^--Ionen-Konzentration. Praktisch wird gefunden, daß sich der Chromatverbrauch bei längeren Einwirkungsdauern verringert. Das kann zum Teil auf sekundäre Oxidfilme zurückzuführen sein, die das Metall bedecken und dabei den Oberflächenanteil verkleinern, auf dem der Passivfilm erneuert werden muß.

Zur Erreichung einer optimalen Inhibition muß die Passivator-Konzentration einen bestimmten kritischen Wert überschreiten. Unterhalb dieser Konzentration wirken die Passivatoren als Depolarisatoren und vergrößern die Korrosionsgeschwindigkeit in begrenzten Bezirken (Entstehung von Löchern). Geringere Passivatorkonzentrationen entsprechen unedleren Werten des Redoxpotentials, wodurch u. U. die kathodische Polarisationskurve die anodische Kurve im aktiven statt im passiven Gebiet schneidet (*Abb. 1*).

Die kritische Konzentration für CrO_4^{--}-, NO_2^--, MoO_4^{--}- oder WO_4^{--}-Ionen liegt etwa bei 10^{-3} bis 10^{-4} Mol/l [5]. Eine Konzentration von 10^{-3} Mol/l $Na_2Cr_2O_7$ entspricht 0,016% oder 160 ppm. Chloridionen und erhöhte Temperaturen vergrößern sowohl die Passivierungsstromdichte $i_{(krit.)}$ als auch die Passivstromdichte $i_{(passiv)}$, wodurch auch die kritische Passivatorkonzentration zu höheren Werten verschoben wird.

Sollte die Passivatorkonzentration in toten Winkeln (z. B. an Gewinden von Rohren oder in Spalten) unter den kritischen Wert fallen, so ruft das aktive Potential solcher Flächen, die mit passiven Flächen an anderer Stelle in galvanischem Kontakt stehen, Korrosionserscheinungen (Löcher) auf den aktiven Flächen hervor (Aktiv-passiv-Zellen). Aus diesem Grunde ist es wichtig, die Passivatorkonzentration durch Rühren, hohe Durchflußgeschwindigkeiten, Vermeidung von Rissen und Fett- und Schmutzfilmen auf der Oberfläche in allen Teilen des inhibierten Systems oberhalb des kritischen Wertes zu halten. Da der Passivatorverbrauch mit dem Anwachsen der Chlorid- und Sulfationen-Konzentration größer wird, ist es wichtig, die Konzentration dieser Ionen so niedrig wie möglich zu halten.

Einige Substanzen erleichtern die Passivierung des Eisens (und wahrscheinlich auch einiger anderer Metalle) indirekt, indem sie Bedingungen schaffen, unter denen die Sauerstoffadsorption begünstigt wird. Zu dieser Kategorie zählen alkalische Verbindungen wie NaOH, Na_3PO_4, $Na_2O \cdot n\ SiO_2$, $Na_2B_4O_7$. Alle sind nichtoxydierende Substanzen, die zur Inhibierung der Korrosion gelösten Sauerstoff benötigen. Daher ist der Sauerstoff als die eigentlich passivierende Substanz anzusehen. Der Mechanismus der Passivierung ist ähnlich dem in Kapitel 6 unter „*Höhere Sauerstoff-Partialdrücke*" auf S. 86 und „*Wirkung des pH-Wertes*" auf S. 90 beschriebenen. Hohe OH^--Konzentrationen verdrängen den adsorbierten Wasserstoff von der Metalloberfläche, wodurch die Wahrscheinlichkeit einer Reaktion zwischen gelöstem O_2 und adsorbiertem H verringert wird. Der Sauerstoffüberschuß ist dann stattdessen für die Adsorption verfügbar und wirkt dadurch passivierend. Zusätzlich zu Passivfilmen dieser Art vervollständigen Diffusionssperrfilme aus Eisensilikat, Eisenphosphat usw. die Schutzwirkung.

Es wurde gefunden, daß auch zur Passivierung des Eisens durch Molybdat und Wolframat, die beide im neutralen pH-Bereich inhibieren, gelöstes O_2 erforderlich ist [6], ganz im Gegensatz zu der Situation bei der Einwirkung von Chromaten und Nitriten. In diesem Falle kann der gelöste Sauerstoff dazu beitragen, zusätzliche kathodische Oberflächenbezirke zu schaffen und so bei der jeweils herrschenden Reduktionsgeschwindigkeit der MoO_4^{--}- oder Wo_4^{--}-Ionen eine Passivierung der verbleibenden, verkleinerten anodischen Bezirke zu erreichen, während in Abwesenheit von Sauerstoff die kritische anodische Stromdichte nicht erreicht würde.

Natriumbenzoat [6, 7] (C_6H_5COONa), Natrium-Cinnamat [8] ($C_6H_5-CH=CH-COONa$) und Natriumpolyphosphat [9, 10]. $(NaPO_3)_n$ (*Abb. 2*) sind weitere Beispiele nichtoxydierender Verbindungen, die Eisen, offenbar durch Erleichterung der Adsorption von gelöstem Sauerstoff, im annähernd neutralen pH-Bereich wirksam passivieren. Natriumbenzoat inhibiert bereits in einer so geringen Konzentration wie 0,0014% = 10^{-4} Mol/l die Stahlkorrosion in belüfteten destilliertem Wasser [11], in entlüftetem Wasser wird dagegen keine Inhibition beobachtet. Die stationäre Korrosionsgeschwindigkeit des Eisens in lufthaltiger 0,01 molarer (0,14%iger) Natriumbenzoatlösung von pH 6,8 beträgt nur 0,001 $g/m^2 \cdot d$, während in entlüfteten Lösungen 7,3 $g/m^2 \cdot d$ [11] gefunden werden. Die Inhibierung kommt nur oberhalb eines pH-Wertes von etwa 5,5 zustande, unterhalb dieses Wertes ist vermutlich die Wasserstoffentwicklung vorherrschend, gegen die die Benzoationen unwirksam sind, und der Sauerstoff-Passivfilm wird zerstört.

Gatos [12] fand, daß in einem Wasser vom pH 7,5 mit einem Gehalt von 17 ppm NaCl zur optimalen Inhibierung der Stahlkorrosion mindestens 0,05% Na-Benzoat oder 0,2% Na-Cinnamat erforderlich sind. Auf Stahloberflächen, die 24 Stunden lang inhibierenden Lösungen von 0,1, 0,3 und 0,5% ^{14}C-markiertem Natriumbenzoat ausgesetzt worden waren, wurden Benzoatschichten mit einer durchschnittlichen Dicke von 0,07, 0,12 und 0,16 Molekullagen festgestellt, wobei eine Molekülgröße von 25 $Å^2$ und ein Rauhigkeitsfaktor von 3 der Berechnung zugrundegelegt wurden. Diese Werte bestätigen frühere, ebenfalls mit ^{14}C als Markierungselement durchgeführte Versuche, über die Brasher und Stove [13] berichten. Um zu erklären, wie eine so kleine Benzoatmenge auf der Metalloberfläche die Adsorption des Sauerstoffs vergrößern oder umgekehrt in irgendeiner Weise seine Reduktion an kathodischen Bezirken des Eisens verringern kann, sind weitere Untersuchungen erforderlich. Die Wirkung ist auf die kathodischen Bezirke des Eisens beschränkt; so wird Eisen in 0,5%iger Natriumbenzoatlösung weiter korrodiert, wenn es mit Gold verbunden ist, an dem die Sauerstoffreduktion offenbar ungehemmt abläuft.

Der Mechanismus der Inhibierung im Falle des Natriumpolyphosphates kann zum Teil auf der Fähigkeit der Polyphosphate beruhen, die Sauerstoffreduktion an Eisenoberflächen zu erschweren, wodurch die Adsorption des gelösten O_2 erleichtert und Passivität herbeigeführt wird. Andere Faktoren treten wahrscheinlich hinzu; es gibt zum Beispiel Beweise dafür, daß sich auf den kathodischen

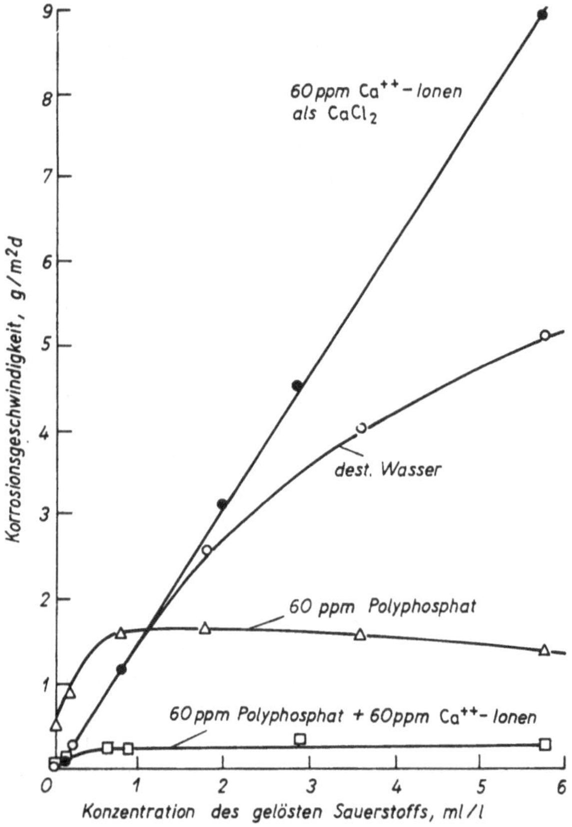

Abb. 2: Einfluß der Sauerstoffkonzentration auf die Wirkung von Natriumpolyphosphat als Korrosionsinhibitor. Das Diagramm zeigt die günstige Wirkung von gelöstem Sauerstoff und Ca^{++}-Ionen (Versuchsdauer 48 h, 25°C) (nach Uhlig, Triades und Stern)

Bezirken eine Diffusionssperrschicht ausbildet, die eine Schutzwirkung besitzt [14, 15]. In Abwesenheit von gelöstem Sauerstoff verstärken die Polyphosphate auf Grund ihrer komplexbildenden Eigenschaften die Eisenkorrosion. Die Polyphosphate von Kalzium, Eisen und Zink sind bessere Inhibitoren als die entsprechende Natriumverbindung, ohne daß die Gründe dafür bisher verständlich wären. Dieses und das Benzoatsystem bedürfen weiterer Studien, ehe alle Zusammenhänge des Mechanismus entwirrt sein werden.

In Übereinstimmung in der eben dargelegten Theorie der Passivatoren sind es die Übergangsmetalle, bei denen die beste Inhibitorwirkung der Passivatoren zu erwarten ist und auch gefunden wird; ihre anodischen Polarisationskurven haben den in *Abb. 1* abgebildeten Verlauf, der die Entstehung der Passivität und ihre Aufrechterhaltung bei niedriger Stromdichte darstellt. Ein gewisser, wenn auch geringerer Grad von Inhibition kann zum Beispiel beim Einsatz von Chromaten auch an Metallen, die nicht zu den Übergangsmetallen zählen, wie Mg, Cu, Zn, Pb, beobachtet werden. Der Schutz dieser Metalle beruht anscheinend hauptsächlich auf der Bildung dicker diffusionshemmender Schichten aus Gemischen unlöslicher Metall-Chromate und -Oxide. Es besteht auch die Möglichkeit, daß die Adsorption von CrO_4^{--}-Ionen auf der Metalloberfläche in gewissem Maße durch eine Herabsetzung der Austauschstromdichte der Reaktion $Me \rightarrow Me^{++} + 2e^-$ zur Verringerung der Reaktionsgeschwindigkeit beiträgt, doch ist dies nicht erwiesen.

Ein Inhibierungsmechanismus ähnlich dem, der bei Nicht-Übergangsmetallen in Gegenwart von Passivatoren vorliegt, ist wohl auch für Stahl in Gefrierschutz-Solen (NaCl oder $CaCl_2$) anzunehmen, denen Chromate als Inhibitoren zugesetzt werden (etwa 1,5—3,0 g/l $Na_2Cr_2O_7$, mit NaOH eingestellt, um CrO_4^{--}-Ionen zu bilden). In Gegenwart so großer Chloridmengen kann eine Passivität von der unter *Definition 1* (S. 61) beschriebenen Art nicht auftreten. Die Verringerung der Korrosionsgeschwindigkeit ist nicht so ausgeprägt wie bei Abwesenheit von Chloriden (siehe *Tab. 1*) und rührt offenbar von der Bildung einer diffusionshemmenden Oberflächenschicht von Chromat-Reduktionsprodukten und Eisenoxid her. Es muß bemerkt werden, daß Chromate für heiße konzentrierte Salzlösungen keine brauchbaren Inhibitoren darstellen, wie es manchmal fälschlich bei frostgeschützten Mischungen für die Kühlkreisläufe von Motoren angenommen wird.

16.1.2. Anwendung von Passivatoren

Chromate werden meist als Inhibitoren in Kühlwasserkreisläufen eingesetzt, z. B. bei Verbrennungsmotoren, Destillationskolonnen und Kühltürmen. Die Na_2CrO_4-Konzentration für diesen Zweck beträgt 0,04 bis 0,1%, wobei die höheren Konzentrationen bei erhöhten Temperaturen oder in Wässern mit Chloridgehalten über 10 ppm angewandt werden. Der pH-Wert wird, wenn erforderlich, mit NaOH auf 7,5 bis 9,5 eingestellt. Um zu garantieren, daß die Konzentration oberhalb des kritischen Wertes bleibt (10^{-3} Mol/l oder 0,016% Na_2Cro_4), sind periodische Analysen (kolorimetrisch) erforderlich. Manchmal besteht die Möglichkeit, die Chromatkonzentration durch Kombination mit Polyphosphaten oder anderen Inhibitoren unter den kritischen Wert zu senken. Das bringt bei der Behandlung großer Wassermengen, zum Beispiel für Kühltürme, zwar eine gewisse Verringerung der Inhibitorwirkung mit sich, der Schutz gegen Lochfraß bleibt jedoch unvermindert bestehen [16].

Es soll daran erinnert werden, daß Chromate giftig sind und bei längerer Berührung mit der Haut Ausschläge verursachen.

Die Korrosionsgeschwindigkeiten von Flußstahl als Funktion der Chromat- und Chloridkonzentration bei verschiedenen Temperaturen sind in *Tab. 1* [17] wiedergegeben. Derartige Daten im Bereich der kritischen Chromatkonzentration sind wegen der Verfälschung durch Lochfraß nicht leicht zu reproduzieren.

Tabelle 1:

Korrosionsgeschwindigkeit von Flußstahl in Abhängigkeit von Chromatkonzentration, Chloridgehalt und Temperatur in mm/a (Roetheli und Cox)

Probengeschwindigkeit 37 cm/s, Versuchsdauer 14 d

NaCl	Temperatur	$Na_2Cr_2O_7 \cdot 2H_2O$, g/l			
%	°C	0	0,1	0,5	1,0
0	20	0,53	0,0025	0,0025	0,0000
	75	0,91	0,36*)	0,0102	0,0051
	95	0,43	0,28*)	0,0102	0,0000
0,002	20	0,66	0,0152	0,0000	0,0000
	75	1,70	0,127*)	0,0051	0,0000
	95	0,53	0,43*)	0,127	0,0076
0,005	20	0,79	0,030	0,038	0,020
	75	2,16	0,051	0,076	0,051
	95	0,58	0,178	0,127	0,051
3,5	20	0,61	0,043	0,041	0,038
22,0	20	0,18	0,023	0,015	0,033

*) Lochfraß

Nitrite finden als Inhibitoren in Kühlwässern mit Gefrierschutzmitteln Anwendung, da sie im Gegensatz zu den Chromaten nur eine geringe Neigung zeigen, mit Alkoholen oder Äthylenglykol zu reagieren. Für Kühlturmwässer sind sie nicht so gut geeignet, da sie allmählich von Bakterien zersetzt werden [18]. Sie werden zur Inhibierung der korrodierenden Wirkung von Öl-Wasser-Emulsionen eingesetzt, die als Bohr- oder Schleifflüssigkeiten bei der Metallbearbeitung Verwendung finden (0,1 bis 0,2%). Der Schutz der Innenfläche von Rohrleitungen, die Benzin und andere Erdölprodukte führen, wird ebenfalls durch kontinuierliches Einspritzen einer 5- bis 30%igen $NaNO_2$-Lösung bewerkstelligt [19]. Die Korrosionswirkung des Benzins ist so zu erklären, daß bei niederen Temperaturen in unterirdischen Leitungen das im Benzin gelöste Wasser ausgeschieden wird und zusammen mit dem im Benzin reichlich gelösten Sauerstoff (die Löslichkeit des O_2 im Benzin ist sechsmal so groß wie in Wasser) den Stahl unter Bildung voluminöser Korrosionsprodukte angreift, die die Leitung verstopfen. Das Natriumnitrit geht in die wäßrige Phase und unterbindet wirksam den Angriff.

Chromate werden für diesen Zweck ebenfalls verwendet, haben aber den Nachteil, daß sie mit einigen Bestandteilen des Benzins reagieren können. Die Korrosionsgeschwindigkeiten von Stahl in Wasser-Benzin-Mischungen, die wachsende Mengen $NaNO_2$ enthalten, sind in *Tab. 2* aufgeführt.

Die für eine wirksame Inhibierung erforderliche Mindestmenge an $NaNO_2$ beträgt nach *Tab. 2* 0,06% oder $7 \cdot 10^{-3}$ Mol/*l*. Wegen der im Wasser enthaltenen Verunreinigungen ist diese Menge größer als die kritische Konzentration in destilliertem Wasser.

Tabelle 2:

Korrosionsgeschwindigkeiten von Flußstahl in benzinhaltigen Natriumnitritlösungen (Versuch im rotierenden Gefäß mit Pipeline-Wasser von pH 9 und Normalbenzin)

Versuchsdauer 14 Tage, Zimmertemperatur (nach WACHTER und SMITH)

$NaNO_2$ %	Korrosionsgeschwindigkeit µm/a
0	109
0,02	76
0,04	15
0,06	0
0,10	0

Nitrite sind nur oberhalb eines pH-Wertes von etwa 6 als Inhibitoren wirksam. In stärker sauren Lösungen zersetzen sie sich unter Bildung von flüchtigem Stickstoffoxid und Stickstoffperoxid. Ebenso wie andere Passivatoren neigen sie in der Nähe der kritischen Konzentration in Gegenwart von Cl^-- oder SO_4^{--}-Ionen dazu, Lochfraß hervorzurufen. Im Gegensatz zu der Situation bei den Chromaten sind jedoch Nitrite in dieser Hinsicht gegen Cl^--Ionen weniger empfindlich als gegen SO_4^{--}-Ionen [11, 20], *Tab. 3.*

Tabelle 3:

Kritische Konzentrationen an NaCl oder Na_2SO_4, oberhalb deren in Chromat- oder Nitritlösungen Lochfraß an Armco-Eisen auftritt; 5-Tage-Test in ruhender Lösung (nach MATSUDA)

		Kritische Konzentration NaCl	Kritische Konzentration Na_2SO_4
Na_2CrO_4	200 ppm	12 ppm	55 ppm
	500 ppm	30 ppm	120 ppm
$NaNO_2$	50 ppm	210 ppm	20 ppm
	100 ppm	460 ppm	55 ppm
	500 ppm	> 2000 ppm	450 ppm

An Stelle des charakteristisch gelben Zinkchromats wurde das weiße Zinkmolybdat als inhibierendes Anstrichpigment vorgeschlagen. Es soll auch weniger giftig sein als das Chromat.

16.2. Beizinhibitoren

Die meisten Beizinhibitoren wirken dadurch, daß sie auf der Metalloberfläche eine Adsorptionsschicht bilden, die wahrscheinlich nur die Dicke einer Moleküllage hat und die Wasserstoffentladung sowie die Auflösung von Metallionen wirksam verhindert. Einige Inhibitoren blockieren die kathodische Reaktion (erhöhen die Wasserstoff-Überspannung) mehr als die anodische oder umgekehrt, aber die Adsorption scheint sich eher auf die ganze Oberfläche zu erstrecken als auf spezifische anodische oder kathodische Bezirke, weshalb beide Reaktionen gehemmt werden. Daher wird durch Zugabe eines Inhibitors zu einer Säure das Korrosionspotential des Stahls nicht wesentlich verändert ($< 0{,}1$ V), obwohl die Korrosionsgeschwindigkeit beträchtlich vermindert werden kann (*Abb. 3*).

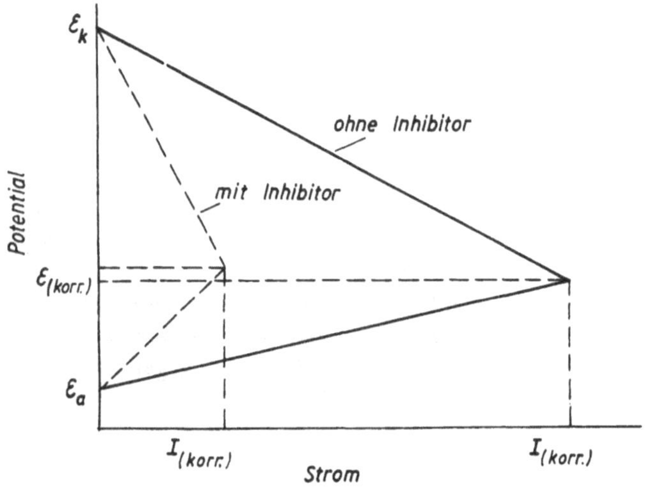

Abb. 3: Polarisationsdiagramm von Stahl bei Korrosion in Beizsäure mit und ohne Inhibitor

Verbindungen, die als Beizinhibitoren dienen, benötigen im großen und ganzen eine oder mehrere stark polare Gruppen, mit deren Hilfe sich das Molekül an die Metalloberfläche heften kann. Dazu zählen organische N-, Amin-, S- und OH-Gruppen. Größe, Orientierung, Gestalt und elektrische Ladung des Moleküls sind für die Inhibitorwirkung von Bedeutung. Ob eine Verbindung an einem gegebenen Metall adsorbiert wird oder nicht, hängt ebenso wie die relative Festigkeit der Adsorptionsbindung oftmals von der Oberflächenladung des Metalls ab [22]. Es gibt Inhibitoren, die, wie Messungen des sogenannten Nulladungspotentials zeigen, mit zunehmend kathodischem Potential besser adsorbiert werden. In Gegenwart eines solchen Inhibitors wird durch kathodische Polarisation ein besserer Schutz erreicht als durch die Summe des kathodischen Schutzes und des Schutzes durch den Inhibitor bei getrennter Anwendung. Dies wurde von ANTROPOW [25] für Eisen und Zink in Schwefelsäure, die verschiedene organische Inhibitoren enthielt, gezeigt.

Das Anion der Beizsäure kann sich ebenfalls am Aufbau des Adsorptionsfilmes oder der Doppelschicht beteiligen. Deshalb ist die Inhibitorwirkung derselben Verbindung bei Anwendung in HCl und H_2SO_4 unterschiedlich. Zum Beispiel beträgt die Korrosionsgeschwindigkeit von Stahl bei 20 °C in 2n H_2SO_4 mit 20 g/l Chinolin 26 g/m^2·d, in 2n HCl mit demselben Inhibitorgehalt dagegen nur 4,8 g/m^2·d, während die Korrosionsgeschwindigkeiten ohne Inhibitor 36 bzw. 24 g/m^2·d betragen [24]. Zusätzlich besteht die Möglichkeit, daß auf Grund der spezifischen elektronischen Wechselwirkung der polaren Gruppen mit dem Metall (Chemisorption) eine gegebene Verbindung ein guter Inhibitor für Eisen ist, dagegen nicht für Zink und umgekehrt. Dieser letzte Faktor kann in gewissen Fällen wichtiger sein als der sterische Faktor (diffusionshemmende Eigenschaften) einer dichtgepackten orientierten Schicht von Molekülen hohen Molekulargewichts. Das ist ersichtlich aus dem hervorragendem Schutz, den das einfache Molekül des Kohlenmonoxids CO einem 18/8er nichtrostenden Stahl in HCl gewährt (Schutzwert* in 6,3n HCl bei 25°C 99,8%). Ebenso wird Stahl durch kleine Jodidmengen in verdünnter H_2SO_4 geschützt. Sowohl CO wie Jodid werden auf der Metalloberfläche chemisorbiert und wirken auf die anodische oder kathodische Reaktion oder beide ein. KAESCHE [28] zeigte, daß 10^{-3} Mol/l KJ in 0,5 m Na_2SO_4-Lösung bei pH 1 Eisen besser schützen (Schutzwert 89%) als bei pH 2,5 (Schutzwert 17%), was darauf hindeutet, daß die Jodidadsorption, speziell in diesem pH-Bereich, vom pH-Wert abhängig ist.

Die Wechselwirkung der oben betrachteten und wahrscheinlich noch weiterer Faktoren ist für die Tatsache verantwortlich zu machen, daß einige Verbindungen wie zum Beispiel o-Tolythioharnstoff in 54iger H_2SO_4 bei erhöhter Temperatur besser schützen als bei Zimmertemperatur, weil eventuell die Adsorption wächst oder die Struktur des Filmes bei höheren Temperaturen günstiger wird. Andere, zum Beispiel Chinolinabkömmlinge, sind im Bereich niederer Temperaturen wirksamer [29].

Typische organische Beizinhibitoren für Stahl sind Chinolinjodäthylat, o- und p-Tolylthioharnstoff, Propylsulfid, Diamylamin, Formaldehyd und p-Thiokresol. Andere Verbindungen sind im „*Corrosion Handbook*", S. 910 bis 912, zusammengestellt.

Schwefelhaltige Inhibitoren können als Nebenwirkung zuweilen Wasserstoff-Versprödung hervorrufen, und zwar dann, wenn die Verbindung selbst oder die aus ihr gebildeten Hydrolyseprodukte, zum Beispiel H_2S, das Eindringen von Wasserstoff in das Metall begünstigen (siehe S. 50). Im Prinzip können sich As- und P-haltige Inhibitoren ähnlich verhalten.

$$* \textit{Schutzwert } (\text{in }\%) = \frac{\textit{Korr.-Geschw. (ohne Inhib.)} - \textit{Korr.-Geschw. (mit Inhib.)}}{\textit{Korrosionsgeschwindigkeit (ohne Inhibitor)}} \cdot 100$$

16.2.1. Anwendung von Beizinhibitoren

Die in der Praxis verwendeten Beizinhibitoren sind selten reine Verbindungen, sondern meist Gemische, die zum Beispiel Nebenprodukte irgend welcher industrieller chemischer Prozesse sein können und deren aktive Komponente unbekannt ist. Sie werden der Beizsäure in geringen Konzentrationen, gewöhnlich zwischen 0,01 und 0,1%, zugesetzt. Einen typischen Fall der Abhängigkeit der Reaktion zwischen Stahl und 5%iger H_2SO_4 von der Inhibitorkonzentration zeigt *Abb. 4*, [29]. Aus ihr ist zu ersehen, daß oberhalb einer relativ niedrigen Konzentration, die wahrscheinlich zum Aufbau einer monomolekularen Adsorptionsschicht erforderlich ist, weitere Inhibitorzusätze nur noch einen geringen Effekt auf die Verringerung der Korrosionsgeschwindigkeit haben.

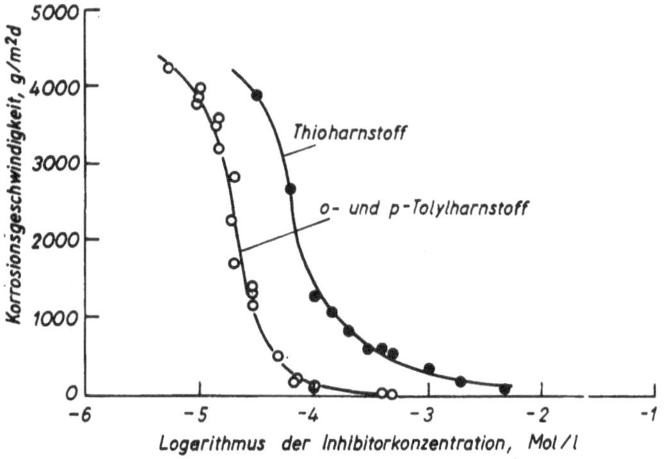

Abb. 4: Einfluß der Inhibitorkonzentration auf die Korrosion eines Stahls mit 0,1% C in 5%iger Schwefelsäure bei 70 °C (nach HOAR und HOLLIDAY)

Inhibitoren werden allgemein bei der Säurebeizung von warmgewalztem Stahl zur Entfernung des Walzzunders eingesetzt. Die Vorteile der Inhibitorwirkung für diesen Zweck sind

a) Schonung des Stahls,
b) Schonung der Säure,
c) Verminderung der durch die Wasserstoffentwicklung entstehenden Säurenebel.

Inhibierte verdünnte Schwefel- oder Salzsäure wird auch zur Reinigung stählerner Wasserrohre, die durch Rost verstopft sind, und zur Entfernung von Kalk- und Rostkrusten aus Boiler-Rohren eingesetzt, ferner zur Aktivierung des Untergrundes von Ölquellen, wobei der Inhibitor die stählernen Bohrrohre schützt. So kann Kesselstein durch 10%ige HCl mit 0,1% Hexamethylentetramin bei maximal 70 °C entfernt werden [30].

16.3. Korrosionsschutzfette und -wachse

Temporäre Korrosionsschutzmittel werden benutzt, um Stahloberflächen vor Verrostung während des Transports oder der Lagerung zu schützen. Sie bestehen aus Ölen, Fetten oder Wachsen, die kleine Mengen organischer Additive enthalten. Die letzteren sind polare Verbindungen, die an der Metalloberfläche in Form einer dichtgepackten orientierten Schicht adsorbiert werden. In dieser Hinsicht ist der Mechanismus der Inhibierung durch organische Additive ähnlich demjenigen durch Beizinhibitoren. Der Unterschied besteht darin, daß die Additive, um in Korrosionsschutzfetten Verwendung finden zu können, im neutralen pH-Bereich adsorbierbar sein müssen, während die Beizinhibitoren am besten im sauren Gebiet adsorbiert werden. Dies zeigt die etwas unterschiedlichen Eigenschaften der beiden Inhibitorarten.

Ob Öl oder Wachs als Bindemittel gewählt wird, hängt von der geforderten Schutzdauer ab, wobei Wachse gewöhnlich eine längere Lebensdauer garantieren. Bei der Auswahl ist außerdem zu berücksichtigen, wie leicht das Konservierungsmittel von der geschützten Maschine entfernt werden kann. Öle sind leichter abzuwischen oder mit einem Lösungsmittel abzulösen als Wachse. Die Dicke der aufgetragenen Schichten schwankt zwischen 0,1 und mehr als 2,5 mm.

Für den Einsatz als Additive in Mitteln des temporären Korrosionsschutzes geeignet sind zum Beispiel organische Amine, Zn-Naphthenat, verschiedene Erdöl-Oxydationsprodukte, Alkali- und Erdalkalimetallsalze sulfonierter Öle und verschiedene andere Verbindungen [31]. Eine für lange Schutzdauern erfolgreich eingesetzte Substanz ist das aus dem Wollfett gewonnene Lanolin, dessen aktive Bestandteile verschiedene hochmolekulare Fettalkohole und -säuren sind. Manchmal werden den Korrosionsschutzfetten Bleiseifen zugegeben, die mit dem NaCl, das u. U. beim Anfassen der Teile durch den Schweiß auf die Stahloberfläche gelangen kann, zu relativ unlöslichem $PbCl_2$ reagieren.

16.4. Dampfphaseninhibitoren

Dampfphaseninhibitoren sind Substanzen von niedrigem, aber doch merklichem Dampfdruck, deren Dampf korrosionsinhibierende Eigenschaften hat. Sie werden angewandt, um empfindliche Maschinenteile, zum Beispiel Kugellager oder andere Stahlartikel, temporär gegen Verrostung zu schützen, die bei Transport oder Lagerung durch Feuchtigkeitseinfluß auftreten kann. Sie haben gegenüber den Korrosionsschutzfetten und -wachsen den Vorteil einer sehr einfachen Anwendungsweise. Außerdem kann der geschützte Artikel unmittelbar verwendet werden, ohne erst zurückgebliebene Öl- oder Fettfilme entfernen zu müssen. Die Dampfphaseninhibitoren haben den Nachteil, die Korrosion einiger Nichteisenmetalle zu beschleunigen und manche Plaste zu verfärben, sie benötigen eine wirksame Abdichtung der Verpackung, um Verluste an Inhibitordämpfen zu vermeiden. Diese letzte Forderung ist indessen relativ leicht zu erfüllen, wenn man Packpapier verwendet, das auf der Innenseite mit Inhibitor imprägniert ist und auf der Außenseite eine Dampfsperre besitzt.

Der Mechanismus der Inhibition ist noch nicht im einzelnen untersucht worden, er scheint aber in der Bildung eines Adsorptionsfilmes auf der Metalloberfläche zu bestehen, die einen Schutz gegen Wasser oder Sauerstoff oder beides liefert. Im Falle flüchtiger Nitrite kann der Inhibitor auch eine gewisse Menge an NO_2^--Ionen auf die Oberfläche bringen, die dadurch passiviert wird.

Detaillierte Angaben liegen für Dicyclohexylammoniumnitrit [32], einen der wirksamsten Dampfphaseninhibitoren, vor. Diese Substanz ist weiß, kristallisiert, meist geruchlos und relativ ungiftig. Sie hat einen Dampfdruck von 0,0001 mm Hg bei 21 °C, was etwa einem Zehntel des Dampfdruckes des Quecksilbers selbst entspricht*). Ein Gramm sättigt ungefähr 550 m^3 Luft und macht sie gegenüber Stahl relativ unaggressiv. Die Substanz zersetzt sich langsam; ungeachtet dessen verhindert sie in sorgfältig gepackten Papierbehältnissen bei Raumtemperatur die Korrosion des Stahls jahrelang. Dagegen sollte sie bei Anwesenheit von Nichteisenmetallen mit Vorsicht eingesetzt werden. Besonders die Korrosion von Zn, Mg und Cd wird beschleunigt.

Cyclohexylamincarbonat hat den etwas höheren Dampfdruck von 0,4 mm Hg bei 25 °C, sein Dampf verhindert die Stahlkorrosion ebenfalls [33]. Der höhere Dampfdruck gewährleistet einen rascheren Schutz der Stahloberflächen sowohl während des Einpackens als auch beim Öffnen und erneuten Schließen der Verpackung, wobei die Inhibitorkonzentration im Gasraum unter den für die Schutzwirkung erforderlichen Wert fallen kann. Der Dampf soll auch die Korrosion von Aluminium, Lötzinn und Zink verringern, ist aber auf Cd ohne Wirkung und verstärkt die Korrosion von Cu, Messing und Mg.

In [24] und [23] werden Äthanolamin-Carbonat und verschiedene andere Verbindungen als Dampfphaseninhibitoren beschrieben. Eine Kombination von Harnstoff und Natriumnitrit hat praktische Anwendung gefunden, auch in Form von imprägniertem Papier. Die Mischung reagiert wahrscheinlich in Gegenwart von Feuchtigkeit zu Ammoniumnitrit, das unzersetzt flüchtig ist und die inhibierenden Nitrit-Ionen auf die Metalloberfläche bringt.

Literatur-Anmerkungen

[1] H. Uhlig u. P. King, J. Electrochem. Soc., **106** (1959), 1
[2] R. Powers u. N. Hackerman, Ibid., **100** (1953), 314
[3] M. Cohen u. A. Beck, Z. Elektrochem., **62** (1958), 696
[4] D. Brasher und Kingsbury, Trans. Faraday Soc., **54** (1958), 1214
[5] W. Robertson, J. Electrochem. Soc., **98** (1951), 94

*) J. Rosenfeld et al. („*Symposium Sur Les Inhibiteurs der Corrosion*“, S. 344, Universität Ferrara, Italien, 1961) geben den noch niedrigeren Wert von 0,00001 mm Hg für Dicyclohexylammoniumnitrit an, das durch mehrfache Umkristallisation aus Alkohol sorgfältig gereinigt wurde.

[6] M. Pryor u. M. Cohen, J. Electrochem. Soc., **100** (1953), 203
[7] W. Vernon, J. Soc. Chem. Ind., **66** (1947), 137; F. Wormwell u. A. Mercer, J. Applied Chem., **2** (1952), 150
[8] F. Wormwell, Chem. & Ind. (London), **1953**, 556
[9] G. Hatch u. O. Rice, Ind. Eng. Chem., **32** (1940), 1572
[10] H. Uhlig, D. Triadis u. M. Stern, J. Electrochem. Soc., **102** (1955), 59
[11] S. Matsuda u. D. Sc. Thesis, Dept. of Metallurgy, M.I.T. (1960)
[12] H. Gatos in „*Symposium Sur Les Inhibiteurs de Corrosion*", S. 257, University of Ferrara, Italy, 1961
[13] D. Brasher u. E. Stove, Chem. & Ind. (London), **1952**, 171
[14] G. Hatch, Ind. Eng. Chem., **44** (1952), 1774
[15] J. Lamb u. R. Eliassen, J. Am. Water. Works. Assoc. **46** (1954), 445
[16] H. Kahler u. P. Gaughan, Ind. Eng. Chem., **44** (1952), 1770
[17] B. Roetheli u. G. Cox, Ind. Eng. Chem., **23** (1931), 1084
[18] T. P. Hoar, Corrosion, **14** (1958), 103t
[19] A. Wachter u. S. Smith, Ind. Eng. Chem., **35** (1943), 358
[20] S. Sussman, O. Nowakowski u. J. Constantino, Ind. Eng. Chem., **51** (1959), 581
[21] Chem. and Eng. News, **14** (1960), 58
[22] A. Frumkin, Z. Elektrochem., **59** (1955) 807; Trans. Faraday Soc., **55** (1959), 156; J. Electrochem. Soc., **107** (1960), 461; L. Antropov: „*Kinetics of Electrode Processes and Null Points of Metals*", S. 48–82, Council of Sci. and Ind. Res., New Delhi, 1960
[23] L. Antropov: „*Inhibitors of Metallic Corrosion and the phi-scale of Potentials*", 1. Internationaler Kongreß über Korrosion der Metalle, Butterworths, London, 1961
[24] I. Putilova, S. Balezin u. V. Barannik: „*Metallic Corrosion Inhibitors*", S. 63, übersetzt von G. Ryback, Pergamon Press, New York, 1960
[25] H. Uhlig, Ind. Eng. Chem., **32** (1940), 1490
[26] K. Hager u. M. Rosenthal, Ordnance, **35** (1951), 479; Chem. Abstr. **49** (1955), 12254
[27] S. Iofa u. L. Medwedjewa, Compt. rend. acad Sci. UdSSR., **69** (1949), 213; S. Iofa E. Ljachowezkeja u. K. Scharifow, Ibid., **84** (1952), 543; S. Iofa u. G. Roshdestwenskaja, Ibid., **91** (1953), 1159; s. auch [24]
[28] H. Kaesche in „*Symposium Sur Les Inhibiteurs de Corrosion*", S. 137, University of Ferrara, Italy, 1961
[29] T. Hoar u. R. Holliday, J. Applied Chem., **3** (1953), 502
[30] W. Cerna, „*Proc. 7th Annual Water Conference*", Pittsburgh, Pa., 1947
[31] D. Atkins, H. Baker, C. Murphy u. W. Zisman, Ind. Eng. Chem., **39** (1947), 491; H. Baker u. W. Zisman, Ibid., **40** (1948), 2338
[32] A. Wachter, T. Skei u. N. Stillman, Corrosion, **7** (1951), 284
[33] E. Stroud u. W. Vernon, J. Applied Chem., **2** (1952); 178

Allgemeine Literaturhinweise:

Putilova, S. Balezin, V. Berannik: „*Metallic Corrosion Inhibitors*" (Inhibitoren der Metallkorrosion), übersetzt von G. Ryback, Pergamon Press., New York, 1960 (Die Autoren dieses Bandes nehmen an, daß der Primärvorgang bei der Einwirkung von Beizinhibitoren in der Bildung eines schützenden Films aus Reaktionsprodukten des Metalls mit dem Inhibitor und den Säureionen besteht. Obwohl dies für einige Verbindungen, die isoliert wurden, zutrifft, kann es doch nicht generell angenommen werden.)

N. HACKERMAN, A. MAKRIDES: „*Action of Polar Organic Inhibitors*" (Die Wirkungsweise *polarer organischer Inhibitoren*), Ind. Eng. Chem,, **46** (1945), 523

R. MEARS, G. ELDREDGE: „*Inhibitors for Aluminium*" (Inhibitoren für Aluminium), Trans. Electrochem. Soc. **83** (1943), 403; Ind. Eng. Chem., **37** (1945), 730

„*Symposiom sur les Inhibiteurs de Corrosion*", Universität Ferrara, Italien, 1961. (Eine Sammlung von Arbeiten, meist in englicher Sprache, die bei einem internationalen Symposium vorgetragen wurden, das Prof. Leo Cavallaro von der Universität Ferrara organisierte)

H. BAKER: „*Volatile Rust Inhibitors*" (Flüchtige Korrosionsinhibitoren), Ind. Eng. Chem., **46** (1954), 2592

I. I. BREGMAN: „*Corrosion Inhibitors*", The MacMillan Company, New York, 1963 (engl.)

„*Ingibitory Korrozii metallov* (*Issledovanie i primenenie*)" (Inhibitoren der Metallkorrosion), Moskau: Izdanie MGPI im V. I. Lenin, 1960

H. J. PHILIPP, K. RICHTER, M. SEIDEL: „*Organische Inhibitoren der Metallkorrosion*", VEB Verlag Technik, Berlin, 1966

M. BROCKE: „*Tabelle über Korrosionsinhibitoren*", Chem. Engng., **69** (1962), 3

H. FISCHER: „*Wirkungsweise der Inhibitoren bei der Metallkorrosion und der Abscheidung galvanischer Metallniederschläge*", Dechema Monografie **39** (1961), 25–54

H. FISCHER: „*Inhibition und Inhibitoren*", Werkst. u. Korr., **6** (1955), 26

K. SCHWABE: „*Zur Theorie der Inhibitorwirkung organischer Verbindungen*", Z. phys. Chemie, **226** (1964), 1–16 (dt.)

G. MÜLLER, K. SCHWABE: „*Elektrochemische Untersuchungen an Dampfphaseninhibitoren in wäßrigen Lösungen*", Chem. Technik, **13** (1961), 5, 268–274

J. L. ROSENFELD: „*Das elektrochemische Verhalten von Metallen in einer Atmosphäre flüchtiger Inhibitoren*, Z. prikl. Chimii, **34** (1961), 105, S. 2239–2244 (russ.)

G. E. PURDY: „*Organische Korrosionsinhibitoren*", Erdöl u. Kohle, **12** (1959), 743–746 (dt.)

Th. HEUMANN: „*Heutige Kenntnisse über Passivierung und Deckschichtbildung*", Metalloberfläche, **11** (1957), 349;
„*Mechanismus der Passivierung und Deckschichtenbildung*", Arch. Eisenhüttenwes., **29**, (1958), 505

„*Bedeutung der Passivierung und Deckschichtenbildung bei der Korrosion in Atmosphäre und Wässern*", Bericht über die Korrosionstagung 1957 in Köln am 15. und 16. 5. 1957, Verlag Chemie, Weinheim/Bergstr., 1958, 745 (Korrosion 10)

17. Behandlung von Wasser- und Dampfsystemen

17.1. Desaktivierung und Entlüftung

In Übereinstimmung mit den im Kapitel 6., Seite 84 bis 86, beschriebenen Prinzipien ist die Korrosion des Eisens bei normaler Temperatur in sauerstofffreiem Wasser zu vernachlässigen. Eine wirksame Maßnahme zur Verminderung der Korrosion von Eisen und Stahl in Wässern ist demzufolge die Herabsetzung des Gehaltes an gelöstem Sauerstoff. Durch diese Maßnahme läßt sich gleichfalls die Korrosion von Kupfer, Messing, Zink und Blei verringern.

Die Entfernung des gelösten Sauerstoffs aus dem Wasser erfolgt entweder durch Zugabe von Substanzen, die mit dem Sauerstoff chemisch reagieren (Desaktivierung) oder durch Destillation des Wassers in einer dafür geeigneten Anlage (Entlüftung).

Die Desaktivierung kann in der Praxis derart ausgeführt werden, daß das erhitzte Wasser langsam über Eisen- oder Stahlnetze, die eine möglichst große Oberfläche besitzen und die sich in einem geschlossenen Behälter, dem sogenannten Desaktivator, befinden, strömt. Dabei bleibt das Wasser genügend lange in Kontakt mit dem Eisen, um dieses zu korrodieren. Durch diesen Korrosionsvorgang wird der größte Anteil des im Wasser gelösten Sauerstoffs verbraucht (Sauerstoffkorrosionstyp).

Der durch diesen Vorgang entstandene und suspendierte Rost wird durch anschließende Filtration entfernt. Das so behandelte Wasser besitzt eine wesentlich geringere Aggressivität gegenüber einem metallischen Rohrleitungssystem als unbehandeltes. Desaktivatoren dieser Art werden verschiedentlich in Gebäuden angewandt. Eine Beschreibung derselben gibt F. N. Speller [1].

Die Anwendung der beschriebenen Desaktivatoren erfordert eine regelmäßige Wartung und eine periodische Erneuerung der Stahlgitter, da deren Effektivität mit zunehmender Verrostung der Oberfläche stark zurückgeht. Diese Möglichkeit der Sauerstoffentfernung ist daher im Vergleich mit der Anwendung von Inhibitoren oder der Entgasung sehr umständlich.

Die Desaktivierung von Industriewässern, bei denen die Toxizität der zugegebenen Chemikalien nicht stört, kann mittels Natriumsulfit erfolgen, das mit dem im Wasser gelösten Sauerstoff gemäß der Reaktion

$$Na_2SO_3 + {}^1/_2O_2 \rightarrow Na_2SO_4 \quad (1)$$

im Gewichtsverhältnis 8 : 1 reagiert.

Diese Reaktion (1) verläuft bei höheren Temperaturen relativ schnell, bei gewöhnlicher Temperatur jedoch sehr langsam. Durch Zugabe von Katalysatoren, wie z. B. Cu^{++}- oder Co^{++}-Salze, kann die Reaktion (1) jedoch wesentlich beschleunigt werden [2, 3].

In *Abb. 1* ist die rasche Abnahme des Gehaltes an gelöstem Sauerstoff als Funktion der Zeit nach einer Behandlung des Wassers (Flußwasser in San Joaquim, Kalif.) mit 80 ppm Natriumsulfit in Anwesenheit von Kupfer- oder Kobaltsalzen dargestellt. D. Pye [2] konnte zeigen, daß so behandeltes Wasser bei der Verwendung von Kobaltchlorid als Katalysator nicht korrosiv auf ein stählernes Wärmeaustauschersystem wirkt. Die Verwendung des gleichen Wassers ohne obengenannte Behandlung führte zu ernsten Korrosionsschäden und zu einer starken Verminderung des Wärmedurchganges (Schichtbildung). Die Versuche zeigten eine Abnahme der Korrosionsrate von 0,203 mm/a (Lochfraßfaktor 7,4) vor der Behandlung auf 0,0041 mm/a nach der Zugabe von Natriumsulfit und Katalysator.

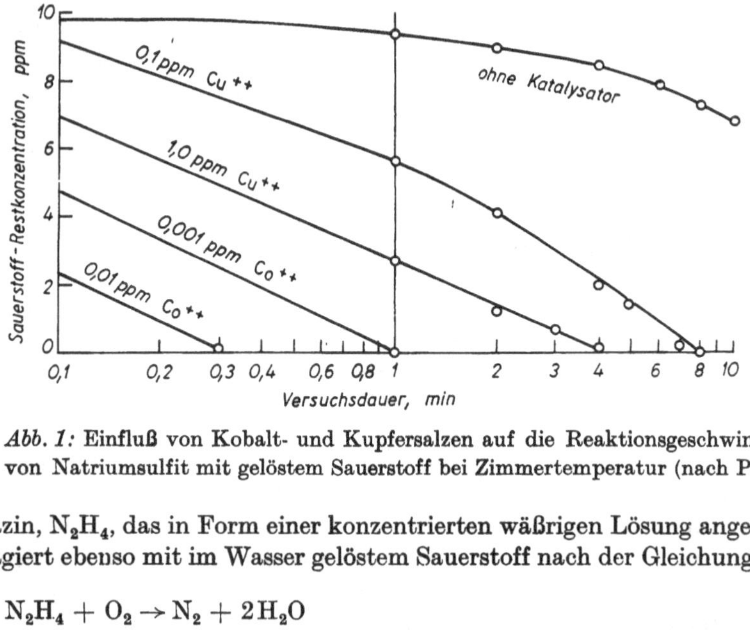

Abb. 1: Einfluß von Kobalt- und Kupfersalzen auf die Reaktionsgeschwindigkeit von Natriumsulfit mit gelöstem Sauerstoff bei Zimmertemperatur (nach Pye)

Hydrazin, N_2H_4, das in Form einer konzentrierten wäßrigen Lösung angewandt wird, reagiert ebenso mit im Wasser gelöstem Sauerstoff nach der Gleichung

$$N_2H_4 + O_2 \rightarrow N_2 + 2\,H_2O \qquad (2)$$

im Gewichtsverhältnis 1 : 1.

Diese Reaktion verläuft bei normaler Temperatur gleichfalls relativ langsam, kann jedoch durch Katalysatoren, wie z. B. Aktivkohle oder Metalloxide, und durch Temperaturerhöhung beschleunigt werden. In Abwesenheit spezifischer Katalysatoren ist selbst bei Temperaturen von über 175 °C die Geschwindigkeit der Reaktion (2) verhältnismäßig gering [4, 5]. Durch Temperaturerhöhung wiederum wird die thermische Zersetzung des Hydrazins begünstigt, die bei 175 °C noch langsam, bei 300 °C jedoch schnell unter Bildung von Ammoniak verläuft [4]:

$$3\,N_2H_4 \rightarrow N_2 + 4\,NH_3 \qquad (3)$$

Aus den Gleichungen (2) und (3) folgt, daß die bei der Umsetzung von Hydrazin mit Sauerstoff sowie die bei der thermischen Zersetzung des Hydrazins entstehenden Reaktionsprodukte leicht flüchtig sind (N_2, H_2O, NH_3), so daß sich im Gegensatz zur Sulfitbehandlung keine Salze im behandelten Wasser anreichern.

Neuerdings sind zur Reduktion des gelösten Sauerstoffs spezielle Ionenaustauscherharze entwickelt worden. Diese Harze enthalten Substanzen, die schnell mit Sauerstoff reagieren, wie z. B. Metallsulfite, Eisen(II)-hydroxid, Mangan(II)-hydroxid.

Durch eine geeignete chemische Behandlung können diese Harze regeneriert werden. In Laboratoriumsversuchen mit einem Eisen(II)-hydroxid enthaltenden Harz konnte E. Potter [6] kontinuierlich den Sauerstoffgehalt eines Wassers mit 8,8 ppm auf 0,002 ppm reduzieren.

Tabelle 1:

Erfahrungswerte für zulässige Sauerstoffkonzentrationen im System Wasser/Stahl

	Maximale Sauerstoffkonzentration			
Kaltwasser	0,3	ppm	0,2	ml/Liter
Heißwasser	0,1		0,07	
Niederdruckkessel ($< 1{,}75$ kg/cm^2)	0,03		0,02	
Hochdruckkessel	0,005		0,0035	

Die Entlüftung des Wassers erfolgt in der Praxis dadurch, daß Wasserdampf im Gegenstrom auf das zu entgasende Wasser einwirkt, das in einer speziellen Einrichtung versprüht oder über eine große Oberfläche verteilt wird. Dabei entweicht der Sauerstoff und gleichfalls ein Teil des gelösten Kohlendioxides (*Abb. 2*). Das Wasser wird bei diesem Prozeß erwärmt und ist daher als Speisewasser für Dampfkessel gut geeignet. Dampfentlüfter dieser Bauweise gehören zur Standardausrüstung von stationären Hochdruckkesseln.

Wird andererseits entlüftetes Kaltwasser benötigt, so werden die im Wasser gelösten Gase durch Verringerung des Druckes entfernt, indem an Stelle des Einblasens von Dampf im Gegenstrom mechanische Vakuumpumpen oder Dampfstrahlpumpen zur Erzeugung eines Vakuums eingesetzt werden. Diesen Prozeß bezeichnet man als Vakuumentlüftung. In der Praxis sind Anlagen dieser Art mit einer Kapazität von mehreren Millionen Liter entlüftetes Wasser pro Tag in Betrieb. Während sich 90 — 95% des gelösten Sauerstoffes durch Destillation ohne große Schwierigkeiten aus kaltem Wasser entfernen lassen, ist die Beseitigung der verbleibenden Spuren des gelösten Sauerstoffes durch diese Maßnahme nur mit wesentlich höherem Aufwand möglich.

Um zu einem genügend niedrigen Sauerstoffgehalt im Kaltwasser zu gelangen, wird meist eine mehrstufige Vakuumaufbereitung durchgeführt. Von Vorteil ist, daß der zulässige Sauerstoffgehalt im Kaltwasser höher als in Heißwasser oder Wasserdampf liegen darf. In der *Tab. 1* sind Erfahrungswerte für die zulässigen Gehalte an gelöstem Sauerstoff in verschiedenen Wässern zusammengestellt [7].

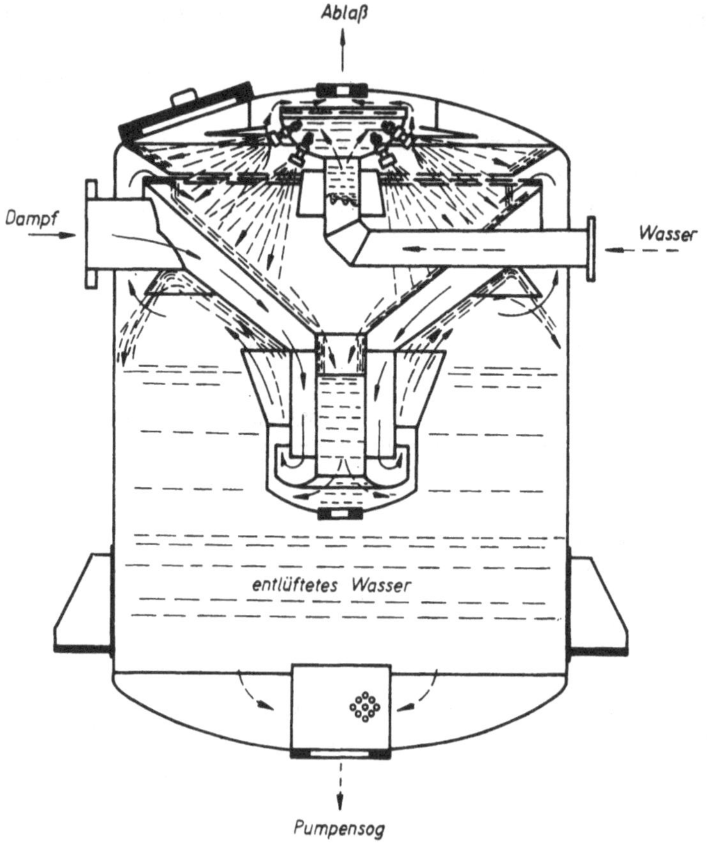

Abb. 2: Schema eines Dampf-Entlüfters

17.2. Behandlung von heißem und kaltem Wasser

a) Warmwasserheizungen

sind geschlossene Stahlrohr-Systeme, in denen die Anfangskorrosion den gelösten Sauerstoff bald verbraucht; danach ist die Korrosion für die Lebensdauer der metallischen Teile ohne Bedeutung. In geringerem Maße verläuft aber auch dann noch eine Reaktion zwischen Stahl und Wasser unter Entwicklung von Wasserstoff, dessen charakteristischer Geruch auf die gasförmigen Kohlenwasserstoffe zurückzuführen ist, die bei der Reaktion des im Stahl enthaltenen Kohlenstoffs mit dem Wasser entstehen. Diese Korrosion unter Wasserstoffentwicklung kann durch Zusatz von NaOH (oder Na_3PO_4) zur Erreichung eines pH-Wertes von 8,5 verringert werden [8].

b) Städtische Wasserversorgungsleitungen

Im allgemeinen wirken mittelharte und harte Wässer mit positivem Sättigungsindex relativ wenig korrosiv und brauchen keine spezielle Behandlung zur Korrosionsverhütung. Weiche Wässer verursachen dagegen schnell Rostansammlungen in eisernen Rohrsystemen, werden beim Passieren von Bleileitungen leicht mit toxisch wirkenden Mengen von Bleisalzen verunreinigt und rufen eine Blaufärbung von Badezimmereinrichtungen durch Kupfersalze hervor, die von der Korrosion von Kupfer- und Messingrohrleitungen herrühren. Eine Vakuumentgasung solcher Wässer wäre das ideale Mittel des Korrosionsschutzes. Die Kosten liegen jedoch angesichts der großen Wassermengen hoch, und offenbar sind bisher für kommunale Wasserversorgungsanlagen noch keine praktischen Einrichtungen für diesen Zweck gebaut worden. Dessen ungeachtet verdiente diese Möglichkeit einige Aufmerksamkeit.

Die chemische Behandlung von Trinkwässern ist auf die Zugabe kleiner Mengen an billigen und ungiftigen Chemikalien wie Alkali oder Kalk beschränkt. Manche Wässer werden mit etwa 2 ppm Natriumpolyphosphat versetzt, um die von Fe^{++}-Ionen oder suspendiertem Rost herrührende rotbraune Farbe zum Verschwinden zu bringen. Dieser Zusatz vermindert auch die Korrosionsgeschwindigkeit in mäßigem Grade, wenn das Wasser mit einer gewissen Geschwindigkeit fließt und voll belüftet ist. In ruhenden Abschnitten des Verteilungssystems ist durch diese Maßnahme wahrscheinlich kein praktisches Nutzen erreichbar. Auch in Heißwasser-Systemen bringt die Zugabe von kleinen Mengen an Polyphosphaten, abgesehen von ihrer raschen Zersetzung zu Orthophosphaten, die als Korrosionsinhibitoren weniger wirksam sind, keinen Vorteil für den Korrosionsschutz des Systems.

Dagegen ist eine Erhöhung des Sättigungsindex ein unter Umständen wirksames Mittel zur Korrosionsverminderung in Abschnitten des Verteilungssystems mit zeitweise fließendem, zeitweise stehendem Wasser. Sie vermindert auch die Korrosion in Warmwasserheizungen. Diese Behandlung besteht in einer Zugabe von Kalk ($Ca(OH)_2$) allein oder zusammen mit Soda (Na_2CO_3) in Mengen, die den Sättigungsindex etwa bis zum Wert $+0,5$ heraufsetzen (siehe S. 106). Ein Erfolg wird nur erreicht, wenn der Gehalt des Wassers an kolloiden Stoffen und gelösten Feststoffen außer Kalziumsalzen gering ist. Die Korrosion von Cu, Pb und Messing wird durch eine solche Behandlung ebenfalls verringert. In Heißwassersystemen muß die Möglichkeit der Kesselsteinbildung durch überschüssiges $CaCO_3$ in Betracht gezogen und die Menge der zugegebenen Chemikalien dementsprechend bemessen werden.

Eine Behandlung mit Natriumsilikat in Mengen von 4 bis 15 ppm wird gelegentlich von einzelnen Gebäudeeigentümern in Gebieten mit weichem Wasser vorgenommen. Diese Behandlung verringert die Rotfärbung des Wassers, die durch suspendierten Rost aus eisernen Rohrleitungen hervorgerufen wird, und verhindert bei Wässern, die kupferne oder messingne Rohrleitungen durchflossen haben, die Bildung blauer Flecken. Gleichzeitig kann eine Verringerung der Korrosionsgeschwindigkeit um 50—90% beobachtet werden [9, 10], jedoch nicht bei allen Wässern [11, 12].

Die Bedingungen, unter denen eine Schutzwirkung vorhanden und optimal ist, sind noch nicht völlig geklärt, sicher ist aber, daß gelöste Kalzium- und Magnesiumsalze einen Einfluß haben und daß ein gewisser Schutz schon allein von der alkalischen Reaktion des Natriumsilikats herrühren kann. In Gegenwart von Silikat kann bei pH 10 eine Passivierung des Eisens beobachtet werden, die mit einer Verringerung der Korrosionsgeschwindigkeit auf 0,1 bis 0,7 $g/m^2 \cdot d$ verbunden ist [21]. Natriumhydroxid führt bei etwas höheren pH-Werten (10 bis 11) in ähnlicher Weise Passivität und eine entsprechende Verkleinerung der Korrosionsgeschwindigkeiten herbei*). Unter anderen Bedingungen, zum Beispiel bei pH 8, wird ein schützender Diffusionssperrfilm gebildet, der anscheinend SiO_2 enthält und wahrscheinlich aus unlöslichem Eisensilikat besteht. Laboratoriumsversuche in destilliertem Wasser bei 25 °C ergaben eine Herabsetzung der Korrosionsgeschwindigkeit von Eisen um 85 – 90%, wenn zur Erhöhung des pH-Wertes auf 8 Natriumsilikat (5 ppm SiO_2) zugesetzt wurde (12]. Dagegen hatte derselbe Gehalt an SiO_2 im Leitungswasser von Cambridge (pH 8,3; 44 ppm Ca, 10 ppm Mg, 16 ppm Cl^-) keine inhibierende Wirkung. Wenn größere Mengen an Natriumsilikat eingesetzt wurden, um den pH-Wert des Wassers auf 10 bis 11 zu erhöhen, wo das Passivierungsgebiet des Eisens liegt, war ein merklicher Abfall der Korrosionsgeschwindigkeit zu beobachten.

Haushalts- und Industrie-Wassererhitzer aus verzinktem Stahl, die fortwährend von heißem, sauerstoffhaltigem Wasser durchflossen werden, sind durch Zusätze ungiftiger Chemikalien wie Silikate und Polyphosphate in keiner Wasserart zuverlässig zu schützen. Oft ist der kathodische Schutz oder der Einsatz von Nichteisenmetallen, z. B. Kupfer oder NiCu 30 (Monel) das beste oder einzig zweckmäßige Mittel.

17.2.1. Kühlwässer

Nur einmal gebrauchte Kühlwässer können normalerweise wegen der großen benötigten Inhibitormengen und des Problems der Wasserverunreinigung nicht mit Chemikalien behandelt werden. Bisweilen werden 2 bis 5 ppm Natrium- oder Kalziumpolyphosphat zugesetzt, um die Korrosion der Stahlteile zu verringern. In so geringen Konzentrationen sind Polyphosphate nicht giftig, und es gibt keine Abwasserprobleme. In ähnlicher Weise ist die Einstellung des Sättigungsindex auf positivere Werte manchmal praktisch möglich. Ansonsten muß auf geeignete Schutzschichten oder korrosionsbeständigere Metalle zurückgegriffen werden.

Zirkulierende Kühlwässer, zum Beispiel für Motor-Kühlsysteme, können mit Natriumchromat Na_2CrO_4 in Mengen von 0,04 bis 0,1% (oder der äquivalenten Menge $Na_2Cr_2O_7 \cdot 2\,H_2O$ unter Einstellung des pH-Wertes auf 8) behandelt werden. Chromate inhibieren die Korrosion von Stahl, Kupfer, Messing, Aluminium und Lötverbindungen zwischen ihnen. Da das Chromat langsam verbraucht wird, muß es von Zeit zu Zeit ergänzt werden, um die Konzentration oberhalb des kritischen Wertes zu halten. Für Diesel- und andere schwere Motoren werden 2000 ppm (0,2%) Natriumchromat empfohlen, um Beschädigungen sowohl durch Kavitations-Erosion als auch durch Korrosion zu vermeiden (siehe S. 101 bis 103).

*) Ein Maximum der Korrosionsgeschwindigkeit wird dicht vor Erreichung des passiven Zustandes bei pH 9,5 bis 10 gefunden. Das scheint mit dem Gehalt des NaOH an Karbonaten zusammenzuhängen. Die Korrosionsgeschwindigkeit von Eisen in Na_2CO_3-Lösungen zeigt ein ähnliches Maximum.
(E. Heyn, O. Bauer, Mitt. Königl. Materialprüfungsamt **26** (1908), 84–85).

Chromate können in Gegenwart von Gefrierschutzmitteln nicht eingesetzt werden, da sie die Neigung besitzen, mit organischen Substanzen zu reagieren. Es sind viele gesetzlich geschützte Inhibitormischungen auf dem Markt, die gewöhnlich in Methanol oder Äthylenglykol gelöst in den Handel kommen, um die Verpackung zu vereinfachen; dadurch wird jedoch die zur Verfügung stehende Anzahl geeigneter Inhibitoren eingeschränkt. In den Vereinigten Staaten ist Borax ($Na_2B_4O_7 \cdot 10H_2O$) ein häufig verwendeter Bestandteil, dazu kommen gelegentlich sulfonierte Öle, die einen schützenden Ölfilm erzeugen, und Mercaptobenzthiazol, das die Korrosion des Kupfers spezifisch hemmt und gleichzeitig die beschleunigende Wirkung gelöster Cu^{++}-Ionen auf die Korrosion anderer Teile des Systems aufhebt. In England werden 0,1% Natriumnitrit zusammen mit 1,5% Natriumbenzoat angewandt [13], wobei die letztere Substanz zum Teil dazu dient, die Lötstellen vor dem beschleunigten Angriff durch das Nitrit zu bewahren. Das Nitrit ist zum Schutze der Gußeisenteile erforderlich. Äthanolaminphosphat wird ebenfalls als Inhibitor für Motorkühlsysteme verwendet, die Äthylenglykol enthalten.

Für industrielle Wässer, die durch Zirkulation über Kühltürme rückgekühlt werden, gibt es noch keine idealen Inhibitoren. Unter dem Gesichtspunkt der Wirksamkeit sind Chromate am zuverlässigsten.

Jedoch ist die kritische Konzentration relativ hoch, und in dem Maße, wie sich Chloride und Sulfate durch Verdampfung des Wassers anreichern, wächst die Gefahr, daß die Chromate Lochfraß hervorrufen oder die Kontaktkorrosion zwischen ungleichartigen Metallen verstärken. Ventilationsverluste müssen wegen der Giftigkeit der Lösung sorgfältig vermieden werden. Aus demselben Grunde entstehen Schwierigkeiten bei der Beseitigung der Chromatlösungen, die ab und zu zur Verminderung der Konzentration der angesammelten Chloride und Sulfate erforderlich ist.

Natriumpolyphosphat in Konzentrationen von 10 bis 100 ppm wird häufig verwendet, manchmal zusammen mit Zinksalzen, um die Inhibitorwirkung zu verbessern. Der pH-Wert wird auf 5 bis 6 eingestellt, um Lochfraß und Bakterienwachstum sowie die Absetzung von Wasserstein zu verringern. Die Polyphosphate zersetzen sich langsam zu Orthophosphaten, die in Gegenwart von Ca^{++}- und Mg^{++}-Ionen ausfallen und dadurch in den wärmeren Teilen des Systems die Bildung von Wasserstein verursachen. Im Gegensatz zu den Chromaten begünstigen sie das Algenwachstum und machen dadurch Zusätze von Algiziden zum Wasser erforderlich.

Polyphosphate inhibieren die Korrosion nicht so gut wie Chromate, jedoch sind sie in niedrigen Konzentrationen nicht giftig, und die erforderliche optimale Inhibitormenge ist geringer als bei den Chromaten. Durch Kombination von Polyphosphaten und Chromaten kann die Chromatkonzentration beträchtlich unter den kritischen Wert gesenkt werden, ohne daß die Gefahr des Lochfraßes besteht, obwohl der Schutzwert nicht derselbe ist wie oberhalb der kritischen Konzentration. Daneben sind auch andere Kombinationen vorgeschlagen und erprobt worden, die gegenüber der Anwendung eines einzigen Inhibitors gewisse Vorzüge aufweisen [14 bis 16].

17.3. Behandlung von Kesselwässern

17.3.1. Dampfkessel-Korrosion

Obwohl es Dampfkessel der verschiedensten Konstruktionen gibt, bestehen sie doch im wesentlichen aus einem Wasserbehälter aus kohlenstoffarmen oder niedriglegiertem Stahl, der durch heiße Gase erhitzt wird. Danach kann der Dampf einen Überhitzer aus höherlegiertem Stahl durchströmen, der eine höhere Temperatur besitzt als der Kessel selbst. Um einen maximalen Wärmeübergang zu erreichen, wird gewöhnlich ein Bündel von Siederohren eingebaut; die heißen Gase umströmen entweder deren Außenseite oder werden — diese Ausführung ist weniger häufig — durch die Rohre hindurchgeleitet. Nachdem der Dampf in einer Maschine Arbeit geleistet hat oder anderweitig genutzt worden ist, gelangt er in manchen Anlagen in einen Kondensator, dessen Rohre im allgemeinen aus Kupferlegierungen bestehen. Der Dampf wird auf der einen Seite der Rohre durch das auf der Gegenseite fließende Wasser gekühlt, dessen Qualität vom Frischwasser über verunreinigtes Süßwasser bis zum Brack- und Meerwasser reichen kann. Der kondensierte Dampf kehrt dann in den Kessel zurück, und der Kreislauf beginnt von neuem.

Manche Kessel sind mit einem Versprödungswächter ausgestattet, mit dessen Hilfe die chemische Wasserbehandlung laufend daraufhin überprüft wird, ob sie möglicherweise geeignet ist, Spannungsrißkorrosion hervorzurufen (*Abb. 3*), [17, 18]. Eine Probe von plastisch verformten Kesselblech wird durch eine Schraube gespannt. Die Einstellung der Schraube reguliert die Größe einer kleinen Austrittsöffnung für das heiße Kesselwasser, die sich an der Stelle befindet, wo die Probe der stärksten Zugspannung ausgesetzt ist und wo das Kesselwasser verdampft. Ein Kesselwasser wird als unbedenklich im Hinblick auf die Erzeugung von Spannungsrißkorrosion angesehen, wenn die Proben innerhalb von aufeinanderfolgenden 30-, 60- und 90-Tageversuchen nicht reißen. Die Anbringung eines solchen Wächters ist eine wertvolle Sicherheitsmaßnahme, da die Tendenz zum Reißen bei dem plastisch verformten Probestück stärker ist als bei den übrigen Teilen des geschweißten Kessels. Daher kann die Wasserbehandlung, wenn nötig, geändert werden, ehe der Kessel zerstört wird.

In manchen Fällen treten Korrosionsprobleme an Kessel- und Überhitzerrohren auf der Feuerseite auf, besonders wenn vanadinhaltige Öle verbrannt werden. Dieser Fall wird im Abschnitt „*Beschleunigte Oxydation*“ auf S. 183 diskutiert. Auf der Dampfseite verläuft, da im modernen Kesselbetrieb der Sauerstoff vollständig aus dem Speisewasser entfernt wird, eine Reaktion zwischen H_2O und Fe, die zur Bildung einer Schutzschicht aus Magnetit führt.

$$3\,Fe + 4\,H_2O \rightarrow Fe_3O_4 + 4\,H_2 \quad (4)$$

Der Mechanismus dieser Reaktion, soweit er bekannt ist, deutet darauf hin, daß Fe_3O_4 nur bis zu Temperaturen von 570 °C gebildet wird, während oberhalb dieser Temperatur statt dessen FeO entsteht. Dieses zerfällt dann beim Abkühlen zu einem Gemisch aus Magnetit und Eisen:

$$4\,FeO \rightarrow Fe_3O_4 + Fe \qquad (5)$$

Messungen der Wasserstoffansammlung in Kesseln als Funktion der Zeit und laboratoriumsmäßige Bestimmungen der Korrosionsgeschwindigkeit zeigen, daß das Wachstum der Oxidschicht einem parabolischen Zeitgesetz gehorcht [19].

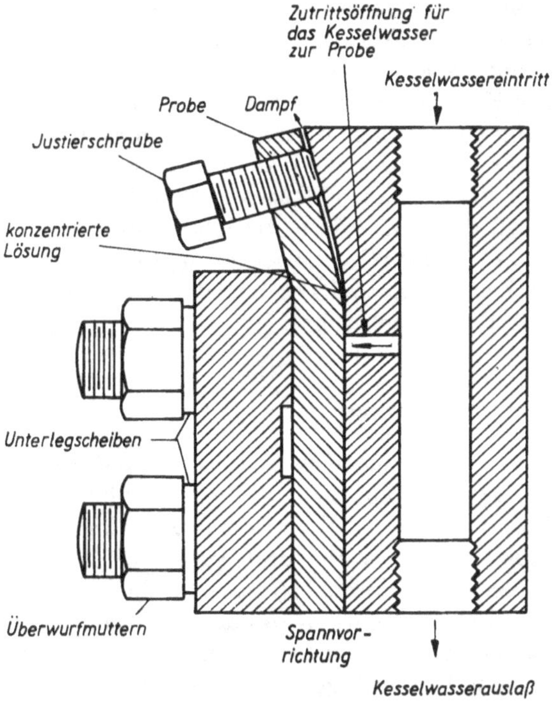

Abb. 3: Versprödungswächter, der an einem arbeitenden Kessel die Neigung des Kesselwassers zur Erzeugung von Spannungsrißkorrosion anzeigt

Also ist die Korrosion durch Diffusionsvorgänge begrenzt und steht in Einklang mit dem auf S. 166 (Kapitel „*Oxydation und Anlaufen*") beschriebenen Mechanismus, der durch die Wanderung von Ionen und Elektronen durch eine Schicht fester Reaktionsprodukte charakterisiert wird.

Bei niedrigeren Temperaturen, zum Beispiel zwischen Raumtemperatur und 100 °C und wahrscheinlich noch darüber hinaus, ist, bevor sich relativ dicke Oberflächenfilme bilden, nicht Fe_3O_4, sondern $Fe(OH)_2$ das primäre Reaktionsprodukt [20, 21]. Der Korrosionsmechanismus in diesem Gebiet ist derselbe, der für die Wechselwirkung zwischen Kathode und Anode auf einer Metalloberfläche unter einem Elektrolyten beschrieben wurde. Das Eisenhydroxid zerfällt eventuell mit temperaturabhängiger Geschwindigkeit nach der zuerst von SCHIKORR [22] formulierten Gleichung (SCHIKORR-Reaktion)

$$3\,Fe(OH)_2 \rightarrow Fe_3O_4 + H_2 + 2\,H_2O \qquad (6)$$

Die Reaktion wird durch OH^--Ionen inhibiert, dagegen durch Ni^{++}- und Pt^{4+}-Ionen, kolloides Platin, Nickel und Kupferpulver beschleunigt. Mn^{++}-Ionen haben keine beschleunigende Wirkung [20, 23]. Alle Faktoren, die die schützende Magnetitschicht auf dem Stahl chemisch oder mechanisch zerstören, führen — meist in einem begrenzten Gebiet — zu einer Erhöhung der Reaktionsgeschwindigkeit, die Lochfraß und zuweilen Furchenbildung in den Kesselrohren hervorruft. Der in dieser Beziehung speziell zerstörend wirkende chemische Faktor, eine überhöhte OH^--Ionen-Konzentration, wird später behandelt; eine mechanische Zerstörung kann dagegen bei jeder Abkühlung des Kessels auftreten. Die unterschiedliche Kontraktion von Oxid und Metall verursacht ein teilweises Abplatzen des Oxids, wobei frisches Metall bloßgelegt wird. In Übereinstimmung damit wird beobachtet, daß die Wasserstoffentwicklung unmittelbar nach der Wiederinbetriebnahme eines Kessels relativ hoch ist und zu normalen Werten absinkt, nachdem sich wahrscheinlich auf den verletzten Flächen wieder eine Oxidschicht von merklicher Dicke gebildet hat.

17.3.2. Behandlung des Kesselwassers zum Zwecke der Korrosionsverminderung

Kesselspeisewässer werden chemisch behandelt, sowohl um die Korrosion des Kessels und der Hilfseinrichtungen einzudämmen als auch um die Bildung von anorganischen Ablagerungen (Kesselstein) in den Kesselrohren zu vermeiden, durch die die Wärmeübertragung gestört wird. Wenn der Dampf zur Energieerzeugung verwendet werden soll, müssen außerdem die Gehalte an SiO_2 und Silikaten im Speisewasser verringert werden, um die Menge des mit dem Dampf mitgeführten SiO_2, das zur Bildung schädlicher Ablagerungen an den Turbinenschaufeln führt, möglichst klein zu halten. Zur Vermeidung der Kesselsteinbildung ist es meist erforderlich, alle Kalzium- und Magnesiumsalze durch verschiedene Methoden zu entfernen. Hierher gehören der Gebrauch von Ionenaustauscherharzen oder die Zugabe von Substanzen zum Wasser, die die Absetzung von losem Schlamm an Stelle des festhaftenden Kesselsteins auf der Metalloberfläche begünstigen. Einzelheiten werden in den standardisierten Hinweisen zur Kesselwasserbehandlung genannt.

Die Grundbehandlung zum Zwecke der Korrosionsverminderung umfaßt folgende Maßnahmen:

a) Entfernung von gelöstem Sauerstoff und Kohlendioxid:

In Hochdruckkesseln reagiert jede Spur von Sauerstoff, die im Speisewasser zurückbleibt, quantitativ mit den Metallen der Kesselanlage und verursacht gewöhnlich Lochfraß in den Kesselrohren und einen allgemeinen Korrosionsangriff in den anderen Teilen. Die Sauerstoffentfernung wird durch Dampfentlüftung des Wassers und anschließende Zugabe eines Reduktionsmittels wie Natriumsulfit oder Hydrazin (siehe S. 251 bis 253) erreicht. Die

Endkonzentration an Sauerstoff liegt gewöhnlich unterhalb der mit chemischen Analysenmethoden (zum Beispiel nach Winkler) erfaßbaren Grenze ($< 0{,}005$ ppm).

Die Entlüftung ist von einer gewissen Verminderung des Kohlendioxidgehaltes begleitet, besonders wenn vor der Entlüftung das Wasser angesäuert und dadurch die Kohlensäure aus den gelösten Karbonaten freigesetzt wird. Kohlensäure greift in Abwesenheit von gelöstem Sauerstoff und noch stärker in seinem Beisein Stahl an [24], Zugabe von Alkalien zum Kesselwasser schränkt jedoch durch Umwandlung der Kohlensäure in Karbonate alle durch CO_2 hervorgerufenen Kesselkorrosionserscheinungen ein. Bei den im Kesselbetrieb meist herrschenden Temperaturen dissoziieren aber die Karbonate nach der Gleichung

$$Na_2CO_3 + H_2O \rightarrow CO_2 + 2\,NaOH \tag{7}$$

und bringen heiße Kohlensäure mit dem Kondensator und dem Rückleitungssystem in Berührung. Stählerne Rückleitungssysteme erleiden daher schwere Korrosionen, wenn der CO_2-Gehalt im Kesselwasser hoch ist. Es bildet sich lösliches $FeCO_3$, das mit dem Kondensat in den Kessel zurückkehrt und sich dort zu $Fe(OH)_2$ und CO_2 zersetzt, so daß das CO_2 für die weitere Korrosion wieder zur Verfügung steht. An Kondensatoren aus Kupferlegierungen verursacht CO_2 nur bei gleichzeitiger Anwesenheit von gelöstem Sauerstoff Korrosionserscheinungen, während in Abwesenheit von Sauerstoff der Angriff auf Kupferlegierungen zu vernachlässigen ist. Da das CO_2 beim Korrosionsvorgang nicht verbraucht wird, sammelt es sich mit jeder Speisewasserzugabe im Kessel weiter an, wenn nicht gelegentlich das Kesselwasser ausgetauscht wird.

b) Alkalizugabe:

Die Zugabe von NaOH zum Wasser verringert die Geschwindigkeit der Reaktion (4) bei 310 °C nach den Ergebnissen von Berl und van Taack [25] und bei 100 °C nach den Versuchen (100 bis 150 Stunden) von Thiel und Luckmann [26]. Berl und van Taack verwendeten bei ihren Kurzzeitversuchen ($7^1/_2$ Stunden) Flußstahlspäne (0,11% C) in einer Bombe aus demselben Material (*Abb. 4*). Es sind allerdings gewisse Zweifel angemeldet worden, daß diese Versuchsbedingungen den Verhältnissen beim Kesselbetrieb entsprechen*). Ungeachtet dessen stellt die Alkalizugabe ein Standardverfahren dar, das bei den meisten gegenwärtig in den USA und anderen Ländern betriebenen Hochdruckdampfkesseln angewandt wird.

Das Speisewasser für Hochdruckkesselanlagen wird auf pH-Werte von 10,5 bis 11 gebracht (gemessen bei Zimmertemperatur), bei Kesseln mit niedrigeren Arbeitsdrücken (20 atü) wird dieser Wert gewöhnlich auf 11 bis 11,5 erhöht. In einigen Hochdruckkesseln speziell in Deutschland, wird an Stelle von NaOH NH_3 bei entsprechend niedrigen pH-Werten verwendet.

Die vorteilhafte Wirkung der Zugabe nichtflüchtiger Alkalien unter den Bedingungen des Dampfkesselbetriebes wurde durch die statistische Auswertung der von Potter vorgenommenen Untersuchungen an Dampferzeugern bestätigt. Von 513 Dampfkesseln in England, die ohne Alkalizusätze zum Speisewasser arbeiten, zeigten 29% Korrosionserscheinungen an den Siederohren, während von 121 mit Alkalizugabe arbeitenden Kesseln nur 5% korrodiert waren.

*) M. Bloom berichtete zum Beispiel, daß die anfängliche Reaktion zwischen Wasser und Eisen bis zu einer Reaktionsdauer von mindestens 100 Tagen beim pH 10,6 schneller verläuft als im nahezu neutralen Gebiet (21 th Annual Water Conf.; Engrs. Soc. Western Pennsylvania, Pittsburgh 1960).

Aus *Abb. 4* ist zu ersehen, daß ein Übermaß an Alkalien zerstörend auf den Kessel wirken kann, da oberhalb von pH 13 die Korrosionsgeschwindigkeit stark ansteigt. Dabei ist weniger Gefahr vorhanden, daß der ursprüngliche pH-Wert des Kesselwassers zu hoch ansteigt, als daß die örtliche Alkalikonzentration in Spalten, wie sie zwischen vernieteten Platten oder unter einer zersprungenen Oxidschicht vorkommen, oder an überhitzten Stellen der Siederohroberfläche über den ungefährlichen Bereich hinaus anwachsen kann. Aus diesem Grunde wird es für ratsam gehalten, dem Wasser puffernde Ionen wie PO_4^{3-}-Ionen (zum Beispiel als Na_3PO_4) zuzusetzen, die die Höhe des pH-Wertes begrenzen, wie sehr auch das Wasser durch Verdampfung konzentriert werden mag. Da zu hohe OH^--Ionen-Konzentrationen an Kesselteilen, die unter starker Spannung stehen, Spannungsrißkorrosion hervorrufen kann, ist auch in dieser Hinsicht die Zugabe von Phosphationen vorteilhaft. Die für diesen Zweck empfohlenen Mengen an PO_4^{3-}-Ionen schwanken zwischen 30 ppm bei pH 10,5 und 90 ppm bei pH 11. Die entsprechenden Mengen bei anderen pH-Werten sind im „*Corrosion Handbook*", S. 530, Abb. 9 aufgeführt (nach PURCELL und WHIRL [28]).

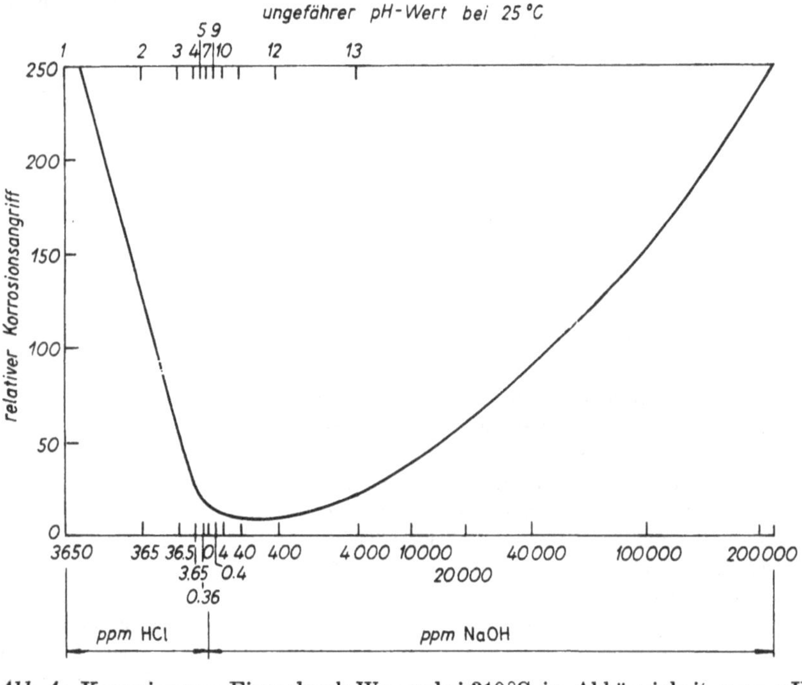

Abb. 4: Korrosion von Eisen durch Wasser bei 310°C in Abhängigkeit vom pH-Wert, gemessen bei 25°C (nach PARTRIDGE und HALL auf Grund von Messungen von BERL und van TAACK)

c) Zugabe von Inhibitoren:

Es ist heute möglich, dem Kesselwasser Inhibitoren gegen zwei Arten der Korrosion im Dampferzeuger zuzusetzen, und zwar gegen die Spannungsrißkorrosion und die Korrosion des Rücklaufsystems. Die erste Art kann, wie oben erwähnt, durch Zugabe von Phosphaten zurückgedrängt werden. Versuche mit dem Versprödungswächter [18] haben gezeigt, daß Tannine für diesen Zweck ebenfalls als Inhibitoren wirken. Der Quebracho-Extrakt, der aus der Rinde des gleichnamigen südamerikanischen Baumes gewonnen wird, ist ein solches Tannin, das Kesselwässern bisweilen zur Verhinderung der Steinbildung zugegeben wird. Ähnliche Versuche ergaben, daß Nitrate, als $NaNO_3$ in einer Menge von 20 bis 30% der Natriumhydroxid-Alkalinität zugegeben, ebenfalls wirksam sind [18]. Diese Behandlungsart ist zur Aufbereitung von Speisewasser für Lokomotivkessel erfolgreich angewandt worden und hat die Spannungsrißkorrosion hier praktisch vollständig verschwinden lassen.

Die Korrosionserscheinungen, die durch im Kondensat gelöstes CO_2 hervorgerufen werden, können durch Zusätze von flüchtigen Aminen zurückgedrängt werden. Es gibt zwei Kategorien von Aminen für diesen Zweck: die neutralisierenden und die filmbildenden Amine. Zur ersten Gruppe gehören Cyclohexylamin, Benzylamin und Morpholin (*Abb. 5*). Wenn einer dieser Stoffe dem Kesselwasser in genügender Menge zugegeben wird, neutralisiert er die Kohlensäure und verschiebt den pH-Wert des Kondensats ins alkalische Gebiet und macht dabei das Kondensat weniger korrosiv. Octodecylamin, Hexadecylamin und Dioctodecylamin wirken nach einem anderen Prinzip und sind typische filmbildende Inhibitoren. Ihre Korrosionsschutzwirkung soll auf der Ausbildung eines organischen Films auf der Kondensatoroberfläche beruhen. Die filmbildenden Amine sind noch am ehesten als Inhibitoren zu bezeichnen, während die anderen Amine in Wirklichkeit vorwiegend als Neutralisatoren wirken.

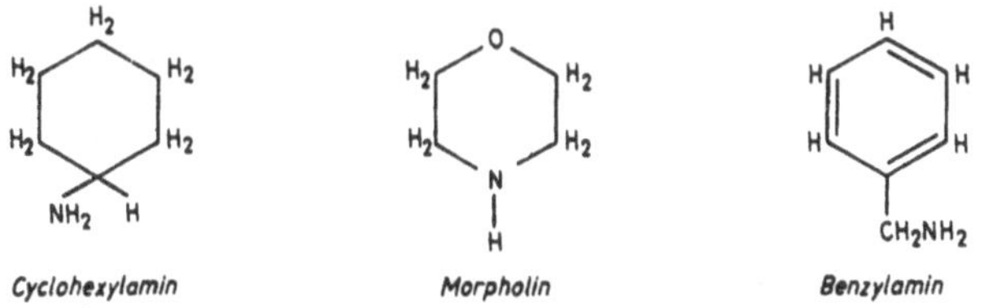

Abb. 5: Strukturformeln dreier Amine von Neutralisatortyp

17.3.3. Korrosionsmechanismen

Die Mechanismen der Dampfkesselkorrosion und ihrer Inhibierung sind noch nicht sehr gut bekannt, und viele Fragen sind bisher unbeantwortet geblieben. Die wahrscheinlich wichtigste Frage ist, ob irgendwelche chemischen Zusätze in jedem Falle erforderlich sind oder ob ein Hochdruckkessel mit nichts weiter als reinem entlüftetem Wasser nicht besser arbeiten und weniger Korrosionsschäden aufweisen könnte. Es gibt gegenwärtig einige Kessel, die nach diesem Prinzip arbeiten [29, 30].

Die Entfernung des gelösten Sauerstoffs wird allgemein als eine notwendige Stufe jeder Kesselwasser-Aufbereitung angesehen. Es ist indessen nicht wahrscheinlich, daß etwa in einem Kessel zurückbleibender Sauerstoff die gleichförmige Korrosion des Eisens zu Fe_3O_4 wesentlich beeinflußt, da die Reaktion zwischen Eisen und Sauerstoff bei erhöhten Temperaturen mit ähnlicher Geschwindigkeit verläuft, wie die zwischen Eisen und Wasser [31]. Die schädigende Wirkung des Sauerstoffs besteht offenbar vielmehr darin, daß er — möglicherweise durch Ausbildung von Differentialbelüftungszellen — Lochfraß verursacht. Economiser, in denen das Speisewasser vor dem Eintritt in den Kessel vorgewärmt wird, sind gegen Lochfraß besonders empfindlich, wenn das Wasser gelösten Sauerstoff enthält [32].

Es ist aus den bisher gewonnenen Erkenntnissen nicht völlig klar ersichtlich, ob auch die letzten Sauerstoffspuren, die keine Sauerstoff-Konzentrationszellen mehr unterhalten können, noch peinlich genau entfernt werden müssen. Selbst wenn Sauerstoffspuren den stählernen Kessel selbst nicht beschädigen, so können sie aber trotzdem einen Angriff auf das Kondensatorsystem verursachen, besonders wenn CO_2 oder NH_3 im Kondensat vorhanden sind. Solche Korrosionserscheinungen genügen, um kleine Mengen an Kupfersalzen in den Kessel einzuschleppen. Unabhängig davon, ob die Kondensatoren durch solche Korrosionserscheinungen in beträchtlichem Maße zerstört werden oder nicht, bleibt die Frage bestehen, ob im Kessel durch die Kupferverunreinigung des Kesselwassers Lochfraß eingeleitet wird. Solche Verunreinigungen würden nicht auftreten, wenn der Sauerstoff vollständig aus dem Wasser entfernt worden wäre. Es herrscht indessen keine allgemeine Einigkeit in der Frage, ob Kupferabscheidungen auf der Innenseite des Kessels die Löcher verursachen, in deren Umgebung solche Niederschläge konzentriert sind, und ob sie die Schutzwirkung von Fe_3O_4-Filmen beeinträchtigen, in denen Kupfer in wesentlichen Mengen vorkommt. Nach Meinung einiger Forscher ist es möglich, daß die Kupferabscheidung nur eine Folgeerscheinung galvanischer Korrosionserscheinungen ist, wobei Cu^{++}-Ionen an Stelle von H^+-Ionen an den kathodischen Flächen abgeschieden werden. Zur Stützung dieser Meinung wird ausgeführt, daß viele Kessel, in denen Kupfersalze oder Kupferabscheidungen vorkommen, unbeschädigt sind.

In der Praxis wird der Sauerstoff aus den Speisewässern nicht immer entfernt, z. B. bei vielen Lokomotiv- und Schiffskesseln; für Kessel mit einem Betriebsdruck von mehr als 25 at wird die Entlüftung allgemein durchgeführt. Potter [27] zeigte in einer Untersuchung englischer Dampferzeugungsanlagen mit höheren Betriebsdrücken, daß bei Sauerstoffgehalten des Kesselwassers von $< 0{,}043$ ppm das Auftreten von Korrosionserscheinungen nur halb so stark war wie in Kesselanlagen, in denen der Sauerstoffgehalt des Wassers über dieser Grenze lag. Er erinnerte aber bei der Interpretation dieses Ergebnisses daran, daß auch von den 86 Anlagen, die mit Sauerstoffgehalten unter 0,043 ppm arbeiteten, 27% Korrosionsschäden an den Siederohren aufwiesen. Er schloß daraus, daß durch die erhaltenen Daten eine Entlüftung des Wassers bis zu einem Sauerstoffgehalt von 0,05 ppm in jedem Falle gerechtfertigt wird, wobei aber die Frage offenbleibt, ob eine noch wirksamere Entlüftung das Auftreten von Korrosionserscheinungen noch weiter zurückdrängen würde.

Wenn ein Kessel bei einer gegebenen Wasserbehandlungsart geschädigt wird oder nicht so kann daraus allein also nicht geschlossen werden, daß diese Behandlung im allgemeinen gut oder schlecht sei.

Um eine endgültige Antwort auf diese Frage zu gewinnen, ist eine statistische Analyse vieler Kesselanlagen der eine grundlegende Untersuchung der Korrosionsmechanismen erforderlich. Ob sich eine Verunreinigung des Kesselwassers mit Sauerstoff oder Kupfer im Einzelfall schädigend auswirkt oder nicht, hängt wahrscheinlich von vielen sich gegenseitig beeinflussenden Faktoren wie der Speisewasser-Zusammensetzung, der Bauart des Kessels und der von einer Anlage zur anderen wechselnden Fahrweise des Kessels ab. Gegenwärtig sind diese Faktoren noch nicht mit Sicherheit festgestellt.

a) Alkali-Zugabe:

Die Art und Weise, in der Alkali-Zugaben die Reaktion zwischen Eisen und Wasser verlangsamen, ist ebenfalls noch nicht völlig verständlich. Evans [33] postulierte, daß Alkalien im Beisein von Sauerstoff die Löslichkeit der Hydroxide und Oxide des Eisens herabsetzen und dadurch die Ausbildung einer schützenden Magnetitschicht auf der

Metalloberfläche gegenüber der Ausfällung im Wasser begünstigen, wo die gebildeten Oxide keine Schutzwirkung besitzen. Ein solcher Mechanismus kann jedoch nur für Defektstellen in der Oxidschicht gelten, da die Hochtemperaturoxydation von Eisen durch die Diffusion durch eine wasserfreie Oxidschicht kontrolliert wird und nicht durch die Freisetzung hydratisierter Metallionen, die bei der anschließenden Reaktion in die Schicht aus Korrosionsprodukten eingebaut werden.

Ein Alkaliüberschuß kann andererseits nach der Gleichung

$$Fe_3O_4 + 4\,NaOH \rightarrow 2\,NaFeO_2 + Na_2FeO_2 + 2\,H_2O \qquad (8)$$

die Magnetitschicht langsam auflösen, wobei Natriumferrat(II) Na_2FeO_2 und Natriumferrat(III) $NaFeO_2$ entstehen, die beide in konzentrierter Natronlauge löslich sind. Außerdem reagieren konzentrierte Alkalien direkt und mit größerer Geschwindigkeit mit Eisen unter Bildung von Wasserstoff und Natriumferrat(II):

$$Fe + 2\,NaOH \rightarrow Na_2FeO_2 + H_2 \qquad (9)$$

Derartige Reaktionen tragen zur Bildung von Löchern und Korrosionsfurchen an den Siederohren bei und sind für die erhöhte Korrosionsgeschwindigkeit des Eisens bei hohen pH-Werten verantwortlich (*Abb. 4*). In diesem Zusammenhang fanden POTTER und MANN [34], daß zum Beispiel bei 340°C die Dicke einer in einer bestimmten Zeit gebildeten Magnetitschicht mit steigender NaOH-Konzentration (5 bis 20%) anwuchs; dabei galt offensichtlich immer das parabolische Zeitgesetz. Diese Ergebnisse lassen vermuten, daß OH^--Ionen in hohen Konzentrationen bei Vorhandensein einer dazwischenliegenden Fe_2O_4-Schicht die Reaktion zwischen Fe und H_2O und einem unbekannten Mechanismus direkt beschleunigen. Es besteht aber auch die Möglichkeit, daß die OH^--Ionen die Bildung von löslichem $NaFeO_2$ und Na_2FeO_2 begünstigen, die später beim Abkühlen zu Fe_3O_4 und NaOH hydrolysiert werden; in diesem Falle wäre aber die Gültigkeit einer parabolischen Geschwindigkeitsgleichung nicht zu erwarten.

b) Sauerstoff-Entferner:

Der Gebrauch von Natriumsulfit als Sauerstoffentferner in Hochdruckkesseln ist von einigen Autoritäten wegen der Zersetzung der Sulfite in Sulfide oder SO_2 bei höheren Temperaturen ungünstig beurteilt worden. Sie sollen bei Dampfdrücken unterhalb 45 at (entspr. 260°C) zufriedenstellend wirken, dagegen wurde zum Beispiel das Versagen eines Überhitzerrohres bei 63 at (280°C) sauren Zersetzungsprodukten des Natriumsulfits zugeschrieben [35]. Es ist vermutet worden, daß eine der möglichen Zersetzungsreaktionen die folgende ist:

$$4\,Na_2SO_3 + 2\,H_2O \rightarrow 3\,Na_2SO_4 + 2\,NaOH + H_2S \qquad (10$$

Der Gebrauch von Hydrazin hat keine solche Kritik erfahren, jedoch sollten bei der Dosierung seine langsame Reaktion mit Sauerstoff und seine teilweise Zersetzung zu NH_3 in Betracht gezogen werden. Auch ist NH_3 eine mögliche Ursache für die Spannungsrißkorrosion der Kupferlegierungen des Kondensatorsystems, wenn das Kondensat zufällig mit Sauerstoff verunreinigt werden sollte. In Abwesenheit von Sauerstoff und anderen Depolarisatoren ist eine Spannungsrißkorrosion der Kupferlegierungen und ein gleichmäßiger Angriff durch das NH_4OH-haltige Kondensat nicht zu befürchten.

c) Inhibitoren, Sulfatverhältnis:

Die Gründe dafür, daß Tannine als Inhibitoren gegen Spannungsrißkorrosion wirken, sind bei den meist hohen Kesseltemperaturen wahrscheinlich nicht in einer Konkurrenzadsorption mit den OH^--Ionen zu suchen. Die schwache Bindung zwischen organischen Molekülen und Metalloberflächen macht diese Möglichkeit unwahrscheinlich. Es ist vermutet worden, daß die Tannine als Sauerstoff-Entferner wirken, jedoch würde eine solche Funktion die Spannungsrißkorrosion nicht notwendig beeinflussen, da es keine Anzeichen dafür gibt, daß diese Art der Schädigung in sauerstofffreien NaOH-Lösungen nicht auftreten könnte. Es kann angenommen werden, daß sich aus den Tanninen und NaOH Natriumsalze bilden, die in derselben Weise wie PO_4^{3-}-Ionen als Pufferionen wirken, jedoch ist das nicht bestätigt. Die Wirkzng der Tannine kann z. T. auch darauf beruhen, daß sie etwaige Fehlstellen, zum Beispiel in den Schweißzonen des Kessels schließen, wo sich sonst Kesselwasser durch Verdampfung konzentrieren würde.

Die Inhibitorwirkung der Nitrate ist ähnlich schwierig zu erklären. Zum Beispiel muß jeder Mechanismus, der geeignet ist, ihre günstige Wirkung in Dampfkesseln verständlich zu machen, gleichzeitig berücksichtigen, daß sie die Spannungsrißkorrosion von Stahl in siedender Natronlauge unter Atmosphärendruck beschleunigen [18].

Zeitweilig wurden bestimmte Verhältnisse zwischen Sulfat- und Hydroxidgehalt des Kesselwassers vorgeschrieben, um Spannungsrißkorrosion zu vermeiden. Wie Versuche mit dem Versprödungsdetektor [18] zeigten, schützen solche Konzentrationsverhältnisse nicht vor Rißbildung, und die Verwendung von Sulfaten für diesen Zweck ist größtenteils wieder verlassen worden. Die ursprüngliche Empfehlung geht offenbar auf Beobachtungen zurück, die in Illinois gemacht wurden [36]. Die dort vorkommenden Wässer mit hohem Natriumbikarbonat- und geringem Sulfatgehalt verursachten Spannungsrißkorrosionen an Dampfkesseln. Die zerstörende Wirkung konnte durch eine Behandlung des Wassers mit Schwefelsäure beseitigt werden. Außerdem zeigten Laboratoriumsversuche, daß die Spannungsrißkorrosion von Stahl beim Anwachsen des Konzentrationsverhältnisses von Na_2SO_4 zu NaOH zwar nicht ausblieb, aber erst nach längerer Versuchsdauer auftrat. Daraufhin wurde angenommen, daß die Sulfate als Inhibitoren wirkten, während die wahrscheinlichere unmittelbare Ursache des Effekts darin zu suchen ist, daß die Schwefelsäurebehandlung aus dem Kessel Karbonate entfernte, die sonst unter Bildung von NaOH hydrolysiert worden wären.

Literatur-Anmerkungen

[1] F. N. Speller: „*Corrosion, Causes and Prevention*", S. 418—24, McGraw-Hill, New York, 1951
[2] D. Pye, J. Am. Water Works Assoc., **39** (1947), 1121
[3] S. Pirt, D. Callow u. W. Gillett, Chem. & Ind. (London), **1957,** 730
[4] M. Baker u. V. Marcy, Trans. Am. Soc. Mech. Engrs., **78** (1956), 299
[5] G. Everitt, E. Potter u. R. Thompson, Chem. & Ind. (London), **1962,** 609 (März 31)
[6] E. Potter u. G. Whitehead, J. Applied Chem., **7** (1957), 629
[7] F. N. Speller in „*Corrosion Handbook*", S. 506
[8] F. Speller in „*Corrosion Handbook*", S. 498
[9] H. Shuldener u. S. Sussman, Corrosion, **16** (1960), 354t
[10] F. N. Speller: „*Corrosion, Causes and Prevention*", S. 389—95, McGraw-Hill, New York, 1951

[11] R. ELIASSEN, R. SKRINDE u. W. DAVIS, „*Corrosion Control Studies by Manometric Techniques*", Birmingham Regional Meeting, Am. Iron and Steel Inst. (1958)
[12] S. MATSUDA, Sc. D. THESIS, Dept. Metallury, M.I.T. (1960)
[13] F. WORMWELL u. A. MERCER, J. Applied Chem., 3 (1953), 22 (mit H. ISON), Ibid., 133
[14] W. PALMER, J. Iron and Steel Inst., **163** (1949), 42
[15] H. KAHLER u. C. GEORGE, Corrosion, **6** (1950), 331
[16] H. KAHLER u. P. GAUGHAN, Ind. Eng. Chem., **44** (1952), 1770
[17] American Soc. Testing Materials Standard D 807–52, „*A.S.T.M. Book of Standards*", Teil 10, S. 973 (1958).
[18] W. SCHROEDER u. A. BERK: „*Intercrystalline Cracking of Boiler Steel and Its Prevention*", Bureau of Mines Bulletin 443 (1941)
[19] E. ULRICH in „*Passivierende Filme u. Deckschichten, Anlaufschichten*", herausgegeben von H. FISCHER, K. HAUFFE u. W. WIEDERHOLT, S. 308, Springer, Berlin, 1956; s. auch Angaben von G. HAWKINS u. H. SOLBERG in „*Corrosion Handbook*", Abb. 1, S. 512
[20] U. EVANS u. J. WANKLYN, Nature, **162** (1948), 27
[21] V. LINNENBOM, J. Electrochem. Soc., **105** (1958), 322
[22] G. SCHIKORR, Z. Elektrochem., **35** (1929), 65; Z. anorg. allgem. Chem. **212** (1933), 33
[23] F. SCHIPKO u. D. DOUGLAS, J. Phys. Chem., **60** (1956), 1519
[24] G. SKAPERDAS u. H. UHLIG, Ind. Eng. Chem., **34** (1942), 748
[25] E. BERL u. F. van TAACK, Forschungsarbeiten auf dem Gebiete des Ingenieurwesens, Berlin, Heft 330 (1930)
[26] A. THIEL u. H. LUCKMANN, Korr. u. Metallschutz, **4** (1928), 169
[27] E. POTTER, J. Inst. Fuel, **32** (1959), 218
[28] T. PURCELL u. S. WHIRL, Trans. Am. Soc. Mech. Engrs., **64** (1942), 397; Trans. Electrochem. Soc., **83** (1943), 279
[30] D. VOYLES: „*Some Applications of the Pure Water Concept*", vorgelegt an der Kansas City Convention of NACE, März 1962
[31] O. KUBASCHEWSKI u. B. HOPKINS: „*Oxidation of Metals and Alloys*", 2. Aufl., S. 271, Academic Press, 1962
[32] „*Corrosion Handbook*", S. 524
[33] U. EVANS: „*The Corrosion and Oxidation of Metals*", S. 438, Ed. Arnold, Ltd., London, 1960
[34] E. POTTER u. G. MANN: „*Oxidation of Mild Steel in High Temperature Aqueous Systems*", 1. Internationaler Kongreß über Korrosion der Metalle, Butterworths, London, 1961
[35] W. STONES, Chem. & Ind. (London), **1957**, 120
[36] S. PARR u. F. STRAUB, Proc. Am. Soc. Testing Materials, **26** (Teil II) (1926), 52

Allgemeine Literaturhinweise:

A. SPLITTGERBER: „*Wasseraufbereitung im Dampfkraftbetrieb*", Springer-Verlag, Berlin-Göttingen-Heidelberg, 1963
R. FREIER: „*Kesselspeisewasser (Technologie — Betriebsanalyse)*", Verlag Walter de Gruyter, Berlin, 1958
J. KAEDING: „*Fortschritte der Wasserchemie und ihrer Grenzgebiete*", 1964
A. P. MAMET: „*Korrosion u. Korrosionsschutz in Dampferzeugungsanlagen*", Verlag Technik, Berlin, 1955, 359 S.

L. W. Haase: „*Werkstoffzerstörung u. Schutzschichtbildung im Wasserfach*", Verlag Chemie, Weinheim, 1951

A. Splittgerber: „*Kesselspeisewasserpflege, Erfordernisse und derzeitige Möglichkeiten*", Verlag Technik, Berlin, 1953

Autorenkollektiv: „*Technisches Handbuch Wasseraufbereitungsanlagen*", VEB Verlag Technik, Berlin, 1966

A. O. Alekin: „*Grundlagen der Wasserchemie*", VEB Deutscher Verlag für Grundstoffindustrie, Leipzig, 1962

L. W. Haase: „*Kalt- und Warmwasserkorrosion*" in F. Tödt: „*Korrosion u. Korrosionsschutz*", 2. Aufl., W. De Gruyter u. Co., 1961, S. 830–847

A. Splittgerber u. R. Freier: „*Kessel- u. Kondensatorkorrosion*" in F. Tödt, S. 848 bis 922

A. Splittgerber: „*Wärmekraftmaschinen*" in F. Tödt (siehe 9.), S. 923 bis 932

H. G. Heitmann: „*Korrosionsprobleme in Kernenergieanlagen*" in F. Tödt, S. 935 bis 944

R. K. Freier: „*Zur Frage der Naßkonservierung u. Stillstandskorrosion von Dampferzeugern*", Maschinenschaden, **36** (1963), 3/4, 50 bis 60

E. Hofbauer: „*Die Konservierung großer Dampferzeuger*", Mitt. Verein. Großkesselbesitzer, **78** (1962), 146 bis 149

G. Seelmeyer: „*Die heutigen Möglichkeiten zur Verhütung von Korrosion und Steinbildung in kleinen Heizungs- und Warmwasserversorgungsanlagen*", Heizung, Lüftung und Haustechnik, **6** (1955), 230

W. Christ: „*Korrosionsproblem im Wasserfach unter besonderer Berücksichtigung des Phosphat- und Silikatschutzes*", Wasserwirtschaft und Wassertechnik, **6** (1956), 68

J. V. Tjurina: „*Die Anwendung von filmbildenden Aminen für den Korrosionsschutz von Wärmekraftanlagen*", Prom. stroit. Mater. Belorussii, (1962), 8 (51), 42 und 43

G. Schikorr: „*Die Grundlagen der wasserseitigen Korrosion in Heizungs- und Warmwasseranlagen unter besonderer Berücksichtigung der Betriebsbedingungen*", Heizung-Lüftung-Haustechn. (Düsseldorf), **13** (1962), 309–316

K. D. Lemcke: „*Grundlagen und Maßnahmen für die Aufbereitung von Kesselspeisewasser für Warm- und Heißwasser-Heizungsanlagen*", Heizung-Lüftung-Haustechn. (Düsseldorf) *16*, **3** (1965), 98 bis 106

H. Harzbecker: „*Korrosion in Dampferzeugern*", Energietechnik *13*, **11** (1963), 502–507

„*Symposium on the Protection of Motor Vehicles from Corrosion*" („*Symposium über den Korrosionsschutz von Motorfahrzeugen*), Soc. Chem. Ind. Monograph **4**, London (1958)

U. Evans: „*The Corrosion and Oxidation of Metals*" (*Die Korrosion und Oxydation von Metallen*), Kap. XII Boilers and Condensers (Kessel und Kondensatoren), S. 427–480 Arnold Ltd., London (1960)

F. N. Speller: „*Corrosion, Causes and Prevention*" (*Korrosion, Ursachen und Verhütung*), S. 414–496, McGraw-Hill, New York, 1951

18. Korrosionsschutz durch Legieren — nichtrostende Stähle

Legierungsbildung ist ein wirksames Mittel zur Verbesserung der Beständigkeit von Metallen gegen den Angriff durch korrosive Medien sowohl bei gewöhnlicher wie bei erhöhter Temperatur. Die günstige Wirkung von zulegiertem Cr oder Al auf die Oxydationsbeständigkeit von Eisen wurde schon beschrieben (S. 177), ebenso die Verbesserung der atmosphärischen Beständigkeit durch Zulegieren geringer Mengen an Ni und Cu (S. 150).

Legierungen von Gold mit Kupfer oder Silber behalten oberhalb einer kritischen Goldkonzentration in der Legierung, die von TAMMANN [1] als Resistenzgrenze bezeichnet wurde, die Korrosionsbeständigkeit des Goldes. Unterhalb der Resistenzgrenze wird die Legierung zum Beispiel in starken Säuren korrodiert, wobei ein Rückstand von reinem Gold als poröser Festkörper oder als Pulver zurückbleibt. Dieses Verhalten der Edelmetallegierungen wird als Scheidung bezeichnet und entspricht wahrscheinlich in mancher Hinsicht der Entzinkung der Cu-Zn-Legierungen (S. 15 und 299). Verschiedene andere Edelmetallegierungen, z. B. Pt — Ni, Pt — Cu und Pt — Ag zeigen in HNO_3 ebenfalls Resistenzgrenzen. Die entsprechenden Legierungszusammensetzungen verändern sich mit dem korrosiven Medium, im allgemeinen liegen jedoch die Resistenzgrenzen in allen Medien bei einem Edelmetallgehalt von 25 bis 50 Atom-% (*Tab. 1*).

Tabelle 1:

Resistenzgrenzen (*nach* TAMMANN)

Korrosives Medium	Cu–Au-Legierungen		Ag–Au-Legierungen	
	Atom-% Au	Gew.-% Au	Atom-% Au	Gew.-% Au
$(NH_4)_2S_2$	24,5 bis 25,5	50,2 bis 51,5	32	46,5
H_2CrO_4	50	75,5	49,2	53,9
HNO_3 (d = 1,3 g/cm³)	50	75,5	48,0 bis 49,0	62,8 bis 63,7
H_2SO_4	49 bis 50	74,5 bis 75,5	50	64,7

Bei erhöhten Temperaturen gelten dieselben Resistenzgrenzen mit der Einschränkung, daß bei langen Einwirkungsdauern auch oberhalb der Grenzzusammensetzung ein gewisser Angriff beginnen kann. Zum Beispiel führt die Einwirkung von Salpetersäure bei 100 °C auf eine Ag–Au-Legierung mit einem Goldgehalt von mehr als 50 Atom-% im Laufe von einer oder mehreren Wochen zu einem meßbaren Angriff [2].

Ein besonders wirksames Mittel zur Verbesserung der Korrosionsbeständigkeit stellt das Legieren dann dar, wenn bei der Kombination eines sonst aktiven mit einem normalerweise passiven Metall Passivität der Legierung eintritt, wie dies zum Beispiel bei der Legierung von Fe mit Cr der Fall ist. Das Legierungselement, in diesem Falle Cr, reduziert die kritische Passivierungsstromdichte auf kleine Werte, die in der Größenordnung der normalen Korrosionsströme am Eisen liegen. Die Legierung wird infolgedessen durch ihre eigene Korrosion passiv. Ähnlich kann die Korrosionsgeschwindigkeit um Größenordnungen verringert werden, wenn ein unedles Metall oder eine unedle Legierung durch Zugabe geringer Mengen eines Edelmetalls passiviert wird. Das Edelmetall stimuliert die kathodische Reaktion und ermöglicht dadurch eine Erhöhung der anodischen Stromdichte bis zu dem für die Passivierung erforderlichen kritischen Wert.

Ein praktisches Beispiel ist das Zulegieren von Pt oder Pd zu nichtrostenden Stählen oder Titan (siehe S. 68), die dadurch bei Schwefelsäure-Konzentrationen und Temperaturen beständig werden, bei denen sie sonst extrem stark korrodiert werden. Der im Stahl enthaltene Kohlenstoff kann ähnlich wirken, indem er kathodische Oberflächenbezirke aus Zementit (Fe_3C) bildet, an denen die Reduktion von HNO_3 (oder HNO_2 in HNO_3) schnell verläuft, so daß eine Selbstpassivierung schon bei geringeren Säurekonzentrationen als beim Reineisen möglich ist. Prinzipiell können zweite Phasen jeder Art, z. B. intermetallische Verbindungen, die Passivierung von Mehrkomponentenlegierungen nach demselben Mechanismus einleiten.

In homogenen einphasigen Legierungen tritt die Passivität gewöhnlich bei oder oberhalb einer für jede Legierung spezifischen Zusammensetzung ein, die, wie auf S. 75 erklärt wurde, auch von dem umgebenden Medium abhängt. In den meisten Medien wird die Passivität bei oder in der Nähe einer Legierungszusammensetzung erreicht, die dem Minimalwert der Passivierungsstromdichte i_{krit} entspricht. Diese kritische Stromdichte i_{krit} stellt umgekehrt die kleinste Stromdichte dar, bei der ein Metall anodisch passiviert werden kann. Sie ändert sich normalerweise bei Veränderungen der Legierungszusammensetzung oberhalb der kritischen Zusammensetzung nur noch wenig.

Für Ni–Cu-Legierungen liegt die kritische Zusammensetzung bei einem Ni-Gehalt von 30 bis 40%; Cr–Co- und Cr–Ni-Legierungen von kritischer Zusammensetzung enthalten 8 bzw. 14% Cr.

Für Cr-legiertes Eisen liegt der kritische Cr-Gehalt bei 12% Cr. Legierungen auf Eisenbasis mit diesem Mindestgehalt an Cr sind ähnlich wie das reine Cr passiv und werden nichtrostende Stähle genannt. Sie stellen die wichtigsten passiven Legierungen dar.

18.1. Historischer Abriß)*

1820 veröffentlichten J. STODART und M. FARADAY in England eine Arbeit [3] über die Korrosionsbeständigkeit verschiedener von ihnen hergestellter Eisenlegierungen, unter denen Cr–Fe-Legierungen wohl erstmalig erwähnt werden. Der maximale Cr-Gehalt lag indessen unterhalb des für die Passivierung erforderlichen Wertes, und so verfehlten die Forscher knapp die Entdeckung der nichtrostenden Stähle. In Frankreich fand 1821 BERTHIER [4], der auf die Arbeit von STODARD und FARADAY aufmerksam geworden war, daß Eisen mit höheren Chromanteilen gegen Säuren beständiger war als unlegiertes Eisen. Er erhielt seine Legierungen durch direkte Reduktion von Mischungen der Oxide und stellte dabei das her, was heute Ferrochrom genannt wird (40 bis 80% Cr). Die Legierungen waren spröde und von hohem C-Gehalt und waren als Konstruktionswerkstoffe wertlos. BERTHIER stellte verschiedene Stähle unter Benutzung von Ferrochrom als Komponente her, dabei wurde aber der Cr-Gehalt wieder zu niedrig, um der Legierung das für die nichtrostenden Stähle charakteristische Passivverhalten zu verleihen.

Obwohl in den folgenden Jahren von verschiedenen Forschern eine Vielzahl von Cr–Fe-Legierungen hergestellt wurde, wurde die den Legierungen eigene Korrosionsbeständigkeit nicht beobachtet, zum großen Teil wohl deshalb, weil der hohe Kohlenstoffgehalt das Korrosionsverhalten verschlechterte. Außerdem wurde das Hauptaugenmerk auf die durch den Cr-Zusatz erreichte Erhöhung der mechanischen Festigkeit und Härte gelegt. Erst im Jahre 1904 stellte GUILLET [5] in Frankreich Cr-Legierungen mit niedrigem Kohlenstoffgehalt her, deren Cr-Anteil das Gebiet der passiven Legierungen erreichte. Er untersuchte die metallische Struktur und die mechanischen Eigenschaften der Cr–Fe-Legierungen und auch der Cr–Fe–Ni-Legierungen, die nun als austenitische nichtrostende Stähle bezeichnet wurden. Die auffallende Eigenschaft der Passivität, die bei derartigen Legierungen oberhalb eines Chromgehaltes von 12% auftrat, wurde anscheinend erst von MONNARTZ [6] in Deutschland erkannt und beschrieben, der seine Untersuchungen 1908 begann und 1911 eine umfangreiche Arbeit über die chemischen Eigenschaften der Cr–Fe-Legierungen veröffentlichte. Die mitgeteilten Ergebnisse enthielten auch eine Beschreibung der günstigen Wirkung eines oxydierenden Mediums auf die Korrosionsgeschwindigkeit im Vergleich zu einem reduzierenden; sie zeigten die Notwendigkeit, niedrige Kohlenstoffgehalte einzuhalten und ließen die Wirkung kleiner Mengen anderer Legierungsbestandteile, wie Ti, V, Mo und W erkennen.

Die kommerzielle Verwendbarkeit der härtbaren nichtrostenden Chromstähle als Material für Schneidwerkzeuge wurde um 1913 von BREARLEY in Sheffield erkundet. Auf der Suche nach einer besseren Auskleidung für Gewehrläufe stellte er fest, daß Cr–Fe-Legierungen mit 12% Cr sich mit den üblichen salpetersäure-

*) Im wesentlichen nach der ausführlicheren Darstellung von ZAPFFE in „*Stainless steels*", S. 5 bis 25, Am. Soc. Metals, Cleveland, 1949.

haltigen Ätzmitteln nicht ätzen ließen und daß sie auch bei langer Auslagerung an der Atmosphäre nicht rosteten. Die austenitischen nichtrostenden Chromnickelstähle wurden auf der Grundlage der Untersuchungen von E. MAURER und B. STRAUSS von den Krupp-Stahlwerken zuerst in Deutschland eingesetzt.

Der austenitische 18/8-Chromnickelstahl (18% Cr, 8% Ni) ist der bekannteste aller gegenwärtig produzierten nichtrostenden Stähle. Die Gesamtproduktion der nichtrostenden Stähle einschließlich der hitzebeständigen Sorten in den USA stieg von 50000 t im Jahre 1934 auf etwa 1 Million t in den letzten Jahren.

18.2. Klassen und Typen der nichtrostenden Stähle

Es gibt drei Hauptklassen der nichtrostenden Stähle, die nach ihrem Gefügezustand bezeichnet werden. Jede dieser Klassen besteht aus verschiedenen Legierungen mit etwas unterschiedlicher Zusammensetzung und ähnlichen physikalischen, magnetischen und Korrosionseigenschaften. Eine Übersicht der gebräuchlichsten Typen wird in *Tab. 2* gegeben. Die drei Hauptklassen sind:

a) Martensitische Stähle:

Der Name leitet sich von der Martensitphase her, die in Kohlenstoffstählen auftritt. Martensit entsteht durch ein Umklappen des Austenitgitters (kubisch-flächenzentrierte Struktur) beim plötzlichen Abkühlen (Abschrecken) des Stahles. Er ist derjenige Bestandteil, der abgeschreckten Kohlenstoffstählen und martensitischen nichtrostenden Stählen ihre charakteristische Härte verleiht. In den nichtrostenden martensitischen Stählen liegt eine kubisch-raumzentrierte Struktur vor, und die Legierungen sind magnetisch. Typische Anwendungsgebiete sind Stahlwaren, Werkzeuge und Dampfturbinenschaufeln.

b) Ferritische Stähle:

Diese Stähle werden nach der Ferrit-Phase, d. h. der aus relativ reinem Eisen bestehenden Komponente von Kohlenstoffstählen bezeichnet, die langsam aus dem Austenitgebiet abgekühlt wurden. Der Ferrit, die sogenannte α-Phase des reinen Eisens, ist die unterhalb 910°C stabile Phase. In kohlenstoffarmen Cr–Fe-Legierungen ist die Hochtemperatur-Austenit-(γ-)Phase nur bis zu einem Chromgehalt von 12% existent; unmittelbar nach dem Überschreiten dieser Zusammensetzung sind die Legierungen bei allen Temperaturen bis hinauf zum Schmelzpunkt ferritisch.

Sie können durch Kaltverformung, nicht aber durch Wärmebehandlung in gewissen Grenzen gehärtet werden. Ferritische rostbeständige Stähle besitzen eine kubisch-raumzentrierte Struktur und sind magnetisch. Sie werden für Zierteile an Autos und als Konstruktionsmaterial für Anlagen zur Salpetersäuregewinnung verwendet.

c) Austenitische Stähle

Dieser Name leitet sich von der Austenit- oder γ-Phase ab, die die stabile Strukturform des reinen Eisens zwischen 910 und 1400°C darstellt. Diese Phase hat eine kubisch-flächenzentrierte Struktur, ist nicht magnetisch und leicht verformbar. Sie stellt bei Raumtemperatur die vorherrschende oder alleinige Phase der austenitischen Stähle dar, die je nach ihrer Zusammensetzung in einer stabilen oder metastabilen Struktur vorliegen. Die

Erhaltung der austenitischen Struktur beim Abschrecken der üblichen Cr–Fe–Ni-Legierungen von hohen Temperaturen ist hauptsächlich auf den Ni-Anteil der Legierung zurückzuführen, eine Vergrößerung des Ni-Gehalts ist mit einer erhöhten Stabilität des erhalten gebliebenen Austenits verbunden. Mn, Co, C und N als Legierungsbestandteile tragen ebenfalls zur Erhaltung und Stabilisierung der austenitischen Struktur bei. Die austenitischen nichtrostenden Stähle können durch Kaltverformung, hingegen nicht durch Wärmebehandlung gehärtet werden. Bei der Kaltverformung, sonst jedoch nicht, wandelt sich die metastabile Legierungsstruktur z. B. bei den Typen X 12 CrNi 17.7, X 10 CrNi 18.9, X 5 CrNi 18.10, X 3 CrNi 18.10, X 5 CrNiMo 18.11, X 8 CrNiTi 18.10 (siehe *Tab. 2*) zum Teil in die ferritische Phase um (daher die Bezeichnung metastabil), die eine kubisch-raumzentrierte Struktur besitzt und magnetisch ist. Auf diese Umwandlung ist ein beträchtlicher Teil der Kaltverfestigung zurückzuführen. Dagegen zeigen Legierungen wie X 15CrNiSi 20.13 nur eine relativ geringe Verfestigung bei der Kaltverformung und werden, wenn überhaupt, nur schwach magnetisch. Legierungen mit höheren Cr- und Ni-Gehalten (zm Beispiel X 15 CrNiSi 25.20) sind im wesentlichen stabil austenitisch, wandeln sich bei Verformung nicht in Ferrit um und werden auch nicht magnetisch. Die Anwendungen austenitischer Stähle umfassen neben vielen anderen Gebieten Außen- und Zierteile für Architektur und Automobilbau sowie mannigfache Bauteile für die Lebensmittel- und chemische Industrie. Als vierte Klasse sollten die sogenannten

d) ausscheidungshärtenden, nichtrostenden Stähle

genannt werden, die eine große Festigkeit und Härte erreichen, wenn sie nach dem Abschrecken einer Wärmebhandlung bei relativ niedriger Temperatur unterzogen werden. Diese Cr–Fe-Legierungen enthalten weniger (oder kein) Nickel, als zur Stabilisierung der austenitischen Phase erforderlich ist, zusätzlich aber noch Legierungselemente, wie Al oder Cu, die durch die Bildung intermetallischer Verbindungen und ihre Ausscheidung entlang der Gleitebenen und Korngrenzen die Voraussetzungen für die große Härte des Werkstoffes schaffen. Diese Legierungen werden in allen Fällen eingesetzt, in denen die durch das Ni hervorgerufene Verbesserung der Korrosionsbeständigkeit wünschenswert ist oder in denen eine Härtung der Legierung zweckmäßig nach der Verarbeitung bei niedrigen Temperaturen (zum Beispiel 480 °C) vorgenommen wird. Bei den martensitischen nichtrostenden Stählen ist im Gegensatz dazu zum Härten ein Abschrecken von hohen Temperaturen erforderlich.

Die beste allgemeine Korrosionsbeständigkeit besitzen die nickelhaltigen austenitischen Typen, in der Regel sind nickelreiche Zusammensetzungen beständiger als nickelärmere. Um eine optimale Korrosionsbeständigkeit herbeizuführen, müssen die austenitischen Legierungen von 1050 oder 1100 °C mit Wasser oder im Luftstrom abgeschreckt werden. Die Mo-haltigen austenitischen Stähle besitzen eine verbesserte Resistenz gegen chloridhaltige Medien, verdünnte nichtoxydierende Säuren und Spaltkorrosion. Die günstige Wirkung des Molybdäns in dieser Hinsicht erstreckt sich nicht auf Ni-freie nichtrostende Stähle. Dies deutet darauf hin, daß der Mechanismus, der in bestimmten Medien zu einer verbesserten Passivität führt, wahrscheinlich auf einer Elektronenwechselwirkung zwischen Ni und Mo beruht (S. 74).

Die ferritischen nichtrostenden Stähle erreichen ein Maximum der Korrosionsbeständigkeit, wenn sie langsam von Temperaturen oberhalb 925 °C abgekühlt werden, oder durch eine Glühbehandlung zwischen 650 bis 815 °C.

Tabelle 2:

Typen und Zusammensetzung nichtrostender Stähle (nach DDR-Standard TGL 7143)

Stahlmarke	Zusammensetzung in % (P max. 0,04, S max. 0,03)			
	C	Si	Mn	Cr
Klasse: martensitisch (kubisch-raumzentriert, magnetisch, wärmebehandlungsfähig[1]))				
X 10 Cr 13	0,09—0,15	< 0,60	< 0,60	12,0—14,0
X 20 Cr 13	0,16—0,24	< 0,60	< 0,60	12,0—14,0
X 20 CrMo 13	0,16—0,24	< 0,60	< 0,60	12,0—14,0
X 40 Cr 13	0,35—0,44	< 0,60	< 0,60	12,0—14,0
X 22 CrNi 17	0,15—0,25	< 0,80	< 0,80	16,0—18,0
X 90 CrMoV 18	0,85—0,95	< 0,80	< 0,80	17,0—19,0
Klasse: ferritisch (kubisch-raumzentriert, magnetisch, nicht wärmebehandlungsfähig[1]))				
X 7 CrAl 13[2])	< 0,12	1,20—1,80	< 0,50	12,0—14,0
X 8 Cr 17	< 0,10	< 0,80	< 1,0	16,0—18,0
X 12 CrMoS 17	0,10—0,17	< 1,0	< 1,0	15,5—18,0
Klasse: austenitisch (kubisch-flächenzentriert, nicht magnetisch, nicht wärmebehandlungsfähig[1]))				
X 12 CrNi 17.7	< 0,15	< 0,80	1,0—2,0	16,0—18,0
X 10 CrNi 18.9	< 0,12	< 0,80	1,0—2,0	17,0—19,0
X 5 CrNi 18.10	< 0,07	< 0,80	1,0—2,0	17,0—19,0
X 3 CrNi 18.10	< 0,04	< 0,80	1,0—2,0	17,0—19,0
X 15 CrNiSi 20.13[2])	< 0,20	2,0—2,5	< 1,50	19,0—22,0
X 15 CrNiSi 25.20[2])	< 0,20	2,0—2,5	< 1,30	24,0—26,0
X 5 CrNiMo 18.11	< 0,07	< 0,80	1,0—2,0	16,5—18,5
X 8 CrNiTi 18.10	< 0,10	< 0,80	1,0—2,0	17,0—19,0

[1]) zum Zwecke der Festigkeitssteigerung
[2]) nach DDR-Standard TGL 7061

Die martensitischen nichtrostenden Stähle sind dagegen am resistentesten gegen Korrosion, wenn sie aus dem austenitischen Gebiet abgeschreckt werden. In diesem Zustand sind sie sehr hart und spröde. Durch eine Wärmebehandlung (200 bis 750 °C für X 10 Cr 13, X 20 CrMo 13; 150 bis 370 °C für X 40 Cr 13; 200 bis 650 °C für X 22 CrNi 17; 150 bis 425 °C für X 90 CrNiMo 18) wird die Duktilität verbessert, jedoch auf Kosten der Korrosionsbeständigkeit, die um so stärker abnimmt, je länger bei einer bestimmten Temperatur die Behandlungsdauer und je höher bei gegebener Behandlungsdauer die Temperatur ist. Diese Be-

Mo	Ni	Sonst. Elemente	Bemerkungen
—	< 0,6	—	Turbinenschaufelstahl
—	< 0,5	—	
1,0—1,3	1,0	—	gut zerspanbar
—	< 0,5	—	
—	1,0—2,5	—	
1,0—1,3	< 0,5	0,07—0,12 V	höchste erreichbare Härte
—	—	1,00—1,80 Al	
—	—	—	
0,2—0,3	—	0,15—0,25 S	gut zerspanbar, nicht schmierend
—	7,0—8,0	—	
—	8,0—10,0	—	
—	9,0—11,0	—	
—	9,0—11,0	—	extra niedriger C-Gehalt
—	12,0—14,0	—	
—	19,0—21,0	—	
2,0—2,5	10,5—12,5	—	
—	10,0—11,0	Ti 5 x C	stabilisierte Qualität

ständigkeitsabnahme rührt wahrscheinlich daher, daß sich aus dem Martensit, in dem sich die Kohlenstoffatome auf Zwischengitterplätzen befinden, ein Netzwerk von Chromkarbiden abscheidet, was mit einer Cr-Verarmung der angrenzenden metallischen Phase verbunden ist.

Eine Kaltverformung der nichtrostenden Stähle hat meist nur eine geringe Wirkung auf die Korrosionsbeständigkeit, wenn Temperaturen vermieden werden, die eine merkliche Diffusion während des Deformationsvorganges oder danach gestatten. Die durch die Kaltbearbeitung verursachten Phasenumwandlungen metastabiler austenitischer Legierungen sind nicht von größeren Veränderungen der Korrosionsbeständigkeit begleitet. Des weiteren hat ein abgeschreckter austenitischer nichtrostender Stahl (kubisch-flächenzentriertes Gitter) mit 18 % Cr und 8% Ni etwa dieselbe Korrosionsbeständigkeit wie ein abgeschreckter ferritischer nichtrostender Stahl (kubisch-raumzentriert) mit gleichem Cr- und Ni- aber geringerem C- und N-Gehalt [7].

Wird dagegen eine ähnlich zusammengesetzte Legierung, die aus einem Gemisch von Austenit und Ferrit besteht, kurzzeitig auf beispielsweise 600 °C ersetzt, so bilden sich zwischen den beiden Phasen Unterschiede in der Zusammensetzung aus, die zur Ausbildung galvanischer Zellen und Korrosionsbeschleunigung führen. Mit anderen Worten: Gradienten der Legierungszusammensetzung mit beliebiger Ursache sind für das Korrosionsverhalten wichtiger als Strukturunterschiede einer im übrigen homogenen Legierung. Diese Regel scheint für Metalle und Legierungen im allgemeinen gültig zu sein.

18.3. Interkristalline Korrosion

Eine ungeeignete Wärmebhandlung ferritischer oder astenitischer rostfreier Stähle ruft eine Ausbildung einzelner Kristalle in der Legierung hervor und verursacht eine besondere Korrosionsempfindlichkeit der sogenannten Korngrenzen. Korrosionserscheinungen dieser Art führen zu einer drastischen Verringerung der mechanischen Festigkeit. Die spezifischen Kombinationen von Temperatur und Behandlungsdauer, die eine Empfindlichkeit gegen interkristalline Korrosion erzeugen, werden als sensibilisierende Wärmebehandlungen bezeichnet. Sie unterscheiden sich für die ferritischen und austenitischen Stähle sehr stark. Der Übergang zwischen beiden Gruppen hinsichtlich der Sensibilisierungstemperaturen liegt für Stähle mit 18% Cr bei einem Ni-Gehalt von 2,5 bis 3% [8]. Stähle, deren Ni-Gehalt geringer ist, werden also in dem Temperaturbereich sensibilisiert, der für die Ni-freien ferritischen Stähle typisch ist, während bei höheren Ni-Gehalten die Sensibilisierungstemperatur in dem für die austenitischen Stähle typischen Gebiet liegt.

18.3.1. Austenitische nichtrostende Stähle

Für austenitische Legierungen erstreckt sich der Bereich der Sensibilisierungstemperaturen von 400 bis 900 °C. Der Grad der Zerstörung, die die handelsüblichen Legierungen auf Grund von Wärmebehandlungen in diesem Temperaturgebiet erleiden, ist von der Erhitzungsdauer abhängig. Wenige Minuten bei Temperaturen um 750 °C haben dieselben Auswirkungen wie ein mehrstündiges Erhitzen bei tieferen (oder noch höheren) Temperaturen (*Abb. 1*).

Langsames Abkühlen, bei dem der Bereich der Sensibilisierungstemperaturen durchlaufen wird, und längere Schweißvorgänge rufen Empfindlichkeit hervor, bei raschem Abkühlen tritt dagegen keine Schädigung ein. Daher müssen austenitische nichtrostende Stähle von hohen Temperaturen abgeschreckt werden. Das Punktschweißen, bei dem das Metall durch einen elektrischen Stromstoß rasch erhitzt wird und danach durch natürliche Abkühlung ebenfalls sehr rasch erkaltet, ruft keine Sensibilisierung hervor.

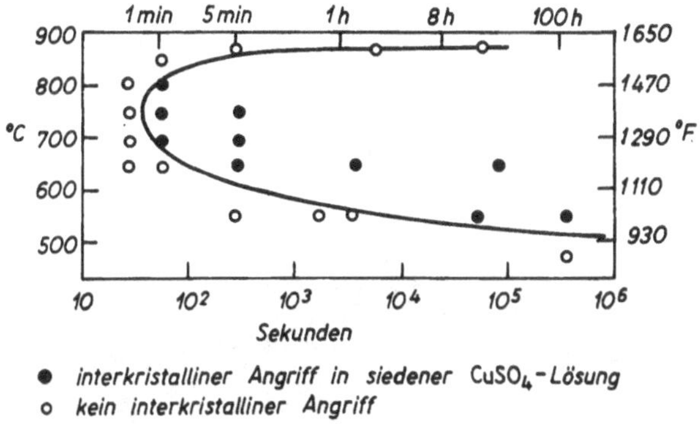

Abb. 1: Einfluß von Temperatur und Erwärmungsdauer auf die Sensibilisierung eines nichtrostenden Stahles mit 18,2% Cr; 11,0% Ni; 0,05% C und 0,05% N (nach BINDER, BROWN und FRANK)

Lichtbogenschweißen kann dagegen eine Schädigung zur Folge haben, wobei der Effekt um so größer ist, je länger die Erhitzungsdauer ist, besonders, wenn es sich um Werkstücke großen Kalibers handelt. Der Sensibilisierungstemperaturbereich wird in einer Entfernung von einigen Millimetern von der Schweißnaht selbst erreicht, an der die Schmelztemperatur oder eine höhere Temperatur herrscht. Daher treten beim Einwirken eines korrodierenden Mediums die Zerstörungserscheinungen an einer Schweißnaht in austenitischen nichtrostenden Stählen (sog. Schweißnahtschädigung) in Zonen auf, die etwas von der Schweißstelle entfernt liegen, und nicht an der Schweißnaht selbst (siehe *Abb. 2*).

Das Ausmaß der Sensibilisierung hängt für eine gegebene Temperatur und Behandlungsdauer stark vom Kohlenstoffgehalt ab. Ein 18/8er Stahl mit einem C-Gehalt von 0,1% oder mehr kann durch Erwärmen auf 600 °C für die Dauer von 5 Minuten in gefährlichem Maße sensibilisiert werden, eine ähnliche Legierung mit 0,06% C wird schon weniger betroffen, während bei 0,03% C die Legierung nach einer ähnlichen Wärmebehandlung in einem mäßig korrosiven Medium keine merkliche Schädigung erleidet. Je höher der Ni-Gehalt ist, desto kürzer ist die Erwärmungsdauer, die bei gegebener Temperatur zu einer Sensibilisierung führt. Zusätze von Mo vergrößern dagegen diesen Zeitraum [9].

Die mechanischen Eigenschaften der nichtrostenden Stähle ändern sich durch die Sensibilisierung nicht wesentlich. Infolge der mit der Sensibilisierung verbundenen Karbidausscheidungen werden die Legierungen etwas fester und weniger duktil.

Eine Schädigung tritt nur bei Einwirkung eines korrodierenden Mediums auf, das die Legierung entlang der Korngrenzen mit einer Geschwindigkeit angreift, die von der Aggressivität des Mediums und dem Ausmaß der Sensibilisierung abhängt. In Meerwasser kann ein Blech aus sensibilisiertem rostbeständigem Stahl innerhalb von Wochen oder Monaten versagen, in einer siedenden schwefelsauren (47 *ml* konz. Säure pro Liter) $CuSO_4$-Lösung (13 g/*l*), die als Medium für Schnellversuche verwandt wird, tritt die Zerstörung innerhalb von Stunden ein.

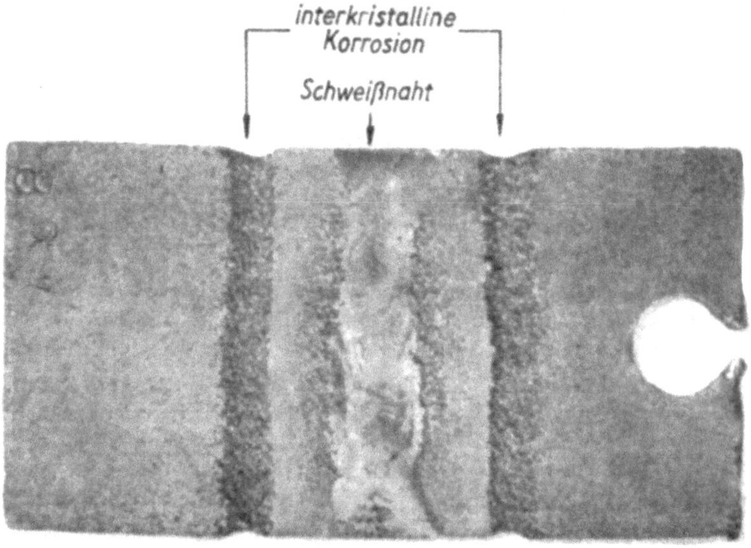

Abb. 2: Beispiel einer Schweißnahtschädigung, 2fache Vergrößerung; die Probe wurde nach der Sensibilisierung 25%iger Salpetersäure ausgesetzt.

18.3.2. Theorie und Bekämpfung

Da die interkristalline Korrosion der nichtrostenden austenitischen Stähle an den Kohlenstoffgehalt gebunden ist, ist eine Legierung mit niedrigem C-Gehalt ($< 0{,}02\%$) relativ unempfindlich gegen diese Art des Angriffs [10]. Stickstoff, der normalerweise in den handelsüblichen Legierungen in Mengen von einigen hundertstel Prozent enthalten ist, ruft nicht in gleichem Maße wie Kohlenstoff Schädigungen hervor [11] (*Abb. 3*).

Bei hohen Temperaturen, zum Beispiel 1050 °C, liegt der Kohlenstoff in der Legierung in gleichmäßiger Verteilung vor, innerhalb des Sensibilisierungs-Temperaturbereiches diffundiert er dagegen schnell zu den Korngrenzen, wo er sich bevorzugt mit Cr unter Bildung von Chromkarbiden vereinigt (zum Beispiel $M_{23}C_6$, wobei der Buchstabe M die Anwesenheit kleiner Mengen Fe neben dem Cr bezeichnet).

Durch diese Reaktion verarmt die angrenzende Legierung an Cr, so daß der Cr-Gehalt der Legierung an den Korngrenzen unter den für die Passivität erforderlichen Wert von 12% sinken kann. Die davon betroffene Legierung erstreckt sich beiderseits der eigentlichen Korngrenzen bis zu einem gewissen Abstand von dieser in die Kristallite hinein, was sich im Ätzbild der Oberfläche in einer Verbreiterung der Korngrenzen zeigt. Zwischen der Cr-armen und der un-

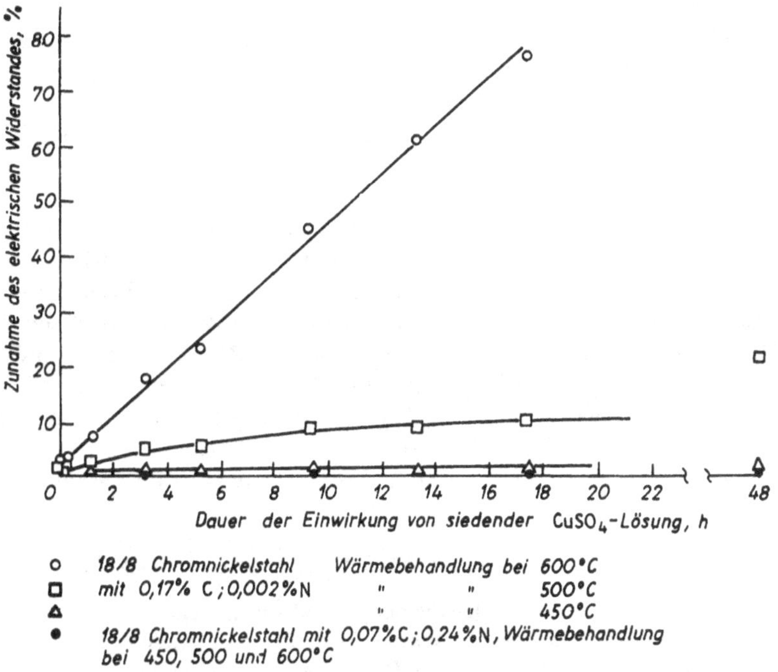

Abb. 3: Interkristalline Korrosion von 18/8er rostbeständigen Stählen mit verschiedenem Kohlenstoff- und Stickstoffgehalt in einer Lösung mit 10% H_2SO_4, 10% $CuSO_4$

Messung der Korrosion mit Hilfe der Zunahme des elektrischen Widerstandes. Sensibilisierung jeweils 217 Stunden bei der angegebenen Temperatur

veränderten Legierung bilden sich Aktiv-Passiv-Elemente mit einer merklichen Potentialdifferenz aus, in denen die von den Kristalliten gebildeten großen kathodischen Flächen den kleinen anodischen Flächen der Korngrenzen gegenüberstehen. Die elektrochemische Wechselwirkung führt zu einem schnellen Angriff entlang der Korngrenzen und tiefem Eindringen des korrodierenden Mediums in das Innere des Metalls.

Wenn die Legierung beim raschen Abkühlen die Sensibilisierungszone der Temperatur schnell durchläuft, hat der Kohlenstoff keine Zeit, sich an den Korngrenzen anzureichern. Wird dagegen die Legierung über einen sehr langen Zeitraum (einige tausend Stunden) innerhalb des Sensibilisierungs-Temperaturgebietes gehalten, so diffundiert wieder Cr in die verarmten Zonen ein, wodurch die Korngrenzen ihre Passivität zurückgewinnen und die Empfindlichkeit gegen bevorzugten Angriff verlieren. Obwohl Stickstoff ebenfalls in die Korngrenzbezirke diffundiert und dort Chromnitride bildet, ruft er in geringerem Ausmaße als Kohlenstoff Schädigungen hervor, zum Teil wahrscheinlich deshalb, weil die Nitride entlang der Korngrenzen Inseln bilden, die den Weg, auf dem das korrodierende Medium vordringen kann, versperren [11]. Die Karbide erzeugen dagegen ununterbrochene Bahnen von Cr-armer Legierung.

Es sind noch andere Vorschläge für den Mechanismus der interkristallinen Korrosion gemacht worden, jedoch scheint der oben beschriebene, sogenannte Chromverarmungsmechanismus mit den meisten Tatsachen in Einklang zu stehen und ist wahrscheinlich im wesentlichen richtig. Zum Beispiel hatten Karbidteilchen, die aus den Korngrenzen sensibilisierte Stähle herausgelöst wurden, den erwarteten hohen Chromgehalt. In Übereinstimmung damit entstehen unter Korrosionsbedingungen, unter denen die Karbide nicht angegriffen werden, aus der Korngrenzen-Legierung Korrosionsprodukte, die weniger Chrom enthalten, als es der Gesamt-Zusammensetzung der Legierung entspricht. So fand Schafmeister [12], der kalte konzentrierte Schwefelsäure 10 Tage lang auf einen sensibilisierten nichtrostenden Stahl mit 18% Cr, 8,8% Ni und 0,22% C einwirken ließ, nur einen Cr-Gehalt von 8,7% in der Legierung, die an den Korngrenzen korrodiert worden war. Die Analysenwerte für Ni (8,4%) und Fe (83%) zeigten eine merkliche Verarmung auch an Ni und eine Erhöhung des Fe-Anteils.

Wirksame Mittel zur Verhinderung des Auftretens interkristalliner Korrosion sind:

a) Wärmebehandlung bei 1050 bis 1100 °C und nachfolgendes Abschrecken:

Bei der hohen Temperatur werden die ausgeschiedenen Karbide aufgelöst, die rasche Abkühlung verhindert ihre erneute Ausscheidung. Diese Behandlung ist zum Beispiel nach Schweißoperationen zu empfehlen. Auf Grund der Neigung der Legierung, sich bei hohen Temperaturen zu verziehen, ist das Verfahren jedoch nicht überall anwendbar, zum Beispiel auch nicht bei sehr großen Werkstücken.

b) Herabsetzung des Kohlenstoffgehalts:

Diese kann bei der Herstellung der nichtrostenden Stähle vorgenommen werden, verursacht aber zusätzliche Kosten. Legierungen mit geringem Kohlenstoffgehalt, zum Beispiel $< 0{,}04\%$ C (X3 CrNi 18.10) können geschweißt oder anderweitig auf Temperaturen im Sensibilisierungsgebiet erhitzt werden, ohne daß mehr als eine sehr geringe Empfindlichkeit gegen interkristalline Korrosion zurückbleibt. Gänzlich immun sind sie jedoch nicht.

c) Zusatz von Titan oder Niob:

Werden einem austenitischen Stahl kleine Mengen eines Elementes zugesetzt, das zum Kohlenstoff eine höhere Affinität als Chrom hat, wie Ti oder Nb, so wird der Kohlenstoff an der Diffusion zu den Korngrenzen gehindert, und der Anteil, der die Korngrenzen erreicht, reagiert dort mit Ti oder Nb statt mit Cr. Legierungen dieser Art, wie zum Beispiel der Stahl X8CrNiTi 18.10, werden als stabilisiert bezeichnet. Sie können geschweißt oder auf Temperaturen im Sensibilisierungsgebiet erhitzt werden, ohne gegen interkristalline Korrosion empfindlich zu werden.

Schweißdrähte enthalten gewöhnlich Nb an Stelle von Ti. Ti wird bei höheren Temperaturen oxydiert, und es besteht die Gefahr, daß die Restkonzentration zu klein wird, um die Schweißstelle vor Korrosion zu schützen. Niob ist beständiger gegen Oxydation.

18.3.3. Ferritische nichtrostende Stähle

Für diese Stähle liegt der Sensibilisierungsbereich oberhalb 925 °C, sie erlangen durch kurzes Erwärmen (10 bis 60 Minuten) auf 650 bis 815 °C ihre Immunität zurück. Es ist darauf hinzuweisen, daß diese Temperaturen genau die entgegengesetzte Wirkung haben wie bei austenitischen Stählen. Dieselben beschleunigenden Prüfmedien, z. B. siedende $CuSO_4$–H_2SO_4-Lösung oder 65%ige Salpetersäure, rufen bei beiden Stahlklassen interkristalline Korrosion hervor, wobei Ausmaß und Geschwindigkeit der Zerstörung etwa gleich sind. Bei geschweißten Teilen aus ferritischen Stählen tritt jedoch die Schädigung an der Schweißnaht selbst oder an dem unmittelbar angrenzenden Metall auf, während bei austenitischen Stählen die Zerstörung auf eine Zone in einiger Entfernung von der Schweißnaht lokalisiert ist.

Der Chromgehalt der ferritischen Stähle (16 bis 28% Cr) hat keinen bedeutenden Einfluß auf ihre Empfindlichkeit gegen interkristalline Korrosion [13]. Ähnlich wie bei den austenitischen Stählen ist eine Herabsetzung des Kohlenstoffgehaltes günstig, jedoch liegt der kritische C-Gehalt sehr viel tiefer. Ein ferritischer nichtrostender Stahl mit 17% Cr, der nur 0,009% C enthielt, war noch empfindlich [13]. Nur durch zusätzliche Entkohlung kohlenstoff- und stickstoffarmer Stähle mit Cr-Gehalten von 16 bis 24% in H_2 bei 1300 °C (Dauer 100 h) wurde eine Immunität gegenüber der $CuSO_4$–H_2SO_4-Testlösung erreicht [14].

Hochmann [15] berichtete ebenfalls, daß eine kohlenstoffarme (0,002% C) Cr–Fe-Legierung mit 25% Cr immun war. Eine Zugabe von 0,04% C zu einer solchen Legierung stellte die Empfindlichkeit wieder her, dagegen blieben 0,2% N ohne Einfluß. Zusätze von Titan in Mengen, die das Achtfache des vorliegenden Kohlenstoffgehalts oder noch mehr betrugen, ergaben Immunität gegenüber $CuSO_4$-Lösung, aber nicht gegenüber siedender 65%iger Salpetersäure [13]. Nb-Zusätze wirkten ähnlich, und nur durch die oben beschriebene Wärmebehandlung wurde eine Immunität auch gegenüber Salpetersäure erreicht.

Die theoretischen Vorstellungen über die Ursachen der Empfindlichkeit der ferritischen Legierungen gegen interkristalline Korrosion sind noch unklar. Von Houdremont und Tofaute [14] ist die Vermutung ausgesprochen worden, daß sich bei hohen Temperaturen im Gleichgewicht mit Ferrit kohlenstoffreicher Austenit bildet, der beim Abkühlen in Ferrit und korrosionsempfindliche Eisenkarbide zerfällt. Bei einer Wärmebehandlung sollen sich diese Karbide in korrosionsbeständigere Chromkarbide umwandeln. Diese Ansicht ist von Lula und Mitarb. [13] in Frage gestellt worden, die darauf hinweisen, daß Zusätze von Legierungsbestandteilen, die die ferritische Struktur stabilisieren und eine Austenitbildung unterdrücken, wie Si und V, sowie eine Erhöhung des Chromgehalts wirkungslos bleiben. Es ist von Interesse für den Mechanismus, daß diese Forscher durch rasches Abkühlen von erhöhten Temperaturen, zum Beispiel durch Abschrecken kleiner Proben in einer Kühlsole, Immunität erzielen konnten. Dieser Versuch ergab, daß die für die Korrosion verantwortliche Ausscheidung bei höheren Temperaturen nicht vorhanden ist. Daraus schlossen sie, daß in allen Fällen, in denen die Abkühlung nicht sehr rasch erfolgt, an den Korngrenzen Karbide und Nitride aus dem übersättigten Ferrit ausgeschiden werden. Diese Ausscheidungen sollen durch mechanische Beanspruchung die Auflösungsgeschwindigkeit des benachbarten Metalls erhöhen. Eine nachfolgende Wärmebehandlung vermindert diese Spannungen und stellt die Korrosionsbeständigkeit wieder her. Wie indessen schon auf S. 119 gezeigt wurde, korrodiert ein unter Spannung stehendes Metallgitter nicht notwendig schneller als ein durch Glühen entspanntes, wenn die mechanische Beanspruchung nicht mit einem Konzentrationsgradienten verbunden ist. Es ist deshalb wahrscheinlicher, daß jede Ausscheidung entlang der Korngrenzen die Korrosionsempfindlichkeit durch eine Störung der örtlichen Verteilung der Legierungskomponenten, zum Beispiel Cr, vergrößert und daß die Wärmebehandlung die ursprüngliche Verteilung wieder herstellt.

18.4. Lochfraß, Spaltkorrosion

In Medien, die merkliche Mengen an Cl^-- oder Br^--Ionen enthalten, bleiben die nichtrostenden Stähle im wesentlichen passiv, neigen aber auf bestimmten Flächen zur Korrosion in Form tiefer Löcher. Auch andere Ionen, wie $S_2O_3^{--}$, vermögen Lochfraß hervorzurufen. Wenn keine Passivität vorliegt, was z. B. in luftfreien Alkalichloridlösungen und Lösungen nichtoxydierender Metallchloride, z. B. $SnCl_4$ oder $NiCl_2$, oder oxydierender Chloride bei niederen pH-Werten der Fall ist, tritt kein Lochfraß auf. Das gilt selbst dann, wenn in sauren Medien die allgemeine Korrosion beträchtliche Werte annimmt.

An rostbeständigen Stählen bilden sich in Meerwasser innerhalb von Monaten tiefe Löcher, die gewöhnlich von Spalten oder anderen Oberflächenteilen mit ruhender Elektrolytschicht ausgehen. Die martensitischen und ferritischen Stähle neigen mehr dazu als die austenitischen, bei den letzteren sinkt die Lochfraßempfindlichkeit mit steigendem Ni-Gehalt. Die Mo-haltigen austenitischen Stähle (z. B. X 5 GNiMo 18.11) sind die seewasserbeständigsten, können aber unter Umständen nach 1 bis $2^1/_2$ Jahren auch Lochfraß zeigen. Von Chloridlösungen, die depolarisierende Ionen, wie Fe^{+++}, Cu^{++} oder Hg^{++}, enthalten, werden nicht rostende Stähle bei Zimmertemperatur innerhalb von Stunden durch Lochfraß angegriffen. Solche Lösungen sind bisweilen als Testmedien für die beschleunigte Prüfung auf Lochfraßempfindlichkeit angewandt worden.

Ein Zusatz von 3% $NaNO_3$ zu einer 10%igen $FeCl_3$-Lösung verhindert den Lochfraß vollständig, wie er auch nach den Ergebnissen einer Versuchsserie [16] den allgemeinen Angriff über mindestens 10 Jahre hinweg vermindert*). Die Nitrationen werden wahrscheinlich bevorzugt vor den Chloridionen an der Oberfläche adsorbiert und halten dabei die Passivität aufrecht. In neutralen Lösungen von Chloriden, zum Beispiel NaCl, kann durch Alkalizusatz Lochfraß verhindert werden. Zum Beispiel kann die Lochfraßkorrosion von 18/8er Chromnickelstahl in 4%iger NaCl-Lösung bei einer Temperatur von 90 °C, bei der sonst die Angriffsgeschwindigkeit am größten ist, durch Zugabe von 8 g NaOH zum Liter zum Verschwinden gebracht werden [17]. In Kühlsolen erwies sich ein Zusatz von 1% Na_2CO_3 für mindestens 5 Jahre als wirksam [18].

In nichtrostenden Stählen mit inhomogener Struktur entwickeln sich die Löcher schneller. So verstärkt sich die Lochfraßneigung eines austenitischen Stahles, wenn er kurz auf Temperaturen erhitzt wird, bei denen Karbidausscheidung erfolgt (Sensibilisierungsgebiet). Ferner wird der Lochfraß begünstigt, wenn der nichtrostende Stahl von einem organischen oder anorganischen Oberflächenfilm bedeckt oder von Meeresorganismen bewachsen ist, die Oberfläche teilweise vor dem Zutritt des Sauerstoffs abschirmen. Aus demselben Grunde ist die Lochfraßneigung in einem Seewasser geringer, das sich relativ zur Oberfläche des Stahls in Bewegung befindet [19], da durch die Bewegung alle Bereiche der Oberfläche mit sauerstoffhaltigem Wasser in Berührung kommen und so einheitlich passiv bleiben.

*18.4.1. Theorie des Lochfraßes***)

Gewisse Tatsachen deuten darauf hin, daß sich lochförmige Korrosionserscheinungen gewöhnlich zunächst als Folge von Differentialbelüftungszellen entwickeln, die sich in Aktiv-Passiv-Zellen umwandeln. Daher ist an Spalten jeder Art, sei es zwischen zwei Metalloberflächen oder zwischen dem Metall und einem Nichtmetall, die Entstehung von Löchern besonders leicht möglich. Hier wird der Sauerstoff oder ein anderer Depolarisator zunächst aufgebraucht, worauf durch den Sauerstoffmangel ein anodischer Oberflächenbezirk entsteht. Es kommt in diesem Gebiet rasch zu einem Verlust der Passivität, der mit der Ausbildung eine Potentialdifferenz von 0,5 bis 0,6 V gegenüber der umgebenden großen kathodischen Fläche verbunden ist.

Die sich ergebende hohe Stromdichte der Aktiv-Passiv-Zelle ist mit einer hohen Korrosionsgeschwindigkeit der Anode verbunden, während gleichzeitig die die Anode unmittelbar umgebende Oberfläche der Legierung kathodisch geschützt wird. Infolgedessen entstehen in der Nähe keine weiteren Löcher. Durch diesen Wirkungsmechanismus wird ferner die Anode an ihrem Ort fixiert, und die Korrosion dringt in kurzer Zeit tief in das Metall ein (*Abb. 4*).

Durch den Stromfluß werden Chloridionen in das Loch überführt und bilden hier konzentrierte Lösungen von Fe^{++}-, Ni^{++}- und Cr^{3+}-Chloriden. Durch die hohe

*) Seither sind dieselben Proben, nunmehr schon über 25 Jahre, frei von Verfärbungen und Lochfraß.

**) Siehe auch „*Wirkungsweise der Chloridionen, Aktiv-Passiv-Zellen*", S. 73.

Chlorionenkonzentration bleibt die Oberfläche im Inneren des Loches aktiv. Gleichzeitig läuft die spezifisch schwere, konzentrierte Lösung der Korrosionsprodukte in der durch die Schwerkraft bestimmten Richtung aus dem Loch

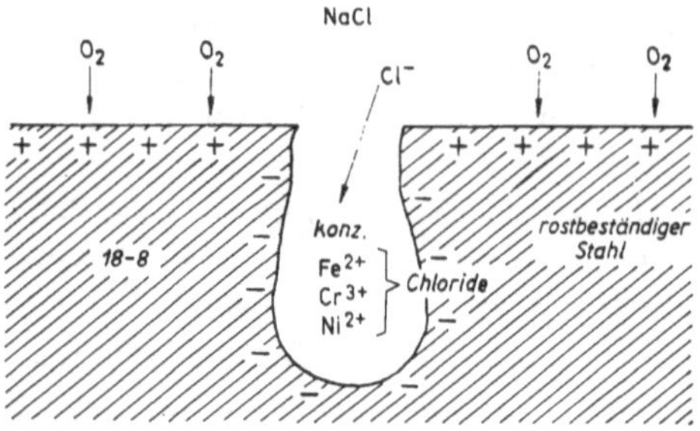

Abb. 4: Lochwachstum in einem rostbeständigen Stahl bei Einwirkung von Chloridlösungen infolge des Wirkens einer Aktiv-Passiv-Zelle

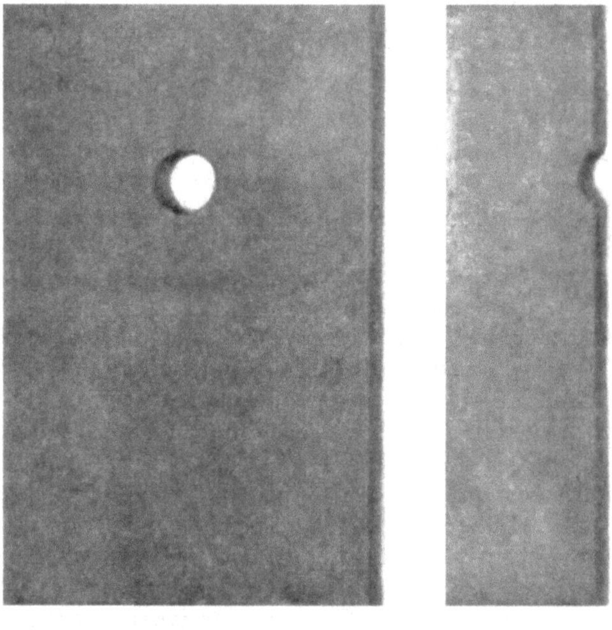

Abb. 5: (*a*) Verlängertes Korrosionsloch in einer Probe von 18/8er nichtrostendem Stahl (75 × 125 mm), die ein Jahr lang im Bostoner Hafenwasser ausgelegert war (der Lochfraß begann an dem Spalt zwischen der Innenwand der Bohrung und dem durchgesteckten Bakelitstab).

(*b*) Künstlich erzeugte langgestreckte Korrosionsspur, hervorgerufen mittels eines feinen Strömungsfadens aus 50%iger $FeCl_2$-Lösung, der über eine in 10%ige $FeCl_3$-Lösung eingetauchte Probe aus 18/8 Chromnickelstahl geleitet wurde. Versuchsdauer 4 Stunden

heraus, und an den Stellen der Oberfläche, die mit der Lösung in Berührung kommen, wird die Passivität zerstört. Dies führt zu der in der Praxis oft beobachteten Erscheinung, daß die Löcher eine in der Richtung der Schwerkraft langgestreckte Form besitzen. So wurde an einem Blech auf 18/8-Chromnickelstahl, das ein Jahr lang der Einwirkung von Seewasser ausgesetzt war, beobachtet, daß sich eine langgestreckte Korrosionsfurche entwickelt hatte, die bis in eine Entfernung von über 6 cm von ihrem Ausgangspunkt reichte (*Abb. 5*).

Der Wachstumsmechanismus wurde laboratoriumsmäßig nachgebildet, indem ein ununterbrochener Strom von konzentrierter $FeCl_2$-Lösung über die Oberfläche einer leicht gegen die Vertikale geneigten, völlig in $FeCl_3$-Lösung eingetauchten Probe aus 18/8-Stahl geleitet wurde. Unter der $FeCl_2$-Strömung bildete sich innerhalb weniger Stunden eine tiefe Korrosionsfurche (*Abb. 5*). Auf einer Eisenoberfläche bildet sich keine derartige Furche, weil es nicht zur Entstehung eines Aktiv-Passiv-Elementes kommt.

Zusatz von Alkali zu einer Chloridlösung unterdrückt das weitere Wachstum der Löcher, da die OH^--Ionen schneller als die Cl^--Ionen in die Löcher überführt werden und hier basische Metallchloride ausfällen, die keine depassivierende Wirkung mehr haben. Daher kann in einem solchen Medium Sauerstoff oder ein anderer Passivator in das Loch eindiffundieren und die Passivität wiederherstellen oder auch die Entstehung von Löchern von Anfang an verhindern. Zusätzlich wird das Potential des nichtrostenden Stahles unedler, wenn der pH-Wert ansteigt [21] (die OH^--Ionen verdrängen den adsorbierten Sauerstoff.) Das ist gleichbedeutend mit einer Verringerung der Potentialdifferenz innerhalb der Aktiv-Passiv-Zelle und damit der treibenden Kraft für das Lochwachstum.

18.4.2. Verminderung und Vermeidung der Lochfraßkorrosion:

a) Anwendung des kathodischen Schutzes:

Es kann ein Fremdstrom verwendet oder in gut leitenden Medien (zum Beispiel Meerwasser) der Stahl mit einer gleich großen Zn-, Fe- oder Al-Fläche verbunden werden [22]. Rostbeständiger Stahl, der zum Schweißen von Flußstahlplatten verwendet wurde, oder 18/8-Chromnickelstahl-Antriebsschrauben an stählernen Schiffen zeigen keinen Lochfraß.

b) Zugabe von Alkali zu chloridhaltigen Medien.

c) Verringerung der Sauerstoffkonzentration in chloridhaltigen Medien, z. B. NaCl-Lösungen.

d) Wahl der geringstmöglichen Arbeitstemperatur.

e) Sicherung einer gleichmäßigen Konzentration von Sauerstoff und Oxydationsmitteln, Vermeidung von Spalten und Oberflächenbelägen, Bewegung und Belüftung der Lösungen, periodische Reinigung der Legierungsoberfläche mit rostbeständiger Stahlwolle oder gleichwertigem Material unter Verwendung alkalischer Reiniger oder mit 10- bis 20%iger Salpetersäure bei etwa 60 °C.

18.5. Spannungsrißkorrosion, Wasserstoffrissigkeit

Unter dem Einfluß von äußeren oder inneren Zugspannungen können bei gleichzeitiger Einwirkung bestimmter Angriffsmedien nichtrostende Stähle transkristallin reißen (*Abb. 6*). Druckspannungen haben dagegen keine schädigende Wirkung. Je höher die Zugspannung ist, desto schneller erfolgt die Zerstörung, und obwohl bei geringen Spannungswerten der Zeitraum bis zum Zerreißen sehr lang sein kann, gibt es doch in der Praxis im allgemeinen keine Minimalspannung, unterhalb deren keine Rißbildung auftritt, wenn ein kritisches Medium lange genug einwirken kann.

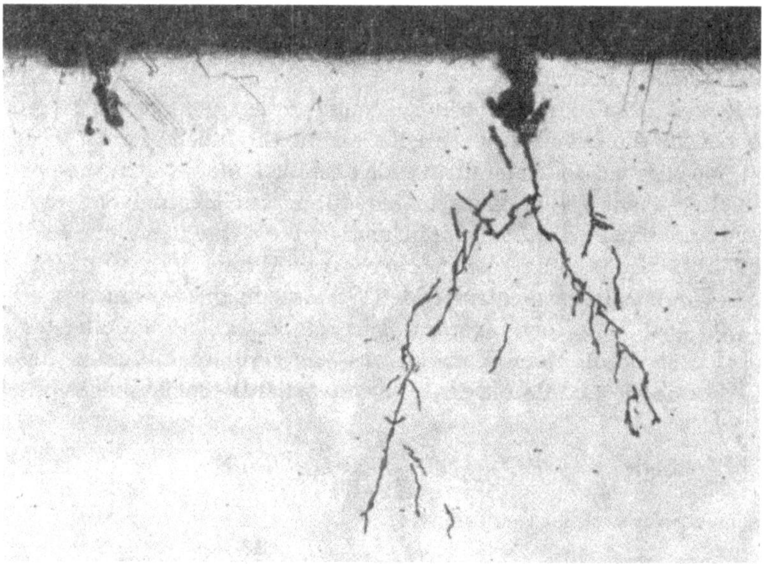

Abb. 6: Spannungsrißkorrosion eines 18/8 Chromnickelstahls vom Typ X 5 CrNi 18.10 inBerührung mit einer Kalziumsilikat-Isoliermasse, die 0,02 bis 0,5% Chlorid enthielt. 100 °C, 250fache Vergr.

Man beachte, daß in dieser Umgebung die Risse von einer Lochfraßstelle ausgehen. Auf Grund ihres unregelmäßigen Verlaufs erscheinen die Risse in der Schnittebene unterbrochen (nach DANA [24])

Solche hinsichtlich der Erzeugung von Rissen kritische Medien sind für austenische nichtrostende Stähle einerseits und für martensitische und ferritische andererseits verschieden. Auf austenitische Stähle wirken Hydroxyl- und Chlorionen zerstörend. So können in einer siedenden, relativ konzentrierten Chloridlösung, die durch Hydrolyse schwach sauer reagiert, z. B. von $FeCl_2$ und $MgCl_2$ selbst dicke Teile aus 18/8-Chromnickelstahl, die unter Spannung stehen, innerhalb von Stunden reißen. Eine konzentrierte $MgCl_2$-Lösung mit einem Siedepunkt von 154 °C wird beispielsweise als Medium für beschleunigte Tests verwendet. Das Vorhandensein von gelöstem Sauerstoff in solchen Lösungen ist für das Auftreten der Risse nicht Bedingung, jedoch beschleunigt seine Anwesenheit ebenso wie die anderer Depolarisatoren, zum Beispiel $FeCl_3$, die Zerstörung. Die Rißbildung wird nicht unbedingt durch Lochfraß eingeleitet. In NaCl- und ähnlichen neutralen Lösungen wird dagegen eine Rißbildung nur bei Anwesenheit von gelöstem Sauerstoff beobachtet [23], und die eine Schädigung auslösende Chloridkonzentration kann außerordentlich gering sein (*Abb. 7*). Ein Zerreißen von Rohren aus nichtrostendem 18/8er Stahl in Wärmeaustauschern ist in der Praxis schon bei Einwirkung von Kühlwässern mit 25 ppm Chloridgehalt und weniger beobachtet worden. Auch die geringen Chloridmengen, die in der umgebenden Magnesia-Isolationsschicht enthalten waren, haben bereits zum Reißen rostbeständiger Stahlrohre geführt [24]. In diesen Fällen ist es klar, daß sich zunächst Löcher bilden, in welchen sich die Chloride durch elektrolytischen Überführung konzentrieren (*Abb. 6*) (siehe „*Theorie des Lochfraßes*", S. 283), worauf durch die konzentrierte $FeCl_2$- oder andere Chloridlösung die Rißbildung von den Löchern ausgehend eingeleitet wird. Für die Spannungsrißkorrosion in NaCl-Lösungen ist also deshalb Sauerstoff erforderlich, weil nur in seiner Gegenwart oder bei Anwesenheit anderer Depolarisatoren Lochfraß auftritt.

Die Rißbildung in alkalischen Lösungen erfolgt nur bei relativ hohen OH^--Ionen-Konzentrationen; daher tritt ein Reißen von 18/8er Stahl in alkalischen Kesselwässern nicht auf, eher dagegen in der Spritzzone oberhalb der Wasserlinie, wo die gelösten Alkalien durch Verdampfung konzentriert werden. Das Auftreten von Zerstörungen durch solche Lösungen ist nicht an das Vorhandensein von gelöstem Sauerstoff gebunden [25]. Es ist aber zu erwarten, daß, wie bei den Chloridlösungen, die Rißbildung durch reduzierbare Substanzen beschleunigt wird. Für das Auftreten von Spannungsrißkorrosion in reinem Wasser oder Wasserdampf gibt es keine Anzeichen,

Die üblichen martensitischen und ferritischen Stähle reißen in den oben angeführten chloridhaltigen Medien im allgemeinen nicht, ihre ausreichende Beständigkeit rechtfertigt ihren Einsatz in chloridhaltigen Lösungen an Stelle von austenitischen nichtrostenden Stählen. Aus den zugänglichen Untersuchungsergebnissen geht nicht klar hervor, ob diese Stähle auch in alkalischen Lösungen beständiger gegen Spannungsrißkorrosion sind. In schwach oder mäßig sauren Lösungen sind dagegen die martensitischen Stähle, wenn sie zur Erreichung einer hohen Härte wärmebehandelt wurden, sehr empfindlich gegen Rißbildung, besonders in Anwesenheit von Sulfiden, Arsenverbindungen und Oxydationsprodukten von Phosphor und Selen. Im Gegensatz zu den Verhältnissen bei den austenitischen Stählen, die nur durch ganz bestimmte Ionen angegriffen werden, spielt hier die Art des Anions eine geringe Rolle, solange H_2 entwickelt wird. Kathodische Polarisation beschleunigt die Zerstörung, statt vor Rißbildung zu schützen, und kann bei ferritischen Stählen zu Blasenbildung führen.

Alle diese Tatsachen weisen darauf hin, daß martensitische Stähle unter diesen Bedingungen nicht durch Spannungsrißkorrosion, sondern durch Wasserstoffrisse zerstört werden (siehe S. 127). Austenitische Stähle sind gegen diese Art der Zerstörung unempfindlich.

Die Blasenbildung an ferritischen Stählen wurde beobachtet, wenn diese in Meerwasseer kathodisch geschützt wurden, und zwar wahrscheinlich mit Stromdichten, die über dem für den vollständigen Schutz erforderlichen Minimalwert lagen. Galvanische Verbindung unedler Metalle mit martensitischen rostbestän-

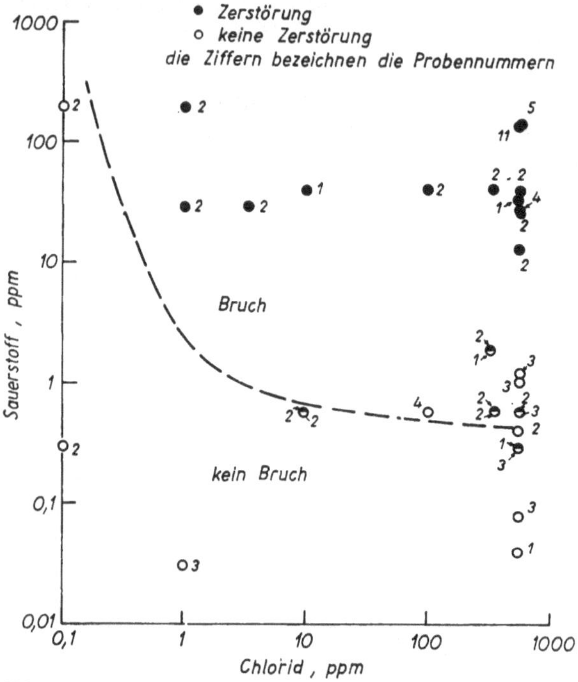

Abb. 7: Einfluß des O_2- und Chloridgehalts von Kesselwasser auf die Spannungsrißkorrosion von austenitischem 18/8-Chromnickelstahl in der Dampfphase mit intermittierender Benetzung. pH = 10,6, 50 ppm PO_4^{---}, 242 bis 260 °C, Einwirkungsdauer 1 bis 30 Tage (nach WILLIAMS und ECKEL)

digen Stählen kann ebenfalls zu deren Zerstörung führen, weil an der (kathodischen) Oberfläche des rostbeständigen Stahles Wasserstoff freigesetzt wird. Solche Erscheinungen sind in Laboratoriumsversuchen demonstriert worden [26]. Es sind Fälle bekannt geworden, in denen selbstschneidende Schrauben aus martensitischem rostfreiem Stahl von selbst brachen, nachdem sie kurz zuvor zur Befestigung eines Aluminiumdaches in Meeresatmosphäre verwendet worden waren. Ähnlich wurden Schiffsschrauben aus gehärtetem martensitischen rostbeständigen Stahl, die mit dem stählernen Schiffsleib metallisch leitend verbunden waren, schon bald nach ihrer Inbetriebnahme durch Rißbildung zerstört.

Ein stark kaltverformter austenitischer 18/8-Chromnickelstahl kann unter dem Einfluß von Faktoren, die martensitische Stähle zerstören, ebenfalls versagen [27, 28]. Auch hier beschleunigen Sulfide den Angriff, und da die Legierung bei der Kaltverformung eine Phasenumwandlung zum Ferrit durchmacht, ist der beobachtete Effekt wahrscheinlich ein weiteres Beispiel von Wasserstoffrissigkeit.

Bei gehärteten martensitischen Stählen und auch bei ausscheidungshärtenden Typen sind Fälle von spontanem Reißen bei atmosphärischer Beanspruchung und Einwirkung von Salznebel bekannt geworden, selbst wenn die Teile nicht mit anderen Metallen leitend verbunden waren [29]. So brachen die Flügel eines Luftkompressors [30], die aus martensitischem nichtrostendem Stahl bestanden, entlang der Eintrittskante, wo hohe Restspannungen vorhanden waren und Feuchtigkeitskondensationen vorkamen. Es haben sich Anzeichen dafür gehäuft, daß in diesen Fällen und bei der beobachteten Rißbildung hochfester martensitischer Stähle beim Einwirken der verschiedensten Elektrolytlösungen tatsächlich Spannungsrißkorrosion (oder eventuell Spannungs-Sorptions-Rißbildung) vorliegt [31, 32]. Die durch diese Medien erzeugten Risse folgen zum Beispiel meist den Korngrenzen der ursprünglichen austenitischen Struktur, während die Risse, die in denselben Stählen durch Wasserstoff hervorgerufen werden, transkristallin verlaufen.

18.5.1. Werkstoffseitige Faktoren

Austenitische rostbeständige Stähle, die mehr als 45% Ni enthalten, sind gegen Spannungsrißkorrosion durch kochende $MgCl_2$-Lösung und wahrscheinlich auch andere Chloridlösungen unempfindlich (*Abb. 8*), [33].

EDELEANU und SNOWDEN [25] fanden, daß nichtrostende Stähle mit hohem Ni-Gehalt beständiger gegen Spannungsrißkorrosion durch Alkalien sind. In austenitischen Stählen, die bei der Kaltbearbeitung keine Phasenumwandlung erleiden, zum Beispiel X 15 CrNiSi 25.20, ist hauptsächlich der Stickstoffgehalt für die Empfindlichkeit gegen Spannungsrißkorrosion entscheidend, wohingegen eine Kohlenstoffzugabe die Empfindlichkeit vermindert (*Abb. 9*), [34].

Stabilisierende Zusatze, wie Ti oder Nb, die die interkristalline Korrosion wirksam verhindern, haben keine Wirkung auf die Spannungsrißkorrosion. Ebensowenig haben Legierungszusätze von 2 bis 4% Mo in nichtrostendem Stahl vom Typ X 5 CrNiMo 18.11 einen günstigen Effekt. In der Praxis ist eine Spannungsrißkorrosion austenitischer rostbeständiger Stähle bei Temperaturen unter 80 °C nie beobachtet worden [35], wahrscheinlich weil die Diffusionsgeschwindigkeit der Zwischengitteratome, die an der Rißbildung teilnehmen (siehe S. 124), bei niedrigen Temperaturen zu stark begrenzt ist.

Die martensitischen nichtrostenden Stähle sind weniger empfindlich (aber nicht immun) gegen Wasserstoffrissigkeit, wenn sie, wie die aushärtenden Stähle, etwas Ni enthalten. Sonst sind bisher keine Legierungszusätze mit günstigen Eigenschaften gefunden worden. Ein Anlassen (s. u.) zur Verringerung der Härtewerte ist nützlich.

Zur Verminderung und Verhinderung des Reißens können folgende Maßnahmen getroffen werden:

A) bei austenitischen Stählen

a) Anwendung des kathodischen Schutzes. In siedender $MgCl_2$-Lösung von 154 °C ist eine Stromdichte von etwa 0,03 mA/cm^2 erforderlich.

b) Entfernung der Chlorionen aus sauren Medien. In neutralen oder schwach alkalischen Medien müssen entweder der gelöste Sauerstoff und andere Depolarisatoren oder die Chlorionen entfernt werden.

c) Vermeidung von hohen OH^--Ionen-Konzentrationen und von Anreicherungen der OH^--Ionen in Spalten und in der Spritzzone. Zusatz puffernder Ionen, zum Beispiel PO_4^{---}.

d) Verwendung von Legierungen mit > 50% Ni-Gehalt, Herabsetzung des Gehaltes an Stickstoff (und anderen schädlichen Verunreinigungen, wenn sie vorhanden sind) auf den niedrigsten möglichen Wert (< 0,04% N in einem nichtrostenden Stahl mit 0,001% C, 20% Cr, 20% Ni) (Abb. 9).

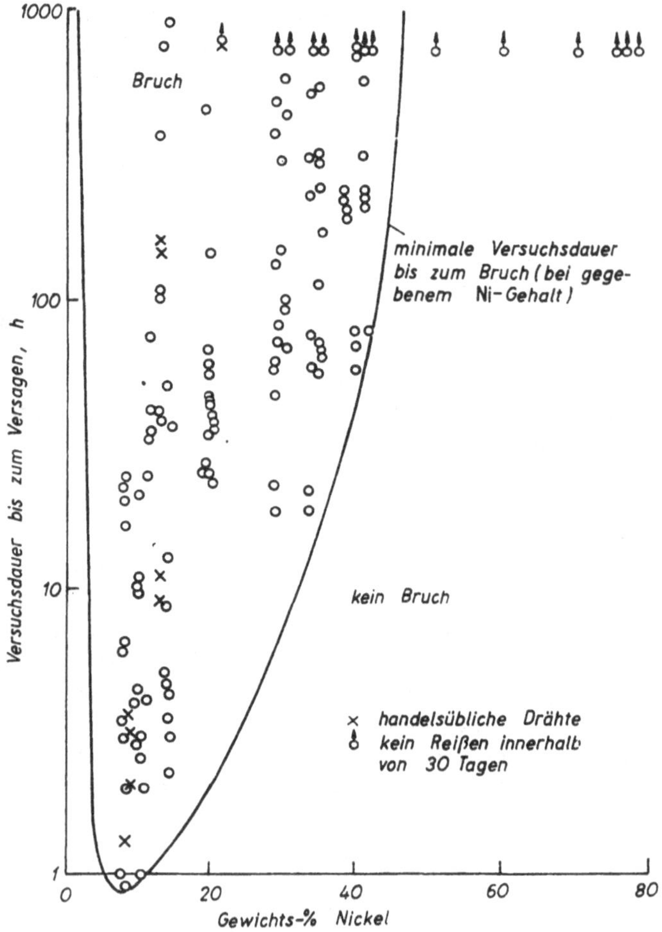

Abb. 8: Spannungsrißkorrosion von Drähten aus Cr–Fe–Ni-Legierungen mit 15 bis 26% Cr in siedender $MgCl_2$-Lösung (42%)

Legierungen mit niedrigem Ni-Gehalt sind teilweise ferritisch und reißen daher nicht. Austenitische Legierungen mit mehr als 45% Ni reißen gleichfalls nicht [nach H. R. Copson in „*Physical Metallurgy of Stress Corrosion Fracture*" (Metallphysikalische Grundlagen des Spannungskorrosionsbruches,) herausgeg. v. Thor N. Rhodin, Interscience, 1959]

B) bei martensitischen Stählen

a) Vermeidung zu hoher Stromdichte bei Anwendung des kathodischen Schutzes
b) Vermeidung leitender Verbindungen mit unedleren Metallen
c) Anlassen bis zum niedrigsten möglichen Härtewert

Es ist berichtet worden [28], daß martensitische oder aushärtende Stähle in aggressiver Meeresatmosphäre nur dann rissen, wenn sie bis zu Härtewerten oberhalb Rockwell C 40, in Industrieatmosphäre oberhalb Rockwell C 45 wärmebehandelt wurden. Die größte Empfindlichkeit der nichtrostenden Stähle X 20 Cr 13 und X 40 Cr 13 gegen Rißbildung im Salznebel und gegen Wasserstoffrissigkeit tritt nach einer zweistündigen Temperung bei 425 bis 550 °C auf; die geringste Empfindlichkeit wird nach zweistündigem Anlassen bei 260 °C erreicht [31].

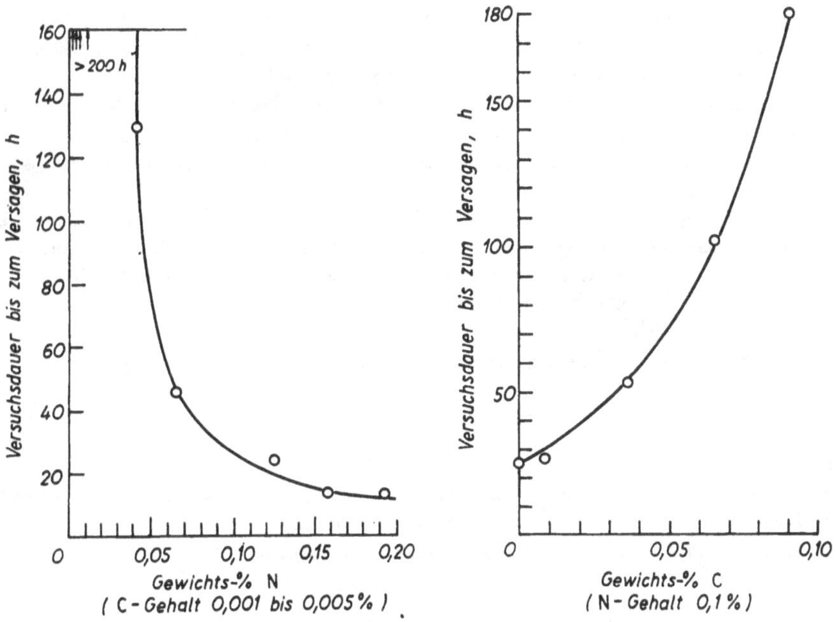

Abb. 9: Spannungskorrosion von kaltgewalztem austenitischem Chromnickelstahl (19% Cr, 20% Ni) in siedender $MgCl_2$-Lösung in Abhängigkeit von Kohlenstoff- und Stickstoffgehalt (nach UHLIG und SAVA)

18.6. *Kontaktkorrosion, allgemeine Korrosionsbeständigkeit*

Da die nichtrostenden Stähle passiv sind und ein edles Potential zeigen, können sie unbedenklich mit Metallen leitend verbunden werden, die entweder passiv oder von Natur aus edel sind. Dies betrifft z. B. Metalle und Legierungen wie Silber, Silberlot, Kupfer, Nickel, NiCu 30, NiCr 16 Fe 7 und im allgemeinen auch Aluminium, besonders in einer Umgebung, wo seine Passivität erhalten bleibt.

Wie im Abschnitt „*Lochfraß, Spaltkorrosion*" auf S. 282 dargelegt, werden rostbeständige Stähle am besten bei ungehindertem Luftzutritt unter eindeutig oxydierenden Bedingungen angewandt, die die Erhaltung des Passivzustandes begünstigen. Sowohl in Berührung mit Chemikalien wie auch an der Atmosphäre sollte die Oberfläche stets sauber und frei von Verunreinigungen gehalten werden. Andernfalls werden Differentialbelüftungs- und Konzentrationszellen gebildet, die zu Lochfraß und lokaler Rostbildung führen können.

Insgesamt sind die nichtrostenden Stähle beständig gegen:

a) Salpetersäure in einem weiten Temperatur- und Konzentrationsbereich.
b) Stark verdünnte lufthaltige Schwefelsäure bei Zimmertemperatur; bei höheren Konzentrationen (zum Beispiel 10%) und Temperaturen nahe dem Siedepunkt sind Zugaben von Fe^{3+}- oder Cu^{++}-Ionen oder HNO_3 als Inhibitoren erforderlich. Bei niedrigeren Temperaturen wird durch Zulegieren kleiner Mengen Cu, Pt oder Pd Beständigkeit erreicht. Bei Anwendung anodischen Schutzes sind die nichtrostenden Stähle sowohl gegen kalte als auch gegen siedende Schwefelsäure resistent.
c) Viele organische Säuren einschließlich praktisch aller in Nahrungsmitteln enthaltenen Säuren und der Essigsäure (dagegen nicht gegen siedenden Eisessig).
d) Alkalien außer bei Einwirkung von mechanischen Spannungen in heißen konzentrierten Alkalilösungen.
e) Atmosphärische Einflüsse. Die Stähle X 10 CrNi 18.9 und X 5 CrNi 18.10 sind erfolgreich zur Fassadenverkleidung von Lager- und Hochhäusern (z. B. Chrysler und Empire State Building in New York) angewandt worden. Neben dem Typ X 8 Cr 17 dienen sie auch als Material für Zierteile von Automobilen.

Nichtrostende Stähle sind im allgemeinen nicht beständig gegen

a) HCl, HBr, HF in konzentrierter und verdünnter Form, ferner Salze, die bei der Hydrolyse diese Säuren freisetzen.
b) Oxydierende Chloride, z. B. $FeCl_3$, $HgCl_2$, $CuCl_2$, NaOCl.
c) Meerwasser außer bei kurzer Einwirkungsdauer oder Anwendung kathodischen Schutzes.
d) Lösungen von Fotochemikalien, bes. thiosulfathaltige Fixierbäder.
e) Manche organische Säuren, darunter Oxal-, Ameisen- u. Milchsäure.

Literatur-Anmerkungen

[1] G. Tammann: „*Lehrbuch der Metallkunde*", S. 428—33, Leipzig, 1932
[2] W. Katz in „*Korrosion und Korrosionsschutz*", herausgegeben von F. Tödt, S. 412 bis 414, Walter De Gruyter Co., Berlin, 1955
[3] J. Stodart u. M. Faraday, Quarterly Journal of Science, Literature and the Arts, **9** (1820), 319; Philosophical Trans. Royal Soc., **112** (1822), 253
[4] P. Berthier, Annales de chimie et de physique, **17** (1821), 55; Annales des mines, **6** (1821), 573
[5] L. Guillet, Revue de Metallurgie, **1** (1904), 155; **2** (1905), 350; **3** (1906), 332
[6] P. Monnartz, Metallurgie, 8 (1911), 161
[7] H. H. Uhlig, Trans. Am. Soc. Metals, **30** (1942), 947
[8] J. Upp, F. Beck u. M. Fontana, Trans. Am. Soc. Metals, **50** (1958), 759
[9] W. Binder, C. Brown u. R. Franks, Trans. Am. Soc. Metals, **41** (1949), 1301

[10] E. Bain, R. Aborn u. J. Rutherford, Trans. Am. Soc. Metals (Steel Treating), **21** (1933), 481; B. Strauss, H. Schottky u. J. Hinnüber, Z. anorg. allgem. Chemie, **188** (1930), 309
[11] H. H. Uhlig, Trans. Electrochem. Soc. **87** (1945), 193
[12] P. Schafmeister, Arch. Eisenhüttenw., **10** (1936—7), 405
[13] R. Lula, A. Lena u. G. Kiefer, Trans. Am. Soc. Metals, **46** (1954), 197
[14] E. Houdremont u. W. Tofaute, Stahl u. Eisen, **72** (1952), 539
[15] J. Hochmann, Revue de Metallurgie, **48** (1951), 734
[16] „*Corrosion Handbook*", S. 166. Dieselben Proben sind seitdem 25 Jahre lang frei von Anlaufschichten und Lochfraß geblieben.
[17] J. Matthews u. H. Uhlig, Corrosion, **7** (1951), 419
[18] P. Schafmeister u. W. Tofaute, Tech. Mitt. Krupp, **3** (1935), 223
[19] „*Corrosion Handbook*", Tab. 17, S. 414
[20] H. H. Uhlig, Trans. Am. Inst. Mining Met. Engrs., **140** (1940), 411
[21] H. H. Uhlig u. A. Geary, J. Electrochem. Soc., **101** (1954), 215
[22] „*Corrosion Handbook*", S. 416
[23] W. Williams u. J. Eckel, J. Am. Soc. Naval Engrs., **68**, (1956), 93
[24] A. Dana, Jr., Am. Soc. Testing Materials Bulletin, **225** (Okt. 1957), 46
[25] C. Edeleanu u. P. Snowden, J. Iron and Steel Inst., **186** (1957), 406
[26] H. H. Uhlig, Metal Progress, **57** (1950), 486
[27] W. Rees in „*Symposium on Internal Stresses in Metals and Alloys*", S. 333 Institute of Metals, London, 1948
[28] F. Bloom, Corrosion, **11** (1955), 351 t
[29] P. Ffield in „*The Book of Stainless Steels*", Am. Soc. for Metals, Kapitel 21 C, S. 679—86, 1935
[30] W. Badger, S. A. E. Trans., **62** (1954), 307
[31] P. Lillys u. A. Nehrenberg, Trans. Am. Soc. Metals, **48** (1956), 327
[32] E. Phelps u. R. Mears: „*Effect of Composition and Structure of Stainless Steels upon Resistance to Stress Corrosion Cracking*", 1. Internationaler Kongreß über Korrosion der Metalle, Butterworths, London, 1961
[33] H. Copson in „*Physical Metallurgy of Stress Corrosion Fracture*", herausgegeben von T. Rhodin, S. 247, Interscience, New York, 1959
[34] H. Uhlig, R. White u. J. Lincoln, Jr., Acta Metallurgica, **5** (1957), 473; H. Uhlig u. R. White, Trans. Am. Soc. Metals, **52** (1960), 830; H. Uhlig u. J. Sava, unveröffentlichte Angabe, F. S. Lang berichtete, daß außer N auch geringe Mengen von P, As, Sb, Bi, Ru oder Al in rostbeständigem 18—20 Cr–Ni-Stahl schädlich sind.
[35] W. Rion, Jr., Ind. Eng. Chem. **49** (1957), 73 A
[36] J. Cobb u. H. Uhlig, J. Electrochem. Soc., **99** (1952), 13

Allgemeine Literaturhinweise:

„*Stainless an Heat Resisting Steels*" (Rost- und hitzebeständige Stähle), Handbuch der Stahlerzeugnisse des Iron and Steel Institute, New York, 1957 (enthält Zusammensetzung, physikalische Eigenschaften, Tabellen für die Wärmebehandlung und eine allgemeine Beschreibung).

H. H. Uhlig: „*Der Lochfraß der rostbeständigen Stähle und anderer passiver Metalle*", in „*Corrosion Handbook*", S. 165

J. Monypenny: „*Stainless Iron and Steel*“ (Nichtrostende Stähle), Chapman and Hall, London, 1951/54 (2 Bände)

E. Thum: „*The Book of Stainless Steels*“ (Das Buch der nichtrostenden Stähle), Americ. Soc. for Metall, Cleveland, 1935

C. Zapffe: „*Stainless Steels*“ (nichtrostende Stähle), Am. Soc. for Metals, Cleveland, 1949 (Enthält eine elementare Darstellung der strukturellen Veränderungen der Legierungen, die bei Wärmebehandlungen eintreten)

F. Rapatz: „*Die Edelstähle*“, Springer-Verlag, 1951

K. Daeves: „*Werkstoff-Handbuch Eisen und Stahl*“, Verlag Stahleisen Düsseldorf, 4. Auflage 1956)

E. Houdremont: „*Handbuch der Sonderstahlkunde*“, Verlag Stahleisen, Düsseldorf, 1956

Stahlberatungsstelle Freiberg: „*Qualitäts- und Edelstähle der DDR*“, Bd. 1, Verlag für die Grundstoffindustrie Leipzig, 1966

„*Die Korrosionsbeständigkeit der austenitischen Chromnickelstähle*“, Informationsschrift des Nickel-Informationsbüros Düsseldorf, 2. Auflage (1961)

Th. Heumann, H. W. Schleicher (Hrsg.): „*Korrosionsschutz durch Legieren*“, Korrosion 14, Verlag Chemie Weinheim, 1962

N. D. Tomaschew: „*Grundlagen der Entwicklung korrosionsbeständiger Legierungen*“, Werkstoffe und Korrosion, 18 (1967), 694—707

A. Bäumel: „*Korrosionsverhalten nichtrostender Vergütungsstähle mit 13% Chrom*“, Werkstoffe und Korrosion, 18 (1967), 289—302

19. Kupfer und Kupferlegierungen

19.1. Kupfer

$$Cu \rightarrow Cu^{++} + 2e^- \qquad \varepsilon^0 = +0{,}337\ V$$

Kupfer geht in den meisten wäßrigen Lösungen anodisch zweiwertig in Lösung. Die Gleichgewichtsbeziehungen zwischen dem Metall und Cu^+- bzw. Cu^{++}-Ionen zeigen, daß die Reaktion $Cu + Cu^{++} \rightleftharpoons 2Cu^+$ weit nach links verschoben ist (siehe Aufgabe 1, S. 352). Im Falle von Komplexbildung, wie sie z. B. zwischen Cu^+- und Cl^--Ionen in chloridhaltigen Lösungen stattfindet, werden dagegen fortwährend Cu^+-Ionen in Form von $CuCl_2^-$ aus dem Gleichgewicht entfernt, wodurch sich ihr Anteil an den Auflösungsprodukten vergrößert. Ebenso entsteht bei der Bildung nichthydratisierter Ionen, zum Beispiel bei der Oxydation von Kupfer in Luft bei erhöhten Temperaturen, nur das einwertige Ion, da Cu_2O einen geringeren Sauerstoff-Zersetzungsdruck besitzt als CuO (siehe „*Corrosion Handbook*", Tab. 1 u. 2, S. 622).

Kupfer wird in großem Umfange verwendet, da es eine gute Korrosionsbeständigkeit mit ausgezeichneter elektrischer Wärmeleitfähigkeit vereint, sich gut mechanisch bearbeiten und leicht löten und hartlöten läßt. Es ist in der Spannungsreihe edler als Wasserstoff und löst sich auf Grund seiner thermodynamischen Stabilität nicht in Wasser und nichtoydierenden Säuren, die keinen gelösten Sauerstoff enthalten. In oxydierenden Säuren und lufthaltigen Lösungen, die komplexbildende Ionen, wie NH_4^+ und CN^- enthalten, kann es zu schweren Korrosionen kommen. Charakteristisch für Kupfer ist die Empfindlichkeit gegen Korrosion durch schnell strömendes Wasser, den sogenannten Wasserschlag (Erosionskorrosion, impingement attack), (*Abb. 1*).

Der Angriff wächst mit dem Gehalt des Wassers an gelöstem Sauerstoff, während in sauerstofffreiem Wasser hoher Geschwindigkeit bis zu mindestens 8 m/s der Wasserschlag sehr klein oder praktisch null ist. Er verstärkt sich mit wachsender Cl^--Konzentration und sinkendem pH-Wert in lufthaltigem Wasser [1]. Handelsübli-

Abb. 1: Längsschnitt durch vom Wasserschlag herrührende Löcher in Form von Unterschneidungen an der Oberfläche einer Kondensator-Legierung in Salzwasser, Vergr. 7 × (Flußrichtung des Wassers von links nach rechts)

ches zähgepoltes Kupfer, OFHC-(sauerstofffreies, hochleitfähiges) und Elektrolytkupfer unterliegen nicht der Spannungsrißkorrosion. Mit Phosphor desoxydiertes Kupfer ist jedoch selbst bei so geringen P-Gehalten wie 0,004%, dagegen empfindlich [2].

19.1.1. Korrosion in natürlichen Wässern

Kupfer ist beständig gegen Meerwasser. Die Korrosionsgeschwindigkeit beträgt in ruhendem Wasser etwa 0,025 bis 0,050 mm/a (0,5 bis 1 $g/m^2 \cdot d$) und etwas mehr in bewegtem Wasser. Es ist eines der sehr wenigen Metalle, die frei von Bewuchsorganismen bleiben, da die normale Korrosion genügt, um Cu-Ionen in Konzentrationen freizusetzen, die die Meeresorganismen vergiften.

In Meer- und Süßwässern ist die Korrosionsbeständigkeit an die Anwesenheit eines Oxidfilms auf der Oberfläche gebunden, durch den der Sauerstoff hindurchdiffundieren muß, um die Korrosion zu unterhalten. Dieser Film wird durch schnell strömendes Wasser leicht zerstört, er kann auch durch Kohlensäure oder organische Säuren, die in manchen Süßwässern oder Böden vorkommen, aufgelöst werden, was zu ziemlich spürbaren Korrosionserscheinungen führt.

Zum Beispiel wurde gefunden, daß in Michigan ein heißes Wasser, das mit Zeolith enthärtet worden war und dadurch größere Mengen an $NaHCO_3$ enthielt, ein kupfernes Wasserrohr in Zeiträumen zwischen $^1/_2$ und $2^1/_2$ Jahren durchlöcherte [3]. Das gleiche Wasser wirkte ohne Enthärtung nicht so korrosiv, da ein schützender Film von $CaCO_3$, der etwas Silikat enthielt, auf der Oberfläche abgeschieden wurde.

Selbst wenn die Korrosionsgeschwindigkeit nicht übermäßig hoch und Kupfer beständig ist, kann Wasser, das Kohlensäure oder andere Säuren enthält, Kupfer und Kupferlegierungen doch so stark korrodieren, daß sich Badezimmereinrichtungen blau verfärben und die Korrosionsgeschwindigkeit von Eisen, verzinktem Stahl und Aluminium, die mit solchen Wässern in Berührung kommen, erhöht wird. Die Verstärkung der Korrosion in diesem Falle wird dadurch hervorgerufen, daß sich Kupfer in einer Zementationsreaktion auf dem Grundmetall niederschlägt und dort zahlreiche galvanische Zellen bildet. Werden saure Wässer und solche mit negativem Sättigungsindex mit Kalk oder Natriumsilikat behandelt, so kann die Korrosionsgeschwindigkeit so stark vermindert werden, daß es nicht mehr zur Bildung von Korrosionsprodukten kommt und die Korrosion anderer Metalle mit Ausnahme von Aluminium nicht mehr beschleunigt wird. Aluminium stellt eine Ausnahme dar, da die extrem kleinen Mengen an Kupfer, durch die es angegriffen wird, mit den üblichen Wasseraufbereitungsverfahren nicht zu entfernen sind.

Die schädlichen Auswirkungen der Cu^{++}-Verunreinigungen im Wasser können vermieden werden, wenn man Kupferrohre verwendet, die auf der Innenseite mit Zinn beschichtet sind (sogenanntes verzinntes Kupfer). Die Zinnschicht muß porenfrei sein, um an den freiliegenden Stellen einen verstärkten Angriff auf das Kupfer zu verhindern, der dadurch zustande kommt, daß das Sn (oder die intermetallischen Cu–Sn-Verbindungen) gegenüber Cu kathodisch ist.

Im allgemeinen sind Kupferrohre zum Transport von Meerwasser und harten und weichen Wässern sowohl im heißen wie im kalten Zustand geeignet. Jedoch kann zusätzlich zu den oben beschriebenen Erscheinungen in Wässern von guter Leitfähigkeit eine Art von Lochfraß auftreten, wenn sich Schmutz oder Rost aus anderen Teilen des Systems auf der Kupferoberfläche ansammelt. Dabei werden Differentialbelüftungszellen gebildet, deren Wirkung in vielen Fällen durch eine turbulente Strömung unterstützt wird, die Erosionskorrosion hervorruft. Die auftretende Korrosion wird meist Belagskorrosion genannt. Periodische Reinigung der Rohre verhindert gewöhnlich eine Korrosion durch solche Beläge.

Selbst wenn die Kupferoberfläche frei von Belägen ist, kann aber bei manchen Wasserzusammensetzungen oder als Folge der Herstellungsmethoden der Rohre doch Lochfraß auftreten. Im Hinblick darauf teilte CAMPBELL [4] die Kupfer angreifenden Süßwässer in zwei Kategorien ein und arbeitete Versuche aus, um zu bestimmen, ob ein Wasser Lochfraß hervorruft oder nicht.

In die erste Kategorie gehören weiche Wässer mit geringen Gehalten an Mangansalzen. Bei diesen fand er, daß der Lochfraß gewöhnlich im heißesten Teil des Systems auftritt. Die in den Löchern enthaltenen Korrosionsprodukte bestehen aus Cu_2O nebst geringen Mengen Chlorid, während die Wälle um die Löcher herum wahrscheinlich durch basisches Kupfersulfat gebildet werden. Die Oberfläche des Rohres ist mit einem schwarzen Belag bedeckt, der reich an Manganoxid ist.

In die zweite Kategorie gehören harte und mäßig harte Wässer. Bei diesen ist der Lochfraß meist auf die kalten Teile des Systems beschränkt. Die Löcher enthalten verhältnismäßig größere Mengen Kupfer(I)-Chlorid als in weichen Wässern, die Wälle bestehen größtenteils aus Kupferkarbonat. Der umgebende Oberflächenbelag ist zum überwiegenden Teil grün gefärbtes $CaCO_3$, unter dem sich ein stark kathodischer Film aus Kohlenstoff [5] oder auch Cu_2O in glasiger Form befindet. Der Kohlenstoff-Film rührt von Schmiermitteln her, die vom Ziehen des Rohres stammen, oder von Pech- und Harzfüllungen, die beim Kaltbiegen verwendet werden und beim Erhitzen teilweise verkohlen. Das glasige Cu_2O wird durch abnorme Temperbedingungen bei der Herstellung gebildet. In Abwesenheit von Kohlenstoff oder glasigem Cu_2O wurde Lochfraßangriff durch harte Wässer selten festgestellt.

Manche Wässer, in denen auf Grund der oben beschriebenen Faktoren Lochfraß erwartet werden müßte, wirken trotzdem nicht korrosiv. Diese enthalten einen natürlichen, wahrscheinlich organischen Inhibitor, der in vielen Oberflächenwässern gefunden wurde, nicht aber in Wässern aus Tiefbrunnen und solchen, die durch eine Flockungsreaktion chemisch geklärt wurden. Viele Eigenschaften dieses Inhibitors sind untersucht worden [6], seine genaue Natur wurde jedoch noch nicht festgestellt.

Insgesamt ist Kupfer beständig gegen

a) Meerwasser.

b) Heiße oder kalte Süßwässer. Kupfer ist speziell geeignet zur Fortleitung von weichen Wässern mit hohem Gehalt an gelöstem O_2 und geringen Mengen Kohlensäure und Mangansalzen.

c) Entlüftete heiße oder kalte verdünnte H_2SO_4, H_3PO_4, Essigsäure und andere nichtoxydierende Säuren.
d) Atmosphärische Beanspruchung.

Kupfer ist unbeständig gegen

a) Oxydierende Säuren, z. B. HNO_3, heiße konz. H_2SO_4 und lufthaltige nichtoxydierende Säuren einschließlich Kohlensäure.
b) NH_4OH (plus O_2). Hier bildet sich das Komplexion $Cu(NH_3)_4^{++}$. Substituierte NH_3-Verbindungen (Amine) wirken gleichfalls angreifend. Diese Verbindungen sind es auch, die bei den dafür empfindlichen Kupferlegierungen die Spannungsrißkorrosion hervorrufen.
c) Lufthaltige Wässer und wäßrige Lösungen von hoher Strömungsgeschwindigkeit. In korrosiven Wässern (hohe O_2- und CO_2-, niedrige Ca^{++} und Mg^{++}-Gehalte) sollte die Geschwindigkeit 1,2 m/s, in weniger korrosiven Wässern bei Temperaturen unterhalb 65 °C 2,4 m/s nicht übersteigen.
d) Oxydierende Schwermetallsalze, wie $FeCl_3$, $Fe_2(SO_4)_3$.
e) H_2S, S, einige Schwefelverbindungen.

19.2. Kupfer-Legierungen

Zinnbronzen sind Cu–Sn-Legierungen mit bemerkenswert hoher Festigkeit. Legierungen mit mehr als 5% Sn-Gehalt sind besonders resistent gegen Erosionskorrosion. Die Cu–Si-Legierungen mit 1,5 bis 4% Si haben günstigere mechanische Eigenschaften als Kupfer und ein ähnliches allgemeines Korrosionsverhalten. Die Beständigkeit gegen Spannungsrißkorrosion ist bei etwa 1% Si gering, bei 4% Si dagegen relativ gut.

19.2.1. Kupfer-Zink-Legierungen (Messing)

Kupfer-Zink-Legierungen haben bessere mechanische Eigenschaften als Kupfer und widerstehen auch dem Kavitationsangriff besser; deshalb wird Messing im allgemeinen häufiger für Kondensatorrohre eingesetzt als Kupfer. Ausfälle durch Korrosion treten bei Messing gewöhnlich auf Grund von Entzinkung, Lochfraß und Spannungsrißkorrosion auf. Die Neigung des Messings zu diesen Korrosionsformen mit Ausnahme des Lochfraßes verändert sich, wie *Abb. 2* zeigt, mit dem Zinkgehalt. Lochfraß ist meist auf Differentialbelüftungszellen oder hohe Strömungsgeschwindigkeit zurückzuführen. Er kann normalerweise dadurch verhindert werden, daß die Oberfläche stets sauber gehalten wird und daß Geschwindigkeiten und Bauformen vermieden werden, die zu Wasserschlag führen.

Die Messingsorten tragen je nach ihrem Zinkgehalt verschiedene Namen. Muntz-Metall mit 40% Zn wird vorwiegend für Kühlersysteme verwendet, die mit nichtaufbereitetem Süßwasser, zum Beispiel aus Binnenseen, als Kühlmittel arbeiten. Marinemessing hat eine ähnliche Zusammensetzung und enthält noch 1% Sn. Manganbronze ist ebenfalls ähnlich zusammengesetzt und enthält etwa je 1% Sn, Fe und Pb. Die letztgenannte Legierung dient unter anderem zum Bau von

Schiffsschrauben. Die Entzinkung wird in diesem Falle bis zu einem gewissen Grade durch den kathodischen Schutz verhindert, den der stählerne Schiffskörper der Schraube gewährt.

Das eigentliche gelbe Messing mit 30% Zn dient für eine Vielzahl von Anwendungen, wo gute Bearbeitungsfähigkeit und Gießbarkeit erforderlich sind. Die

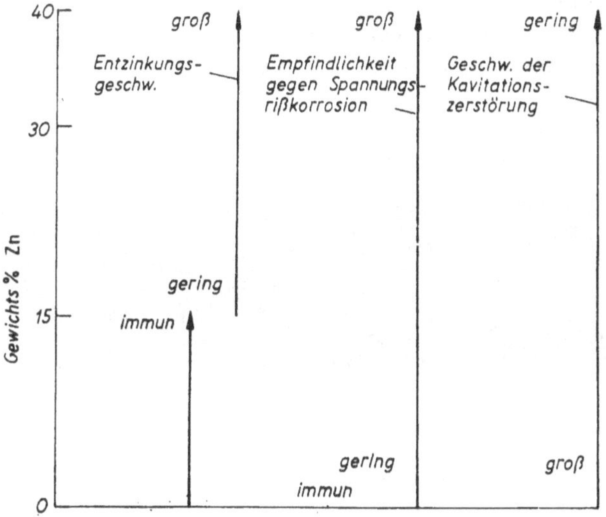

Abb. 2: Anfälligkeit gegen Entzinkung, Spannungsrißkorrosion und Kavitation in Abhängigkeit vom Zn-Gehalt in Cu-Zn-Legierungen (Messing)

Legierung wird in Meerwasser und weichen Süßwässern im Laufe der Zeit entzinkt. Diese Neigung wird durch Zugabe von 1% Sn zurückgedrängt, die entsprechende Legierung heißt Admiralitätsmetall. Zugaben kleiner Mengen von As, Sb oder P setzen die Entzinkungsgeschwindigkeit noch weiter herab. Eine solche Legierung wird inhibiertes Admiralitätsmetall genannt. Sie findet für Kühlerrohre für Salz- und Süßwasser Verwendung.

Rotmessing mit 15% Zn ist relativ unempfindlich gegen Entzinkung, aber empfindlicher als Gelbmessing gegen Wasserschlag.

19.2.2. Entzinkung

Der Begriff der Entzinkung ist schon definiert worden. Die Entzinkung von Messing tritt entweder in Pfropfenform auf eng begrenzter Fläche (*Abb. 3*) oder in Schichtform gleichmäßig über die Oberfläche verteilt auf (*Abb. 4*). Schichtförmige Entzinkung eines Wasserrohres kann bei plötzlichem Druckanstieg zu einem Aufreißen des Rohres führen, bei pfropfenförmiger Entzinkung kann ein Pfropfen der entzinkten Legierung herausgetrieben werden und ein Loch hinterlassen. Da die entzinkten Bereiche porös sind, können die Pfropfen auf der Außenseite mit Korrosionsprodukten und Rückständen verdampften Wassers bedeckt sein.

Die Entzinkung wird durch hohe Temperaturen, ruhende, speziell saure Lösungen und Bildung poröser anorganischer Beläge begünstigt. Von der Metallseite her gesehen sind Messingsorten mit weniger als 15% Zink meist immun gegen Entzinkung. Daneben kann die Entzinkung von sogenanntem α-Messing (bis zu 40% Zn) durch Zulegieren von etwa 1% Sn oder einigen Hundertstel Prozent As, Sb oder P allein oder zusammen mit Sn vermindert werden.

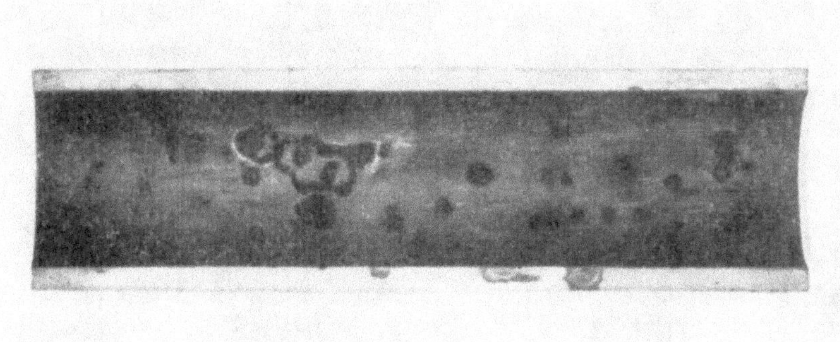

Abb. 3: Pfropfenförmige Entzinkung in einem Messingrohr, nat. Größe

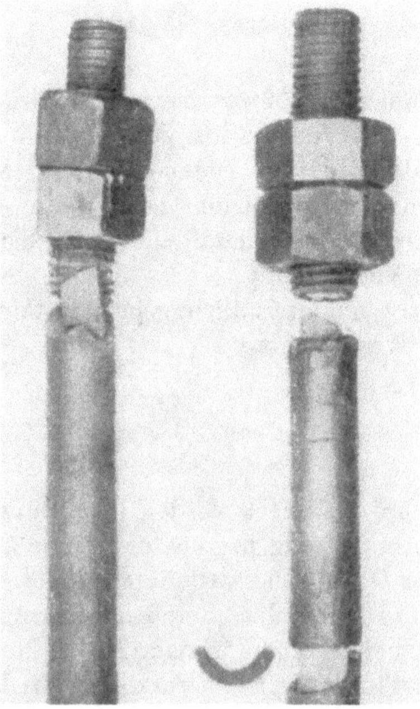

Abb. 4: Schichtförmige Entzinkung an Messingbolzen, nat. Größe

Der genaue Mechanismus der Entzinkung ist noch nicht befriedigend geklärt. Man nimmt an, daß entweder das Zink bevorzugt korrodiert wird und eine poröse Kupferstruktur zurückläßt oder daß die gesamte Legierung korrodiert und anschließend das Kupfer erneut niedergeschlagen wird. Es gibt für beide Mechanismen in speziellen Fällen Argumente. Einige Forscher halten es für unwahrscheinlich, daß die Zink-Atome aus dem Inneren der Legierung an die Oberfläche diffundieren können und sehen deshalb die bevorzugte Korrosion des Zinks nur in den Anfangsstadien als wahrscheinlich an. Andererseits spricht der Umstand, daß auch in vollständig entzinktem Messing noch sichtbare Zwillingsbänder enthalten sind [7], für die bevorzugte Auflösung des Zinks unabhängig von der Dicke des Metallstücks. Es ist unwahrscheinlich, daß sich in diesem Falle die Kupferionen in derselben Orientierung wie in der Legierung niederschlagen und gleichzeitig eine poröse Struktur bilden sollten. Ferner ist in der Scheidung von Gold–Silber-Legierungen in konzentrierter Salpetersäure ein analoger Fall bekannt, in dem die Korrosion durch die Legierung hindurchgeht und nicht auf die Oberfläche beschränkt bleibt (siehe S. 15). Die bevorzugte Diffusion der Silber-Atome entlang der Wandungen der Hohlräume im Legierungsgitter, in denen sich vorher Silberatome befanden, führt zu einem porösen Goldrückstand. Die hohe Diffusionsgeschwindigkeit deutet mehr auf eine Oberflächendiffusion als auf eine Gitterdiffusion hin. Dieselbe Situation mit bevorzugter Diffusion der Zink-Atome kann in Cu–Zn-Legierungen vorliegen. Elemente wie As, Sb oder P können durch Blockierung der Hohlräume, die die Legierung durchziehen, oder Adsorption in ihnen die Zn-Diffusion stören, jedoch ist dieser Mechanismus nicht erwiesen.

19.2.3. Spannungsrißkorrosion (Alterungsrißbildung, season cracking)

Wenn ein α-Messing in Gegenwart von NH_3-Spuren oder eines Amins einer äußeren Zugspannung ausgesetzt wird oder unter Restspannungen steht, so entstehen in ihm bei Anwesenheit von O_2 (oder anderen Depolarisatoren) und Feuchtigkeit meist entlang der Korngrenzen (interkristallin) Risse (*Abb. 5*). Ein Reißen durch die Gefügekristalle hindurch (transkristallin) kann bei starker plastischer Verformung der Legierung auftreten. Beide Typen des Reißens wurden ursprünglich wegen der Ähnlichkeit der Spannungskorrosionsrisse in Metallbarren mit Rissen in trockenem Holz als „season cracking" bezeichnet. In England wird der Ursprung der Bezeichnung „season cracking" dem Umstand zugeschrieben, daß in früheren Zeiten das Aufreißen messingner Hülsen von Patronen, die in Indien lagerten, vor allem in der Monsunjahreszeit (monsoon season) beobachtet wurde.

Spuren von Stickstoffoxiden können ebenfalls Spannungsrißkorrosion hervorrufen, wahrscheinlich werden sie auf der Messingoberfläche durch chemische Reaktion mit dem Metall in Ammoniumsalze umgewandelt. In einem Falle konnte das vorzeitige Versagen messingner Träger in der Befeuchtungskammer einer Klimaanlage auf diese Ursache zurückgeführt werden. Die Luft durchströmte einen elektrostatischen Staubabscheider, in dessen Hochspannungsfeld Spuren von Stickoxiden entstanden. Diese wiederum bildeten auf der Messingoberfläche

Korrosionsprodukte, in denen bei der Analyse größere Mengen NH_4^+ gefunden wurden, die die interkristalline Korrosion der gespannten Träger hervorgerufen hatten. Ein ähnliches Zerreißen von vorgespanntem Messing konnte im Laboratorium innerhalb weniger Tage durch eine Funkenentladung in feuchtigkeitsgesättigter Luft reproduziert werden.

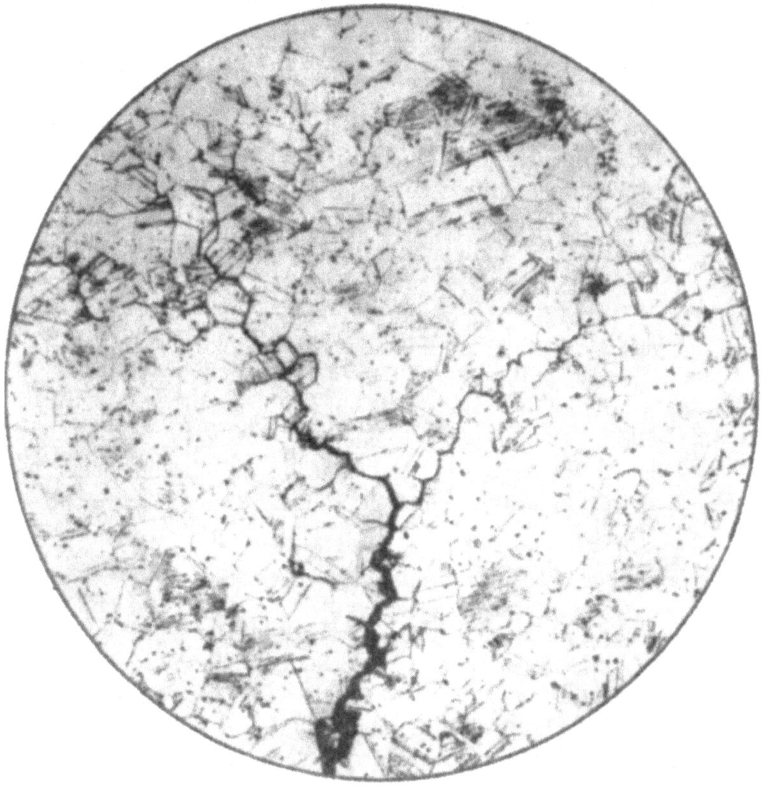

Abb. 5: Interkristalline Spannungsrißkorrosion von Messing, Vergr. 75-fach (Auslagerungsdauer 1 Jahr)

Getempertes Messing unterliegt, wenn es nicht hohen Zugspannungen ausgesetzt wird, der Spannungsrißkorrosion nicht. Ob die Restspannungen in kaltverformtem Messing ausreichen, um in einer ammoniakhaltigen Atmosphäre Spannungsrißkorrosion hervorzurufen, kann durch Tauchen in eine wäßrige Lösung von 100 g Quecksilber(I)-nitrat $Hg_2(NO_3)_2$ und 13 m*l* HNO_3 (d = 1,42) pro Liter geprüft werden. Es wird Quecksilber freigesetzt, das entlang der Korngrenzen in die unter Spannung stehende Legierung eindringt. Wenn innerhalb von 15 Minuten keine Risse auftreten, ist die Legierung wahrscheinlich frei von zerstörend wirkenden Spannungen. Durch Legierungszusätze ist eine Unempfindlichkeit gegen diese Art der Zerstörung von Messing nicht zu erreichen. Messingsorten mit geringem Zinkgehalt sind resistenter als solche mit hohem Zinkanteil.

Zinkreiche Messingsorten, zum Beispiel solche mit 45 bis 50% Zink, die eine sogenannte β- oder $\beta + \gamma$-Struktur besitzen, erleiden transkristalline Spannungsrißkorrosion (durch die Gefügekristalle hindurch); im Gegensatz zum α-Messing ruft schon Feuchtigkeit allein diese Schädigung hervor [8]. Hier liegt eventuell ein Beispiel für sogenannte „Spannungs-Adsorptions-Rißbildung" vor (siehe S. 126). Der Mechanismus der Spannungsrißkorrosion des Messings ist Gegenstand vieler Untersuchungen gewesen. Auch hochreine Legierungen und Einkristalle aus α-Messing reißen unter Zug in NH_3-haltiger Atmosphäre [9]. Die Korngrenzen von polykristallinem Messing haben in NH_4OH-Lösung ein negativeres Potential als die Körner. In einer $FeCl_3$-Lösung, in der keine Spannungsrißkorrosion auftritt, ist das nicht der Fall [10]. Es ist wahrscheinlich, daß die Zn-Atome bevorzugt an den Korngrenzen ausgeschieden werden und dadurch einen Gradienten der Legierungszusammensetzung erzeugen, der eine Komplexbildung und elektrochemische Wechselwirkung zwischen solchen Bezirken und den Körnern begünstigt.

Ein schwacher interkristalliner Angriff ist häufig auch ohne Anlegen von Zugspannungen sichtbar. Zugspannung beschleunigt den Angriff u. a. durch Erzeugung von plastischen Deformationen an der Spitze des entstehenden Risses, die eine höhere Diffusionsgeschwindigkeit der Zn-Atome zu den Korngrenzen im Gefolge haben. Die Empfindlichkeit des Messings gegen Spannungsrißkorrosion kann durch folgende Maßnahmen verringert oder beseitigt werden:

a) Entspannungs-Temperung:

Für Ms 70 ist eine Temperatur von 350 °C für eine Stunde erforderlich, hierbei treten jedoch Rekristallisationserscheinungen und ein gewisser Festigkeitsverlust auf. Es ist auch angegeben worden, daß eine Wärmebehandlung bei 300 °C die Resistenz gegen Rißbildung vergrößert, ohne gleichzeitig eine ernstliche Verschlechterung der physikalischen Eigenschaften hervorzurufen [11].

b) Verhinderung des Zutritts von NH_3 (oder O_2 oder anderen Depolarisatoren in Gegenwart von NH_3):

Eine solche Abschirmung des Metalls ist nur schwer zu garantieren, da schon geringste Mengen NH_3 Rißbildung hervorrufen. Aus Ackerland ausgewaschener Dünger oder die Luft über gedüngtem Boden haben schon Risse in nichtgetempertem Messing verursacht. Auf der anderen Seite reißen Kühlerrohre aus Messing in NH_3-haltigem Kondensat nicht, da der Sauerstoffgehalt extrem niedrig liegt.

c) Kathodischer Schutz:

Hier wird entweder Fremdstrom oder ein anodischer metallischer Überzug, zum Beispiel Zink, angewandt.

d) Anwendung von H_2S als Inhibitor [12]:

Der Mechanismus kann z. T. auf Reaktion mit dem verfügbaren freien Sauerstoff zurückzuführen sein.

19.2.4. Kondensatorlegierungen, Cu–Ni-Legierungen

Für Frischwässer werden Kupfer, Muntzmetall und inhibiertes Admiralitätsmetall häufig verwendet. Für brackiges und Meerwasser werden Cu–Ni-Legierungen (10 bis 30% Ni, Rest Cu), Admiralitätsmetall und Aluminiummessing (22% Zn, 76% Cu, 2% Al, 0,04% As) gebraucht. Für verschmutzte Wässer werden Cu–Ni-Legierungen dem Aluminiummessing vorgezogen, da letzteres Lochfraßerscheinungen zeigt. Aluminiummessing kann auch in nicht verunreinigtem, aber ruhendem Meerwasser schnell lochförmigem Angriff unterliegen.

Aluminiummessing ist in schnell strömenden Wässern beständiger als Admiralitätsmetall (Erosionskorrosion, Wasserschlag). Cu–Ni-Legierungen sind gegen schnell strömendes Seewasser besonders beständig, wenn sie geringe Mengen an Fe und unter Umständen Mn enthalten. In einer Legierung mit 10% Ni liegt der optimale Eisengehalt bei etwa 1,0 bis 1,75%, der Mangangehalt bei höchstens 0,75%. In der entsprechenden Zusammensetzung mit 30% Ni ist der Fe-Gehalt geringer, zum Beispiel 0,4 bis 0,7% in Verbindung mit maximal 1,0% Mn [13].

Gelegentlich wird die Meinung vertreten, daß sich in Kondensatorrohren Oberflächenfilme von besonders hoher Schutzwirkung bilden, wenn das Wasser Eisen enthält, das aus Korrosionsprodukten an einer vorher durchströmten Stelle stammt. In Übereinstimmung damit wird der günstige Einfluß von Eisen als Bestandteil von Cu–Ni-Legierungen so gedeutet, daß es in ähnlicher Weise für die Schutzschichtbildung zur Verfügung steht. Die Art und Weise, in der diese Verbesserung durch das Eisen zustande kommt, ist nicht bekannt.

Es ist noch zu erwähnen, daß die 30% Ni enthaltende Cu–Ni-Legierung, verglichen mit denen von 10 und 20% Ni [2] und auch im Vergleich zu Ms 70 relativ beständig gegen Spannungsrißkorrosion ist. Eine ins einzelne gehende allgemeine Darstellung des Verhaltens der Kupfer-Nickel-Legierungen, besonders derjenigen mit 10% Ni, in Meerwasser wird von Stewart und LaQue [14] gegeben.

Literatur-Anmerkungen

[1] R. Fish u. J. Dankese, S. B. Thesis, Dept. Chem. Eng., M.I.T. (1954); R. Hadge u. D. Revelotis, Ibid. (1958)
[2] D. Thompson u. A. Tracy, Am. Inst. Mining Met. Engrs., **185** (1959), 100
[3] M. Obrecht u. L. Quill, Heating, Piping and Air-Conditioning, Jan. S. 165—9; März S. 109—16; April S. 131—7; Mai S. 105—13; Juli S. 115—22; Sept. S. 125—33 (1960); April S. 129—34 (1961); M. Obrecht, Corrosion, **18** (1962), 189t
[4] H. Campbell, J. Applied Chemistry, **4** (1954), 633
[5] H. Campbell, J. Inst. Metals, **77** (1950), 345
[6] H. Campbell, Proc. Soc. Water Treatment and Examination, **3** (1954), 100
[7] E. Polushkin u. H. Shuldener, Trans. Am. Inst. Mining Met. Engrs., **161** (1945), 214
[8] A. Bailey, J. Inst. Metals, **87** (1959), 380
[9] G. Edmunds in *Symposium on Stress Corrosion Cracking of Metals*“, S. 67, A.S.T.M.-A.I.M.E., Philadelphia, 1945

[10] R. Bakisch u. W. Robertson, J. Electrochem. Soc., **103** (1956), 320
[11] C. Bulow in „*Corrosion Handbook*", S. 78–81
[12] E. Camp u. C. Phillips, Corrosion, **6** (1950), 39 (besonders S. 45)
[13] U. S. Military Spec. MIL-C-15726 C (Ships), Mai 21, 1958
[14] W. Stewart u. F. LaQue, Corrosion, 8 (1952), 259

Allgemeine Literaturhinweise:

„*Corrosion Handbook*", (Hrsg. H. H. Uhlig), Abschnitte „*Wäßrige Medien und die Atmosphäre*", und „*Erhöhte Temperaturen*", S. 621 bis 30, Verlag John Wiley and Sons, N. Y.

Veröffentlichungen des Deutschen Kupferinstituts Berlin-Charlottenburg:
„*Kupfer und Kupferlegierungen*", 1952; „*Kupfer als Werkstoff im Wasserfach*", 1957; „*Messing, Eigenschaften, Verarbeitung, Verwendung*", 1956; „*Die Aluminiumbronzen*", 1958

W. Katz: „*Korrosion des Kupfers und der Kupferlegierungen*" in F. Tödt: „*Korrosion und Korrosionsschutz*", 2. Aufl., S. 222–268, W. De Gruyter u. Co., 1961
„*Kupfer und Kupferlegierungen*" (TGL-Taschenbuch 16), Fachbuchverlag, Leipzig, 1964
Druckschrift des Nickel-Informationsbüros: *Nr. 7*: Kupfer-Nickel-Legierungen, 3. Aufl., S. 49–52, 1964, Düsseldorf

20. Aluminium und Magnesium

20.1. Aluminium

$$Al \rightarrow Al^{3+} + 3e^- \qquad \varepsilon^0 = -1{,}7\ V$$

Es gibt einige Anzeichen dafür [1], daß bei der anodischen Auflösung von Aluminium anfänglich sowohl Al^{3+}- wie Al^{+}-Ionen gebildet werden und das einwertige Ion danach unter Reduktion von H_2O in den dreiwertigen Zustand übergeht:

$$Al^+ + 2\,H_2O \rightarrow Al^{3+} + H_2 + 2\,OH^-$$

Daher entwickelt sich, wenn Aluminium zum Zwecke der Bildung eines dickeren Oxidfilms auf der Oberfläche anodisiert wird, sowohl an der Anode als auch an der Kathode Wasserstoff. Die Wasserstoffentwicklung an der Anode wird von einigen Forschern auch durch eine verstärkte Lokalelementkorrosion während der anodischen Auflösung erklärt.

Aluminium ist ein Leichtmetall ($d = 2{,}71\ g/cm^3$) und besitzt neben einer guten Korrosionsbeständigkeit in der Atmosphäre und vielen wäßrigen Medien eine gute elektrische und Wärmeleitfähigkeit. Es hat ein sehr unedles Normalpotential, passiviert sich aber bei Berührung mit Wasser. Obwohl im Wasser gelöster Sauerstoff die Korrosionsbeständigkeit des Aluminiums verbessert, ist seine Anwesenheit für die Passivierung nicht erforderlich. Das zeigt, daß das Fladepotential des Aluminiums negativer liegt als das Potential der Wasserstoffelektrode. Gewöhnlich wird angenommen, daß der Passivfilm aus Aluminiumoxid besteht, seine Dicke wird für Aluminium an der Luft auf 20 bis 100 μm geschätzt. Aluminium ist in seinem Korrosionsverhalten sehr stark von geringen Mengen metallischer Verunreinigungen abhängig, die mit Ausnahme von Mg sämtlich edler als Aluminium sind. Allgemein ist hochreines Aluminium sehr viel korrosionsbeständiger als das handelsübliche reine Metall, das wiederum resistenter als Aluminiumlegierungen ist.*)

Einige der in der DDR hergestellten und standardisierten Aluminiumlegierungen sind in *Tab. 1* aufgeführt. Um einen vollständigen Überblick zu bekommen, sollte der in der Tabelle angegebene Standard zu Rate gezogen werden.

*) Eine Ausnahme hiervon bildet der interkristalline Zerfall hochreinen Aluminiums in Dampf oder reinem Wasser oberhalb 125 °C. Die Anwesenheit von Eisen als Verunreinigung in den niederen Reinheitsgraden verhindert diese Angriffsart oder erhöht die Temperatur, bei welcher sie auftritt ($> 200°$ für Al 99) [2, 3].

Tabelle 1:

Chemische Zusammensetzung einiger Al-Knetlegierungen
(nach TGL 14712, Bl. 2 und TGL 14725)

Sortenbezeichnung	Legierungsbestandteile und zulässige Beimengungen in %								Sonstige Elemente	
	Mg	Mn	Cr	Si	Cu	Zn	Fe	Ti	einzeln	insges.
Al 99,5				<0,30	< 0,05	< 0,07	< 0,40	< 0,05	< 0,03	
AlMg 1	0,6—1,2	< 0,3	< 0,3	< 0,3	< 0,05	< 0,2	< 0,4	< 0,2	< 0,05	< 0,15
AlMg 3	2,6—3,3	< 0,4	< 0,3	< 0,5	< 0,05	< 0,2	< 0,4	< 0,2	< 0,05	< 0,15
AlMg 5	4,3—5,5	< 0,6	< 0,3	< 0,5	< 0,05	< 0,2	< 0,4	< 0,2	< 0,05	< 0,15
AlMg 3 Si	2,3—3,5	0,3—0,8	< 0,3	0,5—0,8	<,0,1	< 0,2	< 0,5	< 0,2	< 0,05	< 0,15
AlMgSi 1	0,6—1,4	< 1,0	< 0,3	0,75—1,6	< 0,1	< 0,2	< 0,5	< 0,2	< 0,05	< 0,15
AlCuMg 1	0,4—1,0	0,3—1,0	< 0,1	0,2—0,8	3,5—4,7	< 0,5	< 0,7	< 0,2	< 0,05	< 0,20
AlCu 3 Mg	0,6—1,5	0,3—1,0	< 0,05	< 0,6	2,8—3,5	< 0,5	< 0,7	< 0,2	< 0,05	< 0,20
AlZnMgCu 0,5	2,4—3,8	0,1—0,6	0,1—0,3	< 0,5	0,4—1,0	3,8—5,2	< 0,5	< 0,1	< 0,05	< 0,15

20.1.1. Plattierte Legierungen

Aluminium wird in großem Umfang legiert, um eine größere Festigkeit zu erreichen, da reines Aluminium weich und nachgiebig ist.

Um die gute Korrosionsbeständigkeit des reinen Aluminiums auszunutzen, kann eine hochfeste Legierung beiderseitig mit Reinaluminium oder einer korrosionsbeständigeren Legierung, zum Beispiel AlMn1, belegt werden, die elektrochemisch unedler als die innere Legierung ist. Diese Kombination wird alclad (plattiertes Al) genannt. Die Sandwich-Struktur schützt die innere Legierung kathodisch, da die äußeren Schichten ähnlich wie eine Zinkschicht auf Stahl als Opferanoden wirken. Außer dem kathodischen Schutz gegen Lochfraß gewähren unedlere Plattierschichten auch Schutz gegen interkristalline und Spannungsrißkorrosion, vor allem, wenn die hochfeste innere Legierung durch Bearbeitungsvorgänge oder durch zufällige Einwirkung erhöhter Temperaturen dagegen empfindlich gemacht worden sein sollte.

20.1.2. Korrosion in Wasser und Dampf

In chloridhaltigen Wässern neigt Al zu Lochfraß, vor allem in Spalten und toten Winkeln, wo die Passivität durch das Wirken von Differentialbelüftungszellen aufgehoben wird. Der Mechanismus ist dem bei den rostbeständigen Stählen beschriebenen ähnlich (S. 283).

Spuren von Cu^{++}- (unter 0,1 ppm) und Fe^{3+}-Ionen in Wasser wirken ebenfalls passivitätszerstörend. Es bilden sich galvanische Elemente zwischen Al und dem durch Zementierung niedergeschlagenen metallischen Cu oder Fe, das die lokale Auflösung des Aluminiums verstärkt. Aus diesem Grunde ist Aluminium als Rohrmaterial für Trink- und industrielle Wässer nicht geeignet, da diese sämtlich Spuren von Schwermetallionen enthalten. Dagegen ist es für destilliertes Wasser und weiche Wässer, aus denen die Schwermetallionen entfernt sind, gut brauchbar. Aluminiumrohre aus hochreinem Metall oder Al 99,5 haben sich viele Jahre als Leitungen für destilliertes Wasser bewährt.

Mit steigender Temperatur wächst die Korrosionsgeschwindigkeit von Reinaluminium (Al 99,5) in destilliertem Wasser, ist aber bei 70 °C mit etwa 0,007 $g/m^2 \cdot d$ noch sehr gering [2]. Die Geschwindigkeit wird durch 10^{-3} Mol/l H_2O_2 auf 0,004 $g/m^2 \cdot d$ und durch 2 ppm $K_2Cr_2O_7$ noch weiter herabgesetzt. Bei 150 °C beträgt die Geschwindigkeit in destilliertem Wasser etwa 0,04 $g/m^2 \cdot d$, bei 200 °C 0,25 $g/m^2 \cdot d$; in allen Fällen erfolgt der Angriff gleichförmig ohne merklichen Lochfraß. Bei höheren Temperaturen, zum Beispiel 275 °C, allerdings gewöhnlich erst nach einer Einwirkungsdauer von einigen Tagen, nimmt die Geschwindigkeit um den Faktor 10 bis 20 zu, die Korrosion greift meist entlang der Korngrenzen an und führt eine rasche Zerstörung herbei. Bei 315 °C kann innerhalb weniger Stunden ein vollständiger Zerfall zu Al_2O_3 eintreten. Hierzu muß bemerkt werden, daß diese katastrophale Korrosion bei den angegebenen hohen Temperaturen nicht eintritt, wenn das Al mit einer genügend großen Fläche von nichtrostendem Stahl oder Zr verbunden ist, die beide kathodisch gegenüber Al sind [2]. Derselbe günstige Effekt wird durch geringe Mengen Fe oder Ni als Legierungsbestandteile erreicht. So beträgt die Korrosionsgeschwindigkeit von Reinaluminium, das mit 1% Ni legiert ist, bei 350 °C 1,8 g/m² · d [2].

Draley und Ruther [2, 4] erklären diese Befunde durch Bildung von gasförmigem Wasserstoff an der Metall-Oxid-Grenzfläche, der angeblich den schützenden Oxidfilm zerstört. Wenn Al mit edleren Metallen verbunden oder legiert wird, sollen sich die H^+-Ionen stattdessen an den kathodischen Flächen entladen und demzufolge den schützenden Oxidfilm unzerstört lassen. Die günstige Wirkung kathodischer Flächen kann indessen auch durch eine anodische Passivierung oder einen anodischen Schutz des Aluminiums [5] erklärt werden, ebenso wie Pt und

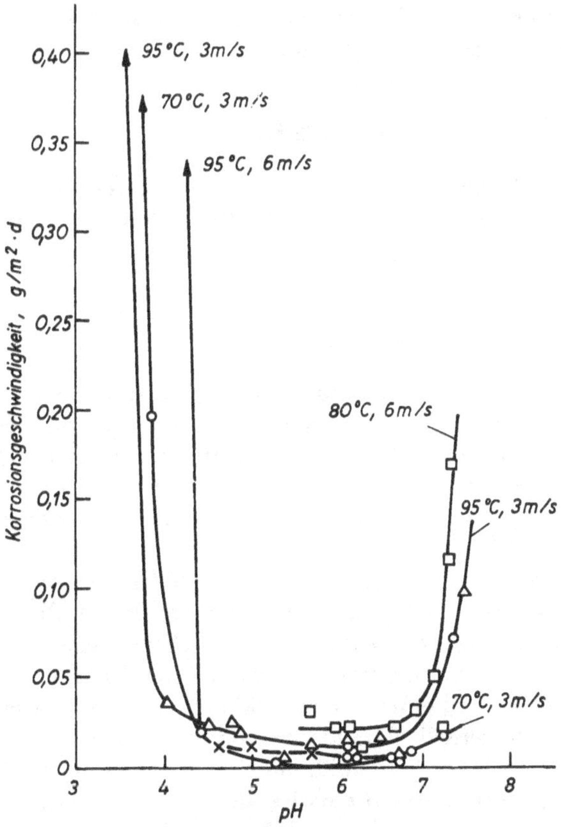

Abb. 1: Einfluß des pH-Wertes auf die Korrosion von handelsüblichem Reinaluminium (Al 99) in lufthaltigen Lösungen. pH-Messung bei Raumtemperatur, Einstellung der pH-Werte mit H_2SO_4 bzw. NaOH. Die meisten Lösungen waren 1 bis $10 \cdot 10^{-5}$ normal an H_2O_2 und enthielten 68 ppm $CaSO_4$, 30 ppm $MgSO_4$, 1 bis 2 ppm NaCl; nach Draley und Ruther

Pd als Legierungsbesandteile oder Kontaktmetalle nichtrostende Stähle oder Titan in Säuren passivieren (S. 68)

20.1.3. pH-Einfluß

Al wird sowohl in Säuren wie in Alkalien schneller als in destilliertem Wasser korrodiert, wobei die Geschwindigkeit in Säuren von der Art des Anions abhängt. *Abb. 1* zeigt, daß bei 95 °C das Geschwindigkeitsminimum zwischen pH 4,5 und 7 liegt, wenn H_2SO_4 zur Einstellung des pH-Wertes im sauren Bereich verwendet wird. Bei Raumtemperatur liegt dieses Gebiet etwas weiter im alkalischen Bereich (pH = 5,5 bis 8,5). Im alkalischen Gebiet wächst, im Gegensatz zu den Verhältnissen bei Eisen und Stahl, die beständig bleiben, die Korrosionsgeschwindigkeit mit dem pH-Wert stark an. Dieser Unterschied ist darin begründet, daß Al^{3+}-Ionen durch OH^--Ionen leicht komplex unter Bildung von AlO_2^--Ionen gebunden werden:

$$Al + NaOH + H_2O \rightarrow NaAlO_2 + 3/2\ H_2 \qquad (1)$$

Diese Reaktion läuft bei Raumtemperatur sehr schnell ab, während die analoge Reaktion für Eisen, die zu $NaFeO_2$ und Na_2FeO_2 führt, hohe Alkalikonzentrationen und hohe Temperaturen benötigt.

20.1.4. Besonderheiten des Korrosionsverhaltens

Wie oben angeführt, sind für das Korrosionsverhalten des Aluminiums die Empfindlichkeit gegen Korrosion durch Alkalien und die ausgeprägte Schädigung durch Spuren von Cu-Ionen in wäßrigen Medien charakteristisch. Zusätzlich unterliegt Aluminium einem starken Angriff durch metallisches Quecksilber und Hg-Ionen und durch wasserfreie chlorhaltige Lösungsmittel, wie CCl_4, Dichloräthan und Dichlorpropan [6].

Die Geschwindigkeit des Angriffs kann sowohl in verdünnten wie in konzentrierten Alkalien beträchtliche Werte annehmen. Unter diesem Gesichtspunkt muß beim kathodischen Schutz von Aluminium ein übermäßiger Schutz vermieden werden, um eine Anreicherung von Alkalien an der Kathodenoberfläche zu vermeiden. Kalk, $Ca(OH)_2$ und einige stark alkalische organische Amine (aber nicht NH_4OH) wirken korrodierend. Frischer Portlandzement enthält Kalk und wirkt deshalb korrodierend, daher können Aluminiumoberflächen in Berührung mit feuchtem Beton sichtbar Wasserstoff entwickeln. Die Korrosionsgeschwindigkeit nimmt ab, wenn der Zement abbindet; und der Angriff geht nur dann weiter, wenn der Beton feucht gehalten wird oder hygroskopische Salze, wie $CaCl_2$, enthält.

Ein Quecksilbertropfen auf einer Aluminiumoberfläche zerstört die Passivität unter Amalgamierung des Metalls sofort. In Gegenwart von Feuchtigkeit wandelt sich das amalgamierte Aluminium schnell in Aluminiumoxid um, was an Rohren und Blechen eine Durchlöcherung verursacht. Quecksilberionen bewirken selbst in Spuren eine ähnliche Korrosionsbeschleunigung, die sich in untragbar hohen Abtragsraten äußert.

Durch die hohe Reaktionsgeschwindigkeit des Aluminiums mit wasserfreien chlorierten Lösungsmitteln sind schon schwere Unfälle entstanden, so beim Entfetten von Gußstücken, beim Kugelmahlen von Al-Blättchen mit CCl_4 und sogar, wenn Aluminiumbehälter bei Raumtemperatur für Gemische von chlorierten Lösungsmitteln verwendet wurden. Für die Reaktion mit CCl_4 wurde zum Beispiel folgende Umsatzgleichung festgestellt:

$$2\,Al + 6\,CCl_4 \rightarrow 3\,C_2Cl_6 + 2\,AlCl_3 \qquad (2)$$

Die Reaktion, bei der Hexachloräthan gebildet wird, ist exotherm. Die Korrosionsgeschwindigkeit von 99,99%igem Al in kochendem wasserfreiem CCl_4 ist sehr groß, und zwar 3750 g/m² · d (508 mm/a) [7]. Wenn die Temperatur bis

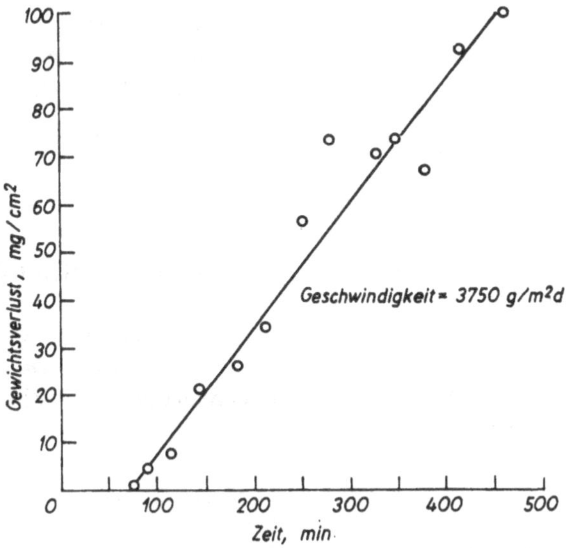

Abb. 2: Gewichtsverlust als Funktion der Einwirkungsdauer für 99,99%iges Al in kochendem, destilliertem CCl_4 mit 0,0011% H_2O-Gehalt (nach Stern und Uhlig)

zum Schmelzpunkt des Aluminiums ansteigt, kann die Reaktion explosionsartig verlaufen. Dem raschen Angriff geht eine Induktionszeit von etwa 55 Minuten voraus, während deren die Korrosion vernachlässigbar ist (*Abb. 2*). Die Induktionsperiode wird sowohl durch Anwesenheit von Wasser im CCl_4 (480 min) als auch durch einige Legierungszusätze, wie Mn oder Mg (30 h für AlMg 3), verlängert. Dagegen wird durch Zugabe von $AlCl_3$ oder $FeCl_3$ zum CCl_4 die Induksionszeit auf den Wert 0 verkürzt, ohne daß damit eine spürbare Wirkung auf die Korrosionsgeschwindigkeit verbunden wäre.

Die Korrosionsgeschwindigkeit in wassergesättigtem CCl_4 ist nach einer verlängerten Induktionszeit doppelt so hoch wie im wasserfreien Lösungsmittel (*Abb. 3*).

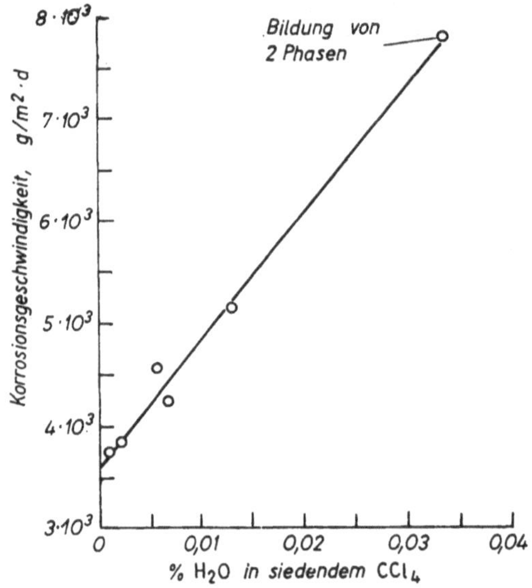

Abb. 3: Einfluß von Wasser auf die Korrosionsgeschwindigkeit von 99,99%igem Al in siedendem CCl_4 (STERN und UHLIG)

In der Praxis werden den chlorierten Lösungsmitteln oft flüchtige Inhibitoren zugegeben, um die schnelle Reaktion zu unterdrücken. Beispiele dafür sind verschiedene Ketone, Chinone und Amine, die wahrscheinlich bevorzugt in die Reaktion eingreifen und freie Radikale, wie $\cdot CCl_3$ und $\cdot Cl$, zerstören. Den letzteren wird eine wichtige Rolle im Reaktionsmechanismus zugeschrieben [8]. Zum Beispiel wurde folgende Kettenreaktion vorgeschlagen:

$$\left.\begin{array}{l} CCl_4 \rightarrow CCl_3\cdot + Cl\cdot \\ Al + Cl\cdot \rightarrow AlCl \end{array}\right\} \text{Startreaktionen}$$

$$\left.\begin{array}{l} AlCl + CCl_4 \rightarrow AlCl_2 + \cdot CCl_3 \\ AlCl_2 + CCl_4 \rightarrow AlCl_3 + \cdot CCl_3 \\ AlCl_3 + CCl_4 \rightarrow CCl_3^+\,[AlCl_4]^- \\ CCl_3^+\,[AlCl_4]^- \rightarrow AlCl_3 + \cdot CCl_3 + \cdot Cl \end{array}\right\} \text{Fortpflanzungsreaktionen}$$

$$\left.\begin{array}{l} 2\,\cdot CCl_3 \rightarrow C_2Cl_6 \\ \cdot Cl + \cdot CCl_3 \rightarrow CCl_4 \end{array}\right\} \text{Kettenabbruchsreaktionen}$$

Wasser kann an der Reaktion teilnehmen und die Kettenträger so lange abfangen, bis es durch die chemische Reaktion verbraucht ist oder eine ausreichende Menge $AlCl_3$ gebildet ist. Daher verlängert sich die Induktionszeit, wenn das Lösungsmittel Wasser enthält. Umgekehrt wird durch eine Vakuumbehandlung der Aluminiumproben die Induktionszeit von 55 auf 5 Minuten verkürzt, weil dabei wahrscheinlich der Wassergehalt des Oxidfilms verringert wird. Substanzen wie $AlCl_3$ verringern die Inkubationszeit dadurch, daß sie mit CCl_4 Komplexe bilden, die in freie Radikale zerfallen, die als Kettenträger wirken.

Legierungselemente wie Magnesium sollen bevorzugt mit den freien Radikalen reagieren. Damit wird die im Vergleich zu Rein-Al bessere Beständigkeit der Mg–Al-Legierungen gegen CCl_4 erklärt. Es gibt einige schlagende Argumente dafür, daß die Reaktion zwischen Al und chlorierten Lösungsmitteln keinem elektrochemischen Mechanismus folgt [9]:

a) Die Wirkung von Legierungskomponenten auf die Reaktion ist, wie oben dargelegt, umgekehrt wie in wäßrigen Medien.

b) Die galvanische Kombination mit anderen Metallen und das Anlegen elektrischer Spannungen sind ohne Einfluß auf die Korrosionsgeschwindigkeit.

c) In der siedenden Flüssigkeit und in der Dampfphase wird dieselbe Reaktionsgeschwindigkeit gefunden.

Die rote Färbung des CCl_4 bei der Reaktion mit Al, wahrscheinlich durch die $\cdot CCl_3$-Radikale hervorgerufen, und die Leichtigkeit, mit der viele organische Substanzen die Reaktion unterdrücken (freie Radikale sind sehr reaktionsfreudig), stützen den Radikalmechanismus ebenfalls.

Insgesamt gesehen ist Aluminium (Al 99,5) beständig gegen:

a) NH_4OH, heiß oder kalt.

b) Essigsäure, heiß oder kalt, und viele andere organische Säuren. Die höchsten Angriffsgeschwindigkeiten werden in siedender 1 bis 2%iger Säure erreicht. 99%ige Essigsäure greift nicht merklich an, die Entfernung der letzten 0,5% H_2O steigert den Angriff auf das hundertfache. Verunreinigungen durch Ameisensäure und Chlorid verstärken den Angriff ebenfalls. Al ist beständig gegen Zitronen-, Wein- und Apfelsäure.

c) Fettsäuren. Für die Destillation von Fettsäuren werden Al-Apparate verwendet.

d) Salpetersäure oberhalb 80% bis ungefähr 50 °C [10]. Siehe *Abb. 4*.

e) Destilliertes Wasser.

f) Atmosphärische Beanspruchung. Ausgezeichnet beständig gegenüber ländlicher, städtischer und Industrieatmosphäre, weniger gegen Meeresatmosphäre.

g) Schwefel, schwefelhaltige Atmosphären, H_2S. Al wird in Schwefelgruben angewandt.

h) Fluorierte gasförmige Kältemittel, zum Beispiel „Freon", dagegen nicht gegen Methylchlorid oder -bromid.

Aluminium ist unbeständig gegen:

a) Starke Säuren, wie HCl, HBr (verdünnt oder konzentriert), H_2SO_4 (befriedigend beständig für spezielle Fälle bei Raumtemperatur unterhalb 10%), HF, $HClO_4$, H_3PO_4, Ameisen-, Oxal- und Trichloressigsäure.

Hochreines Aluminium wird in HCl interkristallin korrodiert, besonders wenn es von 600 °C abgeschreckt, weniger, wenn es ofengekühlt wurde. Perryman [11] schreibt diese Neigung Eisenverunreinigungen zu, die in den Korngrenzbereichen angereichert werden.

Bei langsamer Abkühlung wird Eisen an den Korngrenzen in Form einer schwächer kathodischen und deshalb auch weniger stark zerstörenden intermetallischen Verbindung ausgeschieden.

b) Alkalien. Kalk und frischer Beton sind ebenso wie starke Alkalien, zum Beispiel NaOH, und die stark alkalischen Amine korrosiv. Die Korrosion durch Seifenlösungen wird durch Zusatz von einigen Zehntelprozenten Natriumsilikat inhibiert (bei starken Alkalien unwirksam!)

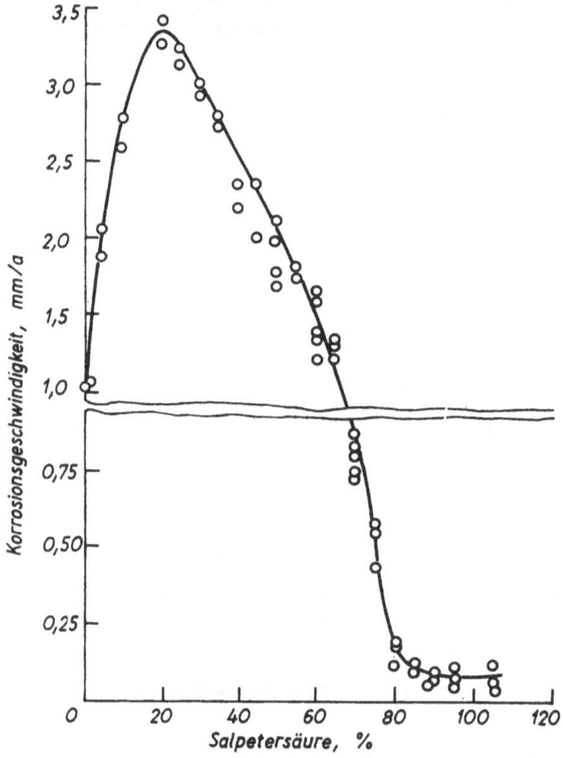

Abb. 4: Korrosionsgeschwindigkeit von Reinaluminium (Al 99) in Salpetersäure bei Raumtemperatur (nach E. Cook, R. Horst und W. Binger)

c) Quecksilber und Hg-Salze.

d) Meerwasser. An Spalten, Belägen und in Gegenwart von Schwermetallionen tritt Lochfraß auf.

e) Wässer mit einem Gehalt an Schwermetallionen, z. B. Wässer, die zuvor Kupfer-, Messing- oder Eisenrohre durchflossen haben, ferner Bergwerkswässer.

f) Gechlorte Lösungen.

g) Wasserfreier Äthyl-, Propyl- oder Butylalkohol bei erhöhten Temperaturen. Wasserspuren wirken als Inhibitor [10].

Hinsichtlich des Verhaltens im Erdboden siehe S. 163.

20.1.5. Kontaktkorrosion

Das Potential des Kadmiums liegt in vielen Medien sehr nahe bei dem von Aluminium, daher können verkadmete Schrauben, Bolzen und Beschläge aus Stahl mit Al in direkten Kontakt gebracht werden. Zink ist in seinem Potential etwas weiter entfernt, verhält sich jedoch gewöhnlich auch zufriedenstellend. Es ist gegenüber Al anodisch und zeigt daher in neutralen und sauren Medien die Tendenz, Aluminium kathodisch zu schützen. In alkalischem Medium erfolgt dagegen Potentialumkehr, so daß das Zink die Aluminiumkorrosion beschleunigt.

Mg ist gegenüber Al anodisch, jedoch sind die Potentialdifferenz und der Strom, der bei einer Kombination der beiden Metalle beispielsweise in Meerwasser fließt, so hoch, daß ein übermäßiger kathodischer Schutz resultieren, durch den das Al zerstört wird. Al-Legierungen, die mit Mg verbunden werden, sollten nur in geringem Maße mit Schwermetallen, besonders Fe, Cu und Ni, verunreinigt sein, die als Lokalkathoden wirken. Mit Mg legiertes Al wird in solchen Fällen in geringerem Maße geschädigt. Bei Kombination von hochreinem Aluminium mit Magnesium sollen nach [12] beide Metalle unzerstört bleiben.

Ein Kontakt mit Kupfer oder Kupferlegierungen ist wegen der damit verbundenen Zerstörung des Aluminiums unbedingt zu vermeiden. In diesem Zusammenhang ist es auch wichtig, daß Al nicht mit Regenwasser in Berührung kommt, das über Blitzableiter oder durch Dachrinnen aus Kupfer geflossen ist, da durch die geringen in solchen Wässern enthaltenen Cu^{++}-Mengen eine Zerstörung des Aluminiums herbeigeführt werden kann.

In ländlichen Gegenden ist der Kontakt von Stahl und Aluminium gewöhnlich unbedenklich, während in Küstengebieten das Al verstärkt angegriffen wird. In Süßwässern kann Aluminium je nach der Zusammensetzung des Wassers sowohl anodisch als auch kathodisch gegenüber Stahl sein.

20.1.6. Aluminiumlegierungen

Die üblichen Legierungszusätze zur Verbesserung der Festigkeitseigenschaften von Aluminium sind Cu, Si, Mg, Zn und Mn. Davon vermag Mn auch die Korrosionsbeständigkeit von Knet- und Gußlegierungen spürbar zu verbessern. Ein Grund dafür besteht darin, daß die sich bildende Verbindung $MnAl_6$ Eisen in eine feste Lösung überführt. Die Verbindung $(MnFe)Al_6$ sinkt zum Boden der Schmelze ab, wodurch der schädliche Einfluß kleiner Eisenmengen, die als Verunreinigungen vorliegen, vermindert wird. Co, Cu und Ni werden nicht auf diese Art unschädlich gemacht, so daß nicht zu erwarten ist, daß die ungünstige Wirkung dieser Legierungsbestandteile von Manganzusätzen aufgehoben würde.

Die Duraluminiumlegierungen (zum Beispiel vom Typ AlCuMg 0,5 und AlCuMg 2) enthalten einige Prozent Kupfer, ihre verbesserte Zugfestigkeit beruht auf der Ausscheidung von $CuAl_2$ entlang der Gleitflächen und Korngrenzen. Oberhalb einer Homogenisierungstemperatur von etwa 480 °C befindet sich Cu in fester

Lösung und bleibt beim Abschrecken in diesem Zustand. Die Ausscheidung findet bei Zimmertemperatur langsam und unter fortschreitender Festigkeitszunahme statt. Wird die Legierung von der Temperatur der festen Lösung mit kochendem Wasser abgeschreckt oder nach dem Abschrecken auf über 120 °C erwärmt (künstlich gealtert), scheidet sich $CuAl_2$ bevorzugt entlang der Korngrenzen aus. Dies führt zu einer Verarmung der Legierung an Cu in der Nähe der intermetallischen Verbindung, dadurch werden die Korngrenzen gegenüber den Körnern selbst anodisch, und es resultiert eine ausgeprägte Neigung zu interkristalliner Korrosion. Eine längere Erwärmung (Überalterung) stellt die einheitliche Legierungszusammensetzung in den Kristalliten und an den Korngrenzen wieder her und bringt die Empfindlichkeit gegen diesen Korrosionstyp zum Verschwinden, allerdings bis zu einem gewissen Grade auf Kosten der mechanischen Festigkeit. In der Praxis wird die Legierung von etwa 490 °C auf Raumtemperatur abgeschreckt und dann bei Raumtemperatur gealtert.

Wenn Duraluminium in Gegenwart von Feuchtigkeit auf Zug beansprucht wird, kann es entlang der Korngrenzen reißen (Spannungsrißkorrosion). Wie oben dargelegt, kann die Legierung durch eine Wärmebehandlung für derartige Schädigungen empfänglich gemacht werden. Reinaluminium ist hingegen unempfindlich gegen Spannungsrißkorrosion.

Gezogene oder kalt bearbeitete Teile aus Aluminium-Magnesium-Legierungen mit 5 bis 7% Mg unterliegen in feuchter Luft ebenfalls der Spannungsrißkorrosion. Um dadurch entstehende Ausfälle zu vermeiden, muß die Legierung von der Homogenisierungstemperatur aus langsam (50 grd/h) abgekühlt werden. Dabei erstarrt vermutlich die β-Phase (Al_3Mg_2), ein Vorgang, der durch Zugabe von 0,2% Cr beschleunigt wird [14]. Edeleanu [15] zeigte, daß sich durch kathodischen Schutz das Weiterwachsen von Rissen verhindern ließ, die unter dem Einfluß von 3%iger NaCl bereits in die Legierung vorgedrungen waren. Während der Alterung der Legierung bei niederer Temperatur trat das Maximum der Empfindlichkeit gegen Spannungsrißkorrosion bereits auf, ehe die höchsten Härtewerte erreicht waren. Dieses Verhalten entspricht dem einer Dural-Legierung mit 4,6% Cu und 1,5% Mg, bei der nach früheren Veröffentlichungen von Robertson [16] im Laufe der Alterung bei 160 bis 205 °C die maximale Empfindlichkeit gegen interkristalline Korrosion durch eine 5%ige NaCl-Lösung mit 0,3% H_2O_2 ebenfalls schon vor Erreichen der maximalen Zugfestigkeit auftrat. Edeleanu äußerte hierzu die Vermutung, daß der korrosionsanfällige und zur Rißbildung entlang der Korngrenzen führende Stoff nicht die für die Härte des Werkstoffs verantwortliche Gleichgewichtsphase sei, sondern daß an Stelle einer Abscheidung der intermetallischen Verbindung an den Korngrenzen bevorzugt Mg-Atome angereichert würden. Nach diesen Vorstellungen läßt sich die Abnahme der Spannungskorrosions-Empfindlichkeit bei weiterer Alterung dadurch erklären, daß bei der Ausscheidung der β-Phase die zunächst entstandene Mg-reiche Schicht an den Korngrenzen wieder verbraucht wird.

Wie schon früher bemerkt, bewirkt die Plattierung von Aluminiumlegierungen einen kathodischen Schutz gegen interkristalline und Spannungsrißkorrosion. Es sind viele weitere Aluminiumlegierungen in Gebrauch, die mehr oder weniger empfindlich gegen Spannungsrißkorrosion sind. Der Mechanismus entspricht im allgemeinen den oben beschriebenen.

20.2. Magnesium

$$Mg \rightarrow Mg^{++} + 2e^-; \qquad \varepsilon^0 = -2{,}34\ V$$

Mehrere Autoren haben es wahrscheinlich gemacht, daß Magnesium bei der anodischen Auflösung zu einem großen Teil in Mg^+-Ionen umgewandelt wird und daß dieses Ion Wasser unter Bildung von Mg^{++} und H_2 reduziert (siehe S. 202).

Magnesium ist das elektrochemisch unedelste konstruktiv verwendete Metall. Seine geringe Dichte (1,7 g/cm³) bringt Vorteile, wo das Gewicht eine Rolle spielt. Es wird in Berührung mit Wasser mit oder ohne Sauerstoff passiv. Die Korrosionsgeschwindigkeit wird von gelöstem O_2 nur wenig beeinflußt, die Korrosion verläuft vielmehr meist unter Wasserstoffentwicklung.

Die Korrosionsbeständigkeit hängt noch stärker als beim Aluminium vom Reinheitsgrad des Metalls ab. Destilliertes Magnesium wird zum Beispiel in Meerwasser mit einer Geschwindigkeit von 0,25 mm/a korrodiert, also etwa doppelt so schnell wie Eisen. Handelsübliches Magnesium wird dagegen mit 100-bis 500facher Geschwindigkeit unter sichtbarer Wasserstoffentwicklung angegriffen. Die in der Hauptsache für die höhere Korrosionsgeschwindigkeit des käuflichen Magnesiums verantwortlichen Verunreinigungen sind Fe und in geringerem Maße Ni und Cu. Ihre Wirkung macht sich oberhalb einer kritischen Konzentration, der sogenannten Toleranzgrenze [17] bemerkbar. Für Eisen liegt die Toleranzgrenze bei 0,017%, für Ni und Cu bei 0,005% bzw. 0,1% (*Abb. 5*). Durch Zulegieren von Mn und Zn lassen sich diese Grenzkonzentrationen zu höheren Werten verschieben. Diese Erscheinung scheint mindestens im Falle des Mangans darauf zurückzugehen, daß eine unlösliche intermetallische Verbindung gebildet wird, die Eisen in sich aufnimmt. Diese ist schwerer als das Magnesium und sinkt deshalb, ebenso wie die analoge Verbindung beim Aluminium, in der Schmelze zu Boden, wodurch der wirksame Eisengehalt des Gußmetalls verringert wird. Nach anderen Angaben [18] soll die intermetallische Verbindung die Fe-Partikel umgeben und sie dadurch als Lokalkathoden unschädlich machen.

Stärkere Einschränkungen beim Einsatz von Magnesiumlegierungen als Konstruktionsmetalle ergeben sich durch

a) ihre Empfindlichkeit gegen Spannungsrißkorrosion. Als relativ beständig gelten Legierungen mit 1,5% Mn, 3% Zn und 0,7% Zr.

b) die Korrosionsneigung von Mg und Mg-Legierungen bei galvanischer Verbindung mit anderen Metallen. Aluminiumlegierungen mit etwas Magnesium (z. B. die Legierungen AlMg 1, AlMg 3, AlMg 5 werden von den durch das Mg–Al-Element gebildeten Alkalien am wenigsten angegriffen und können in leitendem Kontakt mit Magnesium eingesetzt werden. Reinaluminium verhält sich ebenfalls befriedigend. Im allgemeinen muß aber Mg von allen edleren Metallen isoliert werden, oder es müssen unter Bolzenköpfen und Muttern große isolierende Unterlegscheiben angebracht werden, um den Stromweg im Elektrolyten zu verlängern und so durch einen erhöhten Widerstand die galvanische Korrosion zu verringern.

Im großen und ganzen ist Magnesium beständig gegen

a) Atmosphärische Beanspruchung. Die Legierung muß innerlich spannungsfrei sein, starke Zugspannungen sind wegen der Gefahr der Spannungsrißkorrosion zu vermeiden.

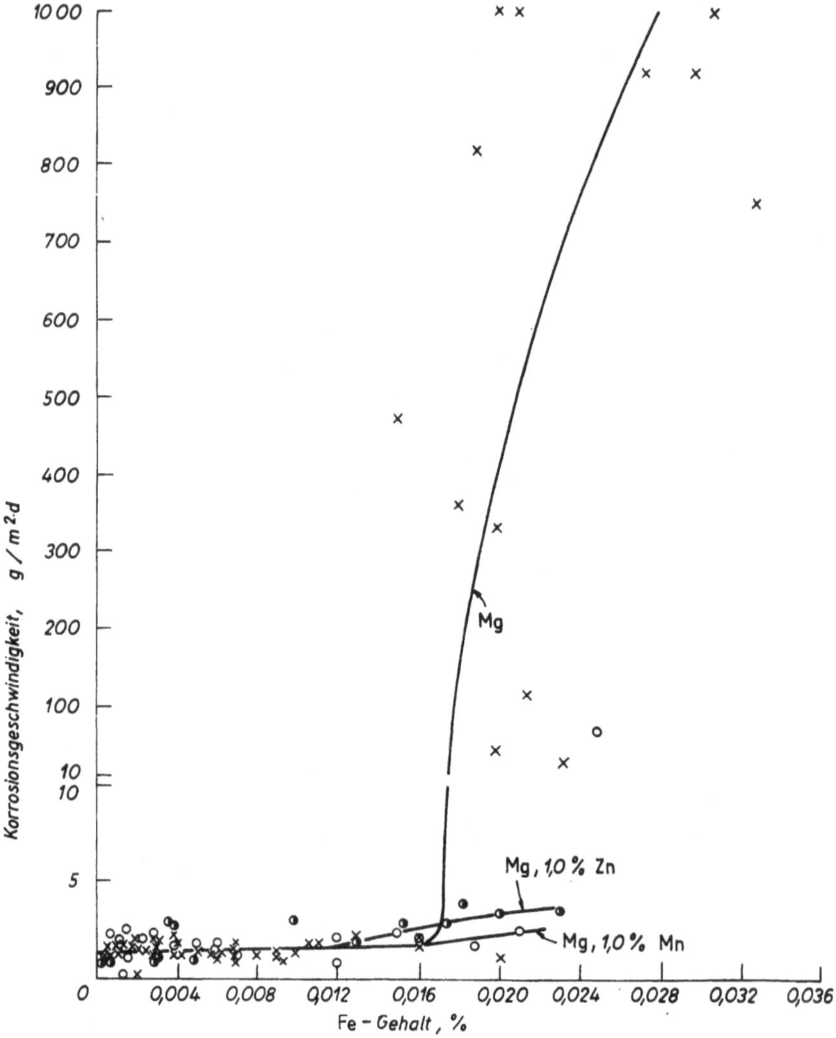

Abb. 5: Korrosion von Magnesium im Wechseltauchversuch in 3%iger NaCl-Lösung. Versuchsdauer 16 Wochen. Die Toleranzgrenze für Eisen und die günstige Wirkung von Zn und Mn als Legierungsbestandteile sind deutlich zu erkennen (nach Hanawalt, Nelson und Peloubet)

b) Destilliertes Wasser. Hier gelten dieselben Voraussetzungen wie unter *a*).

c) Flußsäure in Konzentrationen über 2%. In ihr bildet sich ein Schutzfilm aus MgF_2. An der Luft-Wasser-Grenzlinie kann Lochfraß auftreten. Die Korrosionsgeschwindigkeit einer Legierung mit 8% Al und 0,2% Mn beträgt in 5%iger Flußsäure 2,3 g/m² · d, in einer Säure von 48% 0,05 g/m² · d.

d) Alkalien. Im Gegensatz zu Aluminium ist Magnesium alkalibeständig. Die Korrosionsgeschwindigkeit hochreinen Magnesiums in einer 48%igen Natronlauge mit 4% NaCl beträgt 0,2 g/m² · d. Oberhalb 60% steigt die Geschwindigkeit merklich an.

Magnesium ist nicht beständig gegen

a) Wässer mit Schwermetallspuren,

b) Meerwasser,

c) anorganische oder organische Säuren und saure Salze (zum Beispiel NH_4^+-Salze),

d) Methanol (wasserfrei). Es bildet sich Magnesiummethylat. Die Reaktion kann durch $(NH_4)_2S$, H_2CrO_4, Terpentin oder Dimethylglyoxin inhibiert werden. Die Beständigkeit gegen höhere Alkohole ist befriedigend,

e) verbleites Benzin,

f) CCl_2F_2 („Freon") in Gegenwart von Wasser. Das wasserfreie Gas wirkt nicht korrodierend.

Literatur-Anmerkungen

[1] E. Raijola u. A. Davidson, J. Am. Chem. Soc., **78** (1956), 556

[2] J. Draley u. W. Ruther, Corrosion, **12** (1956), 441, 480

[3] T. Pearson u. H. Phillips, „*Corrosion of Pure Aluminium*", Metallurgical Reviews, Band 2, S. 305, Institute of Metals, London (1957)

[4] J. Draley u. W. Ruther, J. Electrochem. Soc., **104** (1957), 329

[5] D. MacLennan, A. McMillan u. J. Greenblatt: „*The Corrosion of Aluminium and Aluminium Alloys in High Temperature Water*", 1. Int. Kongr. über Korrosion der Metalle, Butterworths, London, 1961

[6] A. Hamstead, G. Elder u. J. Canterbury, Corrosion, **14** (1958), 189t

[7] M. Stern u. H. Uhlig, J. Electrochem. Soc., **99** (1952), 381, 389

[8] M. Stern u. H. Uhlig, J. Electrochem. Soc., **100** (1953), 543

[9] Über eine andere Ansicht informiere sich der Leser in R. Brown, E. Cook, M. Brown u. S. Minford, J. Electrochem. Soc., **106** (1959), 192

[10] E. Cook, R. Horst u. W. Binger, Corrosion, **17** (1961), 25t

[11] E. Perryman, J. Metals, **5** (1953), 911

[12] M. Bothwell, J. Electrochem. Soc., **106** (1959), 1014

[13] M. Whitaker, Metal Industry, *80*, **9** (1952), 1

[14] P. Brenner, Metal Progress, **65** (1954), 112

[15] C. Edeleanu, J. Inst. Metals, **80**, (1951), 187

[16] W. Robertson, Trans. Am. Inst. Mining Met. Engrs., **166** (1946), 216; s. auch U. Evans: „*The Corrosion and Oxidation of Metals*", S. 674, Ed. Arnold, London, 1960

[17] J. Hanawalt, C. Nelson u. J. Peloubet, Trans. Am. Inst. Mining Met. Engrs., Inst. Metals Div. **147** (1942), 273

[18] H. Robinson u. P. George, Corrosion, **10** (1954), 182

[19] E. Perryman, J. Inst. of Metals, **78** (1951), 621

Allgemeine Literaturhinweise:

Aluminium:

R. Mears in „*Corrosion Handbook*“, hrsg. v. H. H. Uhlig, S. 39–56, Verlag John Wiley and Sons, New York (1948)

M. Whitaker, Metal Industrie, 80 (1952), 1

„*Das chemische Verhalten von Aluminium*“, Aluminium-Verlag G.m.b.H. Düsseldorf (1955), 333 S.

D. Altenpohl: „*Aluminium und Aluminiumlegierungen*“, Springer-Verlag, 1965, bes. S. 840 bis 890

„*Aluminium-Taschenbuch*“, 12. Auflage, Aluminium-Verlag G.m.b.H. Düsseldorf, 1963

Magnesium:

W. Loosé in „*Corrosion Handbook*“, hrsg. v. H. H. Uhlig, S. 218–252, Verlag John Wiley and Sons, New York, 1948

C. Sheldon Roberts: „*Magnesium and its Alloys*“ (Magnesium und seine Legierungen), Verlag John Wiley and Sons, New York, 1960

21. Blei

$$Pb \rightarrow Pb^{++} + 2e^{-} \qquad \varepsilon^0 = -0{,}126 \text{ V}$$

Blei ist elektrochemisch relativ unedel, wird aber auf Grund der Ausbildung einer dicken diffusionshemmenden Schicht in vielen Medien, die unlösliche Bleiverbindungen bilden (zum Beispiel H_2SO_4, HF, H_3PO_4, H_2CrO_4), passiv. In diesen Säuren ist seine Korrosionsbeständigkeit gut, vorausgesetzt, daß die Geschwindigkeit von Metall und Säure zueinander unterhalb eines Wertes liegt, bei dem die erosive Zerstörung des Schutzfilms beginnt. Blei findet in der chemischen Industrie als Auskleidungs- und Rohrmaterial vielfach Anwendung.

Das Metall wird durch verdünnte Salpetersäure und verschiedene organische Säuren, wie Essig- und Ameisensäure, in lufthaltiger Lösung korrodiert. Bei Berührung mit gewissen frischen Hölzern, zum Beispiel Douglasfichte oder Eiche, die langsam flüchtige organische Säuren abgeben, kann die Korrosion erhebliche Ausmaße annehmen. Durch trockenes Zedern- oder Schierlingsholz werden keine solchen Schädigungen verursacht [1].

Auf Grund seines amphoteren Charakters wird Blei durch Alkalien je nach Sauerstoffzutritt, Temperatur und Konzentration mit mäßiger bis hoher Geschwindigkeit korrodiert. Es wird zum Beispiel bei Raumtemperatur durch Kalziumhydroxidlösungen sowie durch Wasser, das mit frischem Portlandzement in Berührung steht, angegriffen.

Eine Pb–Ag-Legierung mit 2% Ag wird für korrosionsbeständige Anoden zum kathodischen Schutz von Wasserbauten in Meerwasser eingesetzt. Durch Zulegieren von 6 bis 12% Sb wird die Festigkeit des sonst weichen Metalls erhöht (nur unterhalb 120 °C), jedoch ist die Korrosionsfestigkeit der Legierung in manchen Medien geringer als die des reinen Metalls.

Blei ist meerwasserresistent und auch in Süßwasser haltbar; die Toxizität der Bleisalze selbst in Spuren lassen es jedoch geboten erscheinen, Blei und seine Legierungen nicht für weiche Trinkwässer, kohlensäurehaltige Getränke und Nahrungsmittel zu verwenden. Die Korrosionsgeschwindigkeit in belüftetem destilliertem Wasser ist hoch (etwa 9 $g/m^2 \cdot d$, siehe *Fig.* 2, S. 210, „*Corrosion Handbook*") und steigt mit der Konzentration des gelösten Sauerstoffs noch weiter an. In Abwesenheit von Sauerstoff ist die Korrosionsgeschwindigkeit in Wässern und verdünnten Säuren vernachlässigbar oder gleich null.

Blei ist beständig gegen atmosphärische Beanspruchung, besonders durch Industrieatmosphären, in denen sich eine Schutzschicht aus $PbSO_4$ bildet. In manchen Böden, zum Beispiel bei Anwesenheit organischer Säuren, kann die

Korrosionsgeschwindigkeit von Blei die von Stahl übersteigen, in Böden mit hohem Sulfatgehalt ist sie gering. Lösliche Silikate, die in manchen Böden und natürlichen Wässern enthalten sind, wirken als gute Korrosionsinhibitoren.

Der hohe thermische Ausdehnungskoeffizient ($30 \cdot 10^{-6}$/grd) des Bleis kann in Fällen, wo periodische Temperaturwechsel auftreten, interkristalline Rißbildung auf Grund von Ermüdungs- und Korrosionsermüdungserscheinungen hervorrufen.

Insgesamt ist Blei beständig gegen:

A) viele starke Säuren

- *a*) $H_2SO_4 < 96\%$ bei Raumtemperatur; die Korrosionsgeschwindigkeit in $< 80\%$iger kochender H_2SO_4 beträgt weniger als 2 mm/a, in 20%iger kochender H_2SO_4 0,075 mm/a (s. Fig. 4, S. 212, „*Corrosion Handbook*")
- *b*) handelsübliche Phosphorsäure (heiß oder kalt)
- *c*) H_2CrO_4 (wie zur Verchromung üblich)
- *d*) HF in Konzentrationen bis zu 60 bis 65% (Raumtemperatur)
- *e*) H_2SO_3

B) atmosphärischen Angriff, speziell in Industrieatmosphäre

C) Meerwasser (Korrosionsgeschwindigkeit 0,0125 mm/a)

D) feuchtes oder trockenes Chlor bei Temperaturen unter 100 °C (jedoch gegen Br_2 nur in trockenem Zustand bei niedrigeren Temperaturen), SO_2, SO_3, H_2S.

Blei ist unbeständig gegen:

A) HNO_3 in Konzentrationen unter 70%

B) HCl

C) konzentrierte Schwefelsäure ($> 96\%$, Raumtemperatur)

D) Alkalien; für manche Einsatzfälle in der chemischen Industrie wird die Korrosionsgeschwindigkeit in Alkalien als vertretbar angesehen

E) HF, gasförmig

F) viele organische Säuren (bei Luftzutritt).

Literatur-Anmerkungen

[1] G. Hiers in „*Corrosion Handbook*", S. 216

Allgemeine Literaturhinweise:

W. Hofmann: „*Blei und Bleilegierungen*", 2. Aufl., Springer-Verlag, 1962

E. Pelzel: „*Das Korrosionsverhalten von Blei und Bleilegierungen in Schwefelsäure*" Metall, **14** (1960), 765; **16** (1962), 764; **19** (1965), 818; **20** (1966), 846; **21** (1967), 23 und 826

22. Nickel- und Nickel-Legierungen

$$Ni \rightarrow Ni^{++} + 2e^- \qquad \varepsilon^0 = -0{,}250\ V$$

Nickel ist in der elektrochemischen Spannungsreihe unedler als Wasserstoff, aber edler als Eisen. Es reagiert nur langsam mit verdünnten nichtoxydierenden Säuren, wie H_2SO_4 und HCl, wenn nicht gelöster Sauerstoff zugegen ist. Es ist bei Raumtemperatur in luftfreiem Wasser, in dem sich als Korrosionsprodukt $Ni(OH)_2$ bilden würde, thermodynamisch stabil (d. h., es wird nicht korrodiert). In vielen lufthaltigen Lösungen ist es passiv, jedoch ist die Passivschicht nicht so stabil wie beispielsweise beim Chrom (das FLADE-Potential des Nickels liegt bei 0,2 V), [1]. In Meerwasser wird es unter Lochfraß korrodiert (Aktiv-Passiv-Zellen).

Nickel ist außerordentlich beständig gegen heiße und kalte Alkalien. Nur Silber und eventuell Zirkon sind hier noch widerstandsfähiger. In kochendem 50%igem NaOH wird Ni mit einer Geschwindigkeit von 0,06 g/m² · d (0,0025 mm/a) korrodiert. Es widersteht auch geschmolzenem NaOH, allerdings sollte für derartige Fälle Nickel mit niedrigem Kohlenstoffgehalt bevorzugt eingesetzt werden, um interkristallinen Angriff auf das unter Spannung stehende Metall zu vermeiden (eine Entspannungsglühung von 5 Min. bei 875 °C ist angebracht). Nickel wird durch lufthaltige wäßrige Ammoniaklösungen angegriffen, wobei das lösliche Komplexion $Ni(NH_3)_6^{++}$ als Korrosionsprodukt gebildet wird. Es wird auch von starken Hypochloritlösungen unter Entstehung von Löchern angegriffen. Kleine Mengen Natriumsilikat wirken als Inhibitor [2].

Nickel unterliegt außer in hochkonzentrierten Alkalilösungen und in geschmolzenen Alkalien nicht der Spannungsrißkorrosion (s. o.).

Nickel besitzt eine ausgezeichnete Beständigkeit gegen Hochtemperaturoxydation durch Luft bei 800 bis 875 °C und wird oft bei noch höheren Temperaturen eingesetzt. Wenn es bei erhöhten Temperaturen abwechselnd oxydierenden und reduzierenden Atmosphären ausgesetzt wird, neigt es zur Oxydation entlang der Korngrenzen. Es wird auch in schwefelhaltiger Umgebung oberhalb 315 °C an den Korngrenzen angegriffen. Geschmolzene Salze, die mit Schwefel oder Sulfiten und organischen oder anderen reduzierenden Substanzen verunreinigt sind, können Ni oder stark nickelhaltige Legierungen auf diese Weise zerstören.

Insgesamt gesehen ist Ni beständig gegen:

a) Heiße oder kalte sowie geschmolzene Alkalien.

b) Verdünnte nichtoxydierende anorganische und organische Säuren. Die Beständigkeit wird durch Belüftung der Säuren verbessert.

c) Atmosphärische Einflüsse. In Industrieatmosphäre bildet sich eine Schicht aus basischem Nickelsulfat, die keine Schutzwirkung besitzt (Schleierbildung, Anlaufen). Das Anlaufen wird durch eine dünne galvanische Chromschicht verhindert. Die Beständigkeit gegen Hochtemperaturoxydation ist gut.

Nickel ist nicht beständig gegen:

a) Oxydierende Säuren, zum Beispiel HNO_3

b) Oxydierende Salze, z. B. $FeCl_3$, $CuCl_2$, $K_2Cr_2O_7$

c) Lufthaltiges Ammoniumhydroxid

d) Alkalihypochlorite

e) Meerwasser

f) Schwefel und schwefelhaltige reduzierende Medien oberhalb 315 °C

22.1. Nickel-Legierungen

22.1.1. Allgemeines Verhalten

Zulegieren von Kupfer verbessert in einem gewissen Maße die Beständigkeit des Nickels unter reduzierenden Bedingtngen, zum Beispiel in nichtoxydierenden Säuren. In Übereinstimmung mit der Beständigkeit des Kupfers gegen Lochfraß ist die Neigung zur Lochbildung in Meerwasser bei den Ni–Cu-Legierungen weniger ausgeprägt als bei Ni, und die Löcher entwickeln sich stärker in die Breite als in die Tiefe. Oberhalb eines Kupfergehalts von 60 bis 70 Atom-% (62 bis 72 Gew.-%) verlieren die Legierungen die für das Ni charakteristische Fähigkeit zur Passivierung und nähern sich in ihrem Verhalten dem Cu (siehe S. 78), behalten aber die stark verbesserte Beständigkeit gegen Erosions-Korrosionserscheinungen (Wasserschlag) bei. Daher zeigen Cu-Legierungen mit 10 bis 30% Ni in ruhendem Seewasser keinen Lochfraß und bewähren sich auch in schnell bewegtem Seewasser gut. Solche Legierungen, deren Beständigkeit gegen Erosionskorrosion durch ein Zehntel bis 1,75% Fe noch weiter verbessert wird, finden für Seewasser-Kühlerrohre Verwendung. Die Ni–Cu-Legierung mit 70% Ni (Monel) zeigt dagegen in ruhendem Seewasser Lochfraß und wird am besten nur in schnell strömendem, sauerstoffhaltigem Meerwasser angewandt, um eine durchgehende Passivität zu gewährleisten. Monel wird nicht durch Lochfraß zerstört, wenn es durch Kombination mit einem unedleren Metall, zum Beispiel Fe, kathodisch geschützt wird.

Zugabe von Chrom macht Nickel beständig gegen oxydierende Agenzien, z. B. HNO_3 und H_2CrO_4. Die kritische Minimalkonzentration, die sich aus den Passivierungsstromdichten in H_2SO_4 ergibt, beträgt 14 Gew.-% Cr [3].

Gleichzeitig wird die Empfindlichkeit gegen Cl^--Ionen und HCl im Verhältnis zu reinem Ni verstärkt, und wenn die Legierung unbewegtem Seewasser ausgesetzt wird, bilden sich tiefe Löcher. Chromzugabe verbessert auch die Beständigkeit des Nickels gegen Hochtemperaturoxydation. Eine wichtige handelsübliche Legierung besteht aus 20% Cr und 80% Ni (siehe S. 181).

Durch Zulegieren von Molybdän wird Nickel in beträchtlichem Maße widerstandsfähiger gegen reduzierende Einflüsse. Die Korrosionspotentiale solcher Legierungen in be- und entlüfteten Säuren sind meist negativer als ihre Flade-Potentiale [4, 5], so daß die Legierungen nicht passiv im Sinne von *Definition 1* (S. 61) sind. Zum Beispiel liegen die Korrosionspotentiale von Ni-Legierungen mit 3 bis 22,8% Mo in H_2-gesättigter 5%iger Schwefelsäure nicht mehr als 2 mV vom Potential der platinierten Platinelektrode in derselben Lösung entfernt [4]. Obwohl das Korrosionspotential im Aktivbereich der Stromspannungskurve liegt, wird beispielsweise eine Ni-Legierung mit 12% Mo bei 70 °C in entlüfteter 10%iger Salzsäure nur mit $^1/_{12}$ der Geschwindigkeit des reinen Nickels korrodiert. Die Korrosionsgeschwindigkeit sinkt mit wachsendem Molybdängehalt der Legierung noch weiter ab (bei 25% Mo noch $^1/_{100}$ der Korrosionsgeschwindigkeit von Ni). Polarisationsmessungen zeigen, daß Mo in Ni-Legierungen nur einen geringen Einfluß auf die Wasserstoff-Überspannung hat, aber die anodische Polarisation vergrößert, so daß die Korrosionsgeschwindigkeit der Legierung anodisch kontrolliert wird. Die Vergrößerung der anodischen Polarisation ist mit größerer Wahrscheinlichkeit auf eine durch das Mo hervorgerufene Behinderung der Hydratation der Metallionen oder auf einen porösen Molybdänoxidfilm, der als Diffusionssperre wirkt, zurückzuführen, als auf eine eigentliche Passivschicht, wie sie für Cr oder Cr–Ni-Legierungen typisch ist.

Da die binären Legierungen schlechte mechanische Eigenschaften haben (geringe Duktilität, schlechte Verarbeitbarkeit), werden andere Elemente, zum Beispiel Eisen zugesetzt, um 3- oder Vielstofflegierungen zu erhalten. Diese sind auch noch schwierig zu bearbeiten, zeigen aber gegenüber den binären Legierungen schon Verbesserungen. Die Beständigkeit solcher Legierungen gegen Salz- und Schwefelsäure ist besser als die von Ni, in oxydierenden Medien, zum Beispiel HNO_3, tritt keine Verbesserung ein. Da die Ni–Mo–Fe-Legierungen aktive Korrosionspotentiale besitzen und deshalb keine Aktiv-Passiv-Zellen bilden können, erleiden sie in den stark sauren Medien, denen sie in der Praxis meist ausgesetzt werden, keinen Lochfraß.

Durch Legieren von Ni mit Mo und Cr gemeinsam wird eine Legierung erhalten, der der Cr-Anteil Beständigkeit gegen oxydierende, der Mo-Anteil gegen reduzierende Medien verleiht. Eine solche Legierung, die auch einige Prozente Fe und W enthält (Hastelloy C), erwies sich in Versuchen von 10jähriger Dauer als unempfindlich gegen Lochfraß und Spaltkorrosion in Meerwasser und läuft in Meeresatmosphäre nicht an. Legierungen dieser Art werden aber ungeachtet der verbesserten Beständigkeit gegen Cl-Ionen in Salzsäure schneller korrodiert als die Cr-freien Ni–Mo-Legierungen.

Die Namen einiger handelsüblicher Ni-Basislegierungen mit Cu, Mo und Cr sind in *Tab. 1* gegeben. Die Ni–Cu-Legierungen lassen sich leicht walzen und spanend bearbeiten, während die Ni–Cr-Legierungen weniger leicht, die Ni–Mo–Fe- und Ni–Mo–Cr- sogar schwierig zu zerspanen und zu verarbeiten sind.

Einige käufliche Cr–Ni–Fe–Mo-Legierungen, die in ihrer Zusammensetzung den hochnickelhaltigen rostbeständigen Stählen entsprechen, enthalten auch einige

Tabelle 1:

Chemische Zusammensetzung einiger handelsüblicher Knetlegierungen auf Ni-Basis

	%									
	Ni	Mo	Co	Cr	W	Fe	Si	Mn	C	Sonstige
Monel, Legierung 400*)	66					1,4	0,2	0,9	0,12	31,5% Cu
Inconel, Legierung 600*)	76			16		7,2	0,2	0,2	0,04	
Hastelloy, B**)	~ 61	26 bis 30	≦ 2,5	≦ 1,0		4,0 bis 7,0	≦ 1,0	≦ 1,0	≦ 0,05	
Hastelloy C**)	~ 54	15 bis 17	≦ 2,5	14,5 bis 16,5	3 bis 4,5	4,7	≦ 1,0	≦ 1,0	≦ 0,08	
Hastelloy F**)	~ 48	5,5 bis 5,7	2,5	21 bis 23	≦ 1,0	13,5 bis 17	≦ 1,0	1 bis 2	≦ 0,05	Nb + Ta, 1,75 bis 2,5%

*) Schutzmarke der International Nickel Co.
**) Schutzmarke der Haynes Stellite Co.

Prozente Cu. Sie zeichnen sich dadurch aus, daß sie — neben ihrer Resistenz gegen andere Medien — gegen Schwefelsäure in einem weiten Konzentrationsbereich beständig sind.

Die Funktion des Cu in der Legierung ist dieselbe wie die des Pd im Ti (siehe S. 68), nämlich die kathodische Reaktion (H^+- oder O_2-Reduktion) so zu beschleunigen, daß die anodische Stromdichte den kritischen Wert für die Passivierung erreicht.

22.1.2 Die Legierung NiCu30

Diese Legierung wird auf Grund ihrer Beständigkeit gegen schnell strömendes Seewasser oft für Ventileinsätze und Pumpenwellen verwendet. Daneben wird sie in der Industrie für Heißwassertanks und mannigfache Anlagen der chemischen Industrie eingesetzt. Sie widersteht kochender Schwefelsäure in Konzentrationen unter 20%, die Korrosionsgeschwindigkeit beträgt hier weniger als 0,2 mm/a (23-Stunden-Versuch), [6]. Sie ist außerordentlich beständig gegen luftfreie Flußsäure aller Konzentrationen bei Temperaturen bis zum Siedepunkt (Korrosionsgeschwindigkeit in N_2-gesättigter 35%iger Flußsäure bei 120 °C 0,025 mm/a, in luftgesättigter Säure 3,75 mm/a), [7]. Die Beständigkeit gegen Alkalien außer heißen konzentrierten Alkalilaugen oder lufthaltiger NH_4OH-Lösung ist gut.

Die Legierung ist nicht widerstandsfähig gegen oxydierende Medien, wie HNO_3, $FeCl_3$, $CuSO_4$, H_2CrO_4 und feuchtes Cl_2, Br_2, SO_2, NH_3. Bei Einwirkung von Fluorokieselsäure und in konzentrierter heißer Natronlauge sind Fälle von Spannungsrißkorrosion bekanntgeworden [8].

22.1.3. Die Legierung NiCr15Fe7

Die Beständigkeit gegen oxydierende wäßrige Medien, wie Königswasser, $Fe_2(SO_4)_3$, $CuSO_4$, HNO_3, ist gut. In HNO_3 ist die Resistenz bei Konzentrationen von über 20% HNO_3 (einschließlich roter rauchender Salpetersäure) am besten, jedoch nicht so gut wie die der rostbeständigen Stähle. Die Resistenz gegen Alkalien mit Ausnahme heißer Alkalilaugen ist gut.

Die Legierung ist auch gegen Ammoniaklösungen aller Konzentrationen bei Zimmertemperatur beständig. Wie die rostbeständigen Stähle neigt die Legierung bei Einwirkung von Meerwasser und auch oxydierenden Metallchloriden, zum Beispiel $FeCl_3$, zu Lochfraß. Die Legierung unterliegt weder in kochender $MgCl_2$-Lösung noch im allgemeinen in anderen chemischen Medien der Spannungsrißkorrosion, Ausnahmen können in heißen Alkalilösungen auftreten, wo schon Fälle von interkristalliner Korrosion bekanntgeworden sind. Jedoch sind hier keine Spannungen nötig, um das Versagen herbeizuführen. In ähnlicher Weise kann interkristalline Korrosion in siedender 25%iger Salpetersäure auftreten [9]. Die Empfindlichkeit der Legierung gegen interkristalline Korrosion kann durch eine Wärmebehandlung über 10 Stunden oder mehr bei 815 bis 870 °C beseitigt werden. Der Mechanismus ist noch unklar. Die Legierung findet auch Anwendung, wo Oxydationsbeständigkeit bei erhöhter Temperatur gefordert wird (siehe S. 182).

22.1.4. Die Legierung NiMo30Fe5

Diese Legierung und handelsübliche Legierungen ähnlicher Zusammensetzung sind beständig gegen HCl bei allen Konzentrationen und Temperaturen bis zum Siedepunkt (siehe *Abb. 1*, Hastelloy B; Korrosiongeschwindigkeit 0,22 mm/a in siedender 10%iger Salzsäure, 0,5 mm/a in siedender 20%iger Salzsäure, 0,05 mm/a in 37%iger Salzsäure bei 65 °C), [10]. Die Beständigkeit gegen kochende Schwefelsäure ist gut bis zu Konzentrationen von 60% H_2SO_4 (< 0,18 mm/a). In Phosphorsäure ist der Angriff bei allen Konzentrationen und Temperaturen gering, wobei die Abtragungsgeschwindigkeit in 86%iger kochender Säure noch am größten ist (0,75 mm/a). Die Beständigkeit in vielen heißen und kalten organischen Säuren ist ebenfalls gut. Die Legierung ist nicht beständig unter oxydierenden Bedingungen, zum Beispiel gegen HNO_3 oder oxydierende Metallchloride wie $FeCl_3$.

Bei Temperaturen zwischen 500 und 700 °C wird sie interkristallin angegriffen. Eine Wärmebehandlung zur Vermeidung derartiger Angriffe besteht in einem Glühen bei 1150 bis 1175 °C und anschließendem schnellen Abkühlen in Luft oder Wasser.

22.1.5. Die Legierung NiMo16Cr15Fe5W4

Auf Grund ihres Chromgehalts ist die Legierung beständig gegen oxydierende Medien, zum Beispiel HNO_3, HNO_3-H_2SO_4-Mischsäuren, H_2CrO_4, $Fe(SO_4)_3$, $FeCl_3$, $CuCl_2$. Die Korrosionsgeschwindigkeiten in 50%iger Salpetersäure bei 65 °C liegen unter 0,5 mm/a, sind aber oberhalb dieser Konzentration höher. Die Geschwindigkeiten sind hoch in kochender Säure mit mehr als 15% HNO_3-Gehalt (siehe Hastelloy C, *Abb. 1*). Bei Raumtemperatur ist die Resistenz gegen feuchtes und trockenes Chlor ausgezeichnet; bei höheren Temperaturen kann in feuchtem Chlor Lochfraß auftreten. Die Legierung widersteht auch trockenem oder feuchtem SO_2 bei Temperaturen unter 70 °C. Die außerordentliche Beständigkeit gegen Lochfraß- und Spaltkorrosion in Meerwasser wurde schon erwähnt. Die Resistenz gegen Essigsäure ist ausgezeichnet. In siedender 40%iger Ameisensäure beträgt die Abtragung 0,25 mm/a.

Die Legierung besitzt eine gute Beständigkeit gegen HCl bei Raumtemperatur (0,025 mm/a in 37%iger HCl), bei höheren Temperaturen jedoch nicht (5 mm/a in 20%iger HCl bei 65 °C.) Sie ist zu empfehlen für siedende Schwefelsäure unter 10% H_2SO_4-Gehalt (0,25 mm/a) und für siedende Phosphorsäure bis zu Gehalten von mindestens 50% (0,25 mm/a).

Beim Erhitzen auf Temperturen von 500 bis 700 °C kann interkristalliner Angriff auftreten. Er wird verhindert durch eine Wärmebehandlung bei 1210 bis 1240 °C und darauffolgendes Abschrecken in Luft oder Wasser.

Eine etwas andere Legierung mit geringerem Mo-Gehalt, die dafür mehr Cr und Fe sowie 2% Nb + Ta enthält, ist sowohl unter oxydierenden wie unter reduzierenden Bedingungen beständig (siehe Hastelloy F, *Tab. 1* und *Abb. 1*). Sie wird wegen ihrer Widerstandsfähigkeit gegen H_2SO_3 und SO_2 für Sulfitlaugenkocher angewandt. Sie ist, wie bei dem hohen Ni-Gehalt zu erwarten, beständig gegen Spannungsrißkorrosion. Die Wärmebehandlung sollte in der oben beschriebenen Erhitzung und Abschreckung bestehen.

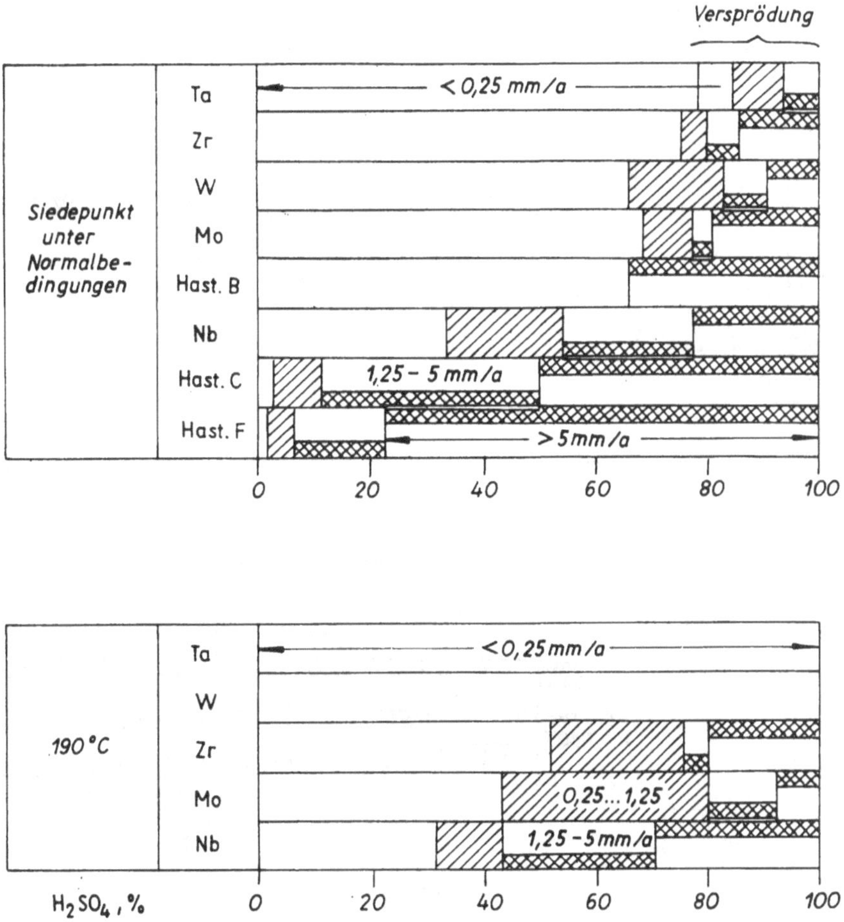

Abb 1: Korrosion von Nickelbasis-Legierungen (Hastelloy B, C, D, F) und hochschmelzenden Metallen (Ta, W, Zr, Ti, Mo, Nb) in verschiedenen Säuren (nach F. Badger, Ind. Eng. Chem. 50 (1958), 1608)

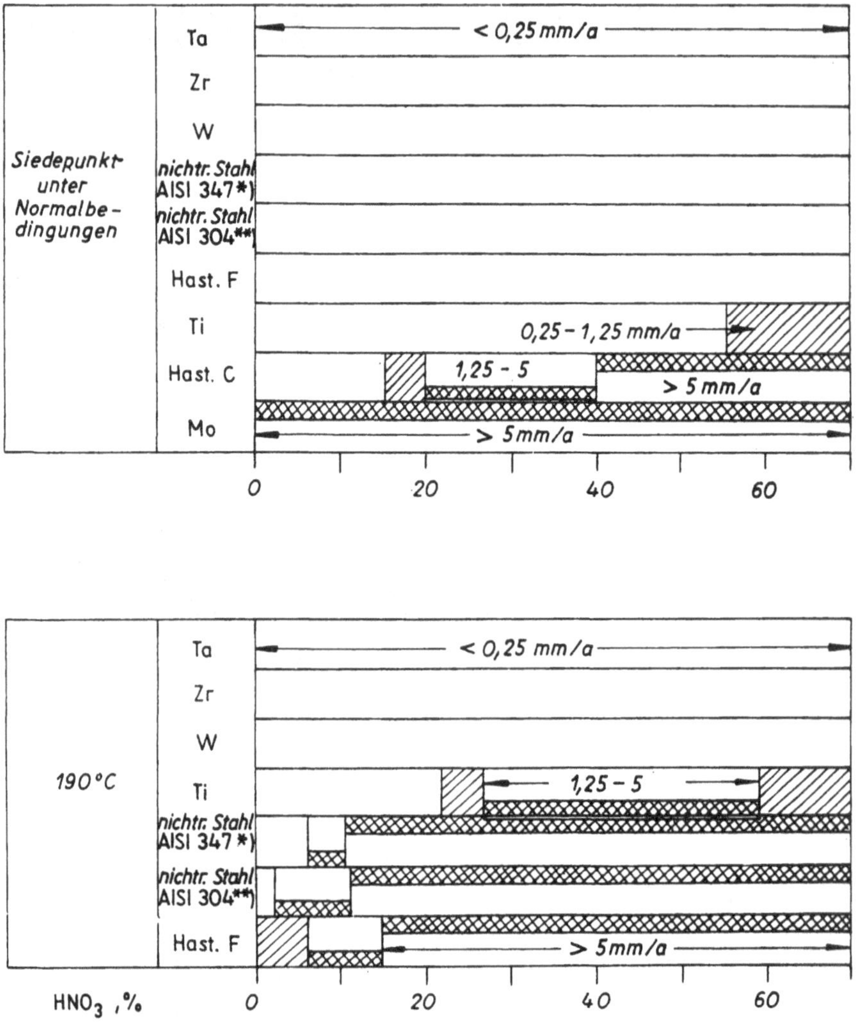

*) entspr. X8 CrNiTi 18.10

**) entspr. X8 CrNi 18.10

Abb. 1.

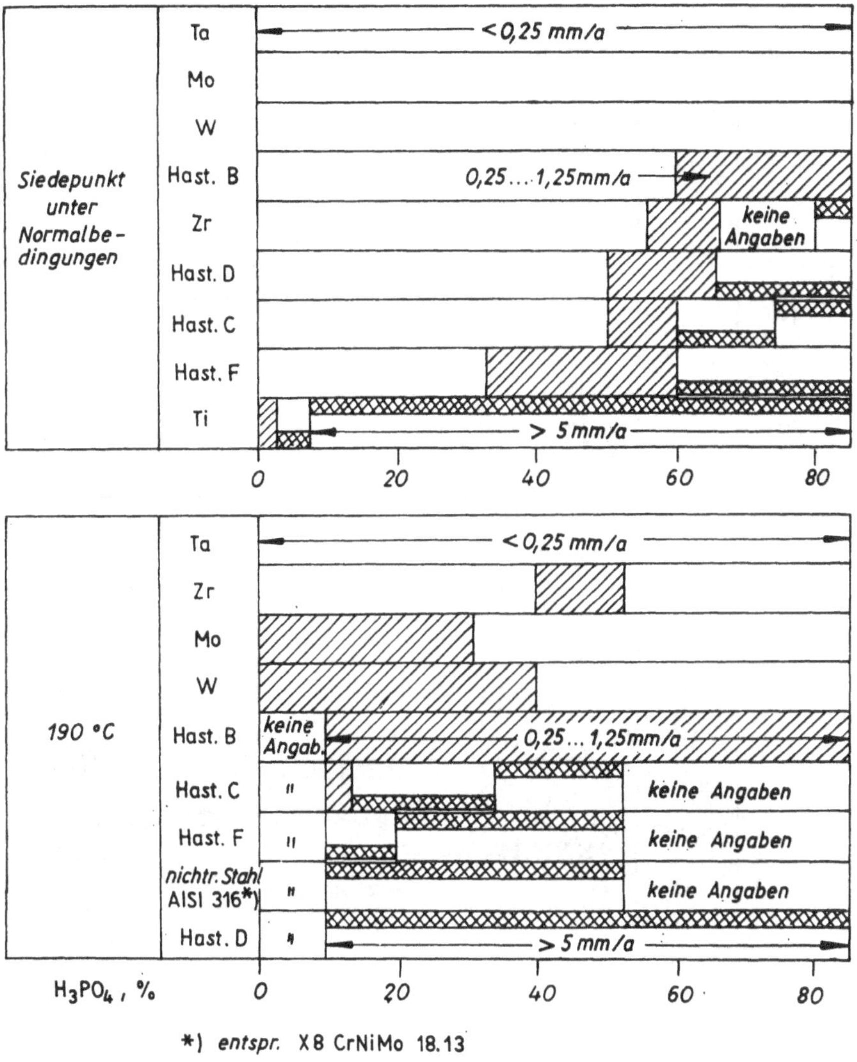
Siedepunkt unter Normalbedingungen
Ta
Mo
W
Hast. B
Zr
Hast. D
Hast. C
Hast. F
Ti
< 0,25 mm/a
0,25 ... 1,25 mm/a
keine Angaben
> 5 mm/a
0
20
40
60
80
190 °C
Ta
Zr
Mo
W
Hast. B
Hast. C
Hast. F
nichtr. Stahl AISI 316*)
Hast. D
< 0,25 mm/a
keine Angab.
0,25 ... 1,25 mm/a
keine Angaben
keine Angaben
keine Angaben
> 5 mm/a
H_3PO_4, %
0
20
40
60
80
*) entspr. X8 CrNiMo 18.13

Abb. 1.

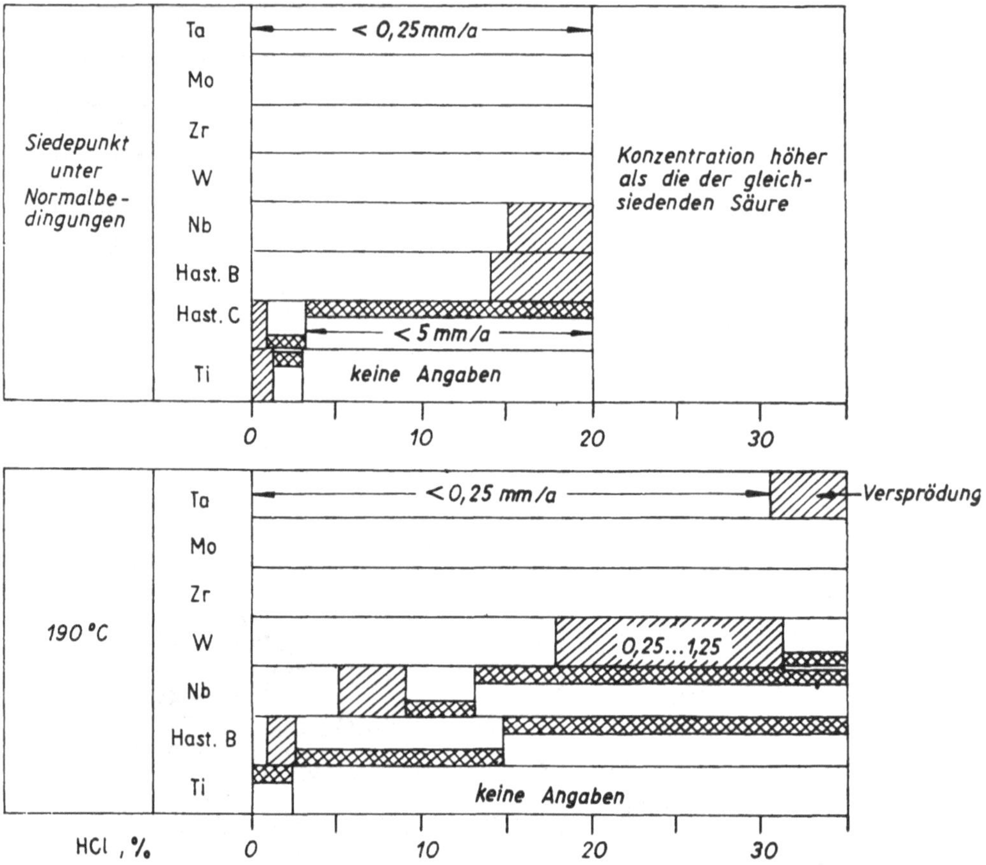

Siedepunkt unter Normalbedingungen
Ta
Mo
Zr
W
Nb
Hast. B
Hast. C
Ti
< 0,25 mm/a
< 5 mm/a
keine Angaben
Konzentration höher als die der gleichsiedenden Säure
0
10
20
30
190 °C
Ta
Mo
Zr
W
Nb
Hast. B
Ti
< 0,25 mm/a
Versprödung
0,25...1,25
keine Angaben
HCl, %
0
10
20
30

Abb. 1.

Literatur-Anmerkungen

[1] J. OSTERWALD u. H. UHLIG, J. Electrochem. Soc., **106** (1961), 515
[2] *„Corrosion Handbook"*, S. 263
[3] P. BOND u. H. UHLIG, J. Electrochem. Soc., **107** (1960), 488
[4] P. BOND, H. FELLER u. H. UHLIG, unveröffentlichte Ergebnisse
[5] G. MASING u. G. ROTH, Werkstoffe u. Korrosion, **3** (1952), 176, 253
[6] *„Corrosion Handbook"*, S. 271
[7] *„Corrosion Handbook"*, S. 273
[8] O. FRASER in *„Symposium on Stress Corrosion Cracking of Metals*, S. 458, A.S.T.M.-A.I.M.E., Philadelphia, Pa. (1945)
[9] H. COPSON: *„Effect of Nickel Content on Resistance to Stress Corrosion Cracking of Fe–Ni–Cr Alloys in Chloride Environments"*, 1. Int. Kongr. über Korrosion der Metalle, London, Butterworths, 1961
[10] Angaben des Herstellers

Allgemeine Literaturangaben:

W. KATZ: *„Nickel"*, in F. TÖDT: *„Korrosion und Korrosionsschutz"*, 2. Aufl., S. 293–333, W. De Gruyter u. Co., 1961

Druckschriften des Nickel Informationsbüros, Düsseldorf:
Nr. 32: Nickel, 1. Aufl., 1964, S. 46/47/112
Nr. 24: Nickel-Aluminiumbronzen, 1. Aufl. 1962, S. 66–68, 78–80
Nr. 8: Beständigkeit von Nickel und Nickellegierungen gegenüber Ätzalkalien, 3. Aufl. 1963
Nr. 20: Nickel–Kupfer-Legierungen, 1. Aufl., 1963, S. 39–44
Nr. 11: Beständigkeit von nickelhaltigen Legierungen und Stählen gegenüber Schwefelsäure, 2. Aufl. 1961, S. 13–95

W. KATZ: *„Neuere Nickellegierungen im chemischen Apparatebau"*, Werkstoffe u. Korrosion, **11** (1960), 317

23. Titan, Zirkon, Tantal

23.1. Titan

Titan ist ein relativ hochschmelzendes Metall (Smp. 1668 °C) mit im Verhältnis zur Dichte ($d = 4,5$ g/cm^3) hoher Festigkeit. Es ist elektrochemisch unedel; das für den Vorgang Ti $\rightarrow$ $Ti^{++} + 2e^-$ berechnete Standardpotential liegt bei $-1,63$ V. In belüfteten wäßrigen Lösungen einschließlich verdünnter Säuren und Alkalien passiviert es sich leicht. Sein Potential in Meerwasser liegt nahe bei demjenigen passiver Edelstähle. Das Gebiet des Flade-Potentials liegt relativ negativ [1], so daß eine stabile Passivität vorliegt. Nur in starken Säuren und Alkalien bricht die Passivität zusammen, was mit merklicher Korrosion verbunden ist.

Titan zeichnet sich durch eine bemerkenswerte Beständigkeit gegen Lochfraß und Spaltkorrosion in Meerwasser aus. In jahrelangen Auslagerungsperioden kommt es nur zu einem ganz geringen, gleichmäßigen Gewichtsverlust ($< 0,0025$ mm/a). Auch seine Beständigkeit gegen oxydierende Medien in Gegenwart von Cl^--Ionen, z. B. Schwermetallchloride ($FeCl_3$), Königswasser bei Raumtemperatur oder feuchtes Chlor, ist beträchtlich. Gegen HNO_3 ist es bei erhöhten Temperaturen resistenter als die nichtrostenden Stähle. Es widersteht Alkalien bei Raumtemperatur, wird aber von heißem konzentrierten oder geschmolzenen NaOH angegriffen.

Es ist unempfindlich gegen Spannungsrißkorrosion in $MgCl_2$, NH_4NO_3 und einer Vielzahl anderer chemischer Medien mit Ausnahme rauchender Salpetersäure bei Raumtemperatur, in der es unter Spannung interkristalline Rißbildung zeigt (Versuchsdauer 3 bis 15 Stunden), [2]. 1% NaBr wirkt als Inhibitor [2].

Einige Legierungen auf Titanbasis, z. B. mit 6% Al und 4% V, die trockenem NaCl ausgesetzt sind (zum Beispiel von Fingerabdrücken) unterliegen bei Temperaturen oberhalb 250 °C der Spannungsrißkorrosion [3].

Wird das Metall, spannungsfrei oder unter Spannung stehend, für eine oder mehrere Stunden rauchender Salpetersäure mit 2,5 bis 28% NO_2 und nicht mehr als 1,25% H_2O ausgesetzt, so bildet sich auf der Oberfläche eine dunkle Substanz, die nach der Röntgenanalyse zu 97,5% aus Ti besteht [4]. In trockenem Zustand ist dieser Oberflächenfilm beim Kratzen pyrophor und explodiert, wenn er unter HNO_3 konz. abgeschabt wird. Die Ti-Legierung mit 8% Mn ist in dieser Hinsicht besonders empfindlich.

Titan, besonders als Schwamm, soll in flüssigem Sauerstoff durch Schlag zur Detonation gebracht werden können [3].

Obwohl die Korrosionsbeständigkeit in kochender Salz- oder Schwefelsäure gering ist (114 mm/a in siedender 10%iger Salzsäure), kann sie durch Gegenwart kleiner Mengen Cu^{++}- oder Fe^{3+}-Ionen um Größenordnungen verbessert werden (0,125 mm/a in siedender 10%iger Salzsäure, die 0,02 Mol/l Cu^{++} oder Fe^{3+} enthält) [5], ebenso durch geringe Mengen Pd oder Pt als Legierungszusätze (2,5 mm/a in siedender 10%iger HCl bei 0,1% Pd-Gehalt [6], *Abb. 1*). Diese Substanzen erhöhen die kathodische Teilreaktion (Reduktion der Cu^{++}- oder Fe^{3+}-Ionen, H^+-Ionen-Entladung) bis zu einem Wert, bei dem die entsprechende anodische Stromdichte die Passivierungsstromdichte erreicht oder überschreitet (siehe S. 68). Anodische Passivierung (oder anodischer Schutz) ist in HCl und H_2SO_4 und einigen anderen Säuren ebenfalls vorteilhaft, wobei geringe Fremdstromstärken gebraucht werden [7].

Insgesamt ist Ti beständig gegen:

a) Meerwasser (bei 4,5 Jahren Auslagerung 0,00075 mm/a Abtragung), auch bei hoher Relativgeschwindigkeit (0,005 mm/a bei 40 m/s). Weder Lochfraß noch Spaltkorrosion über 5 Jahre und mehr.

b) Feuchtes Chlor (> 0,005% H_2O). Mit trockenem Chlor kann Ti unter Feuererscheinung reagieren.

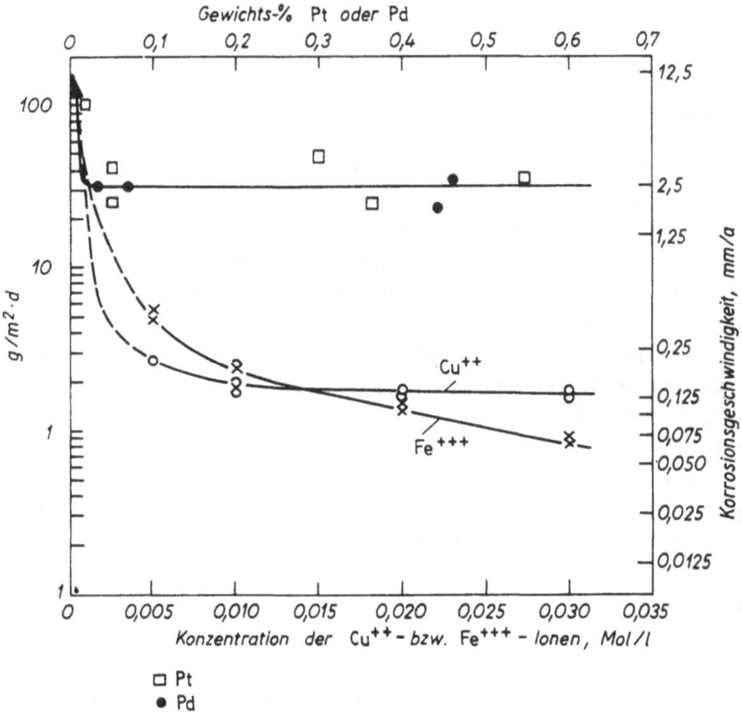

Abb. 1: Korrosion von Titan in siedendem 10%igem HCl in Abhängigkeit von der Fe^{3+}- und Cu^{++}-Konzentration sowie vom Pt- oder Pd-Gehalt der Legierung

c) Salpetersäure in allen Konzentrationen und Temperaturen bis zum Kochpunkt (siehe *Abb. 1*, S. 330). Jedoch unbeständig gegen rauchende Salpetersäure.

d) Oxydierende heiße oder kalte Salzlösungen, z. B. solche von $CuCl_2$, $FeCl_3$, $CuSO_4$, $K_2Cr_2O_7$.

e) Hypochlorite.

Titan ist nicht beständig gegen:

a) Wäßrige Flußsäurelösungen,

b) Fluor,

c) HCl, H_2SO_4, wenn diese nicht als verdünnte Lösungen vorliegen. Bei mittleren Säurekonzentrationen ist das Metall bei Anwesenheit inhibierender Metallionen, wie Cu^{++} und Fe^{+++} oder anderer oxydierender Substanzen, z. B. $K_2Cr_2O/$ und $NaNO_3$ beständig, ferner als Legierung mit Pd oder Pt.

d) Oxal- und Ameisensäure,

e) Siedende $CaCl_2$-Lösung mit Konzentrationen über 55%,

f) Konzentrierte heiße Alkalien,

g) Geschmolzene Salze, z. B. NaCl, LiCl, Fluoride,

h) Hohe Temperaturen in Luft, Stickstoff und Wasserstoff. In Luft setzt oberhalb 450 °C Oxydation unter Bildung von Titanoxiden und -Nitriden ein. Titanhydrid bildet sich rasch oberhalb 250 °C. Absorption von O_2, N_2 oder H_2 bei erhöhten Temperaturen führt zur Versprödung.

23.2. Zirkon

Zirkon ist unedel, zeichnet sich aber normalerweise durch eine stabile Passivität aus. Das Metall [Smp. 1852 °C, $d = 6{,}45$ g/cm³) reagiert bei höheren Temperaturen lebhaft mit O_2, N_2 und H_2. Eine ungewöhnliche Eigenschaft ist das hohe Lösungsvermögen des festen Metalls für O_2, der nach dem O_2–Zr-Phasendiagramm in Mengen bis zu 6,7 Gew.-% (entspr. 29 Atom-%) gelöst wird [10]. In ähnlicher Weise nimmt Zirkon Stickstoff in eine feste Lösung mit 25 Atom-% (4,8 Gew.-%) auf. Es reagiert mit Luft unter Bildung sowohl von Oxiden wie auch Nitriden. Die Reaktion verläuft indessen langsam genug, um ein Warmwalzen bei 600 bis 750 °C zu gestatten [11].

Käufliches Zirkon, wie es in erster Linie wegen seiner Korrosionsbeständigkeit in der chemischen Industrie eingesetzt wird, enthält bis zu 2,5% Hf, dessen Abtrennung von Zirkon wegen der Ähnlichkeit der chemischen Eigenschaften der beiden Metalle Schwierigkeiten bereitet. Diese Menge an Hafnium in der Legierung hat auf die Korrosionseigenschaften keinen wesentlichen Einfluß. Das reine Metall mit Hf-Gehalten von maximal 0,02% hat einen niedrigen Einfangquerschnitt für thermische Neutronen, der es für Kernkraftanlagen besonders wertvoll macht.

Die herausragende Eigenschaft im Korrosionsverhalten des Zirkons ist seine Beständigkeit gegen Alkalien bei allen Konzentrationen bis zum Siedepunkt. In dieser Hinsicht unterscheidet es sich vom Tantal und in geringerem Maße auch von Titan, die beide durch heiße Alkalien angegriffen werden. In Säuren ist Zr gegen HCl und HNO_3 bei allen Konzentrationen und gegen Schwefelsäure unter 70% bis zum Siedepunkt resistent.

In HCl und ähnlichen Medien muß das Metall kohlenstoffarm sein (< 0,06%), um die optimale Beständigkeit zu erreichen. In siedender 20%iger Salzsäure wird nach einer spezifischen Beanspruchungsdauer eine sprunghafte Veränderung der Korrosionsgeschwindigkeit beobachtet (siehe unten). Die Endgeschwindigkeit die höher als die Anfangsgeschwindigkeit ist, liegt gewöhnlich unter 0,15 mm/a [12].

Zr ist nicht beständig gegen oxydierende Metallchloride, z. B. $FeCl_3$ (Versprödung) und gegen Flußsäure und Fluorokieselsäure.

23.2.1. Verhalten in heißem Wasser und Wasserdampf

Die gute Beständigkeit von Zirkon gegen entlüftetes heißes Wasser und Wasserdampf ist von besonderem Interesse für die Anwendung in der Kernenergieerzeugung. Das Metall und seine Legierungen können im allgemeinen ohne deutlichen Angriff längere Zeit bei Temperaturen bis zu 425 °C beansprucht werden. Charakteristisch ist die geringe Anfangsgeschwindigkeit des Angriffs; nach einer gewissen Einsatzdauer, die je nach der Temperatur von Minuten bis zu Jahren reichen kann, steigt jedoch die Angriffsrate plötzlich an. Es wurde gefunden, daß dieser „transition"-Effekt bei reinem ebenso wie bei verunreinigtem Zirkon nach einer Gewichtszunahme von 35 bis 50 mg/dm² auftritt und daß sich bei weiteren Gewichtszunahmen die Oxydationsgeschwindigkeit weiter erhöht [13, 14]. Er tritt schon bei tieferen Temperaturen auf, wenn das Zirkon mit Stickstoff (> 0,005%) oder Kohlenstoff (> 0,04%) verunreinigt ist. Die schädliche Wirkung des Stickstoffs kann durch Zulegieren von 1,5 bis 2,5% Sn im Zusammenwirken mit kleinen Mengen Fe, Ni und Cr eliminiert werden. Solche Legierungen werden „Zircaloy" genannt. Versuche mit radioaktiv markierten Atomen haben gezeigt, daß die Oxydation durch eine Diffusion von Sauerstoffionen in der Oxidschicht zur Grenzfläche von Metall und Oxid (Anionendefektgitter) unterhalten wird. Es ist deshalb vermutet worden, daß die dreiwertigen Stickstoffionen in ZrO_2-Gitter die Konzentration der Anionenfehlstellen erhöhen und dadurch die Geschwindigkeit der Sauerstoffdiffusion vergrößern. Wenn dieser Mechanismus vorläge, müßte die Oxydation durch Sauerstoff ebenfalls beeinflußt werden, was jedoch nicht der Fall ist. Eine zusätzliche Komplizierung der Verhältnisse stellt die Beobachtung dar, daß Sn allein als Legierungspartner die Lebensdauer des Zirkons in Wasser spürbar verringert, im Zusammenwirken mit kleinen Mengen an zulegiertem Ni, Fe und in geringerem Maße auch Cr die Korrosionsbeständigkeit jedoch wieder erhöht und den schädlichen Einfluß des Stickstoffs als Legierungsbestandteil überkompensiert.

Der dem Transition-Effekt zugrundeliegende Mechanismus ist noch nicht geklärt. Eine Erklärung geht dahin, daß in der Oxidschicht mit wachsender Dicke Spannungen entstehen und Risse sich bilden sollen. Jedoch tritt bei Oxydation in Sauerstoff eine Vergrößerung der Korrosionsgeschwindigkeit nicht auf, außer bei sehr viel längeren Expositionsdauern und sehr viel dickeren Oxidschichten. Der während der Reaktion durch Zersetzung von Wasser gebildete Wasserstoff spielt offenbar eine dominierende Rolle, und zwar scheint besonders der im Metall gelöste Anteil die höheren Oxydationsgeschwindigkeiten zu verursachen [14]. Die Röntgenstrukturanalyse der bei der Reaktion mit Wasser gebildeten Oxide zeigt, daß sowohl vor als auch nach dem Zeitpunkt der Geschwindigkeitserhöhung monoklines ZrO_2 entsteht. Mit einiger Wahrscheinlichkeit ist jedoch das zu Anfang gebildete von tetragonaler Struktur [15].

Das Oxydationsverhalten von Zircaloy (1,5% Sn, 0,12% Fe, 0,10% Cr, 0,05% Ni, $\leqq$ 60 ppm N, $\leqq$ 50 ppm Al, $\leqq$ 50 ppm Ti) in Wasser und Wasserdampf ist in *Abb. 2* dargestellt.

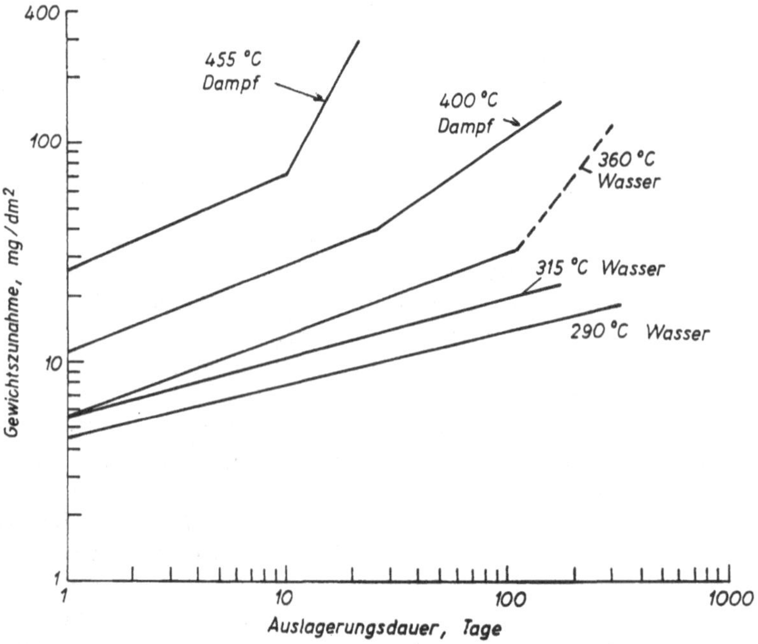

Abb. 2: Korrosion von Zircaloy 2 in überhitztem Wasser und Wasserdampf; der Wechsel der Korrosionsgeschwindigkeit ist deutlich zu erkennen (nach Thomas)

Zusammenfassung:

Zirkon ist beständig gegen:

a) Alkalien. Alle Konzentrationen und Temperaturen bis zum Siedepunkt einschließlich geschmolzener Ätzalkalien.

b) Salzsäure. Alle Konzentrationen bis zum Siedepunkt. Oberhalb der Siedetemperaturen unter erhöhtem Druck treten höhere Korrosionsgeschwindigkeiten und Versprödung auf (siehe Abb. 1, S. 319).

c) Salpetersäure. Alle Konzentrationen bis zum Siedepunkt einschließlich roter rauchender Salpetersäure.
d) Schwefelsäure unter 70%, kochend (siehe Abb. 1, S. 319).
e) Phosphorsäure unter 55%, kochend (siehe Abb. 1, S. 319).
f) Siedende Ameisen-, Essig-, Milch- oder Zitronensäure.
g) Meerwasser. Korr.-Geschw. $< 0{,}0025$ mm/a, Auslagerungsdauer $15^1/_2$ Wochen [8].

Zirkon ist nicht beständig gegen:

a) Oxydierende Metallchloride, z. B. $FeCl_3$, $CuCl_2$ (Abtragsrate in 10%igem $FeCl_3$ bei 100 °C 3,8 mm/a),
b) HF, H_2SiF_6,
c) Feuchtes Chlor,
d) O_2, N_2, H_2 bei höheren Temperaturen,
e) Königswasser,
f) Siedende Trichloressigsäure,
g) $>$ 55%ige $CaCl_2$-Lösung, siedend [9].

23.3. Tantal

Tantal (Smp. 3000 °C, $d = 16{,}6$ g/cm³) zeigt von allen bekannten Metallen die stabilste Passivität. Sie bleibt in kochenden Säuren, wie HCl, HNO_3 und H_2SO_4, in feuchtem Chlor und in $FeCl_3$-Lösungen oberhalb Raumtemperatur erhalten. Eine solche Korrosionsbeständigkeit deutet darauf hin, daß das Fladepotential sehr viel negativer als das Potential der Wasserstoffelektrode liegt und die sehr niedrige Passivstromdichte von Cl^--Ionen nicht beeinflußt wird. Die große Säurebeständigkeit macht Ta für bestimmte Anwendungen in der chemischen Industrie wertvoll, z. B. beim Aufkonzentrieren von H_2SO_4 oder für HCl-Absorptionssysteme. Tantalblech-Auskleidungen können in einer Dicke von durchschnittlich nur 0,3 mm ausgeführt werden und gestatten ungeachtet der hohen Kosten eine vielfältige Anwendung des Metalls.

Tantal wird durch Alkalien und durch HF angegriffen. Wenn es kathodisch polarisiert oder mit einem unedleren Metall verbunden wird, neigt es stark zur Versprödung durch den entwickelten Wasserstoff. Die Schädigung durch kathodisch abgeschiedenen Wasserstoff kann umgangen werden, wenn Ta mit einer sehr kleinen Fläche eines Metalls verbunden wird, das eine geringe Wasserstoff-Überspannung besitzt, wie Platin [16]. Die Wasserstoffionen entladen sich dann am Platin, statt in das Metallgitter des Tantals einzudringen.

Auch eine Versprödung durch den aus einer Korrosionsreaktion stammenden Wasserstoff wird durch das mit dem Tantal kombinierte Platin verhindert. Zum Beispiel versprödet Tantal bei der Einwirkung von konzentrierter HCl bei 190 °C unter Überdruck, obwohl es von siedender Salzsäure unter Normaldruck nicht angegriffen wird. Diese Schädigung wird nicht beobachtet, wenn ein Flächenverhältnis von Pt zu Ta in der Größenordnung 1 : 10000 hergestellt wird. Pt kann durch Nieten, Schweißen oder durch elektrolytische Abscheidung auf dem Tantal aufgebracht werden. Das durch Wasserstoffaufnahme versprödete Metall kann durch Erhitzen im Vakuum seine ursprünglichen Eigenschaften wiedererlangen.

Zusammenfassung:

Ta ist beständig gegen

a) Salzsäure. Alle Konzentrationen bis zum Siedepunkt (siehe *Abb. 1*, S. 332).

b) Salpetersäure. Alle Konzentrationen, auch oberhalb des Siedepunktes (siehe *Abb. 1*, S. 330).

c) Schwefelsäure. Alle Konzentrationen (außer rauchender) unterhalb 175 °C. Rauchende Schwefelsäure greift Ta bei Raumtemperatur an (siehe *Abb. 1*, S. 329).

d) Chromsäure, heiß oder kalt.

e) Phosphorsäure. Beständig bei allen Konzentrationen bis zum Siedepunkt und in manchen Fällen darüber hinaus (siehe *Abb. 1*, S. 331). Für 85%ige H_3PO_4 bei 225 °C beträgt die Korrosionsgeschwindigkeit 0,088 mm/a. Bei tieferen Temperaturen erfolgt ein Angriff, wenn die Säure mit HF verunreinigt ist ($>$ 4 ppm).

f) Halogene. Feuchtes oder trockenes Chlor bis zu einer Temperatur von 150 °C, Brom bis zu 175 °C.

g) Königswasser.

h) Oxydierende Metallchloride, heiß oder kalt, z. B. $FeCl_3$, $CuCl_2$.

i) Organische Säuren. Milchsäure, Oxalsäure, Essigsäure.

Ta wird angegriffen durch:

a) Alkalien. In 5%igem NaOH tritt zum Beispiel bei 100 °C Versprödung auf.

b) HF, Fluoride, auch in Spuren.

c) Rauchende Schwefelsäure.

d) Sauerstoff, Stickstoff, Wasserstoff bei erhöhten Temperaturen. Die Oxydation in Luft wird merklich bei 250 °C.

Literatur-Anmerkungen

[1] M. Stern u. H. Wissenberg, J. Electrochem. Soc., **106** (1959), 755

[2] G. Kiefer u. W. Harple, Metal Prog., 63, 2 (1953), 74

[3] T.M.L. Report Nr. 88, Battelle Mem. Inst., Columbus, O., Nov. 1957; „*Metals Handbook*, 8. Aufl. Bd. 1, S. 1152, A.S.M., Novelty, O., 1961“

[4] J. Rittenhouse, Trans. Am. Soc. Metals, **51** (1951), 871

[5] J. Cobb u. H. Uhlig, J. Electrochem. Soc., **99** (1952), 13

[6] M. Stern u. H. Wissenberg, J. Electrochem. Soc., **106** (1959), 759; M. Stern u. C. Bishop. Trans. Am. Soc. Metals, **52** (1960), 239

[7] J. Cotton, Chem. & Ind. (London), **1958**, 68

[8] T. May, International Nickel Co., private Mitteilung

[9] P. Gegner u. W. Wilson, Corrosion, **15** (1959), 341t

[10] M. Hansen: „*Constitution of Binary Alloys*“, S. 1079, McGraw-Hill, New York, 1958

[11] W. Hurford in „*The Metallurgy of Zirconium*“, herausgegeben von B. Lustman u. F. Kerze, Jr., S. 263, McGraw-Hill, New York, 1955

[12] W. KUHN, Corrosion, **15** (1959), 103
[13] J. PEMSLER, private Mitteilung
[14] B. Cox, Corrosion **18** (1962), 33
[15] D. THOMAS, [11], S. 608–40
[16] C. BISHOP u. M. STERN, Corrosion, **17** (1961), 379

Allgemeine Literaturhinweise:

Titan:

D. STOUGH, F. FINK u. R. PEOPLES (Battelle Memorial Institute): „*Die Korrosion des Titans*", T.M.L. Report 57, 29. Okt. 1956

J. COTTON u. H. BRADLEY: „*Der Korrosionswiderstand von Titan*"; Chem. Ind. (London) 1958, S. 840

N. D. TOMASCHOW, R. M. ALTOWSKI: „*Korrosion und Schutz von Titan*", Staatl. wiss.-techn. Verlag für Maschinenbau Moskau, 1963

W. KATZ: „*Titan*" in F. TÖDT: „*Korrosion und Korrosionsschutz*", 2. Aufl., S. 349–361, W. De Gruyter u. Co., 1961

H. O. NICOLAUS: „*Titan und Titanlegierungen*", Werkst. u. Korr., **2** (1951), 319

U. ZWICKER: „*Korrosionsverhalten und Passivierung von Titan und Titanlegierungen*", Chem.-Ing. Technik, **29** (1957), 107

R. W. FISCHER u. H. van KANN: „*Titan im chemischen Apparatebau*", Chem.-Ing. Techn., **28** (1956), 565

Zirkon:

B. LUSTMAN, F. KERZE (Hrsg.): „*The metallurgy of Zirconium*" (Die Metallurgie des Zirkons), McGraw-Hill, New York, 1955

G. MILLER: „*Zirkon*", Academic Press, New York, 1957

B. G. PARFENOV, V. V. GERASIMOV u. G. I. VENEDIKTOVA: „*Die Korrosion des Zirkoniums und seiner Legierungen*", Atomizdat Moskau, 1967

W. KATZ: „*Zirkonium*" in F. TÖDT: „*Korrosion und Korrosionsschutz*", 2. Aufl., S. 362–365, W. De Gruyter u. Co., 1961

Tantal:

C. BALKE in „*Corrosion Handbook*", hrsg. v. H. H. UHLIG, John Wiley and Sons, New York, 1948

C. HAMPEL: „*Corrosion Resistance of Ti, Zr, Ta Used for Chemical Equipment*" (Die Korrosionsbeständigkeit von Ti, Zr und Ta im chemischen Apparatebau), Corrosion *17*, **10** (1961), 9

W. KATZ: „*Tantal*" in F. TÖDT: *Korrosion und Korrosionsschutz*", 2. Aufl., W. De Gruyter u. Co., 1961

24. Silizium—Eisen- und Silizium—Nickel-Legierungen

Mit Fe oder Ni legiertes Silizium ist gegen eine Vielzahl chemischer Angriffsmedien, insbesondere starke nichtoxydierende Säuren, beständig. Die Legierungen sind spröde und können deshalb unter der Einwirkung von Temperaturschocks oder bei Schlagbeanspruchung brechen. Die Si–Ni-Legierung ist in dieser Hinsicht weniger empfindlich als die Si–Fe-Legierung. Die Legierungen sind nur als Gußwerkstoffe einsetzbar, und im allgemeinen kann eine nachträgliche Bearbeitung nur durch Schleifen erfolgen. Die Si–Ni-Legierung kann mit einigen Schwierigkeiten bearbeitet werden. Die Härte der letztgenannten Legierung ist um so größer, je schneller sie von einer Temperatur von etwa 1025 °C abgekühlt wird.

Die Korrosionsgeschwindigkeit der Si–Fe-Legierungen in 10%iger Schwefelsäure bei 80 °C ist in Abhängigkeit vom Si-Gehalt in *Abb. 1* dargestellt. Das Beständigkeitsoptimum wird bei einem Si-Anteil von mindestens 14,5% erreicht, und dies ist die Zusammensetzung der handelsüblichen Legierung. Die Ni-Legierung enthält 8,5 bis 10% Si und besitzt damit noch nicht die optimale Korrosionsbeständigkeit, dafür aber bessere mechanische Eigenschaften als siliziumreichere Legierungen. Die chemische Zusammensetzung beider Legierungen ist in *Tab. 1* gegeben.

Tabelle 1:

Chemische Zusammensetzung handelsüblicher Si–Fe- und Si–Ni-Legierungen

		%						
		Si	C	Mn	Fe	Cu	Cr	Co
Duriron*)	Si–Fe	14,5	0,85	0,65	Rest			
Hastelloy D**)	Si–Ni	8,5 bis 10	max. 0,12	0,5 bis 1,25	max. 2,0	2 bis 4	max. 1,0	max. 1,5

*) eingetr. Handelsmarke der Duriron Co., Inc.
**) eingetr. Handelsmarke der Haynes Stellite Co.

Die Silizium–Eisen-Legierung widersteht starken Säuren, wie H_2SO_4, HNO_3, H_3PO_4 (rein), Essig-, Ameisen- und Milchsäure, in allen Konzentrationen im gesamten Temperaturbereich bis zum Siedepunkt. Sie wird außerdem als Material. für korrosionsbeständige Anoden bei der elektrolytischen Cu-Gewinnung und für

Kathodenschutzsysteme verwendet. Sie ist nicht ausreichend beständig gegen Halogene, geschmolzene Alkalien, HCl, HF, H_3PO_4 mit HF-Verunreinigungen, H_2SO_3, $FeCl_3$, Hypochlorite und Königswasser. Die Legierung ist im allgemeinen gegenüber Ni, Cu und Kohle Anode, gegenüber Zn und Al Kathode, wobei in manchen Medien Potentialumkehr möglich ist [1]. Eine gute HCl-Beständigkeit der Si–Fe-Legierung mit 14 5% Si kann durch Zulegieren von 3% Mo erreicht werden (1,5 mm/a in 30%iger HCl bei 80 °C), [2].

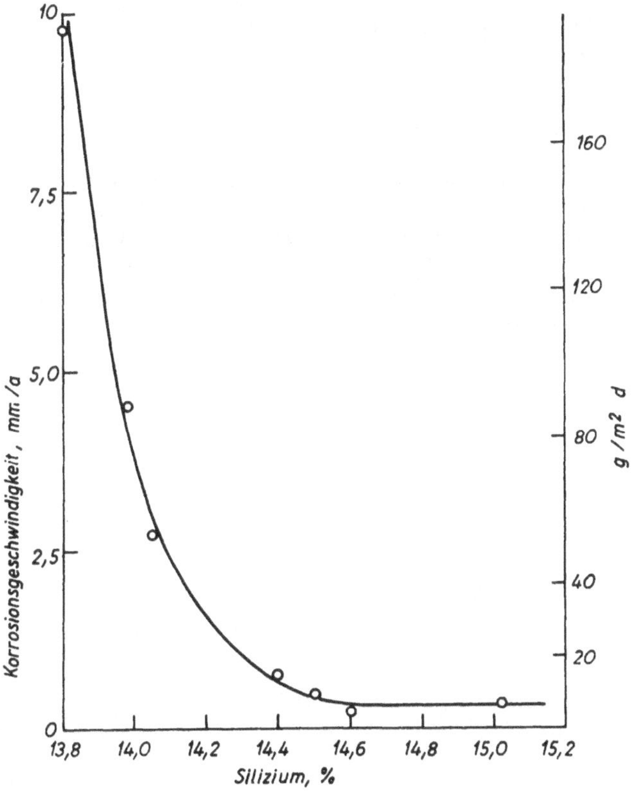

Abb. 1: Der Einfluß von Si als Legierungszusatz auf die Korrosion von Eisen in 10%iger Schwefelsäure bei 80 °C (nach W. BRYAN in: *„Corrosion Handbook“*, S. 202)

Die Si–Ni-Legierung ist beständig gegen H_2SO_4, H_2SO_3, H_3PO_4 (techn. oder rein) (s. Hastelloy D, *Abb. 1*, S. 329 bis 332), organische Säuren und saure Salze in einem weiten Temperatur- und Konzentrationsbereich. Die Resistenz gegen HNO_3, HCl bei erhöhten Temperaturen und $FeCl_3$ ist nicht ausreichend.

Die Anfangsgeschwindigkeiten der Korrosion beider Si-Legierungen sind in der Regel höher als die Endwerte. Dieses Verhalten wird meist auf die allmähliche Bildung eines SiO_2-Schutzfilmes zurückgeführt. Die hier und in der Literatur aufgeführten Korrosionsgeschwindigkeiten sind immer Endwerte, die sich nach dem Beginn der Einwirkung des korrodierenden Mediums in einem Zeitraum einstellen, dessen Dauer zwischen Stunden und einigen Wochen liegen kann. In Medien, gegen die die Legierungen eine praktisch ausreichende Widerstandsfähigkeit besitzen, liegen die Endwerte der Korrosionsgeschwindigkeit zwischen $< 0{,}025$ und 1,25 mm/a.

Literatur-Anmerkungen

[1] W. Richardson, Trans. Electrochemical Soc., **39** (1921), 61
[2] „*Corrosion Handbook*", S. 206

Allgemeine Literaturangaben:

R. Lefébure: „*Das Korrosionsverhalten rostfreier Fe–Si-Legierungen*", Werkstoffe und Korrosion, **1** (1949), 452

W. T. Byran: „*Silicon–Iron Alloys*" in „*Corrosion Handbook*", S. 203, (Hrsgb. H. H. Uhlig), J. Wiley and Sons, New York, 1948

Druckschrift des Nickel Informationsbüros, Düsseldorf: *Nr.: 11* „*Beständigkeit von nickelhaltigen Legierungen und Stählen gegenüber Schwefelsäure*, S. 40—44

25. Aufgaben

Kapitel 2: Elektrochemische Mechanismen

1. Leite die allgemeine Beziehung zwischen den Maßeinheiten mm/a und $g/m^2 \cdot d$ ab!
2. Magnesium wird in Meerwasser mit einer Geschwindigkeit von $1{,}45\ g/m^2 \cdot d$ korrodiert. Wie groß ist die lineare Korrosionsgeschwindigkeit in mm/a? Wie groß ist die entsprechende lineare Korrosionsgeschwindigkeit, wenn der angegebene Wert für die Korrosion von Blei gilt?
3. Laboratoriums-Korrosionsversuche an drei Legierungen in einer Industrieablauge ergaben die folgenden Resultate:

Werkstoff	Dichte des Werkstoffs (g/cm^3)	Gewichtsverlust ($g/m^2 \cdot d$)	Lochfraß-Faktor
A	2,7	40	1
B	9,0	62	2
C	7,8	5,6	9,2

Berechne die maximale Eindringtiefe in mm für jeden Werkstoff nach 1 Jahr!

Kapitel 3: Korrosionsneigung und Elektrodenpotentiale

(Die Temperatur beträgt, wenn nicht anders angegeben, 25 °C)

1. Berechne den Wert der Größe 2,303 RT/F bei 50 °C.
2. Berechne das genaue Halbzellenpotential der Ag/AgCl-Elektrode in 1 m NaCl. (0,233 V)
3. Berechne das genaue Halbzellenpotential von Zink in einer 0,01 m $ZnCl_2$-Lösung. (−0,827 V)
4. Berechne das Potential der Wasserstoffelektrode in einer Lösung vom pH 7 bei einem Wasserstoffpartialdruck von 0,5 Atm. bei 40 °C. (−0,426 V)
5. Die *EMK* einer Zelle aus einer Zn- und einer Wasserstoffelektrode in 0,5 m $ZnCl_2$-Lösung beträgt −0,590 V. Wie ist der pH-Wert der Lösung? (3,28)

6. Berechne die theoretische Tendenz des Zinks, in einer 0,01 m $ZnCl_2$-Lösung, die durch Ansäuern auf einen pH-Wert von 2 gebracht wurde, unter Wasserstoffentwicklung zu korrodieren (in V).
7. Berechne die theoretische Korrosionsneigung des Nickels (in V) in luftfreiem Wasser vom pH 7. Das Korrosionsprodukt sei $Ni(OH)_2$ mit einem Löslichkeitsprodukt von $1{,}6 \cdot 10^{-16}$. (— 0,110 V)
8. (*a*) Wie groß ist die *EMK* einer Zelle, die von einer Kupfer- und einer Wasserstoffelektrode ($pH_2 = 2$ Atm.) in einer Kupfersulfatlösung vom pH 1 (Aktivität der Cu^{++}-Ionen = 1) gebildet wird?
   (*b*) Wie ist die Polarität der Zelle, und welche Elektrode ist Anode? (— 0,405 V)
9. (*a*) Es ist zu bestimmen, ob Kupfer in entlüfteter $CuSO_4$-Lösung vom pH = 0 ($a_{Cu^{++}} = 1$) korrodiert wird. Wie groß ist die Korrosionsneigung in Volt? (— 0,307 V)
   (*b*) Dieselben Fragen sind für eine entlüftete KCN-Lösung ($a_{CN^-} = 0{,}5$) vom pH 10 zu beantworten, wobei angenommen wird, daß sich $Cu(CN)_2^-$-Ionen bilden, deren Aktivität 10^{-4} beträgt ($2CN^- + Cu \rightarrow Cu(CN)_2^- + e^-$; $\varepsilon^0 = -0{,}446$ V) (0,056 V)
10. (*a*) Berechne die *EMK* der folgenden Zelle:
    Pt/Fe^{3+} ($a = 0{,}1$), Fe^{2+} ($a = 0{,}001$), Ag^+ ($a = 0{,}01$)/Ag.
    (*b*) Formuliere die in der Zelle freiwillig ablaufende Reaktion. Wie ist die Polarität der Elektroden, und welche Elektrode ist Anode? (Ag ist negativ und Anode)
11. (*a*) Berechne die *EMK* einer Konzentrationskette, die aus Cu-Elektroden in 0,1 m und 0,5 m $CuSO_4$-Lösung besteht. Die Diffusionspotentiale sollen vernachlässigt werden.
    (*b*) Formuliere die freiwillig ablaufende Reaktion und gib an, welche Elektrode Anode ist.
12. (*a*) Berechne die *EMK* der folgenden Zelle bei 40 °C:
    $Pt(O_2;\ p_{O_2} = 760$ mm Hg$)$ / $Pt(O_2;\ p_{O_2} = 76$ mm Hg$)$ (+ 0,0155 V)
    (*b*) Wie ist die Polarität und welche Elektrode ist beim freiwillig verlaufenden Vorgang Anode?
13. (*a*) Berechne die *EMK* einer Zelle, die aus einer Wasserstoffelektrode ($p_{H_2} = 1$ Atm) und einer Sauerstoffelektrode ($p_{O_2} = 0{,}5$ Atm) in 0,5 m NaOH gebildet wird.
    (*b*) Wie ist die Polarität und welche Elektrode ist Anode? (Die O_2-Elektrode werde als reversibel angesehen.)
14. Berechne, ob Ag in einer 0,1 m $CuCl_2$-Lösung korrodiert wird (Löslichkeitsprodukt des $AgCl = 2{,}8 \cdot 10^{-10}$).
15. Es ist zu berechnen, ob Ag unter Wasserstoffentwicklung in einer luftfreien KCN-Lösung von pH 9 korrodiert wird, wenn die Aktivität der CN^--Ionen den Wert 1 und die der $Ag(CN)_2^-$-Ionen den Wert 0,001 annimmt.

16. Zink wird in eine $CuSO_4$-Lösung von der Cu^{++}-Ionen-Aktivität 0,1 eingetaucht. Welche Reaktion läuft ab und bei welcher Cu^{++}-Ionen-Konzentration ist das Gleichgewicht erreicht?

17. Berechne die *EMK* einer Zelle, die aus Fe- und Pb-Elektroden in Fe^{++}- und Pb^{++}-Lösungen gleicher Aktivität aufgebaut ist.
Welche Elektrode wird korrodiert, wenn die Zelle kurzgeschlossen wird?
(— 0,314 V)

18. Berechne die *EMK* der in *Aufgabe 17* beschriebenen Zelle in einer luftgesättigten alkalischen Lösung vom pH 10. Welche Elektrode wird beim Kurzschließen der Zelle korrodiert? Es ist anzunehmen, daß als Korrosionsprodukt $HPbO_2^-$-Ionen mit einer Aktivität von 0,1 gebildet werden; Eisen sei passiv und sein Potential etwa gleich dem der Sauerstoffelektrode.

$$Pb + 3OH^- \rightarrow HPbO_2^- + H_2O + 2e^- \qquad \varepsilon^0 = -0{,}54 \qquad (0{,}84\ V)$$

19. Gegeben sind folgende Reaktionen mit ihren Standardpotentialen:

$$Fe \rightarrow Fe^{++} + 2e^- \qquad \varepsilon^0 = -0{,}440\ V$$
$$Fe^{++} \rightarrow Fe^{+++} + e^- \qquad \varepsilon^0 = 0{,}771\ V$$

Es ist ε^0 für die Reaktion $Fe \rightarrow Fe^{+++} + 3e^-$ zu berechnen. (— 0,036 V)

20. Gegegeben ist das Standardpotential der Reaktion

$$4OH^- \rightarrow O_2 + 2H_2O + 4e^- \qquad \varepsilon^\circ = 0{,}401\ V$$

Berechne ε^0 für die Reaktion

$$2H_2O \rightarrow O_2 + 4H^+ + 4e^- \qquad (1{,}23\ V)$$

21. Berechne den Wasserstoffdruck, der erforderlich ist, um die Korrosion des Eisens in 0,1 m $FeCl_2$-Lösung vom pH 3 zum Stillstand zu bringen.

22. Berechne den Wasserstoffdruck wie in Aufg. 21 für den Fall der Korrosion in entlüftetem Wasser mit $Fe(OH)_2$ als Korrosionsprodukt. (Löslichkeitsprodukt des $Fe(OH)_2 = 1{,}8 \cdot 10^{-15}$).

23. Ein kupferner Vorratstank, der verdünnte Schwefelsäure von pH 0,1 enthält, wird mit H_2 von 1 Atm gespült.
Berechne die maximale Cu^{++}-Verunreinigung der Säure in Mol/*l*. Wie hoch ist die entsprechende Verunreinigung, wenn der H_2-Partialdruck auf 10^{-4} Atm verringert wird. ($2{,}5 \cdot 10^{-12}$; $2{,}5 \cdot 10^{-8}$ Mol/*l*)

Kapitel 4: Polarisation und Korrosionsgeschwindigkeiten

1. Das Potential einer Eisen-Elektrode, die mit 0,001 A/cm² kathodisch polarisiert wird, hat den Wert von −0,916 V gegenüber der 1 n-Kalomelelektrode. Der pH-Wert des Elektrolyten ist 4,0. Wie hoch ist die H_2-Überspannung? (−0,40 V)
2. Eine Zn- und eine Hg-Elektrode werden getrennt, aber elektrisch kurzgeschlossen in entlüftete Salzsäure von pH 3,5 getaucht. Wie groß ist der Zellstrom, wenn die freie Gesamtoberfläche jeder Elektrode 10 cm² beträgt? Wie hoch ist die entsprechende Korrosionsgeschwindigkeit des Zinks in g/m² · d? (Das Korrosionspotential des Zinks gegen die 1 n-Kalomelelektrode liegt bei −1,03 V) ($2{,}35 \cdot 10^{-7}$ A; 0,0069 g/m² · d)
3. Das Korrosionspotential von Flußstahl in einer sauerstofffreien Lösung vom pH 2 liegt bei −0,64 V gegen die $Cu/CuSO_4$-Elektrode. Die Wasserstoffüberspannung in V an demselben Stahl gehorcht der Gleichung $0{,}7 + 0{,}1 \log i$, wobei i in A/cm² gemessen wird. Unter der Annahme, daß praktisch die gesamte Stahloberfläche als Kathode wirkt, ist die Korrosionsgeschwindigkeit in mm/a zu berechnen. (0,135 mm/a)
4. Es ist ein Ausdruck für die pH-Abhängigkeit der Korrosionsgeschwindigkeit eines verdünnten Cd-Amalgams in einer sauerstofffreien Kadmiumlösung abzuleiten. Dabei ist die Konzentrationspolarisation zu vernachlässigen und anzunehmen, daß das Amalgam mit seiner ganzen Fläche als Kathode wirkt.
5. Das Potential von Pt, das in luftfreier Schwefelsäure von pH 1 kathodisch polarisiert wird, hat bei einer Stromdichte von 0,001 A/cm² den Wert −0,301 V, bei 0,01 A/cm² den Wert −0,331 V, gegen die ges. Kalomelelektrode. Berechne die Austauschstromdichte für die Wasserstoffionen-Entladung in dieser Lösung.
6. Die Grenzstromdichte i_L (in A/cm²) der Wasserstoffabscheidung ist durch den Ausdruck

$$\frac{nFD}{\delta} a_{H^+} \cdot 10^{-3}$$

gegeben, worin D der Diffusionskoeffizient der Wasserstoffionen ($7{,}39 \cdot 10^{-5}$ cm²/sec), δ die Dicke der Diffusionsschicht (in ruhender Lösung etwa 0,05 cm) und a_{H^+} die Aktivität der Wasserstoffionen (Anzahl der Mole $H^+/1000$ g $H_2O \cdot f$) ist. Es ist ein Ausdruck für den Zusammenhang der Grenzstromdichte mit dem pH-Wert des Elektrolyten abzuleiten.
7. Die Korrosionsgeschwindigkeit von Eisen in entlüfteter Salzsäure vom pH 3 beträgt 3,0 g/m² · d. Es ist das Korrosionspotential des Eisens in dieser Säure gegen die 0,1 n Kalomelelektrode zu ermitteln. (−0,719 V)
8. Die Neigung $d\varepsilon/dI$ der Polarisationskurve, die bei kleinen Stromdichten linear verläuft, beträgt für Fe in einer korrodierenden Lösung 2 mV/ µA/cm².

Unter Benutzung von Gleichung (5) auf S. 55 ist die Korrosionsgeschwindigkeit in $g/m^2 \cdot d$ zu berechnen. Es sei $b_{aA} = b_{cK} = 0{,}1$ V. (2,75 $g/m^2 \cdot d$)

Kapitel 5: Passivität

1. Es ist die minimale Konzentration an O_2 in *ml/l* zu bestimmen, durch die Eisen und eine Fe–Cr-Legierung mit 12% Cr in 3%iger Na_2SO_4-Lösung passiviert werden. Hinweis:
   Der Grenzstrom der Sauerstoffreduktion und die Passivierungsstromdichte sind gleichzusetzen.

2. Es ist das Flade-Potential des Eisens bei 25 °C zu berechnen, wenn angenommen wird, daß die in Gleichung (2), S. 65, mit *O. M.* bezeichnete Passivfilmsubstanz (*a*) Fe_2O_3, (*b*) Fe_3O_4 und (*c*) chemisorbierter Sauerstoff ist.
   Die freien Standardbildungsenthalpien ΔG^0 betragen:

für Fe_2O_3	− 177,1 kcal/Mol
für Fe_3O_4	− 242,4 kcal/Mol
für H_2O (1)	− 56,69 kcal/Mol
für H^+	0

   Die Chemisorptionswärme von O_2 an Fe hat den Wert $\Delta H^0 = -75$ kcal/Mol O_2, die Chemisorptionsentropie $\Delta S^0 = -46{,}2$ cal/Mol O_2/grd (abgeschätzt nach dem Wert für chemisorbierten Stickstoff). (0,56 V)

3. Der Temperaturkoeffizient des Flade-Potentials von Eisen bei 25 °C ist zu berechnen und mit dem beobachteten Wert von etwa 3 mV/grd zu vergleichen. Es soll angenommen werden, daß der Passivfilm (*a*) aus Fe_2O_3, (*b*) aus Fe_3O_4, (*c*) aus chemisorbiertem O_2 aufgebaut ist.
   Die molaren Entropien sind für Fe 6,49, für H_2O (*l*) 16,72, für Fe_2O_3 21,5, für Fe_3O_4 35,0 cal/grd.

4. Berechne die maximale *EMK* der Kette
   Rostbeständiger Stahl (O_2; $p_{O_2} = 0{,}2$ atm) / 0,001 n $ZnSO_4$ (pH = 3,0) /Zn unter der Annahme, daß der passive rostbeständige Stahl als reversible Sauerstoffelektrode arbeitet. Wie groß ist der Koeffizient dE/dp_{O_2}?
   (− 1,89 V; − 0,032 V/atm bei 0,2 atm O_2-Druck)

5. Berechne aus dem Standard-Flade-Potentialen von Eisen, Chrom und Nickel die freie Bildungsenthalpie des Passivfilms pro g-Atom Sauerstoff.
   (− 27,6 kcal/g-Atom O für Eisen)

Kapitel 6: Eisen und Stahl

1. Fünf Stahlniete von jeweils 3,2 cm^2 freier Oberfläche sind in ein Kupferblech von 60 × 60 cm Seitenlänge eingelassen. Das Blech hängt in einer belüfteten, bewegten, leitfähigen Lösung, in der das Eisen mit einer Geschwindigkeit von 1,65 mm/a korrodiert wird.
   (*a*) Wie hoch ist die Korrosionsgeschwindigkeit der Niete in mm/a?

(*b*) Wie hoch ist die Korrosionsgeschwindigkeit eines Eisenblechs, in dem 5 Kupferniete angebracht sind, wenn die oben angegebenen Maße gelten?

2. Wasser, das in eine Stahlrohrleitung mit einer Geschwindigkeit von 40 *l*/min eintritt, enthält 5,50 m*l* O_2/*l*. Beim Verlassen der Rohrleitung beträgt der Gehalt 0,15 m*l* O_2/*l*. Wie hoch ist die Korrosionsgeschwindigkeit in g/m² · d, wenn angenommen wird, daß die Korrosion auf einen 30 m² großen erwärmten Teil der Leitung beschränkt ist und sich hier Fe_2O_3 bildet?

Kapitel 7: Auswirkungen von Spannungen

1.(*a*) ENGELL und BÄUMEL („*Physical Metallurgy of Stress Corrosion Fracture*", S. 354, Interscience, New York, 1959) berichten, daß Risse in unter Zugspannung stehendem Eisen in siedender $Ca(NO_3)_2$-Lösung sich mit einer Geschwindigkeit von 0,2 mm/s fortpflanzen. Welcher Stromdichte entspricht diese Geschwindigkeit? Welche Erkenntnis hinsichtlich des elektrochemischen Mechanismus des Rißwachstums vermittelt dieser Wert, vorausgesetzt, daß er typisch ist? (544 A/cm²)

(*b*) Wie würde es die zu ziehenden Schlußfolgerungen beeinflussen, wenn für die mittlere Geschwindigkeit der Rißfortpflanzung ein Wert von 0,00018 mm/s angenommen würde? (UHLIG und SAVA, unveröffentlichte Ergebnisse).

2. Die Restenergie eines kaltbearbeiteten Stahles beträgt nach kalorimetrischen Messungen 5 cal/g. Berechne die durch die Kaltverformung hervorgerufene Vergrößerung der Korrosionsneigung unter der Annahme, daß die Entropieänderung zu vernachlässigen ist. (0,006 V)

Kapitel 11: Korrosion durch Streuströme

1. (*a*) Ein Gleichstrom von 10 A tritt in ein stählernes Wasserrohr von 5 cm Durchmesser und 6 mm Wandstärke ein und wieder aus. Das Rohr enthält Wasser mit einem Widerstand von 10^4 Ωcm. Man zeige durch eine Berechnung der vom Stahl und vom Wasser geleiteten Stromanteile, daß die Streustromkorrosion auf der Innenseite des Rohres zu vernachlässigen ist. Der Widerstand des Rohrmaterials sei 10^{-5} Ωcm.

(*b*) In ähnlicher Weise ist das Verhältnis zu berechnen, wenn das Rohr Meerwasser mit einem Widerstand von 20 Ωcm führt.

2. (*a*) Ein Gleichstrom von 10 A fließt durch zwei Schellen, die in 2 m Entfernung einem Kupferrohr von 50 mm Außendurchmesser aufsitzen, das Wasser mit einer Leitfähigkeit von 10^{-4} $\Omega^{-1}cm^{-1}$ führt.

Man berechne den Gesamtverlust an Cu in g/a, der im Rohrinneren unter der positiven Schelle durch Korrosion infolge dieses Stromes entsteht. Die Wandstärke betrage 3,5 mm.

(*b*) Wie ist das Ergebnis, wenn das Rohr Meerwasser mit einer Leitfähigkeit von 0,05 $\Omega^{-1}cm^{-1}$ enthält?

(*c*) Welche Kupfermenge würde theoretisch im Jahr korrodiert werden, wenn ein isolierendes Verbindungsstück zwischen die Schellen eingelassen würde?

3. Eine lange Rohrleitung von 20 cm Durchmesser liegt tief in der Erde. Die Potentialdifferenz zwischen zwei $Cu/CuSO_4$-Bezugselektroden, die sich auf der Erdoberfläche direkt über dem Rohr und in 18 m Abstand im rechten Winkel zur Leitungsrichtung befinden, beträgt 1,25 V. Die Elektrode über dem Rohr ist die negative, der Widerstand des Bodens beträgt 3000 Ωcm.

   (*a*) Fließt ein Strom vom oder zum Rohr? Wieviel A beträgt er pro lfd. Meter Rohrleitung? (0,052 A/m)

   (*b*) Welchen Fehler enthält der berechnete Strom, wenn später gefunden wird, daß das Rohr 2,1 m statt 1,8 m tief in der Erde liegt? (7,1 %)

4. Unter der Annahme, daß ein Rohr h Meter tief im Boden liegt und dessen Widerstand 3000 Ωcm beträgt, soll ΔE über dem Abstand y von der Rohrleitung aufgetragen werden, wenn ein konstanter Strom von der Stärke I pro Meter Leitung in das Rohr fließt.

5. Welcher Elektrodenabstand muß bei Widerstandsmessungen nach der 4-Elektroden-Methode gewählt werden, um die vereinfachte Formel

$$\varrho = \frac{1000\, \Delta\Phi}{I}$$

anwenden zu können? (1,59 m)

6. Ein Streustrom von 0,7 A verläßt einen Abschnitt eines Stahlrohres von 5 cm Durchmesser und 60 cm Länge. Wie groß ist die anfängliche durch diesen Strom verursachte Korrosionsgeschwindigkeit?

Kapitel 12: Kathodischer Schutz

1. Skizziere das Polarisationsdiagramm eines unterirdischen Rohres, das mit einer Mg-Opferanode verbunden ist. Zeige in dem Diagramm

   (*a*) den Potentialverlauf in der Nähe der Rohroberfläche unter Berücksichtigung der anodischen und kathodischen Bezirke des Rohres,

   (*b*) das Potential des Rohres in unendlicher Entfernung.

2. Berechne das Potential (gegen die ges. $Cu/CuSO_4$-Elektrode), auf das Kadmium mindestens polarisiert werden muß, um seinen vollständigen Schutz zu gewährleisten. Als Korrosionsprodukt entstehe an der Oberfläche $Cd(OH)_2$ mit einem Löslichkeitsprodukt von $2 \cdot 10^{-14}$. (−0,86 V)

3. Vergleiche an Hand von schematischen Polarisationsdiagrammen korrodierender Metalle den für einen vollständigen kathodischen Schutz erforderlichen

Strom mit dem normalen Korrosionsstrom, wenn die Korrosion (*1*) anodisch, (*2*) kathodisch kontrolliert ist.

4. Der zwischen einer Mg-Anode und einem stählernen 50-Gallonen-Wassertank fließende Strom beträgt 100 mA. Welches Zeitintervall muß zwischen Füllung und Leerung des Tanks liegen, um eine minimale Korrosion der stählernen Ablaßleitung zu garantieren? (Löslichkeit des O_2 im eintretenden Wasser 6 m*l*/*l*). Die Lokalelementtätigkeit soll unberücksichtigt bleiben. (49,8 h)

5. Eisen wird in Meerwasser mit einer Geschwindigkeit von 2,5 g/m² · d korrodiert. Man berechne die minimale Anfangsstromdichte für den vollständigen kathodischen Schutz unter der Annahme, daß nur Korrosion unter Sauerstoffdepolarisation stattfindet. (0,0010 A/dm²)

6. Man berechne das Potential (gegen die ges. Kalomel-Elektrode), bis zu dem Kupfer mindestens polarisiert werden muß, um in 0,1 n $CuSO_4$ einen vollständigen kathodischen Schutz zu erreichen.

7. Ein Kupferbarren mit 3 dm² Gesamtoberfläche wird mit einem Eisenstück von 0,5 dm² Oberfläche leitend verbunden und in Meerwasser eingetaucht. Welche Stromdichte muß mindestens aufgewandt werden, um eine Korrosion sowohl des Eisens wie des Kupfers zu verhindern (Korrosionsgeschwindigkeit von Eisen in Meerwasser 0,125 mm/a). ($3{,}8 \cdot 10^{-3}$ A)

Kapitel 19: Kupfer und Kupferlegierungen

1. Man berechne die Gleichgewichtskonstante der Reaktion $Cu + Cu^{++} \rightarrow 2Cu^+$ bei 25 °C. Welche Wertigkeitsstufe herrscht bei der anodischen Auflösung des Kupfers vor? Gegeben sind:

$$Cu \rightarrow Cu^{++} + 2e^- \qquad \varepsilon^0 = +0{,}337 \text{ V}$$

$$Cu \rightarrow Cu^{+} + e^- \qquad \varepsilon^0 = +0{,}521 \text{ V}$$

($6{,}3 \cdot 10^{-7}$)

2. Berechne in ähnlicher Weise wie bei Frage 1, welche Wertigkeitsstufe bei der anodischen Auflösung von aktivem Chrom die vorherrschende ist!

$$Cr \rightarrow Cr^{++} + 2e^- \qquad \varepsilon^0 = -0{,}91 \text{ V}$$

$$Cr \rightarrow Cr^{3+} + 3e^- \qquad \varepsilon^0 = -0{,}74 \text{ V}$$

(Cr^{++} herrscht vor)

26. Anhang

26.1. Aktivität und Aktivitätskoeffizienten starker Elektrolyte

Ein Elektrolyt $A_x B_y$ dissoziiert in Wasser wie folgt:

$$A_x B_y = x A^{y+} + y B^{x-}. \qquad (1)$$

Dabei gilt

$$\frac{(a_+)^x (a_-)^y}{a_2} = K,$$

wobei a_+ und a_- die Aktivitäten der Kationen und Anionen sind, a_2 die des undissoziierten Elektrolyten. Da verdünnte Elektrolyte als vollständig dissoziiert angesehen werden können, ist es zulässig, die Gleichgewichtskonstante gleich eins zu setzen.

Wenn die Ionenanzahl $x + y = n$ gesetzt wird, ist die mittlere Aktivität $a_\pm$ durch

$$a_\pm = \sqrt[n]{a_2} = \sqrt[n]{a_+^x a_-^y} \qquad (2)$$

definiert, die Aktivitäten der Ionen sind durch die Beziehungen

$$a_+ = f_+ M_+ \quad \text{und} \quad a_- = f_- M_- \qquad (3)$$

mit ihren Konzentrationen verbunden, wobei M_+ und M_- die Konzentrationen der positiven und negativen Ionen in Mol/1 000 g Lösungsmittel und f_+ und f_- die entsprechenden Aktivitätskoeffizienten der Ionen sind. Dann gilt

$$a_2 = (f_+ M_+)^x (f_- M_-)^y \qquad (4)$$

und

$$a_\pm = (f_+^x f_-^y)^{1/n} (M_+^x M_-^y)^{1/n} \qquad (5)$$

Der Ausdruck $(f_+^x f_-^y)^{1/n}$ wird als mittlerer Aktivitätskoeffizient des Elektrolyten bezeichnet:.

$$f_\pm = (f_+^x f_-^y)^{1/n} \qquad (6)$$

Die mittlere Molalität ist

$$M_\pm = (M_+^x M_-^y)^{1/n} \qquad (7)$$

Damit können die Gleichungen (4) und (5) zu

$$a_2 = (f_\pm M_\pm)^n \tag{8}$$

$$a_\pm = f_\pm M_\pm \tag{9}$$

vereinfacht werden.

Für einen Elektrolyten von der Molalität M gelten die folgenden Beziehungen:

$$M_+ = xM \qquad \text{und} \qquad M_- = yM .$$

Daraus folgen

$$a_+ = (x^x y^y)^{1/n} f_\pm M$$

$$a_2 = (x^x y^y) f_\pm{}^n M^n .$$

Beispielsweise gilt für einen 1,1-wertigen Elektrolyten wie NaCl mit $x = 1$, $y = 1$, $n = 2$

$$a_\pm = (1 \cdot 1)^{1/2} f_\pm M = f_\pm M$$

$$a_2 = (1 \cdot 1) f_\pm{}^2 M^2 = f_\pm{}^2 M^2 ,$$

für einen 2,1-wertigen, zum Beispiel $BaCl_2$, dementsprechend

$$x = 1, \quad y = 2, \quad n = 3$$

$$a_\pm = (1 \cdot 2^2)^{1/3} f_\pm M = \sqrt[3]{4}\, f_\pm M$$

$$a_2 \qquad = 4 f_\pm{}^3 M^3 .$$

26.2. *Ableitung der Gleichung von* Stern-Geary *zur Berechnung der Korrosionsgeschwindigkeit aus Polarisationsmessungen bei geringen Stromdichten*

Man geht von der Annahme aus, daß der Korrosionsstrom I_{korr} im Tafel-Bereich sowohl der anodischen wie auch der kathodischen Teilreaktion liegt. Ferner sollen Konzentrationspolarisation und IR-Abfall vernachlässigbar klein sein. Wenn das korrodierende Metall durch einen äußeren Strom auf ein Potential ε' polarisiert wird, das nur wenig vom Korrosionspotential ε_{korr} entfernt liegt, folgt die Polarisation der Linie $\varepsilon_K O A$. Mit dem Anwachsen der kathodischen Stromdichte i_K nimmt die anodische Stromdichte nach der Gleichung

$$i_K = i_A + i_{(äuss)} \tag{1}$$

automatisch ab (siehe *Abb. 1*).

Bei anodischer Polarisation wechselt das Vorzeichen von $i_{(äuss)}$:

$$i_A = i_K - i_{(äuss)} \tag{2}$$

Die Potentialdifferenz zum Korrosionspotential ist bei kathodischer Polarisation durch die Beziehung

$$\varepsilon_{(korr)} - \varepsilon' = \Delta\varepsilon = - b_K \log \frac{i_{(korr)}}{i_K^0} + b_K \log \frac{i_K}{i_K^0} = b_K \log \frac{i_K}{i_{(korr)}} \tag{3}$$

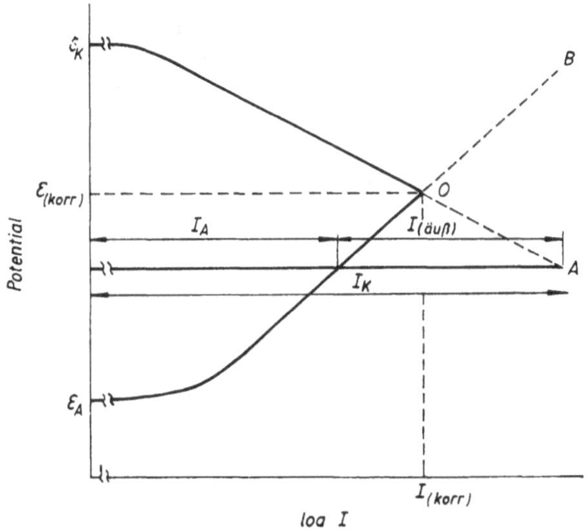

Abb. 1: Polarisationsdiagramm eines korrodierenden Metalls bei kathodischer Polarisation von $\varepsilon_{(korr)}$ auf ε'

gegeben, wobei i_K^0 die Austauschstromdichte der kathodischen Reaktion ist. Bei anodischer Polarisation gilt analog

$$\Delta\varepsilon = - b_A \log \frac{i_A}{i_{(korr)}} \tag{4}$$

oder

$$i_K = i_{(korr)} \cdot 10^{\Delta\varepsilon/b_K} \quad \text{und} \quad i_A = i_{(korr)} \cdot 10^{-(\Delta\varepsilon/b_A)}$$

und

$$i_{(äuss)} = i_{(korr)} \left[10^{\Delta\varepsilon/b_K} - 10^{-(\Delta\varepsilon/b_A)}\right] \tag{5}$$

Die Entwicklung in eine Reihe ergibt

$$10^x = 1 + 2{,}3x + \frac{(2{,}3\,x)^2}{2!} + \cdots$$

Bei kleinen Werten von $\Delta\varepsilon/b_K$ und $\Delta\varepsilon/b_A$ können die höheren Glieder vernachlässigt werden, und die Gleichung (5) läßt sich angenähert durch die Ausdrücke

$$i_{(\ddot{a}uss)} = 2{,}3\, i_{(korr)}\, \Delta\varepsilon \left(\frac{1}{b_K} + \frac{1}{b_A}\right) \tag{6}$$

und

$$i_{(korr)} = \frac{1}{2{,}3} \cdot \frac{i_{(\ddot{a}uss)}}{\Delta\varepsilon} \left(\frac{b_K \cdot b_A}{b_K + b_A}\right) \tag{7}$$

ersetzen.

Gleichung (7) ist die Beziehung von STERN und GEARY. Wenn die kathodische Reaktion durch Konzentrationspolarisation begrenzt wird, wie das zum Beispiel bei Korrosionsreaktionen unter Sauerstoff-Depolarisationskontrolle der Fall ist, ist der Korrosionsstrom gleich dem Diffusionsgrenzstrom (*Abb. 2*). In diesem Falle wird b_K in Gleichung (7) sehr groß oder unendlich. Bei Kontrolle durch Konzentrationspolarisation geht daher Gleichung (7) in den Ausdruck

$$i_{(korr)} = \frac{b_A}{2{,}3} \frac{i_{(\ddot{a}uss)}}{\Delta\varepsilon} \tag{8}$$

über.

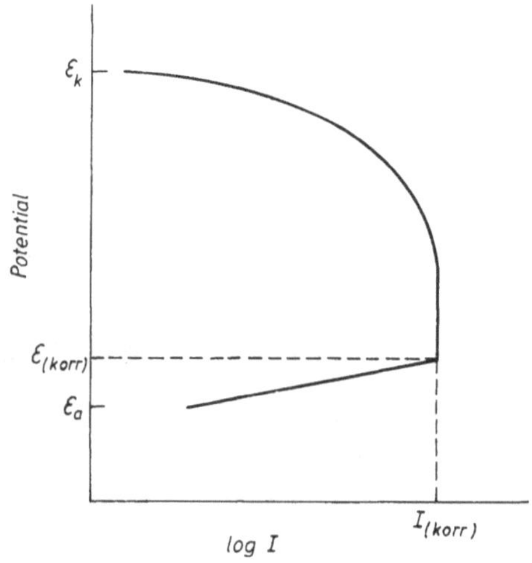

Abb. 2: Polarisationsdiagramm eines unter Sauerstoffdepolarisationskontrolle korrodierenden Metalls

26.3. *Ableitung eines Ausdrucks für Sättigungsaktivität eines natürlichen Wassers*

$$K_s' = c_{Ca^{++}} \cdot c_{CO_3^{--}}$$

$$K_2' = \frac{c_{H^+}\, c_{CO_3^{--}}}{c_{HCO_3^-}} \tag{2}$$

c_{Alk} Alkalität, d. h. Anzahl der mit Säure gegen Methylorange titrierbaren Alkali-Äquivalente pro *l*.

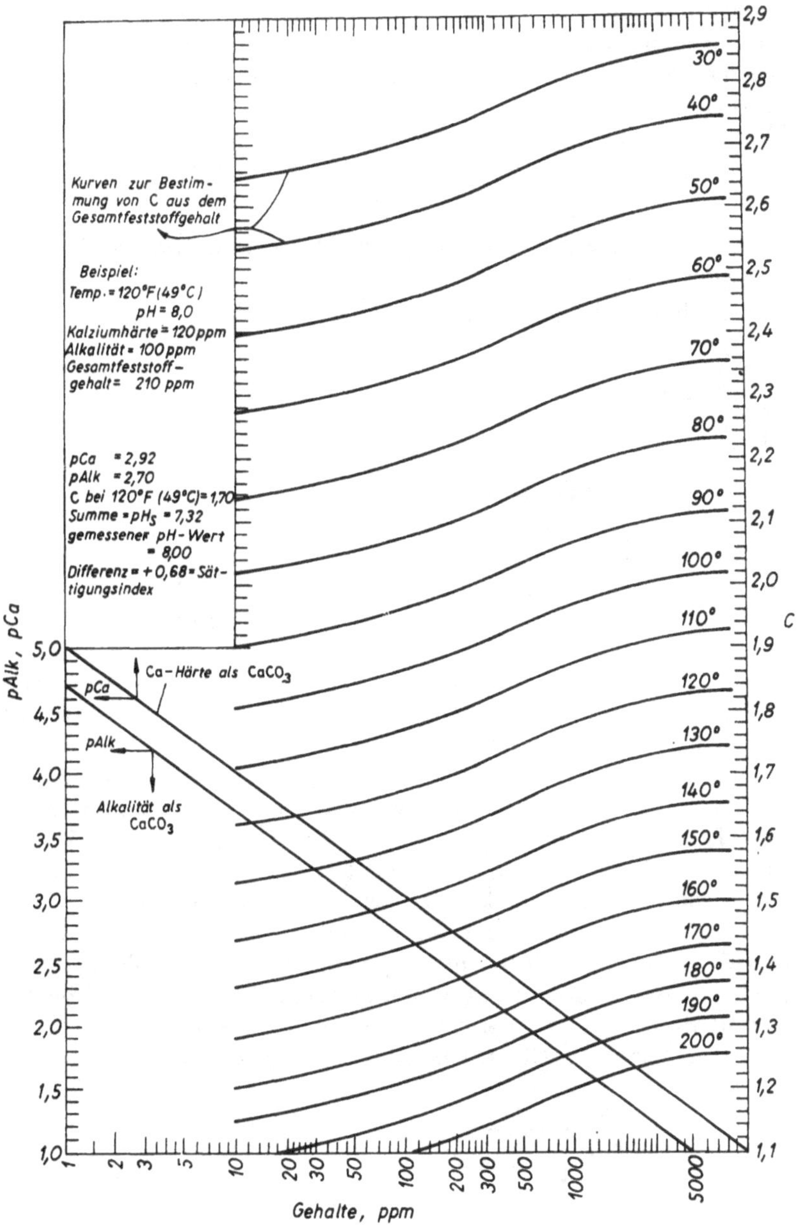

Abb. 3: Nomogramm zur Ermittlung des Sättigungsindex nach POWELL, BACON und LILL (Ca und Alkalität sind in ppm $CaCO_3$ angegeben, Temperaturen in °F)

Es wird angenommen, daß außer Karbonaten keine anderen Salze schwacher Säuren anwesend sind. Dann ist bei der Titration eines Wassers die zugesetzte Säuremenge äquivalent den im Wasser enthaltenen Karbonaten und Bikarbonaten zuzüglich der OH^--Ionen und abzüglich der H^+-Ionen, hängt also vom pH-Wert des Wassers ab:

$$c_{Alk} + c_{H^+} = c_{CO_3^{--}} + c_{HCO_3^-} + c_{OH^-} \quad (3)$$

Die Konzentrationen c_{H^+} und c_{OH^-} sind im pH-Bereich zwischen 4,5 und 10 vernachlässigbar klein.

Aus Gleichung (2) ergibt sich

$$c_{CO_3^{--}} = \frac{K_2' c_{HCO_3^-}}{c_{H^+}} \quad (4)$$

aus (3)

$$c_{CO_3^{--}} = \frac{c_{Alk} - c_{HCO_3^-}}{2} \quad (5)$$

Daraus folgt

$$c_{HCO_3^-} = \frac{c_{Alk}}{(1 + 2K_2'/c_{H^+})} \quad (6)$$

Gleichung (6) wurde von Langelier abgeleitet unter der Annahme, daß K_s' und K_2' Produkte von Konzentrationen (in Mol/l), nicht von Aktivitäten seien. Auf Gleichung (1) bezogen, gilt zum Beispiel, wenn K_s in Wahrheit ein Produkt von Aktivitäten ist, $K_s = K_s' f_\pm^2$, wobei $f_\pm$ der mittlere Aktivitätskoeffizient des $CaCO_3$ ist. Der Aktivitätskoeffizient wurde von Langelier nach der Debye-Hückel-Theorie abgeschätzt ($-\log f = 0{,}5\, z^2 \mu^{1/2}$; μ = Ionenstärke, z = elektrochemische Wertigkeit). Die bei der Titration gefundenen Konzentrationen der CO_3^{--}- und HCO_3^--Ionen können also den entsprechenden Konzentrationen dieser Stoffe in den Ausdrücken für K_s' und K_2' gleichgesetzt werden. Dementsprechend verändern sich K_s' und K_2' nicht nur mit der Temperatur, sondern auch mit der Gesamtkonzentration der gelösten Elektrolyte, da die Ionenstärke der Lösung die Aktivitäten der einzelnen Ionen beeinflußt.

Wird Gleichung (6) in Gl. (4) eingeführt, so ergibt sich

$$c_{CO_3^{--}} = \frac{K_2'}{c_{H^+}} \frac{c_{Alk}}{\left(1 + \frac{2K_2'}{c_{H^+}}\right)} \quad (7)$$

aus Gl. (7) und Gl. (1) wird

$$c_{Ca^{++}} \frac{K_2'}{c_{H^+}} \frac{c_{Alk}}{\left(1 + \frac{2K_2'}{c_{H^+}}\right)} = K_2' \quad (8)$$

logarithmiert man beide Seiten und setzt $\log 1/\alpha = p\alpha$, so erhält man

$$pH_s = (pK_2' - pK_s') + pc_{Ca^{++}} + pc_{Alk} + \log\left[1 + \frac{2K_2'}{(c_{H^+})_s}\right] \tag{9}$$

wobei pH_s der pH-Wert eines gegebenen Wassers ist, das an $CaCO_3$ gesättigt ist ($CaCO_3$-Bodenkörper).

Das letzte Glied ist gewöhnlich klein und kann entfallen, wenn pH_s zwischen 6,5 und 9,5 liegt. Bei einem Wert von $K_2' = 4{,}8 \cdot 10^{-11}$ hat der Ausdruck $\log\left[1 + \frac{2K_2'}{(c_{H^+})_s}\right]$ als Funktion von pH_s im alkalischen Bereich bei 25 °C die in *Tab. 2* gegebenen Zahlenwerte.

Tabelle 2:

pH_s	10,3	10,0	9,7	9,4	9,1
$\log\left[1 + \frac{2K_2'}{(c_{H^+})_s}\right]$	0,47	0,29	0,17	0,09	0,05

Die Werte für $(pK_2' - pK_s')$ fallen mit steigender Temperatur: 0 °C 2,48; 20 °C 2,04; 25 °C 1,96; 50 °C 1,54. In Gegenwart anderer Salze, z. B. NaCl, Na_2SO_4, $MgSO_4$ verringert die anwachsende Ionenstärke die Aktivität der anderen in der Lösung enthaltenen Ionen. Dieser Effekt vergrößert den Wert von $(pK_2' - pK_s')$. Bei 25 °C beträgt er zum Beispiel bei einem Gesamtgehalt an gelösten Stoffen von 100 ppm 2,13, bei 500 ppm Gesamtkonzentration 2,35.

Ein Nomogramm zur Ablesung des pH_s-Wertes von Wasser bei unterschiedlichen Temperaturen und Gehalten an gelösten Feststoffen wurde von C. Hoover [2] aufgestellt. Eine für den gleichen Zweck von Powell, Bacon und Lill [3] entwickelte Tafel ist in *Abb. 3* wiedergegeben. Um sie benutzen zu können, muß die Alkalität des Wassers, der Ca^{++}-Gehalt als ppm $CaCO_3$, der Gesamtgehalt an gelösten Feststoffen und die Temperatur bekannt sein.

Der Sättigungsindex ist dann die zahlenmäßige Differenz zwischen dem gemessenen pH-Wert und dem berechneten Wert für pH_s:

$$\textit{Sättigungsindex} = pH\ (\textit{gemessen}) - pH_s \tag{10}$$

Um den Sättigungsindex bei Temperaturen oberhalb der Zimmertemperatur zu berechnen, sollte der tatsächliche pH-Wert des Wassers bei der erhöhten Temperatur verwendet werden. Dieser kann mit Hilfe von *Abb. 4* aus dem bei Raumtemperatur gemessenen Wert bestimmt werden. *Abb. 4* enthält Werte für zwei Wässer unterschiedlicher Alkalität.

26.5. Ableitung eines Ausdrucks für den Potentialabfall entlang einer kathodisch geschützten Rohrleitung

Es wird von der Annahme ausgegangen, daß der Strom von der Erdbodenseite durch eine poröse Schicht aus isolierendem Material in das Rohr eintritt und durch

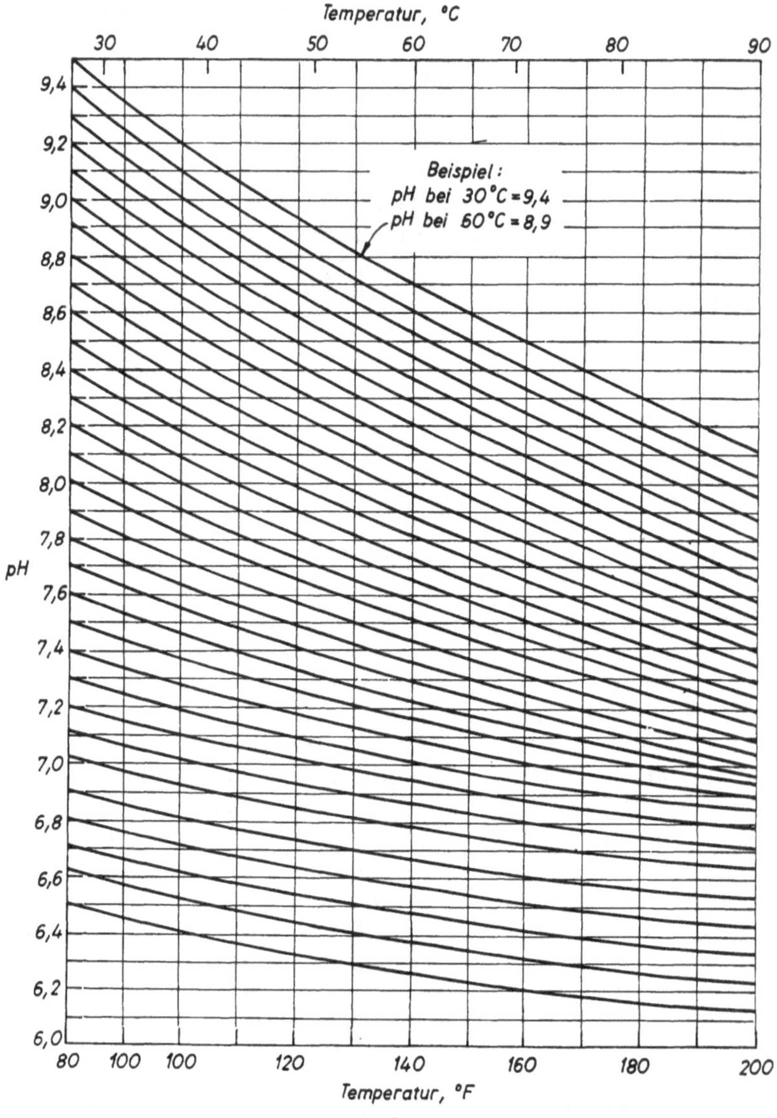

a)

Abb. 4: pH-Wert von Wasser bei erhöhten Temperaturen nach Powell, Bacon und Lill

a) für Wasser von 25 ppm Alkalität (gegen Methylorange titriert)

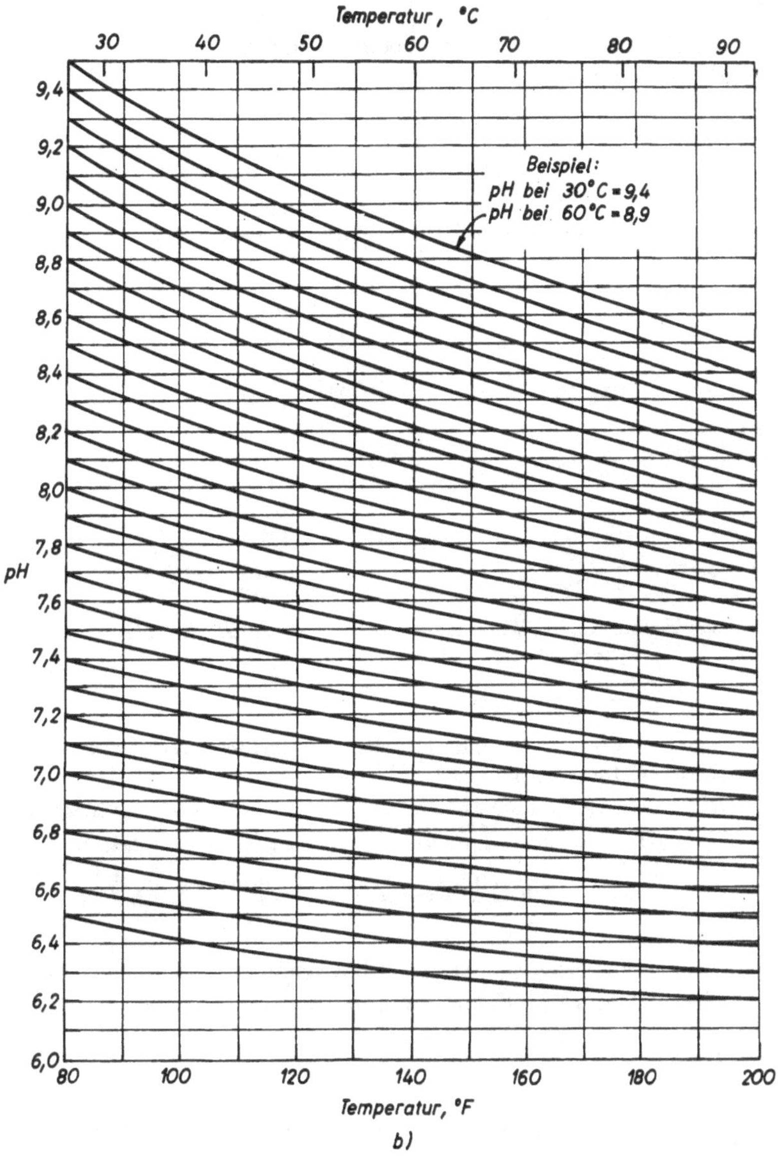

b) für Wasser von 100 ppm Alkalität (gegen Methylorange titriert)

das Rohr zur Anode zurückfließt (*Abb. 5*). Dann ist die Änderung des Stromflusses I_x im Rohr pro Längeneinheit beim Punkte x gleich dem in das Rohr bei x eintretenden Gesamtstrom, d. h. (1)

$$\frac{dI_x}{dx} = -2\pi r i_x \tag{1}$$

Nach dem OHMschen Gesetz ist der Potentialabfall entlang des Rohres durch

$$\frac{dE_x}{dx} = -R_L I_x \tag{2}$$

gegeben. Vereinigung von (1) und (2) liefert

$$\frac{d^2E_x}{dx^2} = R_L\,(2\pi r i_x) \tag{3}$$

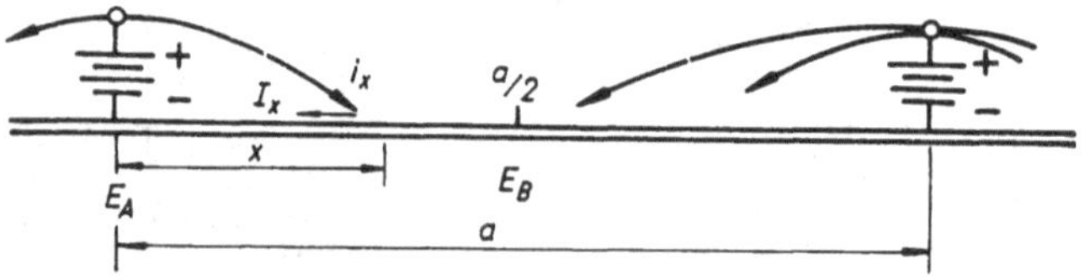

Abb. 5: Schema einer unterirdischen, kathodisch geschützten Rohrleitung (Abstand des Anoden = a)

i_x — Stromdichte an der Rohroberfläche in einer Entfernung x von der Verbindungsstelle
I_x — Gesamtstrom im Rohr an der Stelle x
E — Differenz zwischen gemessenem und Korrosionspotential des Rohres
r — Radius des Rohres
R_L — Widerstand des metallischen Rohres pro Längeneinheit
z — Widerstand der Rohrumhüllung pro Flächeneinheit

Bei niedrigen Werten von i_x ist die Polarisation der Rohroberfläche eine lineare Funktion der wahren Stromdichte am Grunde der Poren der Rohrummantelung:

$$E_x = k_1 i'_x. \tag{4}$$

Unter der Annahme, daß der Widerstand z der Einheitsfläche der Rohrummantelung dem Gesamt-Querschnitt der Poren pro Einheitsfläche umgekehrt proportional ist, wächst die wahre Stromdichte mit z:

$$i'_x = k_2 z i_x \tag{5}$$

Kombination von (4) und (5) liefert

$$E_x = k z i_x \quad \text{mit} \quad k = k_1 \cdot k_2 \tag{6}$$

Durch Einsetzen in (3) erhält man

$$\frac{d^2E}{dx^2} = \left(\frac{R_L 2\,\pi r}{kz}\right) E_x \tag{7}$$

Für eine Rohrleitung unendlicher Länge hat diese Differentialgleichung die Lösung

$$E_x = E_A \exp\left[-\left(\frac{2\,\pi r R_L}{kz}\right)^{1/2} x\right] \tag{8}$$

mit den Randbedingungen

$$E_x = 0 \quad \text{bei} \quad x = \infty$$

$$E_x = E_a \quad \text{bei} \quad x = 0\,.$$

Wenn die zu schützende Länge der Rohrleitung $a/2$ ist, d. h. die Hälfte des Abstandes zum nächsten Anschlußpunkt (siehe *Abb. 5*), und das Potential E_x bei $a/2$ den Wert E_B hat, muß der Strom in der Rohrleitung bei $a/2 = 0$ sein und $(dE_x/dx)_{x=a/2} = 0$ gelten.

Führt man diese Randbedingungen ein, so ergibt sich

$$E_x = E_B \cosh\left[\left(\frac{2\,\pi r R_L}{kz}\right)^{1/2}\left(x - \frac{a}{2}\right)\right] \tag{9}$$

$$E_A = E_B \cosh\left[-\left(\frac{2\,\pi r R_L}{kz}\right)^{1/2} \frac{a}{2}\right] \tag{10}$$

Der Strom, der in einer unendlich langen Rohrleitung an einem beliebigen Punkte x fließt, ergibt sich durch Einführung der Ableitung von Gl. (8) in Gl. (2):

$$I_x = \left(\frac{2\,\pi r R_L}{kz}\right)^{1/2} \frac{E_A}{R_L} \exp\left[-\left(\frac{2\,\pi r R_L}{kz}\right)^{1/2} x\right] \tag{11}$$

Der Gesamtstrom bei $x = 0$ (zuweilen Drainagestrom genannt) ergibt sich durch Multiplikation mit dem Faktor 2, da von beiden Seiten der Rohrleitung Strom zur Verbindungsstelle fließt:

$$I_A = \frac{2\,E_A}{R_L}\left(\frac{2\,\pi r R_L}{kz}\right)^{1/2} \tag{12}$$

In ähnlicher Weise gilt für ein Rohr begrenzter Länge

$$I_A = \left(\frac{2\,E_B}{R_L}\right)\left(\frac{2\,\pi r R_L}{kz}\right)^{1/2} \sinh\left[\frac{a}{2}\left(\frac{2\,\pi r R_L}{kz}\right)^{1/2}\right] \tag{13}$$

26.6. *Ableitung einer Gleichung für den Potentialabfall entlang der Erdoberfläche, der durch den Stromübergang zwischen einem erdverlegten Rohr und dem Erdboden entsteht*

Für ein sehr tief in der Erde liegendes Rohr gilt

$$i = \frac{j}{2\pi R} \tag{1}$$

Dagegen fließt bei einem Rohr, das h cm tief unter der Erdoberfläche liegt, in die h-Richtung ein kleinerer Strom als in die übrigen Richtungen. Zur angenäherten Berechnung des Stromflusses in diesem Falle stellt man sich ein Rohr vor, das h cm über der Erdoberfläche liegt und denselben Strom j liefert (*Abb. 6*). Dann ist die in Richtung der Erdoberfläche verlaufende Komponente der Stromdichte

$$i_y = \frac{2j}{2\pi R}\frac{y}{R} \tag{2}$$

(Dasselbe Ergebnis erhält man, wenn man eine halbzylindrische Stromverteilung im Erdboden annimmt und mit dem Faktor $\frac{y}{R}$ multipliziert, um zu berücksichtigen, daß in h-Richtung ($y = 0$) kein Strom fließt, die Stromdichte i_y aber mit wachsendem y steigt.)

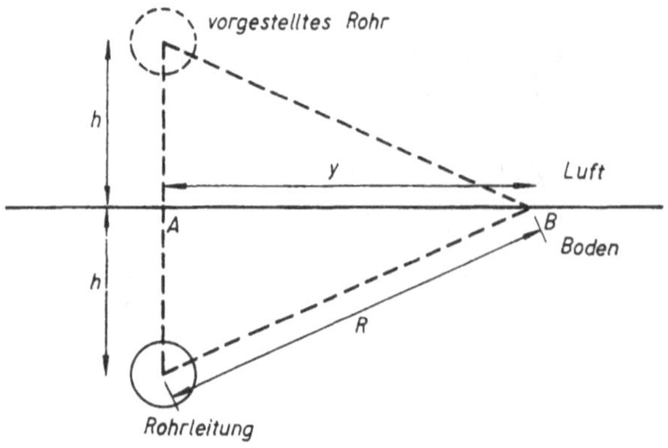

Abb. 6: Schema einer unterirdischen Rohrleitung, die von einem Strom durchsetzt wird, der einen Potentialabfall der Erdoberfläche verursacht

i – Stromdichte im Boden in einer Entfernung R vom Rohr
j – Gesamtstrom, der in eine Längeneinheit des Rohres eintritt oder es auf einer Längeneinheit verläßt
$\Delta\Phi$ – Potentialdifferenz zwischen den Punkten A und B (rechtwinklig zur Rohrleitung)
ϱ – Widerstand des Bodens

Der Potentialgradient entlang der Bodenoberfläche ist nach dem OHMschen Gesetz

$$\frac{d\Phi}{dy} = \frac{j}{\pi R}\,\frac{y\varrho}{R} \tag{3}$$

Da $R^2 = h^2 + y^2$, wird

$$\Delta\Phi = \int_0^y \frac{\varrho j}{\pi R^2}\, y\, dy = \int_0^y \frac{\varrho j}{\pi}\,\frac{y}{h^2 + y^2}\, dy = \frac{\varrho j}{2\pi} \ln \frac{h^2 + y^2}{h^2} \tag{4}$$

Wenn nun $y = 10h$ gesetzt wird, so wird

$$\Delta\Phi = \frac{\varrho j}{2\pi}\, 2{,}303 \log 101 = 0{,}734\, \varrho j \tag{5}$$

wobei $\Delta\Phi$ in V, ϱ in Ω cm und j in A/cm² gemessen wird [siehe auch R. HOWELL, Corrosion 8 (1952), 300].

26.7. *Ableitung einer Gleichung zur Bestimmung des Erdboden-Widerstandes nach dem 4-Elektroden-Verfahren*

Zwei Metallelektroden A und B besitzen den Abstand $3a$. Die beiden Bezugselektroden haben voneinander und von A und B den Abstand a (siehe *Abb. 7*).

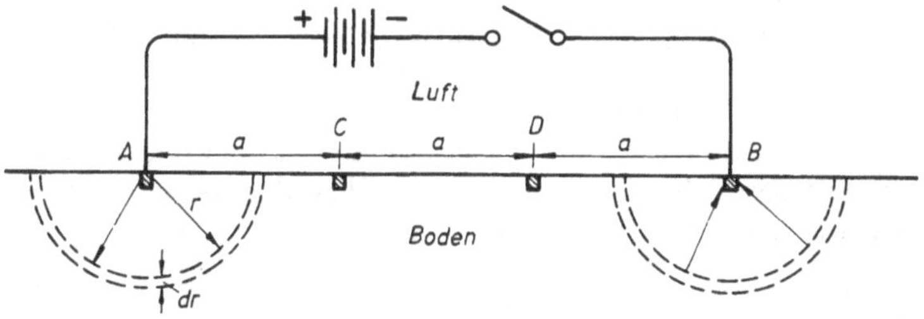

Abb. 7: 4-Elektroden-Meßanordnung zur Bestimmung des Bodenwiderstandes

I – Batterie-Gesamtstrom
r – Abstand von den Elektroden A oder B
ϱ – Bodenwiderstand
$\Delta\Phi$ – gemessene Potentialdifferenz zwischen den Elektroden C und D

Die Stromdichte im Boden besitzt bei Annahme halbkugelsymmetrischer Verteilung im Abstand r von A und B den Wert $I/2\pi r^2$. Aus dem OHMschen Gesetz folgt

$$\frac{d\Phi}{dr} = \frac{I}{2\pi r^2}\,\varrho \tag{1}$$

$$\Delta\Phi = \int_{r_1}^{r_2} \frac{I\varrho}{2\pi r^2}\, dr = \frac{-I\varrho}{2\pi}\left(\frac{1}{r_2} - \frac{1}{r_1}\right) \tag{2}$$

Die durch den bei A austretenden Strom hervorgerufene Potentialdifferenz zwischen C und D hat den Wert

$$\Delta \Phi_1 = \frac{-I\varrho}{2\pi}\left(\frac{1}{2a} - \frac{1}{a}\right) = \frac{I\varrho}{4\pi a} \tag{3}$$

Eine ebenso große Potentialdifferenz ruft der bei B eintretende Strom hervor. Daher beträgt die Gesamtpotentialdifferenz

$$\Delta \Phi_{(ges.)} = \Delta \Phi_1 + \Delta \Phi_2 = \frac{I\varrho}{2\pi a} \quad \text{oder} \quad \varrho = 2\pi a \frac{\Delta \Phi}{I} \tag{4}$$

[siehe auch Ewing und Hutchinson, Corrosion 9 (1953), 221].

26.8. *Ableitung eines Ausdruckes für den Gewichtsverlust bei Reibkorrosion*

Es wird angenommen, daß sich auf der Flächeneinheit einer Metall- oder Oxidoberfläche n Erhebungen oder Berührungsstellen befinden, die zur Vereinfachung der mathematischen Behandlung kreisförmig sein sollen. Der mittlere Durchmesser dieser Erhebungen sei c, ihr mittlerer gegenseitiger Abstand s (siehe *Abb. 8*, S. 142). Bei dem Reibvorgang bewegen sich die Erhebungen mit einer Geschwindigkeit v über eine ebene Metalloberfläche, wobei jede Erhebung eine Spur reinen Metalls von der mittleren Breite c und einer Länge, die gleich dem Betrage der gegenseitigen Verschiebung ist, hinterläßt. Die in der Spur der Erhebung freigelegte Metalloberfläche adsorbiert sofort atmosphärischen Sauerstoff, was zur Bildung eines dünnen Oxidfilmes führt. Die nächste Erhebung, die in derselben Furche läuft, kratzt den Oxidfilm ab und hinterläßt wiederum eine Spur unbedeckter Metalloberfläche. Der Zeitraum, während dessen die Oxydation vor sich geht, hat die mittlere Länge t. Dann gilt

$$t = \frac{s}{v} \tag{1}$$

Die entsprechende Oxidmenge W, die durch eine Erhebung aus einer Furche von der Länge l und der mittleren Breite c herausgehoben wird, hängt von der in dem Zeitraum t gebildeten Oxidmenge ab. Für die Bildung dünner Oxidfilme gilt die Gleichung

$$W = clk \ln\left(\frac{t}{\tau} + 1\right). \tag{2}$$

τ und k sind Konstanten.

Als Vorstufe der Oxydation können wir auch eine schnelle physikalische Sauerstoffadsorption annehmen, die von einer langsameren Umwandlung in eine

Sauerstoff-Chemisorptionsschicht gefolgt wird. Der chemisorbierte Sauerstoff wiederum reagiert mit dem Grundmetall unter Bildung von Metalloxid. Diese Reaktion wird durch die über die Metalloberfläche gleitenden Unebenheiten mechanisch angeregt. Die so gebildete Oxidmenge wird durch die Chemisorptionsgeschwindigkeit begrenzt, die einer Beziehung von der Form der Gleichung (2) gehorcht [4]. Die Form der Endgleichung ist also, unabhängig vom ablaufenden Prozeß, im wesentlichen dieselbe*).

Durch Einführen von (1) in (2) erhält man

$$W = clk \ln\left(\frac{s}{v\tau} + 1\right) \tag{3}$$

Wenn die relative Bewegung der beiden Flächen zueinander eine sinusförmige Schwingung ist, die Gesamtstrecke der Bewegung pro Schwingung mit $2l$ und die Entfernung vom Mittelpunkt der Bewegung zur Zeit t mit x bezeichnet wird, so gilt

$$x = \frac{l}{2} \cos \Theta \tag{4}$$

und

$$\frac{dx}{dt} = v = -\frac{l}{2} \sin \Theta \frac{d\Theta}{dt} \tag{5}$$

Wenn f die konstante lineare Schwingungsfrequenz bedeutet, ist es mit der konstanten Winkelgeschwindigkeit durch den Ausdruck

$$\frac{d\Theta}{dt} = 2\pi f \tag{6}$$

verbunden. Damit ist die mittlere Geschwindigkeit durch

$$\bar{V} = -\frac{\pi l f \int_0^\pi \sin \Theta d\Theta}{\pi} = 2lf \tag{7}$$

*) Diese Behauptung ist nicht unbedingt richtig, weil der logarithmische Ausdruck evtl. in eine Reihe entwickelt werden und nur das erste Glied verwendet werden kann. Das ist gleichbedeutend mit einer linearen Abhängigkeit der Oxydation bzw. Adsorption von der Zeit. Eine der Zeit proportionale Gasadsorption legt die Vermutung nahe, daß in Wahrheit die physikalische Adsorption der O_2-Moleküle an der unbedeckten Metalloberfläche und nicht ihre Umwandlung in chemisorbierte O-Atome geschwindigkeitsbestimmend ist. Diese Möglichkeit wird durch die Beobachtung gestützt, daß der Gewichtsverlust durch Reibkorrosion mit sinkender Temperatur zunimmt, was der höheren Geschwindigkeit der physikalischen Adsorption und der größeren Adsorbatmenge bei niederen Temperaturen entspricht. Die Chemisorptionsgeschwindigkeit sinkt dagegen gewöhnlich, wenn sich die Temperatur verringert.

gegeben. Daraus ergibt sich bei n Kontaktstellen bzw. Rauhigkeiten pro Einheit der Grenzfläche ein allein durch die Oxydation hervorgerufener Gewichtsverlust

$$W_{(korr)} = 2nlck \ln\left(\frac{s}{2lf\tau} + 1\right) \tag{8}$$

Dazu kommt noch ein Metallverlust durch Abrieb, da sich im Durchschnitt jede Rauhigkeit bis unter die Oxidschicht in das Metall eingräbt und Metall in einer Menge abschürft, die der Fläche der Kontaktstellen und dem Betrag der gegenseitigen Verschiebung der Oberflächen proportional ist. Im Gegensatz zu den oben diskutierten Verhältnissen beim Abschaben der chemischen Reaktionsprodukte von der Oberfläche ist bei dem „Herausreißen" von Teilchen oder den Schweißvorgängen, die mit dem mechanischen Verschleiß verbunden sind, die Fläche der Erhebungen wichtiger als ihre Breite. Ein Abscheren der Erhebungen ohne einen Schweißvorgang führt in Abhängigkeit von der gesamten Kontaktfläche ebenfalls zu Verschleiß. Bei n kreisförmigen Erhebungen ist der Gewichtsverlust pro Bewegungszyklus gegeben durch

$$W_{(mech)} = 2k'n\left(\frac{c}{2}\right)^2 \pi l. \tag{9}$$

$n\pi(c/2)^2$, die gesamte Kontaktfläche, ist gleich der Last L dividiert durch den Fließdruck p_m [5]. Der Wert von p_m ist etwa dreimal so hoch wie die Streckgrenze, beträgt also für Flußstahl etwa 100 kg/mm².

Daher ist

$$W_{(mech)} = 2k'\frac{lL}{p_m} = k_2 lL, \tag{10}$$

wobei k_2 eine Konstante vom Wert $2k'p_m$ ist. Der Gesamtverschleiß, d. h. der Metallverlust pro Bewegungszyklus ist gleich der Summe aus dem Oxydations- oder Korrosions- und dem mechanischen Term:

$$W_{(total)} = W_{(korr)} + W_{(mech)} \tag{11}$$

In Gleichung (8) kann der logarithmische Term in die Reihe

$$\ln(x + 1) = x - \frac{x^2}{2} + \frac{x^3}{3} - \cdots$$

entwickelt werden, wenn $s/2lf\tau = x$ gesetzt wird. Wenn dieser Ausdruck klein gegen 1 ist, können das quadratische und die höheren Glieder der Entwicklung weggelassen werden. Diese Bedingung ist besonders bei hohen Lasten (kleinen Werten von s), hoher Frequenz f und großen Verschiebungen l erfüllt. Die Konstante τ für die Oxydation von Metallen bzw. die Sauerstoffadsorption an ihnen ist nicht mit genügender Genauigkeit bekannt. Empirische Werte für Eisen liegen zwischen 0,06 und 3 s. Wird τ zu 0,06 s, f zu 10 Hz, l zu 0,01 cm und s (Abstand zwischen den Rauhigkeitserhebungen) zu 10^{-4} cm angesetzt, so ergibt sich für

$s/2\,l f\tau$ ein Wert von 0,008. Also können bei etwa entsprechenden experimentellen Bedingungen die höheren Glieder der Reihenentwicklung des Logarithmus weggelassen werden:

$$W_{(korr)} = \frac{n c k s}{f \tau} \tag{12}$$

Es ist darauf hinzuweisen, daß dieser Ausdruck eine nach schnellem Start linear mit der Zeit verlaufende Oxydation oder Gasadsorption beschreibt, wobei k/τ die Geschwindigkeitskonstante ist. Die lineare Funktion nähert sich vernünftigerweise den wirklichen Verhältnissen bei sehr kurzen Adsorptions- und Oxydationszeiten.

Aus der Tatsache, daß die Anzahl der Rauhigkeiten entlang einer Kante der Einheitsfläche gleich $\sqrt{n}$ ist, folgt, daß die Summe $s + c$ annähernd gleich $1/\sqrt{n}$ ist. Wenn wir uns erinnern, daß $n\pi(c/2)^2 = L/p_m$ ist, können n, c, und s aus Gl. (12) eliminiert werden:

$$W_{(korr)} = \frac{k_0 L^{1/2}}{f} - \frac{k_1 L}{f} \tag{13}$$

wobei

$$k_0 = \frac{2}{\sqrt{p_m \pi}} \frac{k}{\tau} \quad \text{und} \quad k_1 = \frac{4}{p_m \pi} \frac{k}{\tau}$$

sind. Durch Kombination von (10), (11) und (13) erhält man den endgültigen Ausdruck für den Abrieb, gemessen durch den Gewichtsverlust, der bei C Zyklen eintritt:

$$W_{(total)} = (k_0 L^{1/2} = k_1 L) \frac{C}{f} + k_2 l L C \tag{14}$$

Literatur-Anmerkungen

[1] W. Langelier, J. Am. Water Works Assoc., 28 (1936), 1500
[2] C. Hoover, J. Am. Water Works Assoc., 30 (1938), 1802
[3] S. Powell, H. Bacon u. J. Lill, Ind. Eng. Chem., 37 (1945), 842
[4] F. Stone: „*Chemistry of the Solid State*“, S. 385, herausgegeben von W. Garner, Butterworths, London, 1955
[5] F. P. Bowden u. D. Tabor: „*The Friction and Lubrication of Solids*“, Oxford University Press, New York, 1950

Standardoxydationspotentiale, 25 °C
(*s. a. Seite 29*)

	$\varepsilon°$, V
$Zn + 4NH_3 \rightarrow Zn(NH_3)_4^{++} + 2e^-$	−1,03
$H_2 + 2OH^- \rightarrow 2H_2O + 2e^-$	−0,828
$Pb + 3OH^- \rightarrow HPbO_2^- + H_2O + e^-$	−0,54
$Pb + SO_4^{--} \rightarrow PbSO_4 + 2e^-$	−0,356
$Cu + 2NH_3 \rightarrow Cu(NH_3)_2^+ + e^-$	−0,12
$Ag + Br^- \rightarrow AgBr + e^-$	0,095
$Sn^{++} \rightarrow Sn^{4+} + 2e^-$	0,15
$Cu^+ \rightarrow Cu^{++} + e^-$	0,153
$H_2SO_3 + H_2O \rightarrow SO_4^{--} + 4H^+ + 2e^-$	0,17
$Ag + Cl^- \rightarrow AgCl + e^-$	0,222
$2Hg + 2Cl^- \rightarrow Hg_2Cl_2 + 2e^-$	0,2676
$4OH^- \rightarrow O_2 + 2H_2O + 4e^-$	0,401
$2J^- \rightarrow J_2 + 2e^-$	0,5355
$H_2O_2 \rightarrow O_2 + 2H^+ + 2e^-$	0,682
$Fe^{++} \rightarrow Fe^{+++} + e^-$	0,771
$2Br^- \rightarrow Br_2(e) + 2e^-$	1,0652
$2H_2O \rightarrow O_2 + 4H^+ + 4e^-$	1,229
$2Cr^{3+} + 7H_2O \rightarrow Cr_2O_7^{--} + 14H^+ + 6e^-$	1,33
$2Cl^- \rightarrow Cl_2 + 2e^-$	1,3595
$Pb^{++} + 2H_2O \rightarrow PbO_2 + 4H^+ + 2e^-$	1,455
$Mn^{++} \rightarrow Mn^{3+} + e^-$	1,51
$Ni^{++} + 2H_2O \rightarrow NiO_2 + 4H^+ + 2e^-$	1,68
$PbSO_4 + 2H_2O \rightarrow PbO_2 + SO_4^{--} + 4H^+ + 2e^-$	1,685
$Co^{++} \rightarrow Co^{3+} + e^-$	1,82
$Fe^{3+} + 4H_2O \rightarrow FeO_4^{--} + 8H^+ + 3e^-$	1,9

Angaben aus „*Oxidation Potentials*“, W. Latimer, Prentice-Hall, New York, 1952 (mit Genehmigung).

Tabelle 1:

Aktivitätskoeffizienten für starke Elektrolyte (M = Molalität)

M →	0,001	0,002	0,005	0,01	0,02	0,05	0,1	0,2	0,5	1,0	2,0	3,0	4,0
HCl	0,966	0,952	0,928	0,904	0,875	0,830	0,796	0,767	0,758	0,809	1,01	1,32	1,76
HBr	0,966	—	0,929	0,906	0,879	0,838	0,805	0,782	0,790	0,871	1,17	1,67	—
HNO_3	0,965	0,951	0,927	0,902	0,871	0,823	0,785	0,748	0,715	0,720	0,783	0,876	0,982
$HClO_4$	—	—	—	—	—	—	—	—	—	0,81	1,04	1,42	2,02
HJO_3	0,96	0,94	0,91	0,86	0,80	0,69	0,58	0,46	0,29	0,19	0,10	0,073	0,060
H_2SO_4	0,830	0,757	0,639	0,544	0,453	0,340	0,265	0,209	0,154	0,130	0,124	0,141	0,171
NaOH	—	—	—	—	—	0,82	—	0,73	0,69	0,68	0,70	0,77	0,89
KOH	—	—	0,92	0,90	0,86	0,82	0,80	—	0,73	0,76	0,89	1,08	1,35
CsOH	—	—	—	0,92	0,88	0,83	0,80	0,76	0,74	0,78	—	—	—
$Ba(OH)_2$	—	0,853	0,773	0,712	0,627	0,526	0,443	0,370	—	—	—	—	—
$AgNO_3$	—	—	0,92	0,90	0,86	0,79	0,72	0,64	0,51	0,40	0,28	—	—
$Al(NO_3)_3$	—	—	—	—	—	—	0,20	0,16	0,14	0,19	0,45	1,0	1,2
$BaCl_2$	0,88	—	0,77	0,72	—	0,56	0,49	0,44	0,39	0,39	0,44 (1,8 m)	—	—
$Ba(NO_3)_2$	0,88	0,84	0,77	0,71	0,63	0,52	0,43	0,34	—	—	—	—	—
$Ba(JO_3)_2$	0,83	0,79	0,71	0,64	0,55	—	—	—	—	—	—	—	—
$CaCl_2$	0,89	0,85	0,785	0,725	0,66	0,57	0,515	0,48	0,42	0,71	—	—	—
$Ca(NO_3)_2$	0,88	0,84	0,77	0,71	0,64	0,54	0,48	0,42	0,38	0,35	0,35	0,37	0,42
$CdCl_2$	0,76	0,68	0,57	0,47	0,38	0,28	0,21	0,15	0,09	0,06	—	—	—
CdJ_2	0,76	0,65	0,49	0,38	0,28	0,17	0,11	0,068	0,038	0,025	0,018	—	—
$CdSO_4$	0,73	0,64	0,50	0,40	0,31	0,21	0,17	0,11	0,067	0,045	0,035	0,036	—
CsF	0,98	0,97	0,96	0,95	0,94	0,91	0,89	0,87	0,85	0,87	—	—	—
CsCl	—	—	0,92	0,90	0,86	0,79	0,75	0,69	0,60	0,54	0,49	0,48	0,47
CsBr	—	—	0,93	0,90	0,86	0,79	0,75	0,69	0,60	0,53	0,48	0,46	0,46

M →	0,001	0,002	0,005	0,01	0,02	0,05	0,1	0,2	0,5	1,0	2,0	3,0	4,0
CsJ	—	—	—	—	—	—	0,75	0,69	0,60	0,53	0,47	0,43	—
$CsNO_3$	—	—	—	—	—	—	0,73	0,65	0,52	0,42	—	—	—
CsAc	—	—	—	—	—	—	0,79	0,77	0,76	0,80	0,95	1,15	—
$CuCl_2$	0,89	0,85	0,78	0,72	0,66	0,58	0,52	0,47	0,42	0,43	0,51	0,59	—
$CuSO_4$	0,74	—	0,53	0,41	0,31	0,21	0,16	0,11	0,068	0,047	—	—	—
$FeCl_2$	0,89	0,86	0,80	0,75	0,70	0,62	0,58	0,55	0,59	0,67	—	—	—
$In_2(SO_4)_3$	—	—	—	0,142	0,092	0,054	0,035	0,022	—	—	—	—	—
KF	—	0,96	0,95	0,93	0,92	0,88	0,85	0,81	0,74	0,71	0,70	—	—
KCl	0,916	0,952	0,927	0,901	—	0,815	0,769	0,719	0,651	0,606	0,576	0,571	0,579
KBr	0,965	0,952	0,927	0,903	0,872	0,822	0,777	0,728	0,665	0,625	0,602	0,603	0,622
KJ	0,965	0,951	0,927	0,905	0,88	0,84	0,80	0,76	0,71	0,68	0,69	0,72	0,75
$K_4Fe(CN)_6$	—	—	—	—	—	0,19	0,14	0,11	0,067	—	—	—	—
$KClO_3$	0,967	0,955	0,932	0,907	0,875	0,813	0,755	—	—	—	—	—	—
K_2CO_3	0,89	0,86	0,81	0,74	0,68	0,58	0,50	0,43	0,36	0,33	0,33	0,39	0,49
$KClO_4$	0,965	0,951	0,924	0,895	0,857	0,788	—	—	—	—	—	—	—
K_2SO_4	0,89	—	0,78	0,71	0,64	0,52	0,43	0,36	—	—	—	—	—
$LaCl_3$	—	—	—	—	—	0,38	0,32	0,28	0,27	0,36	—	—	—
$La(NO_3)_3$	—	—	—	0,57	0,49	0,39	0,33	0,27	—	—	—	—	—
LiCl	0,963	0,948	0,921	0,89	0,86	0,82	0,78	0,75	0,73	0,76	0,91	1,18	1,46
LiBr	0,966	0,954	0,932	0,909	0,882	0,842	0,810	0,784	0,783	0,848	1,06	1,35	—
LiJ	—	—	—	—	—	—	0,81	0,80	0,81	0,89	1,19	1,70	—
$LiNO_3$	0,966	0,953	0,930	0,904	0,878	0,834	0,798	0,765	0,743	0,76	0,84	0,97	—
$LiClO_3$	0,967	0,955	0,933	0,911	0,884	0,842	0,810	0,782	0,77	0,81	—	—	—
$LiClO_4$	0,967	0,956	0,935	0,915	0,890	0,853	0,825	0,805	0,82	0,91	—	—	—
$MgCl_2$	—	—	—	—	—	—	0,56	0,53	0,52	0,62	1,05	2,1	—
$Mg(NO_3)_2$	0,88	0,84	0,77	0,71	0,64	0,55	0,51	0,46	0,44	0,50	0,69	0,93	—
$MgSO_4$	—	—	—	0,40	0,32	0,22	0,18	0,13	0,088	0,064	0,055	0,064	—

M →	0,001	0,002	0,005	0,01	0,02	0,05	0,1	0,2	0,5	1,0	2,0	3,0	4,0
$MnSO_4$	—	—	—	—	—	—	0,25	0,17	0,11	0,073	0,058	0,062	0,079
$NiSO_4$	—	—	—	—	—	—	0,18	0,13	0,075	0,051	0,041	—	—
NH_4Cl	0,961	0,944	0,911	0,88	0,84	0,79	0,74	0,69	0,62	0,57	—	—	—
NH_4Br	0,964	0,949	0,901	0,87	0,83	0,78	0,73	0,68	0,62	0,57	—	—	—
NH_4J	0,962	0,946	0,917	0,89	0,86	0,80	0,76	0,71	0,65	0,60	—	—	—
NH_4NO_3	0,959	0,942	0,912	0,88	0,84	0,78	0,73	0,66	0,56	0,47	—	—	—
$(NH_4)_2SO_4$	0,874	0,821	0,726	0,67	0,59	0,48	0,40	0,32	0,22	0,16	—	—	—
NaF	—	—	0,93	0,90	0,87	0,81	0,75	0,79	0,62	—	—	—	—
NaCl	0,966	0,953	0,929	0,904	0,875	0,823	0,780	0,730	0,68	0,66	0,67	0,71	0,78
NaBr	0,966	0,955	0,934	0,914	0,887	0,844	0,800	0,740	0,695	0,686	0,734	0,826	0,934
NaJ	0,97	0,96	0,94	0,91	0,89	0,86	0,83	0,81	0,78	0,80	0,95	—	—
$NaNO_3$	0,966	0,953	0,93	0,90	0,87	0,82	0,77	0,70	0,62	0,55	0,48	0,44	0,41
Na_2SO_4	0,887	0,847	0,778	0,714	0,641	0,53	0,45	0,36	0,27	0,20	—	—	—
$NaClO_4$	0,97	0,95	0,93	0,90	0,87	0,82	0,77	0,72	0,67	0,58	—	—	—
$PbCl_2$	0,86	0,80	0,70	0,61	0,50	—	—	—	—	—	—	—	—
$Pb(NO_3)_2$	0,88	0,84	0,76	0,69	0,60	0,46	0,37	0,27	0,17	0,11	—	—	—
RbCl	—	—	0,93	0,90	—	—	0,76	0,71	0,63	0,58	0,54	0,54	0,54
RbBr	—	—	—	—	—	—	0,76	0,70	0,63	0,58	0,53	0,52	0,51
RbJ	—	—	—	—	—	—	0,76	0,70	0,63	0,57	0,53	0,52	0,51
$RbNO_3$	—	—	—	—	—	—	0,73	0,65	0,53	0,43	0,32	0,25	0,21
RbAc	—	—	—	—	—	—	0,73	0,65	0,52	0,42	—	—	—
TlCl	0,96	0,95	0,93	0,90	—	—	—	—	—	—	—	—	—
$TlNO_3$	—	—	—	—	—	0,77	0,70	0,60	—	—	—	—	—
$TlClO_4$	—	—	—	—	—	0,79	0,73	0,65	0,53	—	—	—	—
TlAc	—	—	—	—	—	0,80	0,74	0,68	0,59	0,51	0,44	0,40	0,38
$ZnCl_2$	0,88	0,84	0,77	0,71	0,64	0,56	0,50	0,45	0,38	0,33	—	—	—
$ZnSO_4$	0,70	0,61	0,48	0,39	—	—	0,15	0,11	0,065	0,045	0,036	0,04	—

„*Oxidation Potentials*“, W. Latimer, Prentice-Hall, New York, 1952
(mit Genehmigung)

Register

FSC
www.fsc.org
MIX
Papier | Fördert gute Waldnutzung
FSC® C083411

Kolibri 360 GmbH
Ferdinand-Jühlke-Straße 7
99095 Erfurt, Deutschland
produktsicherheit@kolibri360.de